国家科学技术学术著作出版基金资助出版

天然林
生态恢复的原理与技术
Ecological Restoration
Principle and Techniques of Natural Forests

刘世荣 等 ▣ 著

中国林业出版社

图书在版编目(CIP)数据

天然林生态恢复的原理与技术／刘世荣等 著． —北京：中国林业出版社，2013.1

ISBN 978-7-5038-6253-3

Ⅰ．①退… Ⅱ．①刘… Ⅲ．①退化—天然林—生态恢复—研究 Ⅳ．①S719.55

中国版本图书馆 CIP 数据核字(2011)第 140131 号

中国林业出版社

责任编辑：于界芬

电 话：(010)83229512   传 真：(010)83227584

出　版：中国林业出版社(100009 北京西城区德内大街刘海胡同 7 号)

电　话：(010)83224477

网　址：http：//lycb. forestry. gov. cn

发　行：新华书店

印　刷：三河市祥达印装厂

版　次：2013 年 1 月第 1 版

印　次：2013 年 1 月第 1 次

开　本：787mm×1092 mm　1/16

印　张：23.75

字　数：578 千字

定　价：68.00 元

编 写 人 员

（按姓氏拼音顺序）

蔡小虎	陈德祥	成克武	郝云庆	胡万良	康 冰
李贵祥	李意德	刘贵峰	刘世荣	刘兴良	陆元昌
罗传文	骆土寿	马姜明	孟广涛	缪 宁	沈海龙
史作民	谭学仁	王金锡	魏鲁明	许 涵	许建伟
杨 凯	杨 瑞	叶镜中	于立忠	喻理飞	臧润国
张国斌	张远东	赵常明	朱教君	朱守谦	祝小科

序一

　　森林是陆地生态系统的主体，在维持生物圈、地圈动态平衡、调节全球生物地球化学循环过程和碳循环过程中发挥着重要作用。各类天然林是森林生态系统的重要的自然本底类型，拥有众多的类型、丰富的物种、复杂的结构，体现了最高的生物多样性，还具有巨大的生态功能，维系着地球表面系统的平衡，提供着人类生存和经济、社会发展所不可缺少的服务。随着人口的急剧增长和经济的迅速发展，加之不合理的开发利用（毁林开荒、乱砍滥伐、无节制樵采等），导致天然林资源的严重破坏，类型的丧失，生态系统结构和功能的退化，生物物种和基因的消失，以及景观的严重破碎化，由此引发了自然灾害的不断加剧，造成生态和环境的不断恶化，诸如水旱灾害频繁，水土流失严重，土地贫瘠化，动植物种群消减等等，严重地影响人类的生存环境和经济社会的可持续发展。

　　为从根本上扭转我国天然林资源危机和生态环境恶化的状况，从1998年起国家实施了举世瞩目的天然林资源保护工程，藉以严格保护剩余的天然林、恢复保育天然次生林、恢复重建已严重退化的天然林，充分发挥天然林在陆地生态系统中的主体作用。退化天然林生态系统的恢复与重建是当前中国生态学研究的前沿和热点之一。长期以来，我国在人工林生态系统的营造、珍稀濒危物种的保育与种群恢复等方面开展了较为广泛的研究和实际工作，取得了可观的成果。在全国范围内过去仅在地理分布、类型划分和群落基本特征方面做过一些调查研究，但在天然林生态系统的结构功能特征和演替规律、干扰体系、退化林近自然化改造、天然林恢复技术与模式、景观恢复和恢复的评价与预测、天然林可持续经营与管理技术等方面，研究极为薄弱，亟需加强研究。

　　《天然林生态恢复的原理与技术》一书正是针对上述问题进行了长期系统的研究，取得了一系列重要的理论和技术成果。本书是在众多作者长期开展天然林生态恢复研究的基础上的系统总结，内容丰富、资料翔实、主题明确、学术思路新颖，是一本具有很高参考价值的学术专著。

　　本书作者刘世荣研究员等生态学者，是一批年富力强，具有扎实的林学和生态学基础理论知识，开阔的和富有创新的研究思路和敏锐的洞察力的研究团队。他们多年来一直从事森林生态学及相关领域的科学研究工作，紧跟国际上相关领域的研究前沿，注重野外实地调查研究，获得大量的第一手资料。本书不乏丰富的内涵、新颖的思路、精辟的论述，和源于各个天然林区的天然林恢复途径和技术模式的探讨。对本书的研究团队的刘世荣和许多成员，我都很熟悉，也很为他们的学术成长、工作的勤奋、思想的活跃，感到骄傲。借此专著出版之际，欣然作序为贺，相信它必将促进我国天然林保育和生态恢复的进一步发展，为我国的林业发展和生态建设做出应有的贡献。

中国科学院院士

2011 年 6 月

序二

天然林指天然更新的森林，可以分为原始天然林和退化天然林2大类。天然原始林的生态系统结构复杂、功能完善，具有丰富的生物多样性、完善的生态过程、持续的生态系统稳定性和巨大的生态经济社会效益。天然原始林是森林生物与其自然环境长期相互作用的演化产物，其不同类型的结构和自然分布格局代表了所在自然地理环境下最佳的植被结构及植被类型的配置。这为人工林的培育、退化森林的恢复以及大尺度林业规划提供了最好的参考。

目前我国天然林主要分布于边区、山区和少数民族集聚地区。由于长期历史原因，包括战争、外来掠夺，以及我们自己工作的失误等等，我国的天然原始林遭受到巨大破坏，致使目前我国天然林中的原始林已几乎不复存在，留下的大都是受到不同破坏程度的过伐林和退化破碎的次生林以及灌木丛等。所以，天然林的保育和生态恢复已成为迫切需要解决的重大问题。实施天然林保护与可持续经营，有效地保护并逐步扩大和恢复天然林资源，对于促进"老少边穷"地区生态经济系统的良性循环、增加森林碳汇应对全球气候变化、维护国家生态安全都具有极其重要的意义。

经过多年的努力，《天然林生态恢复的原理与技术》一书终于出版了。该书从典型地区天然林的结构特征和更新演替规律，退化天然林的干扰体系，天然林恢复的生态学特性，典型退化天然林的重建技术，退化天然林恢复的现状评价和预测，天然林的景观恢复及空间规划技术等几个方面，全面系统地总结了天然林保育和生态恢复的阶段性研究成果，并对未来天然林的可持续经营进行了展望。该专著学术思路新颖，数据翔实，涉及的天然林恢复与重建的许多方法、技术和模式具有创新性。

该专著是刘世荣研究员等众多作者多年对天然林研究成果的集成。书中内容丰富，思路新颖，较为全面地阐述了中国典型林区天然林的结构特征和更新演替规律，分别天然林存在的四种不同形式，提出和汇集了一批天然林生态恢复的模式和技术，丰富了天然林恢复的综合评价和景观恢复及多目标管理技术的内容，其中的许多新技术已获得成功并推广和应用，并取得了很好的生态经济效益。相信该专著的出版将为推动中国的天然林保育和生态恢复的深入研究提供有益的借鉴，为我国天然林资源保护工程二期建设提供科技支撑。

中国科学院院士 唐守正

2011 年 6 月

前 言

　　森林是陆地生态系统的主体。森林具有复杂的结构和功能，不仅为人类提供了大量的木质林产品和非木质林产品，并具有历史、文化、美学、休闲等方面的价值，在保障农牧业生产条件、维持生物多样性、保护生态环境、减缓自然灾害和调节全球碳平衡和生物地球化学循环等方面起着重要的和不可替代的作用。近几十年来，随着人口急剧增长、经济社会发展和森林资源的高强度开发利用，直接或间接导致了森林的破坏或退化。森林等自然资源的丧失和退化已经成为当今全球性的一个主要的生态环境问题。

　　天然林占我国森林面积的70%，是木材和非木质林产品的主要来源，占所有森林活立木蓄积量的90%。我国天然林资源主要分布在东北、西南各省(区)，其中黑龙江、内蒙古、云南、四川、西藏5省(区)天然林面积合计5983.10万 hm^2 ，占全国的51.68%；蓄积合计732219.40万 m^3 ，占全国的69.12%。天然林是森林生态系统的一种重要类型。与人工林相比，天然林具有较高的生物多样性、复杂的群落结构、丰富的生境特征和较高的生态系统稳定性。由于不合理的经营管理和人为干扰，特别是长期大规模的采伐，导致天然林资源锐减、生态服务功能严重退化，并且已经造成了严重的生态经济后果，亟待采取积极有效的措施，加快退化天然林生态恢复的速度和质量，重建天然林的健康、生态稳定性、生物多样性，逐步提高天然林的生态、经济和社会效益，保障区域生态安全和区域经济社会的可持续发展。

　　天然林退化是天然林在一定的时空背景下，由于人为或自然干扰，其生态系统的组成、结构和功能发生与原有的稳定状态或进展演替方向相反的或偏移的量变或质变的过程或结果。由于我国长期以来一直实施传统的营林作业模式，导致目前现存的天然林呈现以下四种类型：①原始老龄林。未被采伐而保留下来的天然老龄林斑块。常以岛状分布在山脊、沟尾林线以及地势险要处，作为"种子林"、"保安林"而保留下来；②天然次生林。天然林干扰后没有采取育林措施，而是通过自然更新演替形成天然次生林；③人工纯林。天然林采伐后常进行人工造林，形成天然林和人工林斑块的森林景观；④人工林、次生林的镶嵌类型。天然林采伐后通过人工造林更新，但之后并未进行必要的森林抚育或者抚育措施不力，造成人工林成活率低，出现了自然恢复的次生林树种，产生了人工与自然混合更新过程。

　　自1998年特大洪涝灾害发生之后，党中央、国务院做出了实施天然林资源保护工程的战略决策。天然林资源保护工程从1998年开始试点到现在，长江上游、黄河上中游地区和东北、内蒙古等重点国有林区的森林资源得到了严格的保护和逐步恢复，区域的生态环境状况明显好转，水土流失减轻，输入长江、黄河泥沙量明显减少，生物多样性不断增加。为维护国家生态安全，有效应对全球气候变化，促进林区经济社会可持续发展，国家决定在2011年至2020年期间，实施天然林资源保护二期工程。为促进我国天然林保育、恢复与可持续经营，发挥天然林多种功能效益，亟需归纳总结天然林生态系统管理的关键理论与技术，为国家天然林资源保护二期工程提供强有力的科技支撑。鉴于此，本书作者在总结过去十余年大量研究工作的基础上，较为系统和全面地总结了天然林生态恢复的理论、技术、方法与应用等方面的研究成果，撰写了天然林生态恢复的原理与技术的专著。本书是我国目前最系统、最全面、最综合反映天然林保育、生态恢复理论与技术研究成果的著作，相继得到了国家"九五"科技支撑子专题"长江上游天然林区封山育林技术研究及示范"和"生态林业工程的功能观测网络及生态功能研究"（96-007-04-06-01）、国家"十五"科技攻关课题"长江上游退化天然林恢复重建技术研究与示范"（2001BA510B06）、"天然林保育技术研究与示范"（2001BA510B08）、国家"十一五"科技支撑课题"天然林保育恢复与可持续经营技术研究"（2006BAD03A04）、"西南山区退化天然林恢复与经营技术试验示范"（2006BAD03A10）、"长白山生物多样性保护与自然生态恢复技术试验示范"（2006BAD03A09）、国家重点基础研究发展计划项目"西部典型区域森林植被对农业生态环境的调控机理"（2002CB111500）和国家林业局"948"项目"Remsoft森林经营空间规划系统技术引进"（2001-14）等项目的资助。

全书共分为八章，第一章绪论阐述了天然林生态恢复与重建研究的现状、中国天然林资源及其评价；第二章论述了天然林保护工程区典型天然林的结构特征及更新演替规律；第三章论述了天然林的干扰体系与恢复的生态学特征；第四章论述了天然林区人工林近自然改造过程中的生态学特征；第五章论述了退化天然林自然恢复的生态学过程及恢复评价；第六章论述了典型退化天然林的恢复重建技术；第七章论述了天然林景观恢复及其空间规划技术；第八章阐述了天然林的可持续管理。

具体分工如下：

全书由刘世荣主持编写，总体设计并拟定了章节内容，初稿经刘世荣全面修改，最后由刘世荣、马姜明统稿、校稿；

刘世荣负责：第一章（马姜明、张国斌参与撰写）、第二章第三节（刘兴良、史作民、缪宁参与撰写）、第二章第七节（康冰参与撰写）、第三章第二节（史作民、赵常明、张远东参与撰写）、第三章第五节（康冰参与撰写）、第四章第三节（康冰参与撰写）、第五章第二节（马姜明参与撰写）、第六章第六节第一小节（康冰参与撰写）、第七章（罗传文、张远东参与撰写）、第八章（马姜明、史作民参与撰写）；

朱教君负责：第三章第一节（于立忠、杨凯参与撰写）；

臧润国负责：第二章第二节（成克武、刘贵峰参与撰写）、第六章第二节（成克武参与撰写）；

喻理飞负责：第二章第六节（杨瑞、祝小科、朱守谦参与撰写）、第五章第一节（朱守谦、叶镜中、魏鲁明参与撰写）、第六章第五节（杨瑞、祝小科、朱守谦参与撰写）；

骆土寿负责：第二章第八节（许涵参与撰写）、第三章第六节（陈德祥参与撰写）、第六章第七节（李意德参与撰写）；

孟广涛负责：第二章第五节(李贵祥参与撰写)、第三章第四节(李贵祥参与撰写)、第六章第四节(李贵祥参与撰写)；

刘兴良负责：第三章第三节；

谭学仁负责：第四章第一节(胡万良、于立忠参与撰写)、第六章第一节(胡万良参与撰写)；

王金锡负责：第二章第四节(蔡小虎、刘兴良、郝云庆参与撰写)、第六章第三节(蔡小虎、刘兴良参与撰写)；

沈海龙负责：第二章第一节(许建伟参与撰写)；

陆元昌负责：第四章第二节、第六章第六节第二小节。

由于参与本书编著工作的人员较多，加之时间仓促和作者水平所限，书中可能存在疏漏和不足之处，敬请读者批评指正！

2011 年 6 月于北京

FREFACE

Forest is the major component of terrestrial ecosystems with complicated structure and ecological processes, which plays an important role in safeguarding environments for agricultural production and animal husbandry development, maintaining biodiversity, mitigating natural disasters, and regulating global carbon balance and biogeochemical cycle. Forest not only provides a large quantity of wood and non-wood products, but also possesses the multiple values in history, culture, aesthetics, and recreation and so on. Over the latest several decades, however, with the increasing population and the rapid development of socio-economy, forest resources, especially natural forest resources have been greatly over-exploited and irrationally utilized, leading to a massive deforestation and serious forest degradation that have become one of the most serious global ecological problems.

Natural forests account formore than 70% of the total forests area and 90% of all living stocking volume in China, and thus apparently it comprises the main source of wood and non-wood products from forests in China. The natural forests mainly distribute in the northeast and southwest in China, of which the five Provinces or Autonomous Regions of Heilongjiang, Inner Mongolia, Yunnan, Sichuan and Tibet take up a large proportion in terms of forest area (59. 831 million ha, 51. 68 % of the total) and forest volume (7. 322 billion m^3, 69. 12% of the total).

Beingan important forest type, natural forests have complicated community structure, diversified site characters and higher biodiversity and ecosystem stability compared to man-made forests. Due to irrational forest management and lasting human disturbances, especially massive deforestation on a large scale, natural forest resources in China have greatly decreased or damaged in accompanied by the degradation of ecosystem services, which consequently leads to severe ecological and economic loss. Therefore, it is an urgent need to take effective measures to quickly restore the degraded natural forests in terms of forest health, biodiversity and stability, and regain forest ecosystem goods and services for safeguarding regional eco-security and sustainable socio-economic development.

Natural forest degradationis defined as qualitative or quantitative deviation processes in ecosystem composition, structure and function away from its original stable or progressive successional state of a natural forest ecosystem in a give temporal and spatial context, due to anthropogenic or natural disturbances. There often exist the four major types of forests in a natural forest landscape following the Chinese traditional natural forest management practice, including 1) the old-growth forest patch, which was left without logging as it distributes at the ridge, timberline, dangerously steep locations, or deliberately remained as mother forests and shelter forests; 2) the second-growth forest, naturally regenerated forest after original natural forests were badly disturbed without applying human aid-regeneration; 3) pure plantation, directly planting trees for establishing timber plantation on the clear-cut sites of the natural forests; 4) semi-natural re-growth forest, it is the mixing result of artificial and natural regeneration processes as many planting trees following natural forest logging failed to survive eventually due to poor forest tending or without forest management, which gives a way to the re-growth of naturally regenerated trees.

In 1998 whenthe serious flood disasters took place in several major rivers in China, the China central government made an important decision to lunch Natural Forest Protection Program (NFPP). Since the full implementation of NFPP in 2000, timber harvesting has been banned completely in the upper reaches of Yangtze River and Yellow River, and greatly reduced in the Northeastern China and the Xinjiang autonomous region. As a result, eco-environments are being improved in terms of reduction of soil and water erosion and sediment loading with the progressive recovery of the natural forests in the upper reaches of Yangtze River and the middle and upper reaches of Yellow River, and the key state-owned forest regions in the Northeast and Inner Mongolia. In order to further promote recovery of the natural forests in a purpose to safeguard the regional eco-security and to cope with global climate change, the state government has decided to implement the Phase II of Natural Forest Protection Program from 2011 to 2020. At this special occasion, it is very necessary to summarize our past experience and research findings in terms of basic theories and techniques on natural forest restoration and ecosystem management, which will contribute to the successful implementation of the Natural Forest Protection Program for the Phase II.

This book presents thestate-of-art knowledge and experiences in terms of basic principles and applied technologies on ecological restoration of degraded natural forests based on the past more than 10 years research work through the several national projects funded by the Ministry of Science and Technology and the State Forestry Administration. The book is consisted of 8 chapters that are organized in a logical sequence. The Chapter 1 is an introduction, which describes the current situation of ecological restoration of degraded natural forests, and China's natural forest resources. The Chapter 2, the characteristics of stand structure, regeneration and succession of some typical natural forests. The Chapter 3, the disturbance regime and ecological characters of the degraded natural forests. The Chapter 4, the close-to-nature based conversion of pure plantation into semi-natural forests. The Chapter 5, the ecological restoration of the degraded natural forests through natural regeneration and evaluation of restoration processes. The Chapter 6, the restoration and rehabilitation technologies of typical degraded natural forests. The Chapter 7, the landscape restoration of degraded natural forests and forest landscape spatial planning. The Chapter 8, sustainable management of natural forests.

The contributors of this book are scientists and researchers who have long been engaged in ecological restoration, biodiversity conservation and ecosystem management research associated with natural forests in China. Dr. Shirong Liu is a chief editor responsible for the overall book design and review, and for the final proofreading of the book with Dr. Jiangming Ma. The specific contribution of each author to the book is as follows:

Shirong Liu is responsible for the Chapter 1, introduction (co-authors: Jiangming Ma and Guobin Zhang), the 3rd section of the Chapter 2 (co-authors: Xingliang Liu, Zuomin Shi and Ning Miao), the 7th section of The Chapter 2 (co-authors: Bing Kang), the 2nd section of the Chapter 3 (co-authors: Zuomin Shi, Changming Zhao and Yuandong Zhang), the 5th section of the Chapter 3 and the 3rd section of the Chapter 4 (co-author: Bing Kang), the 2nd section of the Chapter 5 (co-author: Jiangming Ma), the 1st part of the 6th section of the Chapter 6 (co-author: Bing Kang), the Chapter 7 (co-authors: Chuanwen Luo and Yuandong Zhang), and the Chapter 8 (co-autors: Jiangming Ma and Zuomin Shi).

Jiaojun Zhu is responsible for the 1st section of the Chapter 3 (co-authors: Lizhong Yu and Kai Yang).

Runguo Zhangis responsible for the 2nd section of the Chapter 2 (co-authors: Kewu Chen and Guifeng Liu), and the 2nd section of the Chapter 6 (co-author: Kewu Chen).

Lifei Yu is responsible for the 6th section of the Chapter 2 (co-authors: Rui Yang, Xiaoke Zhu and Shouqian Zhu), the 1st section of the Chapter 5 (co-authors: Shouqian Zhu, Jingzhong Ye and Luming Wei), and the 5th section of the Chapter 6 (co-authors: Rui Yang, Xiaoke Zhu and Shouqian Zhu).

Tushou Luo is responsible for the 8th section of the Chapter 2 (co-author: Han Xu), the 6th section of the Chapter 3 and the 7th section of the Chapter 6 (co-author: Dexiang Chen).

Guangtao Meng is responsible for the 5th section of the Chapter 2, the 4th section of the Chapter 3, and the 4th section of the Chapter 6 (co-author: Guixiang Li).

Xingliang Liu isresponsible for the 3rd section of the Chapter 3.

Xueren Tan isresponsible for the 1st section of the Chapter 4 (co-authors: Wanliang Hu and Lizhong Yu) and the 1st section of the Chapter 6 (co-author: Wanliang Hu).

Jinxi Wang is responsible for the 4th section of the Chapter 2 (co-authors: Xiaohu Cai, Xingliang Liu and Yunqing Hao), the 3rd section of the Chapter 6 (co-author: Xiaohu Cai and Xingliang Liu).

Hailong Shen is responsible for the 1st section of the Chapter 2 (co-author: Jianwei Xu).

Yuanchang Lu is responsible for the 2nd section of the Chapter 4 and the 2nd part of the 6th section of the Chapter 6.

Although we had made a great effort to summarize research results and demonstration models from various case studies and pilot sites for typical natural forests distributing at different geographical areas, this book might not cover a full range of research contents and issues in relation to natural forests, especially in the northwest and Qinghai-Tibet regions and also there may be still some oversights or errors in book editing. It is our hope that this publication would contribute to improvement in the knowledge of ecological restoration theories and technologies for natural forest management in China. The chief editor would like to extend his sincere thanks to all co-authors who have devoted their valuable time and vigorous energy to make their generous contributions to this publication and also to Professor Youxu Jiang and Prof. Shouzhen Tang, who are outstanding scientists in the fields of forest ecology and forest management in China, and academicians of the Chinese Academy of Science, for writing up the book preface and their suggestions and comments in the compilation of this book. Special appreciation is extended to the Ministry of Science and Technology, the State Forestry Administration, and the National Natural Science Foundation of China for their financial assistance to the long term research work of natural forest ecological restoration, biodiversity conservation and sustainable forest management in China.

October 10, 2011, Beijing, PR. China

目　录

序一
序二
前　言
第一章　绪论 ··· 1
　第一节　天然林植被生态恢复重建研究现状与展望 ··············· 1
　　一、森林退化与退化天然林 ··································· 1
　　二、退化天然林恢复的生态学理论基础 ·························· 2
　　三、退化天然林研究的现状与展望 ·························· 3
　第二节　中国天然林资源及其评价 ···························· 4
　　一、中国天然林的分布 ································· 5
　　二、中国天然林的资源动态变化 ······················ 7
　参考文献 ··· 10

第二章　天然林保护工程区典型天然林的结构特征及更新演替 ······· 14
　第一节　大兴安岭兴安落叶松林群落结构特征及更新演替 ·········· 14
　　一、大兴安岭兴安落叶松群的结构 ························· 15
　　二、大兴安岭兴安落叶松群的更新与演替 ················· 22
　第二节　新疆天山云杉林群落结构特征及更新演替 ·············· 27
　　一、天山地区自然概况 ································ 27
　　二、天山云杉林概况 ··································· 28
　　三、天山云杉林结构特征 ································ 30
　　四、天山云杉林的更新演替 ····························· 44
　第三节　川西亚高山天然林群落结构与更新演替 ················ 47
　　一、群落结构特征 ···································· 47
　　二、更新演替 ······································· 71
　第四节　四川盆周山地常绿阔叶林群落结构与更新演替 ·········· 73
　　一、四川盆周山地常绿阔叶林分布 ······················ 73
　　二、四川盆周西缘山地常绿阔叶林木本植物区系 ·········· 75
　　三、四川盆周山地的常绿阔叶林与更新演替 ·············· 83
　第五节　滇中高原云南松林群落结构与天然更新演替 ············ 87
　　一、群落结构特征 ···································· 87
　　二、更新演替 ······································· 88

第六节　贵州喀斯特天然林保护工程区典型天然林的结构特征及更新演替 ……… 90

一、贵州喀斯特区自然地理概况 ……………………………………… 90

二、贵州喀斯特森林植被概况 ………………………………………… 92

三、贵州喀斯特森林区系特征 ………………………………………… 93

四、顶极状态喀斯特森林结构特征 …………………………………… 94

五、喀斯特森林更新特征 ……………………………………………… 99

第七节　广西南亚热带常绿阔叶林群落结构与天然更新演替 ………… 100

一、群落结构特征 ……………………………………………………… 100

二、更新演替 …………………………………………………………… 102

第八节　海南岛热带雨林群落结构与天然更新演替 …………………… 105

一、热带常绿季雨林群落结构特征与更新演替 ……………………… 105

二、热带山地雨林群落结构特征及更新演替 ………………………… 109

参考文献 ………………………………………………………………… 115

第三章　天然林的干扰体系与恢复的生态学特征 ……………………… 122

第一节　东北退化天然林恢复过程的生态学特征 ……………………… 122

一、干扰体系与退化森林特征 ………………………………………… 123

二、群落结构及物种多样性 …………………………………………… 127

三、土壤养分及水文效应 ……………………………………………… 133

第二节　川西亚高山退化天然林恢复过程的生态学特征 ……………… 138

一、干扰体系与退化森林特征 ………………………………………… 138

二、群落结构及物种多样性 …………………………………………… 140

三、土壤养分及水文效应 ……………………………………………… 141

第三节　四川盆周山地退化天然林恢复过程的生态学特征 …………… 145

一、干扰体系与退化森林特征 ………………………………………… 145

二、群落结构及物种多样性 …………………………………………… 145

三、土壤养分及水文效应 ……………………………………………… 150

第四节　滇中高原云南松林恢复过程的生态学特征 …………………… 157

一、干扰体系与退化森林特征 ………………………………………… 157

二、群落结构及物种多样性 …………………………………………… 160

三、土壤养分及水文效应 ……………………………………………… 168

第五节　广西南亚热带退化天然林恢复过程的生态学特征 …………… 171

一、干扰体系与退化森林特征 ………………………………………… 171

二、群落结构及物种多样性 …………………………………………… 173

三、土壤养分 …………………………………………………………… 178

第六节　海南岛热带退化天然林恢复过程的生态学特征 ……………… 181

一、热带雨林干扰体系与退化特征 …………………………………… 181

二、退化热带天然林群落结构及物种多样性 ………………………… 182

三、热带天然次生林土壤养分及持水性 ……………………………… 186

参考文献 ………………………………………………………………… 190

第四章　天然林区人工林近自然改造过程中的生态学特征 ⋯⋯⋯⋯⋯⋯⋯ 195

第一节　东北红松人工林近自然改造过程中的生态学特征 ⋯⋯⋯⋯⋯ 195

一、物种组成及多样性 ⋯⋯⋯⋯⋯⋯⋯⋯⋯⋯⋯⋯⋯⋯⋯⋯⋯⋯⋯ 195

二、土壤养分 ⋯⋯⋯⋯⋯⋯⋯⋯⋯⋯⋯⋯⋯⋯⋯⋯⋯⋯⋯⋯⋯⋯⋯ 197

第二节　华北油松人工林近自然改造过程中的生态学特征 ⋯⋯⋯⋯⋯ 202

一、华北油松人工林近自然化改造的理论 ⋯⋯⋯⋯⋯⋯⋯⋯⋯⋯⋯ 202

二、基于三个维度的华北地区油松人工林近自然经营作业方法 ⋯⋯ 205

三、华北地区油松人工林近自然改造效果分析 ⋯⋯⋯⋯⋯⋯⋯⋯⋯ 207

四、小结 ⋯⋯⋯⋯⋯⋯⋯⋯⋯⋯⋯⋯⋯⋯⋯⋯⋯⋯⋯⋯⋯⋯⋯⋯⋯ 214

第三节　广西南亚热带杉木、马尾松人工林近自然改造过程中的生态学特征 ⋯⋯ 214

一、物种组成及多样性 ⋯⋯⋯⋯⋯⋯⋯⋯⋯⋯⋯⋯⋯⋯⋯⋯⋯⋯⋯ 214

二、土壤养分及水文效应 ⋯⋯⋯⋯⋯⋯⋯⋯⋯⋯⋯⋯⋯⋯⋯⋯⋯⋯ 226

参考文献 ⋯⋯⋯⋯⋯⋯⋯⋯⋯⋯⋯⋯⋯⋯⋯⋯⋯⋯⋯⋯⋯⋯⋯⋯⋯ 231

第五章　退化天然林自然恢复的生态学过程及恢复评价 ⋯⋯⋯⋯⋯⋯⋯ 232

第一节　贵州退化喀斯特天然林自然恢复的生态学过程及恢复评价 ⋯⋯ 232

一、研究区概况 ⋯⋯⋯⋯⋯⋯⋯⋯⋯⋯⋯⋯⋯⋯⋯⋯⋯⋯⋯⋯⋯⋯ 232

二、贵州喀斯特典型天然林群落现状及结构特征 ⋯⋯⋯⋯⋯⋯⋯⋯ 233

三、天然林退化群落自然恢复的评价 ⋯⋯⋯⋯⋯⋯⋯⋯⋯⋯⋯⋯⋯ 241

第二节　川西亚高山退化暗针叶林自然恢复状态的综合评价 ⋯⋯⋯⋯ 246

一、退化天然林自然恢复过程中恢复阶段的划分 ⋯⋯⋯⋯⋯⋯⋯⋯ 247

二、退化天然林自然恢复过程中的结构、功能特征 ⋯⋯⋯⋯⋯⋯⋯ 253

三、自然恢复状态的综合评价 ⋯⋯⋯⋯⋯⋯⋯⋯⋯⋯⋯⋯⋯⋯⋯⋯ 263

参考文献 ⋯⋯⋯⋯⋯⋯⋯⋯⋯⋯⋯⋯⋯⋯⋯⋯⋯⋯⋯⋯⋯⋯⋯⋯⋯ 267

第六章　典型退化天然林的恢复重建技术 ⋯⋯⋯⋯⋯⋯⋯⋯⋯⋯⋯⋯⋯ 271

第一节　东北东部山地退化天然林的恢复技术 ⋯⋯⋯⋯⋯⋯⋯⋯⋯⋯ 271

一、天然次生林结构调整技术 ⋯⋯⋯⋯⋯⋯⋯⋯⋯⋯⋯⋯⋯⋯⋯⋯ 271

二、红松人工林近自然改造 ⋯⋯⋯⋯⋯⋯⋯⋯⋯⋯⋯⋯⋯⋯⋯⋯⋯ 285

第二节　新疆天山云杉林的保育恢复 ⋯⋯⋯⋯⋯⋯⋯⋯⋯⋯⋯⋯⋯⋯ 288

一、天山云杉林保护面临的问题 ⋯⋯⋯⋯⋯⋯⋯⋯⋯⋯⋯⋯⋯⋯⋯ 288

二、天山云杉林保育恢复的关键问题 ⋯⋯⋯⋯⋯⋯⋯⋯⋯⋯⋯⋯⋯ 289

三、天山云杉林保育恢复技术 ⋯⋯⋯⋯⋯⋯⋯⋯⋯⋯⋯⋯⋯⋯⋯⋯ 290

四、天山云杉林的保育对策 ⋯⋯⋯⋯⋯⋯⋯⋯⋯⋯⋯⋯⋯⋯⋯⋯⋯ 295

第三节　四川盆周山地退化森林的封育恢复技术 ⋯⋯⋯⋯⋯⋯⋯⋯⋯ 296

一、封育恢复类型划分的原则、依据、指标及参数 ⋯⋯⋯⋯⋯⋯⋯ 296

二、封育类型划分的分类等级和特征 ⋯⋯⋯⋯⋯⋯⋯⋯⋯⋯⋯⋯⋯ 297

第四节　滇中高原退化森林的恢复技术 ⋯⋯⋯⋯⋯⋯⋯⋯⋯⋯⋯⋯⋯ 303

一、严重退化生境的土壤功能修复技术 ⋯⋯⋯⋯⋯⋯⋯⋯⋯⋯⋯⋯ 303

二、天然次生林结构调整技术 ······················· 304

三、云南松人工林近自然改造技术 ················· 305

第五节 黔中典型喀斯特天然次生林的恢复技术 ················· 305

一、黔中典型喀斯特天然次生林及其自然恢复过程 ··········· 305

二、黔中典型喀斯特天然次生林恢复技术 ················· 309

第六节 广西南亚热带退化天然林的恢复技术 ················· 323

一、天然次生林结构调整技术 ······················· 323

二、人工林近自然改造技术 ························· 324

第七节 海南热带退化天然林的恢复技术 ················· 329

一、天然次生林结构调整技术 ······················· 329

二、人工林近自然改造技术 ························· 330

参考文献 ·· 332

第七章 天然林景观恢复及其空间规划技术 ················· 334

第一节 川西亚高山退化天然林景观特征及其动态变化 ··········· 334

一、研究地区与研究方法 ························· 335

二、结果与分析 ····························· 336

三、讨论 ································· 342

第二节 森林经营规划决策系统开发——以杂古脑河上游为例 ········ 343

一、概况 ································· 343

二、经典的林分生长过程与经营策略优化 ················· 343

三、各种森林景观管理规划软件的特点及评述 ··········· 345

四、Remsoft 3.28 的应用实例 ····················· 348

五、FSMPS（Forest Spatial Management And Planning System）开发 ······ 349

参考文献 ·· 356

第八章 天然林的可持续管理 ························· 358

第一节 天然林的健康状况及其稳定性 ················· 358

第二节 气候变化对天然林的可能影响 ················· 359

一、植物物候、物种组成、分布和林业生产布局将发生变化 ······ 359

二、森林生物量和生产力可能增大 ··················· 359

三、林火、病虫害、极端气候造成森林危害加剧 ··········· 359

第三节 天然林的可持续管理对策 ····················· 360

一、天然林恢复与重建的技术集成 ··················· 360

二、天然林保育和可持续管理的动态监测与预测研究 ········· 361

三、发展固碳林业与碳贸易 ························· 362

参考文献 ·· 363

第一章 绪 论

第一节 天然林植被生态恢复重建研究现状与展望

一、森林退化与退化天然林

森林是陆地生态系统的主体。森林具有复杂的结构和功能，不仅为人类提供了大量的木质林产品和非木质林产品，并具有历史、文化、美学、休闲等方面的价值，在保障农牧业生产条件、维持生物多样性、保护生态环境、减缓自然灾害和调节全球碳平衡和生物地球化学循环等方面起着重要的和不可替代的作用（唐守正，刘世荣，2000；马姜明等，2010）。近几十年来，人口急剧增长、社会经济发展和森林资源的高强度开发利用等全球性问题，直接或间接导致了森林的退化。森林等自然资源的退化是当前世界范围内所面临的一个主要的环境问题（Houghton，1994；Dobson *et al.* ，1997）。

不同的研究者或研究组织由于对森林管理的目的不同，对于森林退化概念的理解存在差异（张小全，侯振宏，2003）。如：Serna 对森林退化定义为：森林生产力降低或质量的下降，或确保发挥作用和功能的林地的受损（Hitimana *et al.* ，2004）。联合国粮农组织对森林退化的定义为：由于人类活动（如过牧、过度采伐和重复火干扰）或病虫害、病原菌以及其他自然干扰（如风、雪害等）导致森林面积减少，或者变成疏林等现象（朱教君，李凤芹，2007）。朱教君和李凤芹（2007）对森林退化的定义进行了归纳，认为国际组织对森林退化定义的基本内涵是一致的，即指林木产品和生态服务功能的逆向改变。总体来看，森林退化是森林在人为或自然干扰下形成偏离干扰前（或参照系统）的状态，与干扰前（或参照系统）相比，在结构上表现为种类组成和结构发生改变；在功能上表现为生物生产力降低、土壤和微环境恶化、森林的活力、组织力和恢复力下降，生物间相互关系改变以及生态学过程发生紊乱等等。国际热带木材组织区分了森林退化的 3 种类型（Lamb and Gilmour，2003）：①退化的原始林：由过度的或破坏性的木材利用所导致；②次生林：大面积砍伐后林地上的天然更新林分；③退化的林地：退化很严重以致森林不能更新，目前主要有草本和灌木组成。

森林退化是一个世界性的问题，并且面积有扩大的趋势。到 2000 年，约 60% 的热带林属于退化生态系统，其中包括次生林、退化原始林以及退化林地（臧润国，丁易，2008）。由于发展农业和刀耕火种，热带森林面积正在以 1.35×10^7 hm²/年的速度减少，而且每年有 5.1×10^6 hm² 的热带林变成次生林（Kobayashi，2004）。在非洲，用于发展农业而采伐森林的面积占总面积的70%，亚洲占50%，拉丁美洲占35%（Kobayashi，2004）。退化的森林部分或全部丧失了森林结构、生产力、生物多样性以及曾经所能提供的生态系统服务功能，对木材生产和全球环境问题产生重要的影响。深刻理解森林退化的定义是判别森林退化状态和建立森林恢复评价指标体系和标准的前提。

天然林退化是天然林在一定的时空背景下，由于人为或自然干扰，其生态系统的组成、结构和功能发生与原有的稳定状态或进展演替方向相反的或偏移的量变或质变的过程或结果。天然林退化具有阶段性特征，即不同阶段的退化具有不同的发展过程和特点、退化速率和强度、恢复的过程和时间（刘世荣等，2009）。刘世荣等（2009）通过对中国西南地区森林的研究认为退化的天然林主要包括以下4种森林类型：①老龄林。未被采伐而保留下来的天然老龄林斑块。常分布在山脊、沟尾林线以及地势险要处，作为"种子林"、"保安林"而保留下来。例如，在川西亚高山经常可看到暗针叶老龄林斑块，呈岛屿状分布。②天然次生林。天然林严重干扰后没有采取育林措施，而是通过自然更新演替形成天然次生林。川西亚高山地区，岷江冷杉（*Abies faxoniana*）林被大面积采伐后，迹地天然更新形成了悬钩子（*Rubus* spp.）灌丛及桦木（*Betula* spp.）林；云南金沙江流域云南松（*Pinus yunnanensis*）原始林采伐后经天然更新形成云南松、锥连栎（*Quercus franchetii*）次生林。③人工纯林。在川西亚高山地区，天然林采伐后常采用云杉、日本落叶松（*Larix leptolepis*）等树种进行人工造林，形成人工针叶纯林。在金沙江上游，天然常绿阔叶林采伐后人工造林，如云南松和华山松（*Pinus armandi*）人工林。④人工林、次生林的镶嵌类型。天然林采伐后通过人工造林更新，但之后并未进行必要的森林抚育或者抚育措施不力，造成人工林成活率低，有时造林树种的生长状况甚至不如自然恢复的次生林树种。在川西亚高山地区，经常可以看到天然次生桦木林中有人工更新的痕迹。

二、退化天然林恢复的生态学理论基础

1. 基础生态学理论

（1）种群建立理论。进行人工种群重建，就需要进行物种生境评价、物种筛选、种苗培育与扩繁、物种搭配、群落结构配置以及评价体系构建等方面的工作。

（2）群落演替理论。森林生态系统的恢复与重建工作主要遵循自然演替规律，运用"近自然林"的经营理念，仿拟当地天然老龄林的组成和结构，利用群落的自然恢复力，辅以适当的人工措施，加快自然演替的速度，恢复退化天然林的物种组成和群落结构。

（3）生态系统自我调控理论。利用生态系统内部、生态系统与环境之间的正负反馈机制维持其自身的多样性、复杂性、稳定性和可持续性。

2. 现代生态学理论

（1）气候变化下的干扰。由于CO_2等温室气体浓度的增加导致的全球气候变暖可能引发极端气候的发生频率增加，病虫害大范围爆发，森林火灾发生频率增加，物种的地理分布范围发生变化等影响生态系统的正常运转。

（2）功能群（关键种）替代。通过演替地位、耐阴能力、生长型等指标进行功能群的划分，以功能群为单位取代具体的物种来研究森林恢复演替过程，可以清楚地反映受干扰的生态系统恢复过程中不同恢复阶段功能群组成的动态变化及不同功能群之间的更替，更好地揭示驱动种或阻滞种在植被恢复演替进程中的功能地位及作用机理。

（3）森林景观恢复（天然林、人工林景观结构恢复，主要侧重于生态系统管理）。退化天然林景观表现为景观结构和功能的变化。景观结构退化主要表现为景观破碎化和天然林原有的自然分布格局变化。景观破碎化导致斑块数目、形状和内部生境发生改变，会引起外来种生物入侵、改变景观组成结构、影响物质循环、阻碍基因的扩散和交流，还会影响景观的稳定性甚至人类社会经济结构的变化。无论是为了"生态可持续景观"、生态系统恢复和保护生物多样性，还是实施森林可持续发展的生态系统管理，景观都是最理想的研究尺度（Erice *et al.*，2000）。

三、退化天然林研究的现状与展望

美国在 20 世纪 60~70 年代就开始了北方阔叶林、混交林等生态系统的恢复试验研究，探讨采伐破坏及干扰后系统生态学过程的动态变化及其机制研究，取得了重要发现（包维楷等，2001）。欧洲共同体国家，特别是中北欧各国（如德国），对大气污染（酸雨等）胁迫下的生态系统退化研究较早，从森林营养健康和物质循环角度已开展了深入的研究，形成了独具特色的欧洲共同体森林退化和研究分享网络，并开展了大量的恢复实验研究（包维楷等，2001）。英国对工业革命以来留下的大面采矿地以及欧石楠灌丛地的生态恢复研究最早（Chapman *et al.*，1989；Mitchell *et al.*，1999）。北欧国家对寒温带针叶林采伐迹地植被恢复开展了卓有成效的研究与试验。在澳大利亚、非洲大陆和地中海沿岸的欧洲各国，研究的重点是干旱土地退化及其人工重建（Milton *et al.*，1994；Ludwig and Tongway，1996；Beukes and Cowling，2003；Clemente et al.，2004）。另外，美国、德国等国学者对南美洲热带雨林，英国和日本学者对东南亚的热带雨林采伐后的生态恢复也有较好的研究（包维楷等，2001；Inagakia et al.，2004）。

我国是世界上生态系统退化类型、山地生态系统退化最严重的国家之一。同时也是较早开始生态重建实践和研究的国家之一（包维楷等，2001）。20 世纪 50 年代末，在南亚热带地区退化坡地上开展了植被重建试验，为热带亚热带荒山草坡的森林植被的恢复和改造利用提供科学依据和示范样板（王伯荪，彭少麟，1997）。70 年代，"三北"地区的防护林工程建设。80 年代以来，先后对干旱半干旱荒漠地（赖世登等，1997）、退化山地（刘文耀等，1995；包维楷等，1995）、退化热带雨林（许再富等，1996；王伯荪，彭少麟，1997）、南亚热带侵蚀地（彭少麟，1995a；王伯荪，彭少麟，1997）、"三北"地区、太行山地区和长江中上游等地区植被恢复与重建（中国林学会，1991；胡庭兴等，1993；王国龙，罗韧，1993；王金锡等，1995；潘开文等，1995，1996；李贤伟等，1996，1998），以及人工林地力衰退进行了深入的研究与应用实践。在进一步对退化生态系统恢复与重建的大规模研究中，有关科研单位和高等院校做了大量的研究工作，提出了许多切实可行的生态恢复与重建技术与模式，先后发表了大量的有关生态系统退化和人工恢复重建的论文、报告和论著，为世界所瞩目。

我国的退化天然林的恢复与重建研究主要涉及以下几个方面：①是对退化森林生态系统恢复效益的研究（彭少麟，1995a）。这方面主要包括植被恢复过程中群落学特征（彭少麟，方炜，1995b；温远光，1998a；温远光等，1998b，1998d；王国梁等，2003；赵常明等，2002，马姜明等，2007）、生产力与生物量（项文化等，2003）、土壤理化性质（庞学勇等，2002，2004；何园球等，2003）、林内环境（温远光等，1998c；胡良军等，2002）、动物与微生物群落的变化等（焦如珍等，1997；佟富春等，2003）、林地水文效应（石培礼等，2004；张远东等，2004，2005，2006）；②是对退化森林恢复与重建技术、模式及试验示范研究。主要包括森林采育更新技术研究（马雪华，1963；刘醒华，1981；王金锡等，1989，1995；邓坤枚，1992）、恢复与重建技术方法（王国龙，罗韧，1993；刘文耀等，1995；包维楷等，1995；彭少麟，1995a；王伯荪，彭少麟，1997；赖世登等，1997；何锦峰等，2002；何钢等，2003）、物种的筛选（王国龙，罗韧，1993；刘文耀等，1995；叶永忠，范志彬，1995；李贤伟等，1996）；③是生态系统退化现象及其危害表现（包维楷等，1995；钟兆站，李克煌，1998；刘庆等，1999；包维楷等，1999a；1999b；孙楠等，2002）、退化形成的原因（王伯荪，彭少麟，1997；赖世登等，1997）、解决的对策（包维楷等，1995；许再富，1996；赖世登等，1997）。

在自然恢复方面，对退化天然林恢复的状态、恢复机理和恢复生态学过程研究较少，如何加速次生林结构和生态系统服务功能向老龄林方向发展的研究也相对缺乏。虽然对人工重建森林的生态学效应研究较多，但随着森林发展，人工林群落结构和功能发生了较大变化，如何诱导人工林在结构和功能方面向"近自然林"转化的研究还相对缺乏。目前退化天然林恢复重建中需要解决以下问题：①老龄林丧失及其景观破碎化后，如何开展遗传多样性的保护和恢复工作；②天然更新或人工更新不成功后形成大面积的次生阔叶林。如何经营这些低价值的次生阔叶林，加快恢复其生态功能和生产力；③原生优势种群被大面积人工纯林替代，如何经营和调整这些人工纯林，是否需要恢复和如何恢复原生优势群落；④天然林区土地利用及土地覆盖变化过程中如何进行森林景观恢复和多目标景观规划实现景观格局的优化配置；⑤严重退化生境和次生灌草丛的恢复重建中，如何尽快恢复土壤结构与功能和维持定植群落的稳定性。

另外，今后应加强退化天然林的快速定向恢复研究，通过演替驱动种甄别和功能群替代实现退化天然林的功能恢复，注意培育乡土的大径级、珍优阔叶树种，研究人工重建和自然恢复过程中群落的结构和功能的动态变化规律以及恢复群落的稳定性。以老龄模式林作为参照系，构建恢复重建评价标准与指标体系，对恢复重建效果进行综合评价、预测，探索天然林景观结构优化配置和多目标空间经营规划的方法，最终实现天然林的景观恢复与多目标可持续经营。

第二节　中国天然林资源及其评价

天然林占中国森林面积的70%，是木材和非木质林产品的主要来源，占所有森林活立木蓄积量的90%；但20世纪80年代之前，由于对天然林资源的过度利用和不合理的林地开发，造成森林资源的退化与损耗，天然林在面积与蓄积方面锐减，从而导致了严重的水土流失及生物多样性减少，影响了天然林的生态服务功能与生态、社会效益的有效发挥。自从1998年实施天然林保护工程以来，我国天然林资源发生了质的变化。据第7次全国森林资源清查结果，与第6次清查相比，天然林面积净增393.05万hm^2，蓄积净增6.76亿m^3。其中天然林保护工程区内面积净增量比第6次清查多26.37%，天然林蓄积净增量是第6次清查的2.23倍。

一、中国天然林的分布

据第 6 次全国森林资源清查结果，我国天然林资源主要分布在东北、西南各省（区），其中黑龙江、内蒙古、云南、四川、西藏 5 省（区）天然林面积合计 5983.10 万 hm^2，占全国的 51.68%；蓄积合计 732219.40 万 m^3 占全国的 69.12%。自从 1998 年下半年，天然林资源保护工程在天然林分布比较集中、生态地位十分重要的地区试点启动，重庆、四川、贵州、云南、陕西、甘肃、青海等地相继宣布全面停止天然林采伐，东北、内蒙古国有林区也开始有计划地调减天然林采伐量，并加大了造林和管护力度。2000 年 10 月 24 日，天然林保护工程在重点地区全面正式启动。工程实施范围为长江上游地区（以三峡库区为界）、黄河上中游地区（以小浪底库区为界）和东北、内蒙古、新疆、海南等 17 个省（自治区、直辖市），规划建设期从 2000 年至 2010 年共 11 年，计划工程总投资 962 亿元。

第 6 次全国森林资源清查结果表明，天然林面积在 200 万 hm^2 以上的省（区）有黑龙江、内蒙古、云南、四川、西藏、江西、吉林、广西、湖南、陕西、福建、广东、湖北、浙江、贵州等 15 个省（区），15 个省（区）天然林面积合计 10359.42 万 hm^2，占全国的 89.49%；蓄积合计 972457.94 万 m^3，占全国的 91.80%。天然林面积在 10 万 hm^2 以下的地区有 4 个，从小到大依次为：上海、天津、江苏、宁夏。全国天然林面积在各省（自治区、直辖市）总体分布情况如图 1-1 所示。

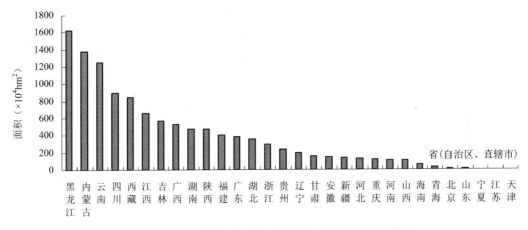

图 1-1　全国天然林面积各省（自治区、直辖市）分布情况

天然林在我国七大流域分布的主要特征见图 1-2，面积最大区域是分布在长江流域，天然林面积达 3489 万 hm^2，天然林在淮河流域面积最小，只有 59 万 hm^2。而在黑龙江与松花江流域天然林面积占林业用地面积比例最大，分别为 76.81% 和 70.14%，长江流域天然林所占林业用地面积为 43.68%，位居第 3，海河流域天然林面积占林业用地面积最小，只有 10.50%。

我国森林分布于多个气候带，而天然林在我国各气候带的分布面积与蓄积也有很大差异。根据第 6 次森林资源清查结果可以看出（图 1-3），位于中亚热带和中温带两区域的天然林分布面积最大，其次是高原气候区，北热带区域的天然林面积分布最小。而蓄积分布与面积分布规律基本一致，只是在高原气候区的天然林林分蓄积最高，其次是中温带和中亚热带区域的林分蓄积比较大，北热带天然林林分蓄积也最小。从天然林按气候区分布总

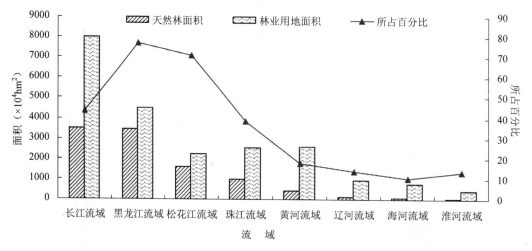

图1-2 全国天然林面积流域分布情况

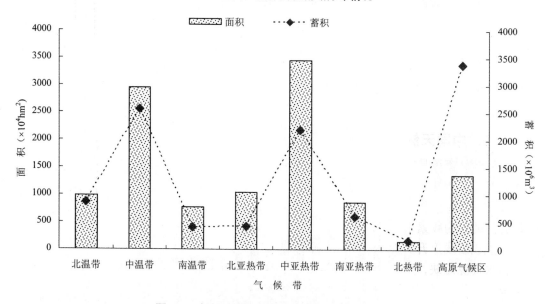

图1-3 全国天然林面积与蓄积气候区分布情况

的格局看，主要是分布中亚热带、中温带和高原气候区，这3个气候区的面积和蓄积分别占全国天然林面积和蓄积的67.2%和76.6%。

天然林的年龄分布情况影响到天然林的质量与今后的动态变化情况，根据第6次全国资源清查结果可以看出(图1-4)，目前我国天然林的年龄分布结构特征主要表现在以下几个方面：天然林面积主要集中分布在幼龄林和中龄林，中、幼龄林面积分别为：3764.36 ×10^4hm²、3424.33 × 10^4hm²，共占天然面积的65%，蓄积分别为2754.22 × 10^6 m³、991.67 × 10^6 m³，只占35.4%。而成、过熟林面积分别为：1473.83 × 10^6 m³和831.43 × 10^6 m³，共占天然林面积的20.9%，蓄积分别为2821.90 × 10^6 m³和2093.33 × 10^6 m³，占总蓄积的46.4%。从目前我国天然林面积、蓄积在龄组分布结构特征看，大部分天然林还处于中、幼龄阶段，如果这部分天然林到达成熟林时，则其蓄积的增量空间很大，但目前蓄积近一半位于成、过熟林，所以对天然林进行保护与恢复，不仅可以保证目前天然林的总体蓄积与质量得到提高，同时对未来我国天然林的发展和总蓄积量增长，以及森林质量、森林年龄结构的合理性、综合生态服务功能的提高具有重要意义。

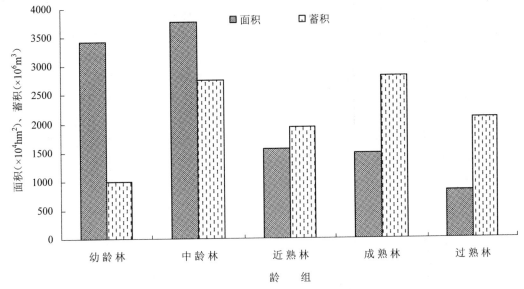

图1-4　全国天然林龄组面积、蓄积分布情况

二、中国天然林的资源动态变化

天然林资源是中国森林资源的主体，在维护生态平衡、提高环境质量及保护生物多样性方面发挥着不可替代的主体作用，具有良好的生态效益、环境效益和社会效益。我国天然林在20世纪90年代以前，由于过度采伐以及毁林开垦、乱砍滥伐、非法侵占等多种破坏森林的行为频繁发生，致使森林植被遭到严重破坏，特别是天然林资源呈逐年下降的势头，造成雪线上升，林缘回退，资源分布范围逐步缩小，水土流失加重，土地荒漠化加剧，水资源短缺，生物栖息环境恶化，全国性自然灾害频繁，给国民经济建设和社会发展造成重大损失（庄作峰，2001）。

根据第1～6次森林资源清查资料，50多年来，我国人工林面积比重不断增长，天然林面积比重持续下降。1950～1962年森林资源普查结果显示，人工林面积比重（指占森林面积比例，下同）仅为4.49%，天然林面积比重占95.5%。其中，1962～1981年天然林面积比重下降较快，1981～2003年下降趋缓，到2003年下降到最低点66.23%。我国森林资源的面积和蓄积数量于20世纪80年代开始了持续双增长，因此，天然林的面积和蓄积比重下降并不等于天然林实际面积和蓄积在减少，只是说明人工林在森林中的组成数量不断增加，比重逐步增大。20世纪80～90年代，我国森林经营逐渐向木材生产与生态建设并重转变，加速了森林资源的培育，特别是在20世纪末本世纪初，六大林业工程的建设、以生态建设为中心的林业发展战略的实施，使人工林发展迅速，面积和蓄积比重不断增加（张煜星，2006）。

从最近3次森林资源清查结果可以看出，第5次（1993～1998年）森林资源清查结果表明，全国天然林面积10696.54万hm²，占全国森林面积的69.62%。到第6次森林资源清查（1999～2003年），全国天然林面积11576.20万hm²，占全国有林地面积的68.49%。

第 7 次调查结果(2004~2008 年)显示，全国天然林比上期调查天然林面积净增加 393.05 万 hm²，达 11969.25 万 hm²。天然林保护工程区，天然林面积净增量比第 6 次清查多 26.37%，天然林蓄积净增量是第 6 次清查的 2.23 倍。

由第 5、6 次森林资源清查数据结果可以看出天然林在各林种 5 年内的面积变化情况 (图 1-5，图 1-6)。天然林总体面积增加了，但在各林种的面积与蓄积增加方面有一定差异，尤其在用材林与防护林方面的比例发生了很大变化。在 1993~1998 年期间，用材林无论在面积上还是在蓄积方面都有绝对优势，但到 1999~2003 年期间，林种在天然林组成中发生了很大变化，用材林所占比例大大下降，而防护林与特用林所占比例大大增加。人们对天然林经营由过去以用材林为主逐步转向防护林和特用林为主的公益林经营方式，从而使我国天然林在面积与蓄积方面都有了增加。

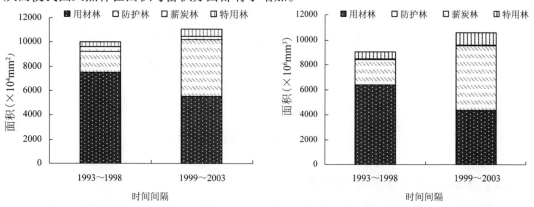

图 1-5　天然林各林种面积变化情况　　　　图 1-6　天然林各林种蓄积变化情况

天然林在 1993~1998 年到 1999~2003 年期间各龄组的面积除过熟林外，都呈现增加趋势，如图 1-7 所示，从幼龄林到成熟林，分别增加了 203.88 × 10⁴ hm²、258.05 × 10⁴ hm²、395.7 × 10⁴ hm²、188.78 × 10⁴ hm²，过熟林降低了 2.61 × 10⁴ hm²，近熟林面积增长量最大，过熟林面积在减小。另一方面天然林的质量也在不断变化，如图 1-8 所示，尤

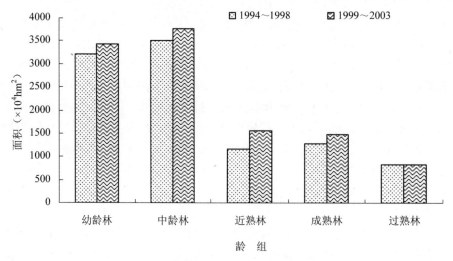

图 1-7　天然林各龄组 5 年内面积变化情况

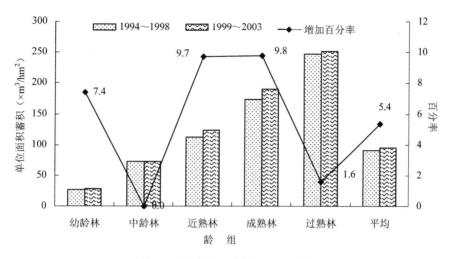

图 1-8 天然林各龄组 5 年内蓄积变化情况

其成熟林、近熟林和幼龄林单位面积蓄积，分别增长了 9.8%、9.7% 和 7.4%。中龄林变化率最小，这主要与我国实施天然林保护工程有关，使过去许多低质量的天然林，通过合理的经营与保护，森林郁闭度提高，从不足 0.2 经过一定时间的天然保护与恢复，达到进入林分的条件，使得中龄林的面积快速增长，而蓄积可能由于部分新达到林分条件的林分蓄积较低而影响了整个龄组的单位蓄积增长量。但就整个天然林在各龄组平均水平来看，每公顷蓄积增长了 5.4%，天然林质量明显得到提高。

　　长江流域是我国天然林面积分布最大区域，也是目前我国天然林面积占林业用地面积第三大的流域。长江流域天然林现状与动态变化对我国天然林整体的影响具有重要意义。从表 1-1 中可以看出，在 1994～1998 年与 1999～2003 年期间，长江流域天然林的变化特征为：天然林面积增加 21.9 万 hm²，增长了 0.63%，其中林分面积增加 57.6 万 hm²，增长了 1.86%。林分所增长的部分超过了整个天然林面积的增量，这主要与天然林中的疏林地减少有关。通过在长江流域(尤其长江上游)实行天然林保护工程措施，天然疏林面积减少了 23.57%，同时天然林中经济林部分也减少了 24.76%，这两方面对天然林的结构调整与林分组成的改变具有重要作用和意义，有利于长江流域天然林的健康恢复与可持续发展。

表 1-1 长江流域天然林面积、蓄积变化情况

| 期 间 | 天然林面积、蓄积(单位：×10⁴hm²、×10⁶m³) | | | | | | 疏林地 | |
| | 天然林面积 | 林 分 | | | 经济林 | 竹林 | | |
		面积	蓄积	蓄积量 (m³/hm²)	面积	面积	面积	蓄积
1994～1998 年	3467.2	3090.5	2648.6	86	208.98	167.67	230.85	99.8
1999～2003 年	3489.1	3148.1	2699.7	85.76	157.24	183.80	176.43	39.9
变化率(%)	0.63	1.86	1.93	-0.28	-24.76	9.62	-23.57	-60.06

　　长江流域天然林分各龄组在 1994～1998 年与 1999～2003 年期间面积上的变化与全国天然林各龄组的面积变化有所不同，长江流域天然林分只有中龄林和近熟林的面积有所增

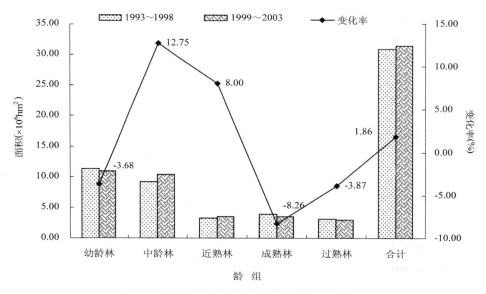

图1-9 长江流域林分不同龄组森林面积变化情况

加(图1-9),分别增长了12.75%和8.0%,而幼龄林、成熟林和过熟林面积都呈现出减少现象,分别减少了3.68%、8.26%和3.87%,其中成熟林减少最多。通过保护与管理幼龄林,很大一部分进入了中龄林,而人工促进恢复的天然林在短期内还未形成林分,所以造成了幼龄林面积有减少的现象。对于成、过熟林的面积减少现象,可能与流域内部分成、过熟林在此期间被利用有关,由于长江流域的经济发展的特殊性,以及可能部分成、过熟林的衰退,导致面积减小,另外这部分龄组在天然林中所占面积相对较小。但就整个流域来说,天然林面积净增长了1.86%。并且随着天然林保护与人工促进更新,合理的天然林经营管理,未来的龄组结构组成比例会更合理,改变目前这种幼龄林与中幼林占绝对优势的状况。

参考文献

Beukes P C, Cowling R M. 2003. Evaluation of restoration techniques for the succulent karoo, South Africa[J]. Restoration Ecology, 11(3): 308~316

Chapman S B, Clarke R T, Webb N R. 1989. The survey and assessment of heathlands in Dorset, England, for conservation[J]. Biological Conservation, 47: 137~152

Clemente A S, Werner C, Ma'guas C et al. 2004. Restoration of a limestone quarry: Effect of soil amendments on the establishment of native mediterranean sclerophyllous shrubs[J]. Restoration Ecology, 12(1): 20~28

Dobson A P, Bradshaw A D, Baker A J M. 1997. Hopes for the future: restoration ecology and conservation biology. Science[J], 277: 515~522

Erice J, Timothy J C and Frederick W K. 2000. Restored reparian buffers as tools for ecosystem restoration in the Maia: processes, endpoints, and measures of success for water, soil, flora, and fauna[J]. Environmental Monitoring and Assessment, 63: 199~210

Hitimana J, Kiyiapi J L, Njunge J T. 2004. Forest structure characteristics in disturbed and undisturbed sites of Mt. Elgon Moist Lower Montane Forest, western Kenya. Forest Ecology and Management, 194: 269~291

Houghton R A. 1994. The worldwide extent of land-use change[J]. BioScience, 44: 305~313

Inagakia Y, Miuraa S, Kohzub A. 2004. Effects of forest type and stand age on litterfall quality and soil N dynamics in Shikoku district, southern Japan[J]. Forest Ecology and Management, 202: 107~117

Kobayashi S. 2004. Landscape rehabilitation of degraded tropical forest ecosystems: Case study of the CIFOR/Japan project in Indonesia and Peru[J]. Forest Ecology and Management, 201: 13~22

Lamb D, Gilmour D. 2003. Rehabilitation and restoration of degraded forests[M]. Gland, Switzerland: IUCN-International Union for Conservation of Nature and Natural Resoruces, 7

Ludwig J A, Tongway D J. 1996. Rehabilitation of semiarid landscapes in Australia. II. Restoring vegetation patches[J]. Restoration Ecology, 4: 398~406

Milton S J, Hoffman M T. 1994. The application of state-and-transition models to rangeland research and management in arid succulent and semi-arid grassy Karoo, South Africa[J]. African Journal of Range and Forage Science, 11: 18~26

Mitchell R J, Marrs R H, Leduc M G et al. 1999. A study of the restoration of heathland on successional sites: changes in vegetation and soil chemical properties[J]. Journal of Applied Ecology, 36: 770~783

包维楷, 陈庆恒, 刘照光. 1995. 岷江上游山地生态系统的退化及其恢复与重建对策[J]. 长江流域资源与环境, 4(3): 277~282

包维楷, 陈庆恒. 1999a. 退化山地生态系统恢复和重建问题的探讨[J]. 山地学报, 17(1): 22~27

包维楷, 陈庆恒. 1999b. 生态系统退化的过程及其特点[J]. 生态学杂志, 18(2): 36~42

包维楷, 刘照光, 刘庆. 2001. 生态恢复重建研究与发展现状及存在的主要问题[J]. 世界科技研究与发展, 21(1): 44~48

邓坤枚. 1992. 横断山区云冷杉采伐迹地生态环境及其对森林更新影响的研究[J]. 自然资源, (3): 60~66

何钢, 蔡运龙, 万军. 2003. 生态重建模式的尺度视角——以我国西南喀斯特地区为例[J]. 水土保持研究, 10(3): 83~86

何锦峰, 樊宏, 叶延琼. 2002. 岷江上游生态重建的模式[J]. 生态经济, 3: 35~37

何园球, 沈其荣, 王兴祥. 2003. 红壤丘岗区人工林恢复过程中的土壤养分状况[J]. 土壤, 35(3): 222~226

胡良军, 邵明安. 2002. 黄土高原植被恢复的水分生态环境研究[J]. 应用生态学报, 13(8): 1045~1048

胡庭兴, 何承海, 杨冬生等. 1993. 三江流域低效林培育前景及改造措施研究//杨玉坡. 长江上游(川江)防护林研究[M]. 北京: 科学出版社, 294~304

焦如珍, 杨承栋, 屠星南等. 1997. 杉木人工林不同发育阶段林下植被、土壤微生物、酶活性及养分的变化[J]. 林业科学研究, 10(4): 373~379

赖世登, 丁贤忠, 牛喜业. 1997. 半干旱山区小流域退化生态系统重建与农业资源开发[J]. 自然资源学报, 12(3): 263~268

李贤伟, 胡庭兴, 杨冬生等. 1996. 攀西地区云南松低效林分结构及林分类型辨识[J]. 四川农业大学学报, 14(2): 236~240

李贤伟, 胡庭兴, 张健等. 1998. 四川沱江流域低效防护林改造技术及植被恢复途径探讨. 新的农业科技革命战略与对策[M]. 北京: 中国农业科技出版社, 725~731

刘庆, 吴宁, 潘开文等. 1999. 长江上游亚高山森林及其环境效应与重建对策//许厚泽, 赵其国. 长江流域洪涝灾害与科技对策[M]. 北京: 科学出版社, 79~83

刘世荣, 史作民, 马姜明等. 2009. 长江上游退化天然林恢复重建的生态对策[J]. 林业科学, 45(2): 120~124

刘文耀, 刘伦辉, 邱学忠等. 1995. 云南南涧干热退化山地水分调蓄与植被恢复途径的试验研究[J]. 自然资源学报, 10(1): 35~42

刘醒华. 1981. 川西高山林区采伐迹地的土壤条件及其与森林更新的关系//森林与土壤. 第二次全国森

林土壤学术讨论会论文选集[M]. 北京：科学出版社，107~118

马姜明，刘世荣，史作民等. 2007. 川西亚高山暗针叶林恢复过程中群落物种组成和多样性的变化[J]. 林业科学，43（5）：17~23

马姜明，刘世荣，史作民等. 2010. 退化森林生态系统恢复评价研究综述[J]. 生态学报，30（12）：3297~3303.

马雪华. 1963. 川西高山暗针叶林区的采伐与水土保持[J]. 林业科学，8（2）：149~158

潘开文，杨冬生，江心. 1995. 四川盆地马尾松低效防护林改造后林地侵蚀变化及其预测[J]. 土壤侵蚀及水土保持学报，1（1）：48~53

潘开文，杨冬生，江心. 1996. 用马尔柯夫模型预测马尾松低效林改造恢复过程[J]. 应用与环境生物学报，2（1）：29~35

庞学勇，胡泓，乔永康等. 2002. 川西亚高山云杉人工林与天然林养分分布和生物循环比较[J]. 应用与环境生物学报，8（1）：1~7

庞学勇，刘世全，刘庆等. 2004. 川西亚高山人工云杉林地有机物和养分库的退化与调控[J]. 土壤学报，41（1）：126~133

彭少麟，方炜. 1995b. 热带人工林生态系统重建过程物种多样性的发展[J]. 生态学报，15（增刊A辑）：18~30

彭少麟. 1995a. 中国南亚热带退化生态系统的恢复及其生态效应[J]. 应用与环境生物学报，1（4）：403~414

石培礼，吴波，程根伟. 2004. 长江上游地区主要森林植被类型蓄水能力的初步研究[J]. 自然资源学报，19（3）：351~360

孙楠，李卫忠，吉文丽等. 2002. 退化生态系统恢复与重建的探讨[J]. 西北农林科技大学学报（自然科学版），30（5）：136~139

唐守正，刘世荣. 2000. 我国天然林保护与可持续经营[N]. 中国农业科技导报，2（1）：42~46

佟富春，王庆礼，刘兴双等. 2004. 长白山次生林演替过程中土壤动物群落的变化[J]. 应用生态学报，15（9）：1531~1535

王伯荪，彭少麟. 1997. 植被生态学[M]. 北京：中国环境科学出版社，286~328

王国梁，刘国彬，刘芳等. 2003. 黄土沟壑区植被恢复过程中植物群落组成及结构变化[J]. 生态学报，23（12）：2550~2557

王国龙，罗韧. 1993. 低效防护林改造技术试验研究//杨玉坡. 长江上游（川江）防护林研究[M]. 北京：科学出版社，306~328

王金锡，许金铎，侯广维等. 1995. 长江上游高山高原林区迹地生态与营林更新技术[M]. 北京：中国林业出版社

王金锡，许金铎. 1989. 川西高山林区森林更新技术研究[J]. 林业科学，25（6）：570~574

温远光，赖家业，梁宏温. 1998d. 大明山退化生态系统群落的外貌特征研究[J]. 广西农业大学学报，17（2）：154~159

温远光，梁宏温，和太平等. 1998c. 大明山退化生态系统群落的温湿特征[J]. 广西农业大学学报，17（2）：204~210

温远光，元昌安，李信贤等. 1998b. 大明山中山植被恢复过程植物物种多样性的变化[J]. 植物生态学报，22（1）：33~40

温远光. 1998a. 常绿阔叶林退化生态系统恢复过程物种多样性的发展趋势与速率[J]. 广西农业大学学报，17（2）：93~106

项文化，田大伦，闫文德等. 2003. 杉木林采伐迹地撂荒后植被恢复早期的生物量与养分积累[J]. 生态学报，23（4）：695~702

许再富，刘宏茂. 1996. 热带雨林退化生态系统生物多样性消失与修复探讨[J]. 云南植物研究，18(4)：433～438

叶永忠，范志彬. 1995. 嵩山国家森林公园退化生态系统恢复与重建研究[J]. 河南科学，13(4)：349～354

臧润国，丁易. 2008. 热带森林植被生态恢复研究进展[J]. 生态学报，28（12）：6292～6304

张小全，侯振宏. 2003. 森林退化、森林管理、植被破坏和恢复的定义与碳计量问题[J]. 林业科学，39（4）：140～144

张煜星. 2006. 中国森林资源1950～2003年结构变化分析[J]. 北京林业大学学报，28(6)：80～87

张远东，刘世荣，马姜明. 2006. 川西高山和亚高山灌丛的地被物及土壤持水性能[J]. 生态学报，26(9)：2975～2982

张远东，刘世荣，马姜明等. 2005. 川西亚高山桦木林的林地水文效应[J]. 生态学报，25(11)：2939～2946

张远东，赵常明，刘世荣. 2004. 川西亚高山人工云杉林和自然恢复演替系列的林地水文效应[J]. 自然资源学报，19(6)：761～768

赵常明，陈庆恒，乔永康等. 2002. 青藏东缘岷江上游亚高山针叶林人工恢复过程中物种多样性动态[J]. 植物生态学报，26(增刊)：20～29

中国林学会编. 1991. 长江中上游防护林建设论文集[M]. 北京：中国林业出版社，7，68

钟兆站，李克煌. 1998. 山地平原交界带自然灾害与环境[J]. 资源科学，20(3)：32～39

朱教君，李凤芹. 2007. 森林退化/衰退的研究与实践[J]. 应用生态学报，18(7)：1601～1609

庄作峰. 2001. 中国天然林保护工程的现状与问题[J]. 世界农业，5：11～12

第二章　天然林保护工程区典型天然林的结构特征及更新演替

第一节　大兴安岭兴安落叶松林群落结构特征及更新演替

大兴安岭林区位于我国黑龙江省北部和内蒙古自治区东北部，西面以额尔古纳河、北面和东北面以黑龙江与俄罗斯相隔，西南与呼伦贝尔草原相连，东部与松嫩平原毗邻，向南呈舌状延伸到阿尔山一带。跨北纬 46°26′~53°34′，东经 119°30′~127°。区域内气候寒冷、生长季短，属于环北极地区北方针叶林的分布范畴。大兴安岭的森林由兴安落叶松（*Larix gmelinii*）为主组成。因落叶松冬季落叶，所以这种森林被称作明亮针叶林（与典型的由云杉和冷杉为主组成的阴暗针叶林相对应）（徐化成，1998）。

大兴安岭的兴安落叶松林是欧亚大陆针叶林带向亚洲东部的延伸，由于大陆性干燥、寒冷气候的影响，适应于海洋性湿润气候的铁杉属（*Tsuga*）、云杉属（*Picea*）和冷杉属（*Abies*）的一些种类消失，而适应于大陆性干冷气候的兴安落叶松逐渐取代云冷杉等，从而形成以兴安落叶松为主的明亮针叶林带（高景文等，2003），属于东西伯利亚南部落叶针叶林沿山地向南的延续部分。兴安落叶松群落植物组成属于达呼里植物区系，拥有植物 1200余种，群落中的优势种在区系上全属东西伯利亚成分，但也受到长白植物区系的影响。兴安落叶松群落内常见的植物约 180 余种。其中，属泛北极区系的有越橘（*Vaccinium* spp.）、七瓣莲（*Trientalis europaea*）、红花鹿蹄草（*Pyrola incarnata*）、铃兰（*Convallaria majalis*）；而大兴安岭北部或高寒地区的林分还有一些环北极种，如岩高兰（*Empetrum nigrum*）、杜香（*Ledum palustre* var. *angustum*）、林奈草（*Linnaea borealis*）等。属于欧亚大陆乌拉尔山脉以东温带、寒带广泛分布的东古北极植物区系的有偃松（*Pinus pumila*）、稠李（*Padus racemosa*）、朝鲜柳（*Salix koreensis*）、大花杓兰（*Cypripedium macranthum*）等。极地种子植物共 50余种，占兴安落叶松群落植物成分近 1/3。其他较重要的区系成分还有东亚区系的蒙古栎（*Quercus mongolica*）、山楂（*Crataegus pinnatifida*）、山杏（*Armeniaca sibirica*）、榛子（*Corylus heterophylla*）、胡枝子（*Lespedeza bicolor*）、毛接骨木（*Sambucus williamsii* var. *miquelii*）、五味子（*Schisandra chinensis*）等（徐化成，1998）。

大兴安岭兴安落叶松群落内的种子植物分别属 38 个科 92 个属。其中，除裸子植物的松科（Pinaceae）有落叶松、樟子松（*Pinus sylvistris* var. *mongolica*）、偃松、红皮云杉（*Picea koraiensis*）和柏科（Cupressaceae）的兴安桧（*Sabina davurica*）、西伯利亚刺柏（*Juniperus sibiri-*

ca）外，分布最多的是蔷薇科（Rosaceae）（20 余种），其次为毛茛科（Ranunculaceae）（16种）和桦木科（Betulaceae）（12 种），其他含 5 种以上的科，最多的还有杜鹃花科（Ericaceae）（7 种）、杨柳科（Salicaceae）（8 种）、菊科（Compositae）（9 种）、莎草科（Cyperaceae）（5种）和禾本科（Gramineae）（6 种）。这些植物按生活型分，乔木有 17 种，灌木 45 种，草本72 种，苔藓、地衣、蕨类植物约 40 余种；另外，还有藤本植物五味子和攀缘草本植物齿叶铁线莲（Clematis serratifolia）、蔓生半灌木大瓣铁线莲（Clematis macropetala）（徐化成，1998）。

　　大兴安岭兴安落叶松群落组成成分另一特点是常绿植物较多。除松柏类的一些种外，像灌木中的兴安杜鹃（Rhododendron dauricum）、杜香、越橘，小灌木岩高兰、林奈草和草本植物鹿蹄草、七瓣莲等都是常绿植物（内蒙古森林编委会，1989）。

一、大兴安岭兴安落叶松群落的结构

　　大兴安岭兴安落叶松群落多为同龄单层纯林，在大兴安岭北部与樟子松、偃松混交；在东南部与蒙古栎、黑桦（Betula dahurica）构成针阔混交林；中部及南部因人为活动影响较多，与白桦（Betula platyphylla）和山杨（Populus davidiana）混交。兴安落叶松林群落层次结构主要因立地条件的不同和所在地区植物区系的特点而呈现较大的变化。一般越向北或西北部层次结构越单纯，有的仅有乔木—地被物 2 个层次；由于东部或东南部区域的气候条件逐渐改善，群落的结构也渐趋完整。此外，兴安落叶松的群落层次结构也随海拔高度反映出明显的差异，随着生境的高寒贫瘠趋于简单。

　　由于兴安落叶松在大兴安岭森林中普遍分布，且占有优势地位，因此研究中往往将其划分为不同林型。主要代表林型有：偃松兴安落叶松林、杜鹃兴安落叶松林、杜香兴安落

图 2-1　大兴安岭兴安落叶松林型组成（资料来源：徐化成，1998）

叶松林、草类兴安落叶松林、蒙古栎兴安落叶松林、溪旁兴安落叶松林和藓类兴安落叶松林等(顾云春,1982)。另外,为了便于进行生产、经营和研究,也常将兴安落叶松林划分为几个由相似林型聚合成的林型组。虽然不同林型组和林型内以兴安落叶松为优势树种,但它们的立地和群落结构也各有特点。

徐化成(1998)按立地条件的类似性将兴安落叶松林划分为 5 个林型组,然后在进一步划分为 13 个林型(图 2-1)。下面主要以这个划分体系对大兴安岭兴安落叶松的群落结构特点加以叙述。

(一) 高海拔林型组

该林型组中只有一个林型,即偃松兴安落叶松林。在垂直地带性上属于大兴安岭寒温性针叶疏林带。分布的海拔最高(周瑞昌等,1979),分布下限在满归一带(约北纬 52°),海拔为 600 m,在根河(约北纬 50°41′)为 1000 m,南端的阿尔山一带(约北纬 47°左右),约 1500 m。主要位于山顶、山脊和各种坡向的上坡上部坡度较大的地方,在宽阔的分水岭上也有分布(顾云春,1982)。此区域内生态环境严酷,林内温度低,风力大(顾云春,1982;周瑞昌等,1979),土壤为薄层粗骨质山地灰化针叶土,土层薄,有机质分解差(周瑞昌等,1979)。

常见植物约 47 种,包括高等植物 30 种,苔藓地衣 17 种(周瑞昌等,1979)。群落明显分为乔木层、灌木层、草本层和苔藓地衣层(周瑞昌等,1979)。林分上层几乎都由兴安落叶松组成,有时混有少量的岳桦(Betula ermanii)。林木稀疏,郁闭度一般不超过 0.3 ~ 0.5。因地处森林上限,林木生长受强烈的寒风抑制,树干矮小,成熟林的平均高度仅 10 ~ 16 m,且尖削度大,弯顶或成旗状树冠。林下灌木偃松密布,树干斜展,自然高度可达 1.5 ~ 3.5 m,形成难以通行的灌木层(顾云春,1982;周瑞昌等,1979)。局部地区混有东北赤杨(Alnus mandshurica)和扇叶桦(Betula middendorfii)及稀疏分布的杜香、越橘、林奈草、岩高兰、二叶舞鹤草(Maianthemum bifolium)、七瓣莲和各种地衣和藓类。

(二) 坡地干燥林型组

该林型组包括石蕊兴安落叶松林和杜鹃兴安落叶松林 2 个林型。

1. 石蕊兴安落叶松林

石蕊兴安落叶松林分布于大兴安岭北部地区的碎石坡上,多位于阳坡和山顶。分布零星,成小块状。生境低温干燥,土壤仅为薄薄一层腐殖土。

该林型内为兴安落叶松纯林,下层植物稀少,但有发育良好的石蕊。另外还有一些草本,如北方拂子茅(Calamagrostis kengii)和裂叶蒿(Artemisia tanacetifolia)等。

2. 杜鹃兴安落叶松林

杜鹃兴安落叶松林是大兴安岭兴安落叶松分布最普遍且分布面积最广的一种林型。分布的海拔范围在 350 ~ 1200 m。生长的坡向多为阳坡或半阳坡,多位于 10° ~ 20°以内中等坡度的立地,气温较低,土壤为典型的棕色针叶林土,土层一般较薄,土壤水分也较少。属于典型的东西伯利亚明亮针叶林,森林高茂,木材蓄积量大(周瑞昌等,1979)。

群落组成植物中高等植物 59 种,苔藓地衣 11 种(周瑞昌等,1979)。立木结构简单,乔木层以兴安落叶松为优势,有时混有少量白桦或樟子松(顾云春,1982)。乔木层郁闭度约 0.6,树高可达 20 ~ 28 m,个别可达 30 m(周瑞昌等,1979)。下木发育良好,组成以兴安杜鹃为主,高度可达 2 m,与东北赤杨、绢毛绣线菊(Spiraea sericea)、刺玫蔷薇(Rosa davurica)一起形成密集的灌丛(顾云春,1982;周瑞昌等,1979)。个别地方还混有蓝靛果忍冬(Lonicera edulis)、杜香、珍珠梅(Sorbaria sorbifolia)、花楸(Sorbus spp.)等。灌层盖度在50%以上,甚至可达80%。小灌木及草本植物中分布最普遍的是越橘,较少和散生分布的还有苔草(Carex sp.)、红花鹿蹄草、东方草莓(Fragaria orientalis)、二叶舞鹤草、草藤(Vicia cracca)、拂子茅等。但草本层并不发达,主要决定于上层林冠和立地条件。苔藓层也不发达(图2-2)。

图2-2　杜鹃兴安落叶松林(莫尔道嘎林业局,沈海龙摄)

(三)坡地潮润林型组

该林型组包括草类兴安落叶松林和蒙古栎兴安落叶松林2个林型。

1. 草类兴安落叶松林

草类兴安落叶松林的分布面积仅次于杜鹃兴安落叶松林,北部分布较少(周瑞昌等,1979),由北向南逐渐扩大。在大兴安岭北部的海拔范围在350~750 m,南部在950~1500 m。多生于阳坡或半阳坡,坡度为20°以下的缓坡(多为6°~10°)。土壤为生草棕色针叶林土,土层较厚,且具有较厚的腐殖质层。气候和土壤条件均相对较好,兴安落叶松生长旺盛,树高22~28 m,最高可达30 m,郁闭度在0.5~0.8;林相整齐、立木高茂、蓄积量大(周瑞昌等,1979),林木生产力在全部大兴安岭兴安落叶松林中是最高的。

林内常见植物约71种,其中高等植物62种(周瑞昌等,1979)。除建群树种兴安落叶松外,也混有白桦和山杨。由于演替形成的白桦在世代和树高上与兴安落叶松不同,有时也构成兴安落叶松冠层下高10余米的乔木亚层(周瑞昌等,1979)。此林型中灌木层不发达,稀疏散生着少量的刺玫蔷薇、绢毛绣线菊、珍珠梅等。草本层发达,种类繁多,生长旺盛,总盖度在90%以上(周瑞昌等,1979),高度可达0.5~1.0 m。主要种类有小叶章(Deyeuxia angustifolia)、红花鹿蹄草、苔草、地榆(Sanguisorba officinalis)、贝加尔野豌豆(Vicia baicalensis)、大叶柴胡(Bupleurum longiradiatum)、舞鹤草、东方草莓、柳兰(Epi-

lobium angustifolium)、林木贼(*Equisetum sylvaticum*)、多茎野豌豆(*Vicia multicaulis*)、大叶野豌豆(*Vicia pseudorobus*)、宽叶山蒿(*Artemisia stolonifera*)、兴安野青茅(*Deyeuxia turczaninowii*)等。苔藓地衣层不发达(图2-3)。

图2-3　大兴安岭的草类兴安落叶松林(莫尔道嘎林业局，沈海龙摄)

2. 蒙古栎兴安落叶松林

蒙古栎兴安落叶松林分布于大兴安岭与小兴安岭交界处及大兴安岭东南部(顾云春，1982)，海拔300(400)~500 m的山体中上部，以阳坡为主，有时可达海拔700 m的向阳陡坡上(崔克城，赵烈斌，2001；周瑞昌等，1979)。该林型内气温较高，雨量相对充沛。土壤为生草棕色针叶林土，土层较厚，有发育良好的腐殖质层，在大兴安岭范围内是最适于植物生长发育的林型(崔克城，赵烈斌，2001)。

乔木分为2个不明显的林层(顾云春，1982；崔克城，赵烈斌，2001)。第一层为兴安落叶松，树高18~25 m，郁闭度0.4~0.8。第二层是由蒙古栎为主的落叶阔叶树组成，树高8~18 m，树干多为弯曲的小径木(周瑞昌等，1979)，有时也混有白桦和黑桦。林下植物层发育良好，种类达76种，是含植物种类最多的林型(周瑞昌等，1979)。灌木层以胡枝子和绢毛绣线菊为主，高1 m，还混有刺玫蔷薇、大叶蔷薇(*Rosa macrophylla*)等，并常见齿叶铁线莲、五味子。草本种类丰富，50种以上，多为中生或半旱生耐阴性弱的植物，盖度达60%~70%。主要有苔草、大叶野豌豆、关苍术(*Atractylodes japonica*)、蕨菜(*Pteridum aquilinum* var. *latiusculum*)、裂叶蒿、地榆等。苔藓层不发达，在较湿处仅有万年藓(*Climacium dendroides*)分布。

(四)坡地湿润林型组

该林型组包括赤杨兴安落叶松林、越橘兴安落叶松林、杜香兴安落叶松林和杜香泥炭藓兴安落叶松林。

1. 赤杨兴安落叶松林

赤杨兴安落叶松林对大兴安岭山地上部寒温性针叶林亚带具有一定代表性。向上可分布到山地寒温带针叶疏林带的下界，林分中则有大量的偃松出现；向下可分布到山地中部寒温带针叶林亚带的上界，林分中则混有兴安杜鹃。但该林型在大兴安岭分布并不普遍，多分布于湿度较大的阴坡，区域内冷湿，土壤为灰化棕色针叶林土，土层薄。

林分结构层次较多。首先兴安落叶松构成上层林冠，平均高度约 20 m，郁闭度 0.7 以上。白桦要稍低矮一些，构成亚林冠层。由东北赤杨为主的植物又形成高灌木层。其下还有不发达的草本—小灌木层，以杜香为主，还包括越橘、林奈草、舞鹤草和红花鹿蹄草等。本林型内的最大特点是林下藓类层发达。以塔藓（*Hylocomium splendens*）为主，还有赤茎藓（*Pleurozium schreberi*）、毛梳藓（*Ptilium crista-castrensis*）、拟垂枝藓（*Rhytidiadelphus triquetrus*）等。

2. 越橘兴安落叶松林

越橘兴安落叶松林在大兴安岭地区的分布面积较少，多见于山坡的中部，上接杜鹃兴安落叶松林，下接杜香兴安落叶松林，是杜鹃兴安落叶松林向杜香兴安落叶松林的过渡。这一林下和以上两林型的最大区别是灌木层中越橘占有绝对优势。该林型内湿润，土壤为灰化棕色针叶林土，土层稍厚。

该林型只有乔木和矮灌木层。乔木层主要有兴安落叶松，有时也混有白桦和樟子松。矮灌木层优势种为越橘，有时还有杜鹃和杜香。草本植物有凸脉苔草（*Carex lanceolata*）、兴安野青茅、东北燕尾风毛菊（*Saussurea amurensis*）。此林型中苔藓地衣层不发达。

3. 杜香兴安落叶松林

杜香兴安落叶松林在大兴安岭分布普遍，是兴安落叶松的主要林型之一。多分布在北部海拔 370～900 m 的地带，南部仅见于海拔 1200（1300）～1600 m 的地带（顾云春，1982）。该林型多分布于大兴安岭北部 5°左右的阴坡、半阴坡下部，或低海拔的溪流附近的低湿地。生境较冷湿，土壤为潜育棕色针叶林土，有轻度的泥炭化现象，凋落物分解不良。土层较薄，永冻层的融解层较浅。

林分树种组成单一，基本上为兴安落叶松纯林，立木密度大（顾云春，1982）。林下矮灌木层发育良好，盖度达 90% 以上，杜香占绝对优势，其次是越橘。与矮灌木层处于同一高度的草本层有灰脉苔草（*Carex appendiculata*）、玉簪苔草（*Carex globularis*）、小叶章、贝加尔野豌豆等中生或中湿生植物。苔藓地衣层呈斑块状分布，盖度在 40% 以上，有湿地藓（*Hyophila involuta*）、桧叶金发藓（*Polytrichum juniperinum*）、粗叶泥炭藓（*Sphagnum squarrosum*）等（图2-4）。

赵惠勋等（1987）调查认为，杜香落叶松林林木水平分布符合负二项分布，即为不均匀的群聚分布，认为落叶松在发生时（幼苗）即呈群团状，由幼苗到幼树乃至林木的过程中，群团内因竞争和自然稀疏而株数不断减少，但分布格局未变。范兆飞等（1992）以杜香落叶松林为主（含部分杜鹃落叶松林，少量偃松落叶松林和草类落叶松林）进行的研究认为，落叶松种群的年龄结构可划分为一代型、二代型和多代型 3 大类，进一步又可按世代（年龄波）的构成状态细分为 11 种类型。徐化成等（1994）采用格局分析、相关分析方法，结合样地立木定位图研究了不同年龄结构类型的兴安落叶松种群的空间格局。结果表明，落叶松种群具有明显的聚集分布特点，不同世代在空间上呈现明显的镶嵌特点。徐化成和范兆飞

图2-4　大兴安岭的杜香落叶松林（莫尔道嘎林业局，沈海龙摄）

（1993）研究了其年龄结构，认为一代林年龄结构特点是初期种群密度增大，年龄变幅加大，后期因自然稀疏而年龄变幅减小；多代林是不同世代的一代林的斑块镶嵌，上层老年世代年龄变差小，中层的中年或成年世代变差大，下层幼年世代变差亦较小。

4. 杜香泥炭藓兴安落叶松林

杜香泥炭藓兴安落叶松林是杜香兴安落叶松林进一步沼泽化发展的结果。在大兴安岭的分布面积不大，多分布于正阴坡地形略平坦之处。土壤湿润、低温、贫瘠，永冻层表面的融解层更浅。土壤为沼泽土，表面常有20～30 cm厚的泥炭层。

林分为兴安落叶松纯林，郁闭度0.4左右，树高10～15 m，林冠稀疏，多参差不齐的小径木、被压木、枯立木、病腐木和倒朽木。林下灌木发育不良，一般呈聚集分布，主要是杜香和越橘，还有少量的丛桦（*Betula fruticosa*）、绢毛绣线菊、东北赤杨等。草本植物生长不良，主要是一些喜湿的苔草、小叶章和东方草莓等。苔藓层发达，密结如毡，有白齿泥炭藓（*Sphagnum girgensohnii*）、中位泥炭藓（*Sphagnum magellanicum*）、广舌泥炭藓（*Sphagnum orbustum*）、尖叶泥炭藓（*Sphagnum acutifolium*）、塔藓、毛梳藓、赤茎藓等。另外兴安落叶松树枝上常生长松萝（*Usnea barbata* var. *ceratina*）等地衣类植物。

（五）谷地林型组

本林型组包括溪旁兴安落叶松林、丛桦兴安落叶松林、踏头兴安落叶松林和石塘兴安落叶松林等4种林型。

1. 溪旁兴安落叶松林

溪旁兴安落叶松林发育于河流的冲积物上，水分充足。由于分布在小河和溪流的两侧，呈窄带状延河床延伸。

乔木多为兴安落叶松纯林，有时还混有少量的白桦和山杨等其他阔叶树种。灌木层发达，种类繁多，除散生的灌木状小乔木红瑞木（*Swida alba*）、稠李等以外，还有柳叶绣线

图2-5 大兴安岭的溪旁兴安落叶松林(莫尔道嘎林业局,沈海龙摄)

菊(*Spiraea salicifolia*)和珍珠梅等。其中红瑞木在大兴安岭的兴安落叶松群落中仅见于本林型中(顾云春,1982)。草本层发达,盖度在50%以上,主要有禾草、苔草、大叶章(*Deyeuxia langsdorffii*),其他还有东方草莓、蚊子草(*Filipendula palmata*)等。藓类植物也比较丰富,主要是各种泥炭藓(图2-5)。

2. 丛桦兴安落叶松林

丛桦兴安落叶松林分布范围较广,但每块面积并不大,多分布于河谷地带。区域内经常土壤水分过多,地下水位浅。土壤具有泥炭层,潜育化程度较高。

乔木多为兴安落叶松纯林,有时混有少量白桦。林木平均高度15~18 m,郁闭度0.7~0.9。灌木层盖度30%~50%,以丛桦为主,还有少量绣线菊、大叶蔷薇、金露梅(*Potentilla fruticosa*)、蓝靛果忍冬等。草本层发达,以喜湿的苔草和小叶章为主,还有红花鹿蹄草、裂叶蒿、老鹳草(*Geranium wilfordii*)、毛茛(*Ranunculus japonicus*)和风毛菊(*Saussurea japonica*)等。苔藓层不发达,泥炭藓一般呈团状分布。

3. 踏头兴安落叶松林

踏头兴安落叶松林分布在平坦低湿草甸子上或水甸子与漫岗交界处,形成弯曲带状或块状分布于水浸渍地上。该林型内积水多,土壤为腐殖质沼泽土。

林木组成多为兴安落叶松纯林,间有白桦混生。林木稀疏,呈不规则的团状分布,郁闭度在0.6以下。高灌层不很发达,盖度在0.4左右,主要有丛桦、沼柳(*Salix rosmarinifolia* var. *brachypoda*)、柳叶绣线菊、稠李和东北赤杨。草本发达,有苔草、地榆、鹿蹄草、林奈草等。

4. 石塘兴安落叶松林

石塘兴安落叶松林的特点是地面覆盖大量的石块。顾云春和赵大昌(徐化成,1998)记载在大兴安岭北部海拔400~500 m处有分布;《内蒙古森林》(内蒙古森林编委会,1989)记载在大兴安岭南部海拔1100~1250 m凹凸不平的玄武岩台地上也有分布。该林型土层很薄,树木发育不良,完全是兴安落叶松的"小老头树"。

乔木为兴安落叶松纯林,由于生产力低,树高较低,胸径较大,林龄较大,而且树木病腐严重。在大兴安岭北部低海拔地区,林下高灌层稀疏,有丛桦、金露梅、银露梅(*Potentilla glabra*)等。草本和矮灌层发达,盖度70%~90%,有杜香、越橘、林奈草、大叶章等。发达的苔藓层盖度高达90%~100%,主要有塔藓、赤茎藓和垂枝藓(*Rhytidium* rugosum）等。在大兴安岭南部高海拔地区，林下木的组成和结构会随着土壤的薄厚和林冠的疏开程度而异。在土层浅薄、郁闭的林冠下，主要有越橘构成的活地被层；随着林冠疏开和土层加厚，种类渐多，下立木有偃松、兴安桧、西伯利亚刺柏等，活地被物层也有简单的高山石蕊（Cladonia alpestris）、垂枝藓等地衣、苔藓和蕨类植物逐渐变为多种苔草、砧草（Galium sp.）等多种种子植物。

二、大兴安岭兴安落叶松群落的更新与演替

（一）不同林型的更新

周瑞昌（1979）总结认为，杜鹃落叶松林、杜香落叶松林和草类落叶松林天然更新最好，蒙古栎兴安落叶松林更新状况一般，赤杨兴安落叶松林更新不良，偃松落叶松林几乎没有更新。顾云春（1980）认为，不同林型间更新的差别不大，除了蒙古栎兴安落叶松林外，其余林型的更新都比较好。崔克城和赵烈斌（2001）利用 850 个调查样方和 65 株更新苗解析木资料，对蒙古栎兴安落叶松林天然更新进行了年龄结构分析和生长模拟及预测。结果表明，蒙古栎兴安落叶松林天然更新层年龄结构为近矩形，说明兴安落叶松天然林更新幼苗期株树与幼树期株数变化较小，即从幼苗期生长到幼树期死亡较少，属于稳定更新层；林冠下天然更新苗生长缓慢。刘晓辉等（2002）从更新数量、质量、生长分析等方面对草类兴安落叶松林天然更新进行了全面研究，结果与崔克城和赵烈斌（2001）对蒙古栎兴安落叶松林天然更新的结果相似，兴安落叶松天然更新苗年龄结构为近似矩形，属于稳定更新层，超过 15 年生高度 1.30 m 以上的更新幼树比例达 28.4%，有利于更新资源的发展，更新苗生长较缓慢。

班勇和徐化成（1995）对丛桦落叶松林、赤杨落叶松林和杜香落叶松林老龄林天然下种的幼苗进行观察并人工撒种实验。结果表明，天然落叶松老龄林每个种子年后第 2 年，林地表面即会出现大量天然幼苗 100～270 株/m²；幼苗发生时间集中，绝大多数在 6 月底；赤杨落叶松林幼苗发生较丛桦落叶松林和杜香落叶松林的要迟；幼苗死亡时期也集中，主要在幼苗发生后的 15 天内，其间杜香落叶松林的幼苗死亡率为 48%，3 年内达 97%，丛桦落叶松林为 29% 和 66%，赤杨落叶松林为 33% 和 69%；7 月以后发生的幼苗存活率很低，早期发生的幼苗占优势，死亡率低；丛桦落叶松林和杜香落叶松林幼苗的早期优势显著，尤其是杜香落叶松林；幼苗存活的年际变化很大，落叶松幼苗数量为丛桦落叶松林 > 赤杨落叶松林 > 杜香落叶松林。徐化成和杜亚娟（1993）采用野外试验的方法，研究了赤杨兴安落叶松、杜香兴安落叶松林、丛桦兴安落叶松林和草类兴安落叶松林下兴安落叶松的更新条件。结果表明，在所研究的 4 种林型的兴安落叶松原始老龄林之间，更新差别表现在下种、发芽和存活 3 方面。种子年时，老龄林下种量达到 300～1000 粒/m²，各林型落种量从大到小的顺序为：赤杨落叶松林 > 丛桦落叶松林 > 草类落叶松林 > 杜香落叶松林。一年中的幼苗发生过程可分为 4 个时期，种子萌发主要在 6 月，幼苗死亡主要在 7 月，而 8 月幼苗种群变化较小。从有利于落叶松种子萌发和幼苗存活的方面来说，各林型的顺序是：丛桦落叶松林 > 杜香落叶松林 > 赤杨落叶松林 > 草类落叶松林。这个顺序主要取决于土壤表层的湿度，即土壤湿度越大，发芽数和存活数越多。

安守芹等（1997）的研究结果表明，不同林型、郁闭度、坡度、坡向、采伐方式及采伐强度其更新效果明显不同；林分中的光照、温度、水分和土壤结构等是影响更新效果的主

导因子。就林型而言，草类落叶松林、杜鹃落叶松林的林冠下更新效果比较好，分别可以达到 85.4% 和 88.7%；其次是杜香落叶松林，可达 75.1%；较差的是藓类杜香落叶松林、溪旁落叶松林；最差的是偃松落叶松林，仅为 4.5%。杜亚娟等（1993）在兴安落叶松原始老龄林的 4 个林型中，通过不同程度的地面干扰和对小哺乳动物的排除（靠铁丝网），研究了兴安落叶松天然幼苗的发生过程。结果表明，强度地表干扰对幼苗发生最有利，而仅去除下层植被但不去除枯枝落叶层的中度地面干扰仅在赤杨落叶松林中有利，而在其他 3 个林型中则效果不显著，甚至有害；动物啃食在除丛桦落叶松林以外的其他 3 个林型中对幼苗发生也有一定的影响（图 2-6）。

图 2-6　上层林密度大，地被密布杜香，落叶松更新不良（莫尔道嘎林业局，沈海龙摄）

（二）种子传播特性与更新

大兴安岭兴安落叶松自然成熟期在 100～140 年，母树结实在 80 年以上，天然结实一般 3～5 年出现 1 次丰年，但不稳定。

关于兴安落叶松结实量的问题，有人曾进行过研究。选择的是丛桦兴安落叶松、杜香兴安落叶松和赤杨兴安落叶松的老龄林，结实量分别为 1721 粒/m²、968 粒/m² 和 524 粒/m²。徐化成（1998）针对落种量问题又对以上 3 种林分进行研究，结果丛桦兴安落叶松、杜香兴安落叶松和赤杨兴安落叶松林中分别为 736 粒/m²、306 粒/m² 和 905 粒/m²，并认为结实量和落种量在数值方面还是很接近的。

徐化成（1998）也进一步研究了兴安落叶松结实量与胸径、树高和年龄的关系。兴安落叶松老龄林中，在一定径级范围内，结实量最大，高于或低于这个范围结实量均降低。丛桦兴安落叶松林中，林木结实范围在 10～54 cm，结实主要径级在 28～38 cm，占总结实量的 83%，尤其是 32 cm，结实量占总结实量的 35%。杜香兴安落叶松林中，林木结实范围在 20～38 cm，结实主要径级在 26～32 cm，占总结实量的 74%，尤其是 32 cm，结实量占总结实量的 7.5%。赤杨兴安落叶松林中，林木结实范围在 20~54 cm，结实主要径级在 26~36 cm，占总结实量的 84%，尤其是 34 cm，结实量占总结实量的 25%。结实量与树高的关系也是很明显的，表现为随树高增加结实量增加。丛桦兴安落叶松林和赤杨兴安落叶松林中，树高 23 cm 以下的林木结实很少；杜香兴安落叶松林中，则结实量下限大致在 21 cm。结实量和林木年龄的关系是某一年龄阶段结实量最多，大于或小于这一范围则降低。丛桦兴安落叶松林中，结实的年龄范围在 150~230 年，结实量最丰富的是 200 年左右的林木。杜香兴安落叶松林中，结实的年龄范围在 150~210 年，结实量最丰富的在 190 年左右。赤杨兴安落叶松林中，结实的年龄范围在 180~220 年，结实量最丰富的在 190~200 年。

兴安落叶松的种子大致在 9 月上旬达到成熟，9 月下旬种子开始散布，一直能持续到第 2 年的 3、4 月，但是一半以上的种子已在当年 11 月前发生散落。兴安落叶松种子小、有翅，风传播距离远，顺风散布有效距离可达 60~100 m，一些不饱满的种子可远达 200 m。艾春霖等(1985)的观测结果表明，落叶松种子 10 月中旬开始落种，翌年 3 月末至 4 月末结束落种，其中 12 月末至翌年 3 月初的寒冷季节不落种，单株平均落种日数为 29 天；早期脱落的种子发芽率比较高；近 90% 的种子飞落在离母树距离的 50 m 以内，地形和风向对种子传播的影响最大，树高和地面坡度影响较小。

兴安落叶松种子散布后不能立即萌发，而是进入土壤，经历一个土壤种子库的潜种群阶段。兴安落叶松的土壤种子库在种子年后第 1 年的 5 月大量存在，到 8 月急剧减少。到第 2 年，地表还有少量的种子，但是这部分种子已被研究证实是第 2 年散落的种子，而不是种子年后落下，在土壤中保存下来的种子。到第 3 年，由于不再有种子落地，土壤中有活力的种子基本已没有。在土壤种子库时期，兴安落叶松的种子分布在土壤 0~10 cm 范围内，不过 0~2 cm 表层的种子数量最多，密度约相当于下层的 4~5 倍，越往下数量越少。土壤种子库内的种子除了少量萌发出苗外，大部分或是虫食、鼠食，或是腐烂，基本上都已失去生命力。

为了研究土壤种子库内的种子能否顺利萌发，乌尔其汗林业局曾对不同厚度死地被物层下兴安落叶松种子的发芽率进行过调查。结果表明，死地被物厚 3 cm 时，兴安落叶松天然下种的发芽率为 58%；厚度 5 cm 时，发芽率为 47%；厚度 8 cm 时，发芽率仅为 20%；厚度 10 cm 则很难发芽(内蒙古森林编委会，1989)。

徐振邦等(1992)研究认为，兴安落叶松从 1957~1988 年有 7 次种子年，结实与气候因子有关；结实的数量与林木胸径密切相关，结实从胸径超过 8 cm 的立木开始，结实率和产种量均随立木胸径增长而增加，胸径 24 cm 以上立木几乎全部结实。

(三)采育活动与更新

兴安落叶松天然更新过程中的一大特点是幼苗或幼树呈群团状分布。《内蒙古森林》(内蒙古森林编委会，1989)记载，团状分布的幼树远比单株分布的幼树生长迅速。一般认为这种团状分布的现象与其上层林冠的透光程度和林下植被的盖度有关。另一种现象是，在同一团状生长的幼树中，处于中央的幼树明显较边缘的幼树生长快。这也表明兴安落叶松幼苗生长过程中对温度和水分等环境条件的要求相对其他针叶树种比较严格，群体团状生长可能有利于创造这种适宜的条件。

总的来说，兴安落叶松林冠下天然更新是普遍良好的，平均每公顷幼苗和幼树数约

12000 株，只是大多分布不均匀。草类兴安落叶松林和杜香兴安落叶松林中天然更新最好，平均每公顷约 17000 株，蒙古栎兴安落叶松林中更新最差，平均每公顷仅 200 株。通过分析表明，兴安落叶松林冠下更新与林龄、郁闭度和坡向等密切相关。在成熟和近自然成熟林中，幼树数量显著增加，每公顷 15500～29900 株。郁闭度在 0.6～0.8 时，兴安落叶松更新幼树最多，每公顷 14000～15400 株；而郁闭度 1.0 时，每公顷为 10800 株；郁闭度 0.3 时，每公顷仅 700 株。从林分所在的坡向来看，东北坡和北坡更新的幼树最多，分别达到每公顷 22800 株和 11200 株；南坡、西坡和东南坡最差，每公顷幼树 7600～13200 株（内蒙古森林编委会，1989）。但是天然更新的兴安落叶松的幼树保存率非常低。干扰对兴安落叶松天然更新具有强烈的影响。采伐迹地和火烧迹地，兴安落叶松天然更新不仅数量比林冠下多，而且幼树的高生长速度也远高于林冠下。

采伐迹地上兴安落叶松比伐前林冠下更新的好坏与采伐方式、采伐年代、清理方式和保留母树状况，以及对幼苗破损的情况密切相关。由于兴安落叶松为喜光性植物，采伐后光照大大加强，采伐迹地上幼树的高生长速度显著增加。另一方面，采伐后，土壤养分含量增加，使其幼苗高生长速度也明显增加。有资料表明，采伐迹地上土壤中的全 N 含量一般年增加 1.6%～26.1%；不同方式的采伐迹地上，速效 P 在草类兴安落叶松林中年增长率为 9%～19%；500 m 宽的皆伐迹地上，速效 P 能增加 50% 左右；腐殖质含量在草类兴安落叶松林和杜香兴安落叶松林的各种采伐方式的迹地上都增加 2%～10%；速效 K 也有所增加；同时，土壤也由酸性向弱酸性或中性变化（林业部调查规划院，1981）。这些变化能使幼树的高生长较林冠下增加 1.03～2.37 倍。

适当的渐伐，且保留木是年龄较小的健康木，则采伐后保留林木的生长量会大大提高。在杜鹃兴安落叶松林中，渐伐强度为 40%～80% 时，伐后生长率提高 1.2～2.8 倍；渐伐强度 20%～30% 时，生长率提高 1.1～1.4 倍。在杜香兴安落叶松林中，渐伐强度为 30%～40% 时，伐后生长率增大到原来的 1.3～1.9 倍；渐伐强度小的，生长率基本不增加。在草类兴安落叶松林中，渐伐强度大于 40%～60% 时，生长率增加到 1.3～2.5 倍；渐伐强度为 20%～30% 时，生长率增大到 1.1～1.4 倍（林业部调查规划院，1981）。

皆伐迹地的天然更新较渐伐或择伐要差，伐带越宽更新幼树数越少，一般伐区宽度超过 200 m 时，天然更新株数和有效频度均显著下降。皆伐后短期不明显，因为更新幼树多为伐前的幼树，但是幼树高生长要比林冠下大的多，平均生长量可提高 1 倍。不利的一面是减少了兴安落叶松的种子来源（黑龙江森林编委会，1986）。

徐鹤忠等（2006）对不同采伐方式（经营择伐、二次渐伐和皆伐）、林分组成、坡向、坡位、郁闭度、土壤厚度、下木盖度、地被物盖度等条件下样地中主要目的树种的更新情况进行了调查。结果表明，经营择伐林分有效天然更新株数最多，温度和光照条件是决定兴安落叶松更新的重要条件；经营择伐林分兴安落叶松天然更新株数主要受林分郁闭度的制约，皆伐和二次渐伐林分兴安落叶松天然更新株数主要受地表草本植物的制约；二次渐伐林分不同坡位间不但更新数量存在差异，而且树木的生长状况差异也很大。席青虎等（2009）以内蒙古大兴安岭北部兴安落叶松原始林、渐伐更新林、皆伐更新林 3 种森林类型为研究对象，对其天然更新幼苗的大小级结构及空间分布格局进行了研究。结果表明，原始林与渐伐更新林的更新幼苗大小级结构均属于稳定型种群，有利于种群的连续更新；而皆伐更新林幼苗大小级结构属于下降型种群，不利于种群的连续更新；3 种森林类型的幼苗分布格局均呈聚集分布，聚集程度等级由强到弱顺序为原始林 > 皆伐更新林 > 渐伐更新林(图 2-7)。

图 2-7　采伐后落叶松和白桦同时更新(莫尔道嘎林业局，沈海龙摄)

(四)火烧与更新

火烧对大兴安岭落叶松林的天然更新经常是有促进作用。火烧后，烧掉了稠密的灌丛、地被物及枯枝落叶层，能够更快地增加土壤中的养分，加快幼树的高生长。但是如果反复火烧，则不利于兴安落叶松更新，反复火烧的迹地会被白桦和蒙古栎等阔叶树种代替。所以，火烧迹地兴安落叶松更新的好坏，主要取决于火烧次数和火烧强度等。对于杜鹃落叶松林来说，强烈的火烧往往破坏了土壤结构，使土壤条件强烈恶化，导致更新不良。董和利等(2006)对不同火烧方式、火烧强度、林分组成、坡向、坡位、郁闭度、土壤厚度、下木盖度、地被物盖度、林龄等条件下样地的天然更新情况进行了调查，结果表明，地表火火烧迹地的天然更新效果好于树冠火火烧迹地，中度火烧迹地好于重度火烧迹地，发生火烧的林分比未发生火烧的林分天然更新效果好。邱扬等(2003)在景观火干扰历史研究的基础上，研究了大兴安岭北部地区原始林兴安落叶松种群的世代结构及其与火干扰、立地条件之间的关系。结果表明，兴安落叶松种群基于世代数的世代结构类型丰富，从 1 代型到 6 代型都有，空间分布呈斑块镶嵌状；以 3 代型与 4 代型为主要类型，空间分布集中，其他类型的世代结构空间异质性较高；世代数受火干扰频率、火干扰强度及两者的综合影响，相对来说以火干扰强度的影响更为显著；低频或高强类的火干扰易造成种群的世代数减少，高频或低强类的火干扰易造成世代数增多；世代数还随林型组类型而变化，溪旁林组 > 赤杨林组 > 杜香林组；兴安落叶松种群基于火干扰的世代结构类型也很丰富，存在 3 大类、6 亚类和 12 小类，空间分布呈斑块镶嵌状；其中以更新优势火前劣势型和火前优势更新劣势型为主要类型，空间分布较聚集，其他类型的空间异质性较高；这种世代结构也受火干扰频率、火干扰强度及两者的综合影响，其中火干扰频率主要对种群的优势世代起扶持作用，而火干扰强度则主要对劣势世代起制约作用；溪旁林组与赤杨林组的世代结构为更新优势火前劣势型，杜香林组为更新优势火后劣势型。

（五）演替

大兴安岭地区由于垂直分布带水热条件不同，森林演替规律也不同。大兴安岭北部地区一般为兴安落叶松原始林区，地势高、气候寒冷且湿度大，属山地中部落叶针叶林亚带。主要林型为杜鹃兴安落叶松林，也混有少量樟子松和白桦。该地区发生火灾后，由于白桦种子丰富，且散布距离较远，首先进入到火烧迹地。但是周围的兴安落叶松种源也非常丰富，兴安落叶松逐渐在白桦林下更新。因为兴安落叶松生命周期较长（200～300年），白桦生命周期较短（100～150年），一旦兴安落叶松取得上层林冠就能取代白桦，但仍有少量白桦在兴安落叶松林隙下生长。若再次发生火灾，又会出现白桦和兴安落叶松之间的更替和反更替，但最终仍以兴安落叶松为优势种群。大兴安岭东南部的兴安落叶松林区，气候较温和，属于寒温型针阔混交林带，主要林型为蒙古栎兴安落叶松林，并混有多种落叶阔叶树种。这部分地区人为活动影响较大，森林火灾也频繁发生，火灾轮回期较短，兴安落叶松林的比重也逐渐减少，多为散生的幼壮林，次生阔叶树种比重较大，并且出现大面积白桦和山杨林。该区如果火灾频度降低，采伐合理，兴安落叶松林还有可能恢复；如果火灾频繁，人为破坏加剧。兴安落叶松林就很难恢复，可能被黑桦和蒙古栎取代。总体上可用表2-2表示大兴安岭不同森林植被类型受破坏后所发生的演替规律（黑龙江森林编委会，1986）。

班勇等（1997）对兴安落叶松老龄林落叶松林木死亡格局和死亡木对更新的影响进行了研究。结果表明，丛桦落叶松林和杜香落叶松林的枯立木以中径木占多数，赤杨落叶松林主要为中、大径木，草类落叶松林主要是中、小径木；落叶松枯立木主要因火烧、受压和老死而形成；丛桦落叶松林和赤杨落叶松林掘根倒木较多，杜香落叶松林和草类落叶松林的倒木以风折为主；地形、山体走向和盛行风向对树倒方向影响很大，丛桦落叶松林倒木方向杂乱，赤杨落叶松林林木均向东倒下，杜香落叶松林和草类落叶松林的掘根木分别向南、东北方倒下，两者的风折木倒向随机性较大；草类落叶松和赤杨落叶松老龄林内，倒木更新为18和40株/m^2，远远高于矿物土基质上2株/m^2的水平；丛桦落叶松林内倒木和林地上更新均相当好，约为28株/m^2；杜香落叶松林倒木更新效果不突出（图2-8）。

表2-2　大兴安岭兴安落叶松林火灾或采伐后森林演替趋势

落叶针叶林带	杜鹃兴安落叶松林 ⇄ 白桦兴安落叶松林 ⇄ 山杨、白桦林 ⇄ 灌丛 ⇄ 草坡
	杜香兴安落叶松林 ⇄ 白桦兴安落叶松林 ⇄ 白桦林 ⇄ 灌丛 ⇄ 草甸、沼泽
针阔混交林带	蒙古栎兴安落叶松林 ⇄ 白桦、落叶松林 ⇄ 蒙古栎或黑桦林 ⇄ 灌丛

资料来源：黑龙江森林编委会（1986）。

第二节　新疆天山云杉林群落结构特征及更新演替

一、天山地区自然概况

（一）天山地形地貌特征

天山位于我国新疆中部准噶尔盆地和塔里木盆地之间，东西绵延1700多千米，将新

图 2-8　林下形成更新层，进展演替良好（莫尔道嘎，沈海龙摄）

疆分割为南北两大部分。天山山系由若干平行山脉组成，中间夹着许多山间盆地和纵向构造谷地，把整个山系分隔成数十条山脉和山块。天山是在古代地槽褶皱基础上经历了复杂的地质演变过程而产生的。特别是新生代构造运动，使天山中、西部上升过程强烈，山势高峻，一般较高的山峰达 3500~4500 m 以上，最高峰在海拔 7000 m 以上。天山西部为伊犁谷地，略呈三角形，西部较宽，向东逐渐变窄；中部具有绵亘不断的连脉，断裂、褶皱明显；天山东部断裂作用更加明显、高山常被广阔平缓的低山所间隔，山坡上风化作用较天山其他地方强烈，山麓广布着巨大的洪积扇，半埋着很多低山和丘陵（苏宏新，2005）。

（二）天山气候特点

天山气候特征首先取决于它所处的纬度地带和在大陆中的地理位置，其次是它内部地貌类型的特征，同时受周围地形的影响。天山处于暖温带（南疆）和温带（北疆）之间，在海陆位置关系上，天山处于欧亚大陆的腹地——干旱区域的地理中心，很少受到海洋湿气流的影响，气候的大陆性特征和干旱度极强，属于干旱荒漠地带（苏宏新，2005）。由于天山山地平均海拔较高，约 4000 m 左右，能够拦截到达新疆上空的大西洋和北冰洋等较湿润的大气环流，形成一定的降水量，尤其是天山北坡通常为湿润大气的迎风面，降水较多，成为天山山地森林的主要分布区域。在内部地貌类型的特征上，天山地形复杂，从山地与平原形成数百米甚至上千米的相对高差，造成山地巨大而明显的垂直气候分化；另外，受山脉对盆地的环绕与阻隔作用影响，天山山地形成一系列地形上的气候分水岭和许多局地气候，如天山东段极端干旱炎热的哈密、吐鲁番盆地、天山西段温暖、湿润的伊犁谷地。正是由于天山山地所处的内陆地理位置，大气环流因子和复杂多样的地形优势，形成了天山丰富的气候资源和多样的气候条件，造成不同区域降水量有很大差异。

二、天山云杉林概况

新疆境内以荒漠地带占绝对地位，森林覆盖率仅占 2% 左右，但森林是当地生物量最大、群落结构最复杂的植物群落类型。新疆森林植被以山地森林为主，主要分布于高大山脉湿气流的迎向坡上，如阿尔泰山西南坡，天山北坡等。其中天山北坡森林是新疆最大的林区，而天山云杉(*Picea schrenkiana*)林则是天山山地最主要的地带性森林植被，林分以纯林为主，面积约 52.84×10^4 hm^2，占新疆天然林有林地面积的 44.9%，分布范围为东经 74°~95°30′，北纬 37°~46°。天山云杉是天山山地的优势建群种，也是新疆分布最广、蓄积量最大、用途最广的用材树种。

天山森林地处准噶尔盆地和塔里木盆地两大干旱荒漠盆地的中间地带，发源于天山北坡的河流年径流量约占新疆地表水资源的 1/3，以天山云杉为主体的天山山地森林生态系统对水源的涵养起着至关重要的作用(李建贵，2001a)，对维护、调控荒漠地区的生态平衡，防风固沙、改善气候、保护农业生产等方面都发挥着巨大的生态效应。因此，天山云杉林不仅是构成天山乃至新疆森林生态系统的主体，对天山的水源涵养、水土保持和林区生态系统的形成和维护起着重要的作用，而且对于维护和促进新疆社会、经济和生态环境建设的发展具有极为重要的意义和作用。

(一)天山云杉的生物学特性

天山云杉为耐阴树种，但由于曾经历树种贫化过程和缺少先锋树种等历史原因，以及长期受大陆气候的影响，天山云杉比暗针叶林的其他树种更为耐光。同时，天山云杉具有一定的耐干旱、抗寒能力，能够适应冬季严寒天气，在夏季，则要求温热湿润的气候条件。因此天山云杉林在天山山地的分布，必须满足其对足够大气湿度的要求，若相对湿度低于 50%，则很难生存。天山云杉林是浅根性树种，根系通常分布于 40~60 cm 土层内，对外部环境反应比较敏感。

天山云杉喜温凉湿润的生境，成片的森林主要分布在气候温和，土壤肥沃，雨量充沛的地带。在其分布范围内，年均温为 3~5℃。年降水量为 400~700 mm，夏季大气相对湿度在 64%以上，最热月平均气温的下限一般为 10~12℃，上限为 16~18℃。

天山北坡的天山云杉林的寿命一般为 200~300 年，单株林木可达 400 年以上。成熟林平均树高在 30 m 以上，最高可达 60 m，胸径一般为 40 cm，最大可达 1.5 m。干形通直圆满，是暗针叶林中生产力较高的一种。

表 2-3 天山云杉林在不同地点的海拔分布

在天山位置	调查地点	所属县市	纬度(N)	经度(E)	海拔(m)
天山西部	昭苏北山	昭苏县	43°14′	81°05′	2000~2700
	西天山国家级自然保护区	巩留县	43°08′	82°53′	1300~2600
天山中部	乌苏巴音沟	乌苏县	44°02′	84°50′	1750~2700
	天山森林生态系统定位研究站	乌鲁木齐市	43°25′	87°27′	1800~2700
天山东部	白石头乡口门子林场	哈密县	43°18′	93°41′	2200~2800

资料来源：刘贵峰等(2008)。

(二)天山云杉林的垂直分布

天山山地按自然条件和森林分布生长状况通常被分成东部、中部和西部 3 个林区。天山西部林区包括伊犁地区所属 8 县、巴音郭楞蒙古自治州和静县的山地森林，气候温暖而湿润，年降水量 600~800(1000) mm，天山云杉林分布在海拔 1250(1500)~2500(2700) m，林带垂直幅度为 1200~1250m；中部林区（乌苏—木垒）气候温暖而较湿润，年降水量 400~600 mm，天山云杉林林带分布在海拔 1500（1600）~2700 m；东部林区（哈密林区），由于山势低矮，受蒙古荒漠气候的影响，寒冷而干旱，林区降水量为 400~500 mm，山地草原带上升，天山云杉林垂直带上升到海拔 2200（2100）~2700（2900）m，林带垂直分布幅度缩减到 500（800）m。因此，在总体上天山云杉林主要分布在天山北坡海拔 1250~1600 m 到 2700~2800 m 的中山—亚高山带，且分布的海拔高度随经度的增加而逐步提高（苏宏新，2005；王燕，2000）。刘贵峰等于 2006 年对新疆天山山脉自西向东 5 个不同经度位置的天山云杉林进行海拔梯度群落学调查，对各地天山云杉林的海拔分布统计结果表明（表 2-3），各地点天山云杉林的实际海拔分布范围下限均略高于王燕等早期统计结果中的下限，反映出天山云杉林林线的上升，其原因可能与气候变化及人为影响有关（刘贵峰等，2008）。

（三）天山云杉林的土壤状况

成土母质是土壤形成的骨架，在相当程度上决定了土壤的理化性质。天山山地的成土母质主要以残积物、坡积物分布最广，其次为洪积—冲积物以及不同起源的黄土状沉积物。残积物在天山分布最广，是主要成土母质，大部分分布在高山、亚高山带，主要为变质岩类。天山云杉林下的土壤属于干旱地区山地针叶林下的土壤类型—山地灰褐色森林土，它具有从灰色森林土（山地南泰加森林土类）向褐土（暖温带阔叶林土类）过渡的性质。其特点是腐殖质层积累较厚，无灰化现象，而有明显的黏化过程和或多或少的碳酸钙的积累。根据天山云杉林在不同地域气候条件下土壤中碳酸钙的淋溶或积累状况，将其土壤类型分为 3 个亚类：在湿润气候条件下的淋溶灰褐色森林土，在干旱山地的碳酸钙盐灰褐色森林土和在中等湿润条件下的灰褐色森林土。

（四）天山云杉林的小气候特征

天山云杉的水平和垂直分布范围广阔，分布区内气候、土壤基质、植被地理与群落的性质以及地质历史过程差异悬殊，但天山云杉几乎总是成为其广阔分布区内乔木层的优势种或单一的建群种，反映出该树种具有很广泛的生态幅度，尤其是对较干旱和严酷的大陆性气候具有较强的适应性。

天山云杉最适宜的气候环境为温凉湿润生境，因此成片的森林主要分布在气候温和，土壤肥沃，雨量充沛的地带。在其分布范围内，年均温为 3~5 ℃，年降水量为 400~1000mm，夏季大气相对湿度在 64% 以上，最热月平均气温的下限为 10~12℃，上限为 16~18℃。

三、天山云杉林结构特征

（一）天山云杉林的层次结构及类型划分

1. 天山云杉林的层次结构

天山云杉林在其分布区范围内通常结构较为单一，由乔木层和草本层 2 个层次构成，但在局部特殊环境条件下可形成较为复杂的层次结构：

乔木层：乔木层通常为单一层次，但在局部地段通过林窗天然更新良好的乔木层可划分为主林层和更新层（或副林层）2 个层次，主林层在天山各个不同地点的高度略有差异，更新层高度则受更新层树种年龄高度影响变化较大。

灌木层：灌木层在天山云杉林大部分分布区范围内受林冠层遮阴及长期强度放牧的干

扰影响，盖度极低，导致灌木层不存在或不明显，仅在局部特殊地段能够形成灌木层结构，如天山西部昭苏林区海拔 2200~2400 m 的山坡上部天山云杉林林缘附近，由于乔木层郁闭度降低，银柳（*Salix argyracea*）、蔷薇（*Rosa* spp.）等灌木种类盖度较高，能够形成较为明显的灌木层；在天山西部到中部各地局部环境险峻或较为封闭、放牧等人为干扰较轻的天山云杉林内，也多具有较为明显的灌木层；另外，在乌苏和乌鲁木齐南山天山云杉林 2200 m 以上局部地段，通常由新疆圆柏（*Sabina vulgaris*）或新疆方枝柏（*Sabina pseudosabina*）伏地生长，也可形成较为明显的灌木层。

草本层：在天山中低山带，受干旱气候的影响，天山云杉只分布于中低山阴坡，多呈块状分布，郁闭度常在 0.3 以下，草本层较为发达。中山带温和而湿润的生境，成为云杉林生长发育的良好场所，森林郁闭度可达 0.6~0.8，林下灌木和草本的植被发育受到一定的抑制，在阴湿的生境下，藓类得以发展。近亚高山带，降水较多，但热量不足，严寒多风且土层薄，生长期短，极大地限制了云杉的发育，林木稀疏，森林郁闭度多在 0.3 以下，常呈单株散生，与亚高山灌木和草本层共同组成疏林群落。

2. 天山云杉林的类型

由于天山云杉林垂直分布的幅度很大，在不同部位的水热条件差异也较大，因此形成了不同类型的森林。根据乔灌草层的有无及各层优势种的种类组成不同，天山云杉林可分为 5 个林型组，即亚高山草类天山云杉林，草类天山云杉林，藓类天山云杉林，草类灌木天山云杉林和河谷天山云杉林。草类天山云杉林是中山带分布最广的林型组，表现出最高的生产力。其中分布在天山西部的鳞毛蕨天山云杉林是生长最好、生产力最高的森林类型。成熟林平均高 40 m 以上，蓄积量 600~800 m³/hm²，最高者超过 1000 m³/hm²。其次是中生草类天山云杉林和藓类天山云杉林。

（二）天山云杉林的物种组成

1. 乔木层物种组成

天山云杉林乔木树种在天山西部和中部分布区范围内，主要由天山云杉为建群种组成单一树种的纯林，仅在各地垂直分布区范围内不同海拔高度的林分斑块边缘、或天山云杉林分布的上限、下限边缘，偶尔伴生有 1~3 种其他阔叶树种，蓄积量或断面积在 10% 以下，伴生树种中最常见的为天山花楸（*Sorbus tianschanica*），该树种属于耐寒性树种，分布于海拔 2000~3200 m 的溪谷及云杉林边缘，在天山西部、中部云杉林中都可以见到；其他伴生树种有密叶杨（*Populus talassica*）、天山桦（*Betula tianschanica*）、野苹果（*Malus sieversii*）和崖柳（*Salix floderusii*），天山桦和野苹果主要分布于天山西部巩留县海拔 1300~1550 m 云杉林分布的下限范围内，伴生的数量并不多，而且也不普遍，主要是在云杉林受到破坏而稀疏的情况下出现，崖柳主要是在天山西部昭苏林区天山云杉林受火烧后，在火烧迹地上出现的乔木树种。在天山东部哈密林区，海拔 2200 m 左右为天山云杉纯林，从海拔 2250~2700 m 处由天山云杉和新疆落叶松（*Larix sibirica*）组成混交林，海拔 2700~2800 m 过渡为混生有极少量天山云杉的新疆落叶松林。

2. 灌木层物种组成

天山云杉林内灌木层尽管总体上不明显，但灌木的种类相对乔木种类较为丰富，总的灌木种类达 10 种以上（表 2-4）。灌木种类从天山西部向东部呈现出数量逐渐减少、丰富程度逐渐降低的变化趋势。

表2-4 天山云杉林在不同林区的灌木分布情况统计

物种	昭苏	巩留	乌苏	乌鲁木齐	哈密	各种出现的地点数
银柳 *Salix argyracea*	1	1	0	0	0	2
黄花柳 *Salix caprea*	1	1	1	1	0	4
刚毛忍冬 *Lonicera hispida*	1	1	1	0	1	4
异叶忍冬 *Lonicera heterophylla*	1	1	0	0	0	2
矮蔷薇 *Rosa nanothamnus*	1	0	1	0	1	3
高山绣线菊 *Spiraea alpina*	1	0	0	0	0	1
黑果栒子 *Cotoneaster melanocarpus*	1	1	1	0	1	4
小叶忍冬 *Lonicera microphylla*	1	0	1	0	0	2
天山茶藨子 *Ribes meyeri*	1	0	0	0	0	2
宽刺蔷薇 *Rosa platyacantha*	1	0	0	1	0	2
刺蔷薇 *Rosa acicularis*	0	1	1	0	0	2
东北茶藨子 *Ribes mandshuricum*	0	1	0	0	0	1
稠李 *Padus racemosa*	0	1	0	0	0	1
树莓 *Rubus idaeus*	0	1	0	0	0	1
欧洲荚蒾 *Viburnum opulus*	0	1	0	0	0	1
石生悬钩子 *Rubus saxatilis*	0	1	0	0	0	1
金露梅 *Potentilla fruticosa*	0	0	1	0	0	1
新疆圆柏 *Sabina vulgaris*	0	0	1	0	0	1
小叶茶藨子 *Ribes pulchellum*	0	0	1	0	0	1
黑果小檗 *Berberis atrocarpa*	0	0	1	1	0	2
黄蔷薇 *Rosa hugonis*	0	0	1	0	0	1
新疆方枝柏 *Sabina pseudosabina*	0	0	0	1	1	2
金丝桃叶绣线菊 *Spiraea hypericifolia*	0	0	1	1	0	2
库车锦鸡儿 *Caragana camilli-schneideri*	0	0	0	1	0	1
腺毛蔷薇 *Rosa fedtschenkoana*	0	0	1	0	0	1
合计种数	10	12	13	6	4	—

从表2-4也可以看出，在天山云杉林的灌木层种类中，刚毛忍冬、矮蔷薇、黑果栒子在多个调查地点出现。在天山云杉林内分布较为广泛，其余大多数种类仅在1~2个调查地点出现，反映出天山云杉林在不同分布地点灌木的种差异较大，如在昭苏林区，灌木种类主要为矮蔷薇、忍冬(*Lonicera* spp.)、黑果栒子以及银柳等；在巩留，灌木主要为各种忍冬以及天山茶藨子等；在乌苏，灌木为忍冬、黑果栒子以及蔷薇等，在高海拔为金露梅和新疆方枝柏；在乌鲁木齐天山森林定位站，灌木种类主要为忍冬、黑果栒子、蔷薇以及黄花柳等，高海拔分布有新疆方枝柏；在哈密，灌木种类最少，只在海拔2200~2350 m

有黑果枸子、蔷薇、忍冬等，在海拔 2650～2800 m 分布有新疆方枝柏，其他海拔高度都没有灌木分布。

3. 草本层物种组成

天山云杉林内总的草本植物种类繁多，数量达 300 余种。其中，最常见的禾本科植物有：林地早熟禾（*Poa nemoralis*）、粟草（*Milium effusum*）、穗状三毛草（*Trisetum spicatum*）、柔毛异燕麦（*Helictotrichon pubescens*）等；杂类草主要有：东北羊角芹（*Aegopodium alpestre*）、乳苣（*Mulgedium tataricum*）、准噶尔繁缕（*Stellaria soongorica*）、暗红葛缕子（*Carum atrosanguineum*）、丘陵老鹳草（*Geranium collinum*）、阿尔泰多榔菊（*Doronicum altaicum*）、天山党参（*Codonopsis clematidea*）、拟鹿蹄草（*Ramischia secunda*）、小花凤仙花（*Impatiens parviflora*）、丘陵唐松草（*Thalictrum collinum*）、一枝黄花（*Solidago decurrens*）等；主要的蕨类有欧洲鳞毛蕨（*Dryopteris filix-mas*）和冷蕨（*Cystopteris fragilis*）；藓类植物主要优势种有：羽藓（*Thuidium abietinum*）、绉蒴藓（*Aula comium*）、曲尾藓（*Dicranum scoparium*）、杨青藓（*Brachythecium populeum*）、卷叶灰藓（*Hypnum revolutum*）、直啄提灯藓（*Mnium orthorhynchum*）、拟垂枝藓及塔藓等（苏宏新，2005）。

草本植物物种丰富度在天山各个不同经度的分布区范围内随海拔高度的变化也呈现出不同的变化规律。刘贵峰等研究表明，在天山西部的昭苏和中部的乌苏、乌鲁木齐 3 个调查地点，天山云杉林内草本植物物种丰富度随海拔梯度的变化先下降后上升的趋势，在中等海拔高度丰富度最低，呈现出山谷型变化趋势，在西部的巩留林区，草本植物物种丰富度在海拔 1300～2350 m 范围内呈现出较为明显的下降的趋势，从海拔 2350～2600 m 物种丰富度变化不大；在天山东部的哈密林区，草本层物种丰富度总体表现为随海拔高度的升高，物种丰富度增加的趋势，但在 2200～2250 m 范围内变化不明显。5 个地点中总体上草本植物物种数随海拔梯度的变化总体呈现先下降再上升的趋势，在中等海拔高度丰富度相对较低（图 2-9）（刘贵峰等，2008）。

（三）天山云杉林植物区系特征

对天山云杉林整个分布区范围内植物物种的科属组成及区系特征方面还缺乏研究，但在天山云杉林分布区内局部范围内的天山云杉林或其他特定的植物群落的区系特征，相关学者进行了研究。如崔大方等（2006）对天山西部天山云杉林下限的新疆野果林植物区系组成特点及性质研究表明，野果林区系的发生是多方面的，主要有安加拉成分、古北极成分、古地中海成分、华夏区系成分和新疆本土成分，导致了野果林植物区系成分复杂多样，并以温带成分占主体，凸显温带气候特征。野果林分布于天山西部海拔 1000～1600 m 的广大林区，紧邻天山云杉林的下限，在草本植物组成上有较多雷同，因此野果林植物的区系特征在一定程度上可反映出天山西部天山云杉林植物的区系特征；魏岩等（1998）曾对天山中部乌鲁木齐河源天山 1 号冰川北坡的海拔 3500～4000 m 的冻原植被带植被区系进行了研究。结果表明，该地区的植物区系性质明显是温带性，且以北温带成分为主，地理成分复杂，有 7 个分布区类型和 5 个变型。天山云杉林在天山中部可达 2900 m 的雪线附近，天山 1 号冰川冻原植被带位于天山云杉林上部，其植物区系组成也能够从一定程度上反映出天山云杉林的区系特征；王立权（2006）对天山中部天山定位站所在的南山林场内天山云杉林的植物科属组成及区系进行了研究，本节作者成克武曾参与其外业调查和植物鉴定，根据王立权研究结果及相关资料对该区天山云杉群落植物组成及区系特点总结如下：

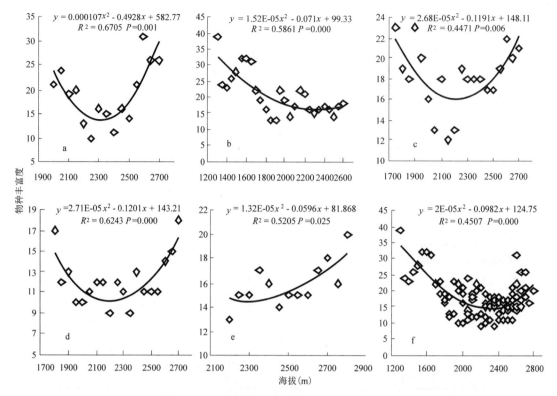

图 2-9　不同经度天山云杉林内草本植物丰富度随海拔高度变化趋势（资料来源：刘贵峰，2008）

（a. 昭苏林区；b. 巩留林区；c. 乌苏林区；d. 乌鲁木齐天山定位站；e. 哈密林区；f. 各地总计）

（1）植物分类群数量：该区天山云杉群落有蕨类植物 6 科 6 属 8 种，种子植物 47 科 194 属 393 种。

（2）植物科的组成：在植物科的组成中，含 16 种以上的优势科有菊科、禾本科、唇形科、蔷薇科和毛茛科，占该区总科数的 10.64%，所含属数和种数分别占该区总属、总种数的 41.75% 和 47.58%，其余科占总科数的 89.36%，并以 5～10 种的中等科占优势。

（3）在属的组成方面，含有 5 个以上物种的大属有披碱草属（*Elymus*）、早熟禾属（*Poa*）、委陵菜属（*Potentilla*）等 12 个属，占该区总属数的 6.19% 和总物种数的 21.63%，其他单种属和寡种属有 182 属 308 种，分别占总属数的 93.81% 和总种数的 78.37%。科属的组成特征反映出该地区环境恶劣，科属分化大，植被构成受人为干扰强烈的特点。

（4）植物区系组成：在该区植物科的地理组成上，属于世界分布区类型的科最多，有 24 科，占总科数的 51.06%，温带成分（包括热带至温带分布、亚热带至温带分布、温带分布和温带至寒带分布）有 21 科，占总科数的 44.68%，在区系组成和植被构成中占主导地位。

在属的区系组成上，该区云杉林种子植物共包括 10 个分布类型和 11 个变型。其中北温带分布类型最多，包括变型共有 97 个属，占总属数（未包括世界分布的属）的 58.43%；旧世界温带分布有 30 个属，占总属数的 18.07%。热带亚洲（印度—马来西亚）分布、东亚和北美洲间断分布、中亚分布的属较少，共计 8 属，占总属数的 4.82%。累计属温带成分的有 133 属，占 80.12%，属热带成分的有 14 个属，占 8.43%。

科属的组成一方面反映出天山中部地区植物区系的温带性质，另一方面反映出该区植物区系成分的多元化和彼此渗透，植物分布区重叠。这种特点与天山云杉林地处的特殊地理位置(中亚与西亚交汇地段、热带与温带过渡地带)、气候的复杂多变及地史变迁的复杂性密切相关。

(四)天山云杉林胸径、树高、密度、胸高断面积及蓄积量特征

天山云杉林的水平和垂直分布范围广，分布区内气候、土壤基质、地质历史过程差异悬殊，形成了不同分布区、不同海拔天山云杉林内天山云杉种群结构的差异。刘贵峰等对新疆西部昭苏、巩留、新疆中部乌苏、天山定位站和天山东部哈密的天山云杉林天山云杉平均胸径、最大胸径、平均树高、最大树高、胸高断面积、蓄积量和幼苗、幼树更新密度等方面进行了调查(表2-5)，结果表明：

表2-5　天山云杉林不同地点不同海拔林分结构特征统计

地点	海拔范围（m）	平均胸径(cm)	最大胸径(cm)	平均树高(m)	最大树高(m)	林分密度（株/hm²）	幼苗、幼树密度（株/hm²）	胸高断面积（m²/hm²）	蓄积量（m³/hm²）
昭苏	2000～2250	14.0±6.4	47.0	10.6±3.1	18.0	1490±733	195±315	27.9±7.3	157.8±57.1
	2250～2500	13.0±5.2	30.0	11.9±3.4	20.0	1910±627	500±332	29.6±6.2	187.3±39.5
	2500～2700	13.1±7.2	39.2	9.0±3.8	18.0	755±804	385±392	13.3±11.6	67.2±70.6
巩留	1300～1750	47.0±28.0	111.4	28.0±13.4	50.0	244±69	70±122	57.3±29.9	841.0±432.3
	1750～2200	43.9±26.9	126.1	26.8±15.4	58.0	314±80	189±157	65.2±20.1	986.0±393.9
	2200～2600	44.5±30.2	111.4	22.0±10.6	40.0	300±156	116±130	68.0±37.7	792.0±399.3
乌苏	1750～2100	21.7±8.0	39.8	12.1±4.0	22.0	482±160	111±195	20.3±4.6	131.2±47.5
	2100～2450	20.7±9.8	47.0	11.5±4.5	22.0	650±206	125±277	26.8±4.3	177.2±39.8
	2450～2700	22.8±11.0	58.0	10.8±4.1	19.0	375±178	4±10	18.8±8.2	115.7±57.4
乌鲁木齐	1800～2100	14.6±7.1	50.9	10.0±4.2	24.0	1596±673	542±674	33.1±6.9	195.7±60.3
	2100～2450	15.9±10.6	71.8	10.1±4.9	25.0	1432±618	1157±744	41.2±11.3	283.5±88.0
	2450～2700	18.3±11.4	60.0	9.0±5.3	26.0	513±242	92±108	18.7±13.0	122.7±101.9
哈密	2200～2400	16.3±8.5	50.9	10.5±3.0	19.0	1544±483	1175±237	41.0±6.8	256.2±47.1
	2400～2650	20.8±9.2	40.4	11.4±4.6	19.0	1045±471	405±167	42.5±9.5	271.4±59.1
	2650～2800	28.2±16.1	85.0	9.8±3.9	17.0	519±340	25±29	42.8±27.9	222.6±176.5

1. 平均胸径和最大胸径

各个不同地点天山云杉的平均胸径大小不同，西部的巩留林区天山云杉林内云杉平均胸径最大，在43～47 cm，其次为乌苏、天山定位站和哈密林区，平均胸径在14～28 cm，昭苏林区天山云杉的平均胸径最小，在13～14 cm。平均胸径在各个地点随海拔变化规律也略有不同，西部的昭苏、巩留和中部的乌苏林区天山云杉平均胸径在垂直分布区的两端略大于中间段，即在天山云杉林分布的中部平均胸径略小于分布区下部和上部，东部的乌鲁木齐和哈密林区天山云杉则是在高海拔处最大，低海拔处最小；胸径大小一方面与立地环境条件有密切关系，另一方面与调查地点天山云杉林乔木层的年龄有关，如昭苏林区调

查的天山云杉林年龄均在 100 年以内，平均胸径较小，在巩留林区，天山云杉分布的下限多位于阴坡沟谷地带，水分和土壤条件良好，天山云杉胸径相对较大。

在不同地点天山云杉最大胸径以巩留最大，达到 126 cm，其次为哈密林区，最大胸径达 85 cm，昭苏林区天山云杉最大胸径最小，仅 47 cm。最大胸径与树木个体年龄、立地环境、人为干扰等因素有关，因此，5 个地点林分最大胸径随海拔的变化较为复杂，呈现出不同的变化趋势。在昭苏表现为低海拔 > 高海拔 > 中海拔，在巩留表现为高海拔和低海拔相同，中海拔最高，在乌苏表现为高海拔 > 中海拔 > 低海拔，在乌鲁木齐表现为中海拔 > 高海拔 > 低海拔，在哈密表现为高海拔 > 低海拔 > 中海拔。

2. 平均树高和最大树高

不同地点平均树高不同。在 5 个调查地点中，巩留林区天山云杉林平均树高最大，达 22 ~ 28 m，其他几个地点平均树高相差不大，均在 9 ~ 12 m。各个地点的最大树高也以巩留林区的天山云杉林最大，达 58 m，其次为天山定位站天山云杉林，最大树高为 26 m，其他几个地点最大树高在 17 ~ 22 m。各个地点内平均树高随海拔高度的变化也呈现出不同的变化规律，总体表现为平均树高在各地中低海拔相对大于高海拔处，但并不完全一致，在西部的昭苏和巩留，最大树高为中海拔处最大，在乌苏和哈密则为中、低海拔处相同且均大于高海拔处，天山定位站表现为高海拔 > 中海拔 > 低海拔。

3. 林分密度

各个地点林分密度也不相同，昭苏林区林分密度最大，达到 1910 株/hm²，其次为天山定位站和哈密林区，林分密度分别达到 1596 株/hm² 和 1544 株/hm²，而巩留林区天山云杉林密度最小，在 244 ~ 314 株/hm²。密度的大小与单株个体年龄和树高、冠幅等因子密切相关，尤其是昭苏林区的天山云杉林，年龄结构较为整齐，个体空间占据的体积小，因此密度远远超过其他地点的林分密度。林分密度在不同地点的垂直高度上的变化不同，在昭苏、巩留和乌苏 3 个林区表现为林分密度在中海拔处最大，低、高海拔处较低，而天山定位站和哈密林区则表现为低海拔处林分密度最大，高海拔处最小。

4. 幼苗、幼树密度

幼苗、幼树密度大小反映了林分的天然更新状况。在 5 个林区中，以哈密林区和天山定位站的云杉林内更新幼苗、幼树数量最多，分别达到 1175 株/hm² 和 1157 株/hm²，巩留和乌苏林区的更新幼苗、幼树数量最少，最大分别为 189 株/hm² 和 125 株/hm²。更新幼苗、幼树的密度一方面与林分年龄、郁闭度、海拔高度有关，另一方面与林区放牧强度有密切关系，通常放牧强度越小，更新幼苗、幼树越多，更新状况越好。

更新幼苗、幼树的密度在各个地点随海拔高度的变化也呈现出不同的特点。位于天山最东部的哈密林区，更新幼苗、幼树密度在低海拔处最大，而其他各地均表现为中海拔处最大。

5. 胸高断面积

天山云杉林胸高断面积在各个地点差异较大，以巩留林区胸高断面积最大，达到 57 ~ 68 m²/hm²，其次为哈密林区，胸高断面积达 41 ~ 42 m²/hm²，乌苏林区天山云杉林胸高断面积最小，为 18 ~ 26 m²/hm²，胸高断面积与单株林木年龄及林分密度关系密切，因此巩留林区天山云杉年龄最大，胸高断面积最大。各个地点天山云杉胸高断面积随海拔变化而不同，在昭苏、乌苏林区和天山定位站，天山云杉林胸高断面积均表现为中海拔处最大，低海拔处居中，高海拔处最小，在巩留和哈密林区，胸高断面积表现为高海拔和中海拔处较为接近，低海拔处最小。

6. 林分蓄积量

天山云杉林分布区范围内，各地的气候、土壤等条件差异较大，造成天山云杉林的生产力和生物量差异较大，在 5 个调查地点中巩留林区的天山云杉林立木蓄积量最大，达到 792~986 m³/hm²，其次为哈密林区，立木蓄积为 222~271 m³/hm²，乌苏林区天山云杉林立木蓄积最小，为为 115~177 m³/hm²，其原因主要与林分密度较低有关。在垂直海拔变化上，5 个地点林分蓄积量的变化趋势均表现一致，即中海拔处立木蓄积最大，低海拔处次之，高海拔处最小。

(五)天山云杉林林分径级结构

径级结构是指林分内不同大小直径林木的分配状态，径级结构反映了林分内林木个体间的竞争和分异状况，是最基本的林分结构。王婷等(2006)以 5 cm 为一个径阶，对新疆中部天池自然保护区天山云杉林中天山云杉的径级结构研究表明，径级中，胸径 0~5 cm 以及 5~10 cm 的天山云杉分别占了 19.11% 和 26.43%(不包括高度小于 2 m 的幼苗和幼树)，胸径 40~45 cm 以及 >45 cm 的天山云杉仅占 1.81% 和 1.43%，整个径级分布基本上呈倒"J"形，即个体数随径级的增加而减少。

刘翠玲等(2006)以 4 cm 为一个径阶，对天山西部巩留林区天山云杉林中的鳞毛蕨天山云杉林类型中的天山云杉种群径级结构研究表明，天山云杉个体在各径阶都有分布，但主要集中在前 9 个径阶(<38 cm)范围内，占树高在 1.3 m 以上林木株数的 66.8%，而大径级林木株数相对较少，天山云杉个体数随径阶的分布在总体上呈倒"J"形，可用负指数方程 $y = 23.34e^{-0.0967x}$ ($R^2 = 0.6928$，$n = 32$，$p < 0.01$)来描述，从直径结构反映出该林分属于典型的异龄林径结构。

王立权(2006)对天山定位站天山云杉林中天山云杉径级结构进行了统计分析，本节作者根据其统计数据，以 4 cm 为一个径阶绘制出天山云杉林分径级结构。结果表明天山云杉在各个径级均有个体存在，但主要集中于前 3 个径级组(胸径小于 20 cm)，个体数占总个体数的 86.7%，在总体上天山云杉个体数随径阶增加也呈倒"J"形分布。

成克武等 2006 年对昭苏林区、巩留林区、乌苏林区、乌鲁木齐天山定位站、哈密林区天山云杉林的径级结构调查结果表明(图 2-10)，上述 5 个地点天山云杉林的径级结构总体上呈倒"J"形分布，但随林分年龄阶段不同及其他因子影响，各地径级结构呈现出不同的规律性，在昭苏林区，所调查的天山云杉林处于中幼龄林阶段，林分的径级范围狭窄，缺乏 8 cm 以下径级范围的个体，在径级超过 8~12 cm 径级范围后的其他径级，天山云杉个体所占比例不断下降；而巩留林区，天山云杉林处于成过熟林状态，径级跨度范围较大，除 0~8 cm 径级范围的个体较多以外，其他径级个体均有分布，径级结构较为复杂；乌苏林区天山云杉林径级范围同样较为狭窄，天山云杉林径级结构中 4 cm 以下径级的个体较多，4~12 cm 个体数量较少，呈不连续状态，反映出该区天然更新幼苗数量较多，但在发育过程中死亡率较高，能够成为大径级个体的比率很小。天山定位站和哈密林区的天山云杉林径级结构呈现为明显的倒"J"形，表现出该林分为增长型种群，林地内更新良好。

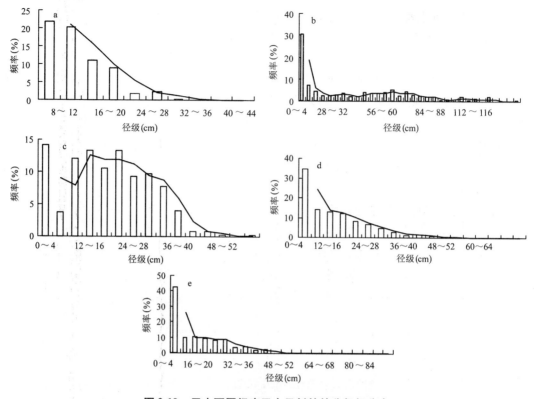

图 2-10　天山不同经度天山云杉林林分径级分布

（a. 昭苏林区；b. 巩留林区；c. 乌苏林区；d. 乌鲁木齐天山定位站；e. 哈密林区）

（六）天山云杉林林分年龄结构

刘翠玲等（2006）以 20 年为一个龄级，对巩留林区鳞毛蕨天山云杉林中的天山云杉种群年龄结构研究表明，鳞毛蕨天山云杉林中天山云杉的年龄结构比较复杂，林木年龄最高可达 618 年，年龄分布范围和年龄跨度都较大，是典型的异龄林，年龄结构呈典型的金字塔型，表明鳞毛蕨天山云杉林种群为增长型种群。

王婷等（2006）对新疆中部天池自然保护区天山云杉林中天山云杉的年龄结构研究表明，天山云杉的幼苗和幼树非常丰富，1～10 年的幼苗数占云杉种群数量的 27.18%，从 11 年开始，天山云杉经历高达 41.9% 的死亡率，使得 11～20 年的天山云杉仅占种群总数的 13.9%。20～30 年的天山云杉也经历了很高的死亡率，只有 46.8% 的能幸存下来，结果使 21～30 年的雪岭云杉个体数仅占了种群总数的 6.5%。从 30 年开始，天山云杉开始迅速生长，但个体数目波动比较大，在 60 年左右又遭受一次高达 50% 的死亡率，70 年后进入相对稳定发展阶段。雪岭云杉继续生长到 140 年左右时，开始出现了成熟后死亡。一般情况下雪岭云杉能存活到 240 年左右，但超过 200 年的很少，只有极个别能存活到 300 年以上。整个雪岭云杉林的年龄结构呈倒"J"形分布，显示出中部天山的雪岭云杉是稳定发展的。

（七）天山云杉林林分树高结构

以 2 m 为级距，对天山山地 5 个不同经度的天山云杉林不同树高级内的天山云杉个体数统计，绘制天山云杉分布图（图 2-11）。从图 2-11 可以看出，在各个高度级天山云杉所占比例中，5 个地点都以 2 m 以下的个体数所占比例最大，其他各高度级天山云杉数量一般小于 2 m 以下高度级个体数量所占比例。但是，由于天山云杉的主林冠层通常在 10 ~ 30 m 左右，在树高构成中，起重要作用的是主林冠层所在林木，因此去除小于 2 m 的高度级，则各个地点的天山云杉树高分布都呈现为单峰型曲线，但由于高度级的数量不同，各地点间曲线的平缓程度不同，高度级越多，曲线越平缓。

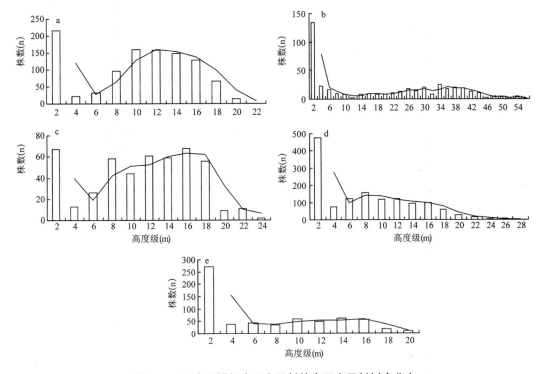

图 2-11　天山不同经度天山云杉林中天山云杉树高分布
（a. 昭苏林区；b. 巩留林区；c. 乌苏林区；d. 乌鲁木齐天山定位站；e. 哈密林区）

以分布频率较高且较为连续的高度级作为主林冠层的高度级范围（小于 4 m 的高度级达不到主林冠层，不包括在内）。在昭苏林区，天山云杉树高在 28 m 以下，共划分为 14 个高度级，天山云杉主林冠层分布于高度级频率大于 5% 的 7 ~ 17 m（取各高度级组的中值）；在巩留林区，天山云杉树高在 60 m 以下，共划分 30 个高度级，除 0 ~ 2 m 高度级占总株数的 30.41% 之外，其他各高度级所占比例也都在 6% 以下，天山云杉个体在各个径级分布较为分散，根据野外实地调查情况，以高度大于 8 m 且树种所占比例在 2% 以上的高度级作为主林冠层的高度范围，则巩留林区天山云杉的主林冠层范围在 13 ~ 43 m，尤其集中于分布频度较高（频度 ≥ 2.48%）的 21 ~ 43 m 高度级，反映出巩留林区天山云杉树高分布跨度较大，天山云杉天然演替更新所构成的各个演替阶段都存在；在乌苏林区，天山云杉树高在 24 m 以下，共划分 12 个高度级，主林冠层高度范围在 7 ~ 17 m，各高度级分布频率达 10% 以上；在天山定位站，天山云杉树高在 28 m 以下，共划分 14 个高度级，主林冠层高度范围在 5 ~ 15 m，各高度级分布频率在 5% 以上；在哈密林区，天山云杉树高在 20 m 以下，共划分 10 个高度级，主林冠层高度范围在 5 ~ 15 m，各高度级分布频率在 6% 以上。从各个地点天山云杉高度级分布来看，天山云杉天然林中，天山云杉高度越高，高度级越多，在各个高度级中个体的分布越均匀，林冠层幅度范围也越大，反映出天山云杉林的演替类型和演替阶段越多样。

(八)天山云杉林生物量结构

天山云杉林在不同的立地条件下生产力和生物量不同，即使在同一立地条件下，由于林分结构因子的不同，林分蓄积量也有着明显的差异。苏宏新(2005)对天山东部伊吾、中部天山小渠子、天池和西部昭苏4个研究地天山云杉林的生物量和生物生产力研究结果显示，伊吾天山云杉林的生物量最高，达 252.03 t/hm² (128.46 ~ 384.84 t/hm²)；其次为昭苏，生物量为 198.81 t/hm² (128.71 ~ 249.84 t/hm²)，最后分别为小渠子和天池，生物量分别为 197.83 t/hm² (99.82 ~ 320.30 t/hm²)和 187.64 t/hm² (91.42 ~ 363.41 t/hm²)。各地的生物量差异不显著($p = 0.36$)。各地天山云杉林生产力以昭苏天山云杉林最高，为 12.61 t/(hm² · a) [(3.77 ~ 15.71 t/hm² · a)]，其次分别是小渠子 10.49 t/(hm² · a) [6.56 ~ 13.44 (t/hm² · a)]和天池自然保护区 8.92 t/(hm² · a) [5.40 ~ 15.71 (t/hm² · a)]，伊吾天山云杉林生产力最低，为 6.85 t/(hm² · a) [3.77 ~ 10.15 t/(hm² · a)]。单因素方差分析结果显示天山云杉在4个研究位点的差异达到显著水平($p = 0.001$)，天山云杉林生物生产力地理分布呈现出从天山的西部到中部再到东部，天山云杉林的生物生产力逐渐下降，即呈现西高东低的变化规律。

王婷(2004)对天山中部天池自然保护区天山云杉种群生物量的研究表明，天山中部云杉种群生物量随年龄变化呈钟形分布，幼龄天山云杉的生物量占种群总生物量的比例相当小，小于40年和小于120年的天山云杉的地上部分生物量仅分别占天山中部天山云杉种群总生物量的 0.19% 和 23.55%。140年前种群生物量随年龄而增长，141 ~ 150年时的种群生物量最高，为 9.46 t/hm²，约占种群总生物量的 10%。121 ~ 210年间的种群生物量受年龄变化的影响比较小，约占种群总生物量的 65%。210年后种群生物量因个体死亡率较高而变化很大，所有大于210年的云杉个体的生物量总和约为 23.05 t/hm²，仅占云杉种群总生物量的 0.83%。

王燕和赵士洞(2000)根据张瑛山等人建立的天山云杉生物量生长方程，对天山西部和天山中部各个林区天山云杉林生物量和生产力进行了估算。结果表明天山西部林区和天山中东部林区天山云杉林的平均生物量分别为 223.638 t/hm² 和 143.368 t/hm²，生物生产力分别为 9.336 t/(hm² · a)和 6.576 t/(hm² · a)，平均生物量相差 80.27 t/hm²，平均生产力相差 2.760 t/(hm² · a)，反映出天山北坡林区林分生物量和生产力具有明显的西高东低规律性。整个天山林区天山云杉林生物量变化范围在 96.491 ~ 443.937 t/hm²，林分生物量和第一性生产力的最大值和最小值之间相差5倍左右。本节作者根据其相关数据，将各地天山云杉林按平均年龄排序，绘制按年龄顺序排列的生物量及生产力分布图(图 2-12、图 2-13)，从图 2-12 可以看出，由于各地点立地条件和林分因子的差异，天山云杉林生物量在个地点之间变化幅度较大，但无论是天山西部(图 2-12a)或天山中东部(图 2-12b)，或整个区域内(图 2-12c)，天山云杉生物量随林分年龄的增加呈增长趋势，而林分生产力随年龄的变化则较为复杂(图 2-13)，在西部林区，天山云杉林平均年龄在 101 ~ 148 年范围内，生产力呈先增长后下降趋势(图 2-13a)，东部林区天山云杉林平均年龄范围在 75 ~ 121 年范围内，天山云杉林的生产力随年龄的增长呈先下降后增加趋势(图 2-13b)，整个范围内天山云杉林的生产力随年龄的增长则没有一定的规律性(图 2-13c)，主要是由于各

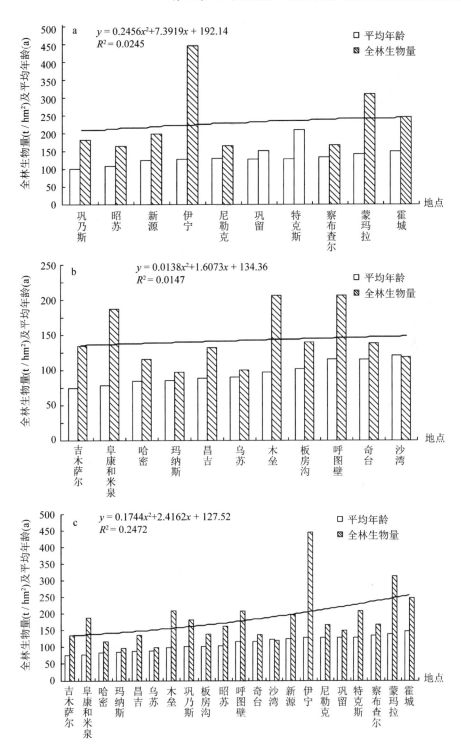

图2-12　天山中东部林区天山云杉林生物量随年龄变化分布

（资料来源：根据王燕和赵士洞研究数据绘制，2000）

（a. 天山西部林区各地；b. 天山中东部林区各地；c. 天山西部与中东部各地之和）

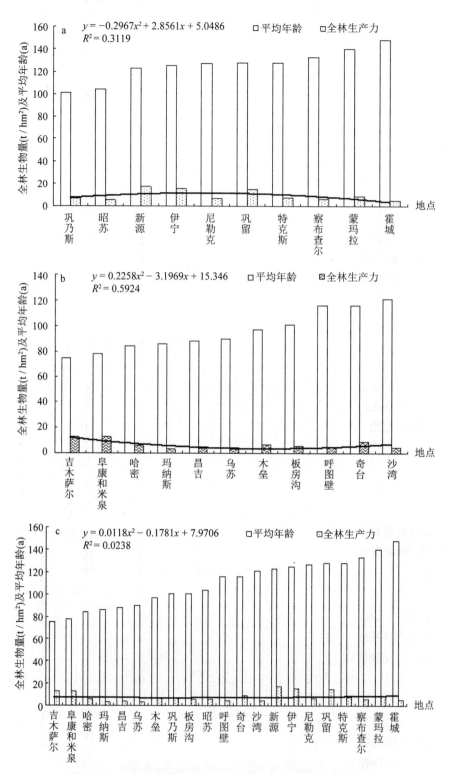

图 2-13　天山中东部林区天山云杉林生产力随年龄变化分布

（资料来源：根据王燕和赵士洞研究数据绘制，2000）

（a. 天山西部林区各地；b. 天山中东部林区各地；c. 天山西部与中东部各地之和）

地理区不同的气候环境因素和土壤条件及其他林分差异造成。

（九）天山云杉林中天山云杉种群分布格局

李明辉等（2005）、李建贵等（2001a）、王立权（2006）、丛者福（1995）等分别应用不同方法对天山中部天山云杉林中天山云杉的空间格局进行了研究。李明辉等（2005）用点格局法对天山云杉的空间格局研究表明，天山云杉全部个体在各个不同空间尺度上都表现为聚集分布，但随着空间尺度的增加，种群聚集度下降；天山云杉空间格局在不同龄级上也表现为聚集型，但随着天山云杉年龄级的增大聚集度下降，尤其是从 50 年以下天山云杉到 50 ~ 100 年的天山云杉，聚集强度急速减小；另外同一龄级的天山云杉在不同尺度下具有不同的空间格局，聚集强度有所不同，王立权（2006）研究结果与此类似。

李建贵等（2001a）应用频次检验法等方法对天山云杉成熟林种群分布格局研究表明，天山云杉在样方面积在 1 m^2 时，表现为随机分布，样方面积 4 ~ 50 m^2 时，分布格局介于随机分布和较弱的聚集分布之间，但更倾向于随机分布。

丛者福（1995）研究表明，天山云杉林中幼林木多为聚集分布，中龄林木为随机分布，稀疏散布在林分中，高龄林木在较大面积上有狙击分布的倾向，种群水平上的分布格局是这些分布的混合。

种群分布格局的形成及变化与种群内部之间的竞争关系密切相关，竞争的结果导致种群个体的分化和自疏，李建贵等（2001b）通过用 Hegyi 的单木竞争指数模型定量分析了天山云杉的种内竞争强度，表明天山云杉种内竞争强度随着林木径级的增大而逐渐减小，当天山云杉胸高直径达到 18 ~ 22 cm 以上时，竞争强度变化很小。其原因在于幼苗、幼树阶段，种群个体的光照、环境空间较为充足，个体竞争较小，随年龄增加，当幼树生长到 15 ~ 20 年时，不再需要遮阴的生长那个环境，而是转为需要更多的光照，个体间对空间和养分等有限资源的争夺激烈，大量个体由于获得资源不能满足生长需要而死亡，仅有部分个体得以生存，在林分达到 60 年左右，种内竞争开始减弱，种群进入相对稳定的阶段（李建贵等，2001b）。

（十）天山云杉林物种多样性

通过不同海拔高度样地调查，对天山西部（包括昭苏、巩留）、中部（乌苏、天山定位站）和东部（哈密）天山云杉林内乔灌草层物种种类组成进行了统计（刘贵峰等，2008）。结果表明，天山云杉林草本植物组成在不同经度地点的丰富度不同，在西部的昭苏、巩留林区，草本植物种类最多可达到 30 种/$10m^2$ 左右，在中部的乌苏、天山森林定位站，草本植物种类最高分别可达 23 种/10 m^2、17 种/$10m^2$，在东部的哈密林区，草本植物种类最高达 19 种/$10m^2$，反映出草本植物从西部向东部丰富度逐渐降低的趋势。草本植物物种丰富度的经度变化原因，一方面与东西部的降水、热量等气候条件差异有关，另一方面与不同地点天山云杉林受放牧等人为干扰影响关系密切。

王立权对天山中部南山林场天山云杉林乔灌草层的物种多样性研究结构表明，南山林场内天山云杉林群落物种丰富度和多样性指数较低，均匀度、优势度指数较大，群落结构简单。丰富度及多样性指数由小到大为乔木层 < 灌木层 < 草本层，均匀度与优势度为乔木层 > 灌木层 > 草本层。物种多样性分布特征是由于天山云杉林是以天山云杉为优势乔木树种的林分类型，天山云杉林不易为其他树种所更替，林内郁闭度较大，林下光照不足，加之长期受放牧等各种干扰影响，导致林内其他乔灌木种类稀少，草本植物种类数量也相对较少、盖度低(王立权,2006)。

王立权对天山定位站天山云杉林物种多样性随海拔变化的研究结果表明(王立权,2006),丰富度指数随海拔变化波动较大,不呈明显规律,最高值出现在较低海拔,中海拔地区丰富度指数变化较小;多样性指数与丰富度指数的变化趋势相似;均匀度指数随海拔升高大致呈上升趋势;优势度指数随海拔升高呈下降趋势,最高值出现在低海拔。

四、天山云杉林的更新演替

(一)天山云杉林的演替

1. 天山云杉林的演替历史

云杉属作为寒温性常绿针叶林的主要建群树种广泛分布在北半球的温带和寒带,在中国有16种和9个变种。除中国东北的云杉林可以连续分布外,在华北、西北山地以及中国西南部和东部的台湾岛3000 m以上的高山地区都属于间断分布(《中国森林》编辑委员会,1997;应俊生,1989)。根据在晚新生代地层中发现的云杉果实、木材、种子、叶和花粉表明在上新世和早更新世时,云杉曾广泛分布在青藏高原亚高山地区(孔昭宸等,1996;吕厚远等,2001)。在第四纪,尤其是末次冰期时,在我国的东部、中部、西部和南部的低山丘陵,甚至平原都曾有过云杉林分布(阎顺等,2004)。

天山云杉作为云杉属的一种,距今有很长的历史。阎顺等(2003)对吉木萨尔县泉子街乡桦树窝子和小西沟两处地质剖面的孢粉分析结果表明,该地天山云杉林的存在已具有数千年的历史,同时,反映出包括天山云杉林在内的天山植被受地质时期气候不断发生变化的影响,不同类型植被交互替代。在距今1750~1400年前,气候状况适宜云杉生长,云杉林的垂直分布带向下推移幅度达250 m左右。在天山云杉林线下缘有桦树组成的阔叶林存在。阎顺的研究结果也反映出即使人为影响很小的早期,天山云杉林中乔木种类组成也相对简单。

由于天山云杉喜湿润生境,成片的森林主要分布于中山带、亚高山带的阴坡、半阴坡和低山带上部的沟谷地区。影响天山云杉分布的气候条件中,冬季的严寒不是决定性因素,而温热湿润的夏季却是它生存的必要条件,一方面包括在其分布幅度内适宜的夏季气温(7月平均温度下限为10~12 ℃,上限变动于16~18 ℃的狭窄范围内),另一方面包括天山云杉分布区的气候必须满足夏季要有足够大气湿度的条件,若夏季湿度低于50%,则天山云杉很难生存。在高温低湿条件下,即使使用灌溉保持土壤水分,也不能使其正常生长(阎顺等,2003),因此,在气候发生大的变化时,天山云杉在分布上也要随之发生改变。尽管天山云杉在分布上会随气候变化而发生变化,但天山云杉林作为天山北坡中高海拔的地带性顶极植物群落类型长期存在,仍然反映出其林分类型对环境的高度适应性和在结构上的高度稳定性。

2. 天山云杉林的演替方式

对于天山云杉林的演替规律,相关研究目前主要是通过地层的粉孢组成或天山云杉分布区的局部范围内的更新演替去推断,本节作者根据相关研究认为,天山云杉林的演替至少包括以下几种方式:

(1)火演替。陆平等(1989)认为,天山云杉的演替依赖于林火的影响,即通过中、高强度的火将原有群落植被彻底摧毁后才能出现整个林分的更新和更替。火干扰后的天山云杉林更新演替包括 3 种途径：①次生演替途径。即天山云杉林除少量是林窗更新外，几乎都是由林火（天然火）毁灭了上层的云杉，然后演替为杨、桦林，接下来云杉侵入，成长壮大后又淘汰了杨、桦，恢复了固有天山云杉林的面貌（陆平等，1989）；②顶极种群的直接更新。在缺少阔叶树种源的条件下，天山云杉具有不经过阔叶林阶段而自行繁衍的能力。例如，在新疆农业大学实习林场 3 林班 6 小班一片约 3 km² 的幼林，火烧前属于中生草类—天山云杉林，火烧 40 年后形成密度极大、天然更新良好的纯天山云杉幼林（陆平等，1989）；③残破林下的天然更新。火烧后，火烧迹地周围保留有天山云杉母树或林墙，则天然更新良好，说明天山云杉幼林是火烧后与阔叶树同时或在以后陆续进入的（陆平等，1989）。张思玉（2001）认为，以上 3 种更新途径中，前两种通常是高强度的火破坏了原有的天山云杉林，第 3 种情况则多发生在林下，并没有完全破坏上层林冠。这 3 种情况与森林经营中的皆伐、择伐（即使是弱度择伐）后天山云杉都不能形成天然更新相比，说明火在天山云杉林的培育中是一种有效的工具（张思玉，2001）。

（2）林窗更新演替。成克武 2005～2006 年对天山西部巩留林区的天山云杉林更新调查发现，巩留林区天山云杉林的更新主要依赖于林窗更新，即通过云杉个体风倒或其他原因形成林窗后，在倒木上或树倒掘坑、掘丘上、或其他林窗部位形成更新个体，这种林窗更新现象在巩留林区极为普遍，尤其在不同海拔高度的林地中，经常可以见到不同年龄的云杉个体在林地中呈直线排列，最长可达 30～40 m，说明倒木更新能够最终发育为顶层的乔木树种。刘翠玲等（2006）等人对天山西部巩留林区的鳞毛蕨天山云杉原始林的研究结果表明，该区天山云杉中天山云杉的年龄结构复杂，林木年龄最高可达 618 年，年龄分布范围和年龄跨度都较大，是典型的异龄林，这种异龄林组成从另一个方面说明了该处天山云杉林演替是通过林窗演替来维持的，因为林窗更新特点是从各个林窗形成到成熟和衰退的整个过程中，会形成不同演替阶段、乔木层由不同年龄个体组成异龄林，即林窗演替是一种林窗相更替，植物种子侵入林窗，形成林窗期相，经过渡期相，到终止期相，再形成新的林窗，又重复林窗相更替，形成是循环演替，保证了种群的世代延续并维持了群落外貌上所呈现出的长期稳定的演替顶极阶段。

（3）依赖灌丛保护的更新演替。作者对天山中部天山定位站天山云杉林的更新调查发现，在天山云杉林分布的下限，即天山云杉林与黑果枸子、蔷薇等灌丛相接处，在灌丛空隙内经常有天山云杉更新幼苗、幼树形成并逐渐发育为乔木层大树，即天山云杉幼苗、幼树的形成依赖于灌丛的保护，避免放牧对幼苗更新微环境及幼苗、幼树啃食的破坏。在天山云杉分布的上限即 2600～2800 m 范围内，天山云杉的更新则依赖新疆方枝柏、新疆圆柏。新疆方枝柏和新疆圆柏为匍匐性针叶灌木，通常分布在新疆中部山地的悬崖上及山地平缓坡面，通过不断蔓延生长，可在较大范围内形成散生的灌丛群落，天山云杉种子在鸟兽或风力等作用下落入上述灌丛后，在灌丛内部能够形成一定数量的更新幼苗，更新幼苗受周围灌丛的保护，可以避免牛羊的啃食和践踏，逐渐发育为单株大树，在大树发育过程中，新疆方枝柏或新疆圆柏则因大树遮阴作用而逐渐被淘汰。

3. 天山云杉林的演替阶段

天山云杉林内的演替理论上要经历草本植物阶段、灌丛阶段、阔叶树种阶段、阔叶树种和天山云杉混交阶段及天山云杉林阶段。草本植物阶段和灌丛植物阶段，由于各个不同地段气候土壤条件及外界干扰条件不同，造成草本阶段和灌丛植物阶段的植物种类组成各异；阔叶树阶段的出现一般发生在天山云杉林的下限林缘附近（如天山定位站、巩留林区）或山坡上部林缘（如昭苏林区），种类有天山桦、疣枝桦（*Betula pendula*）、欧山杨（*Populus tremula*）、天山花楸（林缘下部）、银柳（林缘上部）等树种中的少数几个，最后天山云杉取代阔叶树种成为单优的顶极群落，在天山云杉林内则很少见到阔叶树。

由于天山云杉林属于天山牧区，强烈放牧作用致使天山云杉林内草本群落很难发育，始终维持由蒲公英（*Taraxacum* spp.）、羽衣草（*Alchemilla* spp.）等低矮的、顶芽较低的贴地生长的一些种类组成，或由乌头（*Aconitum* spp.）、荨麻（*Urtica* spp.）等有毒、有刺、或有特殊气味的难以取食的草本植物组成，可取食的较高的草本植物通常由于牛、羊、马等在啃食时会连根拔起吃掉而淘汰；灌木植物和阔叶乔木种类在天山云杉林内往往由于牛羊啃食幼苗、枝梢或树皮而死亡并逐渐淘汰，因此天山云杉分布区域内通常很少看到天山云杉演替过程中草本阶段、灌木阶段或阔叶树种阶段，通常情况下只能在林地内看到天山云杉更新幼苗、幼树及不同年龄阶段的成年个体。

天山云杉幼苗、幼树在长期放牧过程中同样受到牛羊啃食和践踏作用的危害，但根据作者调查发现，天山云杉无论是在定居阶段或幼苗、幼树生长阶段都能通过一定适应对策来维持其更新，避免更新中断。如在幼苗、幼树定居阶段，为避免牛羊啃食和践踏破坏，天山云杉可选择在不同的生境上定居，如在巩留林区，可在胸径 1 m 左右的倒木树干上形成更新幼苗、幼树，避免牛羊啃食或践踏，在巩留林区、乌苏林区，经常可以看到在风折木残桩上、岩石缝隙、天山云杉林窗内牛羊践踏的小道外缘土坎下形成天山云杉的更新幼苗，甚至天山花楸的更新幼苗，避免牛羊践踏，在乌苏林区和天山定位站，可看到依赖新疆方枝柏、新疆圆柏或黑果小檗保护更新起来的幼苗。在幼苗、幼树的生长发育阶段，天山云杉可以通过多种适应机制来维持其更新过程，如在悬崖缝隙、倒木上或灌丛中的天山云杉幼苗可通过特殊的环境避免牛羊的啃食及践踏破坏。而其他地点形成的天山云杉幼更新幼苗，作者调查发现只要在最初阶段没有被牛羊啃食或践踏致死，在高度达 15 cm 以后，部分幼苗就不会被牛羊践踏致死，而在被啃食过程中，由于天山云杉幼苗下部针叶粗硬，且含有针叶树种特有的酯类物质，影响其适口性，因此，牛羊只能取食顶梢很少的幼嫩部分。而在取食后，尽管幼苗顶梢停止生长，却刺激了顶梢下部侧枝的萌发生长，侧枝萌发生长后，其顶梢同样会受到啃食危害，但侧枝顶梢下部及原来顶梢下部又会萌发新的侧枝，通过这种强烈的侧枝萌发方式，天山云杉幼苗不但能维持其生存，而且树冠也在不断扩大，形成树冠顶部受啃食影响而较平、但内部分枝密集的紧缩型树冠，由于幼树各个侧枝上形成的新的萌发枝不可能全部被啃食，且新形成的侧枝高度都超过原来老枝，因此整个天山云杉幼苗的树冠、苗高和地径仍在不断增长，但生长速度极慢。作者对天山定位站调查发现，在海拔 2600 m 以上受牛羊啃食的天山云杉幼苗高度在 0.5 ~ 0.6 m，地径 2.0 cm 左右，但年龄达 25 年以上，反映出啃食对其高生长危害极为严重。但是，随着天山幼苗的缓慢生长，当其高度达 0.7 ~ 1.0 m 时，由于树冠冠幅直径可达 0.4 ~ 0.6 m，此时，尽管树冠顶梢的萌发枝仍然会受到牛羊的啃食影响，但危害程度大为减轻，因为此时主要是山羊通过仰头或前肢搭在树枝上半直立的方式进行啃食，主要危害树冠外围的萌发枝，而树冠中心所形成的萌发枝受危害较轻，因此树冠中心的某个萌发枝能够幸免啃食危害，形成优势枝迅速生长，高度超过牛羊啃食高度，并且形成顶端优势抑制了其他侧枝的生长，并形成更新幼树的主干。在此阶段天山云杉更新苗的生长加快，每年高生长达

30 cm左右，最终进入主林冠层。

（二）天山云杉林的更新

天山云杉林的更新受多种因素的影响，包括林分年龄、郁闭度、立地条件、气候条件、人为干扰、放牧及天山云杉自身生理生态学特性等一系列因素影响。刘云等（2005）对天山中部天山云杉林在林冠干扰下的林窗更新和大强度择伐干扰下的天山云杉林林内天然更新研究表明，林冠空隙内天山云杉天然更新幼苗、幼树呈聚集分布，达到10000株/hm²，强度择伐近30年后的天山云杉林更新幼苗主要发生在强度择伐后采伐木的伐桩周围，更新株数达4800株/hm²。可以看出，无论是林窗更新或择伐更新，更新幼苗、幼树的数量很大，更新状况良好。但在天山云杉分布区内可以看到，天山云杉林主要以斑块状分布，大部分较为稀疏，郁闭度较低，仅局部郁闭度较高，林分密度较大。其原因在于幼苗、幼树的数量尽管很大，但由于幼苗、幼树属于聚集分布，主要分布于林冠空隙即林窗中，在天山云杉林内分布并不均匀，幼苗、幼树生长过程要经历放牧干扰、其他人为破坏及种群个体间的竞争淘汰作用，因此最终进入主林冠层成为更替者的数量并不是很大，从总体上表现出林分郁闭度较低。

天山云杉林在更新演替过程中变化特点从前面天山云杉林结构特征的研究中都能够反映出来，即天山云杉林无论从年龄结构、径级结构或树高结构上都表现为幼苗、幼树比例最大，但真正进入成年个体数量很少。

第三节　川西亚高山天然林群落结构与更新演替

一、群落结构特征

（一）岷江冷杉分布与分类

1. 地理分布及环境

岷江冷杉林在四川主要分布于岷江流域中上游及大渡河上游地区，行政区域属阿坝藏族羌族自治州。西界起自大金川西岸，东至龙门山，南达巴郎山，北部伸入甘肃南部的白龙江和洮河流域。垂直分布一般为海拔2800~3800 m，但分布上限南部常高于北部。岷江冷杉林林地面积约70余万 hm²，森林蓄积占全省森林蓄积17.2%，占全省冷杉林蓄积38.7%。以马尔康、南坪、小金和金川等县资源较多，其次为黑水、松潘、若尔盖、理县、红原和汶川等县，盆地西北缘亦有分布。分布区20世纪50年代初即已先后开发，是四川省开发最早的原始林区，且长期严重过伐，目前可利用资源不多，亟待恢复。

林区气候：根据海拔3400 m的理县夹壁沟观测站4年的观测记录，本类型的林内气候特点为：夏凉而冬不严寒。年平均气温为3.0 ℃，0 ℃以上的有7个月，5 ℃以上的有5~6个月，10 ℃以上仅2~3个月。最冷月平均气温-8.0 ℃，年温差20.6 ℃。降水量丰富，垂直变化大。年平均降水量1165.7 mm，80%集中于夏半年，小、中雨天数占98%。随海拔升高，降水增多，蒸发量减少，海拔3400 m处年降水量比海拔2765 m处多21.8%，蒸发量亦相应减弱，较后者少17.9%。相对湿度亦随海拔上升而增大。

林地土壤：岷江冷杉林、林下土壤主要发育为山地棕色针叶林土和山地灰化土。前者主要发育于草类冷杉林、灌木冷杉林和箭竹冷杉林，后者主要发育于杜鹃冷杉林下。分布较高更偏于阴湿，故灰化作用和淋溶作用强烈。除形态特征上的灰白色淋溶层和棕色淀积层十分清晰外，土壤的理化性质也有显著区别。现分述于下（杨玉坡等，1992）：

山地棕色针叶林土：表土层具黏化现象，腐殖质高达 15%，心土约达 2%～4%；呈酸性反应，pH 值 4.4～6.0，向下层增高；表土代换盐基总量约 30～40 me/100 g 土，心土层约为 5～10 me/100 g 土，盐基饱和度上部 30%～50%，下部约 60%～70%。表土层硅酸盐有了相对累积，而 Fe_2O_3、Al_2O_3 和及 CaO、MgO 都有相对的淋失现象，表明此类土壤已开始进行灰化作用。

山地灰化土：土体黏粒部分显著降低，相对地积累了粉质的 SiO_2 含量；表土层含 5% 腐殖质，心土层约 1%～3%；呈酸性或强酸性反应，pH 值 4.4～5.8，向下层增高；盐基高度不饱和，表土层和心土层盐基饱和度约 5%～20%，但底土可达 60%～80%。

2. 岷江冷杉林型分类与分布

（1）岷江冷杉林型分类。岷江冷杉林分布区环境条件虽较复杂，但森林类型之间的差异较为明显，主要反映在林下层片的不同，同一个林型的森林，层片常具有趋同性。据此即可划分不同的林型，但这里划分的林型等级并不完全符合林型或群丛单位，基本上与林型组或群丛组相当，以下是 6 个常见的林型（杨玉坡等，1992）。

①箭竹岷江冷杉林。主要分布于青衣江、岷江中游及小金川下游地区，西界止于金川八叉沟和丹巴沙冲。垂直分布在前 2 个地区较低海拔为 2600～3400 m，后一地区下限起自海拔 3000 m，下方常与箭竹针混交林相衔接，或成交错分布，上缘则常为草类岷江冷杉林，或为藓类岷江冷杉林，常见于阴湿的河谷。坡向一般以阴坡、半阳坡为主。土壤为山地灰化棕壤，土层厚达 70～100 cm，腐殖质少至中等，枯枝落叶层约 5～6 cm，湿至重湿。

乔木层：常为异龄林的纯林，多见为 X—Ⅻ 龄级，疏密度为 0.6～0.8，地位级 Ⅲ—Ⅵ。

林木腐朽率 33.5%，其中隐蔽腐朽为 11.4%，伤口 7.5%，冻裂为 8.0%，其余为其他病害。

灌木层：本层以箭竹为主，常构成浓密的竹丛，高 2～3 m，有时竟达 6～8 m，一般不能通行。又因此种植物以地下茎进行无性繁殖，能迅速蔓延扩张，且竹子落叶层常形成厚的覆盖，不易分解，以及竹层所形成的层下环境过于阴湿，均严重影响幼树和其他植物的生长，因此林下植物多被竹类排挤。一般生长均不良好，仅在箭竹成稀疏分布地段，林地植物和幼树生长则较良好。

根据样地材料，灌木种类共计有 29 种，种类之多，居岷江冷杉林各林型第一位。其中箭竹形成优势种，其余各种灌木且多为单株散生，频度亦较低。

草本层：本层植物虽常因箭竹密生而林地过于阴湿，生长多较纤弱，分布稀疏，且多为耐阴湿种类；但从植物种类来看，却仍较丰富。根据样地调查，共计 31 种，种类仅次于藓类岷江冷杉林，其中频度在 60% 以上的有 7 种，频度在 20% 以下的达 21 种，盖度也是很小的。本层植物的生长形态，突出地表现在匍匐茎、根状茎植物的丰富，似乎与灌木层片中的竹根相似，这可能都与林地潮湿和地下水位较高有关。

苔藓层：稀疏分布，多见附生落叶层上或竹秆基部，覆盖度为 1.0～0.4，常见种类为毛梳藓、曲尾藓、塔藓等耐阴种类。

层间植物多附生于树干基部，种类为瓦韦（*Lepisorus thunbergianus*）、白齿藓（*Leucodon sciuroides*）等植物，树枝上还有少量松萝悬挂。

幼树因受竹层的影响，更新不良，每公顷冷杉幼树为 578 株，红桦(*Betula albosinensis*)为 197 株。

本林型组除上述箭竹岷江冷杉林外，还有泥炭藓箭竹岷江冷杉林和藓类箭竹岷江冷杉林，这 2 个林型主要分布于高湿多雨的青衣江及岷江流域，分布面积较大。

②灌木岷江冷杉林。本林型分布面积不大，主要见于大金杜柯河流域。垂直分布为海拔 2800～3400 m。位于山坡下部或中部，一般为陡坡或斜坡。坡向常为半阴坡及半阳坡。林内湿度适中。土壤常见为棕色针叶林土，粒、块状结构，湿润，中等肥力。

乔木层：常与紫果云杉(*Picea purpurea*)、红桦混交，有时混有山杨、高山栎类(*Quercus* spp.)等喜光树种。树种组成常为 8 冷 2 云，有时可为 7 冷 2 云 1 冷＋杨－桦。疏密度一般为 0.5～0.7，罕有大于 0.7 者，地位级常为Ⅲ级，偶有Ⅱ地位级。

由于郁闭度不大，林内一般透光尚好，林木枝下高多为 5～6 m，通视度可达 30 m。

林分卫生状况较其他林型为好。病腐率虽达 33.8%，但其中以伤口为主，占 13.0%，隐蔽腐朽只占 6.9%。

灌木层：本层植物有 23 种，以防己叶菝葜(*Smilax menispermoidea*)为优势，100 m² 有 1929 株，频度达 100%，为组成本林型组(灌木冷杉林组)中的一个特殊林型。

草本层：本层植物发育中等，盖度一般 0.5 左右，以要求湿度较小的赤茎藓为优势，常成片分布，其中杂有绿羽藓(*Thuidium assimile*)、大叶藓(*Rhodobryum roseum*)、绢藓(*Entodon divergens*)等种类。此外，陕西白齿藓(*Leucodon exaltatus*)、平藓(*Neckera pennata*)多附生于树干组成悬垂藓类群落。

③藓类岷江冷杉林。本林型分布普遍，多见于海拔 3200～3600 m 的阴坡或半阳坡。林内大气和土壤湿度均大，生境阴凉，7 月尚有微寒感觉，日光在林地呈斑点状散布。土壤发育为山地棕色针叶林土，在厚的苔藓与落叶层下，常见有灰化层。淋溶作用较强，但生物循环仍较旺盛，有机质仍较多(7%～10%)，土壤肥力较高。

乔木层：组成常为 8 冷(230 年)2 冷(300 年)＋冷(140 年)，但常混生有不达 1 成的红桦和紫果云杉。紫果云杉虽然数量不多，盖度、频度亦较小，但常居于Ⅰ林层，通常高出冷杉林层 10 m 左右。而红桦则常居于Ⅲ林层，显示三者在群落结构及其在演替上关系与位置。林内通视度可达 25～30 m，枝下高多为 6 m 左右，最高达 12 m。疏密度常为 0.7～0.8，地位级常见为Ⅲ－Ⅴ，每公顷蓄积量通常为 400 m³。病腐率达 49.7%，其中主要病害为隐蔽腐朽(21.9%)和伤口(11.1%)。

灌木层：本层植物高 2～4 m，呈稀疏的均匀分布，但在林窗下则为团状。种类不多，林下均为耐阴性植物。100 m² 样方内有 25 种，共计有 484 株。频度较大的有细枝茶藨子(*Ribes tenue*)和四川忍冬(*Lonicera szechuanica*)，但后者株数较多。而另 2 种忍冬频度亦较大，这 3 种忍冬共计 169 株，占总数的 35%，因此，占显著地位。频度在 20% 以下的有 15 种，占种数 60%，表明此层植物散生种类较多。

草本层：本层植物多为喜阴湿林地种类，生长常较纤弱，数量亦稀少，但仍能开花结实。盖度仅为 0.1～0.3，在林窗与接近林缘处则显著增多。本层植物无明显优势种，对群落的作用较为微弱。

苔藓层：本层植物在林地形成 8～15 cm 厚的毡状覆盖，其下还有 4～8 cm 的死苔藓层，盖度通常达 1.0，在郁闭度较小的林分则变动于 0.5～0.8。在 4 m² 的样方内有 18 个种，其中只有锦丝藓(*Actinothuidium hookeri*)和塔藓的盖度和频度较大，为本层优势种，常成片状分布。样方外还常见有2种泥炭藓(*Sphzgnum girgensohnii*, *Sphzgnum russowii*)在局部洼地也可形成小面积优势群落，但少有形成纯泥炭沼泽。倒腐木或岩面上常有欧腐木藓(*Hrterophyllum haldanianum*)、毛梳藓、拟垂枝藓(*Rhytidiadelphus trquetrus*)、绿羽藓等形成厚的覆盖。

层间植物常见有松萝悬挂于树枝上，在成过熟的疏林中尤其繁茂。树干基部常有地衣植物，如梅花衣(*Parmelia physoides*)、多指地卷(*Peltigera polydactyla*)、肺衣(*Lobaria pulmonaria*)、牛皮叶(*Sticta sp.*)以及2种树平藓(*Homaliodendron flabellatum*, *Homaliodendron scalpellifolium*)、猫尾藓(*Isothecium myurum*)、平藓等附生。

更新幼树呈团状分布，多见与林窗下和郁闭度较小的林内。而浓密深厚的苔藓层常使幼苗的胚根不能达于土壤而死亡，故幼苗所见于1年生，每公顷有冷杉幼树为743株，云杉幼树34株，红桦幼树419株，更新情况不良。

④ 草类岷江冷杉林。本林型分布较广，上缘常接草类杜鹃岷江冷杉林，下方常接灌木高山松(*Pinus densata*)林；垂直分布为海拔3400～3800 m，多位于山坡中部和上部，坡向为半阳坡、半阴坡，坡度一般为陡坡、斜坡。林内湿度不大，土壤为山地棕色针叶林土，有时为山地灰化棕壤。

乔木层：组成常为8冷2冷，偶有为8冷2云，在不多的情况下亦混交有不到1成的高山栎(*Quercus semicarpifolia*)，疏密度为0.6～0.8，郁闭度常为0.7左右，地位级为Ⅲ—Ⅴ。

灌木层：本层植物呈均匀稀疏分布，高一般为2～4 m。在100 m²样地内，有16种，其中以茶藨子属(*Ribes*)及忍冬属(*Lonicera*)、蔷薇属(*Rosa*)各2种占有较大的频度，但数量都不多，且均为暗针叶林下习见种类。值得注意的是秀丽莓(*Rubus amabilis*)频度可达60%，数量达164丛，表明此林分已有林外喜光杂灌侵入，如遭破坏必将蔓延而形成秀丽莓(悬钩子)灌丛。

草本层：本层植物种类较多，根据统计共26种，种类之多仅次于箭竹岷江冷杉林，但禾草类占有较大的比重，其他种类如鞭打绣球(*Hemiphragma heterophyllum*)、鼠尾草(*Salvia japonica*)、银莲花(*Anemone sp.*)等均为迹地习见杂草。

苔藓层：本层植物常稀疏分布，覆盖度常为20%～30%，是由于地形影响，光照增大，林内湿度较小，因而苔藓植物不甚旺盛，常见种类为赤茎藓、毛梳藓、曲尾藓、金发藓(*Polytrichum chingdingense*)、羽藓等较耐干旱的种类，锦丝藓虽亦有出现，但不占优势。层间植物则常见有少量松萝，垂挂于树枝上，树皮上则常有瓦韦、地衣等附生。

更新幼树常呈团状分布，根据0.5～1.0 hm²的59块样地材料，每公顷平均幼树株数：冷杉773株、云杉70株、红桦160株，更新情况不好。

⑤藓类杜鹃岷江冷杉林。本林型在大渡河上游、岷江中游和青衣江各流域，分布较广，位于半阴坡、阴坡的山坡上部及中部。垂直分布在大渡河流域较高，为海拔3400～3900 m，岷江流域为3200～3500 m。常位于藓类岷江冷杉林的上方，生境极为阴湿，土壤发育为山地灰化土。

乔木层：常为纯林，组成常见为8冷2冷，疏密度为0.5～0.8。林木生长不良，常为Ⅳ—Ⅴ地位级，林内卫生情况不好，病腐率为冷杉中的最高者，达54.4%，其中主要病害为隐蔽腐朽，占24.7%，伤口占7.6%。

灌木层：本层植物稀疏至中等密度，块状或均匀分布，一般高度为2~6 m。以亮叶杜鹃（*Rhododendron vernicosum*）和陇蜀杜鹃（*Rhododendron przewalakii*）为主，在林下常构成块状分布的小乔木状（高2~6 m）的层片，这2种杜鹃频度合计为90%。

草本层：本层植物生长不良，覆盖度仅为10%~30%，且均为耐阴种类。根据样方材料草本层植物有21种，分布不均，多度和覆盖度较小。最大频度为红毛虎耳草（*Saxifraga rufescens*），达65%，但数量不多。草本层处于如此衰弱状况，是受杜鹃的郁闭和苔藓层的影响。

苔藓层：本层植物的总覆盖度常为70%~90%，以塔藓、曲尾藓和锦丝藓占绝对优势，根据20个4 m² 样方统计有16种。

更新情况不良，平均每公顷冷杉幼树为1347株，红桦198株，高山栎85株，更替幼树仍为冷杉，因其海拔较高，生境阴湿，其他树种难以侵入。

⑥草类杜鹃岷江冷杉林。本林型分布于海拔3600~3900 m，常上接杜鹃红杉松林，下接草类岷江冷杉林。坡度多见为陡坡、急坡。常位于山坡的上部及中部。坡向为半阴坡及阴坡。林内温度不高，土壤为山地灰化土。

乔木层：常见为Ⅺ—Ⅻ龄级的纯林，少有其他树种混生。地位级Ⅳ-Ⅴ，疏密度0.4~0.7。生长不好，林内卫生情况不好，病腐率44.0%，居岷江冷杉林中的第3位，其中主要为伤口占12.4%。隐蔽腐朽为10.7%，枯梢9.0%。

灌木层：本层植物为中等密度，高2~4 m，种类稀少。在样地内仅有7种，其中以亮叶杜鹃为主要优势种，其余树种均为冷杉林下习见种。在样方外，本林型亦常见由另外的几种形态近似的杜鹃，如陇蜀杜鹃和凝毛杜鹃（*Rhododendron phaeochrysum* var. *agglutinatum*）各自形成单优势层片。

草本层：草本植物生长旺盛，5个16 m² 样地计有17种，覆盖度常为0.5~0.8。以点叶苔草（*Carex hancockiana*）为优势种，其余种类较稀疏。

苔藓层：本层植物分布稀少，覆盖度只达10%~20%，常见种类为拟垂枝藓、曲尾藓、小金发藓（*Pogonatum inflexum*）、羽藓等，树枝上有松萝悬挂，但生长不良。

更新幼树每公顷有冷杉976株、云杉24株、高山栎12株。除冷杉外，其余树种更新都不良。

（2）林型的分布。各林型的分布规律因地形、地势和水热条件的不同而异。山坡下部沟谷气候温和，在阴湿沟谷常发育为箭竹冷杉林，而开敞山坡多发育为灌木冷杉林；山坡中部气候寒凉而降水丰富，阴坡发育为藓类冷杉林，半阴坡则多形成草类冷杉林；山坡上部冷湿条件加深，林下杜鹃生长繁茂，通常发育为藓类杜鹃冷杉林和苔草杜鹃冷杉林。高山栎冷杉林和方枝柏冷杉林是两个过渡类型，前者分布于山坡中下部，主要发育于阴湿多雨的迎风坡向的山谷，后者主要发育于山坡上部或偏北地区，高寒而多风的生境。

这些林型的分布规律虽大体如此，但又因局部环境而导致水热状况的千差万别，故各林型的分布又常为相互穿插，情况较为复杂。

（二）岷江冷杉林分结构

岷江冷杉林，林分结构特点表现为复层、异龄和过熟特征，林分处于原始性状。现分别对林层结构，直径结构和年龄结构分析如下。

1. 林层结构

林层结构是指林木树冠在空间的配置状况。在森林调查中则根据林分树高、株数和蓄积在空间的分布状况进行林层划分。岷江冷杉林树冠连续重叠，成熟林通常形成 2 ~ 3 层，在与紫果云杉混交时后者树冠常高出冷杉而形成 I 林层（上林层），在与红桦混交时后者又常形成 II 林层或 III 林层。

林层结构与树高：岷江冷杉纯林林层是随着树高的增加而分化加剧，林分平均树高 12 m，树高级株数分布集中，曲线度尖削，为单层林；林分平均树高为 16 m，则树高级跨幅增大，曲线出现双峰，以后随着林分平均树高增大，林木树高分化加强，树高级跨幅越大，曲线出现多峰。而且峰度从正到负，主林层则随之上移，值得注意的是随着林分平均树高增大到一定范围，平均树高大的 3 个林分，林木的树高跨幅都一致，这是因为成熟林的林木树高分化已进入稳定状态。

林层结构与分层：同一年龄的林木树高或同一树高林木的年龄都相差很大。如 IX 龄级（160 ~ 180 年）林木树高最低为 10 m，最高可达 32 m，相差 22 m。32 m 树高级年龄最小为 164 年，最大可达 398 年，相差 234 年，其中既有优势木也有被压木，形成重叠的树冠层。但是在连续的树冠层中，仍可分为 2 个林层，即下林层的林木主要集中于 220 年以前，分布偏左；上林层的林木主要集中于 220 年以后，分布偏右。另据林木株数频数按树高级的分布曲线，形成双峰型，进一步表明复层现象。根据划分林层标准可以划分为 2 个林层，划分后的各林层测树因子如表 2-6。

表 2-6　岷江冷杉林各林层测树因子

林层	树种	平均年龄 （a）	平均树高 （m）	平均树冠长 （m）	平均胸径 （cm）	断面积 （m²/hm²）	株数 （株/hm²）	蓄积量 （m³/hm²）
I	冷杉	252	25.9	13.7	42.4	34.1	230	498
II	冷杉	181	16.2	7.2	20.0	5.5	174	65

面积：0.5hm²。

2. 直径结构

岷江冷杉林的直径结构具有以下的特点：

（1）直径分化强烈，林木直径跨幅大，一个林分直径分布范围多达 15 ~ 24 个径阶，随着林分平均胸径增大跨幅亦相应增大，反映林木胸径随着林分生长发育而分化强烈。

（2）随着林分平均直径增大，株数频数按径阶分布曲线，偏度逐渐变小，峰度逐渐降低，由正偏斜分布趋向于正态分布。据 176 个小班直径分布序列表明，有 172 个为左偏，3 个为正态，1 个为右偏，表明随着林分不断生长发育，直径分布曲线从左偏到右偏，其间一度处于正态分布。

3. 年龄结构

根据岷江冷杉林年龄结构的分析，明显反映出原始森林相对稳定的种群动态规律。其特点如下：

（1）林分年龄结构的阶段性：随着林分生长发育的阶段不同，株数的分布规律亦有差异，林分年龄越大，林木株数的年龄跨幅愈大，林分异龄性愈为显著，林分相对年龄的变化范围是 0.31 ~ 1.94。

（2）林分年龄结构的稳定性：岷江冷杉林随着林分年龄增大，株数分布曲线呈近正态分布，据有关资料研究林分中小于平均年龄的株数占51.4%，大于平均年龄株数占48.6%，约各占其半。表明林木株数的消长接近于平衡，从而林分的平均年龄很少随着时间而变化，表现具有一定的相对稳定性。

（3）林区林分年龄结构稳定性：林区林分年龄结构是指一个地区的不同年龄林分的分布状况。根据岷江冷杉林区未开发前7个县的调查材料统计（1955～1957年），全林区冷杉林分平均年龄为174年，各龄级面积分布亦接近正态分布，60%的冷杉聚集在Ⅶ龄级或Ⅹ龄级（140～200年），林分的世代更替过程主要是在这个范围内进行（林木病腐严重期起自Ⅻ龄级），这表明与一个林分内的年龄结构大体相近。

（三）植物群落的区系组成

岷江冷杉植物群落中常见的种子植物有413种，分属72科182属，多数属仅含1～2种植物。区系组成中裸子植物12种，双子叶植物362种，单子叶植物51种；以松科、桦木科、槭树科（Aceraceae）、杜鹃花科、忍冬科（Caprifoliaceae）、蔷薇科、杨柳科、五加科（Araliaceae）、荨麻科（Urticaceae）、禾本科等科植物为主，占组成植物总数的56%以上。与卧龙整个地区的种子植物相比，大熊猫栖息地的植物组成仅占25.43%，但裸子植物占了60%的种类，这表明大熊猫主要栖息于以冷杉、云杉和铁杉（Tsuga chinensis）为优势树种构成的森林植被中，研究这些植被类型的演替规律对分析大熊猫的种群动态和评估保护成效具有十分重要的作用。

1. 植物群落的地理成分分析

植物群落地理成分的构成结构是显示该研究区域植被过渡性、残遗性的数量指标。在常见的72科种子植物中，属于热带分布的科占19.4%，温带分布的科占47.2%，世界分布的科占32.0%，中国特有分布的科仅占1.4%。就属的分布区类型而言，温带分布类型为89属，占48.9%；而热带成分仅27属，约为14.8%；世界分布属17个，占9.3%；中国特有6属，占3%左右。其科属分布区类型的数量格局与卧龙地区的温带、世界和特有分布的比率相同，而热带成分显然很低，这说明大熊猫分布地区地理环境的温带特性。同时在植物群落中还分布有起重要作用的第三纪、白垩纪、侏罗纪和三叠纪等起源古老的区系成分，如青荚叶属（Helwingia）、槭树属（Acer）、铁杉属、荚蒾属（Viburnum）、水青树属（Tetracentron）、云杉属、冷杉属、椴树属（Tilia）、连香树属（Cercidiphyllum）、伯乐树属（Bretschneidera），杜鹃花科、桦木科、毛茛科和清风藤科（Sabiaceae）等科属植物，这反映了大熊猫栖息地植物群落的残遗性质。

岷江冷杉林的植物种类组成依其群落垂直结构可以分为乔木层、灌木层（或下木层）、草本层和苔藓层。

（1）乔木层的植物种类组成。岷江冷杉多与紫果云杉组成混交林，两者本系同一区系成分，分布于同一地区，不但均为森林的建群种，而且常组成混交林，显示两者在历史上有共同的形成过程，在生态习性上又能相互补充，常形成较稳定的混交林。但紫果云杉较喜光而稍耐旱，因而通常在开敞沟谷、山坡中部而坡向偏阳的地段上，其混交比例增大。在峡谷深沟及山坡上部，因冷湿程度增大，则岷江冷杉林又常形成纯林。

在海拔3500 m以下，由于气候较为温和，常见混生有麦吊云杉（Picea brachytyla）、青扦（Picea wilsonii）、黄果冷杉（Abies ernestii）和紫果冷杉（Abies recurvata），而粗枝云杉（Pi-

cea asperata)喜光,不耐荫蔽,多见于林缘。在阴湿沟谷下部,常出现铁杉和几种槭树(*Acer* spp.),显示垂直地带的变换而过渡为针阔混交林。

在海拔 3500 m 以上,冷杉林缘常有红杉(*Larix potaninii*)、密枝圆柏(*Sabina convallium*)、方枝圆柏(*Sabina saltuaria*)或塔枝圆柏(*Sabina komarovii*)混生。此类圆柏植物在岷江上游地区,如松潘、南坪等地比重增大,有时与岷江冷杉形成混交林,显示气候趋于干冷。红桦在岷江冷杉林内有时形成下层林木,两者演替关系密切。故从森林的各个演替阶段而互见消长。高山栎类起源复杂,生态适应幅度宽而习性多样,与冷杉虽见有混交,但组成的森林常为过渡性类型。

(2)灌木层的植物种类组成。林下灌木层中因优势种的不同又可分为箭竹、灌木和杜鹃 3 种主要类型。

①箭竹层片:通常分布于山体中下部,海拔 2600～3400 m 的阴湿沟谷,组成本层片箭竹种类主要有拐棍竹(*Fargesia robusta*)和华西箭竹(*Fargesia nitida*)。前者多见于大小金川,而后者多见于岷江流域,在各自分布区常形成单优势种的密集灌丛,高 2～3 m,其间混生一些耐阴性的灌木,种类虽有多样,但分布稀疏。

②灌木层片:通常分布于山体的中部,海拔 2800～3400 m 的山坡上,优势种不明显,以忍冬属、茶藨子属、蔷薇属、绣线菊属等温带属的种类常形成稀疏的小叶型落叶性灌木层。在接近北部地区有菝葜属(*Smilax*)的圆叶菝葜(*Smilax cyclophylla*)或锦鸡儿属(*Caragana*)的几个种,如扁刺锦鸡儿(*Caragana boisi*)、二色锦鸡儿(*Caragana bicolor*)、青甘锦鸡儿(*Caragana tangutica*)、密叶锦鸡儿(*Caragana densa*)为单优势种组成中等或密集的层片。锦鸡儿具根瘤菌,有利于林木生长,林分地位级很高。

③杜鹃层片:通常分布于山体上部,常见有亮叶杜鹃、陇蜀杜鹃、毛喉杜鹃(*Rhododendron cephalanthum*)等各自形成单优势层片,组成常绿革叶密集灌木层,其间混生有耐寒性较强的落叶性其他灌木种类,如陇塞忍冬(*Lonicera tangutica*)、四川忍冬、扁刺蔷薇(*Rosa sweginzowii*)、天山茶藨子(*Ribes meyeri*)等。

(3)草本层的植物种类组成。草本层常以耐阴湿种类为主。在湿度较小、透光性较大的林地,则苔草类或禾草类植物占优势,高通常 30～50 cm。种类、盖度和多度因林型不同而差异很大,组成种类多属于毛茛科、菊科、报春花科(Primulaceae)、虎耳草科(Saxifragaceae)、百合科(Liliaceae)和莎草科。蕨类常有出现,多属于蹄盖蕨科(Athyriaceae)和鳞毛蕨科(Dryopteridaceae)的几个常见种。耐阴湿的纤弱草本在藓类或箭竹林型中最为多见,此类生境不利于植物开花结实,因而林下植物多为无性繁殖,如天胡荽属(*Hydrocotyle*)、酢浆草属(*Oxalis*)、葱属(*Allium*)、拉拉藤属(*Galium*)、银莲花属(*Anemone*)、景天属(*Sedum*)、虎耳草属(*Saxifraga*)、黄精属(*Polygonatum*)等。这些植物或为茎节长根,或具根状茎、块茎、鳞茎等。草本植物中也有开花结实的,但花多以白色为主,可能是对林内阴暗生境的适应。

(4)苔藓层的植物种类组成。苔藓植物普遍发育良好,这与林地阴湿生境有关,每 16 m^2 的样地内通常有数种,多达 10 余种,常形成厚 10 cm 的绿色毯状的活苔藓层,覆盖于全林地面。其组成种以锦丝藓、毛梳藓、塔藓为优势种,后者更多见于杜鹃冷杉林下。稍较干燥的林地,则赤茎藓、曲尾藓为常见,且多呈不均匀块状分布,种类不多。

此外,层间植物主要为苔藓,常附生于乔灌木的枝干上,倒腐木上更为繁盛。优势种为白齿藓、蔓藓(*Meteorium helminthocladium*)、平藓等。而一些林地土生种类由于林内湿度较大,亦常沿树干基部向上延伸,使树干基部常为藓类植物所包裹。如金发藓、大羽藓(*Thuidium cymbifolium*)等。

总之,岷江冷杉林植物组成的种类虽以西南高山暗针叶林习见种类为主,但由于地理位置偏北,具有不少与青海、甘肃共有种类,除岷江冷杉、紫果云杉外,例如上述的陇蜀杜鹃、甘肃锦鸡儿(*Caragana kansuensis*)以及祁连圆柏(*Sabina przewalskii*)等,显示区系成分过渡性的特点。

(四)林分数量特征

1. 植物生活型分析

根据岷江冷杉林6个林型的162种维管束植物统计,岷江冷杉林的生活型谱如表2-7。表明是以地面芽植物为优势,占43.8%(杨玉坡等,1992)。地上芽植物和一年生植物都很贫乏,说明这里的气候具有较长的寒冷季节。但是高位芽植物也占有较大比例,占42.0%,居次优势地位。这说明这里的气候在生长季节中仍较温暖湿润。如果对高位芽植物作进一步分析,其中落叶的比常绿的多,分别为27.2%和14.8%,但是在大高位芽植物中没有落叶性的植物。如果结合盖度来考虑,大高位芽植物虽然所占比例甚少,但盖度是很大的,而且是常绿针叶树种,是组成上林层的主要种类,所以又表明与针、阔叶混交林有所区别。据此可以说明,岷江冷杉林的群落外貌是寒温性常绿针叶林。结合地理条件来看,又可以确定岷江冷杉林是分布区内亚高山森林地带的气候顶极森林。如果与云南乌蒙山区的急尖长苞冷杉(*Abies georgei* var. *smithii*)林的生活型比较,岷江冷杉林的植物组成

表2-7　岷江冷杉林生活型谱

生活型			种数		种数		种数	
			种数	%	种数	%	种数	%
高位芽植物	大高位芽植物(Meg. ph)	常绿(E)	3	1.9	3	1.9	68	42.0
		落叶(D)						
	中高位芽植物	常绿(E)	1	0.6	10	6.2		
		落叶(D)	9	5.6				
	小高位芽植物(Meg. ph)	常绿(E)	13	8.0	44	27.1		
		落叶(D)	31	19.1				
	矮高位芽植物(Meg. ph)	常绿(E)	6	3.7	10	6.2		
		落叶(D)	4	2.5				
	藤本高位芽植物(Meg. ph)	常绿(E)	1	0.6	1	0.6		
		落叶(D)						
地上芽植物(ch)							1	0.6
地面芽植物(H)							71	43.8
地下芽植物(G)							16	9.9
一年生植物(T)							6	3.7
合计							162	100

资料来源:杨玉坡等(1992)。

种数较为丰富,前者为88种,仅略多于后者的1/2。前者地面芽植物45.0%,与岷江冷杉林接近,但高位芽只有25.0%,较后者为低,但基本特点则较为一致,都是以地面芽为主,高位芽居次优势地位。

2. 林型的生产力分析

岷江冷杉林是一类生产力较高的森林类型,一般每公顷蓄积400~600 m³,最高可达900 m³。但是,受立地环境的影响,林分生产力的高低因林型不同而有差异。藓类冷杉林和灌木冷杉林分布海拔适中,生境湿润,土壤深厚,肥力较高,有利于林木生长,因而生产力较高。草类冷杉林多位于半阳坡和半阴坡,热量虽较好,但湿度偏低,林地生境较干燥,故生产力中等。草类杜鹃冷杉林和藓类杜鹃冷杉林均分布于高寒地带,土层浅薄,大量的杜鹃落叶不易分解,土壤肥力较差,加之多风及霜冻雪压等,不利于林木生长,故生产力较低。另据小金林区的岷江冷杉林各林型的林分生长调查(表2-8),表明林分平均年龄(同一龄级)相同而林型不同,生产力是有差异的,其中藓类冷杉林和灌木冷杉林生产力较高,草类冷杉林稍次,2个杜鹃林型均偏低,生产力的高低与生境的优劣相一致。

表2-8 岷江冷杉林各林型测树因子比较

林型	林龄	测树因子					
		组成	平均树高 (m)	平均胸径 (cm)	疏密度	密度 (株/hm²)	蓄积量 (m³/hm²)
藓类冷杉林	231	8冷2云	33.1	52.2	0.91	246	792
灌木冷杉林	227	8冷2云	31.7	48.9	0.89	295	791
草类冷杉林	228	10冷	32.1	46.8	0.86	344	747
草类杜鹃冷杉林	227	10冷1云	29.2	49.0	0.77	267	616
藓类杜鹃冷杉林	225	10冷	27.9	51.1	0.71	253	537

资料来源:杨玉坡等(1992)。

(五)川西亚高山不同林型优势种群的空间格局

1. 红桦—岷江冷杉林优势种群的空间格局

空间格局分析是认识和揭示种群生物学特性、种内和种间关系,以及种群与环境关系的重要手段,一直是植物生态学的研究热点(Watt,1947;Greig-Smith,1983;Dale 1999)。在植物群落中,种群的空间格局与种间竞争(Getzin et al.,2006;Stoll and Bergius,2005)、更新(Fajardo et al.,2006;Takahashi et al.,2001)、死亡(Kenkel,1988;Barot,1999)、干扰(Wolf,2005;Sanchez-Meador,2009)等生态学过程密切相关。格局是过程的表现形式,通过空间格局分析可以揭示群落演替的内在过程和机制(Watt,1947;Dale,1999)。随着空间格局分析方法的优化,空间格局分析结论的可靠性不断增强(Dale,1999;Wiegand and Moloney,2004)。目前,点格局分析法在分析植物种群的空间格局中得到了一致的认可和广泛的应用。

判定种群的空间分布类型和空间关联性是空间格局分析的2个主要内容,是种群生态关系在空间格局上的2种表现形式(杨洪晓等,2006)。植物群落优势种群的空间分布格局和关联分析已经引起了关注(Hao et al.,2007;张健等,2007)。由于大龄级个体由中小龄级发育而来,大龄级个体还影响着其他龄级个体的存活和生长,所以分析不同龄级个体间的空间格局和种间关联可以更好地理解群落的时空动态和小龄级个体生长过程的影响因素（Li *et al.*，2008）。种群间的空间关联性可以反映其相互作用（Hao *et al.*，2007），例如，2个种之间的空间正关联意味着它们具有相似的环境需求，或者在某种程度上一个种对另一个种有依赖。空间负关联意味着一个种对另外一个种具有排斥作用，或者2个种间存在资源利用方式、种子传播途径、繁殖策略等差异（Dale，1999）。

中国川西亚高山地区的暗针叶林是重要的森林类型，对于涵养水源，调节河川径流，防止土壤侵蚀，减少滑坡、崩塌、洪涝灾害等起着重要的作用，是长江流域重要的生态屏障（Liu *et al.*，2003）。该地区的暗针叶林经历了20世纪50、60年代大规模采伐等人类活动的干扰后，通过自然恢复和演替，形成了大面积的天然次生林，如今正处于恢复之中（张远东等，2005）。目前该地区已开展的有关次生林的研究，包括森林采伐迹地生态学（马雪华，1963；史立新等，1988）、天然次生林群落恢复动态及其环境特性等（张远东等，2004；马姜明等，2007），关于次生林群落结构及优势种群空间格局的研究较少（缪宁等，2008）。为此，从川西亚高山红桦—岷江冷杉天然次生林优势种群的空间分布格局及种间关联研究入手，探讨森林恢复演替过程中优势种群消长的原因，以期为川西亚高山森林的恢复与重建提供理论依据。

（1）研究方法。

①数据采集。研究地点在四川省阿坝州理县米亚罗镇干海子沟阴坡，该坡面较为平坦，坡向北，坡度约为30°，海拔3300 m。2005年7~8月，在20世纪60年代强度采伐后自然恢复形成的红桦—岷江冷杉次生林中，选取一块面积为200 m×200 m的典型样地，将样地分成5 m×5 m的小样方，调查所有红桦和岷江冷杉个体的空间位置坐标（不包括1~3年生幼苗，因为它们的数量太多），并测量胸径、地径和树高等因子。

②数据分析。在同一环境下，相同树种的胸径（DBH）与年龄呈显著的相关关系，因此以树木的胸径大小作为表征树木年龄的指标。结合径级、高度和树木的生长特性，对树木龄级进行划分。岷江冷杉：幼苗（a_1），高度≤0.3 m；幼树（a_2），0.3 m<高度≤2 m；小树（a_3），高度>2 m，且胸径≤5 cm；中树（a_4），5 cm<胸径≤25 cm；大树，胸径（a_5）>25 cm。红桦：小树（h_1），胸径≤5 cm；中树（h_2），5 cm<胸径≤30 cm；大树（h_3），胸径>30 cm。分别把大树、中树、小树及以下看作上、中、下层林木。

点格局分析是把植物个体看成空间的点，以此分析其数量特性。它基于点对之间的距离统计，克服了传统方法只能分析单一尺度空间分布格局的缺点，最大限度地利用了空间点的信息，可以描述不同尺度的空间格局信息（Diggle，1983）。O-ring函数是点格局分析的重要方法（张健等，2007），基于邻体密度进行计算，消除了Ripley's *K*函数的尺度累积性效应（Wiegand and Moloney，2004）。因此，本研究中采用单变量的O-ring函数$O(r)$分析单个龄级的空间分布格局，用双变量的O-ring函数$O_{12}(r)$分析2个龄级间的空间关联性。

对不同龄级个体的空间分布类型分析中，由于空间异质性导致其格局并不是由空间点的相互作用而形成，而可能是由于空间点的密度随空间位置的不同而变化（Wiegand and Moloney，2004），受分布密度不均的影响。因此，根据空间点的密度特征而采用不同的零假设模型（Wiegand and Moloney，2004）。采用异质性泊松过程的零假设模型消除点密度不均造成的影响，利用移动窗口的方法，使空间点的随机分布限定在半径小于10 m的范围内。根据蒙特卡罗模拟(Monte Carlo Simulation)的结果，如果函数值在上下包迹线之间，表明接受零假设，空间分布为随机分布；如果在上包迹线以上，则为聚集分布；如果函数值在下包迹线以下，则为均匀分布。当种群表现为聚集分布时，把偏离随机置信区间的最大值定义为聚集强度。

对不同龄级之间的空间关联分析，先采用异质性泊松过程的零假设模型排除点的密度影响。假设相同林层不同龄级的个体间具有相互竞争关系而导致相互排斥，采用环向位移零假设模型对二者进行独立性检验。大树先于小树出现，而小树空间的分布受大树影响。因此，假设不同林层间的大树对小树有庇护作用，采用先决条件零假设模型进行空间关联的检验。根据蒙特卡罗模拟的结果，如果函数值在上下包迹线之间，表明接受零假设，两者之间相互独立；如果在上包迹线上，则两者空间上正关联；如果在下包迹线下，则两者空间上负关联。当种群正关联或负关联时，把偏离不关联置信区间的最大值定义为关联强度。

通过 Programita(2008 版)对数据进行分析计算(Wiegand and Moloney，2004)。采用的空间尺度为 0～100 m，进行 99 次蒙特卡罗模拟，将模拟结果中第 5 个最大、最小模拟值之间的数值范围作为置信区间，显著性水平 α 的值约为 0.05(Stoyan and Stoyan，1994)。尺度(scale)是指应用点格局分析法计算时，以每 1 株个体为圆心的圆环半径 r(Wiegand and Moloney，2004)。

(2)红桦—岷江冷杉林群落结构及组成。在红桦—岷江冷杉林中，乔、灌、草层次分明。根据调查观测，乔木层郁闭度为 0.64，灌木层盖度为 0.45，草本层盖度为 0.3；其均高分别为 13 m、3.3 m 和 0.25 m。乔木优势种为红桦和岷江冷杉，伴生有少量的粗枝云杉、川西云杉(Picea abalfouriana)和中华槭(Acer sinense var. sinense)等。灌木层主要有华西箭竹、陕甘花楸(Sorbus koehneana)和西南野樱桃(Prunus duclouxii)等。草本层主要有山酢浆草(Oxalis acetosella subsp. griffithii)、华北鳞毛蕨(Dryopteris goeringiana)和糙野青茅(Deyeuxias cadrescens)等。

红桦的胸高断面积占群落的 49.0%，岷江冷杉占 28.9%，陕甘花楸占 6.5%，中华槭占 5.1%，川西云杉占 3.2%。岷江冷杉幼苗 2056 株，幼树 1698 株，小树 1045 株，中树 970 株，大树 274 株，计 6043 活株。共有 623 株岷江冷杉死亡个体，82.2%的死亡个体集中在 0～5 cm 径级。小径级岷江冷杉个体数量较多，径级分布呈倒"J"形，表明岷江冷杉为进展种群，81.0%的活株个体集中在 0～10 cm 径级。红桦小树 2476 株，中树 2383 株，大树 118 株，共有 4977 活株。红桦共有 537 株死亡个体，92.2%的死亡个体集中在 0～10 cm 径级。调查中未发现高度小于 2 m 的红桦幼龄个体，高度 6 m 以下的个体也非常稀少，且死亡率较高。红桦的径级分布呈单峰型，峰值在 5～10 cm 径级。这表明红桦更新困难，为消退种群(图 2-14)。

红桦和岷江冷杉不同龄级个体在 200 m×200 m 样地中的分布点图直观地反映了其在样地内的分布状况(图 2-15)。从图 2-15 可以看出，各龄级密度差别较大，各龄级均趋于团块状的聚集分布，其密度随空间位置而变化，但仅从图 2-15 看不出这种分布与尺度的关系。

(3)种群不同龄级的空间分布格局。不同龄级个体的 O(r)函数分析表明：红桦小树在 0～10 m、78～84 m 和 98～100 m 的尺度上为聚集分布，在 14～16 m 的尺度上为均匀

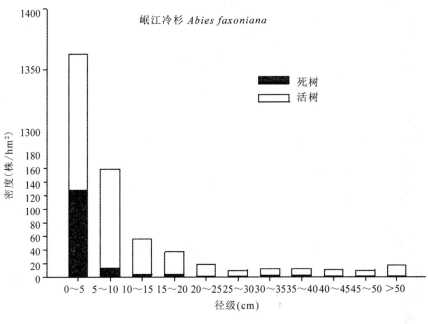

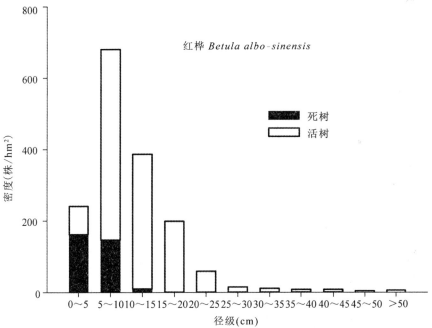

图2-14　红桦和岷江冷杉的径级分布

分布，其余尺度则为随机分布（图2-16h₁）；中树在0～14 m的尺度上为聚集分布，80～82 m尺度上为均匀分布，其余尺度主要则为随机分布（图2-16h₂）；小树和中树的最大聚集强度分别为0.40和0.32；大树在所有尺度上均为随机分布（图2-16h₃）。岷江冷杉幼苗在0～14 m和70～72 m的尺度上为聚集分布，46～62 m的尺度上为均匀分布，其余尺度则为随机分布（图2-16a₁）；幼树在0～12 m、72～74 m和98～100 m的尺度上为聚集分布，36～62 m的尺度上为均匀分布，其余尺度则主要为随机分布（图2-16a₂）；小树在0～18 m、

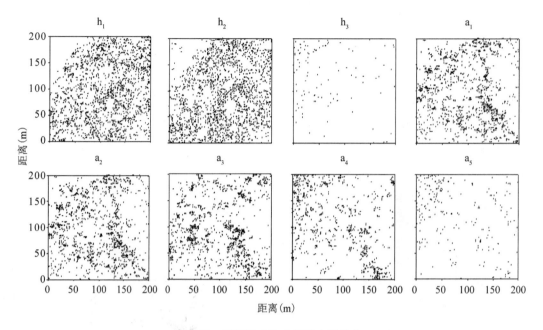

图 2-15   各龄级个体在样地中的分布

（h_1、h_2、h_3 分别代表红桦的小树、中树、大树；a_1、a_2、a_3、a_4、a_5 分别代表岷江冷杉的幼苗、幼树、小树、中树、大树）

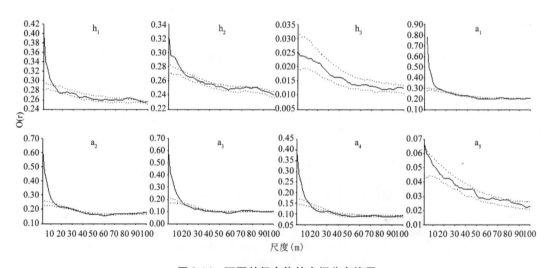

图 2-16   不同龄级个体的空间分布格局

［—— $O(r)$ 值；……拟合的 95% 的置信区间］

42 ~ 48 m、64 ~ 66 m、80 ~ 88 m 和 96 ~ 100 m 的尺度上为聚集分布，20 ~ 40 m、50 ~ 60 m 和 90 ~ 94 m 尺度上为均匀分布，其余尺度则为随机分布（图 2-16a_3）；中树在 0 ~ 12 m 的尺度上为聚集分布，16 ~ 26 m 和 82 ~ 86 m 的尺度上为均匀分布，其余尺度则主要为随机分布（图 2-16a_4）；幼苗、幼树、小树、中树的最大聚集强度分别为 0.78、0.64、0.59 和 0.40，均随尺度增大而减小至趋于零；大树在所有尺度上均为随机分布（图 2-16a_5）。

（4）不同龄级间的空间关联。不同龄级个体的 $O_{12}(r)$ 函数分析表明：红桦中树与幼树

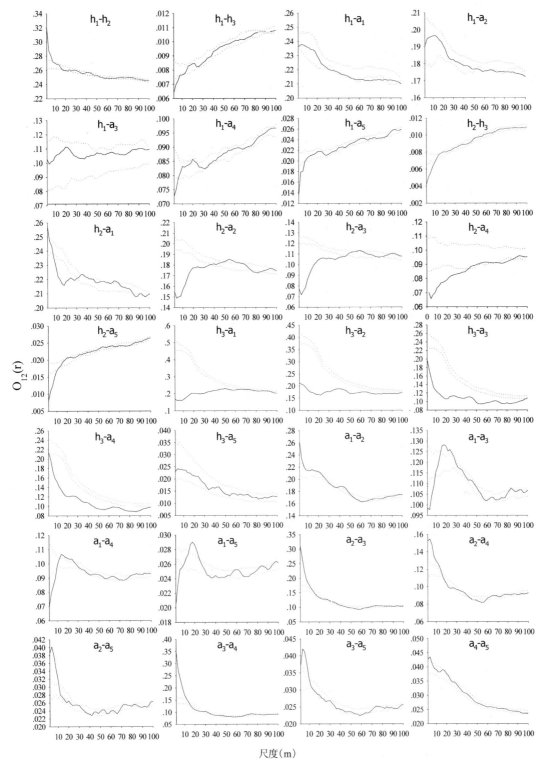

图 2-17　不同龄级之间的空间关联

[── $O_{12}(r)$函数值；……拟合的95%的置信区间]

在 0 ~ 4 m 尺度上为正关联，最大正关联强度为 0.319（图 2-17h_1 – h_2）；大树与小树在 0 ~ 8 m 尺度上为负关联，最大负关联强度为 0.006（图 2-17h_1 – h_3）；大树与中树在 0 ~ 9 m 尺度上为负关联，最大负关联强度为 0.004（图 2-17h_2 – h_3）。岷江冷杉各龄级间以小尺度正关联为主，随尺度增大趋于无关联。比如，幼树与小树、幼树与中树、幼树与大树、小树与中树、小树与大树间，分别在 0 ~ 11 m、0 ~ 13 m、0 ~ 11 m、0 ~ 11 m 和 1 ~ 9 m 尺度上为正关联，大于这个尺度趋于无关联；正关联强度呈倒 "U" 型变化，先增大后减小，最大正关联强度分别为 0.312、0.154、0.040、0.348 和 0.042（图 2-17a_2 – a_3、a_2 – a_4、a_2 – a_5、a_3 – a_4、a_3 – a_5）。中树与大树在 14 ~ 18 m 的尺度上为正关联，最大正关联强度为 0.044，其余尺度主要为无关联（图 2-17a_4 – a_5）。幼树与幼苗在 0 ~ 4 m 尺度上为正关联，最大正关联强度为 0.262（图 2-17a_1 – a_2）。幼苗与小树、中树、大树分别在 0 ~ 7 m、0 ~ 8 m 和 0 ~ 8 m 尺度上为负关联，最大负关联强度为 0.098、0.070 和 0.020，在 7 ~ 12 m、8 ~ 10 m 和 8 ~ 13 m 尺度上为不关联，在 12 ~ 26 m、10 ~ 25 m 和 13 ~ 22 m 尺度上正关联，最大正关联强度分别为 0.128、0.107 和 0.029；正关联强度呈倒 "U" 形变化，先增大后减小（图 2-17a_1 – a_3、a_1 – a_4、a_1 – a_5）。

红桦与岷江冷杉不同龄级间以负关联为主，红桦大树与岷江冷杉幼苗、幼树、小树和中树在所有尺度上均为空间负关联（图 2-17h_3 – a_1、h_3 – a_2、h_3 – a_3、h_3 – a_4），最大负关联强度分别为 0.160、0.162、0.094 和 0.088。红桦中树与岷江冷杉幼苗、幼树、小树、中树和大树分别在 0 ~ 8 m、0 ~ 34 m、0 ~ 44 m、0 ~ 38 m 和 0 ~ 15 m 尺度上为负关联，其余尺度趋于无关联，最大负关联强度分别为 0.207、0.149、0.072、0.066 和 0.008（图 2-17h_2 – a_1、h_2 – a_2、h_2 – a_3、h_2 – a_4、h_2 – a_5）。岷江冷杉大树与红桦小树在 0 ~ 4 m 尺度上为负关联，最大负关联强度为 0.073，在其余尺度则为无关联（图 2-17h_1 – a_4）。岷江冷杉中树与红桦小树在 0 ~ 5 m 尺度上为负关联，最大正负联强度为 0.014，在其余尺度则为无关联（图 2-17h_1a_5）。在所有尺度内，红桦小树与岷江冷杉幼苗、幼树、小树均趋于无关联（图 2-17h_1 – a_1、h_1 – a_2、h_1 – a_3），两者的大树间无关联（图 2-17h_3 – a_5）。

（5）龄级和尺度对空间格局的影响。不同龄级的种群往往处于不同林层，表现出不同的空间分布格局（Condit et al.，2000）。随着龄级的增大，种内与种间竞争加剧，种群个体死亡率提高，密度下降，种群由聚集分布趋于随机分布（Barot et al.，1999）或均匀分布（Kenkel，1988；Getzin et al.，2006）。本研究中，随龄级增大，红桦和岷江冷杉均趋于随机分布，最大聚集强度减弱，这可能与森林演替过程中树木的自疏有关。在森林演替过程中，林冠层树木的竞争力不断增强，占据的空间更大，趋于随机分布（Getzin et al.，2006），小龄级个体趋于聚集分布，在林隙及附近的大龄级树木下（Wolf，2005）。

不同龄级红桦和岷江冷杉的空间分布格局和空间关联均随尺度而变化。小尺度多为聚集分布，随尺度的增大而趋于随机分布。部分尺度出现均匀分布，这可能与局部密度制约导致的死亡有关（Stoll and Bergius，2005）。不同龄级间的正关联或负关联主要发生在小尺度范围，空间关联性随尺度的增大而减弱，并趋于不关联，如岷江冷杉幼树与小树、幼树与中树、幼树与大树、小树与中树、小树与大树之间，分别在 0 ~ 11 m、0 ~ 13 m、0 ~ 11 m、0 ~ 11 m 和 1 ~ 9 m 尺度上为正关联，大于这个尺度则无关联。这是因为植物个体间的相互作用主要发生在十几米或几十米的空间范围内，超出这个范围，植物个体间的相互作用将大大减弱（刘振国，李镇清，2005）。这一特点体现了种群空间格局的尺度依赖性

（ *Condit et al.* ，2000）。

（6）岷江冷杉种内不同龄级间的空间关系。岷江冷杉的幼树与幼苗在小尺度上为正关联和聚集分布，可能是岷江冷杉的种子扩散机制（王金锡等，1995）及其更新方式等原因造成的，植物短距离散布种子的方式常形成小尺度上的聚集分布（Sterner *et al.* ，1986）。另外，幼树与幼苗均处于邻近的生长发育阶段，并且其对生境的选择有一致性，从而表现出显著的空间正关联性。岷江冷杉幼苗与小树、中树、大树在小尺度上均为负关联，随尺度增大负关联强度减弱，至不关联，逐渐趋于正关联。而正关联强度随尺度的增大先增大再减小，呈倒 "*U*" 形变化，说明岷江冷杉幼龄个体趋于分布在距母株一定距离的范围内，幼苗、幼树与其他龄级个体的空间关联性随尺度而发生变化，即在某个特定尺度上，其空间正关联强度达到最大。这与 Janzen-Connell 的距离制约假说相一致。Janzen（1970）和 Connell（1971）最先从种子存活率的角度阐述植物更新与种子扩散在空间上的关系，认为种子和幼苗的空间关系呈负相关，母树附近种子和幼苗的存活率较低，主要因为种子死亡率受密度和距离的制约。而幼树、小树和中树与大树间主要以正关联为主，可能是因为岷江冷杉幼龄个体较耐阴，偏好大树为其营造的半郁闭环境。作为岷江冷杉种群主体的大树、中树、小树，以聚集分布和空间正关联为主，反映了其内部正向有利的生态关系（Kenkel，1988）。

（7）红桦和岷江冷杉不同龄级间的空间关系。红桦和岷江冷杉林优势种群不同龄级间具有不同的空间关系，这与温带针阔混交林的优势种群特征相似（Hao *et al.* ，2007），而不同树种大龄级间的关联强度会趋于减弱（张健等，2007；Li *et al.* ，2008）。在小尺度上，红桦和岷江冷杉的同龄级个体中，小树之间表现为无关联，中树间呈负关联，而大树间相互不关联。这可能是由于红桦和岷江冷杉的小龄级个体对生境的选择不同和个体所占空间较小，所以其相互作用微弱；中龄级个体尚未抵达林冠层，为阳光等资源而相互竞争激烈；而大龄级个体处于林冠层，相互之间没有直接的竞争关系。

量化空间关联强度可深入的理解空间关联的意义（Fajardo *et al.* ，2006）。对于空间正（负）关联，$O_{12}(r)$ 函数值越偏离置信区间的上（下）包迹线，其值越大（小），说明正（负）关联作用越大。种内的最大负关联强度出现在红桦大树与中树之间，为 0.004；种间的最大负关联强度出现在红桦中树与岷江冷杉大树之间，为 0.008。红桦种内的最大负关联强度大于种间的最大负关联强度。这可能是由于红桦种内的竞争强度大于种间竞争强度，密度制约引起的自疏较强烈。本研究中，龄级差异越大，其正关联关系越弱，或者负关联关系越强。如岷江冷杉幼苗与其小树、中树、大树的最大负关联强度分别为 0.098、0.070 和 0.020。不同龄级中，相邻龄级间的最大正关联强度更大，如岷江冷杉幼树与小树、幼树与中树、幼树与大树、小树与中树、小树与大树间的最大正关联强度分别为 0.312、0.154、0.040、0.348 和 0.042。这种现象可能源于大龄级个体对小龄级个体非对称竞争产生的排斥作用，从而一定程度上抑制了小龄级个体的生长（杨洪晓等，2006）。

（8）红桦种群衰落的原因。从红桦和岷江冷杉的径级结构来看，它们的幼龄级个体死亡率都较高，但红桦幼龄个体缺失，种群趋于退化。究其原因：①红桦聚集分布，种内以负关联为主，说明存在种内竞争导致的自疏（Doležal *et al.* ，2006）；②红桦和岷江冷杉不同龄级间以负关联关系为主，说明其间可能存在对光资源等非对称性的竞争（Doležal *et al.* ，2006）；③红桦常为裸地上更新的先锋树种，而红桦—岷江冷杉林中郁闭的环境会导致其更新的幼苗匮乏。桦木（ *Betula* sp.）幼龄个体快速高增长的特性在一定程度上可避免被遮阴，但却导致其树冠窄小、树干纤细，一旦受到遮阴或其他个体的排斥作用，其死亡风险增大（Mori and Takeda，2004）。红桦与冷杉间的竞争关系可能是红桦—岷江冷杉林群落演替中种群替代在起作用（Getzin et al.，2006），这也表现出其向地带性暗针叶林正向演替的趋势。

川西亚高山针叶林在人类活动干扰后的恢复演替过程中，优势种群红桦和岷江冷杉的激烈竞争主导了群落的格局及其演替发展方向。群落的环境条件正由适应先锋阳性树种的生长环境向适应耐阴树种的生长环境方向转变，群落处于红桦—岷江冷杉针阔混交林向岷江冷杉林过渡阶段。空间格局分析是揭示森林群落内在生态过程的有效手段，然而，相似的空间格局可能是由不同的生态过程引起（Wiegand and Moloney，2004）。早期的采伐等人类生产活动的干扰（Wolf，2005）对其森林群落的空间格局有着深远的影响，但由于缺乏采伐活动和采伐前群落的历史资料，本研究没有探究采伐干扰对红桦—岷江冷杉林群落格局的影响。另外，土壤、地形等环境的异质性也深刻地影响着群落的空间格局。本研究主要强调了植物个体间的相互作用对种群空间格局的影响，今后应结合土壤、地形等环境因子，通过建立固定样地进行动态监测，或用不同恢复演替阶段的群落进行对比分析。

2. 川西亚高山林线杜鹃岷江冷杉林原始林的空间格局

高山林线作为郁闭森林与高山植被之间的生态过渡带，指示着森林分布的极限环境，因其特殊的结构和功能而对全球气候变化具有高度敏感性，在植被生态学中具有重要的研究意义（王襄平等，2004；任青山等，2007；Tranquillini，1979）。以往对于高山林线附近的针叶树种的种群生态学特性已有一些研究，比如种群结构和幼苗更新（程伟等，2005a；张桥英等，2008），特定时间生命表的种群生存分析（程伟等，2005b），植冠三维结构定量分析（石培礼等，2002）等。然而，作为其伴生树种的杜鹃花属植物很少受到关注，我们对于高山林线附近针叶树种与其伴生树种杜鹃花属植物（Rhododendron spp.）的共存关系尚缺乏一定的认识。杜鹃岷江冷杉林是川西亚高山林线附近稳定的森林顶极群落，分布范围为海拔 3600 ~ 4200 m。其生存环境严酷，寒冷多风，气温与地温均较低，林下除杜鹃外，其他灌木难于形成层片，一旦遭到破坏很难恢复。杜鹃岷江冷杉林具有重要的水源涵养和水土保持功能，对防止草甸下侵、高山森林线下移具有重要的意义（管中天，1982）。由于林线附近的森林采伐经营的价值不高且分布海拔较高难于采伐，因此，这类森林受人为干扰较少，保留了较完整的天然林的生态特征（张远东等，2005）。

本研究通过分析林线附近杜鹃岷江冷杉原始林中优势种不同径级个体的空间分布格局及其空间关联，以期深入理解亚高山林线原始林中岷江冷杉与其伴生种凝毛杜鹃的生态学特性以及它们的共存关系，为高山林线森林的保育及林线森林的格局变化提供参考。

（1）研究方法。

① 调查取样。2008 年 7 月，研究地点位于米亚罗林区的三沟（N31°51′29.5″，E102°43′37.1″），该处地势平坦，坡向北偏西 33.4°，坡度为 28°，海拔 3968 m。在林线杜鹃岷江冷杉林原始林中，选取一块面积为 100 m × 100 m 的样地。为便于野外调查，将样地分割成 400 个 5 m × 5 m 的小方格，以样地的一个顶点为原点，调查记录样地中每株树高 ≥ 1.3 m 个体活立木和枯立木（指尚未腐烂，能够辨别树种的枯死立木）的位置坐标，同时测量其胸径和高度，查数每个小样方内树高不足 1.3 m 的幼龄实生个体数量（由于 1 ~ 2 年生幼苗极多，因此未进行调查）。

② 数据分析。根据径级、高度和树木的生长特性，对树木径级进行划分。岷江冷杉：幼树，树高 < 1.3 m；小树（a_1），树高 ≥ 1.3 m 且胸径 < 5 cm；中树（a_2），5 cm ≤ 胸径 < 15 cm；大树，胸径（a_3）≥ 15 cm；死树（a_4），胸径 ≥ 1.3 cm 的枯立木。凝毛杜鹃：幼树，树高 < 1.3 m；小树（b_1），1.3 cm ≤ 胸径 < 5 cm；中树（b_2），5 cm ≤ 胸径 < 10 cm；大树（b_3），胸径 ≥ 10 cm；死树（b_4），胸径 ≥ 1.3 cm 的枯立木。

本研究的种群分布格局和种间关联分析采用点格局分析法中的成对相关函数 g（The pair correlation function g），简称 g 函数（Stoyan et al.，1994；Wiegand and Moloney，2004；Condit et al.，2000）。g 函数是由 Ripley's K 函数改进的由圆环代替圆来进行计算，利用点间的距离，计算某一点为圆心、半径为 r、指定宽度的圆环区域内的点的数量来进行空间点格局分析（Stoyan et al.，1994；Dale et al.，2002）。相比 Ripley's K 函数，g 函数消除了尺度上的累积效应（Wiegand and Moloney，2004），较为稳健和准确（Perry，2006）。

随机死亡假说是指如果树木的死亡是随机的，活立木的空间分布格局应与活立木加枯立木的空间分布格局一致，如果不一致（拒绝零假设模型），则意味着树木之间存在密度制约过程（He and Duncan，2000；Duncan，1991；Getzin et al.，2006；Yu et al.，2009）。我们利用岷江冷杉和凝毛杜鹃死亡后枯立、分解缓慢的特点重新构建了 100 m × 100 m 样地中活立木加枯立木的空间格局。采用随机标识（random labeling）零假设模型，假设研究对象和对照产生于同一随机过程，分别是其共同分布格局的一个随机子样本（Wiegand and Moloney，2004；Yu et al.，2009；喻泓等，2009）。检验树木死亡在水平空间上的非随机性以及这种格局是否与期望格局一致，即由于种内和种间密度制约效应导致的树木死亡而产生的格局。

对某一龄级个体的空间分布类型分析中，我们采用异质性泊松过程（heterogeneous poisson process）的零假设模型消除点密度不均造成的影响，利用移动窗口（moving window）的方法使空间点的随机分布限定在半径小于 10 m 的范围内。对不同龄级间的空间关联性的分析中，同前文一样，我们采用了异质性泊松过程的零假设模型排除点的密度影响，假设相同林层不同龄级的个体间具有相互竞争关系而导致相互排斥，采用环向位移（toroidal shift）零假设模型对两者进行独立性检验（喻泓等，2009）。由于大树先于小树出现，而小树空间的分布受大树影响，因此，假设不同林层间的大树对小树有庇护作用，采用先决条件（antecedent condition）零假设模型进行空间关联的检验（Wiegand and Moloney，2004）。点格局分析同样在软件 Programita 中完成，参数设置同前文。

（2）群落结构和物种组成。乔木层郁闭度为 0.47，主要乔木树种为岷江冷杉，平均高度为 9.6 m。伴生树种凝毛杜鹃呈小乔木状，高度在 5~6 m；另外，林内有少量的红杉。林下灌木草本发育不良，层次分化简单。灌木种主要有冰川茶藨子（Ribes glaciale）、香柏（Sabina pingii var. wilsonii）、红花蔷薇（Rosa moyesii）、陕甘花楸、红刺悬勾子（Rubus rubrisetulosus）、四川忍冬等。草本层盖度为 0.18，平均高度为 0.24 m，主要草本有川甘蒲公英（Taraxacum lugubre）、千里光（Senecio scandens）、费菜（Sedum aizoon var. f. aizoon）、山酢浆草、紫花碎米荠（Cardamine tangutorum）、糙野青茅（Deyeuxia scabrescens）、独叶草（Kingdonia uniflora）、轮叶马先蒿（Pedicularis verticillata）、长籽柳叶菜（Rumex dentatus）等。苔藓植物较为发达，平均厚度为 9 cm，盖度为 0.83。枯落物厚度为 2.1 cm，盖度为 0.18。附生现象明显，松萝密布。

　　凝毛杜鹃和岷江冷杉种群径级结构连续，径级分布呈倒"J"型，种群为增长性种群（图2-18）。100 m×100 m 样地中共有岷江冷杉 7428 株，其中幼苗占 88.29%，小树占 4.95%，中树占 2.69%，大树占 4.07%，死树占 2.69%。共有凝毛杜鹃 16839 株，其中实生幼苗占 79.74%，小树占 8.67%，中树占 8.25%，大树占 3.33%，死树占 2.77%（图 2-18）。11.1% 的凝毛杜鹃幼苗集中分布岷江冷杉的倒木或朽桩上，其余多呈团块状分布在林隙中。凝毛杜鹃和岷江冷杉种群的实生幼苗个体数量较多，表明 2 个种群都更新良好。但是，2 个种群从 0～1.3 cm 径级到 1.3～5 cm 径级的个体都数量骤减（图2-18），说

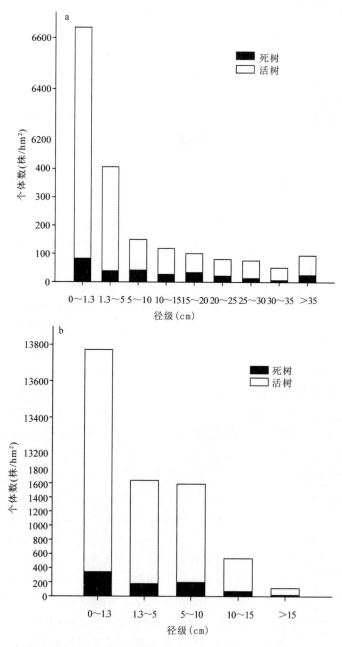

图 2-18　凝毛杜鹃和岷江冷杉的径级分布（a. 岷江冷杉；b. 凝毛杜鹃，下同）

明它们在幼苗阶段死亡率都较高。岷江冷杉和凝毛杜鹃不同径级个体(除幼苗外)在 100 m ×100 m 样地中的分布见图 2-19。从图 2-19 可以看出各径级个体分布并不均匀，密度差别较大。

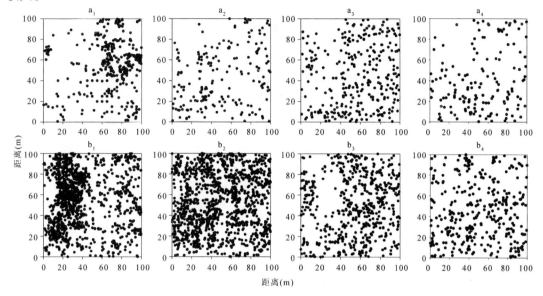

图 2-19　各径级个体在样地中的分布

(a_1、a_2、a_3、a_4 分别代表岷江冷杉的小树 368 株、中树 200 株、大树 302 株、死树 200 株；b_1、b_2、b_3、b_4 分别代表凝毛杜鹃的小树 1460 株、中树 1390 株、大树 561 株、死树 467 株，下同)

表 2-9　岷江冷杉和凝毛杜鹃种群不同组分的单变量空间格局分析

尺度(m)　类型	0	1	2	3	4	5	6	7	8	9	10	11～30	30～50
$a_1+a_2+a_3$	+	+	+	+	+	r	r	r	r	r	r	r	r
a_1	+	+	+	+	+	+	r	r	r	r	r	r	r
a_2	+	+	+	r	r	r	r	r	r	r	r	r	r(－)
a_3	－	－	－	r	r	r	r	r	r	r	r	r	r
a_4	r	r	r	r	r	r	r	r	r	r	r	r	r
$a_1+a_2+a_3+a_4$	+	+	+	+	+	+	r	r	r	r	r	r	r
$b_1+b_2+b_3$	+	+	+	+	+	+	r	r	r	r	r	r(＋)	r(＋)
b_1	+	+	+	+	+	+	+	+	+	+	+	r(＋)	r(－)
b_2	+	+	+	+	+	+	+	+	－	r	r	r	r
b_3	+	+	+	r	r	r	r	r	r	r	r	r	r
b_4	+	+	+	r	r	r	r	r	r	r	r	r(－)	r(－)
$b_1+b_2+b_3+b_4$	+	+	+	+	+	+	r	r	r	r	r	r	r

注：" + "代表聚集分布，"r"代表随机分布，" － "代表均匀分布，"r(＋)"代表尺度范围内随机分布多于聚集分布，"r(－)"代表尺度范围内随机分布多于均匀分布，尺度为零表示点在取样单元内。

（3）优势树种的空间分布格局。$g(r)$函数分析表明（表2-9）：岷江冷杉全部活立木（$a_1 + a_2 + a_3$）在0～4 m的尺度上为聚集分布，而在其余尺度为随机分布；小树（a_1）在0～5 m的尺度上聚集分布，其余尺度为随机分布；中树（a_2）在0～2 m的尺度上聚集分布，其余尺度主要为随机分布；大树（a_3）在0～2 m的尺度上为均匀分布，其余尺度则为随机分布。死树（a_4）在所有尺度上均为随机分布；所有个体（$a_1 + a_2 + a_3 + a_4$）在0～4 m的尺度上为聚集分布，而在其余尺度为随机分布。所有个体与其活立木的分布格局相同，即，加入枯死木后的种群的分布格局与活立木的分布格局相同，表明死树的分布格局不影响活立木的分布格局，说明密度制约效应不明显，岷江冷杉的死亡是随机的，我们可以接收随机死亡假说。

凝毛杜鹃活立木（$b_1 + b_2 + b_3$）在0～5 m的尺度上为聚集分布，其余尺度除在个别尺度出现聚集分不外，主要为随机分布；小树（b_1）在0～10 m的尺度上为聚集分布，其余尺度则主要为随机分布；中树（b_2）在0～5 m的尺度上聚集分布，其余尺度则主要为随机分布；大树（b_3）在0～2 m的尺度上为聚集分布，在其余尺度为随机分布。与岷江冷杉不同，随径级增大凝毛杜鹃仍为聚集分布，这反映了凝毛杜鹃的丛生特性。死树（b_4）除在0～2 m的尺度上为聚集分布，其余尺度则主要为随机分布；所有个体（$b_1 + b_2 + b_3 + b_4$）在0～5 m的尺度上为聚集分布，而在其余尺度为随机分布。相比活立木及所有个体的分布格局，加入死树的所有个体更加趋于随机分布，说明有微弱的密度制约效应的存在。

（4）优势树种间的空间关联。对于岷江冷杉种内的不同径级个体，岷江冷杉小树和中树在0～5 m的尺度上为正关联，其余尺度主要为无关联（图2-20a_1 - a_2），这反映了它们对生境选择的一致性。小树和大树在0～6 m的尺度上负关联，6～8 m的尺度上无关联；8～13 m的尺度上为正关联（图2-20a_1 - a_3），这说明岷江冷杉小树趋于分布在距大树一定距离的范围，距离越近，小树的密度越小。岷江冷杉中树和大树在所有尺度上以无关联为主（图2-20a_2 - a_3），说明它们之间没有明显的空间关系。对于凝毛杜鹃种内的不同径级个体，凝毛杜鹃小树与中树在0～1 m尺度上为正关联，其余尺度为则为无关联（图2-20b_1 - b_2），这说明小树与中树空间距离较近，反映了林线环境下凝毛杜鹃的丛生特性。其小树与大树在0～7 m尺度上为负关联，其余尺度则为无关联（图2-20b_1 - b_3），这说明距离其大树越近，小树的密度越低，这反映了种内大径级个体对小径级个体的非对称竞争的关系。大树与中树在所有尺度上都为无关联（图2-20b_2 - b_3），这说明它们之间没有明显的空间关系。凝毛杜鹃小树与岷江冷杉小树和中树在所有尺度上均为不关联（图2-20b_1 - a_1、b_1 - a_2）。凝毛杜鹃小树、中树与岷江冷杉大树分别在0～7 m、0～3 m（图2-20b_1 - a_3、b_2 - a_3）的尺度上为负关联，其余尺度主要为无关联，说明距离岷江冷杉近距离范围内，凝毛杜鹃小树、中树密度较低，反映了岷江冷杉大树对凝毛杜鹃中小龄级个体具有一定的排斥作用。凝毛杜鹃中树与岷江冷杉小树在0～17 m尺度上为负关联，其余尺度无关联（图2-20b_2 - a_1），说明在凝毛杜鹃中树周围岷江冷杉小树密度较小，岷江冷杉小树的定居受到了凝毛杜鹃中树一定程度的限制。凝毛杜鹃中树与岷江冷杉中树在所有尺度上均无关联，其余尺度趋于不关联（图2-20b_2 - a_2）。凝毛杜鹃大树与岷江冷杉小树在0～5 m和11～35 m尺度上均为正关联，在5～10 m尺度上为不关联（图2-20b_3 - a_1），说明岷江冷杉小树在距离凝毛杜鹃0～5 m的范围密度相对较大，凝毛杜鹃大树对喜阴耐湿的岷江冷杉小树有庇护作用。凝毛杜鹃大树与岷江冷杉中树在所有尺度上均为不关联（图2-20b_3 - a_2），说明它们之间没有表现出明显的空间关系。凝毛杜鹃大树与岷江冷杉大树在 $0 \sim 4$ m 的尺度上为负关联，在 $4 \sim 11$ m 的尺度上为正关联，其余尺度则为无关联（图 2-20$b_3 - a_3$），说明它们的大径级个体相互间保持一定的距离，在间隔 $4 \sim 11$ m 的距离范围内数量较多。

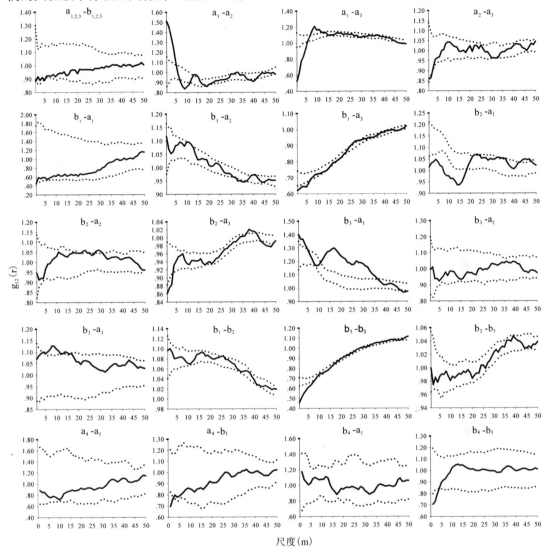

图 2-20 不同径级间的双变量空间格局分析

[——$g_{12}(r)$ 函数值；……拟合的 95% 的置信区间]

在所有尺度下，岷江冷杉小树与其死树及凝毛杜鹃死树都未表现出显著的空间关联性（图 2-20$a_4 - a_1$、$b_4 - a_1$）。凝毛杜鹃小树分别与其死树及岷江冷杉死树在 $0 \sim 4$ m 和 $0 \sim 3$ m 的尺度上表现为负关联（图 2-20$b_4 - a_1$、$b_4 - b_1$），在其余尺度则为无关联，这说明两者死树小范围内的凝毛杜鹃小树密度显著低于其平均值，并不适合凝毛杜鹃小树的定居。

总之，种内的相邻径级之间以正关联和无关联为主，径级相差越大负关联越大。种间不同径级间分别表现出不同的空间关联性，而种间的整体之间则表现为空间无关联（图 2-20$a_{1,2,3} - b_{1,2,3}$）。空间关联主要发生在小尺度范围，随尺度的增大而减弱，并趋于无关联。

(5)讨论。小尺度范围内，随径级增大岷江冷杉从聚集分布趋于均匀分布格局，这可能由于大径级的岷江冷杉经历了生物因子和环境因子的交互作用，种群自疏和生长过程中的随机干扰都会导致出现均匀分布格局（He and Duncan，2000；Getzin et al.，2006）。岷江冷杉对高山林线环境的适应体现为高山林线附近的岷江冷杉个体较为低矮，即便倒伏后也形不成较大的林隙（程伟等，2005a）。随海拔升高，岷江冷杉的平均高度呈现由高到低，胸径由大到小，个体数量由多到少的变化趋势（程伟等，2005a）。各径级凝毛杜鹃在小尺度范围均为聚集分布，表现为团块、丛状分布，个体之间较为密集，这使种内个体间在高山林线的寒冷和大风环境下能够相互庇护，从而增加了存活几率。

杜鹃岷江冷杉林中岷江冷杉和凝毛杜鹃的幼苗所占比例较大，分别达到了88.29%和79.74%，这或许是其适应多变环境的繁殖策略。两个种的幼苗死亡率都较高，进入大径级个体的比例很小（图2-18），这可能与林线地段温度、积雪厚度、风向、水分等环境条件有关（程伟等，2005b）。枯立木与岷江冷杉小树和凝毛杜鹃小树之间分别以无关联和负关联为主，说明短期内枯立木所形成的林隙对小树的成功定居作用不大，究其原因，可能是林线环境下枯立木的局部生境光照较为强烈，暴露在强光下可能会加剧幼苗遭受的低温胁迫和失水的压力（Matthew et al.，2002）。林线处幼苗来自土壤种子库，而球果多分布于成年树周围，而且在林线恶劣的自然条件下幼苗的生长依赖于成年树为其创造的林下生境（Matthew et al.，2002），以减少强光、霜冻等不利因素的威胁。

一些研究中，针叶树和杜鹃花属植物间的关系被认为是一种竞争性的，杜鹃花属植物作为下层林木会阻碍乔木树种的更新和扩散（Lei et al.，2002；Nilsen et al.，2001；Nilsen et al.，1999）；原因之一是杜鹃的凋落物会产生化感作用，影响了乔木树种的种子萌发和根系生长（Nilsen et al.，1999）。另外，杜鹃花属植物通过改变林下局部环境的光照和水分条件，阻碍了针叶树幼苗、幼树的生长（Nilsen et al.，2001）。但是Matthew的研究则表明，在高山林线环境下，杜鹃的郁闭作用促进了针叶树幼苗的定居，这在高山林线生态交错带的群落构建过程中起着重要的作用（Matthew et al.，2002）。Callaway等（2002）通过研究进行了推断，在高海拔地区环境对植物的压力较大，植物间主要以正向和有利的关系为主。以上研究结论的不同可能是由于研究地点的海拔及生境差异所致。本研究中，我们认为杜鹃冷杉林的两个优势种间更多的是相互促进和庇护的关系，种间竞争在群落动态和共存中的作用较为微弱。原因有3个方面：第一，我们通过验证接受了随机死亡假说，发现种内和种间的密度制约效应在群落中并不明显，对于树木的随机死亡，环境因素的影响可能大过于种内和种间的密度制约效应；第二，不同龄级间的负关联关系更多的反映的是不同龄级个体之间水平空间上的密度差异，这体现了不同径级个体的生境选择差异；第三，两个种群的幼苗数量丰富，径级分布连续，都为增长型种群。

优势种杜鹃和岷江冷杉的空间分布格局和种间关联反映了它们的空间生态位分化特性。一方面，两个优势种整体间表现为空间上相互独立的关系（图2-20$a_{1,2,3}$ - $b_{1,2,3}$），这与其他原始林中的研究结论相一致（Duncan，1993；Szwagrzyk and Czerwczak，1993；Rozas，2006；Park，2003）。乔木树种空间上独立的关系有助于避免种间竞争并且有利于树种之间的长期共存（Duncan，1991）。种内的大树与小树之间则为显著的负关联（图2-20a_1 - a_3、b_1 - b_3），说明种内的非称竞争作用较为强烈（杨洪晓等，2006）。因此，两个种的种内竞争强于种间竞争，这在一定程度上满足了共存的条件（侯继华等，2002；李博等，1998；Tokeshi，1999）。另一方面，两个种及其各径级个体以聚集分布为主，这种水平空间上斑块状的聚集导致了种间相对的隔离，使得两个种能够各自从不同的生境中获取资源。空间生态位的分离减少了种间为了获取资源而产生的直接竞争，从而增加了种间共存的可能（He and Duncan，2000；Suzuki et al.，2003；Nakashizuka，2001）。总之，岷江冷杉和凝毛杜鹃之所以在严酷的高山林线环境下能共存，一方面是两个种自身生态学特性对林线环境的适应，另一方面是其空间生态位重叠与分离的结果。

二、更新演替

岷江冷杉林是适应于该地区气候条件相对稳定的森林类型，维持其稳定性不外乎通过林下的天然更新，森林一旦被破坏后仍能依从演替的潜力而恢复为原来的森林。现将更新特点与演替规律分述如下（杨玉坡等，1992）。

(一)更新的基本特点

(1)林窗更新是冷杉林更新的主要途径。岷江冷杉林和其他暗针叶林一样林冠下更新普遍不好，主要是依靠林窗更新来维持森林的稳定性。林窗的小生境的光照条件较林冠下为强，气温较林冠下为高，具有较好的水、热、光等条件，有利于更新苗木的生长发育。林窗更新不但株数较多而且进程顺利。当林窗面积较大时，云杉幼树显著增多。10～20 年生云杉幼树多达 41000 株/hm²，发展趋势将形成云杉树团与冷杉镶嵌分布，以致形成混交林，又由于云、冷杉的耐阴性的差别，因而在更新过程中常交叠更替，从而使混交林具有稳定性，这就是分布区内存在着较大面积云、冷杉混交林的内部原因。

(2)冷杉林林冠下不同于上述林窗更新情况。更新起来的树种仍以冷杉为主，其他树种较少，这与冷杉的强度耐阴性有关。据大小金川林区调查，平均每公顷有幼树 1655 株，其中冷杉占 74.0%，红桦占 22.0%，云杉甚少，这些幼树从冠隙间或一旦有适中的林窗出现，仍有可能成长发育而进入林层，所以冷杉种群动态在成熟的冷杉林中仍具有一定稳定性。

(3)林下更新因林型不同而有差异。不同林型的环境以及群落结构赋予更新以不同的影响。一般说来，处于较高海拔的林型因立木较为稀疏，透光较好，更新幼树较多，而海拔适中的林型由于林分郁闭度较大，但林下植物层次仍较简单，故更新幼树数量居次，而海拔较低的林型则水热条件优越，林分郁闭度大而林下植物层次复杂，所以更新幼树甚少。据大小金川调查，藓类杜鹃冷杉林和草类杜鹃冷杉林更新幼树较多，分别为 1545 株/hm² 和 1155 株/hm²，草类冷杉林和藓类冷杉林居次，分别为 1003 株/hm² 和 1196 株/hm²，灌木冷杉林和箭竹冷杉林幼树株数最少，分别为 260 株/hm² 和 375 株/hm²。但是从各林型更新幼树的质量来看，则又与此相反。

(二)森林演替规律

岷江冷杉林一旦遭受外部干扰而破坏后，即发生一系列的演替，其演替途径与进程因林型破坏原因、破坏程度等因素而异，现归纳各林型演替图式如图 2-21，并加以说明：

(1)演替常在同一垂直地带内进行。图中所列林型基本具有垂直高度概念。可以看出，各林型的演替阶段以及树种演替也具有垂直地带规律。例如，上至杜鹃灌丛，下至箭竹灌丛；上至红杉林，下至槭、桦混交林，以及演替后期阶段的各个混林都反映出垂直地带规

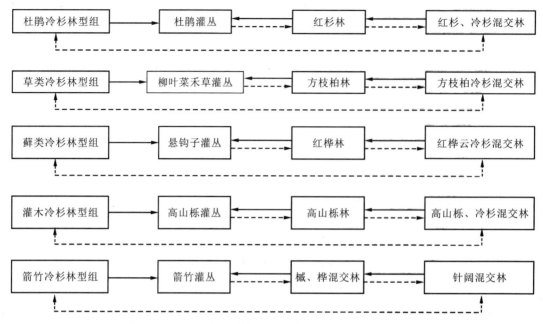

图2-21　岷江冷杉林演替过程示意图(杨玉坡等，1992)

律。从整个分布区来看，以海拔3500 m为界，以上演替树种多以耐干冷的红杉、方枝柏等树种为主，以下则以喜温湿的红桦、槭树等阔叶树为主。

（2）演替途径与原林型林下植物层片有关。各种林型的林分遭到破坏后，通常形成以原有林下植物层片为优势的次生类型，为演替的初期阶段。如杜鹃灌丛和箭竹灌丛，是山体上下2个有代表性的初期演替阶段。但是，藓类冷杉林由于乔木层破坏后，辐射状况改变，苔藓层通常很快消失，原来在林下处于被压抑的喜光植物如悬钩子，则骤然滋生，常形成密集灌丛。草类冷杉林则通常形成柳叶菜(*Epilobium hirsutum*)禾草灌丛。这2个分布广泛的演替类型，前者更多见于湿度较大的岷江流域，成因多为采伐，后者则更多见于湿度较小的大小金川地区，成因多为火烧。柳叶菜对火烧迹地具有一定指示性，可能与其喜N习性有关。高山栎类灌丛是经反复火烧或砍伐后形成演替阶段，具有较大稳定性，只在较阴湿沟谷才易于恢复为高山栎类乔木林，进而为冷杉的进入创造适宜的生境。

（3）一般来说，不论何种演替阶段的类型，都是不稳定的，总的趋势是趋向于寿命较长和生产力较高的类型。但是，演替进程快慢受多种因素制约。据研究，悬钩子在森林被采伐后1~2年内即大量出现，3~6年最为繁盛，形成密集灌丛，此后即逐渐衰退；10~20年就被杨、桦、槭等树种所更替，并逐渐恢复为冷杉林(杨玉坡等，1992)。这是在自然情况下依赖演替潜力来完成演替过程，当然采取人为措施是可以促进演替进程的。但应该指出的是，如果措施不当，反而会延缓演替的进行。上述研究还指出，悬钩子灌丛如果采取从根部砍伐，则次年的萌蘖率竟达90%以上，越砍越猖獗，反而促使它的旺盛分蘖，只有"拦腰"砍除，方可奏效。此外，上述高山栎类灌丛更是明显的例子，这种灌丛在川西占有很大面积，致使富有较高生产潜力的林地长期未能恢复成林。

（4）顺行演替趋向于耐阴树种是本气候区演替的普遍规律，在演替初期，这种更替明显且较为迅速，在后期组成的混交林中，虽然组成树种多较耐阴，但仍存在着种间的竞争，最后总是耐阴性强的树种获得优势，以至完全排挤了耐阴性较弱的树种。例如红桦冷杉混交复层林红桦常居于下层，这是演替后期最常见的类型，这种类型持续时间较长，表现出相对的稳定性。但是，由于冷杉较红桦更耐阴，最后冷杉仍可逐渐更替红桦。表2-10是根据大小金川更新调查材料列出的，不同树种组成的红桦林下的更新树种情况，表明随着林分的所占组成的减少和冷杉组成的增加，其林下更新的幼树变化表明，冷杉逐渐替代了红桦，在红桦所占组成减少至6成、5成时，林下已无红桦更新幼树，相反冷杉幼树却占有最大优势(杨玉坡等，1992)。

(5)岷江冷杉林是分布区内的气候顶极。顶极群落的基本特征是种类组成的相对稳定。岷江冷杉林虹春分布区分布面积最大的原始森林，它的长期存在，足以表明它是适合于本区气候具有相对稳定性的森林类型。岷江冷杉林早在20世纪50年代通过大小金川森林植被演替的研究，指出过该林区岷江冷杉林虽然成、过熟林占97.0%，而且病腐严重，林冠下更新普遍不好，但不能因此认为森林已向衰退方向发展，而是具有相对的稳定。近年根据钱本龙(1986)的研究，还认为："达到相对稳定年龄阶段林分的平均年龄很少随着时间的变化而变化"。一个具体林分的年龄结构的稳定性，是顶极群落稳定性的基础。

表2-10 不同树种组成的红桦林林下更新

林木组成	幼树(株/hm²)							
	红桦		冷杉		云杉		合计	
	株数	%	株数	%	株数	%	株数	%
10 桦	434	46.7	465	49.9	32	3.4	931	100
8 桦 2 冷	446	33.5	859	64.5	27	2.0	1332	100
6 桦 4 冷	156	5.5	2655	94.5			2811	100
6 桦 3 冷 1 栎			703	100.0			703	100
5 桦 4 冷 1 云			1875	92.3	156	7.7	2031	100

第四节 四川盆周山地常绿阔叶林群落结构与更新演替

一、四川盆周山地常绿阔叶林分布

四川省属于亚热带地区，植物区系非常丰富，森林类型、结构和分布复杂。四川分为3个地带(即盆地及边缘山地常绿阔叶林地带、川西亚高山暗针叶林地带、川西北高原灌丛草甸草原地带)，8个森林区，即盆地内部马尾松(*Pinus massoniana*)林、柏木(*Cupressus funebris*)林区，盆地北缘山地含常绿栎类的落叶阔叶林区，盆地南缘山地湿性常绿栎类林区，盆地西缘山地湿性常绿樟栎林区，盆地西南缘山地干性常绿栎类林区，川西亚高山冷、云杉林区，川西北山原块状云杉、圆柏林区，川西北高原灌草甸区。在这些类型中，常绿阔叶林是最重要的森林资源之一，也是亚热带地区的地带性植被。盆周山地常绿阔叶主要分布于平武、茂县、汶川东部、宝兴、天全、二郎山、大相岭、小相岭、屏山、木里一线的东南半壁(图2-22)，主要有：短刺米槠(*Castanopsis carlesii* var. *spinulosa*)、栲树(*Castanopsis fargesii*)林分布在盆地底部1000 m左右的酸性黄壤上；石栎(*Lithocarpus* spp.)、木荷(*Schima* spp.)林分布在盆地西部边缘山地1000～2100 m；盆地北部大巴山区以青冈栎

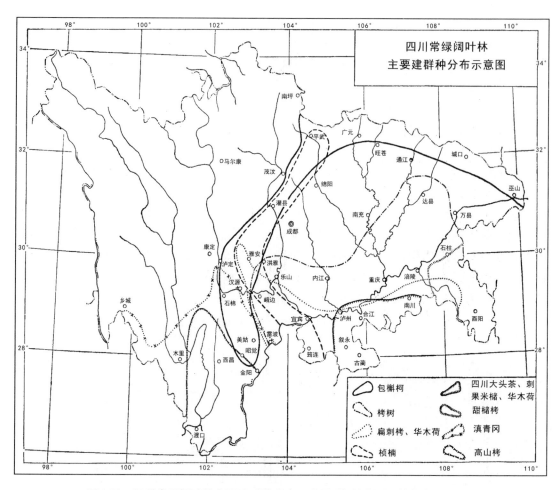

图2-22　四川常绿阔叶林主要建群种分布示意图(资料来源: 钟章成, 1988)

(Cyclobalanopsis glauca) 、包石栎(Lithocarpus cleistocarpus)为主要建群种, 林下以水竹(Indocalamus scariosus)为其特点。盆地西南山地, 以短刺米槠、峨眉栲(Castanopsis platycantha)、大头茶(Gordonia axillaris)、木荷、润楠(Machilus pingii)为群落建群种, 各层植物丰富, 并以喜湿热的植物为其特征, 如椤椤属(Gytheae)、福建柏(Tokienie hodginsii)(钟章成, 1988); 粉背青冈(Cyclobalanopsis oxyodon var. fargesii)、青冈林分布在川西边缘山地的雷波、峨边、平武等石灰岩山地600~1800 m地区; 瓦山栲(Castanopsis ceratantha)、青冈栎、楠木(Phoebe zhennan)、毛丝桢楠(Phoebe bournei)林分布于盆地西部边缘山地1000 m以下的紫色岩层的山地上(如乐山、雅安均有); 高山栲(Castanopsis delavayi)、滇青冈(Cyclobalanopsis glaucoides)林分布在冕宁、西昌、米易、德昌、木里等地, 元江栲(Costanopsis concolor)、银木荷(Schima argentea)林分布在盐边、会理、会东等地1800~2700 m地区。

四川省常绿阔叶林以大相岭、黄茅埂至雷波一线分界, 分别处于不同的季风区, 分为东部类型和西部类型。东部类型的基本特征和我国其他地区相似, 在森林区系组成上与我国相同类型的其他地区不同的特点是特有成分和第三纪古老残遗植物种较丰富, 如山桐子(Idesia polycarpa)、伊桐(Itoa orientalis)、鹅掌楸(Liriodendron chinense)、赤杨叶(Alniphyl-

lum fortunei)、马比木(*Nothapodytes pittosporoides*)、伯乐树(*Bretschneidera sinensis*)等都具有孑遗特性的种属。在群落结构上的主要特征是有硬叶常绿灌木层片(高山栎组、硬叶的杜鹃)和竹子灌丛层片，这 2 个层片虽然不是一切类型中均有，但为盆地边缘山地和川西山地常绿阔叶林常见的层片，这正反映了四川省常绿阔叶林在经度上是平原低山丘陵区与高原山区的一个过渡特征。西部类型分布在干湿明显的西南季风区内，尽管该区分布着典型中亚热常绿阔叶林，但只能作为垂直带谱的一个组成部分，认为属于南亚热带类型(钟章成，1988)，其基带仍然是南亚热带稀树草原，其中有高大的木棉(*Gossampinus malabarica*)，有肉质的霸王鞭(*Euphorbia royleana*)和仙人掌(*Opuntia stricta*)；灌木层中有余甘子(*Phyllanthus emblica*)、番石榴(*Psidium guajava*)；草木有芸香茅(*Cymbopogom distans*)、旱茅(*Eremopogon delavayi*)、扭黄茅(*Heteropogon contortus*)及金茅(*Eulalia speciosa*)。

常绿阔叶林属于四川省地带性植被，垂直分布深受地形影响，由东往西这一基带的高度逐渐升高，川中的华蓥山为 1000~1500 m，川西的二郎山为 1800 m，在西南季风区的西昌地区延伸成为西部类型，垂直上限可达 2700 m。形成这种状况是由于华蓥山位于盆地中部，热量高；川西边缘山地，热量高，降雨量大，形成良好的水热条件；西昌地区由于西风急流南支的存在，高空出现逆温层，致使 2000 m 以上山坡的气温不太低，而云雾又较谷地为多，即相对湿度大。

垂直带谱上的另一个特征，表现在川西边缘山地的常绿阔叶林带某些栲属(*Castanopsis*)、石栎属(*Lithocarpus*)树种随着沟谷上升，可以超出常绿阔叶林这一生物气候带之上限，而冷杉则可沿着山脊下降，可以降至低于其生物气候带之下限，因而在交错地带就形成这两种绝然不同的生物气候带上的树种与落叶阔叶树形成混交林，如峨眉山冷杉(*Abies fabri*)可下降至 1900 m，而苦槠(*Castanopsis sclerophylla*)上升至 1200 m。

二、四川盆周西缘山地常绿阔叶林木本植物区系

(一)木本植物区系的数量分析

裸子植物按郑万钧(1978)系统，被子植物按 Engler(1936)系统。该区有木本植物 111 科 440 属 1559 种，317 亚种、变种和变型，其中蕨类植物 1 科 1 属 1 种，即木本蕨类桫椤(*Alsophila spinulosa*)；裸子植物 8 科 18 属 30 种；被子植物 102 科 421 属 1845 种。该区乔木树种有 785 种，灌木或小乔木树种有 945 种，藤本有 146 种；常绿成分有 642 种，落叶成分有 1234 种。

1. 科、属、种的数量分析

该区科内种数≥50 种的科有蔷薇科(22 属 225 种)、豆科 Leguminosae(29 属 90 种)、杜鹃花科(6 属 81 种)、忍冬科(7 属 70 种)、虎耳草科(9 属 68 种)、樟科 Lauraceae(11 属 65 种)、禾本科(17 属 54 种)和卫矛科 Celastraceae(5 属 50 种)等。

该区种数 30~50 种的科有山茶科 Theaceae(8 属 46 种)、山茱萸科 Cornaceae(6 属 40 种)、壳斗科 Fagaceae(6 属 39 种)、五加科(11 属 39 种)、木犀科 Oleaceae(7 属 37 种)、小檗科 Berberidaceae(3 属 35 种)、芸香科 Rutaceae(8 属 34 种)、冬青科 Aquifoliaceae(1 属 34 种)、槭树科(2 属 34 种)、大戟科 Euphorbiaceae(15 属 31 种)、茜草科 Rubiaceae(16 属 31)、木兰科 Magnoliaceae(9 属 30 种)和鼠李科 Rhamnaceae(4 属 30 种)等。这些科中的樟科、壳斗科、山茶科、木兰科、冬青科等，它们的多数种是常绿阔叶林的建群种。

该区含 15～30 种的科有马鞭草科 Verbenaceae(5 属 29 种)、百合科(2 属 29 种),葡萄科 Vitaceae(6 属 28 种)、猕猴桃科 Actinidiaceae(3 属 27 种)、桑科 Moraceae(4 属 25 种)、杨柳科(2 属 23 种)、紫金牛科 Myrsinaceae(5 属 23 种)、瑞香科 Thymelaeaceae(3 属 22 种)、桦木科(4 属 21 种)、榆科 Ulmaceae(6 属 20 种)、毛茛科(2 属 19 种)、萝藦科 Asclepiadaceae(9 属 19 种)、菊科(8 属 18 种)、漆树科 Anacardiaceae(5 属 17 种)、山矾科 Symplocaceae(1 属 17 种)、安息香科 Styracaceae(5 属 15 种)、夹竹桃科 Apocynaceae(8 属 15 种)。

该区含 6～15 种的科有松科(5 属 10 种)、胡桃科 Juglandaceae(5 属 13 种)、荨麻科(5 属 8 种)、桑寄生科 Loranthaceae(4 属 9 种)、木通科 Lardizabalaceae(6 属 13 种)、防己科 Menispermaceae(7 属 8 种)、海桐花科 Pittosporaceae(1 属 9 种)、金缕梅科 Hamamelidaceae(5 属 9 种)、黄杨科 Buxaceae(3 属 9 种)、省沽油科 Staphyleaceae(4 属 6 种)、清风藤科(2 属 13 种)、杜英科 Elaeocarpaceae(2 属 7 种)、椴树科 Tiliaceae(3 属 12 种)、藤黄科 Guttiferae(1 属 10 种)、大风子科 Flacourtiaceae(5 属 8 种)、旌节花科 Stachyuraceae(1 属 9 种)、胡颓子科 ELaeagnaceae(2 属 9 种)、野牡丹科 Melastomataceae(5 属 9 种)、柿树科 Ebenaceae(1 属 6 种)、马钱科 Loganiaceae(1 属 11 种)、唇形科 Labiatae(5 属 10 种)、茄科 Solanaceae(3 属 7 种)、苦苣苔科 Gesneriaceae(6 属 10 种)等。

该区含 2～5 种的科有苏铁科 Cycadaceae(1 属 2 种)、杉科 Taxodiaceae(2 属 2 种)、柏科(4 属 5 种)、罗汉松科 Podocarpaceae(1 属 2 种)、三尖杉科 Cephalotaxaceae(1 属 4 种)、红豆杉科 Taxaceae(3 属 4 种)、胡椒科 Piperaceae(1 属 5 种)、金粟兰科 Chloranthaceae(2 属 2 种)、杨梅科 Myricaceae(1 属 2 种)、马兜铃科 Aristolochiaceae(1 属 5 种)、蓼科 Polygonaceae(4 属 4 种)、连香树科 Cercidiphyllaceae(1 属 2 种)、苦木科 Simaroubaceae(2 属 4 种)、楝科 Meliaceae(3 属 5 种)、远志科 Polygalaceae(1 属 4 种)、虎皮楠科 Daphniphyllaceae(1 属 4 种)、马桑科 Coriariaceae(1 属 2 种)、茶茱萸科 Icacinaceae(2 属 2 种)、无患子科 Sapindaceae(2 属 4 种)、锦葵科 Malvaceae(3 属 4 种)、梧桐科 Sterculiaceae(4 属 4 种)、千屈菜科 Lythraceae(1 属 2 种)、蓝果树科 Nyssaceae(2 属 3 种)、八角枫科 Alangiaceae(1 属 5 种)、使君子科 Combretaceae(2 属 2 种)、桤叶树科 Clethraceae(1 属 4 种)、白花丹科 Plumbaginaceae(1 属 2 种)、旋花科 Convolvulaceae(1 属 4 种)、紫草科 Boraginaceae(2 属 5 种)、玄参科 Scrophulariaceae(2 属 5 种)、紫葳科 Bignoniaceae(2 属 4 种)、爵床科 Acanthaceae(3 属 3 种)、棕榈科 Palmae(2 属 2 种)、天南星科 Araceae(2 属 5 种)等。

该区含 1 种的科有桫椤科(Cyatheaceae)、银杏科(Ginkgoaceae)、山龙眼科(Proteaceae)、铁青树科(Olacaceae)、檀香科(Santalaceae)、领春木科(Trochodendraceae)、莲叶桐科(Hernandiaceae)、钟萼木科(Bretschneideraceae)、杜仲科(Eucommiaceae)、亚麻科(Linaceae)、七叶树科(Hippocastanaceae)、柽柳科(Tamaricaceae)、桃金娘科(Myrtaceae)、桔梗科(Campanulaceae)等。

该区单种属有 31 属;寡种属(2～5 种)有 63 属;含 1 种的属有 188 属;2～5 种的属有 162 属;6～10 种的属有 51 属;11～20 种的属有 25 属;21～30 种的属有 6 属;30 种以上的属有 7 属。

2. 属的地理分布分析

"属"是植物分类学中较稳定的单位,植物区系地理学常以它为分析依据,根据吴征镒

(1991)的"中国种子植物属的分布区类型和变型"，将该区 440 属划分为 14 个分布区类型和 19 个分布区变型，分别占四川 15 个分布区类型和 24 个分布区变型的 93.33% 和 79.17%；占中国 15 个分布区类型和 31 个分布区变型的 93.33% 和 61.29%。热带分布(表 2-11 中类型 2~7)有 217 属，温带分布(表 2-11 中类型 8~14)有 183 属，热带成分多于温带成分，这与该区为常绿阔叶林地带相吻合。

表 2-11　盆地西缘湿性常绿阔叶林区木本植物属种的分布区类型统计

分布区类型	该区属数	该区占总属数(%)	四川属数	占四川总属数(%)
1 世界分布	11	2.50	11	2.14
2 泛热带分布	69	15.68	75	14.56
2-1 热带亚洲、大洋洲和南美洲(墨西哥)间断	5	1.14	5	0.97
2-2 热带亚洲、非洲和南美洲间断	3	0.68	3	0.58
3 热带亚洲和热带美洲间断分布	15	3.41	18	3.50
4 旧世界热带分布	24	5.45	33	6.41
4-1 热带亚洲、非洲和大洋洲间断	2	0.45	2	0.39
5 热带亚洲至热带大洋洲分布	15	3.41	17	3.30
5-1 中国(西南)亚热带和新西兰间断	1	0.23	3	0.58
6 热带亚洲至热带非洲分布	15	3.41	17	3.30
6-1 华南、西南到印度和热带非洲间断	1	0.23	2	0.39
6-2 热带亚洲和东非间断	1	0.23	2	0.39
7 热带亚洲分布	46	10.45	49	9.51
7-1 爪哇、喜马拉雅和华南、西南星散	5	1.14	6	1.17
7-2 热带印度至华南	–	–	2	0.39
7-3 缅甸、泰国至华西南	3	0.68	4	0.78
7-4 越南(或中南半岛)至华南(或西南)	12	2.73	12	2.33
8 北温带分布	47	10.68	54	10.49
8-2 北极—高山	–	–	3	0.58
8-3 北极—阿尔泰和北美间断	–	–	1	0.19
8-4 北温带和南温带(全温带)间断	5	1.14	5	0.97
8-5 欧亚和南美洲温带间断	1	0.23	1	0.19
8-6 地中海区、东亚、新西兰和墨西哥至智利间断	1	0.23	1	0.19
9 东亚和北美间断分布	38	8.64	44	8.54
9-1 东亚和墨西哥间断	1	0.23	2	0.39
10 旧世界温带分布	7	1.59	9	1.75
10-1 地中海区、西亚和东亚间断	5	1.14	6	1.17
10-2 地中海区和喜马拉雅间断	1	0.23	1	0.19
10-3 欧亚和南非洲(有时也在大洋洲)间断	1	0.23	1	0.19
11 温带亚洲分布	4	0.91	6	1.17
12 地中海、西亚至中亚分布	–	–	1	0.19
12-1 地中海区至中亚和南非、大洋洲间断	–	–	1	0.19
12-3 地中海区至温带、热带亚洲、大洋洲和南美洲间断	1	0.23	2	0.39

（续）

分布区类型	该区属数	该区占总属数（％）	四川属数	占四川总属数（％）
13 中亚分布	－		1	0.19
13-3 西亚至喜马拉雅			1	0.19
14 东亚分布	27	6.14	31	6.02
14-1 中国—喜马拉雅	19	4.32	21	4.08
14-2 中国—日本	25	5.68	27	5.24
15 中国特有分布	29	6.59	35	6.80
合计	440	100.00	515	100.00

（1）世界分布属。世界分布属有 11 属，占该区总属的 2.50％，有芦苇属（*Phragmites*）、半边莲属（*Lobelia*）、茄属（*Solanum*）、金丝桃属（*Hypericum*）、鼠李属（*Rhamnus*）、远志属（*Polygala*）、槐属（*Sophora*）、悬钩子属（*Rubus*）、铁丝莲属（*Clematis*）、酸模属（*Rumex*）和蓼属（*Polygonum*）。

（2）热带分布属。泛热带分布有 69 属，占该区总属的 15.68％，有：胡椒属（*Piper*）、金粟兰属（*Chloranthus*）、朴属（*Celtis*）、山黄麻属（*Trema*）、榕属（*Ficus*）、苎麻属（*Boehmeria*）、青皮木属（*Schoepfia*）、马兜铃属（*Aristolochia*）、木防己属（*Cocculus*）、琼楠属（*Beilschmiedia*）、厚壳桂属（*Cryptocarya*）、金合欢属（*Acacia*）、羊蹄甲属（*Bauhinia*）、云实属（*Caesalpinia*）、黄檀属（*Dalbergia*）、刺桐属（*Erythrina*）、千斤拔属（*Flemingia*）、木蓝属（*Indigofera*）、鸡血藤属（*Millettia*）、油麻藤属（*Mucuna*）、红豆属（*Ormosia*）、鹿藿属（*Rhynchosia*）、花椒属（*Zanthoxylum*）、铁苋菜属（*Acalypha*）、山麻杆属（*Alchornea*）、巴豆属（*Croton*）、白饭树属（*Flueggea*）、算盘子属（*Glochidion*）、叶下珠属（*Phyllanthus*）、乌桕属（*Sapium*）、黄杨属（*Buxus*）、冬青属（*Ilex*）、南蛇藤属（*Celastrus*）、卫矛属（*Euonymus*）、白粉藤属（*Cissus*）、杜英属（*Elaeocarpus*）、刺蒴麻属（*Triumfetta*）、苘麻属（*Abutilon*）、黄花稔属（*Sida*）、梵天花属（*Urena*）、苹婆属（*Sterculia*）、红淡比属（*Cleyera*）、厚皮香属（*Ternstroemia*）、柞木属（*Xylosma*）、风车子属（*Combretum*）、树参属（*Dendropanax*）、鹅掌柴属（*Schefflera*）、紫金牛属（*Ardisia*）、密花树属（*Rapanea*）、柿树属（*Diospyros*）、山矾属（*Symplocos*）、安息香属（*Styrax*）、素馨属（*Jasminum*）、醉鱼草属（*Buddleja*）、鹅绒藤属（*Cynanchum*）、牛奶菜属（*Marsdenia*）、紫珠属（*Callicarpa*）、大青属（*Clerodendrum*）、牡荆属（*Vitex*）、红丝线属（*Lycianthes*）、假杜鹃属（*Barleria*）、栀子属（*Gardenia*）、巴戟天属（*Morinda*）、山黄皮属（*Randia*）、钩藤属（*Uncaria*）、泽兰属（*Eupatorium*）、斑鸠菊属（*Vernonia*）、芦竹属（*Arundo*）、菝葜属等；该分布有 2 个变型，即热带亚洲、大洋洲和南美洲（墨西哥）间断分布和热带亚洲、非洲和南美洲间断分布，前者有 5 属，依次为：罗汉松属（*Podocarpus*）、糙叶树属（*Aphananthe*）、小石积属（*Osteomeles*）、核子木属（*Perrottetia*）和五叶参属（*Pentapanax*）；后者有 3 属，为雾水葛属（*Pouzolzia*）、粗叶木属（*Lasianthus*）和簕竹属（*Bambusa*）。

热带亚洲和热带美洲间断分布有 15 属，占该区总属 3.41％，有：木姜子属（*Litsea*）、赛楠属（*Nothaphoebe*）、楠属（*Phoebe*）、猴耳环属（*Pithecellobium*）、苦木属（*Picrasma*）、假卫矛属（*Microtropis*）、山香圆属（*Turpinia*）、无患子属（*Sapindus*）、泡花树属（*Meliosma*）、雀梅藤属（*Sageretia*）、猴欢喜属（*Sloanea*）、水东哥属（*Saurauia*）、柃木属（*Eurya*）、桤叶

树属(*Clethra*)、白珠树属(*Gaultheria*)等。

旧世界热带分布有24属，占该区总属的5.45%，有：槲寄生属(*Viscum*)、千金藤属(*Stephania*)、青藤属(*Illigera*)、海桐花属(*Pittosporum*)、合欢属(*Albizia*)、老虎刺属(*Pterolobium*)、狸尾豆属(*Uraria*)、吴茱萸属(*Evodia*)、楝属(*Melia*)、五月茶属(*Antidesma*)、野桐属(*Mallotus*)、乌蔹莓属(*Cayratia*)、扁担杆属(*Grewia*)、八角枫属(*Alangium*)、蒲桃属(*Syzygium*)、金锦香属(*Osbeckia*)、酸藤子属(*Embelia*)、杜茎山属(*Maesa*)、鲫鱼藤属(*Secamone*)、弓果藤属(*Toxocarpus*)、娃儿藤属(*Tylophora*)、厚壳树属(*Ehretia*)、香茶菜属(*Isodon*)、玉叶金花属(*Mussaenda*)等；该分布有1个变型，即热带亚洲、非洲和大洋洲间断，有2个属，为青牛胆属(*Tinospora*)和飞蛾藤属(*Porana*)。

热带亚洲至热带大洋洲分布有15属，占该区总属的3.41%，有：苏铁属(*Cycas*)、柘树属(*Cudrania*)、山龙眼属(*Helicia*)、樟属(*Cinnamomum*)、臭椿属(*Ailanthus*)、香椿属(*Toona*)、雀舌木属(*Leptopus*)、猫乳属(*Rhamnella*)、崖爬藤属(*Tetrastigma*)、荛花属(*Wikstroemia*)、紫薇属(*Lagerstroemia*)、野牡丹属(*Melastoma*)、山橙属(*Melodinus*)、球兰属(*Hoya*)、水锦树属(*Wendlandia*)等；该分布有1个变型，即中国(西南)亚热带和新西兰间断，只有梁王茶属(*Nothopanax*)。

热带亚洲至热带非洲分布有15属，占该区总属的3.41%，有：水麻属(*Debregeasia*)、钝果寄生属(*Taxillus*)、浆果苋属(*Cladostachys*)、山黑豆属(*Dumasia*)、飞龙掌血属(*Toddalia*)、浆果楝属(*Cipadessa*)、土沉香属(*Excoecaria*)、使君子属(*Quisqualis*)、常春藤属(*Hedera*)、铁仔属(*Myrsine*)、蓝雪花属(*Ceratostigma*)、杠柳属(*Periploca*)、豆腐柴属(*Premna*)、狗骨柴属(*Diplospora*)、牡竹属(*Dendrocalamus*)等；该分布有2个变型，即华南、西南到印度和热带非洲间断分布和热带亚洲和东非间断分布，各有1属，分别为南山藤属(*Dregea*)和马蓝属(*Pteracanthus*)。

热带亚洲分布有46属，占该区总属的10.45%，依次为：草珊瑚属(*Sarcandra*)、黄杞属(*Engelhardia*)、青冈属(*Cyclobalanopsis*)、构树属(*Broussonetia*)、紫麻属(*Oreocnide*)、鞘花属(*Macrosolen*)、梨果寄生属(*Scurrula*)、轮环藤属(*Cyclea*)、秤钩风属(*Diploclisia*)、细圆藤属(*Pericampylus*)、南五味子属(*Kadsura*)、木莲属(*Manglietia*)、含笑属(*Michelia*)、黄肉楠属(*Actinodaphne*)、山胡椒属(*Lindera*)、润楠属(*Machilus*)、新木姜子属(*Neolitsea*)、黄常山属(*Dichroa*)、水丝梨属(*Sycopsis*)、臀果木属(*Pygeum*)、舞草属(*Codariocalyx*)、葛属(*Pueraria*)、柑橘属(*Citrus*)、守宫木属(*Sauropus*)、虎皮楠属(*Daphniphyllum*)、野扇花属(*Sarcococca*)、假柴龙树属(*Nothapodytes*)、清风藤属(*Sabia*)、山茶属(*Camellia*)、罗伞属(*Brassaiopsis*)、香花藤属(*Aganosma*)、鸡骨常山属(*Alstonia*)、鳝藤属(*Anodendron*)、纽子花属(*Vallaris*)、醉魂藤属(*Heterostemma*)、芒毛苣苔属(*Aeschynanthus*)、线柱苣苔属(*Rhynchotechum*)、密脉木属(*Myrioneuron*)、鸡矢藤属(*Paederia*)、寒竹属(*Chimonobambusa*)、箬竹属(*Indocalamus*)、玉山竹属(*Yushania*)、棕竹属(*Rhapis*)、石柑属(*Pothos*)、崖角藤属(*Rhaphidophora*)、肖菝葜属(*Heterosmilax*)等；该分布有3个变型，即爪哇、喜马拉雅和华南、西南星散分布，缅甸、泰国至华西南分布和越南(或中南半岛)至华南(或西南)分布，其中爪哇、喜马拉雅和华南、西南星散分布有5属，为秋枫属(*Bischofia*)、梭罗树属(*Reevesia*)、木荷属(*Schima*)、栀子皮属(*Itoa*)和大参属(*Macropanax*)；缅甸、泰国至华西南分布有3属，为穗花杉属(*Amentotaxus*)、平当树属

（*Paradombeya*）和来江藤属（*Brandisia*）；越南（或中南半岛）至华南（或西南）分布有 12 属，依次为福建柏属（*Fokienia*）、折柄茶属（*Hartia*）、山羊角树属（*Carrierea*）、异药花属（*Fordiophyton*）、偏瓣花属（*Plagiopetalum*）、赤杨叶属（*Alniphyllum*）、鸦头梨属（*Melliodendron*）、木瓜红属（*Rehderodendron*）、杜仲藤属（*Parabarium*）、毛药藤属（*Sindechites*）、大苞苣苔（*Anna*）和单竹属（*Lingnania*）等。

（3）温带分布属。北温带分布有 47 属，占该区总属的 10.68%，依次为：云杉属、松属（*Pinus*）、柏木属（*Cupressus*）、刺柏属（*Juniperus*）、圆柏属（*Sabina*）、红豆杉属（*Taxus*）、杨属（*Populus*）、柳属（*Salix*）、胡桃属（*Juglans*）、桤木属（*Alnus*）、桦木属（*Betula*）、鹅耳枥属（*Carpinus*）、榛属（*Corylus*）、栗属（*Castanea*）、水青冈属（*Fagus*）、栎属（*Quercus*）、榆属（*Ulmus*）、桑属（*Morus*）、芍药属（*Paeonia*）、小檗属（*Berberis*）、山梅花属（*Philadelphus*）、茶藨子属、栒子属（*Cotoneaster*）、山楂属（*Crataegus*）、苹果属（*Malus*）、李属（*Prunus*）、蔷薇属、花楸属（*Sorbus*）、绣线菊属（*Spiraea*）、紫荆属（*Cercis*）、黄栌属（*Cotinus*）、盐肤木属（*Rhus*）、省沽油属（*Staphylea*）、槭属、七叶树属（*Aesculus*）、葡萄属（*Vitis*）、椴树属、胡颓子属（*Elaeagnus*）、梾木属（*Swida*）、山茱萸属（*Cornus*）、杜鹃花属（*Rhododendron*）、白蜡树属（*Fraxinus*）、忍冬属、荚蒾属、香青属（*Anaphalis*）、蒿属（*Artemisia*）、紫菀属（*Aster*）等；该分布的 3 个变型中，北温带和南温带（全温带）间断分布有 5 属，即：杨梅属（*Myrica*）、荨麻属（*Urtica*）、越橘属（*Vaccinium*）、枸杞属（*Lycium*）和接骨木属（*Sambucus*）；欧亚和南美洲温带间断分布和地中海区、东亚、新西兰和墨西哥至智利间断分布各占 1 属，分别为火绒草属（*Leontopodium*）和马桑属（*Coriaria*）。

东亚和北美间断分布有 38 属，占该区总属的 8.64%，依次为：铁杉属、榧树属（*Torreya*）、栲属、石栎属、檀梨属（*Pyrularia*）、十大功劳属（*Mahonia*）、八角属（*Illicium*）、鹅掌楸属（*Liriodendron*）、木兰属（*Magnolia*）、五味子属（*Schisandra*）、檫木属（*Sassafras*）、赤壁木属（*Decumaria*）、绣球属（*Hydrangea*）、鼠刺属（*Itea*）、枫香属（*Liquidambar*）、石楠属（*Photinia*）、珍珠梅属（*Sorbaria*）、香槐属（*Cladrastis*）、山蚂蝗属（*Desmodium*）、皂荚属（*Gleditsia*）、肥皂荚属（*Gymnocladus*）、胡枝子属（*Lespedeza*）、板凳果属（*Pachysandra*）、漆属（*Toxicodendron*）、勾儿茶属（*Berchemia*）、蛇葡萄属（*Ampelopsis*）、爬山虎属（*Parthenocissus*）、大头茶属（*Gordonia*）、紫茎属（*Stewartia*）、楤木属（*Aralia*）、米饭花属（*Lyonia*）、马醉木属（*Pieris*）、流苏树属（*Chionanthus*）、木犀属（*Osmanthus*）、络石属（*Trachelospermum*）、凌霄属（*Campsis*）、梓属（*Catalpa*）、风箱树属（*Cephalanthus*）等；该分布有 1 个变型，即东亚和墨西哥间断分布，且仅有六道木属（*Abelia*）1 属。

旧世界温带分布有 7 属，占该区总属的 1.59%，依次为：梨属（*Pyrus*）、水柏枝属（*Myricaria*）、瑞香属（*Daphne*）、沙棘属（*Hippophae*）、丁香属（*Syringa*）、香薷属（*Elsholtzia*）和旋覆花属（*Inula*）等；该分布有 3 个变型，各变型的属数为：地中海区、西亚和东亚间断分布有榉属（*Zelkova*）、火棘属（*Pyracantha*）、连翘属（*Forsythia*）、女贞属（*Ligustrum*）、牛至属（*Origanum*）等 5 属；地中海区和喜马拉雅间断分布有滇紫草属（*Onosma*）1 属；欧亚和南非洲（有时也在大洋洲）间断分布有蚤草属（*Pulicaria*）1 属。

温带亚洲分布有 4 属，占该区总属的 0.91%，依次为：驼绒藜属（*Ceratoides*）、白鹃梅属（*Exochorda*）、杭子梢属（*Campylotropis*）和锦鸡儿属。

地中海、西亚至中亚分布仅有变型地中海区至温带、热带亚洲、大洋洲和南美洲间断分布有 1 属，即黄连木属（*Pistacia*）。

东亚分布有 27 属，占该区总属的 6.14%，依次为：桫椤属（*Alsophila*）、三尖杉属（*Cephalotaxus*）、领春木属（*Euptelea*）、野木瓜属（*Stauntonia*）、溲疏属（*Deutzia*）、蜡瓣花属（*Corylopsis*）、檵木属（*Loropetalum*）、枇杷属（*Eriobotrya*）、绣线梅属（*Neillia*）、茵芋属（*Skimmia*）、油桐属（*Vernicia*）、猕猴桃属（*Actinidia*）、旌节花属（*Stachyurus*）、结香属（*Edgeworthia*）、野海棠属（*Bredia*）、五加属（*Acanthopanax*）、桃叶珊瑚属（*Aucuba*）、四照花属（*Dendrobenthamia*）、青荚叶属、吊钟花属（*Enkianthus*）、蓬莱葛属（*Gardneria*）、莸属（*Caryopteris*）、虎刺属（*Damnacanthus*）、野丁香属（*Leptodermis*）、双盾木属（*Dipelta*）、刚竹属（*Phyllostachys*）、棕榈属（*Trachycarpus*）等；该分布有 2 个变型，即中国—喜马拉雅分布和中国—日本分布，其中中国—喜马拉雅分布有油杉属（*Keteleeria*）、猫儿屎属（*Decaisnea*）、牛姆瓜属（*Holboellia*）、水青树属、冠盖藤属（*Pileostegia*）、多衣属（*Docynia*）、臭樱属（*Maddenia*）、红果树属（*Stranvaesia*）、黄花木属（*Piptanthus*）、石海椒属（*Reinwardtia*）、南酸枣属（*Choerospondias*）、梧桐属（*Firmiana*）、鞘柄木属（*Toricellia*）、火把花属（*Colquhounia*）、紫花苣苔属（*Loxostigma*）、吊石苣苔属（*Lysionotus*）、马蓝属、鬼吹箫属（*Leycesteria*）、镰序竹属（*Drepanostachyum*）等 19 属，占该区总属的 4.32%；中国—日本分布有柳杉属（*Cryptomeria*）、化香属（*Platycarya*）、枫杨属（*Pterocarya*）、连香树属、木通属（*Akebia*）、南天竹属（*Nandina*）、木防己属（*Sinomenium*）、钻地风属（*Schizophragma*）、木瓜属（*Chaenomeles*）、棣棠花属（*Kerria*）、臭常山属（*Orixa*）、黄檗属（*Phellodendron*）、假佛包叶属（*Discocleidion*）、雷公藤属（*Tripterygium*）、野鸦椿属（*Euscaphis*）、无须藤属（*Hosiea*）、栾树属（*Koelreuteria*）、山桐子属（*Idesia*）、刺楸属（*Kalopanax*）、白辛树属（*Pterostyrax*）、泡桐属（*Paulownia*）、白马骨属（*Serissa*）、锦带花属（*Weigela*）、大明竹属（*Pleioblastus*）、矢竹属（*Pseudosasa*）等 25 属，占该区总属的 5.68%。

（4）中国特有属。中国特有属有 29 属，占该区总属的 6.59%，依次为银杏属（*Ginkgo*）、金钱松属（*Pseudolarix*）、杉木属（*Cunninghamia*）、青钱柳属（*Cyclocarya*）、青檀属（*Pteroceltis*）、大血藤属（*Sargentodoxa*）、串果藤属（*Sinofranchetia*）、拟单性木兰属（*Parakmeria*）、伯乐树属、牛鼻栓属（*Fortunearia*）、杜仲属（*Eucommia*）、巴豆藤属（*Craspedolobium*）、枳属（*Poncirus*）、银鹊树属（*Tapiscia*）、金钱槭属（*Dipteronia*）、藤山柳属（*Clematoclethra*）、山拐枣属（*Poliothyrsis*）、喜树属（*Camptotheca*）、珙桐属（*Davidia*）、通脱木属（*Tetrapanax*）、钩子木属（*Rostrinucula*）、长冠苣苔属（*Rhabdothamnopsis*）、香果树属（*Emmenopterys*）、鸡仔木属（*Sinoadina*）、巴山竹属（*Bashania*）、箭竹属（*Fargesia*）、月月竹属（*Menstruocalamus*）、慈竹属（*Neosinocalamus*）和筇竹属（*Qiongzhuea*）等。

（二）区系的基本特征

特有木本植物种类丰富：四川盆地西缘湿性常绿阔叶林区木本植物四川特有种有 230 种（含种下单位），隶属于 47 科 105 属，该区特有种占该区木本植物总种数的 12.26%，占四川树木总种数的 7.21%，占四川特有树木总种数的 50%。特有种数≥20 的科有蔷薇科、禾本科、杜鹃花科等 3 科；10～20 种的科依次樟科、猕猴桃科、山茶科等 3 科；5～10 种的科有小檗科、虎耳草科、芸香科、冬青科、卫矛科、槭树科、瑞香科、山茱萸科等 8 科；小于 5 种的有 33 科。

植物区系起源古老，珍稀濒危树木繁多：四川盆地西缘位于横断山区东缘，由于地质历史和有利的生境条件，保存了大量残遗植物，如蕨类植物桫椤是中生代的残遗植物；裸子植物的罗汉松（*Podocarpus macrophyllus*）、三尖杉（*Cephalotaxus fortunei*）、红豆杉（*Taxus chinensis*）、穗花杉（*Amentotaxus argotaenia*）、巴山榧（*Torreya fargesii*）是第三纪残遗植物。此外，关于被子植物系统发生，存在许多学派，如哈钦松（Hutchinson）分类系统认为多心皮的木兰科是最原始的被子植物，在该区有木兰科植物 9 属 30 种，其中四川特有的有光叶木兰（*Magnolia dawsoniana*）、峨眉含笑（*Michelia wilsonii*）、峨眉拟单性木兰（*Parakmeria omeiensis*）；恩格勒（Engler）分类系统认为柔荑花序类在双子叶植物中最原始，如杨柳科、杨梅科、胡桃科、桦木科、壳斗科、榆科和桑科等在该区存在大量属种；格罗斯盖姆的被子植物种系发生系统和胡先骕的被子植物亲缘系统，都认为多心皮类的毛茛目 Ranales 和木兰目 Magnliales 是最原始的类群，毛茛科木本植物该区有 2 属 19 种。由此可见，无论从哪一学派的系统或观点，四川都有许多古老或原始的种类。

四川盆地西缘湿性常绿阔叶林区分布有国家级保护的珍稀濒危木本植物有 36 种（含变种），隶属于 23 科 32 属（表 2-12），其中，蕨类植物 1 科 1 属 1 种；裸子植物 5 科 7 属 8 种；被子植物 17 科 24 属 27 种。属国家一级保护的有 4 种，二级保护的有 20 种，三级保护的有 12 种。濒危植物有 5 种，渐危植物有 15 种，稀有植物有 16 种。常绿成分有 13 种；落叶成分 23 种。乔木树种有 29 种；小乔木或灌木树种 7 种。

表 2-12　四川盆地西缘湿性常绿阔叶林区珍稀濒危树木概况

植物名称	科名	生活型	保护级别	资源状况
桫椤 *Alsophila spinulosa*	桫椤科	常绿小乔木	I	渐危
银杏 *Ginkgo biloba*	银杏科	落叶乔木	I	稀有
金钱松 *Pseudolarix amabilis*	松科	落叶乔木	II	稀有
篦子三尖杉 *Cephalotaxus oliveri*	三尖杉科	常绿灌木	II	渐危
福建柏 *Fokienia hodginsii*	柏科	常绿乔木	II	稀有
穗花杉 *Amentotaxus argotaenia*	红豆杉科	常绿乔木	III	渐危
红豆杉 *Taxus chinensis*	红豆杉科	常绿乔木	I	濒危
南方红豆杉 *T. chinensis* var. *mairei*	红豆杉科	常绿乔木	I	濒危
巴山榧 *Torreya fargesii*	红豆杉科	常绿乔木	II	稀有
珙桐 *Davidia involucrata*	蓝果树科	落叶乔木	I	稀有
光叶珙桐 *D. involucrata* var. *vilmoriniana*	蓝果树科	落叶乔木	II	稀有
伯乐树 *Bretschneidera sinensis*	伯乐树科	落叶乔木	II	稀有
连香树 *Cercidiphyllum japonicum*	连香树科	落叶乔木	II	稀有
香果树 *Emmenopterys henryi*	茜草科	落叶乔木	II	稀有
杜仲 *Eucommia ulmoides*	杜仲科	落叶乔木	II	稀有
木瓜红 *Rehderodendron macrocarpum*	安息香科	落叶乔木	II	渐危
白辛树 *Pterostyrax psilophyllus*	安息香科	落叶乔木	III	渐危
鹅掌楸 *Liriodendron chinense*	木兰科	落叶乔木	II	稀有
峨眉拟单性木莲 *Parakmeria omeiensis*	木兰科	常绿乔木	II	濒危
峨眉含笑 *Michelia wilsonii*	木兰科	常绿乔木	II	濒危

（续）

植物名称	科名	生活型	保护级别	资源状况
厚朴 Magnolia officinalis	木兰科	落叶乔木	Ⅱ	渐危
圆叶玉兰 Magnolia sinensis	木兰科	落叶小乔木	Ⅲ	渐危
西康玉兰 Magnolia wilsonii	木兰科	落叶小乔木	Ⅲ	渐危
水青树 Tetracentron sinense	木兰科	落叶乔木	Ⅱ	渐危
梓叶槭 Acer catalpifolium	槭科	落叶乔木	Ⅱ	濒危
金钱槭 Dipteronia sinensis	槭科	落叶小乔木	Ⅲ	稀有
华榛 Corylus chinensis	桦木科	落叶乔木	Ⅲ	渐危
银叶桂 Cinnamomum mairei	樟科	常绿乔木	Ⅲ	濒危
楠木 Phoebe zhennan	樟科	常绿乔木	Ⅲ	渐危
领春木 Euptelea pleiospermum	领春木科	落叶乔木	Ⅲ	稀有
红豆树 Ormosia hosiei	豆科	常绿乔木	Ⅱ	渐危
青檀 Pteroceltis tatarinowii	榆科	落叶乔木	Ⅲ	渐危
紫茎 Stewartia sinensis	山茶科	落叶灌木	Ⅲ	渐危
银鹊树 Tapiscia sinensis	省沽油科	落叶乔木	Ⅲ	渐危
红椿 Toona ciliata	楝科	落叶乔木	Ⅱ	稀有
筇竹 Qiongzhuea tumidinoda	禾本科	混轴草本	Ⅱ	稀有

区系组成复杂，热带成分优于温带成分：四川盆地西缘湿性常绿阔叶林区木本植物440 属有 14 个分布区类型和 19 个分布区变型，分别占四川 15 个分布区类型和 24 个分布区变型的 93.33% 和 79.17%，缺乏 1 个分布区类型和 5 个分布区变型，即为：中亚分布型、热带印度至华南变型、北极—高山变型、北极—阿尔泰和北美间断变型、地中海区至中亚和南非及大洋洲间断变型、西亚至喜马拉雅变型等；并且该区占中国 15 个分布区类型和 31 个分布区变型的 93.33% 和 61.29%。此外，该区热带分布有 217 属，温带分布有 183 属，热带成分多于温带成分。

三、四川盆周山地的常绿阔叶林与更新演替

（一）四川盆周山地的常绿阔叶林类型

根据盆周山地的自然分异规律与植被状况，盆周山地常绿阔叶林可分为以下几种类型：

1. 盆地南缘山地常绿阔叶林带

分布于海拔 500 ~ 1800 m 的低山和丘陵，年平均温度约 10 ℃，≥10 ℃的积温约3000 ~ 5000 ℃，年降水量1100 mm，土壤主要为山地黄壤，以丝栗栲（Castnopsis fargesii）、厚皮栲（Castanopsis indica）、石栎（Lithocarpus glabra）、青冈栎、曼青冈（Cyclobalanopsis oxyodon）为优势形成的湿性常绿阔叶林为代表类型，1200 m 以下还分布有马尾松林和柏木林，林中常混生有一些常绿和落叶阔叶树，呈现出明显的次生性特点。

2. 盆地北山缘地常绿阔叶林带

分布于海拔 1300 m 以下的低山丘陵和长江河谷，气候炎热，雨量充沛，属亚热带气候，年平均温度 15 ~ 18 ℃，最冷 1 月平均温度 3 ~ 7 ℃，≥10 ℃的积温约 4500 ~ 6000 ℃，年降水量 1100 mm 以上。土壤为黄壤和山地黄壤，其中相间分布有紫色土，在长江和嘉陵

江河谷零星分布有黄褐土，森林以青冈栎、木姜子叶石栎（*Lithocarpus litseifolius* var. *litseifolius*）为主，混有猴樟（*Cinnamomum bodinieri*）、黑壳楠（*Lindera megaphylla*）、宜昌润楠（*Machilus ichangensis*）的常绿阔叶林为代表类型，在东部有时混有丝栗栲、小叶栲（*Castanopsis carlesii*），其他还有马尾松林、柏木林、桤柏混交林、次生阔叶林麻栎（*Quercus acutissima*）、栓皮栎（*Quercus variabilis*），以及各种竹林。

3. 盆地西缘山地常绿阔叶林带

分布于海拔 2000 m 以下，气候温暖，常年湿润，光照少。年平均温度约 13～17 ℃，≥10 ℃的积温约 3500～5500 ℃，年降水量 1100～1600 mm，年平均相对湿度在 80% 以上，日照 1000～1200 h，无霜期 250～310 d。土壤主要为山地黄壤，但低海拔处常有紫色土和黄壤分布，森林以丝栗栲、瓦山栲（*Castanopsis ceratacantha*）、峨眉栲、木姜子叶石栎、粗穗石栎（*Lithocarpus spicatus*）、硬斗石栎（*Lithocarpus hancei*）、大叶石栎（*Lithocarpus megalophyllus*）、青冈栎、小叶青冈（*Cyclobalanopsis myrsinifolia*）、曼青冈、巴东栎（*Quercus engleriana*）为主，混生有油樟（*Cinnamomum longepaniculatum*）川桂（*Cinnamomum wilsonii*）、银叶桂、润楠、小果润楠（*Machilus microcarpa*）、山楠（*Phoebe chinensis*）、楠木和华木荷（*Schima sinensis*）等阔叶树的湿性常绿阔叶林为代表类型。还分布有马尾松林和柏木林、杉木林、柳杉（*Cryptomeria fortunei*）林等次生类型，乔木树种十分丰富，为四川森林组成树种最复杂的地带。

（二）盆地西缘的植被类型与更新演替

1. 常绿阔叶林

盆地西缘的常绿阔叶林，组成植被的植物区系成分，以亚热带成分所占比例极大，特别是亚热带中部的种类成分，常常是构成群落的建群种或优势种，如壳斗科的青冈属、栲属、石栎属，樟科的黄肉楠属、樟属、新樟属（*Neocinnamomum*）、新木姜子属、山胡椒属、木姜子属、赛楠属、润楠属、楠属、檫木属，山茶科的木荷属、山茶属、柃木属、厚皮香属等植物，这些种类是本地区常绿阔叶林的重要组成部分。其中，樟科植物十分丰富，又以润楠属、楠属、钓樟属、木姜子属分布最为普遍。

海拔 1500 m 以下由于人为活动影响强烈，仅在局部沟谷、山麓、难于垦殖的地方，或名胜大山之处，保存着零星、小片的常绿阔叶林。低、中山丘陵区常由栲树、瓦山栲、箭杆石栎（*Lithocarpus viridis*）、粗穗石栎、大叶石栎、峨眉黄肉楠（*Actinodaphne omeiensis*）、毛果黄肉楠（*Actinodaphne trichocarpa*）、银叶桂、川桂、簇叶新木姜（*Neolitsea confertifolia*）、香叶树、黑壳楠、赛楠、小果润楠、润楠、楠木、山楠、紫楠（*Phoebe sheareri*）、黄心夜合（*Michelia bodinieri*）、四川木莲（*Manglietia szechuanica*）等植物形成多优势种群落，常常也有一种植物形成单优势种群落，如栲树林、润楠林、楠木林等。此外，次生群落还有华木荷林、小叶栲林、华木荷山矾林、山矾林、樟楠林、卵叶钓樟（*Lindera limprichtii*）林等。

本次调查的常绿阔叶林主要是以下所列的 2 种类型（表 2-13），小叶栲林是 20 世纪 50 年代砍伐后形成的次生性常绿阔叶林，恢复较好。华木荷林为人为破坏后通过自然恢复起来而形成的次生群落，大致的演替时间约为 300～350 年。

这些阔叶林都带有一定的次生性，曾经被砍伐或遭受历史上战争烧毁。这些类型并未代表整个西缘常绿阔叶林类型的全部，而仅仅是很少的一部分，在这里列出这些既说明盆周山地常绿阔叶的次生性，又反映了盆地西缘已有了恢复较好的阔叶林类型。因为这些样地形成了以华木荷、小叶栲等为主的常绿阔叶林，而不是本区最为普遍的润楠属、楠木属、钓樟属、木姜子属等建群种或优势种组成的常绿阔叶林类型。

表 2-13　盆地西缘常绿阔叶林类型及其生境

群落名称	样地大小（m²）	海拔（m）	坡向	坡度（°）	调查地点	东经	北纬
小叶栲林	20×20	800	E	20	蒲阳镇般若寺	30°03.823′	103°43.069′
华木荷林	60×60	1400	–	–	三虚楼	30°15.173′	103°05.241′

（1）小叶栲林。小叶栲林是四川亚热带常绿阔叶林中常见的森林类型之一，分布范围广，资源虽较零星，但不论是用材林还是防护林都占有重要地位。主要分布川南由东向西的狭长地带，包括合江、綦江、古蔺、叙永、大竹、雷波、峨边、乐山和峨眉山、都江堰、南川金佛山及重庆市缙云山等地。垂直分布于海拔 500 ~ 1500 m 的山地，在海拔 800 ~ 1300 m 常形成优势林分。

此次调查取样于都江堰蒲阳镇。小叶栲林外貌深绿色，林冠呈波状起伏，林内荫蔽湿润，郁闭度多为 0.7 ~ 0.8。层次结构复杂，种类组成丰富，乔木层以小叶栲为主，其次是油茶、苦山矾、冬青（*Ilex purpurea*）等，这与川南的小叶栲林有所差异，川南的小叶栲林常与银木荷、尖叶大头茶（*Gordonia* sp.）、杉木、粗穗石栎、海南五针松（*Pinus fenzeliana*）、杜英（*Elaeocarpus decipiens*）等混生；灌木层以小叶栲为主，其次是苦山矾、油茶、光叶铁仔（*Myrsine stolonifera*）等，川南常为半齿枯（*Eurya semiserrata*）、山矾（*Symplocos sumuntia*）、乌饭（*Vaccinium* sp.）等；草本层以蕨类为主，包括鳞毛蕨（*Dryopteris* spp.）、瓦韦等。总的情况是，小叶栲林生产力较高，每公顷蓄积量平均在 200 ~ 300 m³，最高可达 450 m³，疏密度常为 0.6 ~ 0.7，具有一定的经营利用价值。

小叶栲林天然更新较好，在 2000 m² 的调查样地内，乔木层共有树种 446 株，其中小叶栲占 26.46%；林下幼树共 1154 株，高度多在 2 m 左右，其中以小叶栲为主，约占总株数的 40% 以上，虽然与川南小叶栲林的林下幼树数量小，但其更新仍然良好，其次为苦山矾、油茶等。因此在不遭受重大破坏的情况下，可以自然更新成林。

小叶栲林分布区的自然条件适宜它的生长发育，其林层结构和林下更新等方面的情况表明，小叶栲林也是盆地西缘的一个十分稳定的森林类型，为常绿阔叶林水平地带和垂直地带上的顶极群落之一。在自然状态下，短期内很难为其他森林类型所更替，但由于小叶栲林处于海拔较低的地区，社会经济较发达，在一定程度上常受社会生产活动的影响，所以其演替过程比较杂乱。一般情况下，小叶栲林的演替过程如图 2-23 所示。从图 2-23 可知，小叶栲林演替过程可分为以下几个阶段：

①次生常绿阔叶林阶段：原始林分经强度择伐或皆伐后，林地上除保留有一部分原来林下更新的幼树外，并侵入了其他树种，如油茶、苦山矾、冬青、青冈栎、日本杜英等。幼树多为小叶栲、苦山矾、油茶等。这一阶段加以封育，即可形成更优化的林分，若加以人工补植则可在短期内培育成小叶栲常绿阔叶林。

②次生灌丛阶段：由于人为活动强烈的干扰，如多次樵采或作薪材利用后，环境剧烈变化，致使大部分伐桩死亡，萌芽能力丧失。林地残留有原来林下的灌木及藤本植物如菝葜（*Smilax china*）、光叶铁仔、铁仔（*Myrsine africana*）、普洱茶（*Camellia assamica*）等大量繁衍，密集丛生。短期内若进行人工更新，可发展以马尾松为主的针阔混交林；若加以保

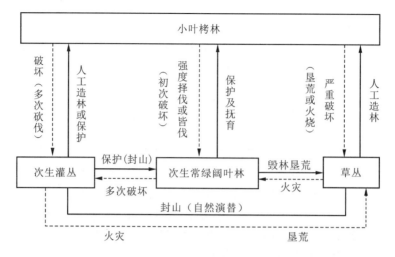

图 2-23 小叶栲林演替过程示意图

护（如封山育林等），亦可恢复成为常绿落叶阔叶林或常绿阔叶林，但持续时间较长。

③草丛阶段：在原始林分或处于上述 2 个阶段的状态下，若遭受火灾或毁林开荒，林分的乔、灌、草，甚至林下的活地被物均被火烧或破坏殆尽。这种情况，林地上往往出现以多种蕨类为主的草丛。这一阶段若任其自然演替，可发展为灌丛，要恢复成各种森林，则需要进行人工更新等措施。

（2）华木荷林。华木荷扁刺林（杨玉坡等，1992），是我国中亚热带具有代表性的典型常绿阔叶林类型。主要分布于四川邛崃山南端、二郎山东坡、峨眉山、小凉山东坡。调查发现，在盆地西缘华木荷还能形成纯林，在一些地段上形成以华木荷为主，总状山矾与其伴生，形成华木荷总状山矾林。可以认为本类型在局部地区保存了较为原始的状态，资源丰富，是我国重要森林植物基因库之一，具有较大的科学和经济价值。

华木荷林在邛崃天台山森林公园也有分布。林下土壤主要为山地黄壤，其主要特征为有机质累积较多，土壤酸性较高，盐基饱和度低，以及黏粒明显地向下移动，均说明土壤淋溶作用强烈。

华木荷林林相较为整齐，这与盆地西南缘的华木荷扁刺栲林有所区别，高度一般 20 多米，以华木荷为主，落叶阔叶植物也占一定比重，主要为山地耐寒喜湿的种类，林下含照叶型灌木层片或中（或）小型竹类层片，草本层有或不显著，木质藤本植物亦占有一定数量，是森林结构的主要特点。

林内其他组成树种，所占比重因生境而变化。属于常绿阔叶的种类如：丝栗栲、润楠、西南山茶、油樟、峨眉含笑、峨眉紫楠、赛楠等。落叶树种如：亮叶桦（*Betula luminifera*）、野漆（*Toxicodendron succedaneum*）、穗序鹅掌柴、野桐（*Mallotus japonicus* var. *floccosus*）等。

灌木层以总状山矾、华木荷为主，并伴有方竹（*Chimonobambusa quadrangularis*）、薄叶山矾（*Symplocos anomala*）、润楠、拟赤杨、三花假卫矛（*Microtropis triflora*）、油竹子（*Fargesia angustissima*）、钓樟（*Lindera* sp.）、黄泡（*Rubus pectinellus*）、四川木莲、铜绿山矾等。各种竹类的高度一般在 2 m 左右。

草本层较为稀疏，以里白蕨（*Hicriopteris glauca*）为主，其次为鸢尾（*Iris* sp.）、冷水花（*Pilea notata*）、野草香（*Elsholtzia cypriani*）、西南沿阶草（*Ophiopogon mairei*）、华中瘤足蕨

（*Plagiogyria euphlebia*）等。

华木荷林的生产力较高，根据计算，盆地西缘华木荷林的平均蓄积量为每公顷 400 m³，具有很高的经营价值。

乔木层以华木荷为主，其次为总状山矾、丝栗栲、细枝柃、润楠等，其林下幼树以总状山矾为主，其次为华木荷、薄叶山矾、润楠及钓樟等。因此当华木荷形成林窗后，总状山矾与其他树种势必发展，并有落叶树种如光皮桦侵入，形成总状山矾林，进一步为华木荷总状山矾林，然后华木荷重新占据主要地位形成华木荷常绿阔叶林。

华木荷林演替，因林型和破坏原因、程度及其对时间长短等，出现不同的阶段。但不论各种阶段，只要把它保存下来，在有种源的情况下，一般仍能恢复原来的林型。

2. 次生灌丛

由于盆周山地人口稠密，采伐历史悠久，在一些坡度较大的地方形成了高大的次生灌丛，这些灌丛对于水土保持与水涵养起着巨大的作用。这些地方的土壤瘠薄，砾石含量高，故应尽量减少人为干扰。而在一些坡度较小的地方已退化成低矮次生灌丛，不仅生物生产力与生物多样性低下，而且生态效益较差，如不加以人工措施，其向天然林发展的过程很难，故应列为重点调整的地段。

川西山地常绿阔叶林是我国亚热带地区典型的湿性常绿阔叶林类型，是相对稳定的天然次生原生性增强的顶极的植被类型。这种森林遭到砍伐、火烧或连续破坏后，原来的森林环境条件会迅速发生变化，形成亚热带灌丛，进一步破坏则成为亚热带灌草地。在破坏的迹地上，如果不再受人为干扰，这种采伐迹地火烧迹地还能经过萌生的灌丛或萌生林阶段，形成亚热带针阔叶混交林和常绿、落叶阔叶混交林乃至可以向原生性增强方向发展，最后恢复为天然次生的常绿阔叶林，这就是亚热带常绿阔叶林进展性演替的通常模式。

第五节　滇中高原云南松林群落结构与天然更新演替

云南松林是中国西南地区的特有森林类型，也是云南省的主要森林类型（云南省林业厅，1996；曾德贤等，1998；周跃，1999；袁春明等，2002；），在云南省的森林资源中，云南松林的面积达 500 万 hm²，占云南省林地面积的 52%（许峰等，2000）。云南松林属云南高原演替较为稳定的针叶树种，其分布较为广泛，最南为云南省文山州马关县的北部及元阳山地，最北达四川省的天全和兴宝一带，最西在西藏自治区的墨脱和波密东部的野贡。另据报道，在广西南宁以南的上思有分布，若不是人工引种，则是云南松林最南和最东的分布点。水平地理分布范围为 23°～30° N，96°～108° E（云南省林业厅等，2004）。大面积分布于滇中高原、金沙江流域及南盘江流域。由于 20 世纪 60、70 年代以来，大面积的云南松遭到破坏，现有的云南松林分大多是退化云南松林，仅在云南西北部石鼓地区及丽江、永仁和华坪三角地带及东部邱北和南盘江流域尚有一定面积的原始老林，其中，又以金沙江中游、南盘江中下游最为密集，形成云南松分布的多度中心（《云南森林》编写委员会，1986）。

一、群落结构特征

（一）原始林群落结构特征

云南松林的林木组成单纯，基本上是以云南松为主组成单一优势树种的纯林，纯林约占 83%（许峰等，2000）。所研究的云南松原始林林木株数为 354 株，蓄积量为 289.7 m³/hm²，平均直径为 30.4 cm，平均高 23.1 m，林分平均年龄为 107 年，最小年龄 62 年，最大年龄 257 年。大致可分为乔木层、灌木层、草本层 3 层结构。乔木上层主要为云南松，乔木下层有栓皮栎、锥连栎、黄毛青冈（*Cyclobalanopsis delavayi*）、滇青冈、高山栲、光叶石栎（*Lithocarpus mairei*）、旱冬瓜（*Alnus nepalensis*）等，有时没有混生。灌木层高 1~3 m，盖度 20%~75%，主要物种有爆仗花杜鹃（*Rhododendron spinuliferum*）、马桑（*Coriaria nepalensis*）、狭萼风吹箫（*Leycesteria formosa*）、水红木（*Viburnum cylindricum*）、南烛（*Vaccinium bracteatum*）、桂滇悬钩子（*Rubus shihae*）、珍珠花（*Lyonia ovalifolia*）、大白花杜鹃（*Rhododendron decorum*）、矮杨梅（*Myrica nana*）等。草本层高 0.1~1 m，盖度 30%~80%，常见种类有蛇莓（*Duchesnea indica*）、白茅（*Imperata cyclindrica* var. *major*）、川继断（*Dipsacus asperoides*）、沿阶草（*Ophiopogon bodinieri*）、紫茎泽兰（*Eupatorium adenophorum*）、柳叶大将军（*Lobelia iteophylla*）、耳蕨（*Polystichum* sp.）、匍匐风轮菜（*Clinopodium repens*）、喙果崖豆藤（*Millettia tsui*）、野拔子（*Elsholtzia rugulosa*）、鸡脚悬钩子（*Rubus delavayii*）、云南兔儿风（*Ainsliaea yunnanensis*）、粉背菝葜（*Smilax hypoglauca*）、五爪金龙（*Ipomoea cairica*）、猪殃殃（*Galium aparine* var. *tenerum*）、西南拉拉藤（*Galium elegans*）、甘青蒿（*Artemisia tangutica*）、刚莠竹（*Microstegium ciliatum*）、遍地金（*Hypericum wightianum*）、地石榴（*Ficus tikoua*）、茅叶荩草（*Arthraxon lanceolatus*）、一把伞南星（*Arisaema erubescens*）及栗柄金粉蕨（*Onychium lucidum*）、毛轴蕨菜（*Pteridium revolutum*）等（李贵祥等，2007）。

（二）退化天然林群落结构特征

云南松天然林除少数保持原始林状态外，大多呈现退化状态。退化的云南松林以中、幼林为主，主要分布在海拔 1900 m 以上的山体中部。群落结构简单，因缺乏灌木层而分层明显。云南松在林中相对重要值达 90% 以上，平均高 12.6 m，平均胸径 11.8 cm，密度 3100~3700 株/hm²。锥连栎、南烛有时在林中散生，头状四照花（*Dendrobenthamia capitata*）、滇青冈则仅以单株出现，所占比例均不到 5%。草本层高在 1 m 以下，盖度 50%~60%，种类丰富，常在林下呈块丛状分布，主要以菊科、唇形科、禾本科、蔷薇科等植物为主，蕨类植物较少，主要是栗柄金粉蕨。灌木有鸡脚悬钩子、红泡刺藤（*Rubus niveus*）、南烛等，植株矮小，长势颓弱（柴勇等，2004）。

二、更新演替

云南松天然林的更新，主要是林隙的更新，没有林隙，云南松基本上不出现更新的现象。因此，研究云南松天然林的更新，也就是研究云南松天然林林隙的更新。

（一）林隙大小对不同发育时期更新苗木数量的影响

林隙大小是表征林隙特征的重要指标，也是衡量林隙内生态环境特征的重要指标（彭建松等，2005）。不同大小的林隙内、温度、水分、光照、土壤等生态因子及其组合会呈现不同特点，对更新苗木的生长产生的效应亦不同，从而对林隙内苗木的更新和生长产生重要影响（吴刚，1997；臧润国，1998；臧润国等，1999；梁晓东等，2001；王进欣和张一平，2002）。不同树种对林隙大小会有不同的反应，同一树种在不同生长发育时期对林隙大小的反应也不同。为了了解不同生长发育时期云南松更新苗木对林隙大小的反应，将更新苗木按高度区分为 ≤0.5 m 的幼苗，0.5~1.5 m 幼树和小于林冠层平均高度 1/2，高度在 1.5～11.0 m 的小径木等 3 个发育时期。将林隙大小分为 4～100 m²，100～200 m²，200～300 m²，300～400 m²，400～500 m² 等 5 个等级。选择林隙形成年龄同在 30～40 年的林隙分别计算林隙内不同发育时期更新苗木的更新密度（更新密度 = 更新数量/林隙面积），并与这些林隙面积相对应。

表 2-14　不同生长发育时期云南松更新频度对林隙大小的反应

更新苗木高度	更新频度(%)				
	4～100 m²	100～200 m²	200～300 m²	300～400 m²	400～500 m²
<0.5 m	20.63	1.28	0.37	2.69	6.14
0.5～1.5 m	21.67	5.11	0.74	3.50	0.16
1.5～11.0 m	8.25	24.26	13.83	9.16	5.01
总计	50.55	30.65	14.94	15.35	11.31

从表 2-14 可以看出，处于不同发育时期的云南松更新苗木对林隙大小反应的趋势是：高度≤0.5m 的云南松幼苗更新密度在林隙面积 4～100 m² 为最大，以后随着林隙面积的增大而减小，当林隙面积大于 300 m² 时，更新密度又有一定程度回升。林隙面积为 200～300 m² 时，高度≤0.5 m 的云南松幼苗的更新密度最小，仅为 37 株/hm²；高度在 0.5～1.5 m 的幼树的更新密度在林隙面积 4～100 m² 为最大，随着林隙面积的增加更新密度逐渐下降，当林隙面积达到 400～500 m² 时，幼树的更新密度仅为 16 株/hm²；高度为 1.5～11 m 的小径木在林隙面积为 100～200 m² 时处于最大值，为 24.26%，随着林隙面积的增加或减小开始下降。不同发育时期云南松更新苗（包括幼苗、幼树、小径木）的更新密度的总和在不同面积的林隙中存在明显差异，总的趋势是随着林隙面积的增加，不同发育时期云南松更新频度的总和下降，这表明随着林隙面积的增加，单位面积云南松更新数量呈下降趋势，当林隙面积为 4～100 m² 时，总的更新密度达到最大为 50.55 株/hm²，当林隙面积为 400～500 m² 时，总的更新密度达到最小值为 11.31 株/hm²。

林隙形成后，不但增加了光到达森林下层的持续时间，而且增加了林隙生境内的光照强度，林隙内的光照强度明显大于林下，随着林隙面积的增加，林隙内的光照强度也明显增加，即光照强度是大林隙＞小林隙＞林下。同时林隙也改变了水热条件，林隙内的温度比林下高，且变幅大，林隙内与林下湿度差异也较大。同时林隙的形成也影响土壤养分状况和资源有效性的改变（吴刚，1997；臧润国，1998；臧润国等，1999；梁晓东等，2001）。云南松属于喜光树种，但在幼苗阶段需要一定的荫蔽条件，较小的林隙（4～100 m²）不仅为种子的发芽提供了适度的光照和温度条件，还能为幼苗的生长提供一定的荫蔽。较小的林隙内生境有利于云南松更新幼苗和幼树的生长。从而出现了在小的林隙内幼苗、幼树更新密度高，而小径木较少的现象。相反，较大的林隙光照强烈，地表干燥，杂草繁茂，不利于云南松种子的萌发和出苗，即使林隙内有幼苗产生，也往往因灌木、杂草的竞争而不能正常生长，因而较大的林隙不利于幼苗、幼树的生存。而小径木生长所需要的环境条件和资源有效性比林下有明显改善，特别是光照充分，又没有强烈的竞争而造成的生存威胁。结果表明，当林隙面积在 100～300 m²，特别在 100～200 m² 时，小径木的更新频度最大。

（二）不同发育时期云南松更新苗木对林隙形成年龄的反应

以 10 年为龄阶，将所调查的所有林隙的年龄，按 1～10 年，10～20 年，20～30 年，30～40 年，40～50 年划分为 5 个等级，并与不同发育阶段云南松苗木的更新密度相对应（表 2-15）。

表 2-15　不同生长发育时期云南松更新频度对林隙年龄的反应

更新苗木高度	更新频度（%）				
	1～10 a	10～20 a	20～30 a	30～40 a	40～50 a
<0.5 m	1.78	7.02	8.79	4.91	1.09
0.5～1.5 m	0.71	2.56	10.98	4.71	3.88
1.5～11.0 m	1.06	5.27	6.08	10.98	5.42

从表 2-15 可知，林隙形成年龄不同，不同发育时期云南松苗木的更新密度会发生变化，云南松幼苗和幼树的更新密度在形成年龄为 20～30 年的林隙中最大为 879 株/hm^2 和 1098 株/hm^2。随着林隙年龄的增加或减少而呈下降趋势。幼苗和幼树在形成云南松小径木时更新密度随着林隙形成年龄的增加而增加，当林隙形成年龄为 30～40 年时，达到最大为 1098 株/hm^2，当林隙年龄为 40～50 年时，小径木的更新密度下降明显，仅为 30～40 年时小径木更新密度的 49 株/hm^2。

林隙形成年龄直接影响着林隙的更新状况及其与周围林分结构的差异，也决定着林隙在森林循环中的大小，不同林隙内更新状况有着明显的差异，一定程度上可以看做是更新苗木对林隙生境变化的适应过程和种间、种内竞争的结果（臧润国，1998；臧润国等，1999；梁晓东等，2001）。林隙形成后，林隙内种子库中的种子会萌发产生更新幼苗，林分内存在的更新幼苗也会加速生长，随着林隙年龄的增长，林隙内的物种、密度、高度、生物量和种间、种内关系会发生变化，在林隙发育的不同阶段，其物理环境和生物环境交织发展，形成了林隙变化的系统动态过程。一般来说林隙形成 3 年后开始出现云南松更新幼苗。50 年后，林隙被更新幼树填充而逐步结束林隙状态，在林隙形成至林隙结束的时间尺度上，更新苗木为适应不断变化的物理和生物环境，必然在不同发育阶段的个体数量上做出反应。

统计不同发育阶段云南松总的更新密度，结果表明，在林隙形成的前 30 年，随着林隙年龄的增加，云南松更新的平均密度增加，当林隙年龄为 20～30 年时，林隙更新的平均密度最大，为 2585 株/hm^2，以后随着林隙年龄进一步增加，云南松更新的平均密度下降（彭建松等，2005）。

第六节　贵州喀斯特天然林保护工程区典型天然林的结构特征及更新演替

一、贵州喀斯特区自然地理概况

我国西南喀斯特地形面积达 54 万 km^2，其中贵州省出露面积 10.9 万 km^2，占贵州省国土面积的 61.9%，是西南喀斯特地形最发育的省区和集中分布的中心地区。沉积的碳酸盐类岩层，从地质年代看，除侏罗、白垩纪地层外，自震旦至第三纪均有发育。

根据《贵州森林》(周政贤，1992)贵州省森林自然地理分区，贵州省分为黔东(中、北)区、黔西(西南)区、黔南(边缘河谷)区三个自然州，在自然州之下又分为黔东南低山丘陵—板岩、变质砂页岩—黄红壤、红壤区，黔东北低山丘陵—石灰岩、砂页岩互层及变质岩—黄红壤、石灰土区，黔中山原—石灰岩、砂页岩互层—黄壤、石灰土区，黔北中山—石灰岩、砂页岩互层—黄壤、石灰土区，黔西北隅低山河谷—紫色砂页岩—紫色土区，黔西高原—玄武岩、砂岩互层—黄棕壤区，黔西南中山—石灰岩、砂页岩互层—石灰土、黄壤区，黔南低中山河谷—砂页岩、石灰岩间层—红壤区八个自然地理区，从中可看出3个自然州中均有碳酸盐类岩石分布，8个自然地理区中有5个为碳酸盐类岩石分布区。

贵州喀斯特地貌形态十分多样，全国所有的喀斯特形态在贵州均可见到，并且相当典型和具有独特之处。仅地表喀斯特形态(包括凸起的和凹下的正负地形)，就有石芽、石沟、石槽、漏斗、落水洞、竖井、干谷、喀斯特峡谷、箱形谷、天生桥、半边山、岩洞、石柱、穿洞、石林、大小不同形态各异的洼地、孤峰、槽谷、峰林、峰丛、喀斯特丘陵、喀斯特盆地、喀斯特湖泊、喀斯特泉、喀斯特瀑布以及坡立谷等。在这些类型中直接曝露在地表的碳酸盐类岩系所发育的如喀斯特准平原、喀斯特盆地及坡立谷等，地势平坦，土壤覆盖层较厚，灌溉也较方便，多属农业用地，而坡地多为林业用地。

贵州气候类型属中国亚热带高原季风湿润气候。主要气候特点为：气候温和，冬无严寒，夏无酷暑，四季分明。年平均气温 14~16 ℃，7 月平均气温为 22~25 ℃，1 月平均气温为 4~6 ℃。常年雨量充沛，时空分布不均。全省各地多年平均年降水量大部分地区在 1100~1300 mm，多数雨量集中在夏季，但降水量的年际变率大，常有干旱发生。光照条件较差，降雨日数较多，相对湿度较大。年日照时数在 1200~1600 h，是全国日照最少的地区之一。年雨日 160~220 d，比同纬度的我国东部地区多 40 d 以上。年相对湿度高达82%，且季节间的变幅较小。因地处低纬山区，地势高差悬殊，天气气候特点在垂直方向差异较大，立体气候明显。由于东南季风和西南季风在此交汇过渡，大致以北盘江为界，西部包括南部河谷区干湿季节明显，东部区常年湿润，东西气候分明。

因贵州碳酸盐类岩石分布广泛，地带性土类与非地带性土类构成复杂的土壤组合，在贵州碳酸盐类岩石分布区，以石灰土为主。土壤呈中性至微碱性反应，次生粘土矿物以伊利石和蛭石为主，有些石灰土还含有高岭石，由于有丰富的钙离子存在，有机残落物形成的腐殖质与钙结合可形成比较稳定的腐殖酸钙，所以石灰土表层腐殖质含量高、结构好。

石灰土有机质含量多在 5.0% 以上，全 N 0.3%~0.6%，水解 N 100 g 土中含有 30~35 mg，全 P 0.15%~0.22%，全 K 1.6%~2.7%，速效 P 30~90 mg/m³，速效 K100~300 mg/m³，代换量每 100g 土为 30~40 mg 当量，盐基饱和度大于 80%，盐基组成以钙、镁为主。

石灰土机械组成随母岩而异，纯质和泥质石灰岩发育的石灰土，质地黏重，<0.001 mm 的黏粒含量可达 40%~70%，石灰质白云岩和硅质灰岩发育的石灰土，质地轻，为轻壤—砂壤土。

石灰土土层薄，多数在 30~50 cm，且土被不连续，镶嵌在石芽石缝之间，因碳酸盐类岩石渗漏性大，土壤保水性差，有效性水分低，易受干旱威胁。尤其是白云岩发育的石灰土，土层极为浅薄(20 cm 左右)，下层为半风化的白云岩碎石，保水差，含水量低。

石灰土虽是隐域性土类,但也受地带性生物气候所制约,除典型的中性—微碱性的石灰土外,还有不少淋溶石灰土的发育,其特征是全剖面无游离碳酸盐反应,呈微酸性至酸性反应,pH 值为 5.5~6.5,但代换性盐基含量、饱和度仍高于红黄壤。

在贵州石灰(岩)土虽然分布广泛,有森林覆盖的少,大部分为荒山裸岩,以禾本科草坡和藤刺灌丛草坡为主,在村寨附近有残存林片,黔南荔波茂兰国家级自然保护区(世界自然遗产地)尚有较大面积的保存完好的喀斯特森林。

二、贵州喀斯特森林植被概况

《茂兰喀斯特森林科学考察集》(周政贤,1987)、《喀斯特森林生态研究(I)》(朱守谦,1993)研究认为:喀斯特森林是一种非地带性森林,其顶极群落为常绿落叶阔叶混交林,为土壤、地形顶极。《贵州森林》(周政贤,1992)对贵州顶极状态的喀斯特植被分为喀斯特常绿落叶阔叶混交林,包括椤木石楠(*Photinia davidsoniae*)林、青冈栎林、乌冈栎(*Quercus phillyraeoides*)林、多穗石栎(*Lithocarpus polystachyus*)、鹅耳枥(*Carpinus* spp.)、化香(*Platycarya strobilacea*)林、鹅耳枥林、青檀(*Pteroceltis tatarinowii*)林、川桂林、青冈栎+黔竹(*Dendrocalamus tsiangii*)林,圆果化香(*Platycarya longipes*)、臭樟(*Cinnamomum glanduliferum*)、贵州悬竹(*Ampelocalamus calcareus*)混交林;喀斯特针叶林包括广东松(*Pinus kwangtungensis*)林、短叶黄杉(*Pseudotsuga brevifolia*)、广东松、南方铁杉(*Tsuga chinensis* var. *tchekiangensis*)林。对黔南部和中部的喀斯特森林研究认为,因开垦、火烧、放牧和樵采等人为干扰,大部分原生林分退化,形成藤刺灌丛、灌木林和部分乔木林(李援越,1999;喻理飞等,2000)。

(1)茂兰喀斯特森林分布区的生物气候条件相当一致,地貌类型及其组合虽较多样,但相对高差并不大。一般皆在 150~300 m,所以不足以构成植被垂直带的分异。宏观上看,较明显的、重现性较好的分布格局是山脊两侧常为针阔混交林而坡面上及漏斗、洼地皆是常绿落叶阔叶混交林。构成针阔混交林的针叶树种主要是广东松、短叶黄杉、翠柏(*Calocedrus macrolepis*)、黄枝油杉(*Keteleeria calcarea*)、南方铁杉、百日青(*Podocarpus neriifolius*)和少量穗花杉、红豆杉、三尖杉等。这些针叶树种亦是该生物气候带的原生树种,只是在长期与环境协同进化和与其他常绿、落叶阔叶树种竞争过程中,退缩到山脊两侧,特别是构成乔木第一亚层的前 5 个树种。这与这些树种较喜光、耐干旱,在风大且空气干燥的生境中亦能长成高大乔木,种子更新能力较强有关。应该认为它是同一生物气候带内植物群落类型的分异,与常态地貌上中山以常绿落叶阔叶混交林为主要植被类型,也有以长苞铁杉(*Tsuga longibracteata*)、铁杉、大明松(*Pinus taiwanensis* var. *damingshanensis*)等针叶树形成的针阔混交林的性质一样,而不能认为它构成一个针阔混交林带。

(2)常绿落叶阔叶混交林的分布格局,是以典型的常绿树种和落叶树种混交为主要形式,间或有局部地段以常绿阔叶树种或落叶阔叶树种占明显优势的群落。与常态地貌上中山常绿落叶阔叶混交林的分布格局相一致。其差异在于常绿、落叶两类层片在乔木各亚层中的比例不同。喀斯特森林中乔木各亚层常绿落叶两类层片的比例是常绿略大于落叶,而常态地貌中山常绿落叶阔叶混交林第一亚层的落叶层片占优势,第二亚层以常绿层片占优势。大量调查材料证明,多数情况下常绿落叶两类层片的比例无明显规律可循,它们并不随坡位变化而变化。

（3）植物群落分布的连续性明显。除特殊地段生境的间断性明显，造成植物群落分布具明显间断性外，多数情况下植物群落分布的连续性表现很清楚，植物群落类型的界线不清楚。从植物群落分类结果中亦可明显看出，排序图中样地呈连续分布，在较小比例尺的图上甚至难以区分类型。在聚合分类中，也反映出聚合过程中各样地归并的阈值相差不大。造成这种分布格局的原因，与其说是生境的连续性，倒不如说是小生境多样性和随机性造成的。

三、贵州喀斯特森林区系特征

贵州顶极状态的常绿落叶阔叶混交林保存最好的为茂兰国家级自然保护区（世界自然遗产地），区内植被区系具代表性。

陈正仁（1997）研究表明：①喀斯特森林种类组成。有维管束植物 154 科 514 属 1203 种，其中有种子植物 143 科 494 属 1172 种。起源古老的裸子植物种类稀少，有 6 科 12 属 17 种，但其种群数量较大，呈小团状分布于峰丛顶端。如黄枝油杉、短叶黄杉、福建柏（Fokienia hodginsii）、广东松等。被子植物在本区植物区系中起着主导作用，共有 137 科 482 属 1155 种，其物种分化不一，含 20 种以上的大型科有 13 个，分别为樟科、蔷薇科、兰科（Orchidaceae）、茜草科、鼠李科、唇形科、蝶形花科（Papilionaceae）、芸香科、壳斗科、桑科、忍冬科、苦苣苔科、大戟科。②木本植物占优势。木本植物 103 科 361 属 883 种，占总种数的 75.34%；草本 45 科 127 属 289 种，占总种数的 24.66%。其中常绿树种占 47.6%，落叶树种占 52.40%，与本区域地带性植被有着明显差异。

区系特点：①起源的古老性。一方面体现在单型科丰富，有 24 个单型科，它们的存在在系统发育上表现为相对孤立或原始，如三尖杉科、杜仲科等，另一方面体现于起源古老的裸子植物多，有 6 科 12 属 17 种，如南方红豆杉、香果树等。②特有性。有东亚特有属 29 个，中国—喜马拉雅特有属 19 个，中国—日本特有属 11 个，中国特有属 15 个。有丰富的黔桂特有种、滇黔桂特有种，其中黔桂特有种 26 个，如桂楠（Phoebe kwangsiensis）、石山楠（Phoebe calcarea）、卵果海桐（Pittosporum ovoideum）、毛果半蒴苣苔（Hemiboea flaccida）、狭叶方竹（Chimonobambusa angustifolia）、掌叶木（Handeliodendron bodinieri）、龙胜柿（Diospyros longshengensis）等。滇黔桂特有种 22 种，如岩生厚壳桂（Cryptocarya calcicola）、圆果花楸（Sorbus globosa）、窄叶蚊母树（Distylium dunnianum）、中华大节竹（Indosasa sinica）、石山吴茱萸（Evodia calcicola）。③钙生性。本区有典型喜钙植物 155 种，占总种数的 12.88%，如黄枝油杉、石山木莲（Manglietia calcarea）、黔南厚壳桂（Cryptocarya austrokweichouensis）、石山桂（Cinnamomum calcarium）、石山楠、桂楠、粗梗楠（Phoebe crassipedicella）、荔波鹅耳枥（Carpinus lipoensis）、荔波瘤果茶（Camellia lipoensis）、石山胡颓子（Elaeagnus calcarea）、石生鼠李（Rhamnus calcicolus）、石山吴茱萸、黄梨木（Boniodendron minus）、贵州悬竹、小叶柿、荔波唇柱苣苔（Chirita liboensis）、少毛唇柱苣苔（Chirita glabrescens）等，它们大多是喀斯特地区特有种，其分布范围狭小，对钙质要求高，因此，钙生特性是喀斯特植物区系的显著特点。④地理成分复杂。依据《中国种子植物属的分布区类型专辑》（吴征镒，1991）分析，组成该区系的地理成分复杂，具有明显的交错特性，但仍以热带、亚热带成分丰富，且占优势，它是一个由南亚热带向北亚热带过渡的地带，同时也是热带科的分布边缘。

四、顶极状态喀斯特森林结构特征

贵州喀斯特森林多为退化林分，处于恢复演替过程之中，结构特征不明显，其演替的方向是喀斯特森林的顶极群落—常绿落叶阔叶混交林，它最能充分反映森林与喀斯特生境之间的适应关系。天然次生林的演替过程是向着顶极群落的结构特征逐渐趋于一致的过程，因此，通过研究顶极状态下的喀斯特森林，有利于理解贵州喀斯特天然次生林结构与动态特征，指导林分经营。目前，保护较好的原始状态的林分仅存于自然保护区，以茂兰国家级自然保护区（世界自然遗产地）保存最好，通过对顶极状态的喀斯特森林结构特征的揭示，可加深对顶极群落的认识，指导退化喀斯特天然林恢复工作具有重要意义。

（一）喀斯特森林生活型结构特征

喀斯特森林生活型以中、小高位芽植物为主（表2-16），其中常绿成分与落叶成分大致比例为6：4，从叶级谱看，大型、中型、小型、微型、鳞型叶所占比例分别为0.2%、6.4%、87.4%、4.4%、1.6%，草质叶、革质叶分别为50.4%和43.0%，单叶、复叶分别为87.8%和12.2%，因此，喀斯特森林的外貌是由以草质和革质叶，单叶、小型叶为主的常绿落叶中、小高位芽植物所决定，这是与亚热带湿润条件下喀斯特频繁的、短期的干旱生境特征相适应的结果，与同纬度地带性常绿阔叶林有不同的外貌。

表2-16　喀斯特森林生活型谱

生活型	高位芽植物					地上芽植物	地面芽植物	地下芽植物	一年生植物	合计
	大高位芽	中高位芽	小高位芽	矮高位芽	藤本高位芽					
种数	0	150	156	83	58	17	10	7	6	487
%	0	30.81	32.03	17.04	11.91	3.49	2.05	1.44	1.23	100
常绿(%)	0	60.8	61.6	68.9	61.3					
落叶(%)	0	39.2	38.4	31.1	38.7					

资料来源：朱守谦（1993a）。

（二）喀斯特森林组成特征

（1）顶极状态下的喀斯特森林的种类组成丰富。据多次对茂兰国家级自然保护区（世界自然遗产地）样地调查和植物采集的统计，至少有种子植物143科、488属、1142种（含变种）。蕨类植物11科、19属、31种。种子植物中，裸子植物有5科、10属、13种，占全区种子植物科、属、种总数的3.5%、2.0%和1.1%。单子叶植物8科、27属、44种，占总数的5.6%、5.5%和3.9%。双子叶植物130科、451属、1085种，占总数的90.9%、92.4%和95%。群落乔木层中重要值较大的科依次是胡桃科、樟科、壳斗科、榆科、芸香科、无患子科、槭树科、海桐花科、大戟科、榛科（Corylaceae）、忍冬科、山茱萸科、五加科、卫矛科和漆树科。灌木层中常见的科主要有小檗科、鼠李科、荨麻科、茜草科、紫金牛科、桃金娘科、番荔枝科（Annonaceae）以及多种竹类，如箬竹、贵州悬竹。草本层中蕨类植物较多，如石韦（*Pyrrosia lingua*）、瓦韦、铁角蕨（*Asplenium* spp.）、耳蕨（*Polystichum* spp.）、卷柏（*Selaginella* spp.）等。阴湿处多秋海棠（*Begonia* spp.），湿热处有海芋（*Alocasia macrorrhiza*）、野芭蕉（*Musa* sp.）等。

（2）种类组成丰富、多样性和均匀度较高，生态优势度低，优势种或优势种组不明显。

典型样地中重要值最高的物种其值亦仅47.17,其相对重要值为15.72%。重要值大于30的仅14个种(表2-17)。按优势度分析法确定(Ohsawa,1984),对3600 m² 顶极群落样地采用地统计学进行优势度测定(表2-18),乔木层、灌木层优势种分别为8个、7个,也表明喀斯特森林优势度分散的特点。

表2-17 喀斯特森林结构的数量特征(样地面积:900 m²)

样地号	个体数	物种数	多样性指数	均匀度	生态优势度	最高重要值	重要值变异系数(%)	重要值>10的种数	重要值>20的种数	重要值>20的种数	地形部位
8	128	58	5.5641	0.9535	0.0181	22.98	85.87	8	1	0	坡下部
9	220	62	4.5434	0.7649	0.1028	47.17	135.61	8	1	1	漏斗底部
10	130	32	4.0225	0.8049	0.0972	37.09	101.59	12	4	2	漏斗底部
11	440	40	4.2911	0.8063	0.0727	35.92	125.85	10	7	2	山脊
12	321	65	4.6068	0.7652	0.0823	35.39	144.82	9	2	2	坡中部
13	268	76	5.5155	0.8848	0.0293	23.36	112.78	7	2	0	坡中部
14	257	59	4.7820	0.8141	0.0725	44.61	147.51	7	3	2	坡中下部
15	269	73	5.3959	0.8734	0.0351	26.39	117.18	7	2	0	漏斗底部
16	251	64	5.2282	0.8719	0.0368	44.59	148.24	6	2	1	坡中下部
17	300	72	5.1565	0.8365	0.0466	42.12	161.94	6	3	1	坡中部
18	315	66	4.2435	0.8683	0.0367	25.94	116.79	8	2	2	坡下部
19	238	51	4.6537	0.7719	0.0569	45.89	146.29	8	4	3	坡中部
20	219	46	4.6805	0.8483	0.0549	45.22	128.09	7	3	2	坡中部
21	470	67	5.0859	0.8385	0.0416	27.81	116.46	9	1	0	山脊
平均值 变异系数(%)	273 33.98	59 21.05	4.9121 9.21	0.8359 6.23	0.0560 44.64	36.03 24.42	127.79 15.79	8	2.6	1	

资料来源:朱守谦(1993b)。

表2-18 顶极群落各层次物种优势度(前10种)及优势物种(样地面积:3600m²)

层次	物种	优势度	优势度序	D值	优势物种
灌木层	大叶新木姜 *Neolitsea levinei*	0.09592	1	0.02725	√
	龙须藤 *Bauhinia championii*	0.08971	2	0.01270	√
	南天竹 *Nandina domestica*	0.05822	3	0.00966	√
	长梗罗伞 *Brassaiopsis glomerulata* var. *longipedicellata*	0.05746	4	0.00818	√
	石栎 *Lithocarpus glabra*	0.04854	5	0.00742	√
	粗梗楠 *Phoebe crassipedicella*	0.04314	6	0.00705	√
	香叶树 *Lindera communis*	0.04231	7	0.00677	√
	齿叶黄皮 *Clausena dunniana*	0.02398	8	0.00679	
	巴东荚蒾 *Viburnum henryi*	0.01873	9	0.00680	
	长叶木兰 *Magnolia paenetalauma*	0.01779	10	0.00685	

（续）

层次	物种	优势度	优势度序	D 值	优势物种
乔木层	光皮梾木 *Swida wilsoniana*	0.08304	1	0.03173	√
	云贵鹅耳枥 *Carpinus pubescens*	0.06648	2	0.01597	√
	粗梗楠 *Phoebe crassipedicella*	0.06564	3	0.01188	√
	多脉青冈栎 *Cyclobalanopsis multinervis*	0.06010	4	0.00992	√
	短萼海桐 *Pittosporum brevicalyx*	0.05812	5	0.00872	√
	天峨槭 *Acer wangchii*	0.05617	6	0.00803	√
	石栎 *Lithocarpus glabra*	0.05528	7	0.00757	√
	香叶树 *Lindera communis*	0.04453	8	0.00749	√
	天仙果 *Ficus erecta* var. *beecheyana*	0.03425	9	0.00751	
	掌叶木 *Handeliodendron bodinieri*	0.02851	10	0.00764	

（三）喀斯特森林层次结构

顶极状态的喀斯特森林，其层次结构较完整。乔木层、灌木层、草本层、层间植物的分化清晰，乔木层多数分化为 2 个亚层，在漏斗底部、洼地底部及山坡下部生境相对较优地段一般可分化成 3 个亚层。山脊处的针阔混交林通常不分层次，乔木层的高度较低，因生境中严重缺土，大多数树种都不能达到其生物学高度。乔木第一亚层通常高 8 ~ 15 m，胸径 10 ~ 20 cm，冠幅较大，密度较低，约 500 ~ 800 株/hm²，盖度 0.4 ~ 0.7。组成树种 20 ~ 30 种，常见的是圆果化香、栾树（*Koelreuteria paniculata*）、鹅耳枥、朴树（*Celtis* spp.）、小叶柿、山漆树（*Toxicodendron delavayi*）、掌叶木等落叶树种，也有青冈栎、山矾、丝栗栲等常绿树种。乔木第二亚层高 3 ~ 8 m，多数 4.5 ~ 5.5 m，胸径 3 ~ 7 cm，树冠连接，盖度 0.45 ~ 0.7，组成种类较第一亚层为多，一般 35 ~ 45 种，密度 1500 ~ 3000 株/hm²。除有一些乔木第一亚层树种外，多常绿小乔木如香叶树、多种荚蒾（*Viburnum* spp.）、齿叶黄皮、棱果海桐（*Pittosporum trigonocarpum*）、杨梅叶蚊母树（*Distylium myricoides*）、多种木姜子（*Litsea* spp.）等。灌木层通常只有一层，组成种类多为乔木层的幼小个体，真正的灌木树种较少。草本层在坡地上不发达，在漏斗、洼地等负地形中较发达，以蕨类为主。裸露岩石的缝隙中常见多种兰科植物以及瓦韦、石韦等蕨类植物。藤本植物在负地形中较多，如藤黄檀（*Dalbergia hancei*）、多花鹰爪（*Artabotrys multiflorus*）、鸡血藤（*Millettia* sp.）等。漏斗森林中苔藓层片较发育，由枝干下垂，附生在岩石上较多，叶附生苔藓也常见。

（四）喀斯特森林水平结构

顶极状态的喀斯特森林的水平结构，具如下特点：

（1）林木分布的随机性。3600 m² 样地中乔木层有优势种 8 个，即光皮梾木、云贵鹅耳枥、粗梗楠、多脉青冈栎、短萼海桐、天峨槭、石栎、香叶树，其株数依次为 92 株、64 株、86 株、55 株、52 株、64 株、80 株、81 株，在样地中的占位点图如图 2-24 所示。利用 Ripley's K(r) 函数进行点格局分析，分析结果如图 2-25 所示。云贵鹅耳枥、多脉青冈栎、短萼海桐和天峨槭 4 个种群分布格局为随机分布；光皮梾木分布格局在空间距离 1.76 ~ 28.18 m 内呈聚集分布，聚集强度在空间距离等于 17.77 m 时最大，为 $\hat{H}(t) =$

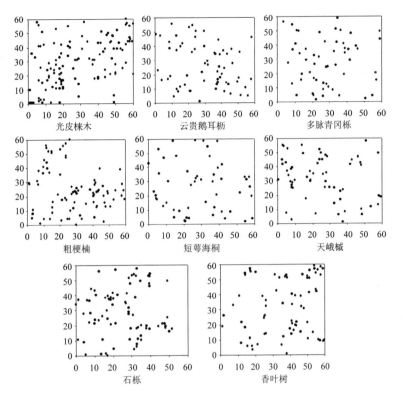

图 2-24 顶极阶段群落乔木层各优势种分布点图

1.67，在 0 ~ 1.76 m、28.18 ~ 30 m 尺度内为随机分布；粗梗楠分布格局在空间距离 1.51 ~ 26.91 m 内呈聚集分布，聚集强度在空间距离等于 12.56 m 时最大，为 $\hat{H}(t) = 2.20$，在 0 ~ 1.51 m、26.91 ~ 30m 尺度内为随机分布；香叶树分布格局在空间距离 0 ~ 14.97 m 内呈聚集分布，聚集强度在空间距离等于 6.87 m 时最大，为 $\hat{H}(t) = 2.26$，在 14.97 ~ 30 m 尺度内表现为随机分布。石栎分布格局在空间距离 1.26 ~ 30 m 内呈聚集分布，聚集强度在空间距离等于 24.62 m 时最大，为 $\hat{H}(t) = 3.02$，在 0 ~ 1.26 m 尺度内为随机分布。这是由于小生境多样及其分布的随机性。尽管不少植物可直接生长在岩面及岩缝之中，但由于裸露崭面的面积比例较大，加剧了林木分布的不均匀性(刘攀峰，2009)。

（2）林木密度变异较大。典型样地林木密度变化见表 2-19。乔木层的密度 1411 ~ 5222 株/hm²，平均 3034 株/hm²，变动系数为 34.02%。乔木第一亚层密度变化范围 256 ~ 1089 株/hm²，平均 63 株/hm²，变动系数 42.31%。第二亚层密度 1056 ~ 4300 株/hm²，平均 2389 株/hm²，变动系数 43.55%。与常绿阔叶林相比，喀斯特森林的密度及其变化较大。常绿阔叶林的密度为 1850 ~ 3238 株/hm²，平均 2435 株/hm²。梵净山常绿阔叶林的密度变化在 2000 ~ 3950 株/hm²，平均 2875 株/hm²。

（3）林木径级较小，稀见大径级树木。表 2-20 是典型样地上树木株数按径级分配的特点。可见 6 cm 以下的小径木占 64.7%，大径树木多出现在漏斗底部及洼地。这一方面与生境严酷树木生长速度较慢有关，另一方面也与喀斯特生境中树木的生态寿命较短有关。

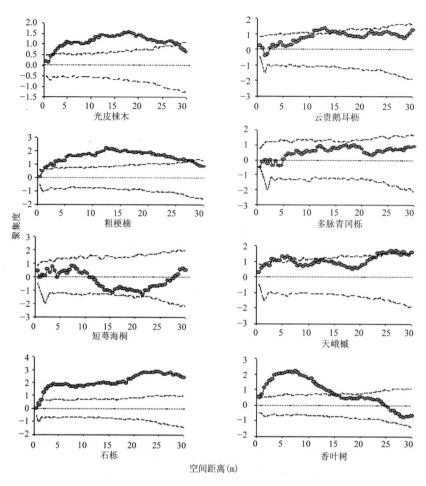

图 2-25　顶极阶段群落乔木层各优势种群点格局分析

表 2-19　几种森林类型的密度比较

森林类型	乔木层			乔木第一亚层			乔木第二亚层		
	变化范围	平均	变异系数（%）	变化范围	平均	变异系数（%）	变化范围	平均	变异系数（%）
茂兰喀斯特森林	1411～5222	3033	34.02	256～1089	633	42.31	1056～4300	2389	43.55
茂兰常绿森林	1850～3238	2435	18.97	238～463	350	24.43	1575～2213	1963	11.21
梵净山常绿阔叶林	2000～3950	2875	22.04						

资料来源：朱守谦（1993a）。

表 2-20　喀斯特森林树木的径级分配

胸径（cm）	1～6	7～9	10～15	16～21	22～27	28 以上
株数（%）	64.7	15.3	11.9	5.0	2.3	0.8

资料来源：朱守谦（1993a）。

（五）喀斯特森林生产力特征

喀斯特森林的生产力较低，属低生物量森林。根据杨汉奎和程仕泽（1991）、朱守谦等

（1995）的研究，顶极状态的喀斯特森林生物量为 146.319～190.918 t/hm²，其中地上部分为 98.198 t/hm²，灌木层为 5.747 t/hm²，草本层为 0.275 t/hm²，茂兰国家级自然保护区喀斯特森林顶极群落总蓄积为 1335414 m³，平均每公顷蓄积为 74.2185 m³/hm²，实测结果，样地（0.08 hm²）活立木最大蓄积量仅 14 m³，14 个样地平均蓄积量为 149.56 m³/hm²，个别高的达 221.33 m³/hm²，低的仅 78.78 m³/hm²。而梵净山、息烽、惠水等地的栲类林蓄积量达 135～342 m³/hm²，平均达 225 m³/hm²。宽阔水的亮叶水青冈林蓄积量更高达 367～616 m³/hm²，最低亦有 286 m³/hm²，这种低生产力与生境严酷紧密相关，导致树木生长缓慢，达不到正常的生物学高度，寿命较短有关。

五、喀斯特森林更新特征

1. 顶极状态下喀斯特森林的更新通常与郁闭条件有关

郁闭状态下，林下更新苗少，种群结构暂处衰退状，乔木层树种产生大量种子，当林冠疏开后，产生较多幼体，形成较稳定的种群结构。龙翠玲等（2005）深入研究发现，根据树种在林隙内外重要值的差异，可将主要乔木树种分为 3 种类型：① 对林隙有显著的正更新反应类型：多为以落叶阔叶乔木为主的优势种和灌木，一般需依靠林隙进行繁殖更新，如云贵鹅耳枥、圆叶乌桕（*Sapium rotundifolium*）、圆果化香、掌叶木、樟叶槭（*Acer cinna-momifolium*）、朴树（*Celtis sinensis*）、香叶树、南天竹等；② 对林隙更新反应不显著类型：多为喀斯特森林的优势树种，以常绿阔叶乔木为主，一般在林下进行更新，如中华蚊母树（*Distylium chinense*）、青冈栎、翅荚香槐（*Cladrastis platycarpa*）、椤木石楠、狭叶润楠（*Machilus rehderi*）等；③ 对林隙反应不敏感类型：多为林下小乔木或灌木，它们在林隙和林下均能良好更新，如石岩枫（*Mallotus repandus*）、湖北十大功劳（*Mahonia confusa*）、四照花（*Dendrobenthamia japonica* var. *chinensis*）等，它们的重要值在林隙内外的差异不大，表明这类物种能充分利用林隙内外的环境资源，以保持自己在森林中地位的稳定性。

2. 土壤种子库以保存种子进行更新的能力弱

龙翠玲（2003）对研究区顶极喀斯特森林 0～10 cm 厚土壤层的 5 月的种子库研究表明，通过萌发试验，土壤种子库平均 99 粒/m²，但多为草本植物，仅有 2 种树种，植物种子主要分布于土面生境，石面生境较少。说明树木种子很难在土壤中保存，通常是秋季种子成熟后落地即萌发，因此土壤种子库对保存种子以更新的能力不强。

3. 无性更新能力较强。

喀斯特地貌中由于岩石的崩塌，而植物根系的发育穿串常加强这种崩塌作用，使地表新鲜裸露的岩面生境增加，裸露岩面上植物不断的侵入定居，这在常态地貌上是少见的。以根、茎不定芽萌发和根蘖条为主的无性更新占有重要地位。无性更新利用母体根系及贮藏的营养物质，更新幼体常具有较强的抗性和耐性，生长迅速，较之有性更新更为可靠，这在生境严酷的喀斯特森林的自我更新具有极为重要的意义。喻理飞（1998）对破坏试验样地自然恢复中木本植物幼苗进行研究，600 m² 破坏样地中有 94 种木本植物幼苗幼树，其中 72 种有萌生苗；6270 株幼苗幼树中，萌生株占 72.15%，反映了无性更新在喀斯特森林更新中的重要性。

4. 动物的搬运对种子传播影响较大

喀斯特森林中有性更新过程与动物和风的传播关系密切。不同的果实类型决定了其传播方式、途径和距离。研究的群落 386 个树种中，肉质果树种 179 种，占 46.38%，以鸟类为其传播者。许多悬崖峭壁上的实生苗，就是鸟类吃食果实后排出种子，因为这些地方不是其他动物所能到达之处，而周围也没有这些树种的母树；其次，坚果类型树种数量达 60 种，蒴果达 70 种，多为兽类，尤其是啮齿类动物传播。通过动物搬运、聚集、贮藏种子的过程，实现种子传播。600 m² 喀斯特森林破坏试验，伐除森林地上部所有植物，一年后破坏样地内除原有群落树种外，还有 51 种树种为外群落侵入种，分析其种果实类型，发现果实类型数量分布与喀斯特森林树种果实类型数量分布相似，肉质果类型最多，达 47.07%，蒴果次之为 25.49%、蓇葖果 9.80%、荚果 5.88%。两者果实类型的相似系数为 0.8233。说明动物传播对群落更新影响很大。

第七节 广西南亚热带常绿阔叶林群落结构与天然更新演替

一、群落结构特征

(一)广西南亚热带常绿阔叶林分布概况及类型

广西大青山位于广西西南部，跨凭祥、龙州、宁明二县一市。区内地形复杂，其受地质构造、岩性的控制甚为明显。本区地处南亚热带南缘，与北热带接壤。气候兼有热带和亚热带的特点，但达不到二带的典型程度。属半湿润、湿润气候，高温多雨。年平均气温 21.5 ℃，最冷月(1 月)平均气温为 13.5 ℃，最热月(7 月)平均气温为 27.6 ℃，年积温 7500 ℃。大青山主峰海拔为 1045 m，河谷高度在 130~150 m。地带性土壤为砖红壤性土壤(含紫色土)，由中酸性火山岩和花岗岩发育而成，土层平均厚度是 0.5~1.0 m。据 1980 年资料，原生植被有季雨林和雨林，季雨林是本区的地带性植被，包括常绿性季雨林(分布在海拔 700 m 以下，有 3 个群系，7 个群丛)及石山季雨林(分布在海拔 700 m 以下的石灰岩山地，组成种类多为石灰岩地区的特有种)；常绿阔叶林是季雨林上的一个垂直带谱，分布在海拔 700 m 以上的地区，人为破坏严重，只有一个亚型。自然植被随海拔划分出不同类型，有 5 个植被型，8 个亚型，12 个群系，22 个群丛，植物种类多达 1922 种，物种极为丰富。而目前天然季雨林基本已被人为破坏，只在大青山较高海拔区域残留少量常绿阔叶次生林片断(康冰等，2006)。大青山主峰地形复杂，气温高，雨量充沛，湿度很大，成为天然植被最后的生长地。由于地形陡峭，人为干扰较少，利于次生林的自然演替恢复。本次研究的群落位于大青山海拔 700 m 的山地，组成植物以常绿阔叶树种为主，但也有少量落叶树种，如野漆、山乌桕(*Sapium discolor*)等。

(二)广西大青山南亚热带常绿阔叶林群落区系组成

植被的区系组成是最重要的群落特征之一，决定着群落的外貌和结构。调查区样方区系组成中蕨类植物共 7 科 7 属 8 种；种子植物共 59 科 103 属 111 种，是区系的主要组成成分，占总科数的 89.4%，属数的 93.6%，种数的 93.3%；没有裸子植物出现；双子叶植物 50 科 94 属 100 种，是常绿阔叶林的主要组成部分，并且木本种占很大比例，为 92%；单子叶植物 9 科 6 属 11 种。从群落总体生长型来看，木本植物较多，草本及藤本植物较少。

(三)广西大青山南亚热带常绿阔叶林群落结构特征

广西大青山南亚热带常绿阔叶林具有比较完整的层次结构。乔木层物种最多，出现高大的乔木，有 65 种，大量的乔木种使得林内郁闭度达 0.96。种的重要值比较分散，重要值突出的物种数量较少，说明乔木物种之间的竞争趋势比较明显，群落尚未达到稳定的顶极群落结构。优势种有中生性的厚叶琼楠（*Beilschmiedia percoriacea*）、山龙眼（*Helicia formosana*）、杨桐（*Adinandra millettii*）、罗浮柿（*Diospyros morrisiana*）等，其重要值大于 9.0 以上。重要值大于 6.0 的树种有 11 种，分别为中生偏耐阴性的毛黄肉楠（*Actinodaphne pilosa*）、中平树（*Macaranga denticulata*）、钟萼粗叶榕（*Ficus simplicissima*）等；灌木层物种有36 种，优势有中生偏耐阴的柏拉木（*Blastus cochinchinensis*）、单穗鱼尾葵（*Caryota ochlandra*）、小果菝葜（*Smilax davidiana*）、越南油茶（*Camellia vietnamensis*）、五月茶（*Antidesma bunius*）、假苹婆（*Sterculia lanceolata*）等，重要值均大于 11；层间藤本植物比较丰富。此外，群落内板根现象比较明显，说明群落具备南亚热带季风常绿阔叶林特征；在更新层中，乔木层中的优势种地位并不突出，其更新幼树缺乏，说明群落尚处于演替初期阶段；草本层物种较少，只有 19 种，优势种有狭叶楼梯草（*Elatostema lineolatum*）、细叶沿阶草（*Ophiopogon japonicus*）、华南断肠蕨（*Allantodia austrochinensis*）等。主要因为林中光照很弱，一些极不耐阴的草本植物逐渐消退。

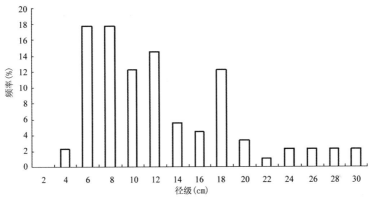

图 2-26 不同径阶林木分布频数

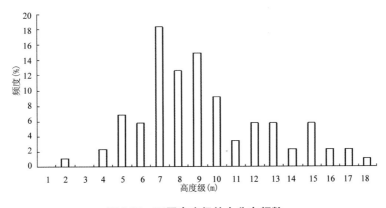

图 2-27 不同高度级林木分布频数

广西大青山常绿阔叶林各径阶与高度级林木株数与分布比例见图 2-26、图 2-27。厚叶琼楠常绿阔叶林群落经过较长时间的演替，树种组成较丰富。林木胸径径阶和高度级分布波动比较大，说明林木间竞争激烈，常绿阔叶林群落尚处于演替初期阶段。胸径径阶范围为 4 ~ 30 cm，主要集中于 6 ~ 12 cm 径阶范围，个体数比例为 69.15%；树高范围为 2 ~ 18 m，63.41% 的林木高度为 7 ~ 10 m。这反映乔木层中小径阶、矮小林木占多数；从

24～30 cm 径阶范围内林木个体较少可看出，该林分曾受人为破坏，封山育林前可能存在"拔大毛"现象，林分质量较低。

二、更新演替

(一)广西大青山南亚热带常绿阔叶林更新演替及种群水平分布格局变化

近年来，由于群落演替与植被恢复重建联系日益密切，因此对其研究成为热点之一(周先叶等，2004)。植物群落是由共存的物种构成的，群落的结构特征和动态是由群落中各物种间的关系决定的，因此研究群落演替特征必须从种群关系入手。对森林演替过程的分析，有助于指导退化植被恢复与重建。研究大青山仅保留的常绿阔叶次生林片断 26 年自然恢复后的种群特征及种间关系变化规律，旨在揭示该区域次生演替种群特征，进而为探索原生性植被类型的恢复及大面积低效纯林改造途径提供参照和依据(Dan et al.，1999；Elaine et al.，2002)。

对大青山常绿阔叶次生林群落主要种群的生态位宽度与分布格局 26 年间变化进行测定分析(康冰等，2006)，结果见表 2-21。从表 2-21 可以看出，26 年间次生演替剧烈，物种数量和种类变化很大，多样性变得较为丰富，种群所占生态位宽度与分布格局随着演替过程呈明显的规律性变化，较多中生及耐阴树种从无到有，并占据了较大的生态位宽度。与 2005 年的物种数相比，群落后期侵入种有 35 种，占现有物种数的 53.9%，一些种成为现群落的优势种，并呈现出强集群分布，如山龙眼、钟萼粗叶榕等。1980 年，该次生群落乔木层物种仅有 32 种，而且重要值较低，分布频度、密度及优势度都不高，优势种为大叶栎(Quercus griffithii)、大叶山棟(Aphanamixis grandifolia)等喜光树种，这些树种占据了较大的生态位宽度。中性偏耐阴树种生态位较低，如厚叶琼楠、杨桐、毛黄肉楠等，除优势种呈集群分布外，其余大部分树种呈随机分布，物种的重要值较低，其在群落中频度、密度和径级都较小，群落处于演替初期；经历 26 年次生演替后，该群落的物种数量及分布格局发生很大变化，物种数量增加到 65 种。一些弱耐阴的树种在群落中消失，如山乌桕、剑叶槭(Acer lanceolatum)等，其生态位宽度分别由 3.12、0.98 降为 0。原来喜光的优势种群也在衰退，如大叶栎、大叶山棟，其生态位宽度分别从 3.25、2.9 降到 1.25、1.12，分布格局由高集群分布变为随机分布。从表 2-21 分析可知，中生性的树种在进一步发展，如柃木(Eurya nitida)、血胶树(Eberhardtia aurata)、广西拟肉豆蔻(Knema guangxiensis)等，其生态位宽度分别从 0.42、0、0 增加到 1.10、3.58、2.67，分布的集群程度也在加剧。原来优势度较低的中生偏阴生性种群生态位宽度增大，并由随机分布变为集群分布，如杨桐、毛黄肉楠、黄果厚壳桂等，生态位宽度分别由 0.26、0.65、1.45 增加到 1.52、3.28、3.52，分布格局也由随机分布变为集群分布。一些原来优势度较低的中生偏喜光种群生态位宽度也增大，但分布格局始终是随机分布，如酸枣(Choerospondias axillari)、鼠刺(Itea chinensis)等。

可以看出，经过 26 年的自然恢复，中生偏耐阴树种成为优势种群，这可能与群落盖度及物种与环境之间关系紧密程度增强有关。群落的主要优势种多为集群分布，而重要值小于 30 的种多趋于随机分布。对于一个种群来说，其发生—发展—占据优势地位—衰退—消亡的过程通常依次为集群分布—高集群分布—随机分布的格局，对于优势度居中的广布种，通常保持着随机分布的格局(Cox，1972)。

表 2-21　常绿阔叶林林演替过程中种群 26 年生态位与分布格局的变化

种名	1980 年				2005 年			
	B_i	d	t	D_i	B_i	d	t	D_i
1 厚叶琼楠 Beilschmiedia percoriacea	0.71	0.25	0.85	−	4.25	20.32	16.52	+ +
2 山龙眼 Helicia formosana					2.31	18.54	9.78	+ +
3 杨桐 Adinandra millettii	0.26	0.93	5.64	−	1.52	8.95	12.32	+ +
4 罗浮柿 Diospyros morrisiana					4.12	12.32	6.54	+ +
5 毛黄肉楠 Actinodaphne pilosa	0.65	0.82	4.21	−	3.28	9.57	12.34	+ +
6 中平树 Macaranga denticulata					1.54	2.58	3.21	+
7 钟萼粗叶榕 Ficus simplicissima					2.89	10.52	0.58	+ +
8 越南山油茶 Camellia vietnamensis					3.87	9.87	2.35	+ +
9 大叶栎 Quercus griffithii	3.25	7.25	0.28	+ +	1.25	1.15	0.12	−
10 铁锥栲 Castanopsis lamontii	1.16	1.85	0.95	−	0.62	1.12	3.24	−
11 血胶树 Eberhardtia aurata					3.58	3.25	7.78	+ +
12 黄毛粗叶木 Lasianthus longicauda					1.26	2.45	3.21	+
13 乌口杜英 Elaeocarpus decurvatus	2.12	2.34	9.65	+ −	3.35	2.85	1.12	+
14 假玉桂 Neolitasea levinei					1.12	2.45	5.65	+
15 鸭脚木 Schefflera octophylla	2.52	2.48	1.24	+	3.28	5.24	2.14	+ +
16 刨花楠 MachiLus pauhoi					2.59	4.42	6.52	+
17 肾果木 Prunus aborea	1.23	1.04	0.51	−	1.12	1.14	0.23	−
18 广西拟肉豆蔻 Knema guangxiensis					2.67	2.19	3.12	+ −
19 小叶红豆 Ormosis microphylla	0.68	1.02	0.27	−	1.05	1.89	0.21	+
20 川桂 Cinnamomum wilsonii					1.45	3.05	4.25	+
21 山青木 Meliosma kirkii					2.56	1.12	0.32	−
22 麻楝 Chukrasia tabularis	1.14	0.98	− 0.24	−	2.78	2.09	3.21	+ −
23 腺叶野樱 Prunus phaeosticta					1.58	0.95	− 0.38	−
24 黄果厚壳桂 Cryptocarya concinna	1.45	0.56	− 0.21	−	3.52	3.57	6.54	+ +
25 东南海棠 Malus melliana	0.56	0.23	− 0.14	−	2.54	2.52	3.42	+
26 细子龙 Amesiodlodendron chinense	1.23	1.02	0.24	−	1.85	0.97	− 0.87	−
27 广西木莲 Manglietia tenuipes	1.52	0.98	− 0.54	−	1.95	3.05	4.25	+
28 青兰 Xanthophyllum hainanensis	0.98	0.56	− 0.23	−	1.02	2.52	3.22	+ −
29 潺槁木姜子 Litsea glutinosa					0.95	1.02	0.85	−
30 水绵树 Wendlandia tinctoria					0.72	2.85	3.32	+
31 歪叶榕 Ficus daimingshanensis					1.24	2.65	2.47	+
32 苦梓含笑 Michelia balansae	1.35	1.02	0.42	−	2.78	2.64	1.23	+
33 烟斗稠 Lithocarpus corneus	0.98	2.06	1.98	+ −	2.45	10.8	17.50	+ +
34 野漆 Toxicodendron succedaneum					1.25	3.05	2.14	+
35 粤黔野桐 Mallotus furetianus					1.82	7.35	10.21	+ +
36 广西巴豆 Croton kwangsiensis	0.65	0.68	− 0.19	−	0.98	2.75	1.14	+

（续）

种名	1980 年				2005 年			
	B_i	d	t	D_i	B_i	d	t	D_i
37 柃木 Eurya nitida	0.42	0.86	−0.27	−	1.10	1.54	1.03	+ −
38 亮叶猴耳环 Pithecellobium lucidum	1.24	2.24	1.24	+ −	0.48	1.72	0.98	+
39 糙叶树 Aphananthe aspera					2.32	1.04	0.28	−
40 山油麻 Trema orientalis					0.56	1.18	0.39	−
41 小叶桂木 Artocarpus styracifolius	2.38	0.98	−0.25	−	1.24	1.18	0.39	−
42 女贞 Ligustrum lucidum					0.56	0.78	−0.45	−
43 假肉桂 Cinnamomum osmophloeum					0.32	0.65	−0.21	−
44 山胡椒 Lindera glauca	1.23	2.52	1.34	+	0.98	0.54	−0.41	−
45 九丁树 Ficus nervosa					1.12	0.89	−0.48	−
46 越南山矾 Styrax anomale					1.25	1.12	0.20	−
47 轮叶木姜子 Litsea verticillata					0.87	0.45	−0.25	−
48 水东哥 Saurauia tristyla					1.14	0.35	−0.28	−
49 三果柯 Lithocarpu ternaticipulus					1.05	0.68	−0.54	−
50 大叶冬青 Ilex latifolia	0.96	0.58	−0.34	−	0.95	0.34	−0.21	−
51 八角枫 Alangium chinense					0.45	0.54	−0.68	−
52 网脉山龙眼 Helicia falcata					1.05	0.69	−0.35	−
53 水同木 Ficus fistulosa					0.67	0.97	−0.54	−
54 厚壳桂 Cryptoarya chinensis	0.65	0.87	−0.68	−	1.28	1.56	0.28	+ −
55 山杜英 Elaeocarpus sylvestris	2.45	2.14	1.26	+	0.68	0.67	−0.56	−
56 毛叶鼠李 Rhamnus henryi					0.58	1.42	0.54	+ −
57 鼠刺 Itea chinensis	0.84	1.25	0.84	−	1.54	0.57	−0.47	−
58 两广梭椤树 Reevesia thyrsoides	0.52	0.34	−0.64	−	0.23	0.75	−0.98	−
59 酸枣 Choerospondias axillari	1.38	1.02	−0.54	−	1.88	1.55	−0.23	−
60 大头茶 Gordonia axillaris	1.56	0.75	−0.54	−	0.67	0.46	−0.14	−
61 黄皮树 Phellodendron Schneid					0.21	0.85	−0.47	−
62 假苹婆 Sterculia lanceolata					0.54	0.98	−0.75	−
63 粗叶榕 Ficus hirta					1.05	0.32	−0.41	−
64 铁力木 Ceylon ironwood					1.42	0.84	−0.12	−
65 大叶山楝 Aphanamixis grandifolia	2.97	2.07.	1.47	+ −	1.12	0.65	−0.35	−
66 剑叶槭 Acer lanceolatum	0.98	0.87	−0.21	−				
67 山乌桕 Sapium discolor	3.12.	1.25	0.24	+ −				

资料来源：康冰等 2006。注：B_i：生态位宽度，d：方差与均值比率，t：t－检验，$t_{0.05}(17) = 2.110$，$t_{0.005}(17) = 3.222$，D_i：分布，＋＋：强集群分布，＋：集群分布，＋－：趋于集群分布，－：随机分布。

就大青山的常绿阔叶次生林演替来看，1980 年以前，人为干扰破坏创造了空旷的环境，喜光树种在群落内生长良好，占据主导地位。在减少人为干扰因素以后，随着 26 年自然演替的进行，群落环境变得较荫蔽，喜光树种的主导地位逐渐减弱，大量中性及耐阴树种侵入并占据较大的生态位。群落是由物种的不断更替而形成的，那些更能适应群落环境条件的物种为取代者。通常这些环境条件不断被物种自身所改变，引起新的物种更替（West and Smith，1982）。该区域次生演替规律是由阳生性常绿阔叶林演替至中生性常绿阔叶林。次生林由大叶栎群落演替为厚叶琼楠群落。物种数从演替初期 31 种增加到 65 种，后期侵入种有 35 种，群落物种比较丰富。

第八节　海南岛热带雨林群落结构与天然更新演替

热带林在调控全球气候变暖和为社会建设提供资源等方面具有重要作用，世界热带林是以赤道为中心向南、北纬度延伸到回归线的带状分布，中国的热带区域地处热带亚洲的北缘，其热森林主要分布于海南岛及南海诸岛、云南南部和西藏南部河谷、两广南部、福建东南部、和台湾中南部。海南是我国唯一的热带省份和重要的热带林区，据第 6 次全国森林资源清查（1999～2003 年）结果，海南岛森林覆盖率 48.87%，热带雨林 65.9 万 hm²，其中天然林面积 57.56 万 hm²（中国林业工作者手册编纂委员会，2006）。海南的热带林主要分布在中部、西南部和东南部的山区，集中于尖峰岭、霸王岭、吊罗山和琼中县的五指山、鹦哥岭、斧头岭，乐东县的佳阳岭、抱告岭、卡法岭，保亭县的好梧岭、生毛岭、南林岭等。植被类型有山顶矮林、热带山地雨林、热带低地雨林、热带季雨林、热带针叶林、红树林等植被类型（国家环境保护总局，2006）。

一、热带常绿季雨林群落结构特征与更新演替

热带常绿季雨林为本地区的地带性植被类型。分布在海拔 300～700 m 的山体中部，由于海拔的升高，雨量逐步增加，湿度加大，虽有短暂的旱季，但干旱程度较轻。在植物种类组成中无落叶成分，全年常绿。本类型以龙脑香科（*Dipterocarpaceae*）树种青皮（*Vatica mangachapoi*）、小叶青皮（*Vatica parvifolia*）占优势，属于湿润低地热带雨林类型。

（一）树种组成与空间结构

1. 树种组成

2006 年调查热带常绿季雨林群落 5000 m² 样地乔木树种胸径（DBH）≥1.0 cm 的物种丰富度（物种数）为 138，Shannon-Wiener 多样性指数 $H' = 4.80$，Pielou 均匀度指数 $J = 67.54$；平均样方物种丰富度为 23.44 种/100 m²。主要树种为龙脑香科的几个种，其中青皮占大部分。其他常见的还有：罗伞树、油楠、九节、红车、崖县算盘子、黑嘴蒲桃、海南紫荆木（*Madhuca hainanensis*）等 100 多个种，表 2-22 为 IV≥0.5 的树种的相对密度、相对频度和相对优势度。

胸径≥7.5cm 的乔木层的物种丰富度（物种数）为 54，Shannon-Wiener 多样性指数 $H' = 3.64$，Pielou 均匀度指数 $J = 63.30$；平均样方物种丰富度为 4.70 种/100 m²。主要树种为龙脑香科的青皮占大部分，其他种有包括油楠、红车、海南紫荆木、乌材、黄柄木、灯架、盘壳栎、白榄等 54 个种。低矮植物种如罗伞树、九节、崖县算盘子等在本乔木层中未见出现。表 2-23 为乔木层 IV≥0.5 的树种的相对密度、相对频度和相对优势度。从表中看出乔木层优势种为青皮，建群种主要包括 10～30 个。

表 2-22　热带常绿季雨林群落树种重要值(5000m²，IV≥0.5)

序号	树种	相对密度	相对频度	相对优势度	重要值
1	青皮 Vatica mangachapoi	17.799	4.266	44.595	22.220
2	罗伞树 Ardisia quinquegona	17.755	4.096	1.405	7.752
3	油楠 Sindora glabra	0.446	1.451	20.702	7.533
4	九节 Psychotria rubra	6.037	3.413	0.700	3.383
5	红车 Syzygium hancei	2.139	2.901	4.563	3.201
6	崖县叶下珠 Phyllanthus annamensis	4.478	3.584	0.307	2.789
7	黑嘴蒲桃 Syzygium bullockii	4.455	3.328	0.563	2.782
8	海南紫荆木 Madhuca hainanensis	1.203	2.133	4.175	2.504
9	黄柄木 Gonocaryum lobbianum	3.364	2.560	1.399	2.441
10	三角瓣花 Prismatomeris tetrandra	3.876	3.157	0.189	2.407
11	灯架 Winchia calophylla	1.804	2.389	2.131	2.108
12	方枝蒲桃 Syzygium tephrodes	2.428	2.986	0.351	1.922
13	白茶 Koilodepas hainanense	2.695	1.962	0.818	1.825
14	粗叶木 Lasianthus chinensis	2.963	2.133	0.214	1.770
15	乌材 Diospyros eriantha	1.403	2.389	1.412	1.735
16	盘壳栎 Cyclobalanopsis patelliformis	0.757	1.792	2.646	1.732
17	长序厚壳桂 Cryptocarya metcalfiana	1.626	2.218	0.570	1.471
18	荔枝叶红豆 Ormosia semicastrata f. litchifolia	1.314	1.962	0.901	1.393
19	长眉红豆 Ormosia balansae	1.604	2.048	0.324	1.325
20	岭南山竹子 Garcinia oblongifolia	1.047	2.218	0.454	1.240
21	山黄皮 Randia cochinchinensis	1.448	1.962	0.137	1.182
22	中华楠 Machilus chinensis	0.891	1.962	0.612	1.155
23	异株木犀榄 Olea tsoongii	1.002	2.133	0.241	1.125
24	光叶巴豆 Croton laevigatus	0.891	1.536	0.487	0.971
25	谷姑茶 Mallotus hookerianus	1.225	1.365	0.208	0.933
26	齿叶赛金莲木 Gomphia serratus	0.913	1.621	0.171	0.902
27	轮叶戟 Lasiococca comberi var. pseudoverticillata	0.869	1.451	0.158	0.826
28	大叶白颜 Gironniera subaequalis	0.535	1.365	0.553	0.818
29	白榄 Lumnitzera racemosa	0.245	0.768	1.350	0.788
30	长柄山油柑 Acronychia pedunculata	0.557	1.195	0.179	0.643
31	三脉木 Rhodamnia dumetorum	0.334	1.024	0.478	0.612
32	锈叶新木姜 Neolitsea cambodiana	0.624	1.109	0.042	0.592
33	全叶猴欢喜 Sloanea chingiana var. integrifolia	0.401	1.109	0.225	0.578
34	郎伞木 Ardisia elegans	0.557	1.109	0.046	0.571
35	鱼骨木 Canthium dicoccum	0.356	1.195	0.107	0.553
36	丛花山矾 Symplocos poilanei	0.401	0.939	0.290	0.543
37	子凌蒲桃 Syzygium championii	0.267	0.768	0.554	0.530
38	细子龙 Amesiodendron chinense	0.312	0.597	0.667	0.525

表 2-23　热带常绿季雨林群落乔木层(DBH≥7.5 cm)树种重要值(5000m²,IV≥0.5)

序号	种名	相对密度	相对频度	相对优势度	重要值
1	青皮 *Vatica astrotricha*	47.630	18.723	47.907	38.087
2	油楠 *Sindora glabra*	1.580	2.979	23.418	9.326
3	红车 *Syzygium hancei*	5.192	7.660	4.827	5.893
4	海南紫荆木 *Madhuca hainanensis*	2.709	5.106	4.564	4.126
5	乌材 *Diospyros eriantha*	4.063	4.681	1.285	3.343
6	黄柄木 *Gonocaryum lobbianum*	3.837	5.106	0.759	3.234
7	灯架 *Winchia calophylla*	3.160	4.255	2.072	3.163
8	盘壳栎 *Cyclobalanopsis patelliformis*	1.806	2.979	2.898	2.561
9	白榄 *Lumnitzera racemosa*	2.032	2.979	1.521	2.177
10	长序厚壳桂 *Cryptocarya metcalfiana*	2.032	2.979	0.368	1.793
11	光叶巴豆 *Croton laevigatus*	1.806	2.553	0.434	1.598
12	三脉木 *Rhodamnia dumetorum*	1.354	2.553	0.519	1.475
13	白茶 *Koilodepas hainanense*	2.257	1.702	0.452	1.470
14	中华楠 *Machilus chinensis*	1.354	2.553	0.496	1.468
15	荔枝叶红豆 *Ormosia semicastrata f. litchifolia*	1.354	2.128	0.715	1.399
16	莺歌木 *Vitex pierreana*	1.129	2.128	0.614	1.290
17	大叶白颜 *Gironniera subaequalis*	1.129	2.128	0.527	1.261
18	岭南山竹子 *Garcinia oblongifolia*	1.129	2.128	0.346	1.201
19	细子龙 *Amesiodendron chinense*	1.129	0.851	0.727	0.902
20	子凌蒲桃 *Syzygium championii*	0.677	1.277	0.591	0.848
21	赤楠蒲桃 *Syzygium buxifolium*	0.903	1.277	0.360	0.847
22	丛花山矾 *Symplocos poilanei*	0.903	1.277	0.270	0.816
23	毛荔枝 *Uvaria calamistrata*	0.903	1.277	0.201	0.794
24	木荷 *Schima superba*	0.451	0.851	0.840	0.714
25	长眉红豆 *Ormosia balansae*	0.677	1.277	0.123	0.692
26	长柄山油柑 *Acronychia pedunculata*	0.677	1.277	0.108	0.687
27	小叶胭脂 *Artocarpus styracifolius*	0.451	0.851	0.579	0.627
28	密脉蒲桃 *Syzygium chunianum*	0.451	0.851	0.204	0.502

2. 空间结构

群落一般分为 3~6 个层次,其中乔木Ⅰ~Ⅲ层、下木层、草本层,层间植物分布在上述各层次中。2006 年将海南尖峰岭热带常绿季雨林 5000 m² 的原生林固定样地划分 50 个 10 m×10 m 样方,对胸径(DBH)≥1.0 cm 的乔木树种进行每木调查,并以胸径大小将群落分成 3 个层次:幼苗层 1.0 cm≤DBH<2.5 cm,幼树层 2.5 cm≤DBH<7.5 cm,乔木层 DBH≥7.5 cm。

（1）密度。调查结果表明，群落个体密度很高，达到 89.78 株/100 m²，其中 5 cm 以下的植株占 84.5%，乔木层植株较少。群落不同径级的个体密度分布呈倒"*J*"型，显然，群落个体数量以幼苗、幼树占绝对优势。

（2）层次。群落层次结构体现在不同胸高直径和平均树高上，所有植株及各层植株平均胸径和树高见表 2-24。乔木层胸径大小差异较大，主林冠层不太高。

表 2-24 不同林层植株胸径和树高（5000 m²，DBH≥1.0 cm）

林层	株数	平均胸径 ± 标准偏差（cm）	平均树高 ± 标准偏差（m）
下木层	2705	1.58 ±0.41	3.01 ±0.89
幼树层	1341	3.81 ±1.23	5.24 ±1.60
乔木层	443	17.34 ±13.40	11.93 ±3.90
所有植株	4489	3.80 ±6.27	4.56 ±3.11

（二）天然更新演替

1. 物种相似性

热带常绿季雨林群落不同林层物种相似性能反映更新演替状况。尖峰 5000 m² 样地不同林层相似物种数见图 2-28，显示幼树层与幼苗层相似种最多，占总物种数的 52.17%，乔木层与幼苗层和幼树层的相似种较少，均占总物种数的 33.33%，有丰富的物种储备，还属进展演替。

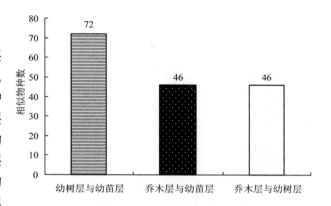

图 2-28 热带常绿季雨林不同林层物种相似数目

所有出现树种中，乔木层与幼树层有 112（44.1%），（占样地内所有出现树种的比例，下同）个相同的树种，乔木层与下木层有 105（41.3%）个相同的树种，幼树层与下木层有 132（52.0%）个相同的树种；相似种类比例接近，幼树层和下木层相似比例最大，表明各层间均有较好的树种储备，较稳定的群落结构。

相似性以 SΦrensen 群落系数表示，即如下公式计算：

$$cc = \frac{2a}{b+c} \qquad (2.1)$$

式中：a 为 2 个群落或取样的共有种数，b，c 分别为群落或样地 1、群落或样地 2 各自拥有的种数。

则热带常绿季雨林不同林层群落系数见图 2-29。

2. 群落稳定性

群落稳定性为森林群落特性之一，是一种阻抑种群波动的力量，或使系统从扰动中恢复平稳状态的能力。而

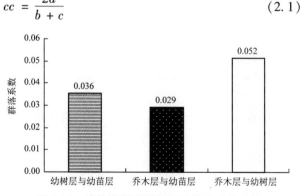

图 2-29 热带常绿季雨林不同林层群落系数

群落复杂性或多样性与稳定性的关系，生态学界多数学者支持复杂性意味着稳定性或多样性导致稳定性的结论。认为多样性和稳定性是一致的，多样性增加，稳定性也会增加。

M. Godron 稳定性测定方法原理是，以确定种的百分数的累计值与累积相对频度比值（即横坐标与纵坐标比值）越接近于 20/80，该群落越稳定，在 20/80 这一点上是群落的稳定点（许涵等，2009）。用此方法对热带常绿季雨林群落分析，以种的百分数的累计值与累积相对频度分布图作曲线模型拟合，得到拟合程度很高的 4 次一元曲线方程（图 2-30），与在 2 个坐标轴的 100 处相连的直线进行联合方程组求解，算出 2 线相交点的坐标为（25.62，74.38），即群落横坐标与纵坐标比值在 25.620/74.38，说明群落还未稳定，一些种分布不均或个体较少。

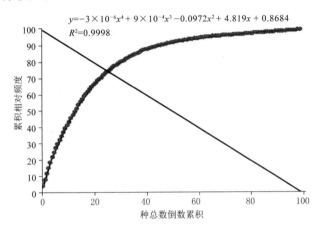

$$y = -3 \times 10^{-6}x^4 + 9 \times 10^{-4}x^3 - 0.0972x^2 + 4.819x + 0.8684$$
$$R^2 = 0.9998$$

图 2-30　常绿季雨林群落稳定性分析图

二、热带山地雨林群落结构特征及更新演替

海南岛热带山地雨主要分布在海拔 600～1200 m（1300 m）的山体中部。由于该植被类型分布区域气候条件优越，雨量多，湿度大，旱季水分亏缺程度不明显，其植物种类组成最为复杂，1 hm² 的样地中有胸径 10 cm 以上的大树 150 多种，所有植物的种数在 250 种以上。以樟科、茜草科、壳斗科、桃金娘科等为优势科，但热带亚洲表征科——龙脑香科的种类和植株数量明显减少，仅见坡垒（Hopea hainanensis）一种，散布在群落的上中层乔木中。

（一）树种组成与空间结构

1. 树种组成

原始热带山地雨林群落 10000 m² 样地胸径（DBH）≥1.0cm 的主要树种为柏拉木、厚壳桂、谷姑茶、毛荔枝、狗骨柴、卵叶樟、长眉红豆、大叶白颜、薄皮红楣、韩氏蒲桃、盘壳栎、多香木、红锥、木荷等十多种（表 2-25）。整个样地树种达到 245 种。乔木层以厚壳桂、大叶白颜、谷姑茶、毛荔枝为主，重要值介于 4.0～6.3；幼树层和下木层优势种相对明显，分别以谷姑茶（重要值 14.87，下同）和柏拉木（14.35）为优势种，见表 2-26。

表 2-25 原始热带山地雨林主要树种的重要值特征(IV≥1.0 的树种)

序号	种 名	相对优势度	相对频度	相对密度	重要值
1	柏拉木 *Blastus cochinchinensis*	0.25	2.53	11.57	14.34
2	厚壳桂 *Cryptocarya chinensis*	4.46	2.13	4.91	11.50
3	谷姑茶 *Mallotus hookerianus*	1.75	2.78	5.15	9.68
4	毛荔枝 *Uvaria calamistrata*	3.66	2.74	2.72	9.12
5	狗骨柴 *Diplospora dubia*	0.21	3.07	5.34	8.61
6	卵叶樟 *Cinnamomum rigidissimum*	5.38	1.59	1.49	8.46
7	长眉红豆 *Ormosia balansae*	1.19	2.82	3.73	7.74
8	大叶白颜 *Gironniera subaequalis*	3.13	2.38	2.13	7.64
9	薄皮红椆 *Lithocarpus amygdalifolius* var. *praecipitiorum*	4.53	0.79	0.54	5.86
10	韩氏蒲桃 *Syzygium hancei*	2.03	1.99	1.81	5.82
11	盘壳栎 *Cyclobalanopsis patelliformis*	4.15	0.94	0.50	5.60
12	多香木 *Polyosma cambodiana*	0.70	2.09	2.48	5.28
13	红椆 *Lithocarpus fenzelianus*	3.20	1.12	0.93	5.25
14	木荷 *Schima superba*	4.09	0.72	0.41	5.23
15	高山蒲葵 *Livistona saribus*	3.83	0.72	0.39	4.95
16	九节 *Psychotria rubra*	0.50	1.95	2.24	4.69
17	东方琼楠 *Beilschmiedia tungfangensis*	1.97	1.41	1.29	4.66
18	喙果皂帽花 *Cananga odorata*	0.09	2.17	2.31	4.57
19	平滑琼楠 *Beilschmiedia laevis*	1.34	1.66	1.46	4.46
20	尖峰桢楠 *Machilus monticola*	0.59	1.95	1.90	4.44
21	小叶白锥 *Castanopsis tonkinensis*	1.57	1.12	1.40	4.09
22	罗伞树 *Ardisia quinquegona*	0.21	1.70	2.01	3.92
23	木胆 *Platea parvifolia*	2.43	0.79	0.63	3.85
24	油丹 *Alseodaphne hainanensis*	2.08	1:08	0.67	3.83
25	青兰 *Xanthophyllum hainanense*	1.62	1.26	0.86	3.74
26	谷木 *Memecylon ligustrifolium*	0.08	1.84	1.79	3.71
27	倒卵阿丁枫 *Altingia obovata*	3.06	0.36	0.26	3.68
28	海南罗伞树 *Ardisia quinquegona* var. *hainanensis*	0.14	1.62	1.85	3.61
29	香果新木姜子 *Neolitsea ellipsoidea*	1.23	1.05	1.23	3.50
30	枝花李榄 *Chionanthus ramiflorus*	1.31	1.19	0.99	3.49
31	红锥 *Castanopsis hystrix*	3.29	0.11	0.06	3.45
32	黧蒴栲 *Castanopsis fissa*	2.13	0.69	0.63	3.45
33	灯架 *Winchia calophylla*	2.36	0.61	0.34	3.31
34	尖峰栲 *Castanopsis jianfenglingensis*	1.21	0.54	1.10	2.85
35	乌材柿 *Diospyros eriantha*	0.64	1.23	0.90	2.77
36	毛果稠 *Lithocarpus pseudovestitus*	2.18	0.25	0.13	2.57
37	广东山胡椒 *Lindera kwangtungensis*	0.60	0.97	0.99	2.57
38	剑叶灰木 *Symplocos lancifolia*	0.27	1.26	1.03	2.56
39	岭南山竹子 *Garcinia oblongifolia*	0.62	1.12	0.73	2.47

（续）

序号	种　名	相对优势度	相对频度	相对密度	重要值
40	线枝蒲桃 *Syzygium araiocladum*	0.88	0.90	0.52	2.31
41	山月桂 *Kalmia latifolia*	0.28	1.23	0.78	2.29
42	拟核果茶 *Parapyrenaria multisepaia*	0.22	1.16	0.78	2.16
43	轮叶木姜子 *Litsea verticillata*	0.07	1.16	0.90	2.12
44	腺叶灰木 *Symplocos adenophylla*	0.17	1.01	0.82	2.01
45	钝叶樟 *Cinnamomum bejolghota*	0.70	0.72	0.58	2.00
46	肖蒲桃 *Acmena acuminatissima*	0.55	0.87	0.58	2.00
47	山赤 *Ternstroemia multisepala*	1.27	0.43	0.22	1.93
48	鸡屎树 *Lasianthus hirsutus*	0.07	0.87	0.90	1.83
49	刻节润楠 *Machilus cicatricosa*	0.57	0.76	0.45	1.78
50	鱼骨木 *Canthium dicoccum*	0.43	0.76	0.54	1.73
51	小叶胭脂 *Artocarpus styracifolius*	0.82	0.58	0.32	1.72
52	橄榄 *Canarium album*	1.16	0.32	0.21	1.69
53	柄果石栎 *Lithocarpus longipedicellatus*	0.03	0.94	0.60	1.57
54	鸭脚木 *Schefflera octophylla*	1.03	0.32	0.19	1.54
55	未鉴定种 UN	1.48	0.04	0.02	1.53
56	秦氏桂 *Cryptocarya chingii*	0.14	0.72	0.65	1.52
57	荔枝叶红豆 *Ormosia semicastrata* f. *litchifolia*	0.57	0.58	0.35	1.50
58	毛叶冬青 *Ilex pubilimba*	0.27	0.69	0.54	1.50
59	红柳 *Tamarix ramosissima*	0.36	0.47	0.63	1.47
60	大叶新木姜 *Neolitsea levinei*	0.04	0.79	0.63	1.47
61	假柿叶木姜 *Litsea monopetala*	0.04	0.87	0.56	1.47
62	子凌蒲桃 *Syzygium championii*	0.09	0.79	0.56	1.45
63	剑叶冬青 *Ilex lancilimba*	0.26	0.65	0.52	1.43
64	黄杞 *Engelhardtia roxburghiana*	0.75	0.43	0.24	1.42
65	五室第伦桃 *Dillenia pentagyna*	0.75	0.40	0.24	1.39
66	吊鳞苦梓 *Michelia mediocris*	0.38	0.58	0.37	1.33
67	长柄杜英 *Elaeocarpus petiolatus*	0.20	0.58	0.41	1.19
68	越南灰木 *Symplocos cochinchinensis*	0.33	0.54	0.30	1.17
69	厚皮香八角 *Illicium ternstroemioides*	0.07	0.51	0.54	1.11
70	琼岛染木树 *Saprosma merrillii*	0.02	0.61	0.47	1.10
71	柴龙树 *Apodytes cambodiana*	0.97	0.07	0.04	1.08
72	毛冬青 *Ilex pubescens*	0.23	0.54	0.30	1.07
73	海岛冬青 *Ilex goshiensis*	0.41	0.40	0.26	1.07
74	竹叶栎 *Quercus bambusifolia*	0.24	0.51	0.32	1.06
75	鸡毛松 *Podocarpus inbricatus*	0.75	0.18	0.09	1.02
76	白背槭 *Acer decandrum*	0.06	0.58	0.37	1.01

表 2-26　海南尖峰岭原始热带山地雨林不同层次主要树种的重要值特征(仅列重要值前 5 种)

径级(cm)	种名	相对胸高断面积	相对多度	相对频度	重要值
幼苗层 (DBH1.0~2.5)	柏拉木 Blastus cochinchinensis	18.51	20.21	4.32	14.35
	狗骨柴 Tricalysia dubia	7.65	7.06	4.75	6.48
	长眉红豆 Ormosia balansae	4.27	4.52	4.07	4.29
	喙果皂帽花 Dasymaschalon rostratum	3.46	3.19	3.33	3.33
	厚壳桂 Cryptocarya chinensis	3.29	2.91	2.71	2.97
幼树层 (DBH 2.5~7.5)	谷姑茶 Mallotus hookerianus	14.87	11.10	5.87	14.87
	厚壳桂 Cryptocarya chinensis	7.20	6.05	3.63	7.20
	九节 Psychotria rubra	4.38	3.32	2.61	4.38
	多香木 Polyosma cambodiana	4.12	3.59	3.07	4.12
	毛荔枝 Uvaria calamistrata	3.64	2.99	3.35	3.64
乔木层 (DBH>7.5)	厚壳桂 Cryptocarya chinensis	4.33	9.30	5.08	6.24
	大叶白颜 Gironniera subaequalis	3.17	6.31	5.58	5.02
	谷姑茶 Mallotus hookerianus	1.12	6.63	5.71	4.49
	毛荔枝 Uvaria calamistrata	3.67	4.28	4.31	4.09
	高山蒲葵 Livistona saribus	4.24	2.03	2.28	2.85

资料来源:许涵等(2009)。

表 2-27　海南尖峰岭原始热带山地雨林不同层次树种多样性指数、均匀度指数

径级(cm)	总株数 (株)	种数 (N)	科数 (N)	属数 (N)	UN	多样性指数		均匀度指数 (J)/(%)	平均密度 (株/100m²)
						H'	1/D		
幼苗层(DBH1.0~2.5)	2919	178	50	97	4	5.66	17.83	75.66	29.2
幼树层(DBH 2.5~7.5)	1505	174	49	103	4	6.03	33.78	81.09	15.1
乔木层(DBH>7.5)	935	156	51	90	9	6.11	37.74	83.85	9.4
总计	5359	254	60	127	16	6.15	33.22	76.99	53.6

资料来源:许涵等(2009)。

原始热带山地雨林群落物种丰富度(物种数)为 254,Shannon-Wiener 多样性指数 $H'=$ 6.15,Pielou 均匀度指数 $J=76.99$;平均样方物种丰富度为 53.6 种/100m²。见表 2-27。

2. 空间结构

热带雨林组成的树种繁多,植物个体的年龄各不相同,形成异龄结构,导致了群落结构在空间上的复杂性。海南岛的热带森林可人为地划分高度上的层次,如可分为 7 个层次:乔木 I 层高 24 m 以上,乔木 II 层 16~24 m,乔木 III 层 8~16 m,乔木 IV 层 3~8 m,下木层 0.5~3 m,草本层 0.5 m 以下,层间植物分布在各个层次中。但实际上各层乔木并没有明显层次的痕迹,树木的高度从下至上是连续的。为了热带雨林经营和研究,以径级大小进行空间层次的划分,如 2005 年对海南尖峰岭热带山地雨林 10000 m² 的原始林固定样地划分 100 个 10 m×10 m 样方,对胸径 ≥1.0 cm 的乔木树种进行每木调查,并以胸径

大小将群落分成 3 个层次：幼苗层 1.0 cm ≤ DBH < 2.5 cm，幼树层 2.5 cm ≤ DBH < 7.5 cm，乔木层 DBH≥7.5 cm。其样地群落结构分析结果如下：

（1）密度。原始热带山地雨林 1 hm² 样地群落胸径≥1.0 cm 的个体密度为 53.59 株／100 m²，其中乔木层 9.35 株/100 m²，幼树层 15.05 株/100 m²，幼苗层 29.19 株/100 m²，以幼苗层占最大比例。群落不同径级的个体密度分布呈倒"J"形，见图 2-31，以幼苗、幼树个体数量占绝对优势。乔木层径级密度见图 2-32，大径材占比例较少，各径级分布成金字塔的合理结构。

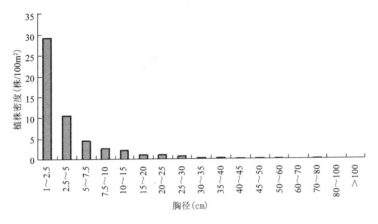

图 2-31　原始热带山地雨林径级分布图

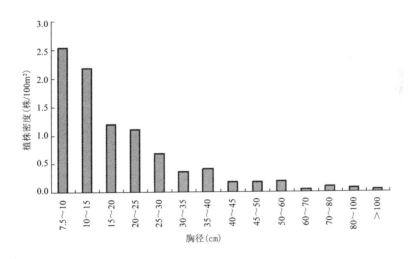

图 2-32　原始热带山地雨林乔木层径级密度图

（2）胸径和树高结构。热带山地雨林原始林群落的平均胸径为 5.61cm，平均树高为 5.75 m。多数植株个体高度在 12 m 以下，超过 32 m 的树较少，胸径 2.5 cm 以下幼苗层树高在 1.1～10.0 m。乔木层胸径大小差异较大，主林冠层不太高。不同林层所有植株及各层植株平均胸径和树高见表 2-28。不同树高级植株分布见图 2-33。

表 2-28　不同林层植株胸径和树高(10000 m², DBH≥1.0 cm)

林　　层	株数	平均胸径±标准偏差 （cm）	平均树高±标准偏差 （m）	最大胸径 （cm）	最大树高 （m）
幼苗层	2919	1.55　±0.41	3.21　±0.96	2.40	10.00
幼树层	1505	4.21　±1.43	5.75　±1.91	7.40	18.00
乔木层	935	20.39　±16.07	13.82±6.25	118.0	40.0
所有植株	5359	5.61　±9.75	5.75　±4.85	118.0	40.0

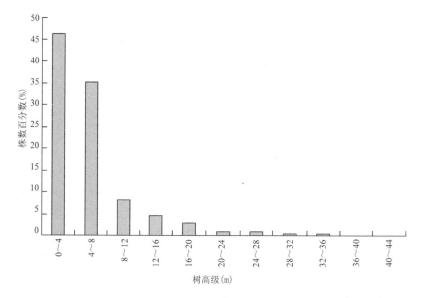

图 2-33　原始热带山地雨林树高植株分布图

(二)天然更新演替

1. 物种相似性

热带山地雨生态环境条件优越,物种丰富。原始林群落演替更新平衡稳定,层次间主要物种组成相也相对稳定。海南尖峰10000 m²样地不同林层相似物种数及SΦrensen群落系数见图2-34和图2-35,显示幼树层与幼苗层相似种最多,占总物种数的38.98%,乔木层与幼苗层和幼树层的相似种较少,分别占总物种数的32.77%和35.59%。三层间物种相似数比例均衡,层间固有植物种类数目相对稳定,幼树层和幼树层相似比例较大,表明各层间均有较好的树种储备,

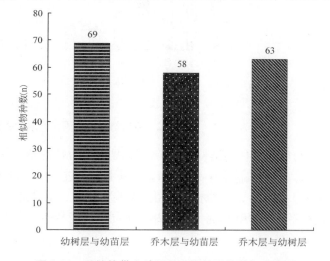

图 2-34　原始热带山地雨林不同林层物种相似数目

和较稳定的群落结构。

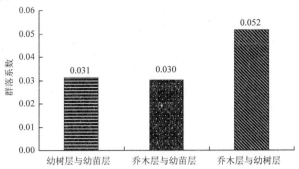

图 2-35　原始热带山地雨林不同林层群落系数

2. 群落稳定性

原始林群落稳定性在干扰不是激烈下处于较高的稳定状态。用 M. Godron 稳定性测定方法对原始热带山地雨林群落分析，以种的百分数的累计值与累积相对频度分布图作曲线模型拟合，得到拟合程度很高的 4 次一元曲线方程(图 2-36)，与在 2 个坐标轴的 100 处相连的直线进行联合方程组 2 线相交点的坐标为(25.28，74.72)，即群落横坐标与纵坐标比值在 25.28 /74.72，比值接近 20 /80，说明群落较稳定。

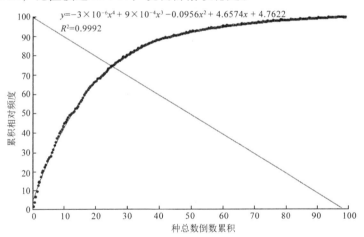

$$y=-3\times10^{-6}x^4+9\times10^{-4}x^3-0.0956x^2+4.6574x+4.7622$$
$$R^2=0.9992$$

图 2-36　热带山地雨林群落稳定性分析图

参考文献

Barot S, Gignoux J, Menaut J C. 1999. Demography of a Savanna Palm tree：Predictions from comprehensive spatial pattern analyses[J]. Ecology, 80：1987～2005

Callaway R M, Brooker R W, Choler P et al. 2002. Positive interactions among alpine plants increase with stress [J]. Nature, 417(6891)：844～848

Condit R, Ashton P S, Baker P et al. 2000. Spatial patterns in the distribution of tropical tree species[J]. Science, 288：1414～1418

Connell J H. 1971. On the role of natural enemies in preventing competitive exclusion in some marine animals and inrain forest trees[C]. Dynamics of Populations：Proceedings of the Advanced Study Institute on Dynamics of

Numbers in Populations, Wageningen: Pudoc, 298 ~ 312

Cox G W. 1972. Laboratory manual of general ecology[J]. W. C. Brown Company Publishers

Dale M R T, Dixon P, Fortin M J et al. 2002. Conceptual and mathematical relationships among methods for spatial analysis[J]. Ecography, 25: 558 ~ 577

Dale M R T. 1999. Spatial Pattern Analysis in Plant Ecology[M]. London: Cambridge University Press

Dan L S, Richard I, Nancy H et al. 1999. Patterns of woody plant abundance, recruitment, mortality and growth in a 65 year chronosequence of old-fields[J]. Plant Ecology, 145: 267 ~ 279

Diggle P J. 1983. Statistical analysis of spatial point patterns[M]. New York: Academic Press

Doležal J, Šrutek M, Hara T et al. 2006. Neighborhood interactions influencing tree population dynamics in non-pyrogenous boreal forest in northernFinland[J]. Plant Ecology, 185: 135 ~ 150

Duncan R P. 1991. Competition and the Coexistence of species in a mixed podocarp Stand[J]. Journal of Ecology, 79(4): 1073 ~ 1084

Duncan R P. 1993. Flood disturbance and the coexistence of species in a lowland podocarp forest, south Westland, New Zealand[J]. Journal of Ecology, 81(3): 403 ~ 416

Elaine H, Richard C, Pierre L. 2002. Responses of 20 native tree species to reforestation strategies for abandoned farmland in Panama[J]. Ecological Applications, 12(6): 1626 ~ 1641

Fajardo A, Goodburn J M, Graham J. 2006. Spatial patterns of regeneration in managed uneven-aged ponderosa pine/douglas-fir forests of Western Montana, USA[J]. Forest Ecology and Management, 223: 255 ~ 266

Getzin S, Dean C, He F et al. 2006. Spatial patterns and competition of tree species in a douglas-fir chronosequence onVancouver Island[J]. Ecography, 29: 671 ~ 682

Greig-Smith P. 1983. Quantitative Plant Ecology[J]. Oxford: Blackwell, 54 ~ 104

Hao Z, Zhang J, Song B et al. 2007. Vertical structure and spatial associations of dominant tree species in an old-growth temperate forest[J]. Forest Ecology and Management, 252: 1 ~ 11

He F L, Duncan R P. 2000. Density-dependent effects on tree survival in an old-growth Douglas fir forest[J]. Journal of Ecology, 88(4): 676 ~ 688

Janzen D H. 1970. Herbivores and the number of tree species in tropical forests[J]. The American Naturalist, 104: 501 ~ 528

Kenkel N C. 1988. Pattern of self-thinning in Jack Pine: Testing the random mortality hypothesis[J]. Ecology, 69: 1017 ~ 1024

Lei T T, Semones S W, Walker J F et al. 2002. Effects of *Rhododendron maximum* thickets on tree seed dispersal, seedling morphology, and survivorship[J]. International Journal of Plant Sciences, 163(6): 991 ~ 1000

Li L, Wei S G, Huang Z L et al. 2008. Spatial patterns and interspecific associations of three canopy species at different life stages in a subtropical forest, China[J]. Journal of Integrative Plant Biology, 50: 1140 ~ 1150

Liu S R, Wang J X, Chen L W. 2003. Ecology and restoration of sub – alpine ecosystem in western Sichuan, China[J]. Informatore Botanico Italiano, 35: 29 ~ 34

Matthew J G, William S K, Catherine R A. 2002. Conifer seedling distribution and survival in alpine treeline ecotone[J]. Plant Ecology, 162: 157 ~ 168

Mori A, Takeda H. 2004. Effects of undisturbed canopy structure on population structure and species coexistence in an old-growth subalpine forest in Central Japan[J]. Forest Ecology and Management, 200: 89 ~ 100

Nakashizuka T. 2001. Species coexistence in temperate, mixed deciduous forests[J]. Trends in Ecology & Evolution, 16(4): 205 ~ 210

Nilsen E T, Clinton B D, Lei T T et al. 2001. Does *Rhododendron maximum* L. (Ericaceae) reduce the availability ofresources above and belowground for canopy tree seedlings[J]? The American Midland Naturalist, 145

（2）：325～343

Nilsen E T, Walker J F, Miller O K et al. 1999. Inhibition of seedling survival under *Rhododendron maximum* (Ericaceae)：could allelopathy be a cause[J]? American Journal of Botany, 86(11)：1597～1605

Ohsawa M. 1984. Diference of vegetation zones and species strategies in the subalpine region of M. Fuji[J]. Vegetatio, 57：15～52

Park A. 2003. Spatial segregation of pines and oaks under different fire regimes in the Sierra Madre Occidental[J]. Plant Ecology, 169：1～20

Perry G L W, Miller B P, Enright N J. 2006. A comparison of methods for the statistical analysis of spatial point patterns in plant ecology[J]. Plant Ecology, 187(1)：59～82

Rozas V. 2006. Structural heterogeneity and tree spatial patterns in an old-growth deciduous lowland forest in Cantabria, northern Spain[J]. Plant Ecology, 185(1)：57～72

Sanchez-Meador A J, Moore M M, Bakker J D et al. 2009. 108 Years of change in spatial pattern following selective harvest of a *Pinus ponderosa* stand in Northern Arizona, USA[J]. Journal of Vegetation Science, 20：1～12

Sterner R W, Ribic C A, Schatz G E. 1986. Testing for life historical changes in spatial patterns of four tropical tree species[J]. Journal of Ecology, 74：621～633

Stoll P, Bergius E. 2005. Pattern and process：Competition causes regular spacing of individuals within plant populations[J]. Journal of Ecology, 93：395～403

Stoyan D, Stoyan H. 1994. Fractals, random shapes, and point fields：methods of geometrical statistics[M]. New York：John Wiley & Sons

Szwagrzyk J, Czerwczak M. 1993. Spatial patterns of trees in natural forests of East-Central Europe[J]. Journal of Vegetation Science, 4：469～476

Takahashi K, Homma K, Vetrova V P et al. 2001. Stand structure and regeneration in a Kamchatka mixed boreal forest[J]. Journal of Vegetation Science, 12：627～634

Tokeshi M. 1999. Species coexistence：ecological and evolutionary perspectives[M]. Blackwell Publishing Suzuki R O, Kudoh H, Kachi N. 2003. Spatial and temporal variations in mortality of the biennial plant, *Lysimachia rubida*：effects of intraspecific competition and environmental heterogeneity. Journal of Ecology, 91(1)：114～125

Tranquillini W. 1979. Physiological ecology of alpine timberline[M]. Berlin：Springer-Verlag

Watt A S. 1947. Pattern and process in the plant community[J]. Journal of Ecology, 35：1～22

West D C, Smith T M. 1982. Forest succession model and their ecological and management implications. Forest succession and stand development research in the Northwest[J]. Forest Research Lab, Oregon State University

Wiegand T, Moloney K A. 2004. Rings, circles, and null–models for point pattern analysis in ecology[J]. Oikos, 104：209～229

Wolf A. 2005. Fifty year record of change in tree spatial patterns within a mixed deciduous forest[J]. Forest Ecology and Management, 215：212～223

Yu H, Wiegand T, Yang X et al. 2009. The impact of fire and density-dependent mortality on the spatial patterns of a pine forest in the Hulun Buir sandland, Inner Mongolia, China[J]. Forest Ecology and Management, 257(10)：2098～2107

《中国森林》编辑委员会. 1997. 中国森林(第一卷, 总论)[M]. 北京：中国林业出版社, 437～508

艾春霖, 王慈德, 艾淑华. 1985. 兴安落叶松种子传播特性的研究[J]. 林业科技, 4；2～5

安守芹, 张吉术, 李华. 1997. 兴安落叶松林冠下天然更新的研究[J]. 内蒙古林学院学报, 19(1)：1～8

班勇, 徐化成, 李湛东. 1997. 兴安落叶松老龄林落叶松林木死亡格局以及倒木对更新的影响[J]. 应用生态学报, 8(5)：449～452

班勇，徐化成．1995．大兴安岭北部原始老龄林内兴安落叶松幼苗种群的生命统计研究[J]．应用生态学报，6(2)：113~118

柴勇，孟广涛，方向京等．2004．云南金沙江流域退化林地群落特征研究[J]．西北林学院学报，19(2)：146~151

陈正仁．1997．茂兰喀斯特森林植物区系研究//朱守谦．喀斯特森林生态研究(Ⅱ)[M]．贵阳：贵州科技出版社，167~170

程伟，罗鹏，吴宁．2005a．岷江上游林线附近岷江冷杉种群(*Abies faxoniana* Rehd. et Wild)的生态学特点[J]．应用与环境生物学报，11(3)：300~303

程伟，吴宁，罗鹏．2005b．岷江上游林线附近岷江冷杉种群的生存分析[J]．植物生态学报，29(3)：349~353

丛者福．1995．天山云杉种群水平分布格局[J]．八一农学院学报，18(2)：41~44

崔大方，廖文波，羊海军等．2006．中国伊犁天山野果林区系表征地理成分及区系发生的研究[J]．林业科学研究，19(5)：555~560

崔克城，赵烈斌．2001．蒙古栎——兴安落叶松林天然更新质量分析[J]．内蒙古林业调查设计，(1)：32，53

董和利，徐鹤忠，刘滨辉．2006．大兴安岭火烧迹地主要目的树种的天然更新[J]．东北林业大学学报，34(1)：22~24

杜亚娟；徐化成；于汝元；1993．兴安落叶松林下植被、枯枝落叶层和动物对幼苗发生影响的研究[J]．北京林业大学学报，15(4)：12~20

范兆飞，徐化成，于汝元．1992．大兴安岭北部兴安落叶松种群年龄结构及其与自然干扰关系的研究[J]．林业科学，28(1)：2~12

高景文，敖文军，刘顶锁等．2003．大兴安岭兴安落叶松的起源及生物特性[J]．内蒙古科技与经济，(10)：99~100

顾云春．1980．大兴安岭几个主要森林类型的天然更新[J]．林业资源管理，(4)：21~27

顾云春．1982．中国的兴安落叶松林[J]．林业资源管理，(2)：27~30

管中天．1982．四川松杉植物地理[M]．成都：四川人民出版社

国家环境保护总局．2006．全国生态现状调查与评估[M]．北京：中国环境科学出版社，547~725

黑龙江森林编委会．1986．黑龙江森林[M]．哈尔滨：东北林业大学出版社；北京：中国林业出版社

侯继华，马克平．2002．植物群落物种共存机制的研究进展[J]．植物生态学报，26(增刊)：1~8

康冰，刘世荣，温远光等．2006．广西大青山南亚热带次生林演替过程的种群动态[J]．植物生态学报，30(6)：931~940

孔昭宸，杜乃秋，山发寿．1996．青藏高原晚新生代以来植被时空变化的初步探讨[J]．微体古生物学报，13(4)：339~351

李博，陈家宽，沃金森 A R．1998．植物竞争研究进展[J]．植物学通报，15(4)：18~29

李贵祥，施海静，孟广涛等．2007．云南松原始林群落结构特征及物种多样性分析[J]．浙江林学院学报，24(4)：396~400

李建贵，潘存德，梁瀛．2001a．天山云杉天然成熟林种群分布格局[J]．福建林学院学报，21(1)：53~56

李建贵，潘存德，周林生等．2001b．天山云杉种群种内竞争[J]．新疆农业大学学报，24(4)：1~6

李明辉，何风华，刘云等．2005．天山云杉种群空间格局与动态[J]．生态学报，25(5)：1000~1006

李援越．1999．黔中退化喀斯特群落自然恢复的生态学过程研究[D]．贵州大学硕士学位论文

梁晓东，叶万辉，蚁伟民．2001．林窗与生物多样性维持[J]．生态学杂志，20(5)：64~68

林业部调查规划院．1981．中国山地森林[M]．北京：中国林业出版社

刘翠玲，潘存德，梁瀛等．2006．鳞毛蕨(*Dryopteris filix-mas*)天山云杉林种群结构分析[J]．干旱区研究干

旱区研究，23（1）：60～65

刘贵峰，臧润国，成克武．2008．不同经度天山云杉群落物种丰富度随海拔梯度变化［J］．应用生态学报，19（7）：1407～1413

刘攀峰．2009．退化喀斯特森林恢复过程中优势植物种群格局与生境异质性研究［D］．贵州大学硕士学位论文

刘晓辉，尹君，张玉民．2002．草类——兴安落叶松林天然更新质量的研究［J］．内蒙古林业调查设计，26（2）：36～37

刘云，侯世全，李明辉等．2005．两种不同干扰方式下的天山云杉更新格局［J］．北京林业大学学报，27（1）：47～50

刘振国，李镇清．2005．植物群落中物种小尺度空间结构研究［J］．植物生态学报，29（6）：1020～1028

龙翠玲，余世孝，魏鲁明等．2005．茂兰喀斯特森林干扰状况与林隙特征［J］．林业科学，41（4）：13～19

龙翠玲，朱守谦，喻理飞．2003．贵州茂兰喀斯特森林土壤种子库研究//朱守谦．喀斯特森林生态研究（III）［M］．贵阳：贵州科技出版社，265～275

陆平，严赓雪，张瑛山．1989．新疆森林［M］．北京：中国林业出版社

吕厚远，王苏民，吴乃琴．2001．青藏高原错鄂湖2.8Ma以来的孢粉记录［J］．中国科学D辑，31（增）：234～240

马姜明，刘世荣，史作民等．2007．川西亚高山暗针叶林恢复过程中群落物种组成和多样性的变化［J］．林业科学，43（5）：17～23

马雪华．1963．川西高山暗针叶林区的采伐与水土保持［J］．林业科学，8（2）：149～158

缪宁，史作民，冯秋红等．2008．川西亚高山岷江冷杉种群的空间格局分析［J］．林业科学，44（12）：1～6

内蒙古森林编委会．1989．内蒙古森林［M］．哈尔滨：东北林业大学出版社；北京：中国林业出版社

彭建松，柴勇，孟广涛等．2005．云南金沙江流域云南松天然林林隙更新研究［J］．西北林学院学报，20（2）：114～117

钱本龙．1986．岷江冷杉原始林结构的初步研究［J］．林业勘查设计，1：9～14

邱扬，李湛东，张玉钧等．2003．大兴安岭北部原始林兴安落叶松种群世代结构的研究［J］．林业科学，39（3）：15～22

任青山，杨小林，崔国发等．2007．西藏色季拉山林线冷杉种群结构与动态［J］．生态学报，27（7）：2669～2677

石培礼，李文华，王金锡．2002．岷江冷杉林线交错带的植冠三维结构［J］．生态学报，22（11）：1819～1824

史立新，王金锡，宿以民．1988．川西米亚罗地区暗针叶林采伐迹地早期植被演替过程的研究［J］．植物生态学与地植物学报，12（4）：306～313

苏宏新．2005．全球气候变化条件下新疆天山云杉林生长的分析与模拟［D］．中国科学院植物研究所博士学位论文．

王金锡，许金铎，侯广维等，1995．长江上游高山高原林区迹地生态与营林更新技术［M］．北京：中国林业出版社

王进欣，张一平．2002．林窗微环境异质性及物种的响应［J］．南京林业大学学报，26（1）：564～569

王立权．2006．新疆天山云杉群落结构特征研究［D］．河北农业大学硕士学位论文

王婷，任海保，马克平．2006．新疆中部天山雪岭云杉种群动态初步研究［J］．生态环境，15（3）：564～571

王婷．2004．天山中部不同海拔高度天山云杉林的生态学研究［D］．武汉大学博士学位论文

王襄平，张玲，方精云．2004．中国高山林线的分布高度与气候的关系［J］．地理学报，59（6）：871～879

王燕，赵士洞．2000．天山云杉林生物生产力的地理分布［J］．植物生态学报，24（2）：186～190

王燕，赵士洞．2000．天山云杉林生物生产力的地理分布［J］．植物生态学报，24（2）：186～190

魏岩，谭敦炎，朱建雯．1998．天山1号冰川冻原植被带种子植物区系［J］．干旱区研究，15（1）：49～53

吴刚.1997.长白山红松阔叶林林冠空隙特征的研究[J].应用生态学报,8(4):360~364

吴征镒.1991.中国种子植物属的分布区类型专辑[J].云南植物研究,增刊(Ⅳ):1~139

席青虎,铁牛,淑梅等.2009.寒温带兴安落叶松天然更新研究[J].林业资源管理,(1):44~48

徐鹤忠,董和利,底国旗等.2006.大兴安岭采伐迹地主要目的树种的天然更新[J].东北林业大学学报,34(1):18~21

徐化成,杜亚娟.1993.兴安落叶松落叶量和幼苗发生动态的研究[J].林业科学,29(4):298~308

徐化成,范兆飞,王胜.1994.兴安落叶松原始林林木空间格局的研究[J].生态学报,14(2):155~160

徐化成,范兆飞.1993.兴安落叶松原始林年龄结构动态的研究[J].应用生态学报,4(3):229~233

徐化成.1998.中国大兴安岭森林[M].北京:科学出版社

徐振邦,戴洪才,陈华等.1992.1989年大兴安岭图强林业局兴安落叶松结实状况[J].生态学杂志,11(3):8~12

许峰,蔡强国,吴淑安.2000.坡地农林复合系统土壤养分过程研究进展[J].水土保持学报,14(1):82~87

许涵,李意德,骆土寿等.2009.尖峰岭热带山地雨林不同更新林的群落特征[J].林业科学,45(1):14~20

阎顺,孔昭宸,杨振京等.2003.东天山北麓2000多年以来的森林线与环境变化[J].地理科学,23(6):699~675

阎顺,孔昭宸,杨振京等.2004.新疆表土中云杉花粉与植被的关系[J].生态学报,24(9):2017~2113

杨汉奎,程仕泽.1991.贵州茂兰喀斯特森林群落生物量研究[J].生态学报,11(4):307~312

杨洪晓,张金屯,吴波.2006.毛乌素沙地油蒿种群点格局分析[J].植物生态学报,30(4):563~570

杨玉坡等.1992.四川森林[M].北京:中国林业出版社

应俊生.1989.中国裸子植物分布区的研究(1):松科植物的地理分布[J].植物分类学报,27(1):27~38

喻泓,杨晓晖,慈龙骏.2009.地表火对红花尔基沙地樟子松种群空间分布格局的影响[J].植物生态学报,33(1):71~80

喻理飞,朱守谦,叶镜中等.2000.退化喀斯特森林自然恢复评价研究[J].林业科学,36(6):12~19

喻理飞.1998.退化喀斯特森林自然恢复的生态学过程研究[D].南京林业大学博士学位论文

袁春明,郎南军,孟广涛等.2002.长江上游云南松林水土保持生态效益的研究[J].水土保持学报,16(2):87~90

云南森林编写委员会编著.1986.云南森林[M].昆明:云南科技出版社;北京:中国林业出版社

云南省林业厅,《云南松》编委会,金振洲等.2004.云南松[M].昆明:云南科技出版社

云南省林业厅.1996.云南主要林木种质资源[M].昆明:云南科技出版社

臧润国,余世孝,刘静艳等.1999.海南霸王岭热带山地雨林林隙更新规律的研究[J].生态学报,19(2):151~158

臧润国.1998.长白山自然保护区阔叶红松林林隙更新研究[J].应用生态学报,9(4):349~353

曾德贤,朱仁刚,刘永平.1998.白马河林场云南松天然林改建母树林效果初析[J].云南林业科技,3(1):23~26

张健,郝占庆,宋波等.2007.长白山阔叶红松林中红松与紫椴的空间分布格局及其关联性[J].应用生态学报,18(8):1681~1687

张桥英,罗鹏,张运春等.2008.白马雪山阴坡林线长苞冷杉(*Abies georgei*)种群结构特征[J].生态学报,28(1):129~135

张思玉.2001.火生态与新疆山地森林和草原的可持续经营[J].干旱区研究,18(1):76~79

张远东,刘世荣,赵常明.2005.川西亚高山森林恢复的空间格局分析[J].应用生态学报,16(9):1706~1710

张远东,赵常明,刘世荣.2004.川西亚高山人工云杉林和自然恢复演替系列的林地水文效应[J].自然资源学报,19(6):713~719

张远东，刘世荣，赵常明．川西亚高山森林恢复的空间格局分析[J]．应用生态学报，2005，16(9)：1706～1710

赵惠勋，王义弘，李俊清等．1987．塔河林业局天然落叶松林年龄结构、水平格局及经营[J]．东北林业大学学报，15(专刊)：60～64

中国林业工作者手册编纂委员会．2006．中国林业工作者手册[M]．北京：中国林业出版社，1～7，436～439

钟章成．1988．常绿阔叶林生态学研究[M]．重庆：西南师范大学出版社

周瑞昌，杨志兴，李鹤．1979．大兴安岭北部山地主要落叶松林结构特征及更新规律[J]．国土与自然资源研究，(1)：14～45

周先叶，王伯荪，李鸣光．2004．黑石顶自然保护区森林次生演替过程中群落主要种的种间协变分析[J]．应用生态学报，15(3)：367～371

周跃著．1999．云南松林侵蚀控制潜能[M]．昆明：云南科技出版社

周政贤．1987．茂兰喀斯特森林科学考察集[M]．贵阳：贵州人民出版社，1～23

周政贤．1992．贵州森林[M]．贵阳：贵州科技出版社；北京：中国林业出版社，66～72，356～393

朱守谦，魏鲁明，张从贵等．1995．茂兰喀斯特森林生物量构成初步研究[J]．植物生态学报，19(4)：358～367

朱守谦．1993a．茂兰喀斯特森林的群落学特点//朱守谦．喀斯特森林生态研究(Ⅰ)[M]．贵阳：贵州科技出版社，1～11

朱守谦．1993b．茂兰喀斯特森林的群落结构研究//朱守谦．喀斯特森林生态研究(Ⅰ)[M]．贵阳：贵州科技出版社，12～21

第三章 天然林的干扰体系与恢复的生态学特征

天然林退化主要是由自然和人为两种干扰因素引起的。主要表现为大规模的森林采伐利用，也包括过度放牧、陡坡开垦、樵采、狩猎、采药、采矿、火灾等。退化天然林的人为干扰通常包括砍伐、放牧、采挖药材和野菜、积肥、毁林开荒、修路、采矿、旅游、火灾与物种入侵等。每一类干扰都有其特定的特征，如干扰强度、频度、分布、时间与周期等，造成对天然林的影响不同：以木材、薪柴为主要目的的长期、过度森林采伐形成了大面积的次生迹地，一部分通过人工更新形成人工林(多为针叶纯林)，未及时人工更新或更新不成功的，形成了次生林、杂灌或草坡；过度放牧则使灌草丛变成荒草坡或裸地，而且还阻碍了森林的天然更新；毁林开荒、搜集林地枯落物和腐殖质的干扰强度大，但干扰范围小，干扰频率小、周期长、历史长，对局部天然林的破坏力较大；采挖药材和野菜、竹笋等其他干扰范围大、干扰频率高、历史也较长，但对该区天然林的破坏力中等。自然干扰包括滑坡、暴风、暴雪、冰冻、病虫害及自然火灾等。

第一节 东北退化天然林恢复过程的生态学特征

东北林区包括黑龙江、吉林、辽宁全部及内蒙古大部分地区，主要山系有大兴安岭、小兴安岭、完达山、张广才岭、长白山等，总面积约 60 余万平方千米，占国土面积的 6.3%(郝占庆等，2000)。植物区系组成以长白植物区系为主，另有西伯利亚、蒙古和华北植物区系成分，主要树种为红松(*Pinus koraiensis*)、落叶松(*Larix* spp.)、鱼鳞云杉(*Picea jezoensis*)、杉松(*Abies holophylla*)、樟子松(*Pinus sylvestris* var. *mongolica*)、长白松(*Pinus sylvestris* var. *sylvestriformis*)、红皮云杉、胡桃楸(*Juglans mandshurica*)、水曲柳(*Fraxinus mandschurica*)、紫椴(*Tilia amurensis*)、黄檗(*Phellodendron amurense*)、桦木(*Betula* spp.)、山杨(*Populus davidiana* var. *davidiana*)、榆类(*Ulmus* spp.)、蒙古栎等，其中以小兴安岭和长白山林区的原始阔叶红松林最为著名(Zhu *et al.*，2007)。但近 200 年来，由于特殊的历史和社会原因，使得东北林区的森林遭到几次大规模的破坏，在剧烈人为干扰下，这一地区稳定顶极群落基本消失，原有的针阔混交林(阔叶红松林)几乎没有天然连续分布，形成了目前的"低产、低质、低效"的退化天然林(次生林)；其主要树种组成包括：栎类、桦树、杨树、槭树等。而阔叶树种中的拧筋槭(*Acer triflorun*)、青楷槭(*Acer tegmentosum*)、水曲柳、胡桃楸、白牛槭(*Acer mandshricum*)、黄檗、香杨(*Populus koreana*)、暴马丁香（*Syringa reticulata* var. *manshurica*）等，在本区系破坏不甚严重的退化天然林中仍保存一定数量，在局部地区有些种类现在仍然成为该区退化天然林的建群种（毛志宏等，2006）。

一、干扰体系与退化森林特征

历史上，东北绝大部分地区都有森林覆盖。大兴安岭、三江平原、小兴安岭、松嫩平原、长白山区、辽河平原、辽东半岛从北向南分布温带针阔叶混交林、暖温带针阔混交林以及暖温带落叶阔叶林。随着干扰，尤其是人为干扰的不断加剧，上述各区的森林面积不断减少，天然林数量与质量均呈下降趋势，逐渐形成目前大面积退化的天然林（次生林），同时，部分人工林也镶嵌在该退化的天然林系统中。东北地区现有退化天然林生态系统形成的主要干扰特征如下。

（一）东北退化天然林的干扰体系

干扰是森林生态系统进化与演替的驱动力之一，研究森林生态系统的干扰体系对于正确认识森林生态系统的结构与功能，恢复退化的森林生态系统具有重要意义。事实证明：陆地上80%的生态系统都已受到自然、人类或两者共同作用的干扰，森林生态系统也不例外，甚至受到了更为严重的人为干扰（朱教君，刘足根，2004），而且干扰的类型、强度和频度在很大程度上决定着森林生态系统退化的方向和程度（朱教君，刘世荣，2007a）。广义上讲，森林干扰是普遍的、内在的和不可避免的，干扰影响到森林的各个水平，尤其人为干扰。人为干扰往往叠加在自然干扰之上，共同加速生态系统的退化。

退化天然林干扰体系可以有不同的划分方法，如按干扰来源可划分为内部干扰和外部干扰；按干扰传播特征可划分为局部干扰和跨边界干扰；按干扰性质或划分为破坏性干扰和增益性干扰；按干扰机制可划分为物理干扰、化学干扰和生物干扰；按干扰干扰程度或划分为可恢复干扰和不可恢复干扰。但最常见的分类方法是按干扰起因划分为自然干扰和人为干扰（陈利顶，傅伯杰，2000；朱教君，刘足根，2004）。

东北地区的森林在历史上是以阔叶红松混交林为顶极的植物群落。森林具有生产力高，生物多样性优良，林分稳定等特点（朱教君，刘世荣，2007a），但由于长期的人为与自然干扰，目前已经发生了极显著的退化，在干扰的作用下，天然林生态系统演替的进程和方向发生了改变——逆向演替。

自然干扰，即来自不可抗拒的自然力的干扰作用（刘增文，李雅素，1997），指无人为活动介入的在自然环境条件下发生的干扰（陈利顶，傅伯杰，2000）；自然干扰主要包括大气干扰、地质干扰和生物干扰（刘增文，李雅素，1997），如火、风、冰雹、洪水、雪、霜、冻、地震、泥石流、滑坡、病虫侵袭和干旱等（朱教君，刘世荣，2007a）。

而人为干扰指人类活动对自然生态系统的一切作用，包括对生态系统发展有益和有害的所有行为（朱教君，刘足根，2004）；人类对森林的干扰多种多样，主要包括毁林、采伐、修枝、砍伐下木、清除枯落物、放牧、采集果实、开矿、旅游、工业污染等。随着人类社会和经济的高速发展，一些新的人为干扰不断出现，干扰强度也在日益增大（朱教君，刘世荣，2007a）。

1. 自然干扰

东北天然林区的自然干扰主要包括火干扰、风干扰、雪干扰、病虫害干扰等，其中火干扰是最活跃的生态因子之一，经常作用于天然林生态系统，引起天然林的退化，如2002年中国大兴安岭夏季火灾造成1.6万 hm² 的原始林被毁。

大兴安岭原始林区在未开发以前自然火灾较频繁。徐化成(1997)对内蒙古大兴安岭林区阿龙山林业局火疤痕的研究结果表明，1825～1957年，这一地区火轮回期为30年。徐化成(1988)根据满归林业局1955年地面调查资料，发现该地区的火轮回期为103年。郑焕能(1991)认为大兴安岭北部(伊勒呼里山以北)火轮回期为110～120年，中部(包括克河、甘河、阿里河、松岭等)火轮回期为30～40年；南部(包括加格达奇、大杨树、南瓮河等)为15～20年。段向阁(1991)发现湿润的杜香—落叶松林的最小火周期11年，最大火周期91年，平均为32年。较干燥的杜鹃(*Rhododendron simsii*)—落叶松林火周期为6年，最大火周期82年，平均26年。不同树种和林型自然火发生频率不一样，林火轮回期也不同，白桦林和樟子松林的火烧次数较兴安落叶松多，火间隔期较短，火强度较低(田晓瑞等，2005)。

据统计(全国林业统计资料库1987～2001年)，1967～1987年，黑龙江省平均每年发生火灾次数393起，年均受害森林面积420920.6 hm²。利用过火面积计算黑龙江省森林火周期为36年(田晓瑞等，2005)。1988～2002年黑龙江年均森林火灾为242次，年均受害森林面积9786.5 hm²，森林火周期变为2649年。与1987年前相比，年均森林火灾次数和受害森林面积分别减少38.4%和97.7%(田晓瑞等，2005)。

目前，引起森林火灾的主要原因是人为火源，约为总火灾次数的98%(2002年)。东北、内蒙古林区自然火源比例较高。2002年内蒙古林区雷击引起的火灾占总火灾次数的56.8%。黑龙江省雷击火和境外火分别占38.1%和1.1%(田晓瑞等，2005)。

同时，风干扰也是东北森林干扰中最常见的一种自然干扰。研究表明，东北地区的森林风害在大的气候条件作用下，由于海拔、地形、地势和林型等共同作用下产生的(Coutts and Grace，1995；Peltola *et al.*，2000；Ruck *et al.*，2003；Zhu *et al.*，2006)。在部分地区形成强对流天气，造成林木顶枝折断或疏开林冠，形成风倒木，从而改变林内光照，使林分内土壤温度昼夜变幅加大；对林地土壤和风倒木范围的植被产生明显影响，从而引起小尺度的生境异质性；环境因子的改变导致林冠层树种更新，更新格局发生变化(Quine *et al.*，1999；Gardiner and Quine，2000；Zhu *et al.*，2004；Hu and Zhu，2009)。

风干扰对天然林影响较严重，如1986年8月28日，长白山自然保护区南坡和西坡遭遇台风的自然干扰，导致9924.5 hm² 的原始森林的活立木发生大面积倒伏。其中约98%的风倒木分布在保护区的核心区。风倒区共有林木蓄积170.3万 m³，其中倒木蓄积121.5万 m³，风倒强度71.2%，平均每公顷有风倒木213株，计122.5 m³。风倒区从海拔1050 m的熔岩台地至海拔1750 m的倾斜高原，跨越长白山的阔叶红松林、针叶混交林和岳桦林3个森林垂直分布景观带。

东北天然林在经受火干扰和风干扰的同时，还遭受雪干扰，当附加在树冠和树干上的雪压达到树木承受的极限时，树木的特定部位不能支持这些负荷而造成天然林中部分树干弯曲、树冠和树干折断以及连根拔起等危害(李秀芬等，2005；Zhu *et al.* 2006)，且雪害一旦发生，还可能产生进一步的损害(Valinger and Lundqvist，1992；Zhu *et al.*，2006)。同时病虫害也是东北天然林区一种较重要的自然干扰，常引起林木损伤与死亡；如松毛虫专以松树的针叶为食，当虫害爆发严重时，受害松树的针叶会被松毛虫取食殆尽，使树木的光合作用能力彻底丧失，最终导致死亡。

除上述自然干扰外，还有一些不常发生的自然干扰，如洪水、滑坡、地震、火山喷发等(臧润国，徐化成，1998)也对东北天然林的结构与功能产生影响，导致现有天然林不同程度的退化(朱教君，刘足根，2004)。

2. 人为干扰

东北天然林区的人为干扰，尤其是不合理人为干扰的影响远远超过了自然干扰，因为人为干扰彻底改变了原来的森林景观。东北天然林的人为干扰主要包括：采伐干扰、抚育干扰和其他干扰等。

19 世纪以前，东北地区的植被还是原始森林景观，大部分山地、丘陵都为针阔混交林所覆盖，林相整齐，材质优良，蓄积量较高，自然生态平衡稳定。19 世纪以后，东北林区的植被遭到多次破坏。一是清朝嘉庆 13 年(1908 年)在东北开办多个伐木山场后，大量原始林被砍伐；二是 20 世纪初遭沙俄、日本帝国主义的掠夺，特别是在东北各地的采木公司建立后，沿铁路两侧 25 ~ 50 km 范围内的森林全被伐光；三是 1911 ~ 1945 年，由于军阀连年混战，森林被滥伐乱砍、遭火灾、虫灾等，以及开矿、筑路、烧炭、开荒、伐木，使东北林区的天然林遭到毁灭性的破坏。

新中国成立后，由于长期的"重采轻育"和"重取轻予"，东北林区于 20 世纪 80 年代中期全面进入可采森林资源枯竭的危难困境。据统计，与新中国成立初期相比，东北北部和东部山区、半山区天然林锐减，天然林面积由 6500 万 hm^2 下降到 5787 万 hm^2，每公顷蓄积量由 172 m^3 下降到 84 m^3(宋玉祥，2002)。同时，大部分天然原始林退化，退化天然林生态系统整体质量显著下降，生态功能严重衰退(刘文新等，2007)。如以辽宁抚顺为例，1948 年抚顺新中国成立前期，全地区森林面积只有 3.3×10^5 hm^2，人工林只有 7.6×10^5 hm^2，森林覆盖率仅为 30.3%，除钢山、老秃顶子、三块石等高山、远山地带尚存极少量红松、鱼鳞云杉、杉松、臭冷杉等针叶树外，大部山地森林已退化为以栎类为主的天然林，或多种阔叶树混生的天然林。有些地方演变成疏林、荒山或秃岭(桑树臣等，1993)。

除了人为采伐对天然林的影响外，抚育干扰也是人类对天然林生态系统的一种经营性干扰，一般包括整地、施肥、灌溉、除草、林地清理、整枝和间伐等(朱教君，刘世荣，2007a)。常见的其他人为干扰方式还有污染、林内生物采集、采樵、狩猎和放牧干扰等。随着人类社会的发展，人为干扰也在不断出现新的方式，如旅游、探险活动等，这些干扰也对天然林生态系统造成了不同程度的影响(朱教君，刘世荣，2007b)。

(二)东北退化天然林特征

由于干扰等因素的影响，目前退化的天然林在结构、功能等方面均表现出与原始林有一定的差别。主要表现在退化天然林的生产力下降，林分结构单一、树种组成下降，林分多样性增加，天然更新能力差等方面。由于林分的起源、立地条件、原有群落的组成和干扰种类、持续时间、频度及强度的不同，导致退化天然林种类和特征复杂多样。

东北地区的天然林是由原始阔叶红松林的区系成分组成，退化后形成的天然林在物种组成上发生明显的变化，原来在阔叶红松林中属于伴生性的树种相对重要性已大大增加，而原来的主要优势树种(如红松、杉松)的相对重要性则有不同程度的减少(樊后保，臧润国，1999)。如樊后保和臧润国(1999)对吉林白石山林区 9 个不同类型的退化天然林调查表明，色木槭在退化天然林群落中的存在度最大，达 88.89%，说明其分布较为广泛，而拧筋槭的存在度最小，仅 11.1%，各树种在白石山退化天然林中存在度的大小次序为：色木槭 > 紫椴、山合欢（*Albizia kalkora*）> 蒙古栎 > 水曲柳、胡桃楸、红松 > 枫桦（*Betula costata*）、裂叶榆（*Ulmus laciniata*）、千金榆（*Carpinus cordata*）、杉松 > 拧筋槭。

退化天然林由于人为或自然的长期反复干扰，林内光照增强，温差加大，蒸发加速，多年积累的死地被物迅速分解，地表径流增加，腐殖质层变薄或消失，气候、土壤条件趋向干旱（包维楷等，1995）。山杨和白桦是先锋树种，一般是针阔混交林或阔叶混交林一再受严重破坏，特别是火烧后或其他原因，如废耕地，形成裸地立地条件，则白桦、山杨作为喜光先锋树种得以侵入成林，因立地条件不同，有时形成白桦纯林或山杨与白桦混交林（于振良，1997；郝占庆等，2002）。郝占庆等对长白山的研究表明，长白山地区退化天然林类型之一的次生杨桦林样地内共有 44 种植物，包括裸子植物 1 科 3 属 4 种、被子植物 15 科 25 属 40 种。物种数最多的科是槭树科，共包括 7 个物种，其次为蔷薇科、忍冬科和杨柳科。

同时，在东北地区最常见的退化天然林是阔叶混交林，俗称"杂木林"。主要由阔叶树萌芽成阔叶混交林，乔灌木层混杂。根据干扰程度不同，林下植被变化较大，一般干扰愈轻，原始林环境得以保存，则原有林下植被仍占优势，但喜光植物、早春植物及藤本植物略为发达（代力民，1995；攀俊，1995；徐文铎等，2004）；随着干扰程度加重，林冠疏开、林下植被亦趋繁茂，唯苔藓层极不发达，并侵入一些喜光植物，常由于稠密的下木下草，而影响原有种的传播机会；林下灌木层除原有种类发展成丛外，还侵入一些喜光下木，如龙牙楤木（*Aralia mandshurica*）、榛子等。

除阔叶混交林之外，蒙古栎是较常见的退化天然林之一。阔叶混交林经过多次破坏，特别是遭受火烧，土壤干燥，阳光充足，大部分阔叶树种不能生长，则往往蒙古栎得以成林（王淼，陶大立，1998）。林木组成中除蒙古栎外，有时混生少量的黑桦，在个别情况下，还有少量糠椴（*Tilia mandshurica*）、山合欢等混生。林下灌木较单纯，随着立地环境的不同也有差异。在山坡下部，土层较厚，则榛子较多，山坡上部，土层较薄，则胡枝子较多。在山脊、陡坡上有杜鹃。徐文铎等（2004）认为这类退化天然林植被相当稳定，随着环境条件的改变，在有红松及其阔叶树种来源情况下，将演变为蒙古栎红松林，但是这个恢复过程是非常困难且十分漫长的。如继续破坏，则退化成胡枝子、榛子的灌丛（徐文铎等，2004）。

总之，东北地区退化的天然林是东亚原始阔叶红松林受到破坏后的衍生产物。在不同地区，干扰的程度与种类不同，造成的退化天然林种类与退化程度也不尽相同，退化天然林的群落结构特征也不同。陈大珂等（1994）将退化的天然林群落形态结构分为 6 大类：疏林结构、单优结构、多优结构、混交结构、多层结构及二段乔木等。

退化天然林属于不稳定性演替阶段，大多起源于无性繁殖。多数萌芽力强，耐樵采，具有结实量多、传播力强、发芽迅速和有抗逆性等特点。退化天然林中植物种群的空间分布格局不仅因种而异，同一物种的种群空间分布格局也会随着时间发生动态变化。不同类型退化天然林内天然更新幼苗分布特点不同，各样地更新幼苗密度变化范围很大，差异显著。天然更新幼苗的数量受到灌木层的强烈影响，幼苗的分布与同种乔木的分布格局、胸高断面积表现为非线性关系。天然更新幼苗和乔木各自的集群分布区在空间上不相耦合（周隽，2007）。

二、群落结构及物种多样性

（一）东北退化天然林的群落结构

群落结构是群落中相互作用的种群在协同进化中形成，生态适应和自然选择起了重要作用。近代生态学家们认为干扰是一种有意义的生态现象，它引起了群落的非平衡性，强调了干扰在群落结构和动态中的作用，干扰对东北退化天然林群落结构的影响主要表现在群落的垂直结构与水平结构两方面。

1. 垂直结构

群落的垂直结构指群落在垂直方向的配置状态，即群落的成层现象，能够保证植物在单位空间中更充分利用自然环境条件。东北林区退化天然林成层现象明显，在垂直方向明显分为乔木层、灌木层和草本层。乔木层的生长高度因立地条件不同会有所差异，且在不同年龄阶段，退化天然林的各层次高度也不尽相同。如黑龙江省帽儿山地区的原始阔叶红松林群落的垂直结构包括5个层次，其乔木层分为2个层次，其高度分别为红松23~24 m冷杉或阔叶树10~12.5 m，灌木层同样分为2层，其高度分别为下木（Ⅰ）4~6 m，下木（Ⅱ）1.4~1.5 m（表3-1），而40年生的退化天然林群落只有3个层次，其乔木层、灌木层、草本层分别只有一个层次（表3-2），且明显低于原始阔叶红松林各层次的高度。

表3-1　原始红松阔叶混交林垂直结构与垂直多样性

森林类型	各层高度（m）					多样性指数 H^*
	红松	冷杉或阔叶树	下木（Ⅰ）	下木（Ⅱ）	下草	
云冷杉红松林	23.5	10.5	4.0	1.4	0.2	0.487
蕨类红松林	24.0	11.5	6.0	1.5	0.35	0.505
蕨类红松林	23.4	12.5	5.0	1.5	0.4	0.529

资料来源：陈大珂等（1994），$^*H$：Shannon-Weiner 指数。

表3-2　退化天然林垂直结构与垂直多样性

森林类型	各层高度（m）			多样性指数 H^*	备注
	乔木	下木	下草		
山杨林（Ⅰ）	10.8	1.0	0.4	0.162	主林层为山杨
山杨林（Ⅱ）	9.0	2.0	0.2	0.261	
山杨林（Ⅲ）	10.8	2.8	0.15	0.272	
山杨林（Ⅳ）	10.4	3.5	0.2	0.309	
蒙古栎林（Ⅰ）	9.3	0.8	0.1	0.142	主林层为蒙古栎
蒙古栎林（Ⅱ）	12.2	1.3	0.34	0.174	
蒙古栎林（Ⅲ）	6.2	0.8	0.3	0.203	
蒙古栎林（Ⅳ）	6.6	1.0	0.3	0.225	
蒙古栎林（Ⅴ）	6.5	1.0	0.2	0.245	
硬阔叶混交林（Ⅰ）	11.2	2.0	0.5	0.248	主林层为硬阔叶树胡桃楸，水曲柳等
硬阔叶混交林（Ⅱ）	11.7	4.0	0.3	0.335	
硬阔叶混交林（Ⅲ）	5.6	1.8	0.3	0.336	
硬阔叶混交林（Ⅳ）	7.0	3.0	0.2	0.343	

资料来源：陈大珂等（1994），$^*H$：Shannon-Weiner 指数。

而辽宁省西丰县的退化天然林林分平均高 12~18 m，枝下高 5~9 m。灌木层高度一般为 0.5~1.5 m，大于 1 m 的主要有暴马丁香、金银忍冬（*Loniceram maackii*）、东北山梅花（*Philadelphus schrenkii*）、杜鹃、乌苏里鼠李（*Rhamnus ussuriensis*）、卫矛（*Euonymus alatus*）、刺五加（*Eleutherococcus senticosus*）等，小于 1 m 的主要有胡枝子、溲疏（*Deutzia scabra*）、山楂叶悬钩子（*Rubus crataegifolius*）等。草本层高度一般为 10~60 cm，较高的物种有蒿类（*Artemisia* spp.）、芒草（*Miscanthus sinensis*）、蕨类、阿尔泰多榔菊、轮叶沙参（*Adenophora tetraphylla*）、白花碎米荠（*Cardamine leucantha*）、透骨草（*Phryma leptostachya*）等，盖度较大的羊胡苔草（*Carex callitrichos*）及其他物种相对较矮（赵刚等，2007）。

2. 水平结构

群落的水平结构指群落的水平配置状况或水平格局，主要表现特征是物种分布的镶嵌性。东北林区退化天然林的种类较多，不同区域、不同类型的天然林其水平结构不同。温雅稚和孙淑莲（2000）将长白山退化天然林划分为以柞树林、杨桦林、水曲柳和胡桃楸为主的 3 种类型；张晓巍等（2003）将东北地区退化天然林划分为栎类次生林、杨桦林、硬阔叶林、其他杂木林和灌丛 5 种类型。胡理乐等（2005）结合 DCA 排序和 TWINSPAN 分类结果，将辽东山区退化天然林划分为 5 个群落类型：花曲柳（*Fraxinus rhynchophylla*）林、蒙古栎林、阔叶混交林、水曲柳林、胡桃楸林。

（1）典型退化天然林的水平结构。不同类型退化天然林水平结构均不同，下面以辽宁东部山区退化天然林为例说明退化天然林的水平结构。毛志宏等（2007）通过对辽宁东部地区退化天然林 2 个生长季的调查分析表明：该地区退化天然林内共采集并鉴定植物 379 种，分别隶属于 79 科、216 属。2005 年设置的样地中共记录植物物种 183 种，分别隶属于 58 科、123 属；其中乔木 34 种、灌木 33 种、草本 116 种。所有物种中蕨类植物有 5 科、8 属、10 种（表 3-3）。种子植物有 173 种，除常见乔木树种外，还有乔木种假色槭（*Acer pseudo-sieboldianum*）、色木槭，灌木毛脉卫矛（*Euonymus alatus* var. *pubescens*）、山楂叶悬钩子和草本荨麻叶龙头草（*Meehania urticifolia*）、白花碎米荠、宽叶苔草（*Carex siderosticta*）等。种子植物主要科属情况（表 3-4），其中较大的科有菊科、蔷薇科、虎耳草科、毛茛科等。

表 3-3　蕨类植物科属种列表

科	属	种
木贼科 Equisetaceae	木贼属 *Equisetum*	木贼 *Equisetum hyemale*
铁线蕨科 Adiantaceae	铁线蕨属 *Adiantum*	掌叶铁线蕨 *Adiantum pedatum*
蹄盖蕨科 Athyriaceae	峨眉蕨属 *Lunathyrium*	朝鲜峨眉蕨 *Lunathyrium coreanum*
		东北峨眉蕨 *L. pycnosorum*
	角蕨属 *Cornopteris*	东北角蕨 *Cornopteris crenulatoserrulata*
	蹄盖蕨属 *Athyrium*	猴腿蹄盖蕨 *Athyrium multidentatum*
		中华蹄盖蕨 *A. sinense*
岩蕨科 Woodsiaceae	岩蕨属 *Woodsia*	耳羽岩蕨 *Woodsia polystichoides*
鳞毛蕨科 Dryopteridaceae	耳蕨属 *Polystichum*	三叉耳蕨 *Polystichum tripteron*
	鳞毛蕨属 *Dryopteris*	粗茎鳞毛蕨 *Dryopteris crassirhizoma*

表 3-4 种子植物主要科属列表

主要科	属数	主要属
桦木科 Betulaceae	4	桦木属 Betula、鹅耳枥属 Carpinus
毛茛科 Ranunculaceae	6	类叶升麻属 Actaea、升麻属 Cimicifuga、乌头属 Aconitum、银莲花属 Anemone
虎耳草科 Saxifragaceae	7	茶藨子属 Ribes、金腰子属 Chrysosplenium、山梅花属 Philadelphus、落新妇属 Astilbe
蔷薇科 Rosaceae	10	假升麻属 Aruncus、李属 Prunus、龙牙草属 Agrimonia、委陵菜属 Potentilla、悬钩子属 Rubus
豆科 Leguminosae	3	野豌豆属 Vicia、胡枝子属 Lespedeza
槭树科 Aceraceae	1	槭属 Acer
卫矛科 Celastraceae	1	卫矛属 Euonymus
鼠李科 Rhamnaceae	1	鼠李属 Rhamnus
堇菜科 Violaceae	1	堇菜属 Viola
伞形科 Umbelliferae	8	香根芹属 Osmorhiza、羊角芹属 Aegopodium
唇形科 Labiatae	3	龙头草属 Meehania
忍冬科 Caprifoliaceae	4	接骨木属 Sambucus、忍冬属 Lonicera
桔梗科 Campanulaceae	3	沙参属 Adenophora
菊科 Compositae	11	风毛菊属 Saussurea、蒿属 Artemisia、盘果菊属 Prenanthes、一枝黄花属 Solidago、紫菀属 Aster
百合科 Liliaceae	6	百合属 Lilium、黄精属 Polygonatum、鹿药属 Smilacina

(2)典型退化天然林不同层次的水平结构。辽宁东部山区退化天然林的乔木层中共记录乔木 13 科、19 属、32 种(其余 2 种为灌木层中乔木种),其中槭树科、蔷薇科、榆科乔木树种较多。将乔木层各树种按其高度分为下层木(高度在 5 m 以下)、中层木(高度在 5 ～ 15 m)和上层木(高度在 15 m 以上)。各类型退化天然林乔木分层情况及主要树种见表 3-5。

表 3-5 各类型退化天然林乔木分层及主要树种

类型	分层	主要树种
杂木林	下层木	假色槭、青楷槭、千金榆、髭脉槭(Acer barbinerve)
	中层木	假色槭、色木槭、辽东桤木(Alnus sibirica)、千金榆
	上层木	蒙古栎、紫椴、色木槭、胡桃楸、水曲柳
硬阔叶林	下层木	暴马丁香、色木槭、假色槭、裂叶榆、髭脉槭
	中层木	假色槭、色木槭、水曲柳、裂叶榆、花曲柳、千金榆
	上层木	胡桃楸、花曲柳
蒙古栎林	下层木	蒙古栎、假色槭、色木槭、花曲柳、紫椴
	中层木	假色槭、紫椴、色木槭、蒙古栎
	上层木	蒙古栎
桦木林	下层木	假色槭、青楷槭、千金榆、髭脉槭、色木槭
	中层木	假色槭、辽东桤木、千金榆、色木槭、髭脉槭
	上层木	枫桦、蒙古栎

从表 3-5 可以看出,在各林分中上层木多是蒙古栎、枫桦、水曲柳、胡桃楸;中层木

以槭类树种为主；下层木主要有槭类树种和暴马丁香等。

在所调查的林分中，胸径大于 30 cm 的乔木树种共记录 12 种，其中枫桦 63 株、蒙古栎 45 株、胡桃楸 40 株，其余为紫椴、山杨、黄檗、裂叶榆、色木槭、水曲柳、槐树（Sophora japonica）和辽东桤木。

将所有树种按重要值大小排列，最大的为假色槭，重要值达到 0.184；其次分别为色木槭、蒙古栎、枫桦、胡桃楸等（图 3-1）。所有槭类树种重要值之和达到 0.399，这说明槭类树种在该地区占有重要地位。

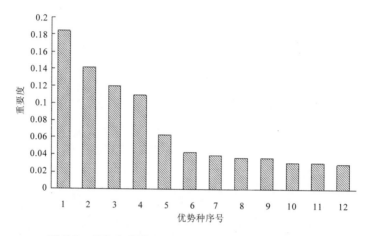

图 3-1 主要乔木树种（重要值≥0.030）重要值分布图

（1 假色槭；2 色木槭；3 蒙古栎；4 枫桦；5 胡桃楸；6 千金榆；7 青楷槭；8 紫椴；9 裂叶榆；10 花曲柳；11 水曲柳；12 髭脉槭）

灌木层中主要的灌木种类有毛脉卫矛、山楂叶悬钩子、瘤枝卫矛（Euonymus pauciflorus）、刺五加、辽东丁香（Syringa wolfii）、毛榛子（Corylus mandshurica）、短翅卫矛（Euonymus planipes）、东北山梅花、胡枝子等；藤本有狗枣猕猴桃（Actinidia kolomikta）、五味子等。其中，五味子在多数林分中都存在，且大部分长度在 0.1～0.3 m。另外，各林分的灌木层中生长着大量的乔木幼苗，如花曲柳、灯台树（Cornus controversa）、胡桃楸、假色槭、色木槭、蒙古栎等，说明该地区退化天然林具有良好的更新基础。

草本种类主要有荨麻叶龙头草、白花碎米荠、木贼、珠芽艾麻（Laportea bulbifera）、蔓假繁缕（Pseudostellaria davidii）、荷青花（Hylomecon vernalis）、东北羊角芹、毛金腰子（Chrysosplenium pilosum）、山茄子（Brachybotrys paridiformis）等。荨麻叶龙头草和白花碎米荠等几乎在各个林分中都有生长，且在多数林分中密度较大。

而赵刚等（2007）对辽宁西丰冰砬山地区退化天然林的调查表明，冰砬山地区退化天然林乔木层郁闭度为 0.6～0.9，水平分布因立地条件而形成不同林分类型，主要有蒙古栎林、阔叶混交林。

蒙古栎林除建群种蒙古栎外，伴生树种常有紫椴、花曲柳、色木槭、水榆花楸（Sorbus alnifolia），少有裂叶榆、胡桃楸、怀槐（Maackia amurensis）、黄檗等。阔叶混交林在水平分布空间上由于立地条件不同使树种组成产生一定变化，不同树种组成的群落存在着地段性和镶嵌性，依树种组成划分主要有椴树阔叶林、怀槐阔叶林、胡桃楸阔叶林和花曲柳阔叶林（赵刚等，2007）。

灌木树种因立地条件不同，分布空间有所差异，在阳坡蒙古栎林下常分布迎红杜鹃（*Rhododendron mucronulatum*）、大字杜鹃（*Rhododendron schlippenbachi*）、卫矛、忍冬和胡枝子，在半阳、半阴和阴坡的阔叶混交林下常分布刺五加、鼠李（*Rhamnus davurica*）、毛榛子、东北山梅花、忍冬、溲疏和悬钩子等（赵刚等，2007）。

由于林分郁闭度和林隙的变化使草本层物种个体分布极不均匀，一些物种常呈不连续的斑块状分布，优势种羊胡苔草有时在林下形成明显的层片。在阳坡的蒙古栎林下常分布羊胡苔草、轮叶沙参、芒草和黄精（*Polygonatum sibiricum*）等，在其他坡向的阔叶混交林下常分布羊胡苔草、蒿类、白花碎米荠、透骨草、球果堇菜（*Viola collina*）、歪头菜（*Vicia unijuga*）、茜草（*Rubia cordifolia*）、山黧豆（*Lathyrus palustris*）、玉竹（*Polygonatum odoratum*）、东风菜（*Doellingeria scaber*）、蕨类等（赵刚等，2007）。

（二）东北退化天然林的物种多样性

目前，采伐干扰仍然是导致东北林区现有天然林退化的主要原因。采伐不仅影响群落内乔木层的物种多样性变化，还通过改变群落内部结构及林分的组成结构，打破天然林内长期形成的乔木、灌木和草本植物之间的平衡，间接地影响林下草本层的发育，下面以辽宁东部山区的典型退化天然林为例说明退化天然林的多样性。

1. 各类型退化天然多样性

将各类型退化天然林的所有样地进行统计，各指数值见表3-6。从表3-6可以看出，各多样性指数值都比较高，Shannon-Weiner指数在3.20～3.60，特别是杂木林多样性指数达到3.567。物种多样性是由均匀度和丰富度2个方面体现的，在杂木林中物种数和均匀度也是各类型退化天然林中最高的，而且在该地区许多林分是经过长期干扰后形成的退化天然林，这说明杂木林在该地区退化天然林植物多样性方面占有突出地位（Zhu *et al.*，2007）。均匀度指数在杂木林中最大，在硬阔叶林中最小，且这种趋势与优势度指数呈现了较好的相反关系。

表3-6　各类型退化天然林多样性指数值

指数	类型			
	杂木林	硬阔叶林	蒙古栎林	桦木林
物种数 S	119	110	93	117
Simpson 优势度指数	0.059	0.097	0.068	0.073
Shannon-Weiner 指数	3.567	3.203	3.246	3.311
Pielou 指数	0.746	0.681	0.716	0.695

2. 乔、灌、草各层多样性

如图3-2所示，乔、灌、草各层在各类型退化天然林中差异较大。乔木层中，蒙古栎林由于物种数相对偏低，且蒙古栎在乔木中占绝对优势，使得其多样性指数较低；而硬阔叶林中乔木层物种由于具有较高的均匀度，使其多样性指数高于其他类型。在灌木层中，由于杂木林林下有大量幼树以及灌木存在，其丰富度和均匀度都较高，占优势地位的物种很少，因此使得其灌木层具有较高的多样性，桦木林与之相似。而在草本层的对比中，硬阔叶林和蒙古栎林恰好相反，即前者虽然具有较多物种种类，但是个别种占有较大的优势度，如白花碎米荠、荨麻叶龙头草、山茄子等，使得其草本层多样性相对低；而后

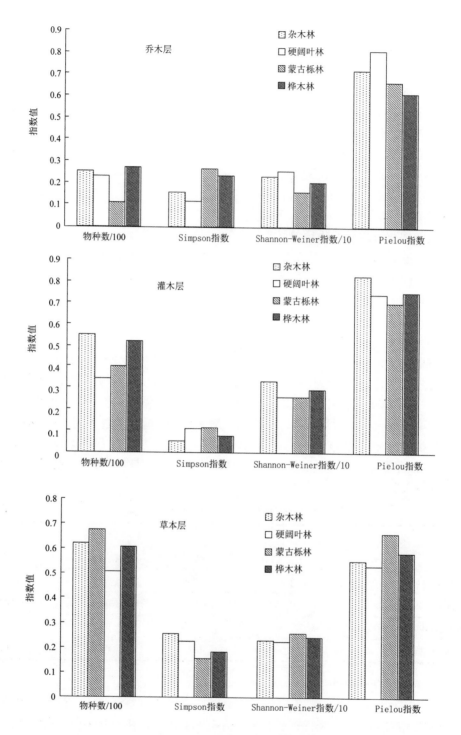

图3-2 乔、灌、草各层多样性指数对比图

者物种数小，但没有绝对的优势种，所以多样性指数较高。

在各类型退化天然林中，物种数 S 均为草本层 > 灌木层 > 乔木层，多样性和均匀度指数除硬阔叶林外都呈现了灌木层不同程度大于乔木层和草本层的趋势，而优势度则相反，即灌木层均小于乔木层和草本层。

3. 与原始阔叶红松林植物多样性对比

通过收集长白山原始阔叶红松林植物多样性相关研究的数据，进行多样性(Shannon-Weiner 指数)对比(表3-7)。虽然各研究取样有所差异，但从总体上仍然可以看出：辽东山区退化天然林中乔木层多样性和灌木层多样性较长白山阔叶红松林偏高，而草本层较之偏低。除各自的自然条件差异外，干扰是一个重要原因。由于历史上的各种干扰，原有的以红松为建群种的群落结构被打破，使得其林下树种发展起来并相互竞争，在一定程度上提高了物种多样性水平(Zhu *et al.*, 2008a)。

表3-7　辽东山区退化天然林植物多样性与长白山原始阔叶红松林多样性对比

	Shannon-Weiner 指数					
	乔木层		灌木层		草本层	
	各样地	平均值	各样地	平均值	各样地	平均值
本项研究	2.322/2.534/ 1.598/2.011	2.116	3.319/2.606/ 2.590/2.951	2.867	2.286/2.250/ 2.602/2.403	2.385
赵淑清等 (2004)	1.45/1.78/1.65/ 1.75/1.40/1.30 (由图估计值)	1.56	1.58/1.25/1.45/ 2.05/2.00/1.75 (由图估计值)	1.68	2.30/2.10/1.40/ 1.40/2.20/2.05 (由图估计值)	1.91
郝占庆等(2002)	——		2.636/2.340/ 2.444/2.323/ 1.926	2.334	3.847/3.508/ 3.027/3.500/ 3.117	3.400
代力民等(2004)	2.0185		2.3265		3.1829/3.3140/ 2.9677	3.1549

仅就 Shannon-Weiner 指数而言，该地区退化天然林具有较高的多样性，各类型的退化天然林多样性指数在3.200 ~ 3.600，这无疑对该地区的可持续发展具有重要意义。所以有效保护天然林多样性，使其长期发挥生态、社会和经济三方面的效益是退化天然林恢复和保护过程中应该解决的问题。

郝占庆等(1994)调查认为，早春阶段阔叶红松林的物种多样性高的原因之一是阔叶红松林内物种数和均匀度均高于临近地区的退化天然林。而夏富才等(2008)的调查结果表明：阔叶红松林的物种数低于退化天然林，且随着退化天然林的进一步演替，草本层的物种数逐渐降低，这一结果更符合中度干扰理论。长白山区目前形成的中龄林、近熟林等都是择伐后形成的林型，相对于皆伐、火烧等大强度的干扰而言，择伐属于中、低强度的人为干扰。这种干扰促进了喜光的先锋物种侵入、繁殖，增加了群落的物种数，按照次生演替的理论，这些新增的演替早期的物种将逐渐被更耐阴的普遍具有竞争对策的物种取代。从这一点来看，物种多样性高的群落并不一定是稳定的群落。

综上所述，随着退化天然林演替的发展，森林群落的物种丰富度将下降，生物多样性上升，群落均匀度上升，优势度下降，以致群落的稳定性增加，逐步接近原始林的水平。

三、土壤养分及水文效应

(一)土壤养分

东北林区是中国森林资源的主要分布区，有林地面积 4.05×10^7 hm^2，占全国绝大林地面积的31%。然而，自19世纪，特别是20世纪初以来，由于原始森林资源的大规模破坏、开发及不合理利用，造成林地面积缩小，森林质量下降，使得该区70%原始林变为天然次生林。辽东山区作为次生林分布的典型区域，现有次生林1.2×10^6 hm²，占该区森林面积的84%。该区次生林是辽宁中部城市群和辽河平原的绿色屏障和重要水源地，在保护本区生态环境、促进社会和经济协调发展发挥着不可替代的重要作用。对东北地区次生林的研究涉及很多方面，如次生林的天然更新、演替、种群结构及其分布格局、经营技术等（朱教君，2002；刘足根等，2007）。而关于次生林生态系统土壤养分方面研究目前较薄弱，土壤养分的持续供应以及可利用养分含量多少对于植被生长起着重要的作用（Solís and Campo，2004）。因此，有必要对次生林土壤养分特征及分布进行研究分析，这对于正确认识养分在次生林生态系统中的地位和作用，进一步开展其生态系统的结构和功能研究具有重要意义。

1. 东北原始林与次生林土壤理化性质

通过比较了阔叶红松林（东北林区原始林，顶极群落之一）和次生林（退化的天然林）0～15 cm 土壤养分含量可以看出，次生林土壤有机碳、N 含量均低于阔叶红松林，但次生林主要由阔叶树种组成，土壤中的有机质 C／N 较小（表3-8），有利于微生物代谢活动和有机质分解，这说明次生林土壤中有机质的周转速率可能高于阔叶红松林土壤，这在一定程度上弥补了次生林土壤有机质含量少的不足。分析阔叶红松林土壤碳、N 含量高于次生林的原因，主要是由于次生林生长地原来的地带性植被是阔叶红松林，砍伐后原有植被受到破坏；另外，水土流失、火烧、人为干扰等因素使得天然次生林土壤有机质的降低。天然次生林土壤全 P 含量高于阔叶红松林，则表明土壤 P 素在阔叶红松林和次生林变化的机制是复杂的，值得专门深入研究。表3-8 显示次生林土壤的 pH 高于阔叶红松林，这是因为阔叶树的叶片中含较多的灰分，归还土壤后使土壤保持微酸性至中性反应；而多数针叶树的叶片浸出液呈酸性，归还土壤后使土壤呈酸性反应。

表3-8　阔叶红松林和次生林0～15 cm 土层土壤理化性质

林型	有机质（g／kg）	全 C（g／kg）	全 N（g／kg）	全 P（g／kg）	速效 P（mg／kg）	C/N	pH 值
阔叶红松林	269.98	156.60	7.17	0.97	—	21.84	5.85
天然次生林	122.92	71.30	5.93	1.13	14.4	12.00	6.31

注：阔叶红松林数据来自中国科学院沈阳应用生态研究长白山森林生态系统定位站的1号标准地附近，测定时间为2007年；天然次生林数据为辽东山区中国科学院沈阳应用生态研究清原森林生态试验站试验地，测定时间为2008年。

2. 退化天然林（次生林）转变为人工林后土壤养分

在东北林区，除次生林取代原始阔叶红松林外，由于长期追求木材生产，该区天然林的面积逐渐减少，人工林的面积不断增加。落叶松作为东北林区主要用材树种之一，自20世纪50年代开始营造了大面积的纯林，其面积居北方人工林面积首位。然而，由于造林树种单一，林分结构简单等因素，落叶松人工纯林地力衰退趋势日益明显（闫德仁等1997；2003；潘建平等，1997）。针对落叶松人工林地力下降问题，许多学者相继展开了研究，发现落叶松人工林取代天然林后，其土壤肥力迅速下降（陈立新，肖洋，2006），土壤理化性质发生改变(Takahashi，1997)及凋落物养分的实际归还能力下降(Liu et al.，1998)。人工林地力衰退趋势是我国人工林发展所面临的严重问题，在我国，落叶松人工纯林栽培历史短，林地基础条件相对较好，二代连栽面积小、林龄低，但该方面的研究还很薄弱(闫德仁等，1996)。

在森林土壤养分指标中，土壤有机质含量与土壤肥力水平是密切相关的，在一定含量范围内，有机质含量多少将反映土壤肥力的高低(Wang and Wang，2007)。次生林转变为落叶松人工林后土壤有机质减少(表3-9)，而土壤有机质的减少对土壤养分的维持和供应是不利的，这是因为有机质能聚合土壤，增加土壤持水能力，为土壤分解者提供能量，并通过保持营养的有机形式和增强阳离子交换能力而影响了土壤肥力。大量研究表明土壤N、P养分含量与有机质含量有关，因为有机质是土壤N、P重要的营养库。试验数据表明，次生林较落叶松人工林土壤有机质含量高，同时N、P含量也高(表3-9)，这说明次生林土壤有机质的积累有助于N、P养分的积累。除土壤养分减少外，和次生林相比，一代落叶松人工林土壤容重*增加(表3-9)，这一研究结果与前人的研究结果一致，这也进一步证明在东北地区落叶松人工林土壤物理结构变差(容重增加)，土壤孔隙度减少，进而导致地力衰退问题是一个普遍现象。众多的研究已经证明，凋落物在森林生态系统的物质循环和能量转化，尤其是向土壤归还养分方面所起的作用是十分明显的(Sundarapandian and Swamy，1999；Xu and Hirata，2002)。落叶松人工林土壤养分下降，与凋落物的归还量、凋落物层的分解特征和分解产物的影响是密切相关的。落叶松人工林和次生林相比，凋落物分解速度慢，养分难以真正归还到土壤中去，造成土壤养分的过度消耗，进而对土壤中的养分产生影响。

表3-9　次生林和落叶松人工林0～15cm土层土壤理化性质

林型	有机质(g/kg)	全C(g/kg)	全N(g/kg)	全P(g/kg)	速效P(mg/kg)	C/N	pH值	容重(g/cm³)
天然次生林	122.92 (11.35)	71.30 (8.96)	5.93 (0.25)	1.13 (0.07)	14.4 (1.8)	12.00 (1.04)	6.31 (0.02)	1.15 (0.04)
一代落叶松	50.77 (4.21)	29.45 (3.09)	2.58 (0.28)	0.69 (0.04)	10.2 (0.4)	11.44 (0.49)	5.53 (0.08)	1.33 (0.02)
二代落叶松	58.36 (4.28)	33.85 (2.48)	3.04 (0.22)	0.71 (0.04)	8.6 (0.6)	11.14 (0.65)	5.55 (0.09)	1.31 (0.02)

注：表格数据为清原森林生态试验站2008年4月下旬取样数据。

表3-9数据显示，与一代落叶松人工林相比，二代落叶松人工林土壤有机质、全N和全P略有增加，这一观测结果可能是2方面原因造成的：一方面一代落叶松人工林砍伐后，剩余物残留到土壤中导致土壤养分略有升高；另一方面本研究的二代落叶松人工林林龄较小(9年)，林内光照条件好，热量条件较好，使得林下的草本和灌木充分发育，养分周转快，有利于土壤养分的保持(闫德仁等，1997)。

从上述对落叶松人工林土壤养分的分析，建议对现有的落叶松人工纯林进行实施如下

　＊　土壤容重即为土壤密度，下同。

措施：①适时适度抚育间伐，改变林内的光环境，从而对已有凋落物的分解及林下草本和灌木产生影响，促进养分的循环；②人工诱导阔叶树种进入林分，改善凋落物的组成结构，促进土壤养分的循环，从而实现落叶松人工林的持续发展和土壤肥力的自然维持（Zhu et al.，2008b）。

（三）水文效应

森林水文过程是指在森林生态系统中水分受森林的影响而表现出来的水分分配和运动过程，包括水源涵养、雨水截留、净化水质和保持水土等作用（秦钟，周兆德，2001）。在森林植被与生态环境相互作用和相互影响的过程中，水文过程是最为重要的过程之一；同时，森林植被又是影响生态系统中水分循环的重要因素，不同的植被类型、数量以及空间格局对水分循环的影响也不同（刘世荣等，2003）。

由于受自然和人类非理性活动的影响，东北地区森林生态系统的结构遭到严重干扰和破坏（王春梅等，2003）。20世纪60年代对东北林区大面积的原始阔叶红松林推行"连续带状皆伐—顺序皆伐"（即"剃光头"）经营方式，忽视了森林的自我更新能力，破坏了红松赖以更新生长的森林环境及森林生态系统中的各种生物资源，使大面积的原始阔叶红松林变为次生天然林、人工纯林、灌丛或裸地。20世纪90年代至今，随着保护性森林经营与开发越来越受到重视，几十年来，东北地区森林资源减少幅度大大减少，但森林质量仍没有大的改观，不仅是原始天然林绝对数量减少，物种丰富度和多样性下降，森林生态系统的功能也在降低。在这一变化过程中，森林生态系统的水文特征也发生了相应的变化。已有的关于森林水文过程研究可分为两个相互关联的方面：一是森林植被变化对生态系统内水量的影响，二是森林植被变化对径流泥沙量和水质的影响。

1. 森林退化对水量影响

森林与水关系的研究始于20世纪初，并于60年代达到顶峰，研究主要集中在森林变化对流域产水量和径流的影响。关于森林对流域河川流量的影响一直存在争论，英国学者认为森林植被可以减少产水量；前苏联研究者认为森林覆盖率对小流域年产水量无明显影响，中等流域的森林覆盖率对年产水量影响显著。日本和德国的研究表明，森林采伐可直接增加径流。美国学者多认为面积较少的集水区和流域，森林的存在会减少年径流量，采伐森林可令年径流量有一定程度的增加；面积较大的流域情况则相反，年径流量随着森林覆盖率的增加而增加（陈军锋，李秀彬，2001）。

我国研究的内容主要集中在探讨森林植被覆盖率变化与流域径流量变化的关系，其中包括植被盖度变化与流域径流量变化的关系，并且同样存在争议。

研究资料表明，1987年大兴安岭火灾后，在额木尔河、盘古河、塔河和免渡河等4个集水区1987~1991年的观测资料同表明，火灾引起的森林覆盖率降低可以导致河川径流量的增加，森林覆盖率平均每降低10%，河川径流量将增加11.6 mm，径流系数增加0.021（蔡体久等，1995）。

东北林业大学在帽儿山的蒙古栎采伐实验表明，采伐改变了森林径流的分配，疏伐对总径流量影响较小，森林皆伐较大程度地增加年径流量。经50%疏伐，使郁闭度由0.95降低到0.6，径流量仅增加9 mm，增加了0.88%。皆伐迹地径流增加30.7 mm，净增加14.46%。森林采伐对径流影响主要表现在增加地表径流和壤中流的比例，而下渗径流降低，与保留林相比，皆伐迹地地表径流增加152%，壤中流增加88.3%，下渗径流减少

（石培礼，李文华，2007）。

尽管东北地区森林采伐引起森林覆盖率降低可增加产流。也有研究结果表示，在较大流域面积的河川径流量却随森林覆盖率增加而增加，恰好与小区测定结果相反。据相关分析松花江流域森林覆盖率增加10%，河川径流量可以增加23.8 mm。有些学者将此现象解释为森林的积雪效应（曹艳杰，周晓峰，1991）。

利用森林水源涵养整体扩散模型比较火烧前后森林水文调节功能，对特大火灾过后大兴安岭火烧迹地和湿地恢复进行研究后结果显示，森林水文调节能力随着森林生态恢复过程逐渐恢复（解伏菊等，2006）。

2. 退化森林对径流泥沙量和水质的影响

对径流泥沙量的影响：植物冠层及地被物层对雨水具有重要的截留作用。植物冠层和地被物的存在能减缓雨水对地表的冲击力，可以减少地表径流和土壤侵蚀，有利于水分下渗。在森林与降水关系中，林冠截留降水是森林对降水的第一次阻截，也是对降水的第一次分配。其余大部分降水通过林内降水形式到达地面枯枝落叶层，入渗土壤后形成土壤蓄水。

枯枝落叶层具有保护土壤免受雨滴冲击和增加土壤腐殖质和有机质的作用，并参与土壤团粒结构的形成，有效地增加了土壤孔隙度，减缓地表径流速度，为林地土壤层蓄水、滞洪提供了物质基础，这也是枯枝落叶层对森林涵养水源的重要贡献（宋子刚，2007）。森林中透过林冠层的降水量有70%~80%进入土壤，进行再次分配。而火灾过后，枯枝落叶层同样受到破坏，使土壤直接裸露，雨水直接冲刷，造成土壤侵蚀。国内外在研究森林对土壤侵蚀影响方面，其研究方法、尺度与对象上均有显著的差别。

国内外在研究森林对土壤侵蚀影响方面，其研究方法、尺度与对象上均有显著的差别。我国在防护林（人工林）水土保持效益方面研究较为广泛和深入。Hewlett and Hibbert（1967）研究森林对产沙量的影响指出，采伐森林4年内，土壤侵蚀量增加55%，且细沟浅沟发育迅速（Hewlett and Hibbert，1967）。Dons在北部中央集水区对草原、天然林。人工松树林的土壤侵蚀进行了研究得出，草原和天然林流域的泥沙无明显的差异，但显著高于人工油松（Pinus tabulaeformis）林。陈传友研究横断山区森林采伐后泥沙含量大幅度增加。魏秉玉通过小流域试验证明森林小流域基本没有土壤流失量。许静仪研究表明，森林可削减年侵蚀深度94.7%，即使降水量达32.3 mm和121.6 mm时，其拦沙作用也只下降了3.2%（赵鸿雁等，2001）。

对水质的影响：森林对水质与水环境的研究始于20世纪60年代中期，主要包括2个方面：一是森林本身对天然降水中某些化学成分的吸收和溶滤作用，使天然降水中化学成分的组成和含量发生变化；二是森林变化对河流水质的影响。

前苏联研究表明，农田集水区下部的森林有助于从本质上净化径流水质，排除污染成分和固体径流。日本观测结果表明，林内降雨和树干径流中的Na、K、Ca、Mg、P、NO_3-N等的含量均有所增加，而树干径流增幅较大，地表径流中Na含量有较大增加，而NH_4-N、NO_3-N含量有较大减少（王德连等，2004）。我国这方面研究主要集中在森林生态系统本身的营养循环上，有关森林植被变化对溪流、水库水质的影响研究较少，是一个比较薄弱的环节。田大伦等研究表明，大气降水中含有85种以上有机化合物，且多数为环境污染物，这些污染物经过林冠层、地被物和土壤层的过滤、截留作用，种类不仅减少，而且数量大为降低，可使有害物质的浓度降低。

Balestrini et al.（2007）在意大利研究了干沉降和林冠的交换作用，结果显示穿透雨和林外雨相比富集了较多的 K 和 Mg，穿透雨中 Na 和 Cl⁻ 主要来源于干沉降，有研究表明林冠淋溶仅占穿透雨的 2% ～4%。

退化后的天然林生态系统，林冠、灌丛、地下植被层和枯枝落叶层截留水分效率降低，大量的水分还没来得及被枯枝落叶层和土壤吸收，就已经形成地表径流流走，森林的水源涵养功能已经部分丧失，同时土壤侵蚀后泥沙随水流走，同样影响水质。对辽东山区次生天然林 5 种林型（落叶松林人工林、花曲柳林、杂木林、红松人工林和蒙古栎林）穿透雨与大气降水、溪流水质比较见表 3-10。从表 3-10 可知，大气降水通过穿透雨等形式进入森林下垫面后，经过枯枝落叶层和土壤吸附过滤后，pH 值在进入溪流后上升，溶解氧增加，氧化还原电位降低，即次生天然林在大气降水—穿透雨—溪流水的山区森林系统水循环过程中，对改善溪流水质起着非常重要的作用。

表 3-10　大气降水穿透雨森林溪流水质理化性质比较

类型	pH 值	电导率 COND（ms/m）	溶解氧 DO（mg/L）	氧化还原电位 ORP/（mv）	氯离子（mg/L）	硝酸根离子（mg/L）
大气降水	6.51(0.25)	2.05(0.68)	9.14(0.81)	269.00(28.25)	0.46(0.16)	7.99(0.98)
穿透雨	5.53(0.12)	3.40(0.17)	7.30(0.30)	284.84(8.16)	0.77(0.05)	8.54(0.59)
溪流水	6.83(0.26)	9.60(0.24)	11.55(1.38)	215.41(20.61)	8.76(5.46)	43.44(14.85)

注：括号内为标准差，穿透雨的理化性质为 5 种林型的算术平均值。

第二节　川西亚高山退化天然林恢复过程的生态学特征

一、干扰体系与退化森林特征

（一）干扰体系

引起天然林退化的原因很多，有自然和人为干扰 2 类，其具体表现是自然干扰与人为有害干扰共同作用的综合体。由于干扰的类型、强度、频度、时间、空间分布、作用方式等的不同，造成了退化天然林在空间分布的异质性和演替阶段的差异性，根据现存植被结构特征、林地状况等，可以追溯和判断人为干扰的强度和自然恢复的难易，分区域研究。

干扰类别及强度的等级排序，分为强度干扰（＋＋＋）、中度干扰（＋＋）、轻度干扰（＋）和未受干扰。包括：①采伐：皆伐、择伐；②森林火灾：树冠火、地下火、地表火；③薪柴砍伐：砍全株＋挖根、砍全株、修枝；④放牧：长期、偶尔；⑤采集非木质林产品（采蘑菇、挖药、采竹笋等）：频繁、偶尔；⑥工程：大工程、中工程、小型工程；⑦积肥：长期、偶尔。

主要的干扰包括：砍伐（大面积的皆伐或择伐、拔大毛、樵采等）、放牧、采挖药材和野菜、积肥、毁林开荒、修路、采矿、旅游等。每一类干扰都有它特定的性质如干扰强度、频度、分布、干扰时间与周期等，因而对天然林的影响不同（表 3-11）。其中：①以木材、薪柴为主要目的长期、过度的森林采伐和本地居民的过度樵采，通过人工更新形成大面积的人工纯林，未及时人工更新或更新不成功的，则形成大面积或斑块状分布的次生林、

表 3-11　岷江上游亚高山针叶林干扰体系分析

干扰因素	强度	频度	干扰时间	生境（海拔、坡向等）	现状	规模（比例）	恢复重建途经
皆伐	＋＋＋	一次性	1950 年以后	2600～3900 m 阳坡、山脊、林线	次生灌草迹地	6.2%	封造
				2600～3900 m 阳坡、半阳坡、半阴坡	人工更新成功形成人工针叶林林	26.6%	封改
				2600～3900 m 阴坡、半阴坡	人工更新不成功或未更新形成阔叶林和天然更新较差的针阔混交林	22.9%	封调
择伐（包括拔大毛）	＋＋或＋	一次或多次性	1930 年以后	2600～3 900 m 阴坡、半阴坡	天然更新良好的针阔混交林	15.8%	一般封禁
				2600～3900 m 阳坡、半阳坡	天然更新较差的针阔混交林	5.7%	封调
樵采	＋＋或＋	每年 1 次或多次	长期	2600～3400 m 阴坡、半阴坡，局部	天然更新不良的针阔混交林、阔叶林	<1%	封调
			长期	2600～3400 m 阳坡，局部	灌丛草坡	<1%	封改
放牧	＋＋＋、＋＋或＋	多次	长期	2600～3900 m	与其他干扰因素一起影响天然林更新	范围广，40% 以上	封禁、封调或封造
采挖药材和野菜、打竹笋等	＋＋或＋	多次	长期	阴坡	天然更新较好的针阔混交林	<1%	封禁
				阳坡	天然更新不良的针阔混交林、阔叶林	<1%	封调
积肥	＋＋＋	多次	长期	局部	天然更新不良的针阔混交林、阔叶林	<1%	封调
毁林开荒	＋＋＋	一次	不定期	局部	次生灌草丛	<1%	封造
滑坡	＋＋＋	偶尔	不定期	局部	次生灌草丛	<1%	封造
火灾	＋＋＋	很少	不定期	局部	次生灌草丛	<1%	封造
修路、采矿、旅游	＋＋＋、＋＋或＋	一次性或经常	定期或不定期	局部	与其他干扰因素一起起作用	<1%	封禁、封调或封造
未干扰	林线沟尾、山脊、陡坡	天然原始林	22.7	绝对封禁			

注：＋＋＋为强度干扰　＋＋为中度干扰　＋为轻度干扰。

杂灌和草坡；过度放牧则使灌草丛变成裸地，而且也干扰森林的天然更新；二者都具有干扰范围广、强度大、频率高、干扰的周期短、历史长的特点，因而对该区天然林的破坏最强、对天然林退化的驱动作用最大。②采挖天麻（*Gastrodia elata*）、贝母（*Fritillaria cirrhosa*）、当归（*Angelica sinensis*）、羌活（*Notopterygium incisum*）、蕨菜等药材和野菜以及打竹笋等的干扰范围大、干扰频率高、历史也较长，但强度中等、干扰的周期长，对该区天然林的破坏力中等、对天然林退化的驱动作用较小。③搜集林地枯落物和腐殖质来积肥的干扰强度大，但干扰范围小，干扰频率小、周期长、历史长，对局部天然林的破坏力大、驱动作用最大。④毁林开荒的干扰强度极大，但干扰频度极低，干扰范围很小，只对局部天然林植被退化的作用极大，而对其他区域基本无影响。⑤修路、采矿、旅游、物种入侵、火灾等其他干扰的强度小，频度低，对天然林植被退化的作用小。自然干扰包括：滑坡、暴风、暴雪、冰冻、病虫害、自然火灾等，各个地区略有一些差异，与人为干扰一起共同起作用。这些不同类型、干扰强度差异较大的干扰共同作用，造成了长江上游亚高山林区天然林植被的逆向演替。

（二）退化特征

由于遭受严重的干扰，长江上游天然林生态系统服务功能处于退化状态，主要表现在以下2个方面。①植被生态水文功能下降。森林采伐导致郁闭度下降从而使林冠截流量下降，以川西亚高山岷江冷杉林为例，当林分郁闭度为0.7时（5～7月），平均截留率为24%，当郁闭度为0.3时（5～7月），平均截留率降为9.5%。岷江冷杉原始林的土壤最大持水量、枯落物最大持水量及苔藓层最大持水量比皆伐后形成的其他森林类型要大2.3～17.2倍（刘世荣等，2001）。②土壤退化。对川西亚高山地区重建的人工林进行研究，结果表明，随着云杉人工林林龄的增加，土壤有机质、全N、全P和碱解N含量大幅下降，有机物和养分库严重退化（庞学勇等，2004；赵常明，2004）。③生物多样性下降和景观破碎化。近40年来，仅在长江上游高山、亚高山地区的森林和草地生态系统中就有5%以上的种类消失（李贤伟等，2000）。

（三）退化后形成的主要类型

①老龄林：未被采伐而保留下来的天然老龄林斑块；②天然次生林：岷江冷杉林被大面积采伐后，迹地天然更新形成了悬钩子灌丛及桦木林；③人工纯林：天然林采伐后常采用云杉、日本落叶松等树种进行人工造林，形成人工针叶纯林；④人工林、次生林的镶嵌类型：天然林采伐后通过人工造林更新，但之后并未进行必要的森林抚育或者抚育措施不力，造成人工林成活率低，有时造林树种的生长状况甚至不如自然恢复的次生林树种。

二、群落结构及物种多样性

（一）树高、径级、冠幅结构及平均密度

退化天然林自然恢复系列的桦木林、针阔混交林和原始冷杉林乔木层高度平均值分别为7.64 m、7.99 m和31.5 m。自然恢复系列中30年生的桦木林乔木层高度在8 m以下，红桦最高可达25 m；40年生的针阔混交林乔木层高度也在8 m以下，特别是2 m以下的幼苗幼树增多，残存的云冷杉母树最高可达45 m；原始冷杉林乔木层高度在36～38 m，最高可达45 m。桦木林由于没有母树，幼苗幼树天然更新不良，留有母树的针阔混交林，林下天然更新丰富。而在原始冷杉林，林木更加稀疏，林内有天然更新。

自然恢复系列的次生桦木林、针阔混交林和原始冷杉林平均胸径分别为：9.30 cm、15.97 cm和51.56 cm。自然恢复系列中30年生的桦木林乔木胸径在8 cm以下，红桦最大胸径可达37.60 cm；40年生的针阔混交林乔木胸径在10 cm以下，特别是高度2 m以下的幼苗、幼树很多，残存的云冷杉母树胸径最大可达79 cm；原始冷杉林乔木胸径在32～62 cm，最大可达108 cm。这也同高度结构一样，反映了桦木林由于没有母树，幼苗、幼树天然更新不良，留有母树的针阔混交林，林下天然更新丰富，而在原始冷杉林，林木更加稀疏，但林内仍有一定的天然更新。

30年生的桦木林冠幅结构的分化最大。40年生的针阔混交林冠幅结构的分化不大，冠幅的平均值比桦木林小的原因是大多数的林木处于中幼龄阶段，特别是群落中出现了大量的更新的红桦和云冷杉幼树和小树，冠幅主要集中在 10 m² 以下。原始冷杉林乔木冠幅也较大，但由于天然更新的存在，但由于有不同径级的更新林木，并未出现较小的奇异值和极值，而出现了个别的冠幅很大的极值，冠幅达 60 m² 以上。同时可以看出针叶树种尽管高度和胸径很大，但冠幅比却没有红桦大。

自然恢复系列的桦木林、针阔混交林和原始冷杉林乔木层平均密度分别为 4625 株／hm²、4825 株/hm² 和 650 株/hm²。次生桦木林和针阔混交林由于有多种乔木的幼树，所以乔木层平均密度都比较高。我们调查的原始冷杉林地段是处于顶极阶段的群落，成年林木很多在 25m 以上，幼苗、幼树相对较少，所以平均密度比较小。

另外，在所调查的原始冷杉林地段（曾经调查过一个 6000 m² 的大样方），乔木层（DBH≥2.5 cm）平均密度达 10 415 株/hm²，其中小树（2.5 cm≤DBH<7.5 cm）、中树（7.5 cm≤DBH<22.5 cm）、大树（DBH≥22.5 cm）分别为 4 167 株/hm²、2 112 株/hm² 和414 株/hm²。因为在原始冷杉林中，不仅只有顶极状态的斑块（林下更新往往不好，因为林窗更新是天然冷杉天然更新的主要方式），而且有大量的处于不同自然更新发育阶段的斑块，拥有大量的处于不同龄级的林木。所以，实际上群落内部的异质性也是很大的，仅凭小面积的一次性调查的结果，并不能完全反映群落实际的结构和状态。这也是过去不少学者认为天然冷杉林更新不良的原因。

（二）植物物种多样性

天然林砍伐后从迹地灌丛经桦木林、针阔混交林到原始冷杉林的自然系列整个群落（20 m×20 m）的物种数的变化为：从 10 年生的迹地灌丛到 30 年生的桦木林从 54 种上升到 64 种，到针阔混交林下降到 49 种。而原始冷杉林的物种为 57 种。乔木层物种数的变化是从桦木林到原始冷杉林呈一直下降趋势。从 10 种下降到 5 种。灌木层物种数也是桦木林最高 24 种，而 10 年生迹地灌丛为 16 种，针阔混交林和原始冷杉林都为 19 种。草本层物种数从迹地灌丛、桦木林到针阔混交林从 38 种一直下降到 25 种，而原始冷杉林为 33 种。可见，除迹地灌丛的草本层外，自然恢复系列中，30 年生的桦木林的物种数是最高的，到了针阔混交林却有些下降，原始冷杉林的物种数介于两者之间。自然系列整个群落的 Shannon-Wiener 指数的变化与物种数的变化是一致的。桦木林最大（1.59），然后依次为10 年生的迹地灌丛（1.57）、针阔混交林（1.54）和原始冷杉林（1.52）。乔木层 Shannon-Wiener 指数最大值（0.69）出现在针阔混交林，桦木林和原始冷杉林 Shannon-Wiener 指数分别为 0.67 和 0.48。灌木层 Shannon-Wiener 指数也是桦木林最高（1.25），针阔混交林为1.21，10 年生迹地灌丛和原始冷杉林都为 1.19。草本层 Shannon-Wiener 指数最大值（1.45）出现在原始冷杉林，其次为针阔混交林（1.41）、迹地灌丛（1.39）和桦木林（1.30）。可以看出，原始冷杉林乔木层和灌木层的 Shannon-Wiener 指数都是较低的，而草本层最高。针阔混交林的乔木层 Shannon-Wiener 指数最高。桦木林在整个群落和灌木层具有最高的 Shannon-Wiener 指数。

三、土壤养分及水文效应

（一）土壤硝态 N、碱解 N、全 N 含量和储量的变化

在自然恢复系列中，0～40 cm 土壤平均硝态 N 含量从高到低的顺序是：迹地灌丛 >

桦木林 > 原始冷杉林 > 针阔混交林，含量分别为 2.19 mg/kg（2.88）、1.78 mg/kg（1.78）、1.77 mg/kg（0.25）、0.95 mg/kg（0.57）（括号内为标准偏差，下同），最高的是迹地灌丛，最低的是针阔混交林。0～40 cm 硝态 N 储量从高到低的顺序为原始冷杉林 > 针阔混交林 > 迹地灌丛 > 桦木林，分别为 3.11 kg/hm²（0.23）、2.65 kg/hm²（0.30）、2.26 kg/hm²（0.63）、1.82 kg/hm²（0.22）。自然恢复系列土壤硝态 N 含量和储量的变化是从 10 年生的迹地灌丛到桦木林和针阔混交林下降，然后到原始冷杉林阶段又回到很高的水平。

0～40 cm 土壤平均碱解 N 含量从高到低的顺序是迹地灌丛 > 桦木林 > 原始冷杉林 > 针阔混交林，含量分别为 905.99 mg/kg（245.36）、432.57 mg/kg（1.78）、364.46 mg/kg（191.31）、274.78 mg/kg（146.67），最高的为迹地灌丛，最低的为针阔混交林，与硝态 N 的顺序一致。0～40 cm 碱解 N 储量从高到低的顺序为迹地灌丛 > 针阔混交林 > 桦木林 > 原始冷杉林，分别为 893.39 kg/hm²（135.69）、633.93 kg/hm²（44.67）、604.88 kg/hm²（34.11）、500.95 kg/hm²（54.94），其中，最高的为迹地灌丛，最低的为原始冷杉林。自然恢复系列土壤碱解 N 含量的变化是从 10 年生的迹地灌丛到原始冷杉林有下降的趋势，其间，针阔混交林碱解 N 含量略有下降，与硝态 N 的变化相同；储量的变化与硝态 N 的变化相反，其间，桦木林的储量略有上升。

0～40 cm 土壤全 N 平均含量从高到低的顺序为迹地灌丛 > 桦木林 > 原始冷杉林 > 针阔混交林，含量分别为 14.39 g/kg（3.23）、5.53 g/kg（3.56）、5.48 g/kg（2.33）、2.54 g/kg（1.03），最高的是迹地灌丛，最低的是针阔混交林，与碱解 N 和硝态 N 含量的顺序一致。0～40 cm 全 N 储量从高到低的顺序为迹地灌丛 > 桦木林 > 原始冷杉林 > 针阔混交林，分别为 13469.09 kg/hm²（1 437.85）、7680.32 kg/hm²（491.92）、7204.21 kg/hm²（554.64）、6 101.98 kg/hm²（378.51），其中，最高的是迹地灌丛，最低的是针阔混交林。自然恢复系列土壤全 N 含量和储量的变化是从 10 年生的迹地灌丛到原始冷杉林有下降的趋势，其间，针阔混交林碱解 N 含量和储量最低，与碱解 N 和硝态 N 的变化相同。

（二）硝态 N 含量和储量占碱解 N 的比例

在自然恢复系列中硝态 N 含量占碱解 N 的比例从高到低的顺序为原始冷杉林 > 桦木林 > 针阔混交林 > 迹地灌丛，其含量分别为 0.59（0.30）%、0.47（0.54）%、0.33（0.10）%、0.23（0.26）%，储的比例从高到低的顺序为原始冷杉林 > 针阔混交林 > 桦木林 > 迹地灌丛，分别为 0.76（0.51）%、0.40（0.14）%、0.31（0.14）%、0.30（0.32）%。可见，自然恢复系列土壤硝态 N 含量和储量占碱解 N 比例的变化是从 10 年生的迹地灌丛到原始冷杉林有上升的趋势，其间，针阔混交林碱解 N 含量的比例略有上升。高山栎林、亚高山草甸和退耕荒坡含量和储量的比例较低，分别为 0.26（0.10）%、0.13（0.06）%、0.17（0.01）% 和 0.28（0.12）%、0.15（0.07）%、0.19（0.01）%。

（三）碱解 N 含量和储量占全 N 的比例

自然恢复系列中碱解 N 含量和储量占全 N 的比例从高到低的顺序都为针阔混交林 > 桦木林 > 原始冷杉林 > 迹地灌丛，其含量分别为 10.52（1.95）%、8.50（1.67）%、6.42（1.07）%、6.27（1.03）% 和 10.42（1.45）%、8.01（1.66）%、6.75（1.21）%、6.32（0.98）%。可见，自然恢复系列土壤碱解 N 含量和储量占全 N 比例的变化是从 10 年生的迹地灌丛到针阔混交林上升，然后到原始冷杉林又下降。高山栎林、亚高山草甸碱解 N 含量和储量的比例都比较低，分别为 5.53(1.71)%、6.37(0.87)% 和 5.59(1.79)%、6.36(0.83)%。退耕荒坡碱解 N 含量和储量的比例比较高，分别为 10.39(1.83)% 和 9.83(2.00)%。

(四) 川西亚高山天然次生林的林地水文效应

1. 林地苔藓蓄积量和最大持水量

从图 3-3 可以看出，川西亚高山天然次生林随着林龄的增加，其苔藓蓄积量及最大持水量显著增加(表 3-12)，但林龄 42～47 年的林分还未及原始林的一半。表明其苔藓层处于不断的恢复之中，但其完全恢复仍需一个漫长的过程。林龄相同的林分，其苔藓蓄积量及最大持水量在不同海拔间的差异并不显著。林地苔藓的最大持水率在 695%～1250%(图 3-4)，平均为 945%，其在不同海拔及林龄间的差异并不显著(表 3-12)。这说明苔藓的变化只是蓄积量的问题，其水分物理性质没有显著的变化。

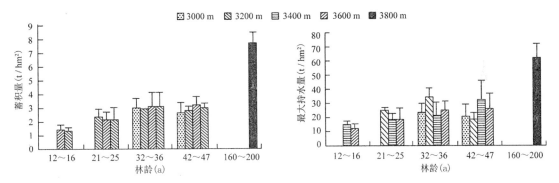

图 3-3　林地苔藓蓄积量及最大持水量(数据来源：张远东等，2005)

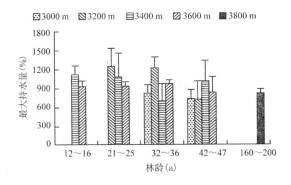

图 3-4　林地苔藓最大持水率(资料来源：张远东等，2005)

2. 枯落物蓄积量与最大持水量

从图 3-5 可以看出，不同林龄间枯落物蓄积量及最大持水量差异显著，随林龄增加而显著增大(表 3-12)，经过近 50 年的恢复，其枯落物蓄积量及最大持水量已达到 3800 m 处的原始林水平；在恢复时间相同的条件下，不同海拔的枯落物及其最大持水量也差异显著，较低海拔(3000 m)和较高海拔(3600 m)处枯落物蓄积量较低，而中海拔(3200 m、3400 m)蓄积量较高，最大持水量也具有相同的趋势。这可能是由于低海拔处热量条件较好，枯落物分解、循环较快的缘故；而海拔过高，则引起林分生长缓慢，每年凋落的枯落物量下降，从而出现了枯落物在中海拔(3200～3400 m)较高的现象。

表 3-12　苔藓、枯落物和土壤指标的双因素方差分析（F 值）

因素	苔藓			枯落物			土壤 0～40 cm
	蓄积量（t/hm²）	最大持水量（t/hm²）	最大持水率（t/hm²）	蓄积量（t/hm²）	最大持水量（t/hm²）	最大持水率（t/hm²）	最大持水量（t/hm²）
林龄	7.129 **	3.471 *	1.709	7.337 **	5.768 **	5.569 **	1.745
海拔	0.211	0.670	1.407	3.395 *	3.520 *	10.663 **	3.034 *
林龄×海拔	0.976	1.529	1.708	0.330	0.241	1.655	5.748 **

注：* $P<0.05$；** $P<0.01$（资料来源：张远东等，2005）。

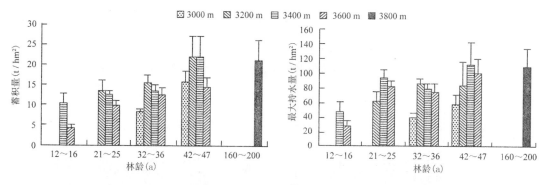

图 3-5　枯落物蓄积量及最大持水量（资料来源：张远东等，2005）

天然次生林枯落物的最大持水率在 354%～857%，平均 573%，远比苔藓的最大持水率要低。其在不同林龄及海拔间均差异显著，随着林龄的增大，最大持水率发生波动，但和恢复阶段没有线性关系，并不随林龄增大而增加或减少；相同林龄的林分，最大持水率多随海拔的升高而增大（图 3-6）。这表明在恢复过程中，枯落物水分物理性质变异性很大，并和热量条件有关。

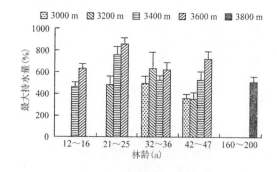

图 3-6　枯落物最大持水率

（资料来源：张远东等，2005）

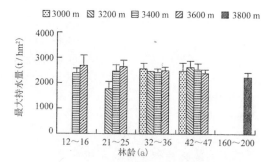

图 3-7　土壤 0～40 cm 最大持水量

（资料来源：张远东等，2005）

3. 土壤容重和持水量

不同林龄和海拔的次生林随土壤深度的增加，土壤容重均显著增大，最大持水量显著下降，但毛管含水量和最小含水量仅在部分类型显著下降（张远东等，2005）。这与高山峡谷区土层浅薄，土壤有机质、土壤动物形成的孔隙、植物根系、死亡根系形成的根孔都随深度而降低有关。这种降低应当主要表现在容纳重力水的土壤大孔隙上，而土壤中的毛管孔隙则仅在部分类型受到影响。天然次生林土壤 0 ~ 40 cm 最大持水量在不同林龄间差异不显著，而在不同海拔间差异显著（表 3-12）。这种差异主要表现在恢复初期的 10 ~ 25 年，随海拔升高土壤 0 ~ 40 cm 最大持水量增大。这可能与采伐或集材方式有关，由于采伐时坡下部的土壤受损较为严重，导致森林恢复初期土壤也表现出恢复所致（图 3-7）。

4. 结论与讨论

川西米亚罗森林目前正处于大规模的恢复之中，其所形成的大面积天然次生林，已成为米亚罗林区的优势类型之一。该类型在恢复过程中生态系统服务功能的变化如何，尤其是其水文效应有何变化规律？这是一个极具科学意义和实践价值的问题。本文从林地水文效应方面进行了研究，得出了生态水文服务功能的一些初步结论。

米亚罗天然次生林苔藓蓄积量及最大持水量在不同林龄间差异显著，随林龄增加而显著增大，但在不同海拔间差异并不显著。枯落物蓄积量及最大持水量在不同林龄及海拔间均差异显著，随林龄的增大而增加；在林龄相同的条件下，其在中海拔（3200 m，3400 m）处较高，而在较高（3600 m）、较低（3000 m）处偏低。次生林枯落物最大持水率平均573%，而苔藓平均为945%。不同林龄和海拔的次生林随土壤深度的增加，土壤容重均显著增大，最大持水量显著下降，但毛管含水量和最小含水量仅在部分类型显著下降。天然次生林土壤 0 ~ 40 cm 最大持水量在不同林龄间差异不显著，而在不同海拔间差异显著。这种差异主要表现在恢复初期的 10 ~ 25 年，随海拔升高土壤 0 ~ 40 cm 最大持水量增大。

天然次生林在恢复过程中，苔藓层和枯落物都处于不断的恢复过程之中，但苔藓的恢复只是蓄积量的增加，而枯落物层在恢复过程中则同时伴随着水分物理性质的变化，并与热量条件的变化相关，这说明枯落物层的变化是一个相对复杂的过程，与养分循环密切相关，并有可能进一步影响到土壤性质的变化，这方面的研究有待深入。

第三节　四川盆周山地退化天然林恢复过程的生态学特征

一、干扰体系与退化森林特征

四川盆周山地长期以来，过度的森林采伐和本地居民的过度樵采以及发展农业、生产粮食，大片森林被采伐，林地变成农地，森林经营也是以生产木材为主；毁林开荒的干扰强度、干扰范围极大，干扰频度也高，对天然林植被退化的影响极大，但水热条件好，形成大面积的次生林；修路、采矿、旅游、物种入侵、火灾等其他干扰的强度小，频度低，对天然林植被退化的作用小（表 3-13）。

二、群落结构及物种多样性

以鞍子河自然保护区为主要研究区，天台山森林公园和都江堰两地作为补充研究区。对不同演替阶段的常绿阔叶林以及受干扰的退化天然林，按类型在典型地段，布设标准地，开展植被的数量调查，研究常绿阔叶林的植被动态，为退化天然林的数量分类、经营对策、经营技术、管理技术等技术方案的编制，提供科学依据和基础资料。

（一）不同演替阶段乔木种群结构变化

1. 垂直结构

采用大小级代替年龄级结构分析其结构和动态特征，植物种群大小结构按以下方式划

表 3-13　四川盆周山地鞍子河常绿阔叶林林区退化天然林干扰体系

干扰因素	干扰强度	频度	干扰时间	生境(海拔、坡向等)	现状	规模	恢复重建途径
农垦后造针叶林	+ + +	3 次	1980 年以来	全坡、800～1300m	杉木疏林	0.6	封改
采伐后造林	+ + +	1 次	1950 年以来	全坡、1500～1800 m	青杨林	3	封禁
采伐后造林	+ + +	1 次	1980 年以来	全坡、1200～1600 m	柳杉林	6	封改
农垦后造阔叶林	+ + +	1 次	1960 年以来	全坡、800～1400 m	刺秋、光皮桦林	1.8	封调
人为火烧	+ + +	1 次	1650 年以来	全坡、1400～1 600 m	常绿阔叶林	2	封禁
工程施工	+ + +	1 次	2002 年以来	全坡、1500～1600 m	灌草地	0.1	封造
农垦后自然恢复	+ +	1 次	1950 年以来	全坡、1200～1400 m	次生常绿阔叶林	12	封禁
农垦后弃荒	+ +	每年 1 次	1950 年以来	全坡、800～1300 m	次生常绿阔叶林	8	封禁
择伐	+ +	每年 1 次	1950 年以来	全坡、1100～1600 m	次生常绿阔叶林	8	封禁
采薪	+ +	每年 2～3 次	1960 年以来	全坡、800～1200m	次生常绿阔叶林	15	封禁
采伐	+ +	每年 1 次	1970 年以来	全坡、1200～1800 m	次生常绿阔叶林	12	封禁
用材抚育	+ +	2 次	1990 年以来	全坡、1300～1500 m	水杉林	2	封改
用材抚育	+	2 次	1980 年以来	全坡、900～1200 m	杉木林	2	封改
用材抚育	+	2 次	1990 年以来	全坡、1100～1600 m	秃杉林	1	封改
大径木择伐	+	3～5 次	1990 年以来	全坡、1100～1400m	光皮桦林	4	封调
大径木择伐	+	3～5 次	1990 年以来	全坡、1400～1600 m	青杨林	2	封调
未干扰				全坡、1600～2000 m	常绿阔叶林	20.5	绝对封禁

注：+ + + 为强度干扰　+ + 为中度干扰　+ 为轻度干扰。

分：胸径 < 2.5 cm 为第 Ⅰ 级，第 Ⅱ 级为胸径 2.5～7.5 cm，以后按胸径大小，每增加 5 cm 胸径增加一级。不同演替阶段常绿阔叶林基本上都处于增长结构，30 年前林木有一个较快的增长，30～50 年间，林木生长有所减缓，并有部分乔木幼苗补充到林下。50～300 年，林木又进入一个新的速生期，到 300 年达到最大，此后由于一部分林木的死亡，而使得乔木层的大径级树种退出群落。主要的乔木树种在演替初期生长迅速，从 5 年的幼龄林高度 2.2 m 生长到 5.3 m，到达阔叶林生长的速生期。而在 30 年后，乔木的生长渐为缓慢，平均高度增长仅为 0.2 m，达到 5.5 m 到，300 年时最大高度可达 18 m。因此在恢复与重建时，可参照此时的群落结构进行。

2. 水平结构

这里的水平结构指的是各物种的种群密度，以此来表征自然演替中的密度调控。在次生林恢复过程中，乔灌树种的选择通过不同演替阶段乔木树种与灌木树种的比值与林龄的相关性比较可知，乔灌比值是随着林龄的增长成正相关的（$y = 0.02x + 0.6263$，$R^2 = 0.9150$）。在恢复初期，乔木层比例较小，随后逐渐增大（表 3-14）。因此，在不同的恢复阶段应有不同的乔灌比例，前 30 年的疏林、中幼林应尽量让乔灌比保持 1∶3～1∶1。在人工促进恢复的过程中，考虑到山地灌丛的灌木种类和数量都比较多，应多注意乔木层的恢复，灌木层、草本层的恢复则可充分利用自然恢复力。树种应以从落叶树种为主逐渐到以常绿成分为主，常绿树种与落叶树种组成比以1∶3为宜。30年后的林分恢复则应注意乔木层建群种成分的改造，选择一些合适的常绿树种，使常绿树种与落叶树种保持在2∶1为宜。同时，不同演替阶段乔木层常绿树种与落叶树种组成比与林龄成正相关，相关系数 $r = 0.9299$，而灌木层则先降后升，在演替初期有所下降，而当群落成熟开始衰退时，灌木层常绿树种与落叶树种组成比又有所回升(图3-8)。因此，在植被恢复过程中，主要应针对前30年的植被进行修复或更新，近成熟林则可利用群落的自然更新能力。这既可节约人力物力，又可达到生态恢复目的。

表3-14　不同林龄的物种密度

林龄 （a）	总密度 （株/hm²）	密度（株/hm²）		乔灌组成	常绿落叶树种组成		
		乔木层	灌木层		乔木层	灌木层	
10	4516	1300	3216	1∶2.47	1∶2.67	1∶0.31	
20	7953	2920	5033	1∶1.72	1∶1.40	1∶3.20	
30	2282	1100	1182	1∶1.07	1∶3.00	1∶2.43	
40	6416	4825	1591	1∶0.33	1∶0.67	1∶0.80	
50	3761	2425	1336	1∶0.55	1∶0.69	1∶0.45	
100	4275	3000	1275	1∶0.43	1∶1.15	1∶1.45	
300	1925	1583	342	1∶0.22	1∶0.36	1∶0.44	
350	2410	2175	235	1∶0.11	1∶0.30	1∶0.27	

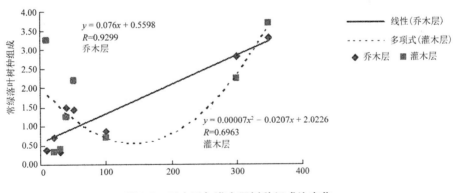

图3-8　乔木层与灌木层树种组成比变化

3. 次生林不同演替阶段生物量及生物生产力变化规律

森林植物群落生物量是森林生态系统的主要功能指标，它是物质循环和能量流动等方面研究的基础。在恢复过程中，生物量变化动态反映了植物与环境间的物质运动与贮存关系，对森林的结构与功能有着重要的影响。开展生物量变化规律的研究，可进一步揭示森林的生长进程，对寻找影响恢复的关键限制因子、制定合理的调控措施有着重要意义。本研究中的生物量与生物生产力，只包括地上部分。

表 3-15　群落生物量和生产力

林龄（a）	5	20	30	40	50	100	300	350
乔木层（t/hm²）	5.75	9.01	29.10	62.12	119.75	253.27	360.12	332.43
灌木层（t/hm²）	0.36	0.37	4.55	0.92	2.67	12.34	14.76	20.38
草本层（t/hm²）	4.41	0.48	5.42	0.19	0.77	0.98	0.56	2.45
凋落物层（t/hm²）	1.25	3.50	5.83	5.54	2.95	8.86	27.00	46.76
地下部分生物量（t/hm²）	1.27	1.98	6.40	13.67	26.35	55.72	79.23	73.13
群落生物量（t/hm²）	13.04	15.34	51.30	82.44	152.49	331.17	481.67	475.15
生物生产力（t/hm²·a）	6.88	4.45	12.37	7.31	6.17	12.50	28.81	50.22

从表 3-15 可以看出，群落总生物量是随着林龄的增加而增加的，在前 20 年内增加较慢，从 13.04 t/hm² 增加到 15.34 t/hm²，20 年后快速增长，从 15.34 t/hm² 增加 300 年时的 360.12 t/hm²。生物生产力在头 20 年反而有所减少，这是由于初期的草本和灌木被乔木树种挤压被淘汰，而卵叶钓樟、润楠等树种在初期生长缓慢和，导致群落的生物生产力有所下降。20 年后，乔木树种进入速生期，生物量及生物生产力快速增长。其中乔木层从 29.1 t/hm² 增加到 62.12 t/hm²，到 300 年时生物量达到最大 360.12 t/hm²，略低于南亚热带的 400 年的厚壳桂（Cryptocarya chinensis）林的生物量，这与气候密切相关。盆地地缘降雨量大、土壤较南亚热带肥沃，南亚热带高温高湿，营养消耗大。灌木层和凋落物层在头 30 年是逐渐增加，而后又有所下降，草本层是随着时间推移呈上下波动，这是与群落结构变化密切相关的。在前 30 年由于林分郁闭度不太大，林下灌木和草本种类的大量出现，而且乔木层的凋落物较多。但随后由于乔木层的竞争挤压而淘汰了一些林下灌木和草本，从而灌木层和草本层的生物量以及凋落物都有不同程度的减少。在 300 年后，由于群落已稳定下来，灌草层的物中组成数量都处于一个相对稳定的状态。这时群落里的竞争压力较大，枯立木以及枯枝落叶大量形成，导致乔木层的生物量减少，而在空隙又由灌木种类加以补充，故 350 年时的灌木层与凋落物层的生物量有所增加。而且盆地西缘常绿阔叶林在此时还维持着一个较高的生物生产力，高于南亚热带的 400 年的厚壳桂林、黄果厚壳（Cryptocarya concinna）林。

因此，从盆周山地典型地段的植被恢复，关键是要注重乔木层的恢复，为灌草的恢复提供早期庇护，灌木层和草本层则可通过群落的自我调节实现其生态过程。这既可实现植被的快速恢复，又可为国家和社会节约建设资金。

（二）不同演替阶段群落物种多样性的变化

1. 物种多样性基本特征描述

封育初期以油竹子、西南绣球（Hydrangea davidii）等占优势，卵叶钓樟、杉木等处于从属地位。此时还没有树种进入乔木层。封育 10 年后，随着山鸡椒（Litsea cubeba）、大果冬青（Ilex macrocarpa）、三桠乌药（Lindera obtusiloba）、卵叶钓樟等常绿树种以及领春木、野樱桃（Cerasus szechuanica）等落叶树进入乔木层，其他灌木物种的进入，油竹子的重要值开始下降，卵叶钓樟的重要值也由于一部分进入乔木层也有一定的回落。封育 20 年后，杉木这一速生树种得到发展，迅速成为群落中的优势树种，卵叶钓樟紧随其后，但在以后的竞争中杉木成为被淘汰者，甚至被其他落叶树种淘汰，如马桑、野核桃（Juglans cathayensis）等。到了 40 年左右，卵叶钓樟终于成为群落的建群种，但其自身喜光，在光照较好的地方可成为优势种，当群落达到一定郁闭度时，注定要被其他树种取代。封育 50 年后，卵叶钓樟便成为了群落中的一个次要成分。随着时间的推移，盆地西缘形成了以山茶科、樟科等为主的常绿阔叶林，但卵叶钓樟只占有很小的成分，其重要值甚至低于 1。

2. 不同演替阶段群落物种多样性变化趋势

（1）物种丰富度变化趋势。如图 3-9、图 3-10 所示，无论是物种数（S）还是 Marglef 指数都反映出相似的规律。在次生林恢复的前 50 年间，属于次生林演替初期，乔木层尚未郁闭，乔、灌、草种类在波动中逐渐增加，各物种之间进行着强烈的竞争。物种丰富度变化明显。50～100 年，乔木层表现出丰富度的略有下降而趋于平稳的动态，灌木层、草本层却有所加。说明乔木层在 50 年的演替进程中，已逐渐形成了以少数物种为主的群落，此时的灌木层也由于乔木层散落的种子得到进一步的补充，耐阴性的草类种类得到充分发展。到 100 年后，群落的丰富到达最大，并由增长趋势逐渐转为下降，这可以从乔、灌、草的变化趋势得到很好的说明。因此，可以认为盆周山地的植被自然恢复过程较为顺利。

（2）物种均匀度变化趋势。由图 3-11 可知，群落均匀度在演替初期，也是在波动中增加，到 50 年即达到最大，随后有所减小，在随后的 100～200 年间，均保持在 1.5 左右。300 年以后，又有所增加。这个过程，正反映了群落演替的物种变化动态。在演替初期的灌

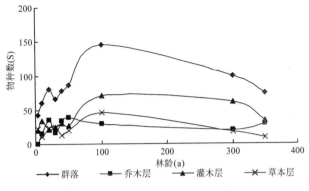

图 3-9 不同演替阶段物种数比较

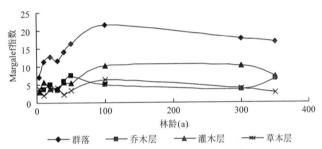

图 3-10 不同年代卵叶钓樟林 Margalef 指数比较

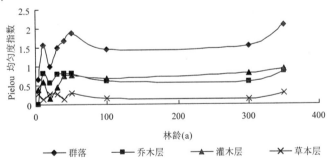

图 3-11 不同年代卵叶钓樟林 Pieluo 均匀度指数比较

草阶段，乔木层还未出现，随着灌木层的增长，草本层开始下降，当乔木层出现时，灌木层由于竞争挤压而被淘汰部分的物种，一些空隙或林窗里草本有所增加。但随着乔木层的进一步发展，自身也受到竞争压力而被淘汰，出现了群落总体均匀度的下降。随后乔木层、灌木层发展的共同作用而使得总体均匀度快速增长，并在 50 年达到顶峰。此时，林分郁闭较大，一些乔、灌由于不能适应生境的变化而被淘汰，均匀度指数略有下降，并在此后维持了一个

相当长的时期。当一些常绿阔叶林建群种成为风倒木、枯立木后，群落的均匀度由于群落林下灌木层的发展仍维持在一个较高水平，并在此基础上略有上升。因此可以认为，盆地西缘典型地段上的植被恢复只要注意了乔木层的恢复，灌木层的发展完全可利用其自身的恢复力。

（3）物种多样性变化趋势。通过 Simpson 指数、McIntosh 指数、Shannon-Wiener 指数对不同演替阶段的变化比较来看（图 3-12 ~ 图 3-14），这 3 个参数都较好地反映了植被动态。由于 Shannon-Wiener 指数对群落动态的反映是将丰富度和均匀度综合起来的一个指数，能够较全面的测度物种多样性。通过对 Pieluo 均匀度指数与 Shannon-Wiener 指数的相关性分析，两者的相关程度 r $=0.8911$（$y = 0.195x^{0.7972}$）。因此均匀度变化、多样性指数变化反映的群落变化基本一致。

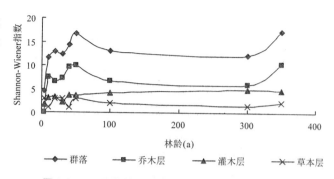

图 3-12　不同演替阶段的 Shannon-Wiener 指数

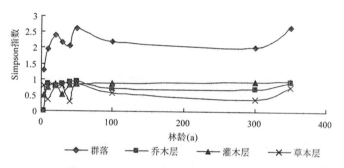

图 3-13　不同演替阶段的 Simpson 指数

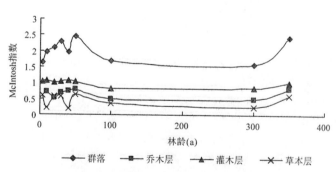

图 3-14　不同演替阶段的 McIntosh 指数

三、土壤养分及水文效应

（一）不同恢复阶段林地土壤主要营养元素动态分析

从表 3-16 可以看出，土壤中全 N、全 P 和全 K 的含量随着时间推移的变化有一定的规律性，这与土壤母质和生物积累有关。而水解 N、速效 K 的变化更为明显，且有较强的规律性，即在恢复和重建过程中随着时间推移而增大；但到了 30 年后，由于林分结构的变化，落叶乔木层种类减少，出现大量的灌木种类和乔木幼苗，因而向土壤中归还的 N、K 减少，使得土壤中可利用 N、K 量减少。而有效 P 的变化不大，在整个的植被恢复过程中显出较强的规律性。

（二）次生常绿阔叶林下土壤枯枝落叶层的 N、P、K、Ca、Mg 元素的丰度值

根据表 3-17 表明，次生常绿阔叶林枯枝落叶层营养元素在不同演替阶段呈现有规律性变化，即灰分元素总量在 100 年时，林下的全分解层灰分含量出现高值，为 40.27%，其中残落物中 Ca、Mg 损失最多，分别为 0.73% 和 0.61%；而 N、P、K 元素的含量在该阶段的残落物各层次中最高。说明枯枝落叶层中全分解层土壤养分的补给贡献率最大；川西天然次生

表 3-16　不同恢复阶段的土壤营养元素统计

年代 （群落）	水解 N （mg/kg）	有效 P （mg/kg）	速效 K （mg/kg）	全 N （g/kg）	全 P （g/kg）	全 K （g/kg）	有机质 （g/kg）	pH 值
20 世纪 60 年代	85.95	1.79	62.05	1.48	0.824	11.6	25.5	5.52
20 世纪 70 年代	543.17	1.12	323.33	16.6	1.79	7.2	369.01	7.29
20 世纪 80 年代	540.11	7.34	206.91	13.66	2.656	13.4	228.98	6.86
1998 年	72.97	1.17	41.80	1.72	0.88	11.60	19.30	5.14

表 3-17　不同恢复阶段的枯枝落叶层营养元素变化

恢复年限(a)	元素	N （g/kg）	P （g/kg）	K （g/kg）	占灼烧重(%) CaO	MgO	Fe_2O_3	A_2O_3	SiO_2	灰分 （%）
100	L	12.04	0.396	1.12	24.50	2.71	2.40	16.46	18.45	5.1
	F	16.50	0.733	1.37	15.72	1.91	6.35	11.12	39.93	7.99
	H	16.67	0.823	1.78	0.73	0.61	6.46	6.68	59.77	40.27
300	L	10.21	0.316	1.31	22.75	3.70	2.39	16.16	17.70	4.29
	F	17.05	0.639	1.40	16.71	2.10	4.59	15.59	33.67	8.51
	H	21.91	0.999	2.00	3.05	1.23	6.53	7.15	64.10	19.59
350	L	12.14	0.396	1.31	16.10	2.24	7.97	11.76	35.55	6.79
	F	18.11	0.775	1.75	13.22	2.07	6.17	10.36	41.81	7.99
	H	21.62	0.906	2.26	1.73	1.06	7.65	9.06	66.84	17.79

表 3-18　不同恢复阶段的土壤库、残落物库中 N、P、K、Ca、Mg 的库存量

恢复年限(a)	元素	N （kg/hm²）	P （kg/hm²）	K （kg/hm²）	Ca （kg/hm²）	Mg （kg/hm²）	净还量 [kg/(hm²·a)]
100	土壤库	233.55	15.60	44.10	122.55	325.65	168.36
	残落物	678.15	29.28	64.05	14280	1785	
	合计	911.70	44.88	108.15	14402.55	2110.65	
300	土壤库	136.20	12.00	53.55	53.25	206.85	47.58
	残落物	737.55	29.31	70.65	11340	1890	
	合计	873.75	41.31	124.20	11393.25	2096.85	
350	土壤库	105.60	12.15	55.50	24.45	270.30	49.27
	残落物	771.75	31.15	79.80	14470	2335	
	合计	877.35	43.30	135.30	14494.45	26053	

常绿阔叶林下残落物分解层营养元素对土壤库的补给量如此之大，这可能是与湿润气候下的土壤微生物有关。

天然林下因林木根系生长庞大、土壤有机质含量高，在常绿阔叶林下以残落物形式回入土壤中的主要营养元素 N、P、K、Ca、Mg 等的总量，每年约为 47.58 ~ 168.36 kg/hm²，由

表 3-18 说明：①单位面积内残落物库中营养元素贮存量大，残落物库＞土壤库。②特别是残落物库中 Ca、Mg 贮存量是土壤中的贮存量高 116.52 倍和 4.48 倍，这充分说明了 Ca、Mg 在土壤中的迁移作用强烈。这与海南岛常绿阔叶林下的山地黄壤 Ca 在残落物库中的贮存量也高出土壤库存量 6 倍的结果有相似性，说明川西山地天然次生常绿阔叶林黄壤上的残落物库 Ca 贮存量比我国东部同类型高得多。

（三）次生常绿阔叶林土壤有机质变化

次生常绿阔叶林有机质贮量高的原因是与高湿的气候和地上植被生物地球化学的积累有关。由于高温多雨、日照少、剖面淋溶强烈，以致在 C 层还有有机质，整个剖面有机质变化在 475.8～16.2 g/kg，如此高的积累量，成为西部亚热带山地最重要的有机碳源。土壤在碳循环过程中充当"储存库"的功能，土壤有机碳分解和积累速率的变化直接影响到全球的碳平衡。不同生态系统中土壤有机碳的含量不仅是确定全球土壤有机碳贮量的基础，也是评价不同的陆地生态系统作为大气 CO_2 源或强度的前提。土壤有机碳作为重要的肥力因子直接影响了植物的生长，从而影响陆地的生物碳库。因此，通过研究土壤的碳储量，可以提出调控大气 CO_2 浓度的土壤措施，如退化山地植被恢复与重建过程的封育措施、封禁措施和封调措施。

（四）次生天然林与人工林的比较

1. 不同林分土壤类型

（1）新造桦木幼林紫色土。该土壤类型为退耕地，1999 年春季营造桦木林。土壤母质为紫色泥岩残坡积物，海拔 1370 m，坡度为 20°，为阴坡，植被主要为桦木、绣球花、悬钩子、苔草、扁竹叶（Iris confusa）。

A_0：2 cm，枯落物层；

A：4～19 cm，棕紫色，中壤土，块状结构，稍紧，多草根，无新生体，石砾 3%，潮湿；

B：19～60 cm，棕紫色，中壤土，块状结构，紧实，根中，无新生体，石砾 5%，潮湿。

该剖面层次分化不明显，但土层较厚，土壤质地良好，但土壤较为紧实，无团粒结构形成，有机物质在土层分布极少，淋溶作用极弱，土壤母质碎屑物在剖面中均有分布，表现为较强有粗育特征。

（2）柳杉成林下的山地黄壤。20 世纪 60 年代初期营造柳杉成林，该土壤类型为山地黄壤，土壤母质为紫色粉砂岩残坡积物，海拔 1370 m，坡度为 30°，为半阴坡，植被主要为柳杉、林下植被较少，主要为鳞毛蕨，扁竹叶。

A_0：14 cm，枯落物层；

A：4～19 cm，黑棕色，重壤土，土壤疏松，团粒，多树根，石砾 3%，湿；

B：19～38 cm，黄棕色，重壤土，碎块状，适中，粗根中，有少量锈纹、锈斑及菌丝体，石砾 5%，潮湿；

BC：38～60 cm，黄色，中壤，碎块状，稍紧，树根少，新生体无，石砾 10%，潮湿。

该剖面层次分化较明显，土层较厚，土壤质地较好，土层疏松，在淋溶层形成了良好的团粒结构，有机物质在土层分布达 38 cm，石砾在土层中有分布，土层中的母质特征不明显，但地表枯落物及半分解层特别厚，达 14 cm。

（3）杉木成林下的山地黄壤。1958 年初营造，该土壤类型为山地黄壤，土壤母质为紫色砂岩残坡积物，海拔 1510 m，坡度为 30°，为半阳坡，植被主要为杉木，林下灌木为白夹竹，为鳞毛蕨，扁竹叶。

A_0：4cm，枯落物层；

A：0～15 cm，黄棕色，轻黏土，适中，粒状，多树根，新生体无，石砾15%，湿；

AC：15～50 cm，黄色，轻黏土，碎块状，适中，粗根中，新生体无，石砾5%，潮湿。

该剖面层次分化不明显，土层较薄，土壤质地偏黏，表层适中，土层中黏化、黄化特征明显，有机物质在土层分布较浅，仅38 cm，土层中大的石块较多，剖面特征说明该林分类型土壤发育程度较高，但因母质坚硬，导致上层浅薄和土壤中有较多石砾，地表枯落物及半分解层为4 cm。

（4）竹林下的山地黄壤。为天然更新龙竹林，该土壤类型为山地黄壤，土壤母质为紫色砂岩残坡积物，海拔1260 m，坡度为30°，为半阴坡，植被主要为龙竹、林下灌木稀少，草本主要为鳞毛蕨。

A_0：7 cm，枯落物层；

A：0～20 cm，淡棕黄色，重壤，稍紧，小块状，多竹根，新生体无，石砾无，潮湿；

AB：20～35 cm，淡棕黄色，轻黏土，碎块状，稍紧，竹根中，新生体无，石砾无，潮湿；

B：35～60 cm，黄色，中壤，块状，稍紧，竹根中，新生体无，石砾无，潮湿。

该剖面层次分化明显，土层深厚，AB层有黏化现象，A、AB层存在弱灰化作用，土层中黄化特征明显，有机物质在土层中的淋溶作用较弱，在土层的积累也较少，但土层中均无石砾，剖面特征说明该林分类型土壤发育程度较高，地表枯落物及半分解层为7 cm。

（5）天然常绿阔叶林下的山地黄壤。为天然常绿阔叶林，土壤类型为山地黄壤，土壤母质为紫色砂岩残坡积物，海拔1390 m，坡度为35°，为阴坡，植被主要为樟科植物。

A_0：1.0 cm，枯落物层；

A：0～15 cm，棕黄色，重壤，适中，小块状，多树根，新生体无，石砾无，潮湿；

AB：15～35 cm，棕黄色，轻黏土，块状，稍紧，树根中，新生体无，石砾无，潮湿；

B：35～65 cm，黄色，中壤，块状，稍紧，竹根中，新生体无，石砾无，潮湿。

该剖面层次分化明显，土层深厚，土层中黄化特征明显，土壤结构较好，但地表枯落物及半分解层为较少，仅为1 cm。

2. 不同林分土壤类型的肥力特征

在自然土壤中，土壤养分主要来源于土壤矿物质和土壤有机质，其次为地下水、地渗水和大气降水，土壤养分是林木生长发育所必需的物质基础。它是土壤因子中易被控制和调节的因子。土壤的肥力状况及特征主要取决于土壤的发育程度及发育阶段，同时与地上植被种类、生长状况、枯落物的数量及分解的难易程度。林分类型不同，林下土壤中的各肥力因子数量也不一样（表3-19）。

（1）土壤酸碱性的变化。土壤酸碱性对土壤的肥力性质有较大的影响。土壤微生物的活动，土壤有机质的分解、土壤营养元素的释放与转化以及土壤发生过程中元素的迁移等，都与酸碱性有关。土壤酸碱度与土壤的发育程度及发育阶段密切相关，一般而言，土壤发育时间越长，土壤酸性也越强。土壤酸碱度用 pH 值反映，土壤盐基饱和度也是反映土壤酸碱度的另一指标，盐基饱和度越小，土壤酸性也越强。从 pH 值的大小来看，以表

表 3-19　不同林分类型土壤肥力特征

林分类型		pH 值	有机质（g/kg）	速效 N（mg/kg）	全 P_2O_5（g/kg）	有效 P（mg/kg）	全 K（g/kg）	速效 K（mg/kg）	CEC（Cmol/kg）	盐基交换量（Cmol/kg）	盐基饱和度（%）
桦木幼林	5~10	5.82	27.81	83.43	0.975	3.48	12.5	72.24	15.71	14.76	94
	25~30	6.41	14.45	51.88	0.803	1.26	12.8	46.09	14.6	13.41	91.8
	平均	6.12	21.13	67.66	0.89	2.37	12.65	59.17	15.16	14.09	92.9
柳杉成林	5~10	4.69	71.08	218.35	1.442	2.18	8.5	104.73	19.71	9.25	46.9
	25~30	4.96	18.55	58.23	0.442	1.3	9.2	61.67	10.95	3.74	34.2
	45~50	5.01	13.82	35.4	0.419	微	9.1	40.41	10.3	3.63	34.6
	平均	4.89	34.48	103.99	0.77	1.74	8.93	68.94	13.72	5.54	38.55
杉木成林	5~10	5.01	36.7	91.61	0.765	0.61	15.1	177.81	40.15	6.65	16.6
	25~30	5.13	30.17	54.67	0.719	微	14.6	123.04	39.94	1.28	3.2
	平均	5.07	33.44	73.14	0.74	0.61	14.85	150.43	40.05	3.97	9.88
竹林	5~10	5.52	25.5	85.95	0.824	1.79	11.6	61.05	13.14	9.45	71.9
	25~30	5.83	22.04	56.7	0.693	微	10.1	50.55	14.19	11.07	78
	45~50	5.55	20.67	67.16	0.666	微	11.3	66.85	11.75	3.39	28.9
	平均	5.63	22.74	69.94	0.73	1.79	11	59.48	13.03	7.97	59.59
天然常绿阔叶林	5~10	5.84	91.46	203.05	1.627	1.93	5.3	90.97	27.28	11.22	41.1
	25~30	5.7	90.38	174.29	1.467	0.66	4.7	74.62	25.77	10.39	40.3
	45~50	6.12	30.96	69.95	1.153	微	4.9	42	18.35	7.12	38.8
	平均	5.89	70.93	149.1	1.42	1.3	4.97	69.2	23.8	9.58	40.08

层的酸性最强，以土层平均 pH 值看，以柳杉成林土壤 pH 值（4.89）＜杉木林（5.07）＜竹林（5.63）＜常绿阔叶林（5.89）＜桦木幼林（6.12），盐基饱和度排序为：杉木林＜柳杉成林＜常绿阔叶林＜竹林＜桦木幼林（6.12）。两者结果表明：人工恢复针叶树种（柳杉、杉木）较阔叶树及竹子加速了土壤的形成过程，同时也加速了土壤的酸化过程。

（2）土壤中的有机质的积累和分布规律。土壤有机质是土壤固相的一个重要组成部分，它主要来源于土地上植物的枯落物的分解产物，以及植物根系分泌物等。它是土壤中 N、P 等营养元素的主要来源，土壤中有机质含量与土壤中全 N 量有极高的相关性，同时也是土壤结构形成的主要胶合物。因此土壤中有机质的含量多少是评价土壤肥力高低的重要指标，上表可知，5 种林分类型下土壤各层次中，土壤中有机质从上至下递减，地层平均值排序为：天然常绿阔叶林（70.93 g/kg）＞柳杉成林（34.48 g/kg）＞杉木成林（33.44 g/kg）＞竹林（22.74 g/kg）＞桦木幼林（22..74 g/kg），最大值为最小值的 3.12 倍。

（3）土壤中的全 P、全 K 分布变化。土壤中的 P 主要来源于有机质和土壤中的黏土矿物。由于土壤有机物质的分解较岩石矿物风化速度快，所以由土壤有机质所提供的 P 所占比重要大一些。上表可知，土壤中全 P_2O_5 以表层最高，向下层土壤递减，该结果表明，土壤表层因有机质的积累而导致土壤中全 P_2O_5 含量最高，这说明该土壤类型中的 P 主要来源于有机质。土层中全 P_2O_5 的平均值从大至小的排序为：天然常绿阔叶林（1.42）＞桦木幼林(0.89) > 柳杉成林(0.77) > 杉木林(0.74) > 竹林(0.73)，最大与最小的比值为 2。土壤中的 K 主要来源于有机质和土壤中矿物，但在土壤中易流失，同时也是植物生长和发育所必需的大量元素，因此，土壤中的全 K 数量是土壤肥力的重要评价指标，也是土壤发育的标志之一。土壤中的全 K 在土壤剖面层次中分布较为均匀。从土壤中全 K 平均含量排序为：杉(14.85) > (12.65) > 竹林(11.0) > 柳杉成林(8.93) > 常绿阔叶林(4.97)。

(4)土壤中的速效 N、速效 P、速效 K 分布变化。酸碱度土壤中的速效 N、P、K 能反映植物可直接利用的大量元素数量，是土壤肥力高低最直接指标。数量的多少不仅取决于全量，同时也与土壤的环境因素有关。土壤中的速效 N 以表层最多，下层递减，平均值排序与有机质含量排序完全一致。土壤中的速效 K 仍以表层最多，下层递减，平均值排序：杉木林 > 桦木幼林地 > 天然常绿阔叶林 > 柳杉林 > 竹林 > 桦木幼林地。该结果表明，速效 K 虽来源于全 K，但其有效性却与土壤有关，天然常绿阔叶林下土壤的全 K 虽较高，但有效含量却最低，则与其 pH 值较大有关。

(5)土壤中的盐基交换量分布变化。土壤中的盐基交换量的高低反映土壤中 2 价离子及微量元素的多少，同时也是评价土壤保肥能力的指标。土壤盐基交换量以表层最多，下层递减，平均值排序为：桦木幼林地 > 常绿阔叶林 > 竹林 > 柳杉林 > 杉木林。

(五)退化常绿阔叶林滞留水分析

研究区域的鞍子河流域大部分为石灰岩地区，土层薄，地质破碎，地形起伏大，因此常绿阔叶林下发育森林土壤为厚腐殖质薄层黑色石灰土或黄色石灰土。由于次生落叶阔叶林的存在，使这一地区具有独特的生态 – 水文特点，即地表水的二元结构。即在同一含水岩组中、枯枝落叶垫积层充填的上层石灰岩裂隙孔隙水和下层水同时并存，上层流量小，但动态稳定，下层水流量大，而动态变化相对较大，从而改变了无森林覆盖的裸地石灰岩地区水分循环的特点。常绿阔叶林的早期恢复的进展性演替是以林下大量的枯枝落叶年复一年地在地面堆积为特征，在高温多雨气候条件下，经微生物调整，凋落物不断腐烂分解，形成腐殖质，恢复 40 年的以卵叶钓樟和润楠为优势树种的常绿阔叶、落叶阔叶混交林下，土壤中有机质含量高达 369.01 g/kg，如此高的积累能量十分罕见，它们不断充填着各种缝隙，并或多或少均匀地覆盖着地表，它们具有高度的持水性，最大吸湿水达 244.3 g/kg(0 ~ 10cm)。大气降水时，经林冠截持减弱了雨滴的动能，使枯枝落叶层和十分浅薄的土壤层有充分的时间吸持雨水。同时，也很大程度上减缓了水分向深层渗漏的速度，这就调蓄了地下水流量的变化，使其比较和谐而减少了石灰岩地区内涝威胁。

枯枝落叶层滞留水在较有利地形条件下，常形成沼泽湿地和滞留泉，形成这种现状的原因，完全依赖于常绿阔叶和落叶阔叶混交林下的枯枝落叶层，它在土壤和植被之间形成一种介质或营养物质迁移传输的作用，其水量随森林类型的复杂程度，进展性演替时间序列的延续，原生性增强而增强。并随森林的退化而减少，一旦这种常绿阔叶林消失也就不复存在。森林滞留水在枯枝落叶层中流动排泄或下渗，很大程度上改善了石灰岩地区"有水皆漏"的水分条件，使森林地区环境生态条件得到改善。

(六)不同林分土壤类型水源涵养功能评价

土壤水源涵养能力的大小是生态系统功能退化程度、退化系统恢复和重建评定的一项重要指标，也是系统生态效益的评价的主要内容之一，所谓土壤的水源涵养功能，系指土壤纳蓄大气降水，固持雨水，防止水土流失，减洪增枯的能力。目前国内外评价土壤水源涵养功能具体参数指标主要有：土壤的最大持水能力，土壤的非毛管孔隙数量，土层的最大蓄水毫米总量，土壤的渗透速度。影响植被—土壤系统水文生态功能优劣的主要从植物冠层、地表枯枝落叶层、土壤层等 3 个层次进行评价，三层协调是植物—土壤系统充分发挥水文生态功能的重要保证，其中以土壤层的涵养能力最为关键和重要，其他 2 个层次也从多方面影响和作用于土壤层。植物通过 3 条途径影响土壤水文生态功能：其一，为植冠截留过程缓和雨势，截持降水，增强水分有效性；其二，为枯落物的分解过程，通过微生物活动，改善土壤结构特征；其三，为根系生命活动过程，即有保土的重要功能，又是增加孔隙性的重要途径。不同植被类型，因物种组成、群落结构等特征不同，对 3 个层次、3 个过程及作用过程配合不同，致使不同植被类型林地土壤水文功能不同。

表 3-20　不同林分类型土壤水源涵性能

林分类型		总孔隙（%）	通气度（%）	非毛管孔隙（%）	渗透速度（mm/min）		土层厚度（cm）	土层蓄水总量（mm）
					初渗率	稳渗率		
桦木幼林	5~10	1.294	10.14	2.12	1.24	0.11	60	286.72
	25~30	1.373	10.33	1.19	0.79	0.32		
柳杉成林	5~10	0.715	24.08	6.16	11.20	2.69	60	362.18
	25~30	0.980	15.75	2.64	5.42	0.41		
	45~50	1.108	13.63	1.95	6.90	2.35		
杉木成林	5~10	0.777	15.12	1.99	18.73	1.51	50	299.63
	25~30	1.061	14.49	2.86	4.27	1.68		
竹林	5~10	0.952	19.95	6.15	19.50	2.41	60	368.58
	25~30	1.023	12.98	2.71	1.25	0.43		
	45~50	0.864	13.01	2.39	0.71	0.38		
常绿阔叶林	5~10	0.587	23.92	3.70	17.48	2.91	65	434.07
	25~30	0.666	19.62	1.94	18.34	2.64		
	45~50	0.811	18.37	1.53	10.48	1.66		

从土层最大蓄水总量看(表 3-20)，以天然常绿阔叶林下土壤蓄水能力最大，若以桦木幼林土壤最大蓄水量 1，土壤排序为天然常绿阔叶林为 1.51，竹林为 1.28，柳杉林为 1.26，杉木林为 1.045。渗透率从表层至下层存在递减趋势，但桦木幼林和杉木林的稳渗率以下层最大，以表土 40cm 土层的平均入渗率进行比较分析，仍以桦木幼林为 1.00，天然常绿阔叶林初渗率为：17.65，稳渗率为：12.91，竹林分别为：10.22 和 6.60，柳杉林分别为：8.19 和 7.21，杉木林分别为：11.33 和 7.42。以稳渗率的大小排序：常绿阔叶林 > 柳杉林 > 杉木林 > 竹林 > 桦木林，最大和最小值比为 12.91 倍，该排序以土壤通气度的排序结果完全相同；非毛管孔隙的变化规律仍以上层高于下层，竹林和柳杉林下表层土壤的非毛管孔隙最大，为 6.15%。

第四节 滇中高原云南松林恢复过程的生态学特征

一、干扰体系与退化森林特征

退化天然林的干扰是自然干扰与人为活动干扰共同作用于天然林的过程，是引起退化天然林生态系统发展失衡的原因（和丽萍等，2007）。在干扰的作用下，生态系统演替的进程和方向发生改变，如加速或倒退。自然干扰如森林火灾和森林暴发性病虫害，可使天然林大片的毁灭，使天然林演替倒退；人为干扰如过度放牧、过度森林砍伐，将会加速天然林退化。如今对天然林退化影响力最大的不是自然干扰，而是人类活动干扰，主要是天然林的过度放牧和过度砍伐，而这些对森林的滥砍乱伐、放牧、采药材、挖野菜、毁林开荒等人类干扰活动，是可以阻止的。林分系统的退化肯定与人为干扰条件下林分的逆向演替有着直接关系。而人为干扰类别、强度、频度又直接影响到森林植被的现状。

因此可以根据演替后的森林植被现状，判断人为干扰的强度和自然的难易。根据对滇中高原森林植被演替规律的研究，以及对林分类型结构和功能的调查研究，按植被类型把人为干扰程度分为4个等级，即微度干扰、轻度干扰、中度干扰和强度干扰。不同的干扰等级反映了天然林的完好程度，即完好天然林、轻度退化林、中度退化林、强度退化林。

微度干扰也就是几乎在无干扰条件下自然发育的森林，也就是完好的天然林。实际上，这就是在相应气候条件下的地带性森林类型，也就是所谓的"顶极群落"。轻度干扰是指破坏程度不严重，但种类组成已发生变化，或者经过顺向演替，已自然恢复起来，且适应于所在地区气候条件，能稳定发展的森林。这种林分可说是近于地带性植被的林分，也可以称为近自然的林分。中度干扰的林分或为过伐形成的稀疏林分，或者是经过自然恢复后形成的具有一定森林环境的次生林。强度干扰则是其结构和功能已经严重退化的萌生灌丛或灌木林地。

（一）退化林分系统的时空变化

一切被干扰或微度干扰的林分系统总是处于不断变化之中。这就是顺向演替和逆向演替的基本规律。可以说，整个森林生态系统，即从区域性宏观系统到微观的林分系统所构成的多级系统，总是处于顺向演替和逆向演替的交互作用之中。但这种作用和变化却随空间和时间而不同。

所谓空间变化是指退化林分所在的地貌及水、热气候条件和立地条件类型。它反映了退化林分系统的演变方向和恢复的难易程度。而时间的变化，反映了退化林分系统由逆向演替向顺向演替转变的起始阶段及其演变过程。根据永仁对20世纪60年代和80年代退化的云南松林恢复情况调查（表3-21），可以看出：

（1）地处金沙江河谷区，1500 m以下为干旱—半干旱气候，1600～1800 m为半干旱—半湿润气候，1800 m以上为半湿润气候。从表中所列的16个经过长期自然演替进程的退化林分类型，显示出林分所处的空间位置和相应的水热条件，对演替进程的重大影响。特别是在十分干热的低海拔地带，可长期处于干热灌丛的低级演替阶段。而在海拔较高的地带，则演替进程要快得多。充分说明了不同气候带对演替方向的控制作用。

（2）干扰的类型、频度和强度对原有林分的影响，是退化林分由逆向演替转为顺向演替的起始点，无疑对退化林分的恢复有最直接的影响。但从表中还显示，干扰频度对退化林分的恢复却具有更大的影响，它可以使原有林分出现连续的退化或者使顺向演替长时期停滞于某个阶段。云南松林在不断的火灾影响下，长期处于稳定状态，也正是这个原因。

表 3-21　退化林分自我恢复进程比较

原来林分	退化林分类型现状	海拔高度（m）	坡向	干扰强度	干扰类别	干扰频度	干扰初始时间
云南松林	坡柳、余甘子灌丛	1500～1700	全坡	强度	皆伐、放牧	皆伐1次过度放牧	1960 年
	矮化云南松疏林	1500～1800	全坡	强度	皆伐、放牧、采蘑菇、挖药、砍薪柴	皆伐1次后来每年均有	1960 年以来
	萌生栎林						
	萌生栎类灌丛	1700～2400	阴坡	强度	皆伐	1 次	1960 年
	云南松密林	1700～2400	阳坡	强度	皆伐	1 次	1960 年
	旱冬瓜云南松林	1800 以上	阴坡	强度	开垦后弃荒	1 次	1950 年
	云南松密林		阳坡				
	云南松栎类林	1500～1800	全坡	强度	开垦后弃荒	1 次	1950 年
	旱冬瓜林						
	旱冬瓜栎类林	1500～1900	全坡	强	择伐	每年	1950 年
	坡柳、余甘子灌丛						
	矮化云南松萌生栎类灌丛	1600～2600	阴坡	中度	择伐	15～20 年 1 次	1950 年以来
	旱冬瓜云南松林						
	稀疏栎林		阳坡				

（3）随着时间的推移，所有的退化林分都在经历着向各自的"演替顶极"进化的渐变过程。其初始的干扰强度给退化林分所打上的烙印，随着演替的进程在逐渐消失。因此，不同时期对退化林分的退化程度的评价，应以当时的状态为依据，而不是以最初的评价结果为依据。

（4）在山地条件下，退化林分所在的坡向和坡位，对林分演替的进程也具有显著的影响。因此，在同一气候带内，坡向、坡位及土层厚度是划分立地类型的主要指标。

（二）退化程度的分级与分类

上述分析表明，干扰程度等级与退化程度等级应该是 2 个不同的概念。干扰程度是外界施与被干扰林分的影响程度，而退化程度则是干扰因素给被干扰林分所造成的结果。只有在干扰因素刚刚施加以后，立即评价其所造成的影响及被干扰林分的破坏程度时，才能看出二者的直接联系。随着时间的推移和演替的进程，这种烙印也在逐步被抹掉。因此，首先应根据实事求是，易于操作的原则，确定退化林分适当的退化等级数量。使各退化等级达到易于识别和易于掌握的目的。

为实现这一要求，我们根据金沙江流域各种森林植被演替的阶段和基本规律，提出将林分退化程度划分为 4 级，即：微度退化、轻度退化、中度退化和重度退化。

对于金沙江流域这一巨大的山地系统，按照"多元演替"理论的基本思想，在同一山地气候带内，随着水分状况和岩石、土壤的明显差异以及半干旱、半湿润条件下，森林火灾的频繁影响，有着几个或多个相对稳定的"演替顶极"森林类型。因此，判断退化林分退化程度的基本依据就是看这一林分与之相对应条件下"顶极群落"的差异程度。

退化程度等级中所谓微度退化，也就是几乎在无干扰条件下自然发育的森林，或近似于完好的"顶极群落"。轻度退化是指破坏程度不严重，但种类组成已发生变化，或者经过顺向演替，已自然恢复起来，且适应于所对应条件下的"顶极群落"，且能稳定发展的林分。中度退化的林分为过伐后形成的稀疏林分，或者是经过自然恢复后形成的具有一定森林环境的次生林。重度退化则是其结构和功能已经严重退化的萌生灌丛、灌木林地或稀树灌木草丛。

按照上述概念，根据已有的调查资料，对云南金沙江流域几大森林生态区域各垂直气候带主要的森林类型、疏林和灌木林，依据其自然演替中所处的地位，分别归并到对应的退化等级中(表3-22)。

表3-22 不同退化等级的林分类型

气候带	地带性森林类型	各退化等级森林类型			
		微度退化	轻度退化	中度退化	强度退化
亚热带	半湿润常绿阔叶林	滇青冈林、滇石栎 (*Lithocarpus dealbatus*) 林、元江栲林、高山栲林	栓皮栎林、云南松栎类混交林、栎类次生林、滇油杉 (*Keteleeria evelyniana*) 林、旱冬瓜林、旱冬瓜云南松林、华山松林	云南松疏林、萌生栎林、萌生旱冬瓜林、油杉疏林、华山松疏林	萌生栎类灌丛、南烛棠梨 (*Pyrus betulaefolia*) 灌丛、马桑灌丛、胡颓子灌丛
	干热区硬叶常绿栎林	锥连栎林、灰背栎 (*Quercus senescens*) 林、铁橡栎 (*Quercus coccieroides*) 林、光叶高山栎 (*Quercus pseudosemecarpifolia*) 林、黄背栎 (*Quercus pannosa*) 林	栎类云南松混交林	硬叶栎类疏林、稀树灌木林	仙人掌灌丛、余甘子灌丛、车桑子 (*Dodonaea viscosa*) 灌丛、苦刺 (*Solanum deflexicarpum*) 灌丛、羊蹄甲 (*Bauhinia variegata*) 灌丛、小石积 (*Osteomeles anthyllidifolia*) 灌丛
	中山湿性常绿阔叶林	峨眉栲林、包石栎林、包斗栎 (*Lithocarpus craibianus*) 林、多变石栎 (*Lithocarpus variolosus*) 林、壶斗石栎 (*Lithocarpus echinophorus*) 林	云南松栎类混交林、华山松林、栎类次生林、落叶栎林、旱冬瓜林	亮叶桦林、萌生栎林	滇榛 (*Corylus yunnanensis*) 灌丛、杨叶木姜子 (*Litsea populifolia*)、盐肤木 (*Rhus chinensis*) 灌丛、罗汉竹 (*Phyllostachys aurea*) 灌丛
	中山上部针阔叶混交林	云南铁杉 (*Tsuga dumosa*) 林、红豆杉林、槭桦铁杉混交林	槭桦林、箭竹铁杉林	云南铁杉疏林、次生阔叶林	箭竹丛、杜鹃灌丛
山地寒温带	亚高山针叶林	长苞冷杉 (*Abies georgei*) 林、中甸冷杉 (*Abies ferreana*) 林、苍山冷杉 (*Abies delavayi*) 林、丽江云杉 (*Picea likiangensis*) 林、油麦吊云杉 (*Picea brachytyla* var. *complanata*) 林、林芝云杉 (*Picea likiangensis* var. *linzhiensis*) 林、川滇高山栎 (*Quercus aquifolioides*) 林	槭桦林、云冷杉复层混交林、大果落叶松 (*Larix gmelini*) 林、高山松林、怒江红杉 (*Larix speciosa*) 林	高山松疏林、阔叶次生林、高山松、大果红杉 (*Larix potaninii* var. *macrocarpa*) 混交林、云杉疏林、冷杉疏林	杜鹃灌丛、箭竹丛、柳树灌丛、山杨林、高山栎灌丛

从表 3-22 可以看出，微度退化的林分，基本上就是保存较为完好的地带性林分类型。它反映了现今已没有不受干扰的天然林分。轻度退化的林分类型基本包括了发育完好的次生林分类型和轻度破坏后所形成的混交林分类型。中度退化林分主要包括了各种疏林或接近疏林的林分类型。重度退化林分主要包括那些与完好天然林分完全无共同特点的灌木林或萌生灌丛。表 3-22 实际上表示了退化林分的 2 级分类系统。第 1 级为退化等级，第 2 级为对应的退化林分类型。这样就把复杂多样的林分类型和错综复杂的退化林分或退化林地，统一于退化森林生态系统恢复与治理的目的和要求之下，并为这一目的的实施奠定了基础。

二、群落结构及物种多样性

（一）云南松原始林群落结构特征

云南松原始林是较为稳定的林分，林木株数在径级上的分布按不同径阶进行统计，径级在 14 cm 以下的林木株数仅占 7.8%，径级在 16～38 cm 占了 83.4%，径级在 40 cm 以上的占 8.8%。而且林木在平均胸径附近的株数，即在径级 26～34 cm 占了林木总株数的 46.6%，将近占了林木总株数的一半，说明了林木株数在径级上分布为中间多，两边少的状况。以径级作为横坐标，株数分布为纵坐标，连接成平滑曲线后，具有一定的规律性。从图 3-15 可以看出，若以平均胸径作为云南松林木株数的中间分布点，则在各径阶上的林木株数趋向于对称性概率分布，即在平均径级上下浮动的林木株数分布最多，较小和较大的径级则分布最少。这表明了云南松原始林林分结构的稳定性（李贵祥等，2007）。

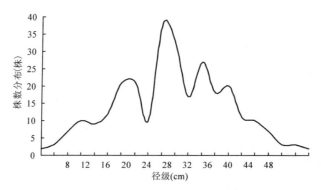

图 3-15 不同径级上林木株数分布

把云南松原始林林分内的云南松按 20 年 1 个龄级来统计株数的分布，可以得到林木株数在不同年龄段上所占的比例为：60～79 年的株数占 6.6%，80～99 年的株数占 19.9%，100～119 年的株数占 55.7%，120～139 年的株数占 16.2%，＞140 年的占 1.5%。云南松林木株数在不同年龄段上有分布，但以平均年龄 107 年附近的林木株数为最多，两段则较少。若以平均年龄为中心分布点，则不同年龄段上的林木株数亦呈对称性概率分布。同样说明了云南松原始林在结构上的稳定性。此外，云南松林木的年龄差高达 195 年，而在 8 cm、12 cm、14 cm、20 cm、22 cm、24 cm、30 cm、36 cm、38 cm 的不同径阶中都出现 100 年生的林木，即相同年龄的云南松林木存在明显的生长差异，说明了云南松林木分化形成了株数在径级上的对称性概率分布状态。

(二)云南松原始林群落生物多样性分析

生物群落的多样性主要是群落的组成、结构和功能的多样性，生物多样性决定着生态系统的面貌，生物多样性在生态系统中所起的作用是巨大的，带有根本性的(蔡晓明，2000)。把自然条件类似的云南松原始林群落物种多样性与云南松次生林群落物种多样性进行比较，从表3-23可以明显看出，云南松次生林缺乏灌木层，或者说灌木分布较少。在物种丰富度上原始林为29种，次生林为26种，差异不明显。但云南松原始林与次生林的乔木层物种多样性则差异较大，原始林的Shannon-Winener指数和Simpson指数分别是次生林的4.6倍和3.7倍，原始林有较高的物种多样性；Pielou均匀度指数J_{sw}、Pielou均匀度指数J_{si}也为原始林较高，分别是次生林的3.9倍和4.6倍，说明了原始林的乔木层在群落内分布更加均匀。草本层在Shannon-Winener指数、Simpson指数及Pielou均匀度指数J_{sw}、Pielou均匀度指数J_{si}上的差异则较小。

表3-23 云南松原始林及次生林的物种多样性比较

群落类型	层次	物种丰富度 (S)	Shannon-Winener 指数	Simpson 指数	Pielou 均匀度指数 J_{sw}	Pielou 均匀度指数 J_{si}
云南松原始林	乔木层	5	1.274	0.6358	0.7916	0.7948
	灌木层	9	2.0855	0.8650	0.9491	0.9731
	草本层	15	1.6958	0.7266	0.6824	0.7927
云南松次生林	乔木层	5	0.3300	0.1374	0.2050	0.1718
	草本层	21		2.8524	0.9369	0.9809

(三)退化云南松林的特征及多样性

根据滇中高原的植被类型，现有林分状况，群落特点，在永仁县对不同退化林分开展调查。调查退化林分所处的地形条件、群落外貌特征、树种组成，在各群落类型的典型地段设置样地进行调查。分别调查灌木及草本植物。调查时首先记录样地的生境及群落特征，并对样地内乔木进行每木调查，记录种名、树高、胸径、冠幅及其他一些生态学特征。灌木、草本着重记录种名、株(丛)数、盖度、高度及其他重要生态特征。各样地均采取土壤样品，测定其土壤养分状况，样地基本情况见表3-24。

1. 典型退化林分的类型及特征

(1)退化云南松林。退化的云南松林以中、幼林为主，主要分布在海拔1900 m以上的山体中部。群落结构简单，因缺乏灌木层而分层明显。云南松在林中相对重要值达90%以上，平均高12.6 m，平均胸径11.8 cm，密度3100~3700株/hm²。锥连栎、南烛有时在林中散生，头状四照花、滇青冈则仅以单株出现，所占比例均不到5%。草本层高在1 m以下，盖度50%~60%，种类丰富，常在林下呈块丛状分布，主要以菊科、唇形科、禾本科、蔷薇科等植物为主，蕨类植物较少，主要是栗柄金粉蕨。灌木有鸡脚悬钩子、红泡刺藤、南烛等，植株矮小，长势羸弱(柴勇等，2004)。

(2)退化云南松、栎类针阔混交林。针阔混交林主要分布在海拔1600~2400 m，该范围因气候温暖，光照充足，是金沙江流域主要林区。针叶树以云南松为主，阔叶树以栎类为主。根据树种组成、林龄及退化程度不同，又可分为：

表 3-24　研究样地基本概况

样地号	地点	森林类型	海拔（m）	坡向	坡度（°）	土壤	pH 值	有机质 %	水解 N（mg/kg）	有效 P（mg/kg）	速效 K（mg/kg）
4	白马林场	云南松林（针叶林）	2365	半阳	34	黄红壤	6.58	1.78	31.97	0.71	169.91
5	白马林场	旱冬瓜、云南松混交林（针阔混交林）	2280	阴	22	黄壤	6.45	2.11	56.61	0.51	104.88
6	马厩房	云南松林（针叶林）	1940	阳	18	黄红壤	6.41	0.36	39.75	0.69	38.03
7	马厩房	云南松林（针叶林）	1940	半阴	20	黄红壤	6.41	0.36	39.75	0.69	38.03
11	幸福水库	云南松、锥连栎混交林（针阔混交林）	1860	半阴	18	黄红壤	5.68	0.44	47.86	0.87	31.63
18	方山	云南松、银木荷混交林（针阔混交林）	2285	半阴	8	黄壤	4.92	1.27	35.74	0.85	35.22
21	大嘎梁子	云南松、锥连栎混交林（针阔混交林）	1870	半阳	10	紫色土	5.36	1.91	49.02	1.1	113.02

① 旱冬瓜、云南松混交林：分布在海拔 2100~2400 m 的山体中部，气候温凉，土壤深厚肥沃，腐殖质厚度 2~10 cm。林中由于云南松破坏严重，林冠极为稀疏，郁闭度仅为 0.4，林下杂木丛生，在群落外貌上与自然混交林差异甚大。上层乔木以旱冬瓜为主，高 10~15 m，平均胸径 17.5 cm，最大胸径 31.0 cm。云南松位于群落的中下层，多是次生的中幼龄树，在竞争中处于较劣势地位。灌木层高 1.5 m，盖度 50%，主要有红泡刺藤、遍地金、马桑、狭萼鬼吹箫等。草本层高 60 cm，层盖度 70%，物种丰富，常见的有铁芒萁（Dicranopteris linearis）、紫茎泽兰、野拔子等。

② 云南松、银木荷混交林：分布在海拔 2200~2400 m 的阴坡、半阴坡较平缓地带，气候温凉，湿度大。群落平均高 6.3 m，平均胸径 7.1 cm，最大胸径 25.0 cm，林分郁闭度 0.7。群落中云南松相对重要值达 74.12%，年龄 15~25 年，保存较好。混生的阔叶树种有银木荷（相对重要值 5.29% 下同）、南烛（9.23%）、栓皮栎（5.22%）、高山锥（Castanopsis delavayi）（4.42%）、滇青冈（1.33%）等，均是以幼龄状态存在，处于林分的下层。林下植被简单，仅有野拔子、狗脊蕨（Woodwardia japonica）等少数草本植物，盖度 5%。

③云南松、滇油杉（Keteleeria evelyniana）、栓皮栎混交林：此类型是由栓皮栎、锥连栎与云南松幼树、滇油杉幼树等混交组成的未郁闭林，分布于海拔 1600~1900 m 的阴坡、半阴坡或半阳坡。群落高 4~12 m，郁闭度 0.1~0.5。其中，针叶树幼树相对重要值之和为 75%~85%，阔叶树为 15%~25%。林下多为矮小的旱生植物，灌木有车桑子、余甘子、山桂花（Osmanthus delavayi）、铁仔、清香木（Pistacia weinmannifolia）等，盖度 40%~50%。草本植物由菊科、唇形科、蔷薇科、禾本科、莎草科等多种植物组成，盖度 50%~70%。

2. 云南松主要树木种群种间联结性

云南松林由于近年来破坏严重，目前保存良好的天然植被已很少见，大部分是遭破坏后形成的相对稳定的次生林类型，常与滇油杉、旱冬瓜、栎类及栲类等树种组成多种混交林，同时还形成以杜鹃、南烛、余甘子、马桑等灌木种类为亚优势层的云南松纯林。这些树种对生境的需求不同，在数量和空间分布上差异显著，在种间关系上就显得十分复杂。研究云南松林中主要树种的种间关系，对云南松林类型划分具有一定的指导作用，尤其在云南松造林经营及自然植被恢复中具有重要指导意义（孟广涛等，2005）。

（1）研究样地与调查。在研究区有云南松分布的典型地段，共设置 17 块 20m×20 m 的样地，每块样地再分成 4 块 10m×10 m 的小格子，对其中胸径 D≥2 cm 的乔木进行每木调查，记录种名、树高、胸径、冠幅及其他一些生态学特征。样地中每 10 m×10 m 样方中再设置 2 m×2 m，1m×1m 小样方各 4 块，分别调查灌木及草本植物，记录种名、株（丛）数、盖度、高度及其他重要生态特征。同时记录样地的生境及群落特征。

（2）不同取样面积的总体相关性。根据 17 个树木种群在取样面积分别为 100 m^2 和 400 m^2 样方中的分布情况，运用公式 $V_R = S_t^2/\sigma_t^2$ 计算出在不同取样面积时的总体相关性（表 3-25）（高宝，2002）。式中 V_R 为方差比率，其中：总体样本方差 $\sigma_t^2 = \sum P_i(1 - P_i)$；总种数方差 $S_t^2 = (1/N)\sum (T_i - t)^2$；$P_i = n_i/N$，$N$ 为总的样方数，n_i 第 i 物种出现的样方数，P_i 即为第 i 物种出现的频度；T_i 为样方内出现的物种总数；t 为样方中种的平均数。

V_R 表示全部种的关联指数，在独立性零假设条件下，其期望值为 1。若 $V_R > 1$，表明种间净的正关联；$V_R < 1$，表明种间净的负关联；$V_R = 1$，即符合所有种间无关联的零假设。计算时采用统计量 $\omega = V_R \times N$ 来检验 V_R 值偏离 1 的显著程度，如果种间无关联，则 ω 落入由 X^2 分布给出的界限内即落入 $X_{0.95}^2(N) < \omega < X_{0.05}^2(N)$ 内的 概率为 90%。

表 3-25　云南松林主要树木种群总体相关性

取样面积（m^2）	V_R	ω	X^2	
100	1.1479	78.0556	$X_{0.05}^2(68) = 88.2$	$X_{0.95}^2(68) = 50.1$
400	2.0684	35.1626	$X_{0.05}^2(17) = 27.6$	$X_{0.95}^2(17) = 8.7$

表 3-25 中可见，取样面积为 100 m^2 时，$V_R = 1.1479 > 1$，ω 值落入 $X_{0.95}^2(N) < \omega < X_{0.05}^2(N)$ 之内，即 V_R 偏离 1 不显著，说明此时群落内 17 个树木种群总体上存在不显著的正联结关系。当取样面积为 400 m^2 时，$V_R = 2.0684 > 1$，ω 值落在 $X_{0.95}^2(N) < \omega < X_{0.05}^2(N)$ 之外，说明此时群落内 17 个树木种群总体上表现为显著的正联结关系。

（3）不同取样面积的种间联结性。分别计算取样面积为 100 m^2 和 400 m^2 时 17 个主要树木种群两两间的 X^2 值、AC 值、PC 值和 φ 值，并据此作出种间联结星座图和半矩阵图。

（4）种间联结的 X^2 检验。X^2 值用于检验种间联结的显著程度，当取样面积为 100 m^2 时（图 3-16 左），种对 1—12、3—11、4—9、4—10、5—6、5—8、5—10、5—12、5—14、7—13、8—10 等 11 个种对间表现为显著正联结，种对 2—13、3—17、6—10 等 3 个种对表现为一定的正联结，而种对 8—11、8—16、10—11 等 3 个种对则表现为一定的负联结。当取样面积为 400 m^2 时（图 3-16 右），种对间表现为显著正联结的仅有种对 5—10，表现为一定正联结的也只有种对 2—11、4—8、5—6 和 6—10 等 4 个种对，表现为负联结的种

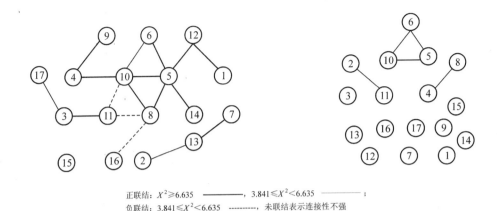

正联结：$X^2 \geqslant 6.635$ ————，$3.841 \leqslant X^2 < 6.635$ ————；
负联结：$3.841 \leqslant X^2 < 6.635$ ----------，未联结表示连接性不强

图 3-16　云南松林主要树木种群种间联结星座（左图：100 m^2，右图：400 m^2）

1. 大白花杜鹃 *Rhododendron decorum*；　2. 滇青冈 *Cyclobalanopsis glaucoides*；　3. 滇油杉 *Keteleeria evelyniana*；　4. 高山栲 *Castanopsis delavayi*；　5. 光叶石栎 *Lithocarpus mairei*；　6. 旱冬瓜 *Alnus nepalensis*；　7. 滇合欢 *Albizia simeonis*；　8. 黄毛青冈 *Cyclobalanopsis delavayi*；　9. 马桑 *Coriaria nepalensis*；　10. 炮仗花杜鹃 *Rhododendron spinuliferum*；　11. 栓皮栎 *Quercus variabilis*；　12. 水红木 *Viburnum cylindricum*；　13. 思茅黄檀 *Dalbergia szemaoensis*；　14. 珍珠花 *Lyonia ovalifolia*；　15. 余甘子 *Phyllanthus emblica*；　16. 云南松 *Pinus yunnanensis*；　17. 锥连栎 *Quercus franchetii*，下同

对均未达到显著水平。

以上 X^2 检验结果表明，在 17 个种群组成的 136 个种对中，仅有少数种对联结性较强，大部分种对以独立状态存在，或是联结性较弱。而取样面积由 100 m^2 增加到 400 m^2 时，种对间联结性变化较大，既有联结性减弱的种对，也有联结性增强的种对，这种变化反映了种对间不同的作用范围（郭志华等，1997）。有些种对作用范围仅限于 100 m^2 内，超出 100 m^2 相互间的排斥作用明显减弱，如种对 8—11、10—11；或是种间正联结性减弱，如种对 3—11、3—17、5—14 等；有些种对联结显著性没有变化，作用范围在 100 ～ 400 m^2，如种对 5—6、5—10、6—10；而种对 2—11、4—8 由相互独立变成联结性显著，表明相互间作用范围较大，到 400 m^2 时才表现出一定的联结性来。

不论取样面积是 100 m^2 还是 400 m^2，种间联结的 X^2 检验均只能反映种间联结关系较强的种对，对于那些经 X^2 检验结果联结不显著的种群，则需结合联结系数 AC、共同出现百分率 PC 和点相关系数 φ 作进一步的分析。

（5）不同取样面积的 AC 值、PC 值、φ 值比较。取样面积 100 m^2 时，种间联结以负联结为主，仅 AC $\leqslant -0.6$ 的种对就有 62 对，而 AC > 0.6 的种对仅有 5 对（2—13、4—9、5—12、7—13、8—12）。另外，$-0.6 < $ AC $\leqslant -0.4$ 的种对 4 对；$-0.4 < $ AC $\leqslant -0.2$ 的种对 4 对；$-0.2 < $ AC $\leqslant 0.2$ 的种对 43 对；$0.2 < $ AC $\leqslant 0.4$ 的种对 12 对；$0.4 < $ AC $\leqslant 0.6$ 的种对 6 对（1—12、2—7、4—10、6—12、8—10、10—12）。

取样面积为 400 m^2 时，AC $\leqslant -0.6$ 的种对减少至 54 对，而 AC > 0.6 的种对增加至 16 对（2—13、4—5、4—9、4—10、5—6、5—10、5—12、6—11、7—13、8—9、8—10、8—12、10—12、11—13、11—15、14—15）。其余 AC 值的分布也略有变化，如 $-0.6 < $ AC $\leqslant -0.4$ 的种对 9 对；$-0.4 < $ AC $\leqslant -0.2$ 的种对 10 对；$-0.2 < $ AC $\leqslant 0.2$ 的种对 27 对；$0.2 < $ AC $\leqslant 0.4$ 的种对 14 对；$0.4 < $ AC $\leqslant 0.6$ 的种对 6 对（1—9、1—12、2—11、3—

4、4—8、11—14）。

以上 AC 值的分布可以看出，取样面积由 100 m² 增加到 400 m² 时，表现为明显正联结的种对（AC > 0.4）由 11 对增加到 22 对，其中联结性基本不变的种对有 9 对，增强的种对有 13 对，减弱的仅 2 对（2—7、6—12）。可见有更多的种对在 400 m² 时才表现为明显的正联结性关系。

继续比较 2 种取样面积下的共同出现百分率 PC 值和点相关系数 φ 值的分布，图 3-16 中，PC 值在取样面积为 100 m² 时的分布为：PC < 20% 的种对 115 对；20% ≤ PC < 40% 的种对 19 对；40% ≤ PC < 60% 的种对 2 对（4—10、7—13）；没有 PC ≥ 60% 的种对。取样面积增加到 400 m² 时（图 3-16 右），PC < 20% 的种对 78 对；20% ≤ PC < 40% 的种对 38 对；40% ≤ PC < 60% 的种对 15 对（1—4、2—14、3—4、4—5、4—9、4—10、5—8、5—12、6—12、7—13、8—10、8—16、10—12、11—14、14—16）；PC ≥ 60% 的种对 5 对（2—11、4—8、5—6、5—10、6—10）。其中，表现为明显正联结性的种对（PC ≥ 40%）由 2 对增加到 20 对，即有 18 对依然只有在 400 m² 时才表现为明显的正联结关系。φ 值在取样面积为 100 m² 时的分布为：φ ≤ −0.2 的种对 13 对；−0.2 < φ ≤ 0.2 的种对 96 对；0.2 < φ ≤ 0.4 的种对 20 对；0.4 < φ ≤ 0.6 的种对 6 对（1—12、4—9、5—8、5—10、5—12、7—13）；φ > 0.6 的种对 1 对（4—10）。取样面积为 400 m² 时，φ ≤ −0.4 的种对 9 对；−0.4 < φ ≤ −0.2 的种对 35 对；−0.2 < φ ≤ 0.2 的种对 48 对；0.2 < φ ≤ 0.4 的种对 22 对；0.4 < φ ≤ 0.6 的种对 13 对（1—4、1—9、1—12、2—13、2—14、2—15、3—4、4—5、4—9、4—10、5—8、8—10、11—14）；φ > 0.6 的种对 9 对（2—11、4—8、5—6、5—10、5—12、6—10、6—12、7—13、10—12）。其中表现为明显正联结的种对（φ > 0.4）由 7 对增加到 22 对，这与 AC 值、PC 值的分析结果基本一致。

根据种间联结的 X^2 检验结果，并结合联结系数 AC、共同出现百分率 PC、点相关系数 φ 在取样面积分别为 100 m² 和 400 m² 时的分布情况，可以知道，在 17 个种群组成的 136 个种对中，有 34 对曾有明显的正联结性关系 [X^2 ≥ 3.841（ad > bc）、AC > 0.4、PC ≥ 40%、φ > 0.4]。但它们表现这种明显正联结关系所需的范围却不一致，种对 2—7、3—11、3—17、5—14 等 4 对仅在取样面积为 100 m² 时才表现为明显正联结，面积增加，种对间即联结性减弱或相互独立。种对 1—12、2—13、4—9、4—10、5—6、5—8、5—10、5—12、6—10、6—12、7—13、8—10、8—12、10—12 等 14 对在取样面积为 100 m² 和 400 m² 时均表现为明显正联结性，而种对 1—4、1—9、2—11、2—14、2—15、3—4、4—5、4—8、6—11、8—9、11—13、11—14、11—15、11—16、14—15、14—16 等 16 对在 100 m² 时种间联结性较弱或相互独立，在 400 m² 时才表现为明显正联结关系。取样面积为 400 m² 时，有更多种对表现为明显正联结关系，这也符合前述总体相关性检验的结果。根据取样面积为 400 m² 时种群的明显正联结关系，可以作出与此相应的明显正联结星座图。

图 3-17 大致可划分为 2 个组，第 1 组（图左部）由种 2、7、11、13、14、15、16 组成，第 2 组（图右部）由种 1、3、4、5、8、9、10、12 组成，2 个组组内种群间多数表现为明显正联结关系，组间各种群则联结性较弱或相互独立，仅通过种 6 而有所联系，种 17 相对独立。这个星座联结模式与各种群对生境（特别是水热条件）需求趋势是一致的。第 1 组多为旱生性类型，如栓皮栎（种 11）、珍珠花（种 14）、余甘子（种 15）等，对水热条件要求不严，在干旱环境下能生长良好，它们更多的共同出现于海拔较低（1700 ~ 2000 m）的干旱区

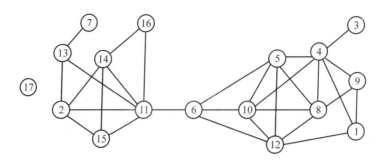

图3-17　云南松林主要树木种群在400 m² 取样面积时的种间明显正联结星座

（种序号同图3-16）

域；第2组则多为中生性或湿润性类型，如黄毛青冈（种8）、光叶石栎（种5）、高山栲（种4）等，需要较湿润的生长环境，它们更多的分布在滇中高原海拔2000 m以上降雨充沛的区域，而大白花杜鹃（种1）、炮仗花杜鹃（种10）、水红木（种12）等则是它们林下最为常见的灌木种群。旱冬瓜（种6）是分布范围相对较广的种群，但更适生于湿润环境，因此它虽与2个组都有一定的联系，但与第2组的联系更为密切。锥连栎（种17）更多的分布于金沙江流域下游海拔1800 m以下的干热河谷，属于更为干热的类型，在生境需求上差异较大，因此与其他种群都没有明显正联结关系而呈独立状态。

以上对具有明显正联结关系的种群作了一些分析。实际上，无论取样面积是100 m²还是400 m²，都有更多的种对表现为负联结关系或较弱的正联结关系，种群间独立性明显。这可能与云南松林所处的亚稳定状态有关。目前几乎所有的云南松林都存在着不同程度的人为干扰，但在本区冬春干旱的季风气候条件下，耐干旱瘠薄且生长迅速的云南松反而能得以较稳定的生存，林下各种群也在群落的演替与发展中不断地进行自我调节，最终维持在一定的水平而和谐共生于群落之中，种群之间的依赖性减弱，种间联结关系相应变得松散而独立。

3. 不同退化类型的物种多样性比较

表3-26表明，不同退化类型在各层的物种多样性差异较大。乔木层物种丰富度为2～6，Simpson指数为0.1099～0.6410，Shannon-Winener指数为0.2223～2.1512，Pielou均匀度指数为0.2050～0.8097。灌木层物种丰富度为0～9，Simpson指数为0～0.8704，Shannon-Winener指数为0～2.0727，Pielou均匀度指数为0～0.9433。草本层物种丰富度为6～25，Simpson指数为0.7240～0.9342，Shannon-Wiener指数为1.5107～2.8524，Pielou均匀度指数为0.7539～0.9369。乔、灌相比较，草本层的物种多样性指数变化，以针叶林＞针阔混交林递减顺序排列（柴勇等，2004）。

4. 不同层次间的物种多样性比较

在群落内部乔、灌、草3层物种多样性的变化，各类型有差异。如云南松林、针阔混交林的物种多样性为草本层＞灌木层＞乔木层，而常绿阔叶林、落叶常绿阔叶混交林则为灌木层＞乔木层＞草本层。通过比较可以看出，受人为干扰程度不同，群落处于不同的退化演替系列，在物种多样性上也表现出较大的变化。退化演替系列是由于人为活动影响的不断加大而形成的，在我国亚热带地区，由于人为活动干扰而发生的生态系统退化的过程基本是一致的，即地带性常绿阔叶林→落叶常绿阔叶混交林→落叶阔叶林或针阔混交林→针叶林→灌丛→草丛。反过来草丛在保护的情况下也可经上述途径的逆方向演替为地带性的常绿阔叶林。

表3-26 退化林地分层物种多样性指数

样地号	群落名称	层次	物种丰富度(S)	Simpson指数	Shannon-Winener指数	Pielou均匀度指数 J_{sw}	Pielou均匀度指数 J_{si}
5	云南松、旱冬瓜混交林（针阔混交林）	乔木层	2	0.2706	0.4418	0.6374	0.5412
		灌木层	9	0.8595	2.0727	0.9433	0.9669
		草本层	25	0.8906	2.7439	0.8524	0.9277
18	云南松、银木荷混交林（针阔混交林）	乔木层	6	0.5660	0.9543	0.5326	0.6792
		草本层	10	0.7792	1.7585	0.8457	0.8905
11	云南松、锥连栎混交林（针阔混交幼林）	乔木层	4	0.6410	1.1512	0.8304	0.8547
		灌木层	8	0.8097	1.8748	0.9016	0.9254
		草本层	10	0.8282	1.9782	0.8591	0.9202
21	云南松、锥连栎幼林（针阔混交幼林）	乔木层	3	0.3227	0.6040	0.5498	0.4841
		灌木层	6	0.6279	1.3299	0.7422	0.7535
		草本层	13	0.7857	1.9338	0.7539	0.8512
4	云南松林(针叶林)	乔木层	2	0.1099	0.2223	0.3207	0.2198
		草本层	23	0.9112	2.8091	0.8959	0.9526
6	云南松林(针叶林)	乔木层	6	0.1531	0.3841	0.2144	0.1837
		草本层	21	0.9014	2.5645	0.8710	0.9515
7	云南松林(针叶林)	乔木层	5	0.1374	0.3300	0.2050	0.1718
		草本层	21	0.9342	2.8524	0.9369	0.9809

　　一般说来，这种常绿阔叶林向灌、草丛退化演替的过程，同时也是乔木层物种多样性逐渐减少并最终消失而草本层物种多样性逐渐升高的过程。但退化演替的初期（常绿阔叶林），群落多样性不是最高的，多样性最高值出现在落叶常绿阔叶混交林阶段。这是由二者不同的植被组成引起的，常绿阔叶林中仅有耐阴性植物和中生性植物存在，在演替上处于基本稳定阶段，落叶常绿阔叶林中既有耐阴植物，又有喜光植物，在演替上不及常绿阔叶林稳定，但物种丰富度指数及均匀度指数却明显高于常绿阔叶林，因而在多样性上反而较高。在整个退化演替系列中，常绿阔叶林、落叶常绿阔叶混交林处于退化的前期，受人为活动影响相对较小，其上层乔木保存良好，丰富度高。同时，由于林分郁闭，在一定程度上抑制了下层植物的生长，草本植物较少，物种多样性为乔木层＞灌木层＞草本层。随着人为活动影响加大，群落退化演替至针阔混交林、针叶林，因上层乔木受破坏而丰富度降低，但林分变得稀疏，林下光照条件更加充裕，且提供了不同光强及土壤的镶嵌，丰富了下层植物的生长环境，草本植物增加，物种多样性为草本层＞灌木层＞乔木层。但是持续不断的人为干扰，则会导致环境恶化，大幅度的降低整个群落的物种多样性，如退化的灌丛物种多样性最低。

　　总之，整个金沙江流域退化林地群落物种多样性均停留在较低水平。特别是云南松林由于近年来砍伐严重，原生植被遭到极大破坏，群落物种多样性大幅度下降，原有较多的伴生树种几乎完全消失。林下多为植株矮小、根系粗浅的弱势草本植物，根系固土能力差，水土流失严重。相对而言，落叶常绿阔叶混交林、常绿阔叶林多位于山势陡峭、交通阻塞的偏远林区，目前所受破坏稍小。

三、土壤养分及水文效应

（一）退化林地土壤养分状况

将云南松退化林与常绿阔叶林及灌丛相比较，在常绿阔叶林、落叶常绿阔叶林、针阔混交林、针叶林及灌丛等5种类型中，灌丛、针叶林（云南松林）、针阔混交林遭破坏的程度较大，常绿阔叶林、落叶常绿阔叶混交林相对较小。不同的退化类型，其土壤养分的变化也各有不同。

表3-27　退化林地土壤养分分析结果

群落类型	土壤类型	pH值	有机质（%）	水解N（mg/kg）	有效P	速效K（mg/kg）
常绿阔叶林	黄壤、紫色土	4.63	2.62	49.71	1.32	71.87
落叶常绿阔叶林	黄壤	6.27	2.66	90.73	0.94	69.10
针阔混交林	黄壤、黄红壤、紫色土	5.51	1.36	45.83	0.95	85.72
针叶林	黄红壤	6.47	0.83	37.16	0.70	81.99
灌丛	紫色土	5.26	1.16	39.43	0.76	39.43

注：表中数字为同类型各样地土壤取样分析的平均值。

表3-27表明，在常绿阔叶林→落叶常绿阔叶混交林→针阔混交林→针叶林→灌丛的退化系列中，各林型的土壤养分含量总体上呈下降趋势，即退化的程度越高，其土壤养分含量越低。但在退化前期（落叶常绿阔叶林），土壤有机质含量及水解N含量有所升高，而速效K含量在针阔混交林中出现最大值。这种现象与群落中凋落物的性质、凋落物分解后养分归还情况有关，而凋落物正是由群落组成所决定的。

（二）水文效应

对滇中高原典型的林地水文效应开展研究，其研究结果如下：

1. 研究林分状况

所选择开展水文效应的云南松退化林分类型包括栓皮栎＋云南松混交林、灌木云南松林、草被云南松林、云南松疏林等4个结构类型，并与裸地对照分析。云南松林样地的生境及生长条件见下表3-28。

2. 云南松林冠层对降水的截持效益

大气降雨到达林冠后，由于受到林冠枝叶的截留作用，而使降雨到达地面的过程中发生了降雨的第1次水量分配，林冠层将大气降水分配为林内降水、树干茎流和林冠截流3部分。林冠截留及其截持雨量的蒸发在森林生态系统水文循环和水量平衡中占有极其重要的地位。由于林冠的截留作用，减轻了雨水对地表面的直接冲击和地表径流量，同时林冠截留的降水大部分通过蒸发返回大气，加强了森林中的水分循环（袁春明等，2002）。

林冠截留及其截持雨量的蒸发是受多种因素影响的，其中包括降雨量、降雨强度、降

表 3-28　云南松林样地的生境及生长状况

林分类型	坡度（°）	土壤类型	土层厚度（cm）	树种组成	林龄（a）	密度（株/hm²）	胸径（cm）	树高（m）	郁闭度	枯落厚度（cm）	灌草种类	灌草盖度
栓皮栎+云南松	31	紫色土	57	9云1栎	32	3000	10.0	9.60	0.80	1.5	马桑、胡颓子	0.3
灌木云南松林	18	紫色土	45	10云	38	2000	14.0	14.8	0.60	1.0	马桑、刺芒野枯草	0.6
草被云南松林	25	紫色土	45	10云	25	3200	8.68	6.76	0.75	1.0	刺芒野枯草	0.5
云南松疏林	31	红壤	45	10云	23	700	4.60	2.40	0.20	0	刺芒野枯草	0.1
裸地	32	紫色土	42								刺芒野枯草	<0.1

表 3-29　云南松林冠层的降雨截留分配规律

月份	降雨量（mm）	穿透降雨量（mm）	树干茎流量（mm）	林下净降雨量（mm）	林冠截留量（mm）	林冠截留率（%）	穿透水量占降雨量（%）	树干茎流量占降雨量（%）	净降水率（%）
5	118.15	72.79	2.83	75.62	42.53	36.00	61.61	2.40	64.01
6	162.00	124.55	6.66	131.21	30.79	19.00	77.00	4.00	81.00
7	242.80	202.45	6.36	208.81	33.99	14.00	83.38	2.62	86.00
8	277.75	212.90	6.19	219.09	58.66	21.12	76.65	2.23	78.88
9	92.60	74.07	1.75	75.82	16.78	18.12	79.99	1.89	81.88
10	100.10	75.38	1.83	77.21	22.89	22.87	75.31	1.83	77.14
合计	993.40	762.14	25.62	787.76	205.64	21.85	75.66	2.50	78.15

雨历时、树种、林龄、林分密度、林冠蒸发能力、林冠构筑型及雨前林冠的湿润程度等诸多方面（于志明，王礼先，1999）。表 3-29 为 3 年间雨季（5～10 月）云南松林的林内穿透降雨、树干茎流和林冠截留量的观测结果。云南松林雨季平均林内穿透降雨量为 762.14 mm，占期降雨量的 75.66%；冠层对降水的截留量为 205.64 mm，截留率为 21.85%，月截留率波动较大，其值在 13.86%～41.4%；树干茎流量为 25.62 mm，茎流率为 2.50%，月茎流率变动较小。

基于观测资料拟合的林内穿透降雨量 P_t、树干茎流量 P_s 和林冠截留量 P_i 与降雨量 P 之间的关系式为：

$$P_t = 0.7224P + 0.1860，R^2 = 0.8110；P_s = 0.0283P - 0.7079，$$
$$R^2 = 0.8608；P_i = 0.5657P^{0.8077}，R^2 = 0.9108$$

云南松林内穿透降雨量、树干茎流量均与降雨量呈线性相关，而林冠层的截留量与降雨量以幂函数相关性较好。

3. 云南松林土壤层的水文生态效益

林地土壤水分入渗与水分贮存是森林水文生态功能的重要方面。土壤的渗透和持水性能与土壤的物理性状，尤其是与土壤的孔隙度大小和性质密切相关（刘世荣等，1996）。与裸地相比，森林土壤具有较大的孔隙度，特别是非毛管孔隙度大，从而提高了林地土壤的入渗率和入渗量。

4. 林地土壤的渗透性能

土壤的渗透性能与土壤的非毛管孔隙度关系密切，非毛管孔隙度越大，则地表径流水渗入土壤的速度越快。由表 3-30 可知，栓皮栎 + 云南松、灌木云南松林、草被云南松林、云南松疏林的稳渗速率分别是对照裸地的 4.67、4.33、4.10、1.06 倍。

表 3-30 云南松林地的渗透性能

林分类型	土层厚度（cm）	土壤容重（g/cm³）	自然含水率（%）	非毛管孔隙度（%）	初渗速度（mm/min）	稳渗速度（mm/min）	渗透系数（mm/min）
栓皮栎 + 云南松	57	0.92	24.84	11.57	2.82	2.24	1.49
灌木云南松林	45	1.34	24.17	8.87	2.52	2.08	1.39
草被云南松林	48	1.40	23.50	6.25	2.32	1.97	1.31
云南松疏林	45	1.45	19.20	4.63	0.72	0.51	0.34
裸地	42	1.56	18.42	4.24	0.68	0.48	0.32

5. 林地土壤的物理性状及蓄水效益

林地土壤由于林木根系和枯枝落叶层的作用，从而增加了土壤的疏松性、通气性及透水性，使土壤物理性能得到改善。但不同结构类型云南松林由于植被种类不同，枯枝落叶量和林木根系分布等不同，森林土壤的物理性状差异显著。由表 3-30 看出，栓皮栎 + 云南松混交林、灌木云南松林、草被云南松林、云南松疏林的土壤容重分别比裸地小 0.64 g/cm³、0.26 g/cm³、0.16 g/cm³、0.11 g/cm³，而土壤总孔隙度分别是裸地的 1.71 倍、1.53 倍、1.40 倍、1.17 倍。分析结果表明，林地土壤的物理性状以云南松混交林为最好，灌木云南松林、草被云南松林次之，云南松疏林最差。

表 3-31 云南松林地土壤物理性状及持水效益

林分类型	土层厚度（cm）	土壤容重（g/cm³）	总孔隙度（%）	毛管孔隙度（%）	非毛管孔隙度（%）	毛管蓄水量（mm）	非毛管蓄水量（mm）	饱和蓄水量（mm）
栓皮栎 + 云南松	57	0.92	58.83	47.26	11.57	189.04	46.28	235.32
灌木云南松林	45	1.34	52.81	43.94	8.87	175.76	35.48	211.24
草被云南松林	48	1.40	48.37	42.12	6.25	168.48	25.00	193.48
云南松疏林	45	1.45	40.27	35.64	4.63	142.56	18.52	161.08
裸地	42	1.56	34.46	29.17	4.24	116.68	16.96	133.64

土壤贮水量的大小取决于土层厚度、土壤孔隙度等土壤物理性状指标。该试验以土壤的饱和贮水量，包括毛管孔隙和非毛管孔隙蓄水来评价土壤层的蓄水效益。表 3-31 中土壤各类孔隙的贮水量为根据实测孔隙度和土壤表层 40 cm 厚度的计算结果。栓皮栎 × 云南松混交林、灌木云南松林、草被云南松林、云南松疏林的饱和贮水量分别为 235.32 mm、211.24 mm、193.48 mm、161.08 mm，云南松林地（疏林除外）是对照裸地的 1.45～1.76 倍，而快速贮水量即非毛管暂时滞留水是裸地的 1.47～2.73 倍。

6. 云南松林削减地表径流与侵蚀的效益

地表径流是指降雨经过林冠截留、地被物的拦蓄以及填洼和土壤渗透吸水等损失后，剩余部分在地表面形成的径流，它是造成水土流失和土壤侵蚀的一个重要因素。地表径流及其侵蚀量与地表植被状况、土壤物理性质、土壤渗透性能、土壤含水量及土壤的抗蚀性能密切相关（李德生等，1993）。表3-32为3年期间观测的不同林地的地表径流与泥沙量年平均值，其中的泥沙量亦为林地土壤的侵蚀模数。

表 3-32　云南松林消减坡面径流与泥沙的效益

林分类型	侵蚀性产流次数	径流系数（%）	径流深（mm）	与裸地相比的径流削减率（%）	泥沙含量（kg/m³）	泥沙量（kg/hm²·a）	与裸地相比的泥沙量削减率（%）
栓皮栎 + 云南松	2	0.66	6.93	99.67	0.26	1.41	99.98
灌木云南松林	9	6.75	71.09	96.59	0.28	36.60	99.58
草被云南松林	10	6.99	73.67	96.47	0.31	41.40	99.53
云南松疏林	38	141.65	1492.18	28.00	1.13	2647.06	70.00
裸地	42	197.98	2085.49	0	2.01	8792.39	0

根据试验流域土壤和降水的特点，流域地表径流的形式为蓄满产流。在降雨量较少时，由于包气带的蓄水作用，降水渗透入土而被土壤吸收；在降雨量较大时，包气带被蓄满而形成地表径流，造成水土流失。由表3-32可知，林地的水土保持效益显著。栓皮栎 + 云南松混交林，林冠郁闭度高，地表枯枝落叶层较厚，土壤疏松，其地表径流量和径流系数最小。在试验观测的几个结构类型的云南松林中，削减坡面径流与泥沙的效益排序为：栓皮栎 + 云南松混交林、灌木云南松林、草被云南松林、云南松疏林，与裸地相比的径流削减率分别为99.67%、96.59%、96.47%和28.0%，泥沙削减率分别为99.98%、99.58%、99.53%和70.0%。云南松疏林虽然有较高的地表径流量和径流系数，但由于其土壤为黏重的红壤，故其泥沙削减率较高。

第五节　广西南亚热带退化天然林恢复过程的生态学特征

一、干扰体系与退化森林特征

（一）干扰体系

在广西大青山南亚热带，轻微的干扰形成的林隙有利于森林生物多样性的保持，加快种群更替及森林循环（臧润国等，1999）。严重的人类干扰及大型自然灾害是该区域天然林退化的主要原因。

1. 土地利用格局的变化

南亚热带过度增加的人口对土地承载所造成的压力，使得大面积的天然林遭受砍伐，而代之为人工林及农耕地。据1980年资料，原生植被有季雨林和雨林，季雨林是本区的地带性植被，包括常绿性季雨林（分布在海拔700 m以下，有3个群系，7个群丛）及石山季雨林（分布在海拔700 m以下的石灰岩山地，组成种类多为石灰岩地区的特有种）；常绿阔叶林是季雨林上的一个垂直带谱，分布在海拔 700 m 以上的地区，人为破坏严重，只有一个亚型。自然植被随海拔划分出不同类型，有 5 个植被型，8 个亚型，12 个群系，22 个群丛，植物种类多达 1922 种，物种极为丰富。而目前天然季雨林基本已被人为破坏，只在大青山较高海拔区域残留少量常绿阔叶次生林片断。农业用地的迅速扩展导致自然景观的转变（Castellon and Sieving，2007）。森林的过度砍伐是造成大量动物、植物、微生物受危害的首要原因。森林的过度砍伐对生物多样性的影响主要表现在以下方面：①森林砍伐造成以树叶为食的动物和许多寄生生物无法生存下去，大量死亡，生物链被破坏，生态系统不能保持平衡，生物多样性无法维持（李义明，2002）；②森林砍伐后会造成树冠暴露增加，地表温度增加，湿度降低等，从而引起森林小气候的变化。那些不能适应环境快速变化的物种很快消失（刘憬明，杨学春，2001）。农业生产区域分布之广泛、现代农业对自然环境改造之深刻，使得农业一直被认为是导致世界范围的生物多样性丧失的重要因素之一。

2. 不可抗逆的大型自然灾害

飓风、暴雨、火烧、滑坡、洪水、病虫害、火灾等大型干扰都会对森林景观格局产生重要影响。虽然这些大型干扰出现的频率较低，但是干扰面积常常能够达到数百平方千米，而且某些干扰类型，如洪水对生态系统的持续影响可以长达数百年。大型自然干扰对生态系统影响存在空间异质性，因此干扰后残余植被的数量、组成、空间布局等因素将影响未来群落演替的速度和方向。然而由于缺乏长期的数据支持，目前对大型低频度自然干扰及其生态学影响了解甚少（臧润国，丁易，2008）。

由于该区域土层较薄（土壤深度一般都小于 1 m），树木根系分布比较浅，加之，次生林基本分布于海拔较高的区域，遭遇大风后，比较容易出现风倒木，因此飓风为次生林退化的主要干扰因子之一。此外，不可抗逆的自然灾害也在干扰者次生林的正向演替。如 2008 年 1 月，我国南部遭受了特大暴雪，随后我们在大青山次生林中一定数量发现了被雪压折的林木。此外，由于该区域降水丰富，容易产生洪水，一旦较薄的土层遭受冲刷，基岩很容易裸露，加之部分区域的熔岩地形，容易导致石漠化得发生，势必加剧了次生林的退化。火灾及病虫害也对次生林群落的演替和更新有抑制效应。

3. 频繁的人类干扰活动

在该区域人口较多，属于经济欠发达地区，因此为了追求一定的利益，出现了频繁的人类干扰活动，主要包括挖药、放牧、樵采、采脂、抚育管理等。尤其是该区域人们有放养牲畜的习惯，大型食草性家畜出入林中，很容易造成物种多样性的减退。近几年，有关部门通过围栏封禁，在一定程度上减缓了人类的干扰活动。此外，以往传统的抚育措施，往往将林下的灌草全部铲除，这样就导致了大量物种的丧失，不利于退化次生林的恢复。

（二）退化森林特征

大青山的森林植物，由于岩层、地形、气候及人为活动的影响错综复杂，所以变化很大，在特殊的石灰山其原始的森林，由于长期砍伐烧山已完全成为次生稀树的灌丛及石山草坡。在市区范围内的石山因树木保护较好，又经人工零星种植，山坡习见树种为苦楝（*Melia azedarach*）、香椿（*Toona sinensis*）、木棉、降香黄檀（*Dalbergia odorifera*），沿村旁石山脚尤多龙眼（*Euphoria longan*）、麻竹（*Sinocalamus latiflorus*）、鱼尾葵（*Caryota ochlandra*）等。在交通不便的石山下部还残存有原生的火焰花（*Saraca chinensis*）、肥牛树（*Muricococ-*

cum sinense）。在市郊的上石至夏石一带的石山，由于砍伐烧山破坏较为严重，加之丘陵区气候干热，故石山下部多成为草坡，草类以野香茅（*Cymbopogon tortilis*）、白茅（*Imperata cylindrica*）为主，局部有飞机草（*Eupatorium odorantaum*）等草丛，草坡之上的沟洼逐步有马缨丹（*Lantana camara*）、盐肤木等灌丛。

天然次生林，多残存在交通不便的沟谷中，断续向上延伸分布，其树种组成随着海拔上升而逐渐更迭。海拔700 m 左右，次生林树种以樟科的厚叶琼楠（*Beischmiedia percoriacea*）、壳斗科的鲅猪椎（*Castanopsis fissa*）等为优势种，而海拔800m 次生林优势种则为大叶栎、大叶杜英（*Elaeocarpus balansae*）等。目前，由于长期的人为破坏，该区域的退化森林群落主要分布在大青山海拔700 m 以上的主峰区域。

大青山残存天然林及天然次生树种，随着公路的增加、运输方便、乱砍滥伐加速，在逐步消失。其中杉木（*Cunninghamia lanceolata*）与马尾松，是20世纪50、60 年代大面积营造的人工林，这些人工林从海拔150 m 至1000 m 都广泛栽植，其次是米老排（*Mytilaria laosensis*）等，传统的经济林是八角（*Lllicium verum*），从海拔250～800 m 广泛小面积成林栽培。此外，成功且经济价值的试验林，有柚木（*Tectona grandis*）林，格木（*Erythrophleum fordii*）林。目前，柚木、格木、火力楠（*Michelia macclurei*）、合果木（*Paramichelia baillonii*）等阔叶树。

大青山范围随着天然林与次生林的逐步消失，而不同的人工林不断在扩大，但一些能组成优势群体的草、灌木。它们不论在荒山拟或人工林下，大部分可依岩层、地形与土壤条件有规律地分布着，群落仍相对稳定，在石灰岩优势的草类有野香茅、白茅及飞机草等。灌木则有马缨丹、盐肤木等，广泛分布于各种岩层母质、地形、酸性土上的优势植物有铁芒萁、它在山地仅分布于山的上部而至丘陵则出现于全坡，五节芒（*Miscanthus floridulus*）也是广泛分布的优势草丛，它不亚于铁芒萁，但该草丛则分布于山地较开阔的地方。乌毛蕨（*Blechnum orientale*）与蔓生莠竹（*Microstegium gratus*）也是相当广泛分布的优势草类，但前者多分布于阴湿沟坡，后者则多生长与光充足的山坡下部。野芭蕉（*Musa balbisiana*）通常沿沟谷条带状分布。桃金娘（*Rhodomyrtus tomentosa*）见于山脊、丘陵则生长于山坡，野香茅及飞机草等也同样广泛优势分布在各种岩层的酸性及石灰性土壤上。另外，在居民点附近的山坡地，由于长期过度放牧，形成以竹节草（*Chrysopogon aciculatus*）、鸭嘴草（*Ischaemum aristatum*）等为优势的牧场地。灌木的优势种还有盐肤木、马缨丹及大沙叶（*Pavetta arenosa*）等群落结构及物种多样性。

二、群落结构及物种多样性

由于长期受到人为干扰破坏，大青山的森林类型主要包括次生季雨林和常绿阔叶林。次生季雨林是常绿季雨林被破坏后，自然更新发展起来的一个森林类型，主要分布在海拔500～700 m 的区域，群落结构不稳定；常绿阔叶林不是一个水平地带性的类型，而是季雨林上的一个垂直带谱，主要分布在海拔700 m 以上的地方，森林破坏比较严重。

大青山主峰地形复杂，气温高，湿度大，雨量充沛，退化的森林中包括有比较丰富的常绿阔叶树种。森林群落中90%以上的乔木是终年常绿的，但也有部分落叶的，如枫香（*Liquidambar formosana*）、山乌桕、酸枣（*Ziziphus jujuba*）、楹树（*Albizia chinensis*）、山合欢等。这些落叶树种分布于森林中，由于其密度不大，所以对森林的常绿景观影响不明显。

在退化的常绿阔叶林中，热带的板根现象比较常见，如肖韶子(*Pseudonephelium confine*)、蚬木(*Burretiodendron hsinmu*)、乌榄(*Canarium pimela*)人面子(*Dracontomelon duperreanum*)等树种都具有板状根。退化的森林中，藤本植物比较丰富，主要有羊蹄甲属、鸡血藤属、云实属、紫玉盘属(*Uvaria*)、菝葜属(*Smliax*)等。天南星科的攀缘植物主要为麒麟尾(*Epipremnum pinnatum*)。乔木树种常见的科属主要包括壳斗科的栲属和栎属，山榄科(Sapotaceae)的梭子果属(*Eberhardtia*)和紫荆木属(*Madhuca*)，樟科的樟属、琼楠属和厚壳桂属，桃金娘科的蒲桃属，杜英科的杜英属，漆树科的南酸枣属，槭树科的槭属，无患子科的柄果木属(*Mischocarpus*)和假韶子属(*Pseudonephelium*)，桑科的榕属和波罗蜜属(*Artocarpus*)，大戟科的乌桕属、血桐属(*Macaranga*)和五月茶属，橄榄科(Burseraceae)的橄榄属(*Canarium*)和嘉榄属(*Garuga*)，茜草科的水锦树属，五加科的鹅掌柴属，金缕梅科的枫香树属，肉豆蔻科(Myristicaceae)的红光树属(*Knema*)和风吹楠属(*Horsfieldia*)，蔷薇科的臀果木属等。

通过在每个退化森林类型中 3 个 20 m×30 m 的样方调查，获得了退化森林的主要类型的群落结构与物种多样性特征。调查获得如下主要植被群丛。

(一)鸭脚木(*Schefflera octophylla*) + 八角枫 + 水锦树(*Wendlandia uvariifolia*)群丛

该群丛分布在海拔 600～700 m 的山地，坡度较大，一般为 25°～30°左右，土质中酸性，为凝灰熔岩母质上发育的红壤。本群丛地处沟谷，气温高，雨量充沛，郁闭度 0.5 左右，为次生季雨林。统计该群丛植被组成及特征值，结果分别见表 3-33。由表 3-33 可以看出，本群丛共有植物种类 54 种，其中乔木 27 种，以鸭脚木、八角枫等为优势种；灌木层物种有 16 种，优势种有粗叶木(*Lasianthus wallichii*)、九节(*Psychotria rubra*)、鸡屎树(*Lasianthus hirsutus*)、五月茶等。灌木层有 7 种藤本，除红扁藤(*Vitis chungii*)外，其余均属小型藤本；草本 11 种，多属耐阴植物，优势种有阳春砂仁(*Amomum villosum*)、淡竹叶(*Lophatherum gracile*)、扇叶铁线蕨(*Adiantum flabellulatum*)等。

(二)粗糠柴(*Mallotus philippensis*) + 假苹婆 + 千年桐(*Aleurites montana*)群丛

本群丛分布在海拔 500 m 左右，土质为棕色石灰土。属于严重的人为破坏后，逐渐恢复起来的次生林。林相比较稀疏，郁闭度仅为 0.4 左右。群丛内植被物种比较缺乏。通过样方调查，共有物种 37 种。其中乔木共有 11 种，优势种有粗糠柴、假苹婆、千年桐等；灌木层有 20 种，优势种为九节、菝葜、假鹰爪(*Desmos chinensis*)等；草本层植物共计 6 种，优势种有蔓生莠竹、半边旗(*Pteris semipinnata*)等。可见此类森林处于很不稳定的过渡和竞争阶段，具体见表 3-34。

(三)大叶栎 + 厚叶琼楠 + 毛阿芳(*Alphonsea mollis*)群丛

本群丛分布于大青山海拔 800 m 区域。地势陡峭，坡度近 40°。土壤质地为黄壤和腐殖质土。由于交通不便，人为干扰程度比较轻。该群丛共有植物种 39 种，其中乔木层物种 20 种，优势种有大叶栎、厚叶琼楠、毛阿芳等；灌木层物种有 14 种，优势种为杜茎山(*Maesa japonica*)、九节、大叶栎、滨木患(*Arytera littoralis*)等；草本种比较少，仅有 5 种，楼梯草(*Elatostema involucratum*)为优势种，具体见表 3-35。

表 3-33　鸭脚木群丛 3 个层次植被组成及重要值

序号	植物名	重要值	序号	植物名	重要值
	乔木层			灌木层	
1	鸭脚木 Schefflera octophylla	47.18	1	粗叶木 Lasianthus wallichii	48.65
2	八角枫 Alangium kurzii	22.91	2	九节 Psychotria rubra	40.54
3	水锦树 Wendlandia uvariifolia	22.91	3	五月茶 Antidesma bunius	32.43
4	白榄 Canarium album	14.09	4	大节竹 Indosasa crassiflora	24.32
5	笔管榕 Ficus wightiana	13.66	5	多花猪菜藤 Hewittia sublobata	24.32
6	大叶山楝 Aphanamixis grandifolia	13.66	6	罗伞树 Ardisia quinquegona	16.22
7	尖嘴林檎 Malus melliana	11.46	7	苹果榕 Ficus oligodon	16.22
8	山乌桕 Sapium discolor	9.25	8	海金沙 Lygodium japonicum	16.22
9	腺叶樱 Prunus phaeosticta	9.25	9	木防己 Cocculus orbiculatus	16.22
10	黄牛奶树 Symplocos laurina	9.25	10	玉叶金花 Mussaenda pubescens	16.22
11	红荷木 Schima wallichii	9.25	11	粗叶榕 Ficus simplicissima	8.11
12	麻楝 Chukrasia tabularis	9.25	12	水同木 Ficus fistulosa	8.11
13	山杜英 Elaeocarpus sylvestris	9.25	13	多毛茜草树 Aidia pycnantha	8.11
14	黄毛五月茶 Antidesma fordii	7.04	14	山银花 Lonicera macranthoides	8.11
15	白花树 Styrax tonkinensis	7.04	15	白花鱼藤 Derris albo-rubra	8.11
16	酸枣 Choerospondisx axillaris	7.04	16	红扁藤 Vitis chungii	8.11
17	山合欢 Albizia kalkora	7.04		草本层	
18	三桠苦 Evodia lepta	7.04	1	阳春砂仁 Amomum villosum	50
19	簕欓 Zanthoxylum avicennae	7.04	2	淡竹叶 Lophatherum gracile	50
20	短序楠 Phoebe brachythyrsa	7.04	3	扇叶铁线蕨 Adiantum flabellulatum	50
21	枫香 Liquidambar formosana	7.04	4	厚叶双盖蕨 Diplazium crassiusculum	33.33
22	红楠 Machilus thunbergii	7.04	5	鸭趾草 Commelina communis	33.33
23	山枇杷 Ilex franchetiana	7.04	6	珍珠茅 Scleria hebecarpa	25
24	玉叶金花 Mussaenda pubescens	7.04	7	单叶双盖蕨 Diplazium subsinuatum	16.67
25	香椿 Toona sinensis	7.04	8	山菅兰 Dianella ensifolia	16.67
26	毛桐 Mallotus barbatus	7.04	9	金毛狗 Cibotium barometz	8.33
27	罗浮槭 Acer fabri	7.04	10	耳草 Hedyotis auricularia	8.33
			11	乌毛蕨 Blechnum orientale	8.33

表 3-34　粗糠柴群丛 3 个层次植被组成及重要值

序号	植物名	重要值	序号	植物名	重要值
	乔木层			灌木层	
1	粗糠柴 Mallotus philippensis	67.42	1	九节 Psychotria rubra	32.26
2	假苹婆 Sterculia lanceolata	42.68	2	菝葜 Smilax china	32.26
3	千年桐 Aleurites montana	37.12	3	假鹰爪 Desmos chinensis	29.57
4	破布木 Cordia dichotoma	35.86	4	罗伞树 Ardisia quinquegona	21.51
5	水东哥 Saurauia tristyla	24.75	5	雀梅藤 Sageretia gracilis	21.51
6	毛桐 Mallotus barbatus	23.48	6	黑面神 Breynia fruticosa	18.82
7	大果榕 Ficus auriculata	19.19	7	肖婆麻 Helicteres hiruta	16.13
8	鱼尾葵 Caryota ochlandra	15.15	8	翻白叶树 Pterospermum heterophyllum	13.44
9	南酸枣 Choerospondias axillaris	12.37	9	菜豆树 Radermachera sinica	12.37
10	野黄皮 Clausena excavata	12.37	10	山石榴 Randia spinosa	10.75
11	大叶山矾 Symplocos grandis	9.60	11	拓树 Cudrania tricuspidata	10.75
			12	粗叶榕 Ficus simplicissima	10.75
			13	鲫鱼胆 Maesa perlarius	10.75
	草本层		14	毛果算盘子 Glochidion eriocarpum	10.75
1	蔓生莠竹 Microstegium vagans	88.89	15	石岩枫 Mallotus repandus	10.75
2	半边旗 Pteris semipinnata	66.67	16	苦楝 Melia azedaeach	8.06
3	肾蕨 Nephrolepis auriculata	44.44	17	毛桐 Mallotus barbatus	8.06
4	风毛菊 Saussurea japonica	44.44	18	广西倒吊笔 Wrightia pubescens	8.06
5	粽叶芦 Thysanolaena maxima	33.33	19	糙叶树 Aphananthe aspera	8.06
6	淡竹叶 Lophatherum gracile	22.22	20	毛黄肉楠 Actinodaphne pilosa	5.38

表 3-35　大叶栎群丛 3 个层次植被组成及重要值

序号	植物名	重要值	序号	植物名	重要值
	乔木层			灌木层	
1	大叶栎 Quercus griffithii	46.45	1	杜茎山 Maesa japonica	43.35
2	厚叶琼楠 Beilschmiedia percoriacea	39.71	2	九节 Psychotria rubra	34.68
3	毛阿芳 Alphonsea mollis	27.72	3	大叶栎 Quercus griffithii	34.68
4	滨木患 Arytera littoralis	23.98	4	滨木患 Arytera littoralis	34.68
5	山杜英 Elaeocarpus sylvestris	19.48	5	大青 Clerodendrum cyrtophyllum	26.01
6	山苍子 Litsea cubeba	17.24	6	南胡颓子 Elaeagnus Conferta	21.68
7	广西杜英 Elaeocarpus kwangsiensis	12.73	7	猴耳环 Archidendron clypearia	21.68
8	八角枫 Alangium chinense	11.69	8	野牡丹 Melastoma candidum	17.34
9	蕃荔枝 Annona squamosa	11.24	9	扁担藤 Tetrastigma planicaule	17.34
10	鸭脚木 Schefflera octophylla	11.24	10	蕃荔枝 Annona squamosa	13.01
11	烟斗稠 Lithocarpus corneus	10.49	11	鸭脚木 Schefflera octophylla	10.40
12	山茶 Camellia japonica	9.60	12	四方藤 Cissus pteroclada	9.54
13	拟赤扬 Alniphyllum fortunei	8.84	13	山苍子 Litsea cubeba	8.67
14	毛桐 Mallotus barbatus	8.24	14	假苹婆 Sterculia lanceolata	6.94
15	山榕 Ficus heterophylla	8.24		草本层	
16	大叶山楝 Aphanamixis grandifolia	7.94	1	楼梯草 Zlatostema involucratum	124.14
17	黄果厚壳桂 Cryptocarya concinna	7.34	2	莲座蕨 Marattioid ferns	62.07
18	大花五桠果 Dillenia turbinata	6.44	3	野芭蕉 Musa wilsonii	41.38
19	青冈栎 Cyclobalanopsis glauca	6.15	4	普通凤丫蕨 Coniogramme intermedia	41.38
20	剑叶槭 Acer lanceolatum	5.25	5	半边旗 Pteris semipinnata	31.03

(四)水青冈(*Fagus longipetiolata*) + 厚叶琼楠 + 鸭脚木群丛

本群丛处于大青山主峰下，海拔 850 m 的区域。土壤为红壤。该群丛 3 个层次共有植物 45 种，其中乔木层物种有 23 种，优势种为水青冈、厚叶琼楠、鸭脚木、滨木患等，重要值均大于 20；灌木层物种 14 种，优势种为山枇杷(*Ilex franchetiana*)、疏花卫矛(*Euonymus laxiflorus*)、白花龙船花(*Lxora henryi*)、茜木(*Pavetta hongkongensis*)等，重要值均大于 30；草本层物种仅有 8 种，优势种为楼梯草、裂叶秋海棠(*Begonia palmata*)、艾麻草(*Laportea sinensis*)等，重要值均大于 40，具体见表 3-36。

表 3-36　水青冈群丛 3 个层次植被组成及重要值

序号	植物名	重要值	序号	植物名	重要值
	乔木层			灌木层	
1	水青冈 *Fagus longipetiolata*	37.26	1	山枇杷 *Ilex franchetiana*	53.25
2	厚叶琼楠 *Beilschmiedia percoriacea*	29.22	2	疏花卫矛 *Euonymus laxiflorus*	44.38
3	鸭脚木 *Schefflera octophylla*	26.69	3	白花龙船花 *Lxora henryi*	35.50
4	滨木患 *Arytera littoralis*	20.99	4	茜木 *Pavetta hongkongensis*	35.50
5	大叶山楝 *Aphanamixis grandifolia*	18.40	5	九节 *Psychotria rubra*	17.75
6	山苍子 *Litsea cubeba*	16.23	6	大叶栎 *Quercus griffithii*	17.75
7	山枇杷 *Ilex franchetiana*	16.23	7	马槟榔 *Capparis masaikai*	15.98
8	山龙眼 *Helicia formosana*	15.87	8	粗叶悬钩子 *Rubus alceaefolius*	15.09
9	山榕 *Ficus heterophylla*	12.44	9	番荔枝 *Annona squamosa*	13.31
10	大沙叶 *Pavetta arenosa*	12.08	10	黄果厚壳桂 *Cryptocarya concinna*	13.31
11	穗花杉 *Amentotaxus argotaenia*	10.82	11	大沙叶 *Pavetta arenosa*	13.31
12	稠木 *Lithocarpus glaber*	10.42	12	野漆 *Toxicodendron succedaneum*	8.88
13	山杜英 *Elaeocarpus sylvestris*	10.31	13	乌头叶蛇葡萄 *Ampelopsis aconitifolia*	8.88
14	小叶山柿 *Diospyros dumetorum*	9.56	14	华鼠刺 *Itea chinensis*	7.10
15	罗浮槭 *Acer fabri*	8.95		草本层	
16	剑叶槭 *Acer lanceolatum*	7.94	1	楼梯草 *Elatostema involucratum*	81.36
17	大叶栎 *Quercus griffithii*	6.67	2	裂叶秋海棠 *Begonia palmata*	61.02
18	岩青蓝 *Dracocephalum rupestre*	5.91	3	艾麻草 *Laportea sinensis*	40.68
19	阴香 *Cinnamomum burmannii*	5.41	4	蜘蛛抱蛋 *Aspidistra elatior*	32.54
20	毛丹 *Phoebe hungmaoensis*	5.41	5	多花黄精 *Polygonatum cyrtonema*	30.51
21	肖韶子 *Pseudonephelium confine*	4.65	6	鸭嘴草 *Ischaemum aristatum*	20.34
22	大果榕 *Ficus auriculata*	4.40	7	三叉蕨 *Tectaria subtriphylla*	18.31
23	青冈栎 *Cyclobalanopsis glauca*	4.15	8	麦冬 *Ophiopogon japonicus*	15.25

(五)大节竹群丛

大节竹从低海拔到高海拔的多种阔叶林中均普遍分布。在大青山主峰 800 ~ 960 m 的区域，形成林相整齐的大节竹纯林，也可集群化分布与人工马尾松林中。植株平均高 3 ~ 4 m，地茎平均 4.5 cm。植株密度较高，在 2 m × 2 m 的样方中，有 45 株。大节竹生长良好，林下落叶层较厚，没有别的灌草物种出现；也有少量大叶栎、山枇杷、九节、粗叶榕乔、灌种与其混生。该群丛虽然是此生类型，但林分相对稳定。别的物种很难侵入，群丛结构很难发生改变。

三、土壤养分

(一)退化森林植被演替过程中土壤养分变化

分别在相近区域选择天然草本、灌木及木本植物的优势群落,构建起草本—灌木—森林3个植被自然演替序列,分析土壤0~20 cm、20~40 cm土层养分特性,结果见表3-37、表3-38。随着土层次增加,土壤养分含量呈现降低的趋势。我们主要对0~20 cm土层的养分进行分析。

表3-37 大青山主要自然植被演替过程中土壤养分特性动态

演替		土层 (cm)	有机质 (g/kg)	全N (g/kg)	C/N	速效P (mg/kg)	速效K (mg/kg)	pH值	
								H₂O	KCl
草本	竹节草	0~20	23.6	0.94	14.57	8.1	21.2	5.3	4.2
		20~40	17.6	0.65	15.69	4.1	14.5	5.2	4.2
	野香茅	0~20	65.0	1.81	10.13	12.4	21.5	6.4	5.5
		20~40	36.5	1.61	12.19	6.4	16.8	6.2	5.2
	白茅	0~20	30.3	1.11	15.86	6.4	46.2	5.4	4.2
		20~40	16.0	0.54	17.22	5.1	26.3	5.3	4.1
	飞机草	0~20	41.9	1.74	13.97	10.0	139.1	5.7	4.3
		20~40	17.8	0.97	10.62	3.3	71.2	5.3	4.2
	铁芒萁	0~20	27.1	0.97	14.67	6.7	29.4	4.8	4.0
		20~40	17.1	0.57	10.53	2.4	22.3	4.8	4.2
	五节芒	0~20	51.0	1.80	16.44	5.4	46.3	5.0	4.0
		20~40	18.4	0.94	11.38	1.0	35.5	4.8	3.9
	乌毛蕨+蔓 生莠竹	0~10	46.3	1.21	22.23	7.3	132.2	4.7	3.7
		10~20	28.2	0.92	17.83	3.1	90.5	4.6	3.7
灌木	桃金娘	0~20	75.0	4.12	11.20	5.0	42.4	6.5	5.3
		20~40	72.3	3.12	10.50	4.0	37.1	5.4	4.2
	马缨丹	0~20	108.5	4.14	11.19	6.1	97.3	6.7	6.3
		20~40	72.6	3.51	10.99	3.2	30.1	6.5	5.5
	大沙叶	0~20	87.3	4.07	11.43	9.3	14.5	6.9	5.7
		20~40	42.1	2.44	10.00	5.1	9.6	6.8	5.4
	盐肤木	0~20	110.2	4.09	10.62	8.5	116.7	6.8	6.0
		20~40	48.7	2.61	9.81	2.2	52.5	6.8	5.5
次生林	山枇杷	0~20	139.1	5.06	14.95	16.5	164.8	5.2	4.2
		20~40	101.1	3.97	9.76	5.9	54.2	5.0	4.1
	厚叶琼楠	0~20	88.7	4.01	12.95	9.2	167.4	5.4	4.3
		20~40	49.6	2.4	10.86	5.4	108.5	5.2	4.4

表 3-38　大青山主要自然植被演替过程中土壤的 CEC、交换性 Ca 和交换性 Mg

演替		土层深度(cm)	阳离子交换量(cmol /kg)	交换性 Ca(cmol /kg)	交换性 Mg(cmol /kg)	盐基总量(cmol /kg)	盐基饱和度(%)
草本	竹节草	0~20	9.48	0.38	0.05	2.71	28.0
		20~40	9.37	0.28	0.00	2.77	28.9
	野香茅	0~20	36.56	14.65	0.19	36.56	91.6
		20~40	34.01	13.91	0.10	34.01	90.4
	白茅	0~20	16.52	3.57	0.96	10.17	61.6
		20~40	16.28	3.85	0.00	8.83	52.9
	飞机草	0~20	18.39	2.30	1.29	10.54	57.3
		20~40	14.91	1.00	0.90	6.77	49.4
	铁芒萁	0~20	17.07	0.19	0.00	4.55	26.7
		20~40	6.38	0.23	0.00	1.63	25.5
	五节芒	0~20	15.27	0.71	0.29	5.59	36.6
		20~40	14.67	0.29	0.05	5.16	32.9
	乌毛蕨 + 蔓生莠竹	0~10	28.18	0.19	0.19	3.18	11.3
		10~20	30.61	0.19	0.09	3.02	10.4
灌木	桃金娘	0~20	19.13	0.34	0.00	42.24	11.7
		20~40	18.9	0.19	0.00	40.80	14.9
	马缨丹	0~20	55.96	25.29	2.09	52.21	93.3
		20~40	46.39	19.39	0.37	42.33	91.3
	大沙叶	0~20	49.82	22.48	3.27	45.36	91.0
		20~40	45.35	21.07	1.44	42.77	94.3
	盐肤木	0~20	55.76	22.05	1.41	49.60	89.0
		20~40	43.54	19.02	0.52	40.25	92.4
次生林	厚叶琼楠	0~20	29.56	1.12	0.35	9.46	32.0
		20~40	21.68	0.45	0.25	6.79	27.5
	山枇杷	0~20	30.25	1.34	0.46	10.56	34.8
		20~40	24.35	0.65	0.21	8.75	28.7

1. 优势草本群丛土壤养分变化

7 种优势草本群丛土壤养分差异明显($p < 0.05$)，野香茅群丛土壤养分除速效 K 外，有机质、全 N、速效 P 和速效 K 含量均最高，C/N 比值较窄，腐殖质分解良好，土壤酸度接近中性，交换性阳离子、交换性 Ca、Mg 离子及盐基饱和度也均最高。0~20 cm 土壤有机质含量从小到大依次为：竹节草 < 铁芒萁 < 白茅 < 飞机草 < 乌毛蕨 + 蔓生莠竹 < 五节芒 < 野香茅；全 N 含量表现出与有机质一致的规律；速效 P 含量从小到大依次为：五节芒 < 白茅 < 铁芒萁 < 乌毛蕨 + 蔓生莠竹 < 竹节草 < 飞机草 < 野香茅，五节芒、白茅及铁芒萁群丛土壤普遍缺 P，飞机草土壤虽然缺乏 N，但富含 P，0~20 cm 速效 P 含量为 10.0 mg / kg；速效 K 含量从小到大依次为：竹节草 < 野香茅 < 铁芒萁 < 白茅 < 五节芒 < 乌毛蕨 + 蔓生莠竹 < 飞机草，可以看出，野香茅群丛土壤虽然富含 N、P，但 K 含量相对较低；C /N 比值从大到小依次为：乌毛蕨 + 蔓生莠竹 > 五节芒 > 白茅 > 竹节草 > 铁芒萁 > 飞机草 > 野香茅，野香茅群丛 C /N 比值最窄，腐殖质分解容易，有机质含量较高，乌毛蕨 + 蔓生莠竹群丛 C/N 最宽,腐殖质分解难。从土壤酸度来看,野香茅群丛土壤酸度接近中性,乌毛蕨 + 蔓生莠竹群丛土壤为强酸性。此外,铁芒萁、五节芒群丛土壤也为极酸性,其余草丛土壤酸度基本一致,为弱酸性。土壤 CEC 反映土壤保蓄交换盐基养分的能力,7 种草本群丛土壤 CEC 从小到大依次为:竹节草 < 五节芒 < 白茅 < 铁芒萁 < 飞机草 < 乌毛蕨 + 蔓生莠竹 < 野香茅,飞机草、白茅和野香茅群丛的交换性 Ca、Mg、盐基总量含量都比较高,盐基饱和度也较高;由于乌毛蕨 + 蔓生莠竹群丛土壤呈现极酸性,盐基饱和度最低,为 11.3%。

2. 优势灌木群丛土壤养分的变化

相对于优势草本群丛,优势灌丛土壤有机质都很丰富,矿物养分也丰富,如含有多量的腐殖质与 N,以表土 0~20 cm 计,有机质为 85.0~110.2 g/kg,全 N 40.7~41.4 g/kg,C/N 比值较窄,为 15.62 以下,说明腐殖质柔软,容易分解。灌丛土壤的酸度弱,pH 值 H_2O 浸液 6.5~6.9 属中性,KCL 浸液 5.3~6.3 属微酸性,酸度弱,含有大量盐基,其交换盐基总量可达 42.24~52.21 cmol/kg,交换性 Ca、Mg 离子含量丰富,盐基饱和度较高,为 11.7%~93.3%。4 种优势灌木群丛土壤养分来对比,马缨丹、盐肤木群丛土壤养分含量较高,大沙叶次之,桃金娘土壤养分最差。

3. 天然次生林土壤养分

天然林由于人为破坏,仅在大青山海拔较高的区域(700~1040 m)残存常绿阔叶次生林片断,海拔 700 m 为厚叶琼楠群落,而海拔 1000 m 则为山枇杷群落。

常绿阔叶林下枯枝落叶容易分解,腐殖质高,C/N 比值小,一般 15 以下,腐殖质柔软,土壤养分含量高于灌木群丛,尤以山枇杷—野芭蕉、蔓生莠竹群落下土壤更为丰富,其有机质含量高达 139.1 g/kg,全 N 为 5.06 g/kg。海拔较低的厚叶琼楠群落土壤养分状况不如山枇杷群落。天然次生林下土壤含有较多的 K,0~20 cm 土层 K_2O 为 164.8~167.4 mg/kg。土壤酸度强,pH 值 H_2O 浸液 5.2~5.4,酸性,KCL 浸液 4.2~4.3,极酸性。由于土壤呈极酸性,土壤 CEC 盐基总量及交换性 Ca、Mg 离子含量低于灌木群丛,盐基饱和度也不高,为 32%~34.8%。

可见大青山较高海拔区域的天然次生林土壤较海拔较低的次生林有着较为丰富的养分,一方面,海拔增高,降雨量增加,土壤水分及空气湿度随之增加,利于凋落物的分解;另一方面,顶峰区域的植被人为干扰相对较少,从而利于养分的积累,避免了养分的流失和消耗。

总而言之,大青山亚热带自然植被经历了草丛—灌丛—森林群落 3 个主要演替阶段,土壤的养分含量随着演替的进展而逐步增加,也说明该演替是进展演替,并逐步向着顶极原生植被群落发展,群落结构趋于复杂而稳定。

大青山地处南亚热带,原始林及次生林砍伐殆尽,代之为大面积人工林。人工林乔木按经营目标选择,而林下灌草则是随土壤因子的再分配相对稳定地自然分布与演替着,个别情况下,人工林郁闭度增加,林下植被逐渐减少,当主林分间伐后又重新生长起来。利用植被自然演替来判别土壤养分特性变化,结合分析植被与土壤的耦合关系,为植被恢复过程中对关键种的选择及有效改善地力提供依据。

原生性植被遭受破坏并转化为人工植被后,土壤理化特性出现退化的趋势。天然次生林土壤,除全 K 低于柚木外,其余养分均明显高于所有的人工林。另外,天然次生林群落也具有良好的理化性能，容重较低，空隙度及持水量较高，说明天然林土壤蓄水保水能力较强，水土保持功能优良。尤其是次生林所处区域地势陡峭，加之频繁降雨，水土流失很容易发生。由于表土层较薄，一旦植被覆盖较差，表土被剧烈的雨水冲蚀掉，基岩出露浅，暴雨冲刷力强，大量的水土流失后石灰岩裸露，就容易呈现出"石漠化"现象，并且随着时间的推移，石漠化的程度和面积也在不断加深和发展。石漠化在局部困难立地区域已经发生，这些区域植被原生演替很难再发生。因此，保护恢复次生植被向原生植被演替，增强生态系统的水土保持生态功能就显得尤为重要。由于人工纯林群落组成单一，其凋落物分解慢，归还土壤凋落物数量和养分量少。同时，强烈的人为干扰，包括林地放牧、采药及频繁的抚育管理措施，导致林下灌草不断被清除，使土壤中养分不断耗竭，这也是土壤养分退化主要原因(庞学勇等，2002)。

大青山亚热带自然植被经历了草丛—灌丛—森林群落 3 个主要演替阶段，土壤的养分含量随着演替的进展而逐步增高，也说明该演替是正向演替，并向着演替顶极阶段发展，群落结构更加趋于复杂和稳定。群落的发展改善了土壤结构，促进了土壤肥力的提高。当改善后的土壤条件更适合下一代群落生长时，系统就发生演替。这就是生态系统的自我培肥作用，也是生态系统演替的基本驱动力之一(丁应祥，张金池，1999)。

第六节　海南岛热带退化天然林恢复过程的生态学特征

一、热带雨林干扰体系与退化特征

热带森林在调控全球气候变暖和为社会建设提供资源等方面具有重要作用，但随着工业化、城市化和人口增长等方面的压力，原始热带天然林资源被人为过度开发利用，大部分林地退化为次生林，甚至退化为灌丛或裸地，森林资源质量和生态功能变差，导致区域生态环境问题日益突出，热带珍贵用材资源枯竭。海南岛热带天然林覆盖率从 20 世纪 50 年代初期的 25.9% 下降到现在的 10% 左右（侯元兆，2001），海南岛尖峰岭的热带原始林经过 35 年的开采至 1991 年，年平均消减率为 1.78%，约为世界热带林年平均消减率（0.6%）的 3 倍，而且经商业性采伐后大多沦为次生林，导致了水资源危机、水土流失严重、气候变得干热、受威胁的物种越来越多（李意德等，2002）。鉴于此，海南岛采取了一系列的措施，即从 1984 年起便开始逐步实行采育结合、封山育林、人工促进天然更新和人工更新等干扰措施，森工采伐企业逐步实行森工转向，最终于 1994 年 1 月 1 日起全面停止热带天然林的商业性采伐，使海南热带天然林得到了前所未有的保护（吴华盛，2000；曾庆波等，1997）。

海南岛热带森林干扰有 2 大类型：即人类和自然干扰。自然干扰包括台风、林火、病虫害、极度干旱等严重自然干扰类型；人为干扰包括过度的采伐木材、刀耕火种、毁林种果、烧炭、放牧等不合理的人为干扰。但随着生态意识增强和可持续经营需要，热带地区也实行了积极的人为干扰如采育结合、封山育林、天然林保育等。

海南岛热带森林在自然和人为过度干扰后，引起森林生态系统结构和功能以及诸多环境因子的变化，逆行演替形成次生林、疏林、灌丛、草地、耕地和人工林等不同退化程度的次生或人工植被类型，导致群落以致整个森林生态系统退化。在这过程中，生态因子与群落演替互动，群落内物种间及其与环境构成不同的生态格局，形成特定的功能群并发挥不同形式和程度的功能，体现不同干扰作用的差异及退化生态系统恢复程度。如游耕农业（刀耕火种）是世界热带地区广泛使用的原始耕作方式，"刀耕火种"及其后的撂荒过程就是极度干扰、退化及恢复的过程，从天然林大小植株全被砍光，烧光林地所有采伐剩余物，耕种作物，形成旱季休耕，雨季种植的季节性作物耕种，2～3 年后，随着水土流失，肥力消耗殆尽后即撂荒废弃。此后，弃耕地或者继续土壤侵蚀、水肥流失，进一步退化为石砾裸露的不毛之地，或者逐渐形成茅草、棕叶芦等热带草坡，并艰难进展向旱生、阳性灌木群落演替。又如在热带林区的森林采伐干扰，有皆伐、择伐、火烧迹地等作业方式，造成不同程度的天然林退化及恢复难度。

1990 年开始，热带地区速生人工林如桉树（*Eucalyptus* spp.）、相思（*Acacia* spp.）类大力发展，以及毁林种果，对热带天然林造成极大压力和冲击，造成的林区生态环境变化显而易见，国家的退耕还林政策实施将有利于压制热带天然林的进一步退化。

二、退化热带天然林群落结构及物种多样性

海南岛尖峰岭热带原始林经采伐后天然更新是经营的主要方式，这些不同退化程度的天然次生林植被在群落结构及生物多样性方面有差异，一般地采伐后初期，植物种类以喜光、耐旱等先锋树种如壳斗科的黎蒴、小叶白锥，樟科的厚壳桂、各种琼楠、第伦桃科的大花第伦桃，楝科的大叶山楝等为主，然后随着顺行演替进展，耐荫等后期树种增多，植物种类多样性增大。

（一）热带山地雨林更新林群落结构及物种多样性

研究选取海南岛热带山地雨林天然更新林实验样地，本林分是在 1964 年尖峰岭林业局大面积皆伐迹地上更新的，采伐时留有几株母树，如盘壳栎，以鳕蒴栲、小叶白锥等种为主，然后天然更新演替。1989 年建立了固定样地并进行样地调查，随后分别于 1999 年、2003 年等进行了多次样地调查。1989 年、1999 年对植株胸径≥7.5 cm，2003 年对植株胸径≥1.0 cm 的林木个体的胸径、树高及个体位置进行测定，研究其群落特征及生物多样性。

1. 更新群落结构

热带山地雨林原始林皆伐后天然更新 39 年（2003 年）后，胸高直径（DBH）≥1.0 cm 的个体密度为 52.33 株/100 m²，平均胸径 6.60 cm，平均高 6.19 m。其中密度、平均胸径和平均高分别为：乔木层 12.17 株/100 m²、19.75 cm、13.72 m；幼树层 15.92 株/100 m²、4.13 cm、5.34 m；幼苗层 24.25 株/100 m²、1.63 cm、6.00 m。密度以幼苗层占最大比例，林木层次形成金字塔合理结构，胸径密度呈反"J"结构，林下个体储备丰富。

2. 植物种类及物种多样性

原始热带山地雨林皆伐后经过 39 年的天然更新恢复，1200 m² 林分内大于 1.0 cm 的植物种丰富度（物种数）为 143，Shannon-Wiener 多样性指数 $H' = 6.29$，Pielou 均匀度指数 $J = 88.00$；平均样方物种丰富度为 11.92 种/100 m²。主要树种为壳斗科、樟科、无患子科、桃金娘科等科的树种，耐阴树种大量出现。

（二）采伐迹地不同恢复期群落结构及物种多样性

热带山地雨林原始林经 1964 年皆伐后，分别于天然更新恢复 25 年（1989 年）及 35 年（1999 年）时对样地进行乔木层每木调查，群落树种组成及重要值如表 3-39。群落恢复 25

年后乔木层优势种还是壳斗科的鲛蕻栲、盘壳栎（*Cyclobalanopsis patelliformis*）等喜光先锋树种以及乡土常见种毛荔枝（*Uvaria calamistrata*）、大叶白颜（*Gironniera subaequalis*）等为主。而恢复35年后，鲛蕻栲、盘壳栎、拟赤杨等先锋喜光树种比例降低，中后期种如小叶白锥（*Castanopsis tonkinensis*）、耐阴树种如九节，樟科的阴香（*Cinnamomum burmannii*）、广东钓樟（*Lindera kwangtungersis*）、厚壳桂、大萼木姜（*Litsea baviensis*），以及桃金娘科蒲桃属树种如线枝蒲桃、子凌蒲桃等有所提升，群落顺行演替。

乔木层群落恢复25年与35年相比，后者树种数量上增加了6种，25年时的喜光树种拟核果茶、山乌柏和大叶鱼骨木到恢复35年时在乔木层已死亡，恢复35年后乔木层新增加了平滑琼楠、山杜英等9个耐阴、演替中后期树种见表3-39。此外，在恢复35年时的调查及记录数据分析显示，在恢复25年时大量出现的喜光先锋树种鲛蕻栲，到恢复35年时调查发现大量个体已死亡，个体密度由29.68株/100 m² 下降到18.18株/100 m²。

表 3-39　热带山地雨林皆伐迹地天然恢复群落树种组成及重要值

序号	恢复 25 年		恢复 35 年	
	种名	重要值	种名	重要值
1	鲛蕻栲 *Castanopsis fissa*	30.483	鲛蕻栲	25.133
2	盘壳栎 *Cyclobalanopsis patelliformis*	4.648	盘壳栎	4.614
3	毛荔枝 *Uvaria calamistrata*	4.221	毛荔枝	4.369
4	小叶白锥 *Castanopsis tonkinensis*	4.187	小叶白锥	4.558
5	大叶白颜 *Gironniera subaequalis*	4.093	大叶白颜	4.512
6	红柳 *Tamarix ramosissima*	2.608	红柳	2.188
7	白榄 *Lumnitzera racemosa*	2.411	白榄	2.855
8	黄柳 *Salix gordejevii*	2.354	黄柳	1.813
9	木荷 *Schima superba*	1.959	木荷	1.216
10	拟赤杨 *Alniphyllum fortunei*	1.910	拟赤杨	1.260
11	阴香 *Cinnamomum burmannii*	1.887	阴香	2.981
12	枝花李榄 *Chionanthus ramiflorus*	1.826	枝花李榄	1.761
13	山苦楝 *Euodia meliaefolia*	1.822	山苦楝	1.733
14	广东钓樟 *Lindera kwangtungersis*	1.741	广东钓樟	2.430
15	线枝蒲桃 *Syzygium araiocladum*	1.732	线枝蒲桃	1.633
16	鸭脚木 *Schefflera octophylla*	1.499	鸭脚木	1.464
17	竹叶栎 *Quercus bambusifolia*	1.417	竹叶栎	1.592
18	小叶胭脂 *Artocarpus styracifolius*	1.406	小叶胭脂	1.343
19	薄皮红稠 *Lithocarpus amygdalifolius* var. *praecipitiorum*	1.323	薄皮红稠	1.778
20	子凌蒲桃 *Syzygium championii*	1.306	子凌蒲桃	1.270
21	海岛冬青 *Ilex goshiensis*	1.162	海岛冬青	0.529
22	长苞柿 *Diospyros longbracteata*	1.159	长苞柿	1.084
23	谷姑茶 *Mallotus hookerianus*	1.148	谷姑茶	1.082
24	白背槭 *Acer decandrum*	1.135	白背槭	1.338
25	大头茶 *Gordonia axillaris*	0.854	大头茶	0.802

（续）

序号	恢复25年		恢复35年	
	种名	重要值	种名	重要值
26	卵叶樟 *Cinnamomum rigidissimum*	0.753	卵叶樟	0.710
27	大萼木姜 *Litsea baviensis*	0.747	大萼木姜	1.229
28	多香木 *Polyosma cambodiana*	0.737	多香木	0.693
29	木胆 *Platea parvifolia*	0.704	木胆	0.661
30	白木香 *Aquilaria sinensis*	0.696	白木香	0.650
31	海南杨桐 *Adinandra hainanensis*	0.690	海南杨桐	0.659
32	黄果榕 *Ficus benguetensis*	0.677	黄果榕	0.668
33	尖峰栲 *Castanopsis jianfenglingensis*	0.677	尖峰栲	0.669
34	景烈樟 *Cinnamomum tsoi*	0.675	景烈樟	0.676
35	百日青 *Podocarpus neriifolius*	0.672	百日青	0.624
36	香果新木姜子 *Neolitsea ellipsoidea*	0.647	香果新木姜子	0.857
37	多花山竹子 *Garcinia multiflora*	0.640	多花山竹子	0.605
38	荔枝红豆 *Ormosia semicastrata f. litchifolia*	0.594	荔枝红豆	0.560
39	乌榄 *Canarium pimela*	0.593	乌榄	0.578
40	毛果稠 *Lithocarpus pseudovestitus*	0.588	毛果稠	1.072
41	厚壳桂 *Cryptocarya chinensis*	0.585	厚壳桂	1.092
42	灯架 *Winchia calophylla*	0.582	灯架	0.532
43	石斑木 *Rhaphiolepis indica*	0.579	石斑木	0.572
44	秦氏桂 *Cryptocarya chingii*	0.578	秦氏桂	0.542
45	毛柃 *Eurya ciliate*	0.575	毛柃	0.536
46	山钓樟 *Lindera metcalfiana*	0.574	山钓樟	0.551
47	野漆 *Toxicodendron succedaneum*	0.574	野漆	0.537
48	九节 *Psychotria rubra*	0.572	九节	1.075
49	柳叶桢楠 *Machilus salicina*	0.570	柳叶桢楠	0.570
50	显脉天料木 *Homalium phanerophlebium*	0.569	显脉天料木	0.560
51	红楣 *Castanopsis hystrix*	0.568	红楣	1.067
52	腺叶灰木 *Symplocos adenophylla*	0.568	腺叶灰木	0.815
53	米花木 *Cleistocalyx montanum*	0.567	米花木	0.530
54	大叶鱼骨木* *Canthium simile*	0.943	平滑琼楠* *Beilschmiedia laevis*	0.539
55	拟核果茶* *Parapyrenaria multisepaia*	0.617	山杜英* *Elaeocarpus sylvestris*	0.535
56	山乌柏* *Sapium discolor*	0.597	剑叶灰木* *Symplocos lancifolia*	0.532
57			斜基算盘子* *Glochidion coccineum*	0.531
58			柴龙树* *Apodytes cambodiana*	0.529
59			韩氏蒲桃* *Syzygium hancei*	0.529
60			斜脉暗罗* *Polyalthia plagioneura*	0.527
61			五指山柿* *Diospyros susarticulata*	0.527
62			柳叶山黄皮* *Randia merrillii*	0.524

注：表中"＊"为前后2次调查出现的非共有种。

群落物种多样性指数方面，恢复 35 年比恢复 25 年其物种丰富度(物种数)、Shannon-Weiner 多样性指数及均匀度指数均较高。恢复 35 年与恢复 25 年其物种丰富度(物种数)分别为 62 和 57；Shannon-Weiner 多样性指数分别为 5.21 和 4.69；均匀度指数分别为 88.01 和 80.62。

(三)不同采伐更新林群落结构及物种多样性

热带原始林经采伐、更新等干扰后恢复形成的次生林，由于干扰方式、强度、时间等差异，其生态关键种、物种丰富度、生物多样性，以及生态系统功能等存在差异。2005 年对位于海南省尖峰岭国家级自然保护区内的 4 个不同采伐更新林进行调查，以研究热带山地雨林采伐后不同的生态恢复或演替进程中的变化趋势，为海南岛退化热带天然林功能恢复和经营等方面提供科学依据。

研究的 4 块样地包括：未采伐过的原始林；1964 年皆伐后天然更新的次生林；1980 皆伐后炼山后人工种植少量乡土树种鸡毛松和陆均松(*Dacrydium pierrei*)的人工促进天然更新的次生林；以及 1980 年皆伐后天然更新，1988 年再皆伐后炼山处理，种植杉木纯林，此后经多次抚育，并补植了部分乡土树种的人工林。样地概况见表 3-40。

表 3-40　海南尖峰岭热带山地雨林 4 个样地概况

样地植被类型	原始林	天然次生林	人工促进天然次生林	人工更新林
面积(m²)	10000	6200	3000	1200
干扰年份(a)	未采伐	1964	1980~1982	1980 和 2000
海拔(m)	800	830	700	750
坡度(°)	3~15	22~30	22~30	25~28
坡向	西南	西偏北	西南	东南
坡位	中下	中下	中下	中下
土层厚度(cm)	100~120	90~120	90~110	90~110

对 4 块样地胸径≥1cm 的每木调查数据分析显示，更新林树高、胸径均小于原始林，而更新林的林木个体密度均大于原始林(表 3-41)，尤其是人工促进天然更新的密度相当大，而且萌芽个体较多、同种个体较多，这显示这种干扰、更新方式有利于萌芽、土壤种子库中种子的萌发。原始林、天然更新林、人促天然更新林、人工更新林的植物种丰富度分别为：253 种、199 种、129 种和 56 种；Margalef 指数分别为：29.465、23.702、15.965 和 8.504；Shonnon-Wiener 指数 6.15、5.27、5.69 和 3.52。从样地植物种类及相似比例、重要值和演替状况看，不同林分优势种和所处演替阶段不一样。

表 3-41　不同更新林树高、胸径和密度表

植被类型	最大树高(m)	平均树高(m)	最大胸径(cm)	平均胸径(cm)	DBH >1cm 密度(株/100m²)
原始林	38	5.8	118	5.6	53.6
天然更新林	27	4.7	84	4.6	71.4
人促天然更新林	13	4.4	32.6	3.8	107.6
人工更新林	10	3.1	16	3.2	53.7

原始林乔木层以厚壳桂、大叶白颜、谷姑茶、毛荔枝为主；幼树层和下木层优势种相对明显，分别以谷姑茶和柏拉木为优势种。所有出现树种中，乔木层与幼树层有44.1%相同的树种，乔木层与下木层有41.3%相同的树种，幼树层与下木层有52.0%相同的树种；相似种类比例接近，幼树层和下木层相似比例最大，表明各层间均有较好的树种储备和较稳定的群落结构。

皆伐后未受干扰的天然更新次生林样地，乔木层以小叶白锥、鸭脚木、拟赤杨占优势；幼树层以九节为优势种，下木层以九节和柏拉木为优势种。所有出现树种中，乔木层与幼树层有51.5%相同的树种，乔木层与下木层有43.5%相同的树种，幼树层与下木层有38.5%相同的树种；种类相似比例分布较均匀，乔木层与幼树层的种类相似比例最大，表明群落处在顶极演替的中期阶段。

皆伐后有较小程度干扰的人工促进天然次生林样地，乔木层以木荷、陆均松和两叶黄杞(*Engelhardia unijuga*)等为主，其中陆均松和鸡毛松多为人工种植；幼树层以鸡毛松、大叶白颜、米花木等为主；下木层以荔枝叶红豆(*Ormosia semicastrata* f. *litchiifolia*)为主。乔木层和下木层优势种较幼树层明显。所有出现树种中，乔木层与幼树层有63.8%相同的树种，乔木层与下木层有36.2%相同的树种，幼树层与下木层36.2%相同的树种；下木层种类储备略不足，处于演替接近中期阶段。

皆伐后受多次较大程度干扰的人工林样地，3层均以杉木为优势种，乔木层种类较少，缺乏除杉木外的其他大乔木，有少数补植的山苦楝和黧蒴栲；幼树层优势种类还有拟赤杨等；下木层还有丛花山矾、宽昭润楠(*Machilus foochewii*)和海南杨桐等。所有出现树种中，乔木层与幼树层有39.3%相同的树种，乔木层与下木层有8.9%个相同的树种，幼树层与下木层有8.9%相同的树种，明显缺乏林下更新种类，处于群落生态恢复的初期。

三、热带天然次生林土壤养分及持水性

在热带地区，植物群落受干扰的生态后果尤为恶劣，干扰造成热带林土壤退化及水文效应也极其明显。我国在热带林采伐方式与更新演替、采伐迹地生态变化、游耕农业(刀耕火种)林地的生态因子及肥力变化等开展了研究。

对海南岛尖峰岭热带山地雨林不同采伐方式和强度、更新方式及时间联合作用下形成的次生林及原始林对比研究，森林土壤性质存在差异(曾庆波等，1997)。这4个样地的直线距离约在3km范围之内，海拔高度相近，其自然条件(气候、土壤类型等)基本相同，样地情况见表3-42。

(一)土壤养分

1. 土壤 pH 值

热带雨林不同样地土壤的pH值范围在4.39～4.58，土壤偏酸性；方差分析表明，在$\alpha = 0.05$水平下，样地间总体无显著差异($F = 0.580$, $p = 0.630$)。样地间平均数差异检验不显著。对不同层次样地间土壤pH值进一步方差分析的结果为：表层$n = 30$，$F = 1.729$，$p = 0.185$；中层$n = 30$，$F = 1.922$，$p = 0.150$；底层$n = 30$，$F = 1.688$，$p = 0.193$。表明同一土壤层次样地间差异不显著。

2. 土壤有机质

热带山地雨林的土壤有机质含量范围在13.206～18.567g/kg，大小顺序是0503 >

$0501 > 0502 > 0504$。在 $\alpha = 0.05$ 水平下，方差分析表明样地间总体无显著差异（$F = 1.368$，$p = 0.258$）。但样地间平均数差异显著性检验显示 0503 与 0504 样地的土壤有机质含量差异显著（$p = 0.023$）。表明与同为强烈干扰 0503 相比，0504 人工林土壤有机质减少 28.87%，流失严重，地力退化明显，对生长和演替进程及生态功能将造成严重危害。对不同层次样地间土壤有机质的方差分析结果为：表层 $n = 30$，$F = 6.350$，$p = 0.002$；中层 $n = 30$，$F = 5.601$，$p = 0.004$；底层 $n = 30$，$F = 2.293$，$p = 0.101$。表明样地间土壤有机质差异主要在表层及中层，这样的采伐更新方式和强度对深层土壤有机质影响不大。

表 3-42 海南尖峰岭热带山地雨林 4 个样地概况

样地	0501	0502	0503	0504
面积（m²）	10000	6200	3000	1200
植被类型	原始林	天然次生林	人工促进天然次生林	人工更新林
干扰年份（a）	未采伐	1964	1980～1982	1980 和 2000
海拔（m）	800	830	700	750
坡度（°）	3～15°	22～30°	22～30°	25～28°
坡向	西南	西偏北	西南	东南
坡位	中下	中下	中下	中下
土层厚度（cm）	100～120	90～120	90～110	90～110
林下植被盖度（%）	51.52	69.35	50.00	30.67
幼树幼苗密度（株/100m²）	29.20	45.10	54.10	25.80
密度（株/100m²）	53.6	71.4	107.6	53.7
多样性指数	6.15	5.27	5.69	3.52
平均胸径（cm）	5.58	4.55	3.82	3.23
平均树高（m）	5.75	4.73	4.41	3.09

注：表中植物数据为胸径≥1.0 cm 的数据。

表 3-43 各样地表层和中层土壤有机质平均值差异显著性（p 值）

项目	0502		0503		0504	
	I	II	I	II	I	II
0501	0.038 *	0.916	0.004 **	0.004 **	0.004 **	0.213
0502			0.929	0.001 **	0.083	0.168
0503					0.160	0.008 **

注：*. $p < 0.05$，**. $p < 0.01$；I. 土层 0～20 cm；II. 土层 0～40 cm。

分别对各层次土壤不同样地土壤有机质含量平均值差异显著性检验表明：在表层土壤（0～20 cm）中原始林（0501）样地与其他样地间差异显著（表 3-43），皆伐天然更新林（0502）、皆伐炼山人工促进更新林（0503）和皆伐炼山人工林（0504）与原始林（0501）相比，表层有机质分别下降了 19.11%、19.77% 和 39.94%，可见人工林表层土壤有机质流失极为严重。0503 样地与其他样地之间的中层土壤（20～40 cm）有机质含量的差异达到极显著，与原始林相比，皆伐炼山人工促进更新林中层土壤有机质增加了32.57%，皆伐天然更新林中层土壤有机质增加了1.09%，皆伐炼山人工林中层土壤有机质减少了18.43%。各样地底层土壤(40~60 cm)有机质含量差异不显著($n = 30$，$F = 2.293$，$p = 1.101$)。

以上研究表明皆伐天然更新主要造成表层土壤有机质流失，皆伐炼山人工促进更新主要造成表层有机质向中层土壤淋溶和淀积，皆伐炼山种植人工林会造成表层和中层土壤有机质的严重流失。

3. 土壤全 N 和速效 N

各样地土壤全 N 含量范围在0.660~0.858 g/kg，高低顺序是0502 > 0503 > 0501 > 0504；速效 N 含量范围在78.734~115.571 mg/kg，高低顺序是0502 > 0503 > 0501 > 0504。在 $\alpha = 0.05$ 水平下，方差分析表明样地间土壤全 N($F = 1.830$，$p = 0.147$)和速效 N($F = 2.115$，$p = 0.104$)均无显著差异。对不同层次样地间土壤全 N 的方差分析结果为：表层 $n = 30$，$F = 2.915$，$p = 0.052$；中层 $n = 30$，$F = 1.365$，$p = 0.274$；底层 $n = 30$，$F = 4.640$，$p = 0.010$。对不同层次样地间土壤速效 N 的方差分析结果为：表层 $n = 30$，$F = 6.967$，$p = 0.001$；中层 $n = 30$，$F = 4.908$，$p = 0.008$；底层 $n = 30$，$F = 4.414$，$p = 0.015$。显示样地间土壤全 N 含量差异主要在底层，样地间各层土壤速效 N 均存在显著差异，表明这样的采伐更新方式和强度对土壤速效 N 和深层土壤全 N 的含量有较大影响。

表3-44 各样地不同土壤层次速效 N 含量平均值差异显著性(p 值)

项目	0502			0503			0504		
	I	II	III	I	II	III	I	II	III
0501	0.823	0.053	0.006**	0.130	0.038*	0.236	0.006**	0.214	0.882
0502				0.144	0.756	0.161	0.005**	0.012*	0.044*
0503							0.056	0.009**	0.334

注：*. $p < 0.05$；**. $p < 0.01$；I. 土层0~20 cm；II. 土层0~40 cm；III. 40~60 cm。

不同样地底层土壤全 N 含量平均值在0.385~0.572 g/kg，皆伐天然更新林(0502)、皆伐炼山人工促进更新林(0503)和皆伐炼山人工林(0504)与原始林(0501)相比底层土壤全 N 含量分别高出48.60%、32.30%和17.06%，森林采伐更新增加了底层土壤全 N 含量。平均数差异显著性检验显示，不同样地间各层土壤速效 N 含量差异主要在皆伐炼山人工林(0504)与其他类型间(表3-44)。土壤速效 N 含量试验数据显示，与原始林(0501)相比皆伐天然更新林(0502)和皆伐炼山人工促进更新林(0503)土壤速效 N 含量分别高出12.92%和2.80%，皆伐炼山人工林(0504)降低23.07%，而且增加主要在中下层土壤，流失的大部分在表层和中层土壤。由此可见采伐迹地天然更新和人促天然更新能增加土壤 N 含量，种植人工林会使土壤速效 N 严重流失，尤其是表层和中层更为明显。

4. 土壤全 P 和有效 P

热带山地雨林样地土壤全 P 含量范围在0.092~0.117 g/kg，0502的最高，高低顺序是0502 > 0501 > 0503 > 0504；有效 P 含量范围在0.431~1.644 mg/kg，高低顺序是0501 > 0502 > 0504 > 0503。与0501相比，土壤 P 含量有增加或减少，其中0502全 P 和有效 P 含量分别增加7.67%和减少41.75%，0503全 P 和有效 P 含量分别减少15.21%和73.78%，0504分别减少20.48%和72.50%。土壤在 $\alpha = 0.05$ 水平下，方差分析显示样地间土壤全 P($F=8.769$，$p<0.001$)、有效 P($F=8.145$，$p<0.001$)均有极显著差异。皆伐迹地炼山干扰对更新林土壤 P 含量降低作用明显，尤其是有效 P 流失更为严重。

对不同层次样地间土壤全 P 的方差分析结果为：表层 $n=30$，$F=2.899$，$p=0.053$；中层 $n=30$，$F=3.965$，$p=0.018$；底层 $n=30$，$F=4.083$，$p=0.016$。对不同层次样地间土壤有效 P 的方差分析结果为：表层 $n=30$，$F=14.097$，$p<0.001$；中层 $n=30$，$F=1.762$，$p=0.178$；底层 $n=30$，$F=1.542$，$p=0.226$。显示样地间土壤全 P 含量差异主要在中层和底层，样地间土壤速效 N 在表层存在显著差异，表明这样的采伐更新方式和强度对表层土壤有效 P 和深层土壤全 P 的含量有较大影响。

进一步进行平均数差异显著性检验显示，不同样地间中层、底层土壤全 P 含量差异主要在皆伐炼山人工林(0504)与原始林(0501)、皆伐天然更新林(0502)之间。表层土壤有效 P 含量差异主要在原始林(0501)与更新林(0502、0503、0504)、皆伐天然更新(0502)与皆伐炼山更新(0503、0504)的差别。

5. 土壤全 K 和速效 K

热带山地雨林各样地土壤全 K 含量范围在 $1.99\sim15.47$ g/kg，高低顺序是 0502 > 0501 > 0504 > 0503，速效 K 含量范围在 $38.30\sim59.99$ mg/kg，高低顺序是 0504 > 0502 > 0501 > 0503。与原始林(0501)相比，更新林土壤 K 含量有增有减，其中 0502 全 K 和有效 K 含量分别增加 51.38% 和 23.99%，0503 全 K 和有效 K 含量分别减少 80.49% 和 10.16%，0504 分别减少 8.60% 和增加 40.69%。表明皆伐迹地炼山造成土壤全 K 的减少。

在 $\alpha=0.05$ 水平下，方差分析表明样地间全 K($F=14.824$，$p<0.001$)和速效 K($F=4.341$，$p=0.007$)均有极显著差异，平均数差异检验表明土壤全 K 含量差异主要在 0503 与 0501、0502 间和 0504 与 0502、0503 间，速效 K 含量差异主要在 0503 与 0502、0504 间。不同层次样地间土壤全 K 的方差分析结果为：表层 $n=30$，$F=4.410$，$p=0.012$；中层 $n=30$，$F=3.385$，$p=0.012$；底层 $n=30$，$F=4.773$，$p=0.009$。对不同层次样地间土壤速效 K 的方差分析结果为：表层 $n=30$，$F=1.673$，$p=0.196$；中层 $n=30$，$F=2.071$，$p=0.128$；底层 $n=30$，$F=2.992$，$p=0.048$。显示样地间 3 个层次土壤全 K 含量均差异显著，样地间土壤速效 K 仅在底层存在显著差异。进一步进行平均数差异显著性检验显示，样地间的 3 层土壤全 K 含量显著差异均在 0503 与其他样地间，样地间底层土壤速效 K 显著差异表现在 0503 与 0501、0502 之间，显示皆伐炼山迹地人促更新林土壤全 K 流失严重。

6. 土壤交换性盐基总量

热带山地雨林各样地土壤交换性盐基总量范围在 $16.97\sim22.36$ mmol/kg，高低顺序是 0503 > 0504 > 0502 > 0501。与原始林(0501)相比，0502、0503 和 0504 的土壤盐基总量分别增加 29.67%、31.78% 和 31.05%。在 $\alpha=0.05$ 水平下，方差分析表明样地间有极显著差异($F=4.648$，$p=0.005$)，平均数差异检验表明 0501 与 0502、0503、0504 间盐基总量含量差异显著(p 分别为 0.003，0.011 和 0.011)。表明更新林的土壤盐基总量明显高于原始林。不同土壤层次样地间土壤交换性盐基总量的方差分析结果为：表层 $n=30$，$F=0.634$，$p=0.599$；中层 $n=30$，$F=2.408$，$p=0.089$；底层 $n=30$，$F=4.458$，$p=0.011$。显示样地间仅底层土壤交换性盐基总量差异显著。进一步进行平均数差异显著性检验显示，底层土壤交换性盐基总量显著差异在 0501 与 0502、0504 样地间。

（二）土壤持水性

不同样地的 0 ~ 60 cm 土壤平均土壤持水量见图3-18。从图及方差分析结果看，样地土壤最大持水量在 33.91% ~ 37.00%，差异不显著（p = 0.509），最小持水量在 24.35% ~ 29.21% 之间，差异显著（p = 0.030），毛管持水量在 26.30% ~ 30.80%，差异不显著（p = 0.125）。0504 样地土壤这 3 种持水量均最小，表明其贮水保水能力最差。

从不同层次土壤持水量看（图3-19），各样地土壤持水能力随土壤深度增加而降低，0503

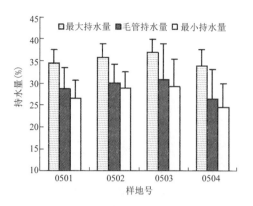

图3-18　不同样地土壤持水量

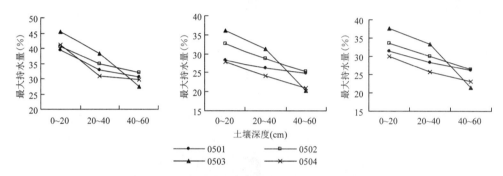

图3-19　各样地不同土壤深度土壤持水量曲线图

样地从中层至底层持水量降低率尤其明显；0501 样地与其他样地相比，不同深度土壤各种持水量变化相对较为平缓，深层还能保持较高的持水量。

同层次样地间持水量方差分析结果显示：样地间相同层次土壤最大持水量差异均不显著（表层、中层和底层 p 值分别为 0.279、0.080 和 0.271）。最小持水量的显著差异主要为 0503 样地与其他样地间表层土壤差异（p = 0.007）和样地间中层土壤差异（p = 0.024）。样地间整个剖面总体上毛管持水量虽然差异不显著，但样地间中层土壤存在显著差异（p = 0.047），主要是 0503 样地与 0501 样地间的差异（p = 0.033）。这些数据表明不同更新方式主要影响 0 ~ 40 cm 土层的最小持水量和 20 ~ 40cm 土层的毛管持水量。

参考文献

Balestrini R, Arisci S, Brizzio M C et al. 2007. Dry deposition of particles and canopy exchange: Comparison of wet, bulk and throughfall deposition at five forest sites in Italy[J]. Atmospheric Environment, 41: 745 ~ 756

Castellon T D, Sieving K E. 2007. Patch network criteria for dispersal-limited endemic birds of South American temperate rain forest[J]. Ecological Applications, 17: 2152 ~ 2163

Coutts M P, Grace J. 1995. Preface. In: Coutts M P, Grace J (Eds.). Wind and trees[M]. Cambridge: Cambridge University Press, 9 ~ 10

Gardiner B A, Quine, C P. 2000. Management of forests to reduce the risk of abiotic damage — a review with particular reference to the effects of strong winds[J]. Forest Ecology and Management, 135: 261 ~ 277

Hewlett D, Hibbert A R. 1967. Factors affecting the response of small watersheds to precipitation in humid areas [J]. Forest Hydrology, 65: 275~290

Hu L L, Zhu J J. 2009. Determination of canopy gap tridimensional profiles using two hemispherical photographs [J]. Agricultural and Forest Meteorology, 149: 862~872

Liu S R, Li X M, Niu L M. 1998. The degradation of soil fertility in pure larch plantations in the northeastern part of China[J]. Ecological Engineering, 10: 75~86

Peltola H, Kellomaki S, Kolstrom T et al. 2000. Wind and other abiotic risks to forests[J]. Forest Ecology and Management, 135: 1~2

Quine C P, Humphrey J W, Ferris R. 1999. Should the wind disturbance patterns observed in natural forests be mimicked in planted forests in the British uplands[J]. Forestry, 72(4): 337~358

Ruck B, Kottmeier C, Matteck C. 2003. Preface. In: Ruck B, Kottmeier C, Matteck C, . (Eds.). Proceedings of the International Conference Wind Effects on Trees[C]. Germany: Lab Building, Environment Aerodynamics, Institute of Hydrology, University of Karlsruhe, 109~116

Solís E, Campo J. 2004. Soil N and P dynamics in two secondary tropical dry forests after fertilization[J]. Forest Ecology and Management, 195: 409~418

Sundarapandian S M, Swamy P S. 1999. Litter production and leaf litter decomposition of selected tree species in tropical forests at Kodoyar in the Western Ghants, India[J]. Forest Ecology and Management, 123: 231~244

Takahashi M. 1997. Comparison of nutrient concentrations in organic layers between broad-leaved and coniferous forests[J]. Soil Science and Plant Nutrient, 43: 541~550

Valinger E, Lundqvist L. 1992. The influence of thinning and nitrogen fertilization on the frequency of snow and wind induced stand damage in forests[J]. Scottish Forestry, 46: 311~320

Wang Q K and Wang S L. 2007. Soil organic matter under different forest types in Southern China[J]. Geoderma, 142: 349~356

Xu X N, Hirata E. 2002. Forest floor mass and litterfall in Pinus luchuensis plantations with and without broad-leaved trees[J]. Forest Ecology and Management, 157: 165~173

Zhu J J, Liu Z G, Wang H X et al. 2008b. Effects of site preparations on emergence and early establishment of Larix olgensis in montane regions of northeastern China[J]. New Forest, 36: 247~260

Zhu J J, Mao Z H, Hu L L et al. 2007. Plant diversity of secondary forests in response to anthropogenic disturbance levels in montane regions of northeastern China[J]. Journal of Forest Research, 12: 403~416

Zhu J J, Mao Z H, Zhang CH et al. 2008a. Effects of thinning on plant species diversity and composition of understory herbs in a larch plantation[J]. Frontiers of Forestry in China, 3: 422~428

包维楷, 陈庆恒, 刘照光. 1995. 岷江上游山地生态系统的退化及其恢复与重建对策[J]. 长江流域资源与环境, 4(3): 277~282

蔡体久, 周晓峰, 杨文化. 1995. 大兴安岭森林火灾对河川径流的影响[J]. 林业科学, 31(5): 403~407

蔡晓明编著. 2000. 生态系统生态学[M]. 北京: 科学出版社

曹艳杰, 周晓峰. 1991. 森林生态系统定位研究[M]. 哈尔滨: 东北林业大学出版社, 367

柴勇, 孟广涛, 方向京等. 2004. 云南金沙江流域退化林地群落特征研究[J]. 西北林学院学报, 19(2): 146~151

陈大珂, 周晓峰, 祝宁. 1994. 天然次生林——结构、功能、动态与经营[M]. 哈尔滨: 东北林业大学出版社, 23~45

陈军锋, 李秀彬. 2001. 森林植被变化对流域水文影响的争论[J]. 自然资源学报, 16(5): 474~480

陈立新, 肖洋. 2006. 大兴安岭林区落叶松林地不同发育阶段土壤肥力演变与评价[J]. 中国水土保持科学, 4: 50~55

陈利顶，傅伯杰．2000．干扰的类型、特征及其生态学意义[J]．生态学报，20(4)：581～586

代力民，陈高，邓红兵等．2004．受干扰长白山阔叶红松林林分结构组成特征及健康距离评估[J]．应用生态学报，15(10)：1750～1754

代力民．1995．长白山阔叶红松林择伐迹地补植更新的研究//中国科学院长白山森林生态系统定位站．森林生态系统研究[M]．北京：中国林业出版社，7：16～21

丁应祥，张金池．1999．长江中上游土壤资源保护与林业可持续发展[J]．南京林业大学学报，23(2)：51～56

段向阁．1991．兴安落叶松抗火性能研究[J]．森林防火，4：7～10

樊后保，臧润国．1999．吉林白石山林区过伐林群落的数量特征[J]．福建林学院学报，19(1)：8～11

高宝．2002．建立我国森林资源管理网络化信息系统的架构设计[J]．林业调查规划，27(4)：25～29

郭志华，卓正大，陈洁等．1997．庐山常绿阔叶、落叶阔叶混交林乔木种群种间联结性研究[J]．植物生态学报，21(5)：424～432

郝占庆，郭永良，曹同．2002．长白山植物多样及其格局[M]．沈阳：辽宁科学技术出版社，296

郝占庆，陶大立，赵士洞．1994．长白山北坡阔叶红松林及其次生白桦林高等植物物种多样性比较[J]．应用生态学报，5(1)：16～21

郝占庆，王庆礼，代力民．2000．天然林保护工程在东北林区生物多样性保护中的意义//中国科学院生物多样性委员会．面向21世纪的中国生物多样性保护——第三届全国生物多样性保护与持续利用研讨会论文集[M]．北京：中国林业出版社，21～26．

和丽萍，孟广涛，柴勇等．2007．云南金沙江流域退化天然林干扰成因及退化类型探讨[J]．浙江林学院学报，24(6)：675～680

侯元兆．2001．世界热带林业研究[M]．北京：科学出版社，6，124，148

胡理乐，毛志宏，朱教君等．2005．辽东山区天然次生林的数量分类[J]．生态学报，25(11)：2848～2854

解伏菊，肖笃宁，李秀珍等．2006．大兴安岭火烧迹地湿地与森林水文功能变化[J]．辽宁工程技术大学学报，25(5)：765～768

李德生，刘文彬，许慕农．1993．石灰岩山地植被水土保持效益的研究[J]．水土保持学报，7(2)：57～62

李贵祥，施海静，孟广涛等．2007．云南松原始林群落结构特征及物种多样性分析[J]．浙江林学院学报，24(4)：396～400

李贤伟，罗承德，胡庭兴等．2001．长江上游退化森林生态系统恢复与重建刍议[J]．生态学报，21(12)：2117～2124

李秀芬，朱教君，王庆礼等．2005．森林雪/风灾害研究综述[J]．生态学报，25(1)：149～157

李义明．2002．择伐对动物多样性的影响[J]．生态学报，22(12)：2194～2200

李意德，陈步峰，周光益等．2002．中国海南岛热带森林及其生物多样性保护研究[M]．北京：中国林业出版社，48

刘憬明，杨学春．2001．森林作业对林区气候的影响[J]．森林工程，17(3)：14～15

刘世荣，孙鹏森，王金锡等．2001．长江上游森林植被水文功能研究[J]．自然资源学报，16(5)：451～456

刘世荣，孙鹏森，温远光．2003．中国主要森林生态系统水文功能的比较研究[J]．植物生态学报，27(1)：16～22

刘世荣，温远光，王兵等．1996．中国森林生态系统水文生态功能规律[M]．北京：中国林业出版社

刘文新，张平宇，马延吉．2007．东北地区生态环境态势及其可持续发展对策[J]．生态环境，16(2)：709～713

刘增文，李雅素．1997．论森林干扰[J]．陕西林业科技，(1)：28～32

刘足根，朱教君，袁小兰等．2007．辽东山区次生林主要树种种群结构和格局[J]．北京林业大学学报，29：12～18

骆土寿，李意德，陈德祥等．2008．海南岛热带山地雨林皆伐后不同更新方式对土壤物理性质的影响及恢复研究[J]．林业科学研究，21（2）：227～234

毛志宏，朱教君，谭辉．2006．不同干扰条件对辽东山区次生林植物多样性的影响[J]．应用生态学报，17（8）：1357～1364

毛志宏，朱教君，谭辉．2007．干扰对辽东次生林植物物种组成及多样性影响[J]．林业科学，43：1～7

孟广涛，柴勇，方向京等．2005．金沙江流域云南松林主要树木种群种间联结性探讨[J]．东北林业大学学报，33（1）：7～10，19

潘建平，王华章，杨秀琴．1997．落叶松人工林地力衰退研究现状与发展[J]．东北林业大学学报，25：59～63

攀俊．1995．长白松林[M]．北京：中国林业出版社

庞学勇，刘庆，刘世全等．2002．人为干扰对川西亚高山针叶林土壤物理性质的影响[J]．应用与环境生物学报，8（6）：583～587

庞学勇，刘世全，刘庆等．2004．川西亚高山人工云杉林地有机物和养分库的退化与调控[J]．土壤学报，41（1）：126～133

桑树臣，赵恒武，殷明放等．1993．抚顺地区森林类型的研究[J]．沈阳农业大学学报，24（4）：378～383

石培礼，李文华．2007．森林植被变化对水文过程和径流的影响效应[J]．自然资源学报，16（5）：481～487

宋玉祥．2002．东北地区生态环境保育与绿色社区建设[J]．地理科学，22（6）：655～659

宋子刚．2007．森林生态水文功能与林业发展决策[J]．中国水土保持科学，5（4）：101～107

田晓瑞，舒立福，王明玉．2005．林火动态变化对我国东北地区森林生态系统的影响[J]．森林防火，84：21～25

王春梅，王金达，刘景双等．2003．东北地区森林资源生态风险评价研究[J]．应用生态学报，14（6）：863～866

王德连，雷瑞德，韩创举．2004．国外森林水文研究现状和进展[J]．西北林学院学报，19（2）：156～160

王淼，陶大立．1998．长白山主要树种耐旱性的研究[J]．应用生态学报，9（1）：7～10

温雅稚，孙淑莲．2000．长白山天然次生林的主要类型及其经营对策[J]．吉林林业科技，29（6）：51～54

吴华盛．2000．海南热带林的保护与发展[J]．热带林业，28（2）：40～44

夏富才，赵秀海，张春雨等．2008．长白山红松阔叶林及其次生林早春植物群落特征研究[J]．吉林农业大学学报，30（2）：166～171

徐化成，李湛东，邱扬．1997．大兴安岭北部地区原始林火干扰历史的研究[J]．生态学报，17（4）：337～343

徐化成．1998．中国大兴安岭森林[M]．北京：科学出版社

徐文铎，何兴元，陈玮等．2004．长白山植被类型特征与演替规律的研究[J]．生态学杂志，23（5）：162～174

闫德仁，刘永军，刘永宏．1996．落叶松人工林土壤肥力与防治地力衰退趋势的研究[J]．内蒙古林业科技，2：17～23

闫德仁，刘永军，张幼军．2003．落叶松人工林土壤养分动态[J]．东北林业大学学报，31：16～18

闫德仁，王晶莹，杨茂仁．1997．落叶松人工林土壤衰退趋势[J]．生态学杂志，16：62～66

于振良，赵士洞，王庆礼等．1997．长白山阔叶红松林带内杨桦林动态模拟[J]．应用生态学报，8（5）：455～458

于志明，王礼先．1999．水源涵养林效益研究[M]．北京：中国林业出版社

袁春明，郎南军，孟广涛等．2002．长江上游云南松林水土保持生态效益的研究[J]．水土保持学报，16（2）：87～90

臧润国，刘静燕，董大方．1999．林隙干扰和森林生物多样性[M]．北京：中国林业出版社

臧润国，徐化成．1998．林隙干扰研究进展[J]．林业科学，34(1)：90～98

臧润国，丁易．2008．热带森林植被生态恢复研究进展[J]．生态学报，28(12)：6292～6304

曾庆波，李意德，陈步峰等．1997．热带森林生态系统研究与管理[M]．北京：中国林业出版社，230

张晓巍，李桂香，闫立海．2003．天然次生林经营现状及对策[J]．林业科技，28：13～15

张远东，刘世荣，马姜明等．2005．川西亚高山桦木林的林地水文效应[J]．生态学报，25(11)：2939～
2946

赵常明．2004．岷江上游亚高山退化天然林恢复重建过程生物多样性和土壤氮素动态研究[R]．中国林业
科学研究院博士后研究工作报告

赵刚，范俊岗，尤文忠等．2007．冰砬山天然次生林群落结构与物种多样性特征[J]．辽宁林业科技，2：4～
7，45

赵鸿雁，吴钦孝，刘国彬．2001．森林流域水文及水沙效应研究进展[J]．西北林学院学报，16(4)：82～87

赵淑清，方精云，宗占江等．2004．长白山北坡植物群落组成、结构及物种多样性的垂直分布[J]．生物多
样性，12(1)：164～173

郑焕能．1991．林火对大兴安岭森林植被的影响与作用//周以良．中国大兴安岭植被[M]．北京：科学出
版社

周隽．2007．帽儿山地区天然次生林更新格局研究[D]．东北林业大学硕士学位论文，20～21

朱教君，刘世荣．2007a．森林干扰生态研究[M]．北京：中国林业出版社，348

朱教君，刘世荣．2007b．关于次生林概念与生态干扰度[J]．生态学杂志，26：1085～1093

朱教君，刘足根．2004．森林干扰生态研究[J]．应用生态学报，15(10)：1703～1710

朱教君．2002．次生林经营基础研究进展[J]．应用生态学报，13：1689～1694

第四章 天然林区人工林近自然改造过程中的生态学特征

第一节 东北红松人工林近自然改造过程中的生态学特征

一、物种组成及多样性

(一)试验地概况及研究方法

以红松人工纯林为研究对象。选取辽宁省森林经营研究所实验林场的23、26、39、40年生红松人工纯林为研究试验地。不同保留密度抚育采伐试验区分为极强度区、强度区、中度区、弱度区及对照区,地点分别位于辽宁省本溪县草河口镇辽宁省森林经营研究所实验林场的解放林、大平台子及马牙石沟等地点。

试验地调查及测树因子统计:分别在不同年龄的红松人工林抚育间伐试验林分中,随机布设标准地,每块标准地面积为 0.067 hm^2。对标准地进行生长量的调查,调查因子有树高、胸径、枝下高和冠幅等。

植被调查:林下植被多样性调查采用样方法,选择有代表性的试验地点作为试验样地,乔灌木样方面积为 2 m×2 m,草本层样方面积为 1 m×1 m,每块标准地分别在坡上、中、下设 3 个重复,调查样方呈对角线配置。调查每块小样方中灌木、草本及藤本的种类、高度、多度、盖度等,计算多样性指数。

(二)密度调整对红松人工林下植物种类的影响

通过抚育采伐调整林分密度后,使林内气候环境条件发生变化,林地下木、下草种类也发生了变化。耐阴植物衰退,喜光植物增多。强度抚育区林下出现了绣线菊、花曲柳、卫矛、山里红(*Crataegus pinnatifida* var. *major*)等灌木,中度抚育间伐区的灌木数量则较少,而对照区林下则没有灌木;强度抚育区林下草本植物较多出现了绣线菊、花曲柳、卫矛、山里红、大翅卫矛等灌木,中度抚育间伐区的灌木数量则较少。对照区林下则以小叶章、落新妇(*Astilbe chinensis*)等喜光灌木及杂草占优势,而择伐地与皆伐地基本一致。对照区以耐阴植物为优势,很少有禾本科草侵入。从总盖度来看,强度区林地最高,其次是中度区择伐林地,再次是对照区。这说明森林抚育采伐以后,大量阳性杂草侵入,林下植物种类发生改变,林下物种多样性有所提高。

(三)密度调整对林下植被生物量的影响

由于抚育间伐改善了林内光照环境条件,林下植被也将发生明显的变化。不同间伐密度区植被调查结果见表4-1。不同地点的抚育间伐试验均表明：随着间伐强度的增加，红松人工林下的植物种类呈增加趋势。样方内的个体数量与植物种类明显增加。不同林龄阶段，不同间伐强度区不同保留密度的林下植被生物量，均呈同样趋势，随密度降低，林下植物生物量增加，即间伐区明显高于对照区，并与间伐强度有密切关系，说明抚育间伐对林下植被的更新影响是显著的。

表4-1　红松不同密度林分植被变化

地点	林龄 （a）	林分密度 （株/hm²）	样方内个体数量 （株/m²）	样方内种类 （N/m²）	生物量 （g/m²）	平均高 （cm）
解放林	40	560	136	12	205.5	40.5
		812	606	15	87.0	25.1
		1099	593	8	33.0	15.5
		1232	69	10	28.6	25.6
		2120	15	5	10.6	16.3
大平台	26	2050	30	10	34.3	16.6
		2430	33	7	12.9	16.6
		2760	13	7	13.0	19.9
		3740	4	4	2.5	8.7
马牙石沟	23	870	116	12	276.4	45.3
		1300	103	11	159.9	44.0
		1800	94	8	144.7	46.1
		2780	33	8	56.4	30.2

（四）不同保留密度红松人工林下植物多样性的变化

通过对不同间伐强度试验区内20 m²样带内出现物种数量进行统计（表4-2）。结果表明，在对照区内并无显著的优势树种，而在各种间伐强度的试验区中不仅物种数逐渐增加，而且出现了显著的优势种。

表4-2　不同密度红松人工林内植物种类分布情况

样地号	林分密度 （株/hm²）	物种总数量 （N）	物种数	<10种 （株/20m²）	10~50种 （株/20m²）	50~100种 （株/20m²）	>100种 （株/20m²）
1 极强度区	420	1262	60	34	19	4	3
2 强度区	580	1150	44	24	13	2	4
3 中度区	550	1318	50	34	11	3	3
4 弱度区	730	1142	41	28	10	1	2
5 极弱度区	980	622	46	31	12	2	
6 对照区	1360	489	14	11	2		

根据 6 块样地的调查资料，分析了不同密度红松人工林的物种总数量，物种数及物种多样指数与均匀度指数。结果表明：随着间伐强度的加大红松人工林内的物种总数量及物种数均呈规律性提高，其中中度区以上提高幅度达到 235% ~ 269%，弱度区在 127% ~ 233%。其中中度区到极强度区的 Shannon-Wiener 指数为 2.5884 ~ 3.36661，Simpson 指数为 0.8235 ~ 0.9496，Pielou 均匀度指数为 0.6616 ~ 0.8223，Simpson 均匀度指数为 0.8607 ~ 0.9656。弱度区的灌木层的 Shannon-Wiener 指数为 1.0247 ~ 1.9461，Simpson 指数为 0.6927 ~ 0.7084，Pielou 均匀度指数为 0.49 ~ 0.5241，Simpson 均匀度指数为 0.5474 ~ 0.7261。而对照区的各项指标最小。分别为 Shannon-Wiener 指数为 0.7625，Simpson 指数为 0.3086，Pielou 均匀度指数为 0.2889，Simpson 均匀度指数为 0.3323。可见抚育间伐对提高红松林物种多样性具有显著的作用。

(五)讨论

1. 抚育间伐对红松人工林下植物种类的影响

抚育采伐以后，林内气候环境条件发生变化，林地下木、下草种类也发生了变化。耐阴植物衰退，喜光植物增多。从总盖度来看，强度区林地最高，其次是中度区择伐林地，再次是对照区。这说明森林抚育采伐以后，大量喜光杂草侵入，林下植物种类发生改变。

2. 抚育间伐对林下植被生物量的影响

由于抚育间伐改善了林内光照环境条件，林下植被也将发生明显的变化。随着间伐强度的增加，红松人工林下的植物种类呈增加趋势。样方内的个体数量与植物种类明显增加。不同林龄阶段，不同间伐强度区不同保留密度的林下植被生物量，均呈同样趋势，随密度降低，林下植物生物量增加，即间伐区明显高于对照区，并与间伐强度有密切关系，说明抚育间伐对林下植被的更新影响是显著的。

3. 不同抚育间伐红松人工林下植物多样性的变化

随着间伐强度的加大红松人工林内的物种总数量及物种数均呈规律性提高，抚育间伐对提高红松林物种多样性具有显著的作用。

二、土壤养分

(一)试验地概况及研究方法

对 25 年生和 39 年生的人工红松纯林的土壤物理性质与化学性质进行测定，分析红松生长对林地土壤的影响。试验设在草河口辽宁省森林经营研究所实验林场的解放林内。

方法如下：土壤容重及孔隙组成的测量，采用一次取样室内连续测量法进行，每块标准地挖土壤剖面一个，分层(10 ~ 20 cm、20 ~ 40 cm)取样，每层用土壤环刀(100 cm^3)重复取 2 ~ 3 个样本，测量时取其平均值，同时分层(同物理性质取样标准)取土样做化学分析。落叶松取 A、B 层土样做化学分析。对土壤化学分析样品，室内进行 pH 值(电位测定法)、有机质(重铬酸钾容重法)、全 N(凯氏法)、速效 N(扩散法)、速效 P(钼锑抗比色法)、速效 K(四苯硼钠比色法)的化验分析。

(二)不同密度红松人工林土壤的物理性质与养分

红松人工林在不同密度条件下，由于林内光照和温湿度也发生了明显变化，林下的植被必然发生明显的变化。这对改善土壤微生物活性、增加枯枝落叶的分解也将产生影响，从而影响到土壤的理化性质。

1. 不同密度红松人工林土壤物理性质的变化

土壤容重和总孔隙度是土壤物理性状的重要标志，土壤容重越小，总孔隙度越大，土壤越疏松，透水性能越好。不同密度林分土壤容重及孔隙度的变化情况见图4-1～图4-4。39年与25年生红松人工林土壤容重和总孔隙度呈同样趋势，即随密度加大土壤容重呈增加趋势，总孔隙度呈减少趋势。但差异不显著 $[F_{\text{解放林土壤容重}} = 0.7290 < F_{0.05}(1, 4) = 7.70865, p = 0.441299][F_{\text{解放林土壤孔隙度}} = 0.803116 < F_{0.05}(1, 4) = 7.70865, p = 0.4208; F_{\text{大平台土壤容重}} = 0.8972 < F_{0.05}(1, 3) = 10.1279, p = 0.4134][F_{\text{大平台土壤孔隙度}} = 0.9017 < F_{0.05}(1, 3) = 10.1279, p = 0.4123]$。不同土层之间差异也不显著 $[F_{\text{解放林土壤容重}} = 4.1599 < F_{0.05}(4, 4) = 6.3882, p = 0.0981][F_{\text{解放林土壤孔隙度}} = 4.4790 < F_{0.05}(4, 4) = 6.3882, p = 0.0878; F_{\text{大平台土壤容重}} = 2.8692 < F_{0.05}(3, 3) = 9.2766, p = 0.2049][F_{\text{大平台土壤孔隙度}} = 2027 < F_{0.05}(3, 3) = 9.2766, p = 0.2591]$。

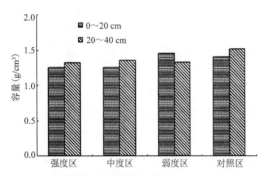

图4-1　25年生各间伐强度区土壤容重　　图4-2　25年生各间伐强度区土壤总孔隙度

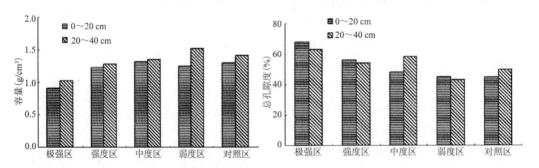

图4-3　39年生不同间伐强度区土壤容重　　图4-4　39年生不同间伐强度区土壤总孔隙度

2. 土壤养分的变化

解放林与大平台红松不同保留密度试验区的土壤化验结果，有机质、全 N、速效 N、速效 P、速效 K 的含量均以中度与强度区最高，但 pH 值的变化不明显。

不同保留密度土壤的养分变化情况见图4-5～图4-16。由图中可以看出，pH 值在不同林龄阶段不同密度变化不明显，差异不显著 $[F_{\text{解放林}} = 0.6837 < F_{0.05}(4, 4) = 6.3882, p = 0.6393; F_{\text{大平台}} = 5.1290 < F_{0.05}(3, 3) = 9.2766, p = 0.1062]$，不同土壤层次的 pH 值差异同样不显著 $[F_{\text{解放林}} = 3.7209 < F_{0.05}(1, 4) = 7.7087, p = 0.1259; F_{\text{大平台}} = 4.3548 < F_{0.05}(1, 3) = 10.12796, p = 0.1282]$。

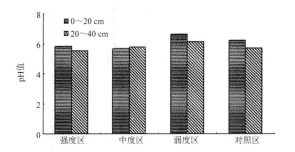

图 4-5　25 年生不同间伐强度区土壤 pH 值

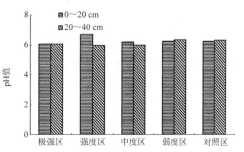

图 4-6　39 年生不同间伐强度区土壤 pH 值

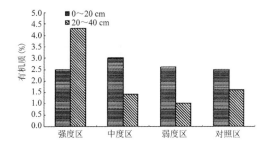

图 4-7　25 年生各间伐强度区土壤有机质

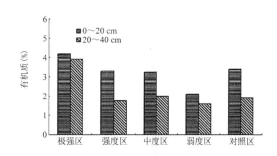

图 4-8　39 年生各间伐强度区土壤有机质

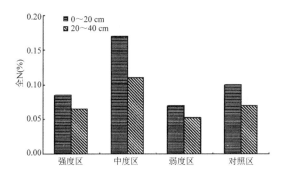

图 4-9　25 年生不同间伐强度区土壤全 N

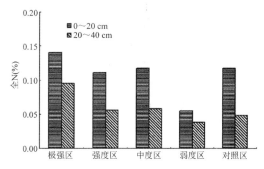

图 4-10　39 年生不同间伐强度区土壤全 N

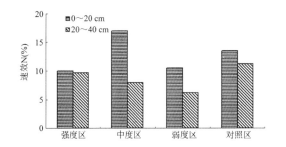

图 4-11　25 年生各间伐强度区土壤速效 N

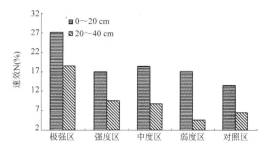

图 4-12　39 年生各间伐强度区土壤速效 N

解放林内的不同保留密度的红松人工林土壤有机质差异显著[$F_{解放林}=0.7.9989>F_{0.05}$ （4，4）＝6.3882， $p＝0.0343$]、不同土壤层次的土壤有机质差异同样显著[$F_{解放林}＝$ 17.2356＞ $F_{0.05}$ （1，4）＝7.7087， $p＝0.0142$]。而大平台子的不同密度红松人工林土壤有机质差异不显著$[F_{大平台} = 0.8676 < F_{0.05}(3, 3) = 9.2766，p = 0.5451]$，同样此林分内不同层次土壤有机质差异也不显著$[F_{大平台} = 0.4759 < F_{0.05}(1, 3) = 10.12796，p = 0.5398]$。

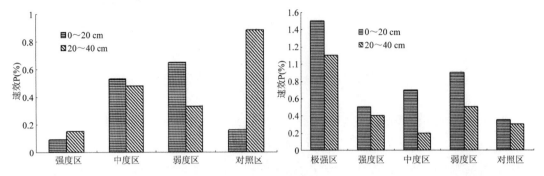

图 4-13　25 年生各间伐强度区土壤速效 P　　　图 4-14　39 年生各间伐强度区土壤速效 P

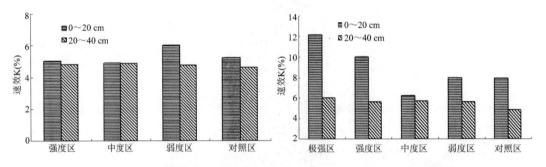

图 4-15　25 年生各间伐强度区土壤速效 K　　　图 4-16　39 年生各间伐强度区土壤速效 K

不同林龄阶段不同密度变化土壤全 N 含量变化明显，差异显著$[F_{解放林} = 9 > F_{0.05}(4, 4) = 6.3882，p = 0.028；F_{大平台} = 9.4776 > F_{0.05}(3, 3) = 9.2766，p = 0.0486]$，解放林内不同土壤层次的全 N 含量变化差异同样显著$[F_{解放林} = 36 > F_{0.01}(1, 4) = 21.1976，p = 0.00388]$，而大平台土壤全 N 含量变化不显著$[F_{大平台} = 10.0746 < F_{0.05}(1, 3) = 10.12796，p = 0.0503]$。

不同密度的红松人工林土壤速效 N 差异显著$[F_{解放林} = 30.3536 > F_{0.01}(4, 4) = 15.9771，p = 0.0030]$、不同土壤层次的土壤速效 N 差异同样显著$[F_{解放林} = 124.0169 > F_{0.01}(1, 4) = 21.1976，p = 0.000037]$。而大平台子的不同密度红松人工林土壤速效 N 差异不显著$[F_{大平台} = 1.2326 < F_{0.05}(3, 3) = 9.2766，p = 0.4338]$，同样此林分内不同层次土壤速效 N 差异也不显著$[F_{大平台} = 5.0372 < F_{0.05}(1, 3) = 10.12796，p = 0.1105]$。

不同密度的红松人工林土壤速效 P 差异显著$[F_{解放林} = 14.8144 > F_{0.05}(4, 4) = 6.3882，p = 0.0115]$、不同土壤层次的土壤速效 P 差异同样显著$[F_{解放林} = 10.3723 > F_{0.05}(1, 4) = 7.7087，p = 0.0323]$。而大平台子的不同密度红松人工林土壤速效 P 差异不显著$[F_{大平台} = 0.6967 < F_{0.05}(3, 3) = 9.2766，p = 0.6132]$，同样此林分内不同层次土壤速效 P 差异也不显著$[F_{大平台} = 0.1718 < F_{0.05}(1, 3) = 10.12796，p = 0.7064]$。

不同密度的红松人工林土壤速效 K 差异不显著$[F_{解放林} = 1.2914 < F_{0.05}(4, 4) = 6.3882，p = 0.4051]$、不同土壤层次的土壤速效 K 差异显著$[F_{解放林} = 13.2283 > F_{0.05}(1, 4) = 7.7087，p = 0.022]$。而大平台子的不同密度红松人工林土壤速效 K 差异不显著

$[F_{大平台}=0.4824<F_{0.05}(3,3)=9.2766，p=0.7177]$，同样此林分内不同层次土壤速效 K 差异也不显著 $[F_{大平台}=4.2797<F_{0.05}(1,3)=10.12796，p=0.1304]$。

表 4-3　红松不同林龄林地土壤养分含量

样地	林龄(a)	养分含量			
		有机质(%)	全 N(%)	速效 P(mg/100g 土)	速效 K(mg/100g 土)
解放林	30	6.146	0.437	0.724	19.480
	53	1.323	0.163	0.325	12.726
喜鹊沟	30	7.345	0.541	0.674	18.743
	53	3.126	0.241	0.285	12.192
烈士墓	30	6.324	0.535	0.685	19.456
	53	2.963	0.961	0.268	12.124

(三)不同林龄红松人工林土壤养分变化

土壤是林木赖以生存的物质基础，林地土壤理化性能的高低直接影响到造林树种能否正常生长成林及速生丰产。从表 4-3 中红松不同林龄林地土壤主要养分含量的变化情况亦能看出，随着林龄的增加，林地土壤养分含量不断减少。可见人工针叶纯林确实存在着地力衰退的趋势。

(四)红松人工林采伐迹地土壤性质与其他迹地的比较

红松及对照迹地土壤理化性质测定结果见表 4-4。结果表明，红松迹地土壤从物理性质到养分含量都显著低于对照迹地，其中最大持水量低 47.5%～49.3%，总孔隙度低 17.4%～24.7%，有机质低 53.5%～55.6%，全 N 低 39.1%～39.7%。可见长期经营红松人工林会造成林地土壤物理性恶化，土壤养分大量流失，地力严重下降，对下代更新树种的生长造成不良影响。

表 4-4　红松及对照迹地土壤理化性质

迹地	pH 值	有机质(%)	全 N(%)	速效 P(mg/100g 土)	速效 K(mg/100g 土)	容重(g/cm³)	最大持水量(%)	毛管孔隙度(%)	总孔隙度(%)
红松	5.3	2.19	0.123	0.309	12.700	1.31	34.13	38.90	45.67
落叶松(对Ⅰ)	6.15	4.706	0.202	0.403	17.618	1.11	64.99	45.75	55.26
杂木林(对Ⅱ)	5.90	4.930	0.204	0.406	18.347	1.01	67.37	46.65	60.65

(五)讨论

(1)抚育间伐改善了林分空间结构的同时，也对林地土壤的物理性质产生影响。对不同年龄的红松人工林土壤物理性质的研究表明，39 年与 25 年生红松人工林不同间伐强度对土壤容重和总孔隙度的影响较小，差异不显著；同时不同土层之间差异也不显著。

(2)抚育间伐对红松人工林土壤化学性质的影响研究表明：对于 39 年与 25 年生红松人工林而言，除 pH 值和速效 K 含量外，39 年生红松人工林的土壤有机质、全 N、速效 N、速效 P 含量不同间伐强度之间差异显著，而 25 年生红松人工林的这些指标差异不显著。

（3）长期经营红松人工纯林会导致林地土壤养分循环失调，并且随着林龄的增加土壤理化性能恶化加剧。因此对现有红松人工纯林应积极采取合理的经营措施，扼制土壤恶化的进一步发展。如在保证林地生产力的前提下，应适时进行间伐抚育，并适当加大间伐强度，降低林分密度，增加林地的透光度，促进林下草本、灌木的生长，并积极引进阔叶树种及草本、灌木植物，增加林地凋落物的积累，加速林地的养分循环，提高林地自肥能力，防止地力衰退，为这部分森林资源持续发展创造良好的条件。

第二节　华北油松人工林近自然改造过程中的生态学特征

油松是我国暖温带湿润半湿润地区地带性植被，自然分布区为北纬 34°00′~44°00′，东经 101°30′~124°25′，垂直分布为 900~2700 m，广泛的分布于东北、华北和西北的 14 个省（区），是华北及西北荒山绿化和营造生态林的先锋树种，在山地植被恢复中占据着极其重要位置，其地理分布、生长规律、生理特性等都已经进行过系统研究（徐化成，1990；1993）。

本节以陕西省黄龙山林区和北京市西山林场油松人工林为例，对近自然化改造过程中油松人工林的生态学特性进行说明。研究对象区域的油松人工林多为上个世纪 60~80 年代间营造，多年来一直采用同龄林轮伐作业经营模式，形成了单种、单层的林分结构，并且出现了不同程度的林分生长缓慢、地力衰退、景观游憩功能降低、生物多样性减少等问题，影响了这些森林多功能可持续目标的实现。为改变这一现状，必须寻找一个适合油松自身生态学和生长特性的经营方法。

人工林近自然化改造是实现多功能可持续森林经营的一个重要途径，是以理解和尊重森林自然发展规律为前提，以原生植被和林分的自然演替规律为参照，通过树种调整、结构调整、保护林下植物与天然更新等一系列抚育经营措施，把人工针叶纯林向生长能力、林分结构和生态服务功能均有提高的森林生态系统转变（陆元昌等，2009a）。

一、华北油松人工林近自然化改造的理论

油松人工林近自然化改造的方案制定和作业实施是基于对油松群落的生物学特征和生态学特征理解的基础上进行的。华北油松人工林的上述特征主要从 3 个维度来理解和概括（陆元昌等，2009b）。

（一）森林演替阶段的划分

划分林分发育阶段是进行森林经营目标分析和措施设计的首要条件。只有在抚育作业前熟悉林分所处的发育阶段，才能准确定位林分的经营目标，正确引导林分的发展方向。与一般森林类型类似，油松林分的演替阶段也分 5 个阶段，即森林建群阶段、竞争生长阶段、质量选择阶段、近自然森林阶段、恒续林阶段。

1. 森林建群阶段（forest establishment stage）

该阶段是指人工造林到幼林郁闭或天然灌木林向小乔木林发展的阶段。此阶段主要是栽植油松幼苗基本定植成活到林分优势高在 6 m 左右的阶段，这一阶段初期林内的草本或灌木对林木生长会有较大影响，因此主要的经营目标是保证油松林木能在新的林地定植下来并得到正常生长而形成林分，并为其他天然更新的阔叶混交树种提供发展空间。主要措

施是为油松幼苗定植建群而进行的各种林分保护，仅间株抚育一穴双苗或多苗都成活的部分林木。

2. 竞争生长阶段（competition differentiation）

该阶段是油松林木发展的阶段，油松林分进入平均高速生期，经营目标是通过维护林木竞争关系而保持林木快速高生长，部分高大的灌木对油松的生长影响较大，仍需要人工辅助来促进油松林木的快速生长。所以此阶段不涉及到以小径材生产为目标的干扰树采伐，只在后期可以开始选择第 1 代目标树并进行抚育和利用部分薪柴等非规格材。

3. 质量选择阶段（selection stage）

这个阶段的特征是林分经过一段快速生长以后，林木竞争关系转变为相互排斥为主，林木出现分化主林层林木从生活力上可区分出优势木和被压木，从个体质量上可区分出优良木和劣质木等特征（指标）差异，生活力弱或生长不良的树木生长开始显著滞后，林下开始出现其他树种的天然更新。这是森林抚育经营的主要阶段，同时也是林分数量生长阶段，主要由于占据上层的优势木具有更大的树高和直径生长量，活立木蓄积量（或森林的生物量）得以快速提高，部分优势林木进入成熟期而出现结实。生活力强的林木表现出对森林发展有重要作用的生长势头。在林分内，许多典型的草本植物和灌木的更新变化缓慢。从该阶段起，林分经营即可开始目标树选择和干扰树采伐，每 10 年经理期作业 1 次，生产部分间伐用材。

4. 近自然森林阶段（close-to-nature stage）

这一阶段的特征是天然更新阔叶树进入到次林层，直到森林中出现达到目标直径的林木时止，又可称为准恒续林阶段。由于持续的排斥性竞争导致油松先锋树种的部分被压木死亡，天然更新的乡土耐阴树种在死亡林木的空隙中得到机会或通过强盛竞争力而快速生长达到主林层，主林层的树种结构出现明显的变化，树种多样性达到最高的水平。近自然森林经营的主要目标是尽可能把森林导向和保持在这一稳定性和生产力都较高的发展阶段。从该阶段起，质量较高的林分可按照目标树作业体系执行干扰树采伐和收获达到目标直径的目标树，每 10 年经理期作业 1 次，生产目标是部分间伐用材和达到目标直径的高品质用材。

5. 恒续林阶段（naturalness permanent forest stage）

当森林中的优势木满足目标直径时这个阶段就开始了，是自然状态下主林层油松开始衰退而耐阴树种组成持续增加的顶极群落阶段。主林层树种结构相对稳定，部分林木死亡产生随机的林隙，林下天然更新大量出现，森林由于表现出多样化的组成结构而具有了更丰富的生产和服务能力。

（二）第二维度：构成林分优势树种的林学和生态学特征

准确理解和把握油松森林中优势树种和其他混交或伴生树种的林学和生态学特征对于油松人工林近自然改造过程中的树种选择和混交配置决策十分关键。结合树种在自然演替系列上的光竞争特性，将树种划分为典型先锋树种、长寿先锋种、机会生长树种、亚顶极树种和顶极树种等 5 类树种光生态竞争（适应）类型。

1. 典型先锋树种

一般为更新能力强，早期生长能力强、耐干旱瘠薄的喜光树种。常可在裸地或无林地上天然更新、生长成林的树种。华北地区的山杨和白桦属于此种类型。适合裸地造林和快速的生态恢复。

2. 长寿先锋树种

具有典型先锋树种的耐干旱瘠薄和立地适应性强的特征，但是在光照条件好的环境下能够长期稳定存在上百年，但很难天然更新而是实现长期稳定的森林生态系统。华北地区的油松属于此种类。

3. 机会生长树种

多伴生于森林群落中，在自然状态下一般不形成单种优势群落而是在其他树种组成的群落中更新生长。多数占据次林层，偶见于主林层。对于光、热、水的要求不严。北京地区的构树（*Broussonetia papyrifera*）、臭椿（*Ailanthus altissima*）等属于此种类型，能够增加油松人工林群落的物种多样性和结构性。

4. 亚顶极群落树种

树种苗期耐阴，进入乔木层后对于光需求增加，在群落自然演替系列上可在前3类树种的林分中更新生长并最终成为优势群落，也能够在环境条件相对较差的地区形成稳定的群落。但是环境条件利于演替发展时，还会被其他顶极树种所取代。北京地区的元宝枫（*Acer truncatum*）、椴树（*Tilia tuan*）属于此种类型。

5. 顶极群落树种

森林自然演替后期树种，能够形成长期稳定的群落，自然的条件下在一个特定的区域内没有其他树种可以在其林下更新生长并取而代之的优势群落树种。大多数幼苗阶段耐阴，地带性顶极适应值较高的树种。华北地区的栓皮栎等属于此种类型树种。

作为经营的目的树种应该与自然群落中优势树种尽可能一致，每个树种的光竞争特性研究对于经营的意义重大。在促进人工林树种多样性的林下补植改造中，可以将顶极树种栓皮栎、辽东栎（*Quercus wutaishanica*）补植于演替前一阶段光需求较强的树种（油松人工林）下。而如果将这个树种序列倒置过来操作，把演替前端的树种补植到后期树种的林下，则由于补植苗木很难成活而会导致改造工作失败。

（三）第三维度：林木的个体差异关系

把林木个体差异和竞争关系把所有林分中的林木个体分类为目标树、干扰树、特殊目标树、一般林木等4种处理类型。

1. 目标树

目标树是处于优势木或主林层的个体，生活力旺盛（有良好生长趋势的冠型），干形通直完满，没有明显的损伤和病虫害痕迹的林木，特别是在树干的基部不能出现明显损伤的情况，目标树记为"Z"类林木。

2. 干扰树

是直接影响目标树生长的、生活力较强但干材质量不好、需要在本次经理计划期内采伐利用的林木，记为"B"类林木；干扰树一般也是生长势头较强的林木，作为抚育采伐的对象，使得在抚育经营的过程中有一定的木材收获。

3. 特殊目标树

为增加混交树种、保持林分结构或生物多样性、保持鸟类和动物生境等目标服务的林木，记为"S"类；比如在国家和地方保护树种名录上的树种、有鸟巢或蜂巢的林木等一定要列为特殊目标树加以保护。

4. 一般林木

不作特别标记。特殊情况下可在抚育过程中按需要采伐利用一定数量以满足当地的用材需求。

二、基于三个维度的华北地区油松人工林近自然经营作业方法

(一)存在问题分析

华北地区油松林在长期的人工林轮伐经营作业下存在以下问题:①林木质量差,能起到景观游憩效果的、高大优质的林木不多,部分个体高生长已经停止;②林下没有油松的第二代更新幼苗,但有其他乡土树种的天然更新幼苗,只是有潜在发展前途的优良树种幼苗较少;③土壤腐殖质层很薄(1~3 cm),难以充分发挥林分涵养水源的生态功能。

(二)经营目标

该类型的森林经营目标是:促进林分主导林木目标树的快速发展;培养第二代潜在发展树种形成林下层并尽快进入主林层,以提高林分郁闭度和林木干材质量;改善林分的树种结构和生物多样性状况以加速土壤发育和提高森林的水源涵养能力,保证景观游憩和涵养水源功能不断提高。

(三)实现目标的经营作业措施

1. 根据油松林不同演替阶段特征制定的作业方案

油松林近自然经营的设计中,对不同阶段的林分结构的考虑是通过区分不同林分优势木平均高的抚育作业措施而实现的(陆元昌等,2009a)。优势木平均高的不同代表了森林的垂直结构不同,进而所表达的森林生态系统发育水平不同,即在不同的森林垂直层次上,森林发育阶段的内部要素及关系不同,需要的林分抚育措施也就必须针对这些要素和关系制定(表4-5)。

表4-5　油松纯林按不同发展阶段向近自然林状态导向的抚育措施

发展阶段	林分特征	树高范围	抚育目标	主要抚育措施
1	造林/幼林形成或林分建群阶段	<2.5 m	抚育目标是尽快形成郁闭的主林层,促进林木生长,可不进行抚育作业措施	• 造林/幼林形成阶段,重点是林地保护,避免人畜干扰和破坏; • 可进行除草、割灌侧方抚育
		2.5~6 m	2.5~6 m间的幼林已经形成了林冠层。抚育目标是为油松以外的其他阔叶混交树种提供发展空间,以改善林分整体的树种结构格局	• 标记高品质目标树和特别目标树,密度250株/hm² 以上; • 个别结构单一的、过密的情况下才对优势木进行间伐抚育; • 进行割灌为主的侧方抚育; • 保留足够比例的混交树种
2	幼林至杆材林的郁闭林分,是竞争生长质量形成的阶段	6~10 m	核心目标是通过抚育促进优势个体快速生长。通过选择目标树,采伐干扰树,使存留下来的油松立木具有优良的遗传品质;要注重林木间差异,促进目标树的发展。但立地质量差的区域可以保护一些遗传品质较差的个体	• 通过除部分伐树木而完成林间集材道的准备; • 目标树密度可在250株/hm² 左右(行距一般要大于2.5 m),特别要禁止对目标树的采脂作业; • 第一个打枝期,打枝高度要控制在3~3.5 m的下部; • 抚育生态伴生林木,优势木层的强度抚育伐,促进混交树种生长; • 保留优秀群体时,以群状为抚育单元进行作业

（续）

发展阶段	林分特征	树高范围	抚育目标	主要抚育措施
3	杆材林，是质量选择和生长抚育阶段，以油松先锋树种为主，顶极树种出现。	10~18m	核心目标是通过采伐干扰树采伐促进优势个体生长和结实，保护提高混交树种质量；目标树成单株或群状分布，高径比（H/D）在80以下；林内和林缘都有混交树种与油松并存；目标树在主林层，中层木、林下木以及灌木层伴生种类，要形成良好的，伴生生态关系	• 开辟林道； • 目标树和目标树群的再次检查和淘汰，密度150株/hm² 左右； • 目标树打枝控制在6 m高度以下，特别要禁止对目标树的采脂作业； • 为每株目标树采伐1~2株干扰树的上层强度疏伐（初次疏伐）以有利于阔叶树种的生长；保持下木和灌草层，促进干材质量； • 在幼树层选择第二代目标树
4	乔木林，目标树生长阶段。	18~26 m	核心目标是通过抚育促进优势个体生长，提高林下幼树和混交树种的数量和质量。使林分中的目标树形成良好而宽广的树冠，以目标树为主的优势木分布均匀；立木干径比大幅增加，为主伐木利用创造条件；使主林冠层从郁闭达到疏开状态，为保持下木层和中间木层的持续生长提供足够的光照条件	• 选择目标树的密度控制在50~100 株/hm² 左右； • 延长抚育疏伐的间隔期到10年以上； • 每株目标树选择和伐除1株干扰木的上层疏伐，保持下木和中间木层生长条件； • 形成和保持较大的林木径级差异
5	大径乔木林，林分蓄积生长阶段。	>26 m	核心目标是培育第二代目标树，维护和保持生态服务功能并生产高品质用材。林分应该在优势木层产生一些大直径且树冠形状良好的优质木（目标树）；林内应该出现大量第二代天然更新的下木和中间层林木	• 目标树密度可在50 株/hm² 左右； • 目标树蓄积生长抚育； • 达到目标直径的油松要以单株或群状形式进行主伐； • 除伐中间木层和劣质木，同时抚育第二代目标树； • 保护古树和优良个体

2. 增加油松人工林多样性程度的林下补植套种

按照第二维度树种光竞争特性的要求，油松人工林下补助的树种选择应以顶极和亚顶极树种为主。对于北京西山地区来说，林下补植栓皮栎或元宝枫能够促进树种混交，改善土壤条件，加速森林演替的进程。对于黄土高原油松人工林来说，林下补植辽东栎和茶条槭（*Acer ginnala*）同样能够达到相同效果。群团状播种的方法是在油松林样地内针对没有天

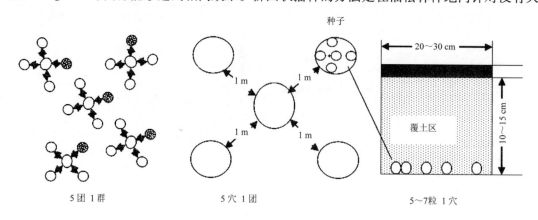

5团1群　　　　　5穴1团　　　　　5~7粒1穴

图 4-17　群团状林下播种补植栓皮栎的作业示意图

然更新的位置补植，采用群团状局部密植的方式开展，补植穴间距为 1 m×1 m，每穴内播种 5~7 粒栓皮栎种子，种子不应堆积在穴内，应平铺分散状排列。穴直径为 20~30 cm，挖深 30~40 cm 后再回填部分表土和枯落物，下种后覆土 10~15 cm 左右，覆土后穴应稍凹一点方便积水，如右下图 4-17 阴影所示。

　　每个样地视情况补植 2~3 群，每群 5 团，每团 5 穴。每个补植穴周围的灌木不必刻意去清理，采用当年结实的种子补植，时期应在 10~11 月间采种后立刻进行。待翌年春种子萌发后，检查幼苗上方是否有遮阴，去除显著的上方遮阴，而侧方遮阴常常是促进耐阴树种幼苗生长的因素，可以不必处理。

　　3. 抚育目标树采伐干扰树

　　目标树单株木择伐作业体系是根据林木的个体差异状况而制定的林分抚育采伐作业方法。明确干扰树是确实对目标树的持续生长产生显著不良影响且自身质量指标较差的林木，确定后首先伐除干扰树，并修枝除去目标树 6 m 以下主干上的枯死枝节。不是针对每棵目标树都必须选干扰树，而是根据实际的林木生长关系确定，一棵目标树可以没有干扰树。

三、华北地区油松人工林近自然改造效果分析

　　为研究华北地区油松人工林近自然改造前后的生态学特征变化，对陕西黄龙山林区和北京西山地区的油松人工林进行了近自然化改造，试点区情况如表 4-6 所示。

表 4-6　示范区概况

研究区基本情况	北京西山林场	陕西黄龙山林区
海拔高度	平均海拔 300~400 m，最高峰海拔为 800 m	平均海拔 1000~1300 m，林区最高海拔在大岭为 1783.5 m
气候	暖温带大陆性季风气候，冬春两季干旱多风，年平均降雨量约 630 mm。年平均气温 11.6 ℃，7 月温度最高，平均为 25.7℃，1 月最低，平均为 −4.1 ℃	大陆性暖温带半湿润气候类型。最大年降水量 831.2 mm，最少年降水量为 337.0 mm，年平均降水量 611.8 mm，相对湿度 60% 以上。年均气温 8.6 ℃，极端最低气温 −22.5 ℃，极端最高气温 36.7 ℃
土壤类型	石砾较多的山地褐土，土壤质地类型为中壤土，多为微碱性或中性反应的碳酸盐褐色土壤，水分条件差，肥力低，保墒能力弱，主要岩石为硬砂岩，辉绿岩软砂岩等	黄土和褐土地带性土壤，森林土壤多属暖温带大陆性半湿润季风气候和森林草原性条件下形成的褐土和灰褐土，成土母质多为黄土、页岩、砂页岩
主要树种	油松、侧柏（Platycladus orientalis）、刺槐（Robinia pseudoacacia）、黄栌（Cotinus coggygria）、元宝槭、栾树、栓皮栎、槲树（Quercus dentata）、槲栎（Quercus aliena）、山桃（Prunus davidiana）、山杏、小构树（Broussonetia kazinoki）、蒙桑（Morus mongolica）、臭椿、小叶朴（Celtis bungeana）等	辽东栎、山杨、白桦、油松、侧柏、麻栎、槲栎、华山松（Pinus armandii）、白皮松（Pinus bungeana）、华北落叶松（Larix principis-rupprechtii）、小叶杨（Populus simonii）、毛白杨（Populus tomentosa）、茶条槭、榆树（Ulmus pumila）、大果榆（Ulmus macrocarpa）、胡桃楸（Juglans mandshurica）、山荆子（Malus baccata）、杜梨（Pyrus betulifolia）、山杏、小叶白蜡（Fraxinus bungeana）、鹅耳枥（Carpinus shensiensis）、刺槐、漆树（Toxicodendron verniciiluum）等

（一）林分与林木生长效果分析

通过伐除劣质木、干扰木，2种林分林木质量提高，形数提高0.03~0.06（表4-7）。监测的林木个体高生长恢复，原来高度和直径基本停止生长的林木个体，在2005年开始恢复，到2008年，直径生长0.3 cm/年，高度平均达到0.35 m/年；林地乔木蓄积量基本得以维持，而灌木草本生物量显著增加（修勤绪等，2009；中国林业科学研究院《多功能林业》编写组，2010）。

林木形数是评价林木质量的重要指标，从表4-7中可以看出，间伐的干扰木主要是对目标树有不利影响的劣质木、病虫木；间伐后再次测定，林木品质大幅提高；油松林林木个体形数平均提高0.06，松栎林提高0.03。说明近自然经营方式对提高林木质量起到了很大作用。

表4-7 黄龙林区油松、松栎林近自然间伐前后林木质量（形数）变化

林分类型	胸高形数范围	近自然经营前		近自然经营后	
		株数	平均形数	株数	平均形数
油松林	0.21~0.30	13	0.26	13	0.26
	0.31~0.40	7840	0.34	7571	0.41
	0.41~0.50	653	0.44	487	0.45
	0.51~0.60	106	0.57	95	0.56
	0.61~0.70	41	0.64	35	0.67
	0.71~0.80	13	0.71	9	0.72
	0.81~0.90	13	0.90	10	0.91
	0.91~0.10	13	0.96	13	0.96
	≥1	0	0.00	0	0
	合计	8693	0.36	8234	0.42
松栎林	0.21~0.30	0	0.00	0	0
	0.31~0.40	4305	0.36	3969	0.38
	0.41~0.50	1133	0.44	1021	0.45
	0.51~0.60	440	0.53	344	0.55
	0.61~0.70	187	0.52	164	0.53
	0.71~0.80	107	0.84	104	0.84
	0.81~0.90	28	0.86	26	0.85
	0.91~0.10	0	0.00	0	0
	≥1	27	1.31	27	1.31
	合计	6226	0.41	5655	0.44

（二）物种组成及多样性

物种多样性是维护生态环境和实现人类社会可持续发展的基础，也是维持森林生态系统稳定性的重要条件之一，森林生态系统多样性研究越来越受到重视。研究认为，人工林近自然化改造能改善退化林地的生态环境，提高生物多样性，增加森林群落的稳定性和促进植被恢复。

群落是以物种组成的差异为区分的标准，物种多样性是一个地理区域内动物、植物以及微生物种类变化的多样化程度（汪永华等，2000）。物种多样性是生物多样性在物种水平上的表现形式，其研究内容包括物种多样性的组成、结构和功能以及其物种多样性的现状，物种多样性的形成、演化及维持机制，种群生存力分析，物种的濒危状况，灭绝速率及原因，物种多样性的有效保护与持续利用等。

表4-8反映了黄龙山林区油松群落乔木、灌木和草本在其组成和数量上的变化（曹旭平等，2010）。从表中可以看出：①乔木层植物变化较为明显，松栎混交林群落乔木树种较为丰富，油松纯林的乔木树种单一，油松的重要值都在70%以上；②除建群种油松外，群落中灌木树种重要值分布趋于均匀，而草本植物是苔草（*Carex tristachya*）、羊茅（*Festuca ovina*）占优势。

表4-8　黄龙山地区不同油松种群落主要物种的重要值

植物名称	C1	C2	C3	C4	C5	C6	C7	C8
乔木层								
油松 *Pinus tabulaeformis*	74.01	71.89	75.1	73.53	37.55	41.22	50.81	81.73
辽东栎 *Quercus wutaishanica*	3.05	5.37	4.41	2.39	18.34	29.11	39.16	21.76
白桦 *Betula platyphylla*	3.98	4.38	2.93			4.08	5.76	5.6
野山楂 *Crataegus cuneata*						2.38	6.11	
杜梨 *Pyrus betulifolia*		1.88		2.18	3.76	1.3	5	
茶条槭 *Acer ginnala*		2.77	8.53		2.63			
山杨 *Populus davidiana*								
灌木层								
白丁香 *Syringa oblata* var. *alba*								
茶条槭 *Acer ginnala*		3.02	25.44	4.12	5.14	6.14	3.12	6.09
长穗小檗 *Berberis dolichobotrys*						0.48		
刺五加 *Acanthopanax senticosus*								
葱皮忍冬 *Lonicera ferdinandii*	7.78	2.68	10.45	1.63	10.45			7.55
达乌里胡枝子 *Lespedeza davurica*	9.12			5.28				
杜梨 *Pyrus betulifolia*	8.16	4.01	9.17	9	19.95		28.58	12.14
鹅耳枥 *Carpinus shensiensis*			2.35					
红瑞木 *Cornus alba*							4.04	
胡颓子 *Elaeagnus umbellata*					12.9		9.36	13.66
胡枝子 *Lespedeza bicolor*		6.79	4.17			6.66		
虎榛子 *Ostryopsis davidiana*	42.93	21.24			36.83	3.32		
华北丁香 *Syringa oblata*			8.81			5.06		
华北绣线菊 *Spiraea fritschiana*	4.36	31.21		10	13.64	5.81	14.29	8.74

（续）

植物名称	C1	C2	C3	C4	C5	C6	C7	C8
黄蔷薇 *Rosa hugonis*			9.8	8.48	24.58	37.62		8.49
金银忍冬 *Lonicera maackii*			18.21	6.58	4.34			
狼牙刺 *Sophora viviifolia*	10							
连翘 *Forsythia giraldiana*						29.33		
毛樱桃 *Prunus tomentosa*						1.05		6.61
南蛇藤 *Celastrus orbiculatus*	22.64		9.49	1.13	6.19	0.28	3.16	28.18
漆树 *Toxicodendron vernicifluum*					0.43			
山桃 *Prunus davidiana*					6.79			
陕西荚蒾 *Viburnum schensianum*	3.13	2.1	13.41	24.29	10.77		20.72	30.54
鼠李 *Rhamnus davurica*					4.97			
栓翅卫矛 *Euonymus phellomanes*		5.15		5.99	0.27	13.36	8.76	
水栒子 *Cotoneaster multiflorus*	4.65	11.16	5.01	18	4.31	2.38	4.21	
山莓 *Rubus corchorifolius*			3.96					
野山楂 *Crataegus cuneata*			7.52			8.07	1.68	
草本层								
败酱 *Patrinia heterophylla*			18.52		2.74		3.25	2.25
地榆 *Sanguisorba officinalis*			3.48					
黄精 *Polygonatum sibiricum*						14.18		
黄芩 *Scutellaria baicalensis*						11.5	3.44	
火绒草 *Leontopodium leontopodioides*		6.88					2.04	
茭蒿 *Artemisia giraldii*	3.56		3.58	3.16			3.4	
荩草 *Arthraxon hispidus*						11.23		
地桃花 *Urena lobata*		22.8	3.36	2.77		8.34	10.16	
四叶葎 *Galium bungei*			2.07	2.9		2.09	4.18	
苔草 *Carex tristachya*	46.45	44.9	53.1	47.7	50.66	35.32	48.71	44.88
天名精 *Carpesium abrotanoides*	4.43	2.44			4.05	3.61		
细裂叶莲蒿 *Artemisia gmelinii*	8.54	6.4	3.7	3.83	2.57	14.06	21.9	
西北风毛菊 *Saussurea petrovii*	4.98			2.21				22.32
细叶柴胡 *Bupleurum chinense*			2.07	4.11			3.18	2.62
香青 *Dracocephalum moldavica*				4.01	3.34		1.41	10.2
心叶缬草 *Valeriana offcinalis*		7.19	3.85	2.86	7.03	23.39	4.71	
羊茅 *Festuca ovina*	25.71	13.71	9.52	26.77	25.68	11.19	9.28	6.53
银背风毛菊 *Saussurea nivea*	3.7							
紫菀 *Aster tataricus*							2.83	3.19

注：表中的 C1～C4 是油松纯林样地代码，其生境条件分别是阳坡、半阳坡、半阴坡和阴坡；C5～C8 为比较群落差异设置的松栎混交林样地代码，其生境条件分别是阳坡、半阳坡、半阴坡和阴坡。

表4-9 给出了黄龙山地区不同油松群落的各层次多样性特征：①不同的油松群落 3 层植物物种多样性指数表现出大致相同的趋势，即灌木层 > 草木层 > 乔木层；②松栎混交林的物种多样性指数大于油松纯林群落，说明针阔混交林的生物多样性较高，生态效应比油松纯林要好；③8 个油松群落中半阳坡和半阴坡 C3 和 C4、C5 和 C6 群落的物种多样性指数比阳坡和阴坡的多样性指数高，此群落立地条件较好，群落内物种竞争激烈，阳坡和阴坡油松群落中适应环境的乔、灌、草逐渐稳定，物种间竞争减弱，分布格局相对固定，总体物种多样性下降。

表 4-9　不同油松群落物种多样性指数

层次	多样性指	C1	C2	C3	C4	C5	C6	C7	C8
乔木层	丰富度 S	6.00	8.00	4.00	4.00	5.00	9.00	9.00	6.00
	Simpson 指数 D	0.27	0.40	0.41	0.46	0.65	0.59	0.59	0.32
	Shannon-Winener 指数 H'	0.57	0.80	0.80	0.95	1.21	1.23	1.12	0.65
	Pielou 指数 J_w	0.57	0.80	0.80	0.95	1.21	1.23	1.12	0.66
	Alatalo 指数 E_a	0.32	0.38	0.58	0.53	0.75	0.56	0.51	0.47
灌木层	丰富度 S	24.00	32.00	34.00	25.00	26.00	32.00	34.00	24.00
	Simpson 指数 D	0.94	0.88	0.95	0.88	0.92	0.94	0.93	0.94
	Shannon-Winener 指数 H'	2.81	2.62	3.08	2.57	2.74	2.97	2.95	2.85
	Pielou 指数 J_w	0.88	0.76	0.87	0.80	0.84	0.86	0.84	0.90
	Alatalo 指数 E_a	0.80	0.53	0.79	0.58	0.72	0.73	0.68	0.81
草本层	丰富度 S	20.00	25.00	18.00	13.00	14.00	25.00	20.00	15.00
	Simpson 指数 D	0.63	0.54	0.58	0.47	0.43	0.60	0.37	0.55
	Shannon-Winener 指数 H'	1.74	1.38	1.30	1.08	0.94	1.42	0.87	1.26
	Pielou 指数 J_w	0.58	0.43	0.45	0.42	0.35	0.44	0.29	0.47
	Alatalo 指数 E_a	0.35	0.39	0.51	0.45	0.47	0.46	0.42	0.47

注：C1 ~ C4 是油松纯林，其生境条件分别是阳坡、半阳坡、半阴坡和阴坡。为比较群落差异设置松栎混交林样地 C5 ~ C8，其生境条件分别是阳坡、半阳坡、半阴坡和阴坡。

近自然间伐前后林地物种多样性明显增加，乔木层物种多样性维持了原来水平；草本层、灌木层多样性明显增加，尤其以 Shannon-winner 指数 Pielou 指数增幅较大（表4-10）。近自然经营间伐开创了林窗，为乡土灌草进入空间，为林下物种多样性增加奠定了基础。

人工林近自然化改造是实现"人工群落"自然化，单一群落复杂化，低效功能高效化的一个有效的途径和方法，上面的改造虽然只进行了短短几年，但是效果还是比较明显。所以，为实现油松人工林多功能可持续经营有必要将近自然化改造继续实施下去。

（三）油松人工林近自然化改造过程中的土壤特征

森林土壤泛指地表与森林植被的长期相互作用下形成的、可为植物生长提供所需养分与水分的疏松表层，它由矿物质和有机物组成，含有不同数量的水分和空气，并被生物所居住。因此，森林土壤也具有与森林植物的生物学特性相一致的许多性状，如有一定的剖面特征和理化生物性质，有土壤枯枝落叶层、半分解层和腐殖质层、矿物土壤层、母质等。可见森林土壤与森林植被是互相影响、互相促进和互相依存的，一旦森林遭受破坏，森林土壤的性质也随之发生变化，直至遭受地表径流的侵蚀土体消失，森林土壤侵蚀流失以后森林也就难于恢复。所以，保护森林土壤是保护自然环境的重要任务之一，而保护森林土壤首先必须保护森林（陆元昌，2006）。

表4-10　黄土高原油松林和混交林近自然经营间伐前后物种多样性变化

层次	多样性指数	油松林		松栎混交林	
		间伐前	间伐后	间伐前	间伐后
乔木层	物种丰富度 S	4	4	5	5
	Simpson 指数 D	0.42	0.42	0.32	0.32
	Shannon-winner 指数 H'	0.85	0.85	0.65	0.65
	Pielou 指数 J_w	1.25	1.25	0.50	0.50
	Alatalo 指数 E_a	0.74	0.74	0.52	0.52
灌木层	物种丰富度 S	34	39	30	33
	Simpson 指数 D	0.95	0.96	0.95	0.96
	Shannon-winner 指数 H'	2.68	2.85	2.99	2.99
	Pielou 指数 J_w	0.87	0.91	0.88	0.89
	Alatalo 指数 E_a	0.74	0.84	0.77	0.79
草本层	物种丰富度 S	23	21	26	28
	Simpson 指数 D	0.69	0.57	0.55	0.64
	Shannon-winner 指数 H'	1.59	1.29	0.32	1.43
	Pielou 指数 J_w	0.51	0.50	0.41	0.56
	Alatalo 指数 E_a	0.56	0.51	0.44	0.54

我们从土壤的剖面结构和养分状况两方面来表达油松林下的土壤特征和对经营措施的反应。土壤剖面结构反应森林土壤肥沃程度的一个重要因素，主要是枯落物层（O层）、腐殖质层（A层）和矿物土壤层（B层）的厚度和相对比例情况。其中腐殖质层（A层）的发育情况特别重要，因为土壤的肥沃性一般指土壤的供肥能力和保肥能力，以及土体内水分，空气和热量的协调程度，所以腐殖质层的发育程度更多地决定着土壤的肥沃程度，是森林健康生长演替的主要土壤物质基础。

近自然的森林生态系统一个主要的特征就是土壤可以进入良性的养分循环和积累的进程。土地利用的方式和设计是影响土壤状态的主要因子之一，而腐殖质含量对土壤的养分状态及水分保持能力也有极大地影响（Sturm，1993）。本调查的结果反映了植被对土壤腐殖质形成的影响。

图4-18是在25年生栎类（左图）和35年生油松人工林分（右图）下土壤剖面解析腐殖质形成过程的比较分析图，2个土壤剖面的地理位置分布相同，空间位置相距200 m左右，也即山体坡面、海拔段、坡向等都一致，且林木根系的生长都已经达到了C层（母质层）的深度，差别只是林分类型不同（陆元昌，2006）。

土壤养分状况可用黄龙山林区的实例说明。我们在土壤不同深度层面采取样本，对黄

槲栎（*Quercus dentate*）林下土壤剖面
林分年龄25年，A层pH值6.7

$A_{l/f}$
(0～3cm)

A_h(0～3)

B_V(3～15)

B_VC
(>15cm)

油松（*Pinus tabulaeformis*）林下土壤剖面
林分年龄35年，A层pH值6.0

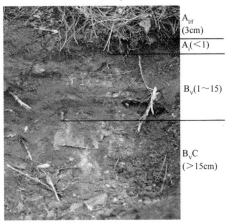

$A_{l/f}$
(3cm)
A_i(<1)

B_V(1～15)

B_VC
(>15cm)

图4-18　在25年生栎类和35年生油松人工林分下土壤剖面解析腐殖质形成过程的比较分析图

（资料来源：陆元昌，2006，其中：$O_{l/f}$. 已经腐烂分解的枯落物层；A_i. 看不到腐殖质但有生命活动迹象并开始形成腐殖质的 A 层；A_h. 于生物作用而出现腐殖质的矿质土壤 A 层；B_V. A 层与 C 层之间没有明显淋溶作用下因风化而变褐变黏的风化土层；B_VC. 风化土向母质层之间的过渡层）

龙山的油松人工林和松栎混交林在近自然化改造中的土壤养分情况进行了调查分析和比较研究。油松人工林近自然改造在提高物种多样性的同时，由于林内温度提高，林内土壤养分（速效 N、速效 P、速效 K 和有机质）和土壤结构（土壤孔隙度）有所改善（表4-11）。林地生态条件改善，为林地目的树种恢复生长和优势种群更新提供了基础。

表4-11　近自然经营间伐前后黄龙山油松林和松栎混交林土壤特征状况

森林类型	时间	土层 （cm）	全N （%）	全P （%）	速效N （mg/kg）	速效P （mg/kg）	有机质 （g/cm³）	孔隙度 （%）
油松林	间伐前	0～20	0.043	0.119	17.808	3.485	1.100	57.698
		20～40	0.039	0.100	17.347	3.288	0.975	54.431
		40～60	0.039	0.080	16.542	3.177	0.913	50.694
	间伐后	0～20	0.057	0.118	18.734	3.852	1.115	58.215
		20～40	0.048	0.107	17.846	3.412	1.089	54.763
		40～60	0.040	0.078	16.932	3.312	0.931	50.685
松栎 混交林	间伐前	0～20	0.044	0.142	19.260	3.315	1.141	60.197
		20～40	0.042	0.107	18.553	3.266	1.032	56.352
		40～60	0.040	0.083	16.262	3.125	0.958	52.961
	间伐后	0～20	0.060	0.143	20.142	3.287	1.234	61.131
		20～40	0.051	0.105	18.581	3.524	1.171	56.704
		40～60	0.047	0.087	16.620	3.252	0.983	52.946

表4-11 显示的是间伐后 2 种林地土壤肥力（养分、土壤结构）有明显的良性改善，尤其是土壤浅层和速效养分增加幅度较大，这与林窗开后林地温度提高，林地环境改善有直

接关系。

四、小结

作为长寿命先锋树种，油松人工林的营建在荒山造林和早期的植被恢复中有着十分重要的作用。但是传统的单一树种轮伐作业模式由于缺乏对油松人工群落林学和生态学特征的了解，经营的结果除了收获价值较低的松材产品外，森林的生态、社会、游憩等功能难于发挥，能和油松林共生或伴生的几个硬阔叶树种的高价值产品更难于得到开发利用。油松林的近自然经营技术体系从森林的演替阶段、光竞争特性和个体差异等整体自然特征分析和利用观点出发，将"森林—环境—个体"的关系整合在一起进行科学的考虑，在"尊重生物合理性、利用自然自动力、促进森林响应力"等 3 项近自然经营原则指导下，提出的油松林近自然化改造的主林层抚育及林下补植作业模式符合树种相容性和演替生长规律，能够改善土壤养分条件对土壤发展有积极的作用并能够实现林分空间结构、树种组成的快速调整，加速油松人工林向复层、异龄和混交的近自然状态发展，实现森林多种功能的保持和发展。

第三节　广西南亚热带杉木、马尾松人工林近自然改造过程中的生态学特征

一、物种组成及多样性

（一）短期封育对杉木、马尾松人工纯林物种多样性的影响

封山育林的理论依据主要有 2 个：一是森林群落演替学说；二是森林植物的自然繁殖力。森林的发展和衰败变化都有它的规律性，这种规律性就是森林演替。所谓森林群落演替，就是由一种森林群落演变为另一种森林群落。按森林演替的性质和方向，分为森林群落进展演替和逆行演替。所谓森林群落的进展演替，就是在不经人为干扰的自然状态下，森林群落从结构简单，不稳定或稳定性较小的阶段和群落，发展到结构更复杂，更稳定的阶段和群落，后一阶段比前一阶段对环境的利用更充分，对环境的改造作用也更强，对人类社会提供的各种效益也更大。所谓逆行演替，是森林群落遭到各种因素的干扰和影响，使原来稳定性较大，结构较复杂的森林群落消失了，取而代之的是结构简单，稳定性较小的森林群落，后阶段比前阶段利用和改造环境的作用相对减弱，直至退化为荒山、裸地。

杉木、马尾松是我国南方特有的速生用材树种，分布较为广泛。由于传统的杉木栽培主要以纯林方式经营，林分结构单一，伴随着过度地抚育管理（如对林下灌木草本的铲除）、放牧、樵采等人为干扰因素，其物种多样性下降，物种变得单一，森林生态系统能流物流受到严重阻滞，随之出现的生态质量下降、生物稳定性变差、地力衰退和产量递减等负效应已引起很多林学家的关注和忧虑，对杉木林进行封育管理进而限制活动，从而实现杉木纯林的近自然恢复已势在必行。在人为干扰较少的情况下，杉木林下灌木草本通过自然演替，使林分结构多元化，其在维持林地养分、水分等小生境因子及群落生态稳定性方面有着重要的作用（Liu，1995；Liu 等，1998；康冰等，2005）。

研究地点处于广西西南边陲的中国林业科学研究院热带林业实验中心，属南亚热带湿

润季风气候。境内日照充足，雨量充沛，干湿季节明显(10月至翌年3月干季，4～9月湿季)，光、水、热资源丰富。年均气温为20.5～21.7℃，极端高温40.3℃，极端低温 -1.5℃；≥10℃活动积温6000～7600℃。年均降雨量1200～1500 mm，年蒸发量1261～1388 mm，相对湿度80%～84%。主要地貌以低山丘陵为主，有少量的中山，坡度以25°～30°为主。地带性土壤为砖红性红壤。

在位于该区域的中国林业科学研究院热带林业实验中心的青山试验场，选择1993年栽植的杉木、马尾松纯林，该林分经过6年的封育，严格限制间伐抚育措施，人为干扰活动相对较少。

1. 短期封育对杉木人工纯林物种多样性的影响

(1)封育后杉木林分物种数量及种类分析。封育6年的13年生杉木林下植被物种极其丰富，灌木、藤本和草本总种数为123种，分属68科，115属。其中灌木本和藤本74，草本49。灌木或小乔木主要有粗叶榕、五月茶、玉叶金花、三叉苦(*Euodia lepta*)、杜茎山、山石榴、粗糠柴、水东哥、黄毛榕、毛桐、风箱树(*Cephalanthus occidentalis*)、大沙叶(*Aporosa chinensis*)、紫金牛(*Ardisia japonica*)、亮叶围诞树、山杜英等；藤本植物也很丰富，主要有乌蔹莓(*Cayratia japonica*)、大青、裂叶牵牛(*Ipomoea hederaceae*)、海金沙、细圆藤(*Pericampylus glaucus*)、薯蓣(*Dioscorea batatas*)、篱打碗花(*Calystegia sepium*)、扁担藤、鸡血藤(*Millettia semicastrata*)、野葛(*Pueraria thunbergiana*)等；草本植物主要有金毛狗、凤尾蕨(*Pteris nervosa*)、乌毛蕨、华南紫萁(*Osmunda vachellii*)、福建观音座莲(*Angiopteris fokiensis*)、卷柏(*Selaginella tamariscina*)等。灌木和藤本的主要科有桑科、大戟科、杉科、百合科(Smilacaceae)、茜草科、紫金牛科、防己科、海金沙科(Schizaeaceae)、旋花科、水东哥科(Saurauiaceae)等，马鞭草科、忍冬科、葡萄科；草本的科有凤尾蕨科(Pteridaceae)、卷柏科(Selaginellaceae)、秋海棠科(Begoniaceae)、乌毛蕨科(Blechnaceae)、荨麻科等。灌木和藤本的主要属有榕属、五月茶属、大青属、算盘子属、杜茎山属、水东哥属、薯蓣属(Dioscorea)、山麻杆属、紫金牛属、鸡血藤属；草本的属有凤尾蕨属(Pteris)、芭蕉属(Musa)、仙茅属(Curculigo)、铁线莲属、短肠蕨属(Allantodia)等。

在杉木林下植被中，中生偏耐阴物种较多，说明封育后，伴随着林分的演替，林分郁闭度增加，喜光的物种逐渐消退，中生性的物种逐渐侵入，随后耐阴物种占据有效的空间资源。如在林下可见到大量的喜欢阴湿生境的灌木及草本，大多数灌木，如对叶榕、五月茶、毛桐、耳叶榕(*Ficus cunia*)、水东哥、粗糠柴、杜茎山等，表现出对生境要求的一致性，同样大量蕨类植物及其他喜阴的草本植物广布于林下，说明封育后林分结构趋于稳定。物种的多样性是林分稳定性的前提，物种单一的生态系统，其稳定性及生态服务功能就会下降，因次，打破传统的经营管理模式，限制人类对林分的干扰，可有效增加物种的数量，进而可改善单一的林分结构，形成多物种、多层次的复合性稳定森林群落。由于该区域有着丰富的水热资源及种子库，实行封育管理，完全可实现单一杉木纯林结构的近自然化改造。

(2)封育后杉木林下物种结构分析。杉木林下灌木的优势种分别为对叶榕(*Ficus hispida*)、拓树、白背叶(*Mallotus apelta*)、相思子(*Millettia semicastrata*)、玉叶金花、五月茶、黑龙骨(*Periploca forrestii*)等，它们的重要值大于9.0，对叶榕重要值最大，为18.96，其余大部分物种的重要值在0～8.0，优势度并不明显，这主要是因为封育后的杉木林分内生境条件比较均衡，物种对资源位利用一致，频度、盖度及密度差异不很显著，在林下偶见种或伴生种主要有山杜英、大沙叶、扒地蜈蚣（*Tylophora renchangii*）、鸡血藤、凤凰木（*Delonix regia*）、茅瓜（*Melothria heterophylla*）等；杉木林下草本主要的优势种为弓果黍（*Cyrtococcum patens*）、冷水花、卷柏、凤尾蕨、江南短肠蕨（*Allantodia metteniana*）等，其重要值大于 17.0，其次为金毛狗、蔓生莠竹、福建观音座莲、火炭母（*Polygonum chinense*）等，其重要值在 7.0～17.0，葫芦（*Lagenaria siceraria*）、鬼针草（*Bidens bipinnata*）、秀丽兔儿风（*Ainsliaea elegans*）等为偶见种，在林下分布较少。

2. 短期封育对马尾松人工纯林物种多样性的影响

（1）封育后马尾松纯林物种数量及种类分析。对所有样地调查统计结果表明，有维管束植物 105 种。其中灌木、小乔木和藤本植物有 76 种，分属 41 科 63 属；草本较少，有 29 种，分属 14 科 23 属。从植物区系地理分布特征来看（苏志尧等，1994），热带亚热带成分占优势，温带成分较少。

林下木本植物中，多属或多种的科有茜草科（4 属 6 种）、大戟科（6 属 10 种）、樟科（3 属 3 种）、苏木科（3 属 3 种）、桑科（2 属 6 种）、防己科（2 属 2 种）、紫金牛科（Myrisi-naceae）（3 属 3 种）、山茶科（2 属 2 种）、五加科（2 属 2 种）、芸香科（2 属 2 种）、鼠李科（Rhamaaceae）（1 属 1 种）、漆树科（3 属 3 种）、蝶形花科（2 属 2 种）、含羞草科（1 属 2 种）等 14 科；单属单种的科较多，说明封育后林下植被正向演替剧烈，有马鞭草科、葡萄科、八角科（Illiciacea）、紫草科、安息香科、楝科、鼠刺科、锦葵科、金丝桃科（Hyperi-caceae）、桃金娘科、壳斗科、忍冬科、榆科、菝葜科、金缕梅科、唇形科、水东哥科、芸香科、蔷薇科、鼠李科、海金沙科、野牡丹科、薯蓣科、紫葳科、菊科、茄科、杉科等 27 科。主要属有吴茱萸属、榕属、算盘子属、野牡丹属、桃金娘属（Rhodomyrtus）、大青属、玉叶金花属、杜茎山属、五月茶属等。主要种有青冈栎、杜茎山、三叉苦、耳叶榕、玉叶金花等。

草本多属或多种科有禾本科（8 属 8 种）、乌毛蕨科（2 属 2 种）、鳞毛蕨科（1 属 3 种）、铁线蕨科（1 属 2 种）、凤尾蕨科（1 属 2 种）和百合科（2 属 2 种）等 6 科，单属单种科有莎草科、马钱科等 8 科。主要属有铁线蕨属（*Adiantum*）、凤尾蕨属、莎草属等。植物种主要有弓果黍、五节芒、淡竹叶、蔓生莠竹、扇叶铁线蕨、普通铁线蕨（*Adiantum edgeworthii*）、乌毛蕨等。阳性较旱生的禾本科植物分布较多。

封育条件下林下植被以中生偏喜光常绿木本植物为主，草本层阳性偏旱生性的弓果黍分布最多，中生偏耐阴植物只零散分布在相对荫蔽的小生境上。与同年开始封育的同龄杉木杉木林下植被调查结果相对照，杉木林下中生偏耐阴的植物分布较广泛，灌木层有粗叶榕、对叶榕、相思子和五月茶等，草本层中喜光蕨类分布较多，有金毛狗、福建观音座莲和半边旗等。中生偏喜光植物仅分布在林隙相对较大的小生境中，单属单种的科较少。可见，不同类型林分在同一封育措施下，群落演替规律和植被层次结构各异，这主要因为不同类型林分主层林分特性不同，形成不同的林内光、热、水分等生境因子，从而诱导侵入的植被类型不同。

（2）封育后马尾松林下物种结构分析。封育后马尾松林下灌木层中组成最多的种是大叶藤（*Tinomiscium tonkinensis*）和长花腺萼木（*Mycetia longiflora*），其重要值分别为 15.02、14.79，是主要建群种；其次是三叉苦、鸡矢藤（*Paederia foetida*）、玉叶金花等，在林下分布较多，重要值在 9~11，是林下优势种群；桃金娘、中平树、破布木等的重要值在 7~9，在林下的生态作用相近，分布广泛；其次为微毛柃（*Euray hebeclados*）、山石榴（*Randia spinosa*）、枫香等物种，虽然出现频度不大，但分布比较均匀；偶尔进入林下的种类有毛桐、紫金牛、秋枫、山合欢、山麻杆（*Alchornea davidii*）等，基本为偶见种或消退种。草本层中分布频度较大的草本有弓果黍、乌毛蕨、普通铁线蕨、铁芒萁等分布较多，作用更为突出，是共优势种；其次为钝叶草（*Stenotaphrum helferi*）、淡竹叶（*Lophantherum gracile*）、山菅兰（*Dianella ensifolia*）、蔓生莠竹和凤尾蕨等，分布较为均匀；狗尾草（*Setaria viridis*）、金毛狗、叶下珠（*Phyllanthus urinaria*）、莎草（*Cyperus rotundus*）等只在灌木群丛下分布；五节芒、稀羽磷毛蕨（*Dryoperis sparsa*）和翅轴蹄盖蕨（*Athyrium delavayi*）等 7 种为偶见种。

可见，封育后顺行并引导该区域马尾松群落的正向演替，大量的常绿阔叶树种（也包括少量落叶阔叶树，如枫香、野漆、秋枫等）在马尾松群落更新起来，成为建群种和优势种，使得单一的群落结构变成复合、稳定、多层次的针阔混交群落—顶极群落，生态功能得到有效恢复。

总之，封山育林是条高效、经济、快捷的杉木纯林植被近自然恢复改造途径，经过 6 年的封育措施，单一的杉木纯林可形成多物种、多层次的复合稳定型群落。封山育林是顺应植物正向演替规律，最终可成为当地环境条件下多种植物组成的顶极群落或稳定性较强的混交次生林，植物（森林）在环境作用下，经过长期适应和物竞天择，就能形成一定的顶极群落，即最稳定的群落。通过调查，我们已经发现杉木乔木层中已经有一定数量的常绿顶极阔叶树种，如罗伞枫（*Heteropanax fragrans*）、安息香（*Benzoinum styracis*）等，在封育情形下，辅助以人工措施，如对杉木、马尾松纯林密度的调整，诱导林下层物种向乔木层演替，结构单一的杉木纯林最终可形成稳定的顶极地带性群落—针阔混交林，从而改善纯林的生态效益。

（二）杉木、马尾松不同演替发育阶段林下物种多样性动态

在同一区域分别选择人为干扰轻微的 3 个发育阶段（7 年、13 年和 23 年）的马尾松、杉木林，研究在该区域面积占 68% 以上的 2 种针叶林的物种多样性的动态变化规律，试图为针叶纯林近自然恢复过程中对物种分布数量及格局的评判提供参考。由于乔木层物种单一，群落的物种多样性主要由林下物种多样性决定，也就是说林下物种是 2 种针叶纯林向复合稳定群落演替的前提和保障。

1. 杉木不同演替发育阶段林下物种多样性动态

分别统计分析杉木 3 个演替发育阶段的林下灌木层、草本层及总植被层 3 个层次的物种多样性动态变化特征，分别见图 4-19 和图 4-20。从图 4-19 可以看出，不论林下灌草还是总植被层，Shannon-Wiener 指数 H' 均从 7 年到 13 年逐渐升高，到 13 年达到最大，随后发育到中龄林（23 年）过程中，却又逐渐降低，但中龄林（23 年）Shannon-Wiener 指数 H' 高于幼龄林（7 年）；Simpson 优势度指数 D 表现出与 Shannon-Wiener 指数 H' 一致的变化规律；灌木的均匀度指数 J 在杉木林发育过程中基本不变，在群落中保持均匀分布，而草本层及林下总植被层物种均匀度与多样性指数的变化一致，发育至速生阶段（13 年）时，物种在群落中分布比较均匀，而后又逐渐趋于分布不均。

从图 4-20 可以看出，随着杉木群落演替，林下物种丰富度表现出与多样性一致的变化规律。即从幼龄阶段开始，随着乔木物种演替发育，灌木丰富度指数逐渐升高，到速生

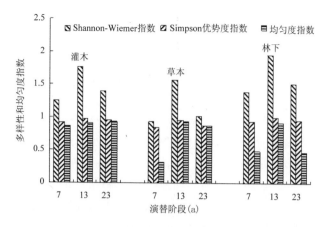

图4-19　杉木不同发育演替阶段林下物种多样性和均匀度指数

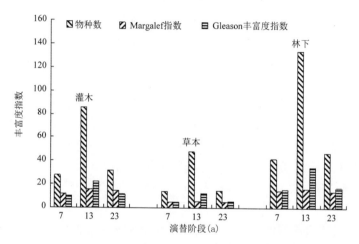

图4-20　杉木不同演替发育阶段林下物种丰富度指数

阶段(13年)达到最高,随后,随着林分向中龄林发育,林分郁闭度逐渐增高,很多群落中物种消退,物种多样性又逐渐降低。多样性指数由丰富度(绝对密度)和均一性(相对密度)组成(岳天祥,2001),也就是说,多样性指数是把物种数与均匀度结合起来的一个单一的统计量(钱迎倩,马克平,1994)。当一种种群数量在群落中占有绝对优势时,组成群落的各个种群的个体分布就出现明显的不均,均匀度降低,从而导致群落总体物种多样性指数的下降。

造林后自然发育7年时,林下物种逐渐演替,灌木优势种有黄牛木(*Cratoxylon ligustrinum*)、海金沙、大沙叶、粗叶榕、盐肤木等,草本优势种有弓果黍、铁芒萁、扇叶铁线蕨、淡竹叶等,灌木有28种,草本有14种;速生阶段(13年),林分开始郁闭,林内仍然有一定光照,由于乔木冠层结构均匀,林内光质均一,利于中生偏耐阴植物侵入,并广泛均匀分布,灌木层有粗叶榕、对叶榕、相思子和五月茶等,草本层中耐阴蕨类分布较多,有金毛狗、福建观音座莲和半边旗等。灌木增加到86种,草本为48种。物种多样性较高;发育到23年后,林分郁闭度达到最大,由于单一的乔木种之间对光热因子的竞争,乔木层由于分化出现林隙,林内光照分布不均匀,中生偏耐阴物种逐渐消退,并在林内处于斑块状分布,分布不均匀。灌木优势种有粗叶榕、黄牛木、野漆、杉木、三叉苦、毛叶算盘子(*Glochidion eriocarpum*)等，草本优势种有东方乌毛蕨(*Blechnum orientale*)、扇叶铁线蕨、金毛狗等，灌木、草本物种分别减至32种，林下物种多样性降低。

2. 马尾松不同演替发育阶段林下物种多样性动态

分别统计分析马尾松3个演替发育阶段(7年、13年和23年)的林下灌木层、草本层及总植被层3个层次的物种多样性动态变化特征，分别见图4-21和图4-22。可以看出，幼龄(7年)及中龄林阶段(23年)灌木多样性及均匀度指数均高于草本，发育13年的林分下灌木多样性及均匀度指数与草本基本一致。13年生林分下物种丰富度、多样性及均匀度指数都较高，中龄阶段各项多样性指数高于幼龄阶段。演替初期，乔木层冠幅较小，林内光照较强，并没有阻滞原来的造林迹地上的中生偏喜光灌木种(如黄牛木、山芝麻 *Heliicteres angustifolia*、余甘子、大沙叶等)的生长发育，依然为幼龄阶段林下灌木层优势种。

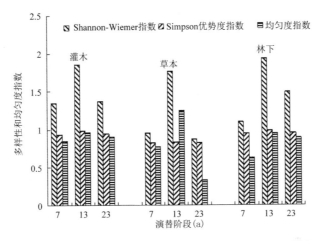

图4-21 马尾松不同演替阶段林下物种多样性和均匀度指数

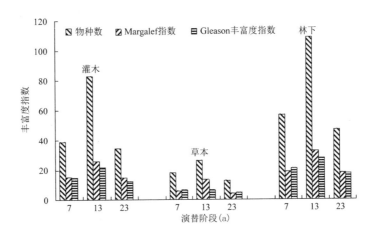

图4-22 马尾松不同演替阶段林下物种丰富度指数

较为单一的喜光蔓生莠竹、飞机草等为草本层优势种，中生偏耐阴的草本分布较少，草本层物种仅有18种，这样就导致草本物种多样性较低；演替发育到13年时，林分主林层冠层结构分布均一，针叶荫蔽不是很强，林内有一定光照并且分布均匀，利于大量中生性灌草物种的演替。林下灌木物种迅速增加到 83 种，优势种为中生偏耐阴物种，主要有大叶藤、长花腺萼木、鸡矢藤、玉叶金花、毛黄肉楠、大青等，草本有 26 种，主要有弓果黍、五节芒、淡竹叶、蔓生莠竹、扇叶铁线蕨、普通铁线蕨、乌毛蕨等。尽管草本物种丰富度并不是很高，但由于在林下分布均匀，均匀度指数 J 较高，达 1.247，高于 3 个演替阶段其他所有物种均匀度指数（见图 4-22），这样就增加了草本物种的多样性，多样性指数接近灌木种；中龄林阶段，冠层分布稀疏，林内光照变强，主林层乔木竞争导致不均匀分布的林窗形成，灌木层中，大量的中生偏耐阴优质种消退，物种减为 34 种，中生偏喜光物种占据林下的优势地位，如三叉苦、毛桐、黄牛木、大沙叶等，物种丰富度、均匀度降低，多样性也降低；草本层中中生偏喜光物种也成为优势种，如五节芒、淡竹叶、蔓生莠竹，一些中生性草本也消退，物种锐减为 13 种，草本多样性降低。从整个林下物种来看，13 年生林分物种多样性也最高。

（三）林分密度对杉木、马尾松林下物种多样性的影响

林分密度是杉木、马尾松人工林近自然化改造的首要环节之一，林分密度直接影响到人工林群落的光、热、水分等生态因子的分配，从而使得林下物种的多样性及结构发生变化，而林下植被为调整林分结构及恢复地力的主导驱动因子（范少辉等，2001）。林分密度调整是实现人工针叶纯林向天然林分恢复的有效手段之一（卢立明等，1997）。研究不同密度马尾松人工林林下物种组成及多样性、植被生物量变化特征，将为通过密度调整驱使林下物种快速演替进而改善人工针叶纯林单一结构提供科学依据；此外，通过不同密度人工林群落土壤理化性质的取样分析，揭示林分密度对土壤肥力演化趋向的影响，为退化针叶纯林的地力恢复提供理论依据。

1. 不同密度马尾松林下植被组成及物种多样性特征

调查密度（株/hm^2）分别为 1350、1800 和 2100 的马尾松林下自然发育 16 年的灌木及草本种类，见表 4-12。可以看出，3 种密度的林下灌木层中，灌木植物有 41 种，共有种分别为粗叶榕、杜茎山、大沙叶、古钩藤（Cryptolepis buchananii）、菝葜等，但这些物种分别在 3 种密度群落灌木层中重要值不同，说明这些物种在不同各个密度林分下优势程度各异；分别在 2 种密度（株/hm^2）为 1350 和 2100 的林分中出现的有野黄皮、鸡矢藤、怀山（Dioscorea hemsleyi）、耳草、大青、毛叶算盘子、潺槁木姜子、络石（Trachelospermum jas-minoides）、酸藤子（Embelia laeta）等。中生性的粗叶榕分别在密度（株/hm^2）1350、1800 群落中为优势种，当密度增加到 2100 时，林下荫蔽的环境使得粗叶榕的优势地位被对光热条件更具趋向性的藤本植物如藤构（Broussonetia kaempferi var. australis）、大青等所取代。草本植物较少，为 15 种，3 种密度林分下共有的草本植物有半边旗、淡竹叶、蔓生莠竹、飞机草、稀羽鳞毛蕨（Dryopteris sparsa）等，但每个物种在不同密度群落中重要值不同。耐阴的半边旗、蔓生莠竹等为优势种。乔木的密度直接影响到林下光、热、水分等生态因子的变异，林下物种也就有了分化。

统计 3 种密度的马尾松林下自然发育 16 年的灌木及草本的多样性特征见表 4-13。可以看出，当乔木密度从 1350 株/hm^2 增加到 1800 株/hm^2 时，无论灌木、草本的 Shannon-Wiener 指数 H'、Simpson 优势度指数 D、Gleason 丰富度指数及物种丰富度 S 均呈现出增高的趋势，密度为 1350 株/hm^2 的林下物种多样性及丰富度指数最高，也就是说该密度利于群落向多物种的复合稳定性群落演替。以后，随着乔木密度的增大，林下物种多样性及丰

表 4-12　不同密度马尾松林下植物种类组成及其重要值

序号	种名	密度(株/hm²)		
		1350	1800	2100
	灌木层			
1	粗叶榕 Ficus hirta	40.48	65.86	41.10
2	杜茎山 Maesa japonica	38.52	22.34	14.46
3	野黄皮 Clausena excavata	29.17		5.28
4	鸡矢藤 Paederia foetida	28.3	10.69	
5	大沙叶 Pavetta arenosa	23.95	6.49	5.65
6	毛叶算盘子 Glochidion eriocarpum	20		19.60
7	楹树 Albizia chinensis	19.16		
8	古钩藤 Cryptolepis buchananii	19.09	6.47	5.72
9	怀山 Dioscorea hemsleyi	17.01	4.09	
10	华南胡椒 Piper austrosinense	15.02		
11	耳草 Oldenlandia auricularia	10.47	2.97	
12	大青 Clerodendroum cyrtophyllum	9.97		42.04
13	鸡血藤 Spatholobus suberectus	6.27	16.06	
14	海金沙 Lygodium japonicum	6.13		9.18
15	潺槁木姜子 Litsea glutinosa	6.13	3.17	
16	粗叶悬钩子 Rubus palmatus	5.31	5.56	
17	拔葜 Smilax china	5.02	3.21	7.60
18	络石 Trachelospermum jasminoides		52.89	7.99
19	山芝麻 Heliicteres angustifolia		11.98	
20	琴叶榕 Ficus lyrata		10.69	23.23
21	三叉苦 Evodia lepta		9.70	
22	石柿 Dioapyros dumetorum		6.96	
23	簕欓 Zanthoxylum avicennae		6.10	
24	山豆根 Sophora tonkinensis		5.60	
25	粪箕笃 Stephania longa		5.56	
26	蜡梅 Chimonanthus praecox		5.32	
27	秋枫 Bischofia javanica		4.87	
28	酸藤子 Embelia laeta		4.68	22.89
29	穿破石 Cudranla cochlnchlnens		4.38	
30	荚蒾 Viburnum dilatatum		3.84	
31	火炭母 Polygonum chinensis		3.79	
32	羽叶楸 Stereospermum chelonoides		3.74	
33	野牡丹 Melastoma candidum		3.62	

（续）

序号	种名	密度（株/hm²）		
		1350	1800	2100
34	地桃花 Urena lobata		3.26	3.59
35	紫金牛 Ardisia japonica		3.12	
36	粗糠柴 Mallotus philippensis		2.99	4.26
37	藤构 Broussonetia kaempferi			55.85
38	黄牛木 Cratoxylum cochinchinense			12.20
39	九节 Psychotria rubra			7.19
40	余甘子 Phyllanthus emblica			6.75
41	八角枫 Alangium chinense			5.42
	草本层			
1	半边旗 Pteris semipinnata	114.77	66.81	71.14
2	淡竹叶 Lophatherum gracile	73.72	20.48	10.27
3	蔓生莠竹 Microstegium vagans	44.27	75.33	125.11
4	铁线蕨 Adiantum capilllus-veneris	27.77		6.39
5	扇叶铁线蕨 Adiantum flabellulatum	17.96		
6	飞机草 Eupatorium odorantaum	10.39	44.73	37.67
7	稀羽鳞毛蕨 Dryopteris sparsa	7.65	65.43	27.10
8	东方乌毛蕨 Blechnum orientale	3.47		
9	海芋 Alocasia macrorrhiza		11.19	
10	莎草 Cyperus microiria		6.83	5.29
11	艳山姜 Alpinia zerumber		4.58	4.60
12	铁芒萁 Dicranopteris linearis		2.90	
13	艾纳香 Blumea balsamifera		1.72	
14	凤尾蕨 Pteris multifida			6.74
15	卷柏 Selaginella tamariscina			5.69

表4-13 不同密度马尾松人工林群落多样性、丰富度、均匀度指数

乔木密度（株/hm²）	郁闭度（%）	生长型	S	H'	D	J	d_{GL}
1350	79	灌木	17	1.146	0.918	0.405	3.193
		草本	8	0.707	0.751	0.340	1.397
1800	65	灌木	30	1.231	1.065	0.362	5.787
		草本	10	0.811	0.816	0.352	1.796
2100	85	灌木	19	1.205	0.870	0.409	8.272
		草本	10	0.756	0.764	0.328	4.136

富度指数呈降低的趋势，但高密度（2100 株/hm²）与低密度（1350 株/hm²）相比，林下物种多样性及丰富度指数稍高。乔木密度过于稀疏时，林下光照较强，不利于多物种的迁入及生长，林分结构趋于简单；均匀度指数没有表现出与多样性、丰富度指数一致的变化规律，总体来看，乔木密度变化后，林下物种均匀度指数差异并不明显，主要因为人工马尾松林冠层覆盖均匀，密度变化并没有造成林下光热水分等生态因子空间分配的异质性。

2. 不同密度杉木林下植被组成及物种多样性特征

统计 3 种林分密度的杉木林下自然发育 16 年的灌木及草本的特征值见表 4-14。可以看出，林分密度对杉木林下植被的种类及组成影响明显，灌木与草本物种分化剧烈，3 种密度林分中，出现频度较高的灌木种有玉叶金花、三叉苦、杜茎山、粗叶榕等；草本种则有东方乌毛蕨、鞭叶铁线蕨（*Adiantum eapiltu*）、半边旗、扇叶铁线蕨、山姜（*Languas chinensis*）等。

表 4-14 不同密度杉木林下植被种类组成及其重要值

序号	种名	重要值		
		密度（株/hm²）		
		2475	3870	4950
	灌木层	包括乔木幼树、灌木和藤本植物		
1	玉叶金花 *Mussaenda pubescens*	87.76	52.59	17.4
2	截裂翻白叶树 *Pterospermum heterophyllum*	48.28		
3	菝葜 *Smilax china*	25.47		11.6
4	粗叶榕 *Ficus hirta*	20.27	18.99	
5	三叉苦 *Evodia lepta*	18.43	46.21	10
6	崖豆藤 *Millettia reticulata*	14.75		
7	酸藤子 *Eobovata hemst*	14.62		16.86
8	野牡丹 *Melastoma candidum*	13.42		50.33
9	羌活 *Notopterygium incisum*	12.52		
10	拎壁龙 *Psychotria serpens*	12.52	18.99	
11	杜茎山 *Maesa japonica*	12.52	11.33	29.07
12	九节 *Psychotria rubra*	10.28		13.2
13	悬钩子 *Rubus palmatus*	9.16		
14	米老排 *Mytilaria laosens*		45.58	
15	水桐木 *Paulownia kawakam*		29.95	
16	钩藤 *Ramulus Uncariae*		17.53	
17	毛叶算盘子 *Glochidion eriocarpum*		17.53	
18	耳草 *Hedyotis auriculaia*		16.58	
19	掌叶榕 *Ficuss stenophylla*		13.39	13.2
20	山乌龟 *Stephania tetrandra*		11.33	13.15
21	红锥 *Castanopsis hicklii*			114.19
22	白饭树 *Flueggea suffruticosa*			11.02

（续）

序号	种名	重要值		
		密度（株/hm²）		
		2475	3870	4950
	草本层	2475	3870	4950
1	蔓生莠竹 Microstegium gratum	125.15	6.53	
2	弓果黍 Cyrtococcum patens	44.94		48.57
3	五节芒 Miscanthus japonicus	38.74	7.83	
4	东方乌毛蕨 Blechnum onentale	22.98	49.97	39.65
5	鞭叶铁线蕨 Adiantum eapiltu	17.81	8.17	12.98
6	半边旗 Pteris semipinnata	14.75	26.13	24.55
7	山菅兰 Dianella ensifolia	8.48	3.7	
8	扇叶铁线蕨 Adiantum flabellulatum	8.31	18.24	26.22
9	山姜 Languas chinensis	5.70	7.03	8.02
10	类芦 Neyraudia reynaudiana	4.57		
11	华南毛蕨 Cycloosorus link	4.57	5.24	11.66
12	莎草 Cyperus rotundus	4.00	8.18	8.49
13	深绿卷柏 Selaginella doederleinii		44.02	24.87
14	金毛狗 Cibotium barometz		33.91	37.14
15	断肠蕨 Diplaziam maximum		23.87	
16	曲轴鳞毛蕨 Dryopteris gracilescens		18.78	25.08
17	凤尾蕨 Pteris cretica		14.06	
18	棕叶 Aspidistra obianceifolia		8.19	10.73
19	蜈蚣蕨 Polypodium aureum		6.72	22.04
20	粗茎鳞毛蕨 Dryopteris crassirhizoma	5.63		
21	皱叶狗尾草 Panicum plicatum		3.8	

密度为 2475 株/hm² 杉木人工林下经过 16 年自然更新后，共有植物种 25 种，其中灌木 12 种，草本 13 种。灌木中，玉叶金花的重要值最大，为 87.76，其次是截裂翻白叶树（Pterospermum heterophyllum）重要值为 48.28，说明玉叶金花、截裂翻白叶树是灌木中的主要种群；重要值在 20~30 的种有菝葜、粗叶榕等；重要值在 10~20 的灌木有三叉苦、崖豆藤（Millettia reticulata）、酸藤子、野牡丹、羌活、拎壁龙（Psychotria serpens）、杜茎山、九节它们主要为伴生种；重要值 10 以下的有 1 种悬钩子它们在林下分布较少，为偶见种；草本中，蔓生莠竹重要值最大，为 125.15，说明蔓生莠竹是草本中的主要种群，重要值在 10~30 的种有东方乌毛蕨、鞭叶铁线蕨、半边旗等，其为杉木林下的伴生草种，重要值在 10 以下的种有山菅兰、扇叶铁线蕨、山姜、类芦（Neyraudia reynaudiana）、华南毛蕨（Cyclosorus parasiticus）、莎草等，其在林下分布较少，为偶见种。

密度为 3870 株/hm² 杉木人工林下经过 16 年自然更新后，共有植物种 31 种，其中灌木 12 种，草本 19 种。灌木中，玉叶金花重要值最大，为 52.59，是灌木中的优势种群；

重要值在 40~50 的种有三叉苦、米老排，它们为次优势种。水桐木（*Paulownia kawaka-mii*）并没有成为林下的优势种，说明其对环境的竞争力不如其他自然侵入的种群；重要值在 10~20 的灌木分别为粗叶榕、九节、钩藤（*Uncaria rhynchophylla*）、毛叶算盘子、耳草、掌叶榕（*Ficuss stenophyll*）、杜茎山、粉防己（*Stephania tetrandra*）等，它们主要为伴生种。在此密度林分下，重要值 10 以下的物种没有出现；草本中，东方乌毛蕨为优势种。草本种群物种明显增多。重要值在 20~40 的种有卷柏、金毛狗、东方乌毛蕨、半边旗、断肠蕨（*Diplaziam maximum*）；重要值在 3~20 的种有曲轴鳞毛蕨（*Dryopteris gracilescens*）、扇叶铁线蕨、凤尾蕨（*Pteris cretica*）、棕叶（*Aspidistra obianceifolia*）、莎草、鞭叶铁线蕨、五节芒、山菅兰等。

密度为 4950 株/hm² 杉木人工林下经过 16 年自然更新后，共有植物种 24 种，其中灌木 11 种，草本 13 种。灌木中，红锥（*Castanopsis hickli*）的重要值最大，为 114.19，是灌木中的优势种群，其次是野牡丹重要值为 50.33，说明野牡丹是灌木中的主要种群；重要值在 20~30 的种有杜茎山；重要值在 10~20 的种有玉叶金花、酸藤子、九节、掌叶榕等，它们为伴生种。草本中，弓果黍为优势种，重要值为 48.57；重要值主要分布在 10~40 的草本植物分别为金毛狗、弓果黍、东方乌毛蕨、扇叶铁线蕨、曲轴鳞毛蕨、深绿卷柏（*Sel-aginella doederleinii*）等，这些种的重要值变化较小，说明它们在杉木下的分布较均匀，种间竞争不是很明显；重要值在 10 以下的种有 2 种，为莎草和山姜。

表 4-15　不同密度杉木人工林群落多样性、丰富度、均匀度指数

乔木密度（株/hm²）	郁闭度（%）	生长型	S	H'	D	J	d_{GL}
2475	79	灌木	13	2.271	0.859	0.885	2.025
		草本	12	1.886	0.772	0.759	1.856
3870	65	灌木	12	2.337	0.890	0.941	1.856
		草本	19	2.628	0.909	0.893	3.037
4950	85	灌木	11	1.993	0.801	0.831	1.687
		草本	13	0.192	0.901	0.831	2.025

分析 3 种密度的杉木林下自然发育 16 年的灌木及草本的多样性特征见表 4-15。可以看出，当乔木密度从 2475 株/hm² 增加到 3870 株/hm² 时，除 Gleason 丰富度指数 d_{GL} 外，灌木及草本层物种的 Shannon-Wiener 指数 H'、Simpson 优势度指数 D、均匀度指数 J 及物种丰富度 S 均呈现出增高的趋势，密度为 3870 株/hm² 的林下物种多样性及丰富度指数最高，也就是说该密度利于群落向多物种的复合稳定性群落演替。以后，随着乔木密度的增大，林下物种多样性及丰富度指数均呈降低的趋势。说明在近自然化恢复改造杉木人工林过程中，将林分密度调整为中密度是必需的，利于人工林群落自然植被的演替发育及群落结构的优化。

总之，不同林分密度对马尾松和杉木人工林下植被的物种多样性影响显著，中密度林分下物种组成丰富。根据群落演替理论，群落内物种的相互取代，是不同物种对光照、土壤、水、空气湿度等环境资源竞争利用，是物种间，物种和环境间的相互作用共同导致的，一个物种的退出，说明它们在变化的环境中竞争处于不利地位而逐渐被淘汰。因此，

如果想要人为地加快恢复速度，进行恢复启动物种的筛选的时候，不能选择那些在群落某一阶段处于优势地位，但是在另一个阶段却销声匿迹的物种。另外一些物种，它们的数量虽然不是很多，且不一定在任何一个演替阶段处于优势地位，但是它们的适应性强，种群数量稳定，这些物种可以考虑作为恢复林分的启动的物种。还有那些在林下环境中可以顺利完成天然更新，将来有望成为群落优势种甚至建群种的地带性顶极群落优势物种，也可以考虑在早期人为引入，以加快整个群落的恢复进程。

马尾松、杉木人工林不同密度林下植被的发育情况呈现出明显的发育—最高峰—萎缩的规律，即低密度林下因光照过强，空气湿度过低、土壤水分含量较少。灌木植被层和草本植被层发育缓慢；随着林分密度的增加，因光照适中、空气湿度适中、土壤水分含量适中，灌木植被层和草本植被层发育迅速；当林分密度继续增加时，因光照过少、空气湿度增加、土壤水分含量过高，这些条件反而抑制喜光植物的生长，这期间林下植被的多样性指数又开始下降。

因此，对研究区域大面积分布的人工杉木针叶纯林进行近自然化恢复改造过程中，适度调控林分密度为中密度是必要的。对于过疏的林分，可人为补植部分常绿阔叶树种，增加林分密度，改善林分结构；对于过密的林分，通过疏伐减少密度，加速林下多物种的快速发育和演替，实现人工针叶纯林结构与功能的有效恢复。

二、土壤养分及水文效应

(一)不同植被恢复模式下土壤全 N、全 P 和全 K 变化

我们在同一立地条件下选定同龄(26 年)的 10 个人工林群落，其中针叶林有马尾松和杉木，针阔混交林为杉木 + 红锥混交林及马尾松 + 红锥混交林，常绿阔叶林分别为红锥、格木、柚木及火力楠等，并以撂荒地及残留在大青山海拔 720 m 区域的常绿阔叶次生林这 2 个自然演替的两极作为参照。

从图 4-23 可以看出，人工林地表层(0 ~ 20cm)全 N 均高于撂荒地；9 种人工林群落土壤全 N 存在明显差异($p < 0.05$)，从小到大依次为：杉木 < 马尾松 < 马尾松 + 红锥混交林

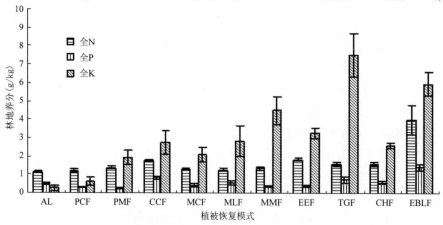

图 4-23　大青山不同植被恢复模式下土壤表层(0 ~ 20cm)全 N、全 P 及全 K 变化

(注：图中 AL—撂荒地，PCF—杉木，PMF—马尾松，CCF—杉木 + 红锥混交林，MCF—马尾松 + 红锥混交林，MLF—米老排，MMF—火力楠，EFF—格木，TGF—柚木，CHF—红锥，EBLF—天然老龄次生林)

<米老排<火力楠<柚木<红锥<杉木＋红锥混交林<格木。格木为豆科植物，有固 N 作用，林地的全 N 含量较高，因此对于 N 贫乏的区域，通过人工营建格木林，可有效改善林地 N 的累积；在撂荒地上建立人工林后，林地全 N 含量均有不同程度的提高，增幅为 5.26% ~ 60.53%；2 种针叶林相比，马尾松林地全 N 高于杉木，杉木、马尾松分别和红锥混交后，杉木林地全 N 含量增加比较明显，增加了 54%，而马尾松却稍有降低；除格木以外的 5 种人工常绿阔叶林之间相比，柚木和红锥基本一致，火力楠、米老排全 N 含量基本相等。

9 种人工林林地土壤全 P 变化存在明显差异($p < 0.05$)，全 P 含量从小到大依次为：马尾松<杉木<火力楠<格木<马尾松＋红锥混交林<米老排<红锥<柚木<杉木＋红锥混交林。与初期演替的撂荒地来对照，9 种人工林中，除杉木＋红锥混交林、柚木、红锥和火力楠的全 P 含量均有增加外，增加幅度为 9.80% ~ 60.78%，其余 5 种人工林却呈下降的趋势，马尾松、杉木下降幅度最大，为 41.18% ~ 49.02%。

从图 4-23 可以看出，9 种人工林林地全 K 含量差异显著($p < 0.05$)，林地全 K 含量从小到大依次为：杉木<马尾松<马尾松＋红锥混交林<红锥<杉木＋红锥混交林<火力楠<格木<米老排<柚木。相对撂荒地来说，人工林群落土壤全 K 含量均呈现增加趋势。K 的累积一方面来自于森林群落凋落物的有效分解；另一方面，与土壤母质的酸性淋溶有关。

（二）马尾松、杉木不同演替发育阶段的土壤养分变异

分别在临近区域筛选林龄分别为 7 年、13 年、23 年的马尾松和杉木人工林，人为干扰活动一致，以空间代替时间的方法，建立起杉木、马尾松时间演替发育序列，调查分析土壤养分结果分别见表 4-16。

从表 4-16 可以看出，2 种针叶林林地的养分变化趋势基本一致，随着土层增加，除全 K 呈现增加的趋势外，其余养分含量均减少。随着演替，杉木林分土壤(0 ~ 20 cm)pH 值、全 P、速效 P 含量均逐渐减小；而马尾松土壤 K 含量呈现减少趋势，P 含量基本保持不变；2 种针叶人工林土壤(0 ~ 20 cm)有机质、全 N、碱解 N 和盐基总量均呈现明显增加的趋势

表 4-16　杉木、马尾松不同演替阶段土壤化学性质

树种	演替阶段（a）	土层（cm）	pH 值	有机质（g/kg）	全 N（g/kg）	全 P（g/kg）	全 K（g/kg）	碱解 N（mg/kg）	速效 P（mg/kg）	速效 K（mg/kg）	盐基总量（mg/kg）
杉木	7	0 ~ 20	4.32	30.7	1.18	0.46	8.42	113.0	3.5	35.5	1.75
		20 ~ 40	4.38	15.7	0.84	0.41	9.71	62.3	2.5	22.1	1.65
		40 ~ 100	4.71	10.9	0.71	0.39	1.12	45.3	2.0	19.6	1.43
	13	0 ~ 20	4.13	32.2	1.41	0.38	9.57	128.7	3.2	37.3	1.82
		20 ~ 40	4.26	16.8	0.95	0.34	10.23	82.3	3.2	26.5	1.79
		40 ~ 100	4.63	12.1	0.82	0.37	12.34	46.8	2.7	21.2	1.32
	23	0 ~ 20	4.09	36.3	1.46	0.30	10.73	148.0	2.8	43.9	1.94
		20 ~ 40	4.20	18.3	1.04	0.26	10.71	78.0	2.7	29.0	1.88
		40 ~ 100	4.45	11.2	0.95	0.35	14.63	57.7	2.2	24.3	1.20

（续）

树种	演替阶段（a）	土层（cm）	pH 值	有机质（g/kg）	全 N（g/kg）	全 P（g/kg）	全 K（g/kg）	碱解 N（mg/kg）	速效 P（mg/kg）	速效 K（mg/kg）	盐基总量（mg/kg）
马尾松	7	0~20	4.97	36.1	1.4	0.8	14.6	139	5.1	85	4.38
		20~40	4.94	17.3	1.2	0.8	17.1	94	3.17	43.57	3.23
		40~100	5.22	9.9	1.0	0.8	17.6	53	1.9	30.67	2.43
	13	0~20	4.49	38.0	1.5	0.6	13.7	141.0	5.4	37.4	4.93
		20~40	4.99	17.5	0.35	0.16	14.8	98.0	3.7	25.8	3.90
		40~100	5.11	13.9	0.30	0.15	15.7	69.0	3.3	16.8	2.50
	23	0~20	4.22	67.5	1.7	1.0	11.9	191.33	5.33	28.73	5.05
		20~40	4.41	27.9	0.8	0.3	12.3	97.33	3.03	13.73	4.72
		40~100	4.74	13.3	0.5	0.2	13.1	62.23	2.07	10.5	2.24

（$p < 0.05$），杉木 17 年间分别增加了 18.24%、23.73%、30.97%、10.86%，马尾松则分别增加了 86.98%、21.43%、37.65%、15.30%；杉木演替过程中全 K 含量逐渐增加，而马尾松呈现减小的趋势，这主要与 2 种森林群落凋落物的养分结构、分解状况及土壤母岩 K 酸性淋溶分解特性各异有关。从这点来看，在减少人为干扰后，杉木、马尾松人工林的演替是正向演替，林地可得到有效恢复。

（三）造林密度对马尾松林地土壤理化特性的影响

分析 14 年生造林密度（株/hm²）分别为 1300、1800、2100 马尾林地土壤化学特性，结果见表 4-17。可以看出，不同密度马尾松林地土壤理化特性存在明显差异（$P < 0.05$）。0~40 cm 土壤 pH 值，3 种密度中，中密度（1800 株/hm²）林地最高，其余 2 种密度相比，高密度（2100 株/hm²）＜低密度（1300 株/hm²）。40~100 cm 土层随着林分密度增加 pH 值降低；有机质含量随着土层增加而呈现明显降低趋势（$p < 0.05$），0~20 cm 土层有机质含

表 4-17　不同密度马尾松林地土壤化学特性

密度（株/hm²）	土层（cm）	pH 值	有机质（g/kg）	全 N（g/kg）	全 P（g/kg）	全 K（g/kg）	碱解 N（mg/kg）	速效 P（mg/kg）	速效 K（mg/kg）	盐基总量（mg/kg）
1300	0~20	4.57	17.7	0.71	0.21	4.5	82	4.8	21.2	0.96
	20~40	4.71	9.3	0.48	0.19	6.5	44	3.8	14.8	0.91
	40~100	5.09	5.7	0.43	0.14	0.9	28	3.2	14.4	0.71
1800	0~20	5.09	18	0.79	0.17	4.7	101	5.4	17.4	1.93
	20~40	4.99	7.5	0.35	0.16	4.8	50	3.7	5.8	0.9
	40~100	5.11	3.9	0.3	0.15	6.7	19	3.2	6.8	0.5
2100	0~20	4.73	14	0.63	0.37	5.3	74	4.4	26.4	1.52
	20~40	4.85	5.7	0.42	0.19	6.7	42	3.5	14.3	0.9
	40~100	4.78	4.8	0.38	0.2	7.7	26	3.2	9.3	0.65

量从小到大依次为：高密度（2100 株/hm²）＜低密度（1300 株/hm²）＜中密度（1800 株/hm²）；全 N 含量随着土层加深而降低，3 种密度林地（0～20 cm）全 N 与有机质含量变化一致；随着土层加深，不同密度林地土壤全 P 变化不同，中密度林地全 P 减少幅度较小，40～100 cm 土层相对 0～20 cm 减少了 11.76%，高密度林地减少幅度较大，40～100 cm 土层相对 0～20 cm 减少了 45.95%，而低密度林地全 P 减少了 33.33%，3 种密度林地表层（0～20 cm）全 P 从小到大依次为：中密度（1800 株/hm²）＜低密度（1300 株/hm²）＜高密度（2100 株/hm²）；3 种密度林地表层（0～20 cm）全 K 从小到大依次为：低密度（1300 株/hm²）＜中密度（1800 株/hm²）＜高密度（2100 株/hm²）；3 种密度林地表层（0～20 cm）碱解 N、速效 P 均表现出与各自有机质的变化趋势一致，即高密度（2100 株/hm²）＜低密度（1300 株/hm²）＜中密度（1800 株/hm²）；中密度林地速效 K 含量较低，低密度次之，高密度最高；盐基含量变化仍是中密度最高，高密度次之，低密度最低。

表4-18　不同密度马尾松林地土壤物理特性

密度 （株/hm²）	土层厚度 （cm）	容重 （g/cm³）	持水量（%）			孔隙度（%）		
			最大 持水量	毛管 持水量	最小 持水量	总孔 隙度	毛管孔 隙度	非毛管 孔隙度
1300	0～20	1.48	19.34	26.56	23.43	46.24	33.45	12.79
	20～40	1.58	24.56	22.34	19.43	44.31	28.43	18.55
	40～100	1.65	30.22	15.87	12.65	32.46	30.34	2.12
1800	0～20	1.52	35.32	25.43	20.43	46.65	34.23	12.42
	20～40	1.64	31.43	21.36	18.76	45.34	33.63	11.71
	40～100	1.67	28.21	19.43	17.43	44.83	30.25	14.85
2100	0～20	1.61	33.43	20.46	17.01	42.45	30.12	12.33
	20～40	1.66	28.54	16.56	13.54	33.67	26.54	7.13
	40～100	1.67	21.25	17.48	14.26	30.25	21.37	8.88

从表4-18 可以看出，中密度林地具有较好的物理特性，土壤容重较低，林地较为疏松，土壤持水量及空隙度都比较高，同时也具有良好的水土保持功能。高密度林分相对低密度来说，土壤物理性能较好。

总的来看，2 种针叶纯林土壤养分含量较差，但分别于红锥混交后，土壤养分得到了明显改善，这就为我们近自然恢复针叶纯林地力提供可能和参照，一方面可以通过"移针引阔"措施在针叶纯林下人工补植常绿阔叶树种；另一方面，主要通过诱导林下常绿阔叶树种发生发生正向演替，促使针叶纯林群落趋向演替为结构较为复杂稳定的针阔混交林。通过增加群落的物种多样性，来改变群落水热环境条件，加大根系和枯枝落叶回归土壤的速率，改善凋落物的组分、分解性能及养分含量，充分发挥森林的自我培肥作用，加速退化植被的恢复和重建进程；常绿阔叶纯林土壤有着较为丰富的 K，柚木相对别的群落全 K 含量最高。所有人工林中，杉木＋红锥混交林群落土壤养分含量最为丰富，也反映出针阔混交林具有良好的土壤养分循环累积机制。

9 种人工林中，2 种针叶林土壤 3 个层次容重均最大，但杉木土壤容重低于马尾松，杉木、马尾松分别与红锥混交后，土壤容重均相对减小。针阔混交林中物种及群落结构的变化，使得土壤疏松度得到改善，并较几种人工常绿阔叶林为小。5 种常绿阔叶人工林中，米老排土壤容重最小，其余 4 种群落土壤容重差异不大；2 种针叶林土壤孔隙度较低，但 2 种针阔混交林土壤总空隙度较高。5 种人工常绿阔叶林的土壤空隙度差异不明显；人工林群落中，2 种针叶纯林自然持水量较小，2 种针阔混交林土壤最持水量大、毛管持水量及最小持水量均高于别的所有人工林群落，说明针阔混交林土壤具有较强的蓄水保水能力，可避免或减少因降雨强度大来不及渗透而形成的地表径流，提高了森林生态系统的水土保持能力。人工纯林下植被结构简单，植被拦蓄及抗侵蚀能力衰退，水土流失就很容易发生，我们已经在一些人工林林地上发现密布的侵蚀细沟，也说明这些林分的土壤已经遭受到剧烈的雨水冲蚀，水土保持生态功能衰退。不同森林的水土保持功能存在明显的差异，主要反映在土壤理化性能的变异上。天然植被土壤水土保持功能优于所有人工林。人工林中，2 种针阔混交林具有较强的水土保持功能，而杉木与红锥混交林相对于马尾松与红锥混交林水土保持功能更强。2 种针叶纯林防止水土流失能力较差，林地容易发生水土流失，马尾松群落相对更为严重。

马尾松、杉木人工纯林自然演替过程中(7 年—13 年—23 年)，2 种针叶林林地的养分变化趋势基本一致。随着土层加深，除全 K 呈现增加的趋势外，其余养分含量均减少。随着演替，杉木林分土壤(0 ~ 20 cm)pH 值、全 P、速效 P 含量均逐渐减小；而马尾松土壤 K 含量呈现减少趋势，P 含量基本保持不变。有机质、全 N、碱解 N 和盐基总量均呈现明显增加的趋势($p < 0.05$)。说明针叶纯林在减少人为干扰后，通过自然演替可以有效恢复土壤肥力。

14 年生造林密度(株/hm^2)分别为 1300、1800、2100 马尾林地土壤理化特性表现出明显差异；全 K 含量随着林分密度增加而增高，但有机质、全 N 和全 P 含量均是中密度(1800 株/hm^2)林地最高，乔木层密度较高的群落相对于稀疏的林分，土壤养分含量更低。中密度林地也有着良好的物理特性，土壤持水量、空隙度都较高，同时也具有优良的水土保持功能。因此，在人工针叶植被近自然恢复过程中适当调节林分的密度，可有效改善土壤的理化性能及水土保持功能。

研究的多个森林群落分布在同一气候和地质背景条件下，处于明显不同的演替阶段，它们表层土壤间的 pH 值、有机质和有效养分含量及物理性能存在显著差异，表明不同植被恢复过程中对土壤改良作用的累积效果存在差异，也说明在广西大青山植被对土壤的改良效果也是不可忽视的。由于该区域强烈的降雨及较陡坡度的立地，加之土层较薄，一旦水土流失发生，土壤遭受严重侵蚀，基岩容易裸露，那么植被就很难再发育演替起来，在石灰岩特殊地形上石漠化发生就很难避免。不同森林群落的土壤理化性能，一方面影响到地面植被特征与结构；另一方面也影响到不同群落的水土保持功能。因此，植被与土壤是相互耦合相互发展的，同时也是相互制约的，植被与土壤相互作用机制导致了森林群落生态功能上的差异，通过植被及地力近自然化恢复，来有效增强森林生态系统的水土保持功能就显得尤为重要。不同森林群落土壤养分与物理特性是一致的，良好的养分循环与累积也必须以良好的物理性能为基础和载体。在森林群落的演替过程中，不同演替阶段群落下表层土壤中有机质和有效养分累积方式和机理不同，产生了不同的结果。即使是那些在演替过程中变化波动的成分，在最后接近顶极群落的土壤中也是最高的。我们研究发现在常绿阔叶次生林和针阔叶混交林土壤(均比马尾松、杉木纯林林土壤养分含量高)间都展现出同样的变化趋势，说明森林群落的进展演替过程也是土壤养分不断积累的过程，同时土壤物理性能也在不断得到改善。

参考文献

Liu S R, Li X M, Niu L M. 1998. The degradation of soil fertility in pure larch plantation in the northeastern part of China[J]. Ecological Engineering, 10: 75~86

Liu S R. 1995. Nitrogen cycling and dynamic analysis of man-made larch forest ecosystem[J]. Journal of Plant and Soil, 169: 391~397

Sturm K. 1993. Prozeßschutz-ein Konzept für naturschutzgerechte Waldwirtschaft—Zeitschr. f. Ökologie u[J]. Naturschutz, 2. 181~192

曹旭平, 郭其强, 张文辉. 2010. 黄龙山油松林和油松 + 辽东栎混交林物种组成及其优势种群动态[J]. 西北植物学报, 30 (5): 1012~1019

陈大珂. 1994. 天然次生林—结构、功能、动态与经营[M]. 哈尔滨: 东北林业大学出版社

范少辉, 马祥庆, 傅瑞树等. 2001. 不同栽植代数杉木林林下植被发育的比较研究[J]. 林业科学研究, 14 (1): 8~16

康冰, 刘世荣, 蔡道雄等. 2005. 南亚热带人工杉木林灌木层物种组成及主要木本种间联结性[J]. 生态学报, 25(9): 2173~2179

卢其明, 林琳, 庄雪影等. 1997. 车八岭不同演替阶段植物群落土壤特性的初步研究[J]. 华南农业大学学报, 18(3): 48~52

陆元昌, 张文辉, 曹旭平等. 2009b. 黄土高原油松林近自然抚育经营技术指南[M]. 北京: 中国林业出版社

陆元昌, 张守攻, 雷相东等. 2009a. 人工林近自然化改造的理论基础和实施技术[J]. 世界林业研究, 22 (1): 20~27

陆元昌. 2006. 近自然森林经营的理论与实践[M]. 北京: 科学出版社

钱迎倩, 马克平. 1994. 生物多样性研究的原理与方法[M]. 北京: 中国科学技术出版社, 141~163

苏志尧, 张宏达. 1994. 广西植物区系的特有现象[J]. 热带亚热带植物学报, 2(1): 1~9

汪永华, 陈北光, 苏志尧. 2000. 物种多样性研究进展[J]. 生态科学, 19(3): 50~54

王业蘧. 1994. 阔叶红松林[M]. 哈尔滨: 东北林业大学出版社

修勤绪, 陆元昌, 曹旭平等. 2009. 目标树林分作业对黄土高原油松人工天然更新的影响[J]. 西南林学院学报. 29(2): 13~19

徐化成. 1993. 油松[M]. 北京: 中国林业出版社, 18~23

徐化成. 1990. 林木种子区划[M]. 北京: 中国林业出版社

岳天祥. 2001. 生物多样性研究及其问题[J]. 生态学报, 21: 462~467

中国林业科学研究院"多功能林业"编写组. 2010. 中国多功能林业发展道路探索[M]. 北京: 中国林业出版社

第五章 退化天然林自然恢复的生态学过程及恢复评价

第一节 贵州退化喀斯特天然林自然恢复的生态学过程及恢复评价

一、研究区概况

本研究主要在贵州省南部茂兰国家级自然保护区内进行，该保护区总面积2万 hm^2，东西宽22.8 km，南北长21.8 km。地理位置为东经107°52′10″~108°05′40″，北纬25°09′20″~25°20′50″，处于中亚热带范围。地势西北部高于东南部，最高海拔1078.6 m，最低海拔430 m，平均海拔800 m以上。全区除局部地点覆盖有少量砂页岩外，主要是由纯质石灰岩及白云岩构成的喀斯特地貌，属裸露型喀斯特，可以称作"典型的喀斯特生境"（周政贤，1987）。同生在这种生境基质上的森林融合在一起，构成了亚热带地区独特的喀斯特森林自然综合体。该区年均温18.3 ℃，≥10 ℃活动积温5767.9 ℃，生长期315天；全年降水量1320.5 mm，集中分布于4~10月；年均相对湿度80%；年均霜日7.3天；全年日照时数1272.8小时，日照百分率29%，以7~9月为高，达39%~43%。属中亚热带季风湿润气候，具有冬无严寒，夏无酷暑，雨量充沛，雨热同季，积温高，无霜期长的特点，有利于林木生长。区内土壤以黑色石灰土为主，土层浅薄且不连续，剖面构型多为AF-D型、A-D型。地表水缺乏，土体中持水量较低，土壤富钙和富盐基化，pH值6.5~8.0，有机质含量高（周政贤，1987）。

保护区森林属常绿落叶阔叶混交林。其组成树种多耐旱，喜钙树种，如圆果化香、圆叶乌桕、化香、青檀、榆（*Ulmus* sp.）、光叶榉（*Zelkova serrata*）、小叶栾树（*Koelreuteria minor*）、荔波鹅耳枥、石山含笑（*Michelia calcarea*）、南天竹、青冈栎、球核荚蒾（*Viburnum propinquum*）、杨梅叶蚊母树、黄连木（*Pistacia chinensis*）、楞木石楠、掌叶木、贵州悬竹、齿叶黄皮（*Clausena dunniana*）、角叶槭（*Acer sycopseoides*）、黔竹等。在核心区保存有原生性顶极常绿落叶阔叶林群落，缓冲区有演替地位较高的次生常绿落叶阔叶林群落，而在保护区周边地区因靠近村寨，破坏严重，有演替早期、中期阶段的次生常绿落叶阔叶林群落。森林退化程度以村寨为中心，向外逐步减轻。在亚热带广布的喀斯特地貌上普遍失去森林覆盖的情况下，在该保护区及周边地区研究退化群落自然恢复的生态学过程，从中寻找恢复的途径、方法，具有重要意义，也具有很强的代表性。

二、贵州喀斯特典型天然林群落现状及结构特征

本研究采用以"空间代替时间"的研究方法（Muller-Dombois and Ellenberg，1986），建立退化群落自然恢复的演替系列，分析研究群落组成、结构、功能、生境自然恢复的生态学过程及机制。

根据群落最小表观面积，采用常规样地调查法，调查草本群落（20 m²），灌木、灌丛群落（160 m²），乔林（600 m²），顶极常绿落叶阔叶林群落（900 m²）共56个，18454 m²，其中顶极群落固定样地2000 m²，破坏性试验固定样地600 m²。

（一）群落类型

以退化群落样地为分类单位，种群重要值百分率为属性对54个样地进行PCA排序，结果反应出乔林群落、灌木灌丛群落以及草本群落分别集中于3个集团，却难以进一步划分。因此，分别将乔林群落、灌木灌丛群落、草本群落进行系统聚类分析。根据聚类分析结果将退化群落54个样地分为19个群落类型，并根据优势种或优势种组命名。

黄梨木、樟叶槭群落（*Boniodendron minus* + *Acer cinnamomifolium* Community），含样地51号。圆果化香、黄皮群落（*Platycarya longipes* + *Clausena dunniana* Community），含样地29、52、53、54号。四照花、香叶树群落（*Dendrobenthamia* sp. + *Lindera communis* Community），含样地1、8、11、20、22、25号。枫香、鹅耳枥群落（*Liquidambar formosana* + *Carpinus pubescens* Community），含样地10、16、19、23、24、28号。栲、黄皮群落（*Castanopsis* spp. + *Clausena dunniana* Community），含样地36、50号。枫香、常山群落（*Liquidambar formosana* + *Clerodendrum* sp. Community），含样地13、21号。圆果化香、香叶树群落（*Platycarya longipes* + *Lindera communis* Community），含样地43号。香叶树、檵木群落（*Lindera communis* + *Loropetalum chinense* Community），含样地4、6、17号。紫珠、南天竹群落（*Callicarpa japonica* + *Nandina domestica* Community），含样地40号。盐肤木、香叶树群落（*Rhus chinensis* + *Lindera communis* Community），含样地33、44号。香叶树、全缘火棘群落（*Lindera communis* + *Pyracantha atalantioides* Community），含样地46、47号。檵木、盐肤木群落（*Loropetalum chinense* + *Rhus chinensis* Community），含样地31、48号。香叶树、紫珠群落（*Lindera communis* + *Callicarpa japonica* Community），含样地3、5、9、12、26、27、30、32号。黔竹、楤木群落（*Dendrocalamus tsiangii* + *Arali* sp. Community），含样地49号。蕨、楼梯草群落（*Aleuritopteris* sp. + *Elatostema* sp. Community），含样地14、15号。五节芒、珍珠茅群落（*Miscanthus floridulus* + *Carax* sp. Community），含样地2、7、18号。扭黄茅、蕨群落（*Heteropogon contortus* + *Aleuritopteris* sp. Community），含样地34、35、37、41、42号。扭黄茅、莎草群落（*Heteropogon contortus* + *Cyperus* sp. Community），含样地45号。五节芒、扭黄茅群落（*Miscanthus floridulus* + *Heteropogon contortus* Community），含样地38、39号。

（二）天然林群落退化

1. 不同人为干扰后退化群落特征及群落退化度

研究区内主要人为干扰活动为火烧、开垦、放牧和樵采。喀斯特森林顶极群落受干扰后，群落结构、功能、生境逆行改变，发生群落退化。其过程可通过不同演替阶段群落特征反应（表5-1）。从顶极群落阶段到草本群落阶段，群落结构改变，阳性先锋树种增多而

耐阴顶极树种减少；群落高度、显著度降低，生态空间缩小，对资源利用程度降低；群落生物量减少，群落功能水平降低；群落更新对策从以有性繁殖为主变为以无性繁殖为主。此外，生境由变化缓和的中生环境改变为变化剧烈的早期环境。

表5-1　不同演替阶段群落特征

演替阶段[1]	干扰因素[2]	高度（m）	显著度（cm²/m²）	耐阴树种比例（%）	实生株数/总株数（%）	生物量（t/hm²）
Ⅰ	—	14.57	16.88	62.61	55.90	87.39
Ⅱ	F、Cu	9.54	12.40	31.52	35.02	60.90
Ⅲ	F、Cl、H、Cu	4.63	7.61	10.11	34.15	23.37
Ⅳ	F、Cl、H、Cu	3.64	6.19	6.10	33.06	12.74
Ⅴ	F、Cl、H	1.75	2.67	2.89	28.88	4.62
Ⅵ	F、Cl、H	0.56	1.22	1.53	25.55	3.89

注：1）Ⅰ：顶极群落阶段，Ⅱ：乔林阶段，Ⅲ：灌乔过渡阶段，Ⅳ：灌丛灌木阶段，Ⅴ：草灌群落阶段，Ⅵ：草本群落阶段；2）F：火烧，Cl：开垦，H：放牧，Cu：樵采。

表5-2　各群落样地退化度

Ⅰ		Ⅱ		Ⅲ		Ⅳ		Ⅴ		Ⅵ	
样地号	退化度	样地号	退化度	样地号	退化度	样地号	退化度	样地号	退化度	样地号	退化度
51	0.08	16	0.37	36	0.67	23	0.67	12	0.85	15	0.88
52	0.23	11	0.45	13	0.81	21	0.71	27	0.90	14	0.91
54	0.30	22	0.49	6	0.81	47	0.85	35	0.92	37	0.96
53	0.31	28	0.56	17	0.82	5	0.86	2	0.92	45	0.96
29	0.35	8	0.60	33	0.83	9	0.88	7	0.94	18	0.97
20	0.40	24	0.60	40	0.85	46	0.88	34	0.95	38	0.97
		25	0.63	4	0.86	3	0.90	39	0.98	41	0.98
		43	0.64	31	0.87	48	0.90			42	0.99
		50	0.64	44	0.87	30	0.91				
		1	0.66	26	0.88	32	0.93				
		10	0.72	19	0.38	49	0.95				

　　群落的退化度是指当一个干扰力作用于森林群落，使群落结构、功能、生境逆行改变，偏离顶极群落的程度(喻理飞，2002a)。其量化指标根据群落退化特点和测定指标获取的难易程度确定，为群落高度、显著度、萌生株数与总株数的比例、耐阴树种比例和群落生物量。各指标在群落退化过程中所起作用大小不同，其权重可反映相对重要性。运用层次分析法(姜启源，1993)，得出上述指标权重值分别为0.1429、0.1986、0.1076、0.2680、0.2829。后两者值高，说明群落生物量移出、耐阴树种消退对群落退化过程影响大，群落反应敏感，而实生株数与总株数比例值小，说明更新对策的改变影响相对较小。表5-2给出了各群落退化度。由表5-2可见，从顶极群落阶段至草本群落阶段，群落偏离

顶极群落的程度越高，其退化度值越大。同一演替阶段的群落退化度多数接近，特别是顶极群落阶段和草本群落阶段。在演替中期阶段少数样地差异较大，主要原因是退化度计算和演替阶段划分的依据不同。如灌乔过渡阶段的样地 19，退化度为 0.38，与顶极群落阶段相近，原因是该样地群落上层保留有 10 株胸径 20～38 cm 的喜光先锋种枫香，依据组成结构划分演替阶段则接近于灌丛灌木阶段，但根据上述退化指标测算退化度，则因显著度大、生物量高，其值较低，接近顶极群落阶段。总体上看，各演替阶段不同群落退化度是相对一致的，退化度很好地反映了群落退化的程度。

2. 群落退化等级及其特征分析

为进一步揭示群落退化过程，以群落样地为实体，群落各指标的退化度值为属性，对 54 个样地进行主成分分析（PCA），第一、二主分量（P1，P2）贡献率分别为 88.3%、6.5%。在 PCA 排序图（图 5-1）上根据样地空间位置，将 54 个样地划分为 6 个退化等级。乔木群落样地分布于 A～C，其中顶极群落阶段的样地全在 A 级，灌丛灌木群落样地分布于 C～E，草本群落为 E～F，表明演替阶段与退化等级基本一致，也说明了退化度测定和退化等级划分反映了客观事实，是可信的。不同退化等级的退化度均值反映其退化程度的

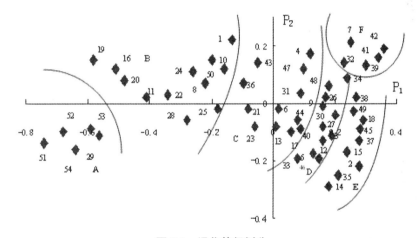

图 5-1　退化等级划分

平均水平。由表 5-3 可见，从 A 至 F，退化度增大，群落退化加剧。各指标退化度的百分率与指标权重紧密相关，都反映其对群落退化所起作用的大小，但前者提供了更多的信息。从各指标退化度百分率分布看出，从 B 至 F 各指标退化度百分率分布与权重分配基本一致，说明退化过程中各指标的作用相似，具有相同的退化规律。但 A 则差异很大，显著度、生物量的退化度百分率远高于其权重，特别是生物量为 46.15%。耐阴树种比例和萌生株数比例的退化度百分率则相反，远低于其权重。群落高度退化百分率与权重相似，原因是 A 为顶极群落样地组成，干扰不明显，群落结构完善，功能水平高，自我调节能力强，除生物量稍有移出外，群落组成结构，高度和更新对策变化不大，退化仅 0.26，可视为是群落结构、功能的正常波动。因此，群落退化过程是在外界干扰力的作用超顶极群落正常波动振幅之后明显发生。

表 5-3　不同退化等级各群落指标退化度

退化等级	群落高度		显著度		萌生株数/总株数		生物量		耐阴树种比例		退化度	
	均值	%	均值	%	均值	%	均值	%	均值	%	均值	%
A	0.04	15.38	0.06	23.08	0.01	3.85	0.12	46.15	0.03	11.54	0.26	100
B	0.07	13.21	0.10	18.87	0.06	11.32	0.14	26.42	0.16	30.18	0.53	100
C	0.11	14.10	0.14	17.95	0.07	8.97	0.22	28.21	0.24	30.77	0.78	100
D	0.12	13.64	0.17	19.32	0.07	7.94	0.26	29.55	0.26	29.55	0.88	100
E	0.14	15.22	0.19	20.65	0.06	6.52	0.26	28.26	0.27	29.34	0.92	100
F	0.13	13.54	0.19	19.79	0.10	10.42	0.26	27.08	0.28	29.17	0.96	100

3. 干扰方式与群落退化的相关分析

利用 PCA 进行梯度分析。由图 5-2 可见，同一干扰类型群落样地的空间位置相对集中，受火烧、开垦、放牧干扰的样地主要出现在 C ~ F 中，受樵采干扰的样地发生于 B ~ C 中，而在 A 中干扰不明显，说明干扰方式与退化等级密切相关，且同一退化等级中常受多

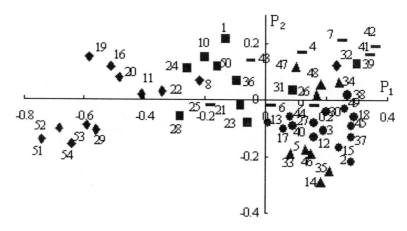

图 5-2　干扰类型与群落退化度的关系

（◆干扰不明显　█火烧　▲开垦　■樵采　●放牧）

种干扰因素的作用。表 5-4、表 5-5 中，萌生株数比例退化度百分率变化较大，反映了不同干扰方式作用的特点。开垦和放牧干扰形成相似退化群落特点，ClC、HC 退化度相近，萌生株数百分率小。ClC 是开垦后耕种数年弃耕形成，土壤中无性繁殖体缺乏，多为阳性先锋种飞籽侵入，萌生株数较少，仅占 36% ~ 46%，形成集团 1，但形成灌木林后，易受樵采干扰而萌生株数增多至 60% ~ 80%，形成集团 2。HC 是在放牧地上发育形成，人们为便于放牧和获取更多牧草常将土壤中无性繁殖体挖去，但不及开垦破坏严重，群落中萌生株数占 50% ~ 60%。FC 和 CuC 萌生株数百分率大。FC 是火烧森林后大量无性繁殖体萌发形成，萌生株数占 90% 以上，退化度最高，CuC 分布广，樵采对象是灌木群落至乔木群落，形成萌生株数为 60% ~ 70%，退化度最低。各干扰群落类型的退化度从小至大排序 CuC < ClC < HC < FC。

表5-4　不同干扰类型群落特征指标的退化程度

干扰类型群落[1]		群落高度		显著度		萌生株数/总株数		生物量		耐阴树种比例		退化度	
		均值	%	均值	%	均值	%	均值	%	均值	%	均值	%
FCT		0.13	13.83	0.18	9.15	0.10	10.64	0.26	27.66	0.27	28.72	0.94	100
HCT		0.13	14.44	0.18	20.00	0.07	7.78	0.26	28.89	0.26	28.89	0.90	100
CuCT		0.08	12.31	0.12	18.46	0.07	10.77	0.19	29.23	0.19	29.23	0.65	100
ClCT	1	0.12	13.48	0.17	19.10	0.08	9.00	0.26	29.21	0.26	29.21	0.89	100
	2	0.13	14.94	0.17	19.54	0.04	4.60	0.26	29.89	0.27	31.03	0.87	100
	均值	0.13	14.77	0.17	19.32	0.06	6.81	0.26	29.55	0.27	29.55	0.88	100

注：1）FCT：火烧群落类型，HCT：放牧群落类型，CuCT：樵采群落类型，ClCT：开垦群落类型，1：开垦群落类型1，2：开垦群落类型2。

表5-5　开垦干扰群落特征指标的退化度

开垦群落	群落高度		显著度		萌生株数/总株数		生物量		耐阴树种比例		退化度	
	均值	%	均值	%	均值	%	均值	%	均值	%	均值	%
集团1	0.13	14.94	0.17	19.54	0.04	4.60	0.26	29.89	0.27	31.03	0.87	100
集团2	0.12	13.48	0.17	19.10	0.08	9.00	0.26	29.21	0.26	29.21	0.89	100
均值	0.13	14.77	0.17	19.32	0.06	6.81	0.26	29.55	0.27	29.55	0.88	100

上述研究表明：①群落退化度是衡量群落偏离顶极状态的程度。可选择群落高度、显著度、萌生株数比例、生物量和耐阴树种比例用坐标综合评定法对喀斯特群落退化程度进行定量评价。生物量的移出和耐阴树种消退是群落发生退化的关键因素和重要标志。②各自然恢复演替阶段群落退化度大体相近，可用退化度评价各阶段群落的平均退化水平。③退化群落可分为 A～F6 个退化等级。在受自然力作用和人为干扰不明显时，顶极群落发生正常的波动（A），在干扰力作用大于波动的振幅时，顶极群落发生明显退化（B～F），从 B 至 F，群落退化度逐渐增大。群落退化等级与退化群落自然恢复的演替阶段基本一致，表明退化度测定和退化程度等级划分可信。④不同干扰方式与群落退化相关，退化群落萌生株数受干扰方式影响大，开垦和放牧作用特点相似，形成萌生株数较少，而火烧与樵采干扰产生萌生株数多；FCT、HCT、ClCT 分布于退化等级 C～F 中，CuCT 多发生于 B～C 中，各干扰群落类型的退化度从小至大排序：CuCT、ClCT、HCT、FCT。

（三）天然林退化群落恢复的生态学过程

1. 退化喀斯特森林自然恢复过程中群落动态

（1）自然恢复阶段。将 54 个群落样地通过样地聚集、聚集团联结、样地定位等一系列步骤，构建退化群落自然恢复的演替系列，并用最优分割法将退化群落自然恢复过程分为草本群落阶段、草灌群落阶段、灌丛灌木阶段、灌乔过渡阶段、乔林阶段和顶极群落阶段 6 个演替阶段（喻理飞，1998b）。喀斯特地区生境复杂，能适应同一演替阶段生境的物种不是一个而是具有相同适应性的多个物种构成的种组，即先锋种、次先锋种、过渡种、次顶极种和顶极种（朱守谦，2003）。各演替阶段及主要优势种为：草本群落阶段除草本植物外，主要树种有悬钩子、多花木蓝（*Indigofera amblyantha*）、小果蔷薇（*Rosa cymosa*）、金樱子(*Rosa laevigata*)、全缘火棘(*Pyracantha atalantioides*)等先锋种。草灌群落阶段除上述先锋种外，主要有檵木(*Loropetalum chinense*)、金丝桃(*Hypericum chinense*)、羊蹄甲、华南吴茱萸(*Euodia austosinensis*)等次先锋种。灌木灌丛阶段主要有全缘火棘、多种蔷薇(*Rosa* spp.)、马桑、构树等先锋种，檵木、金丝桃、水麻(*Debregeasia edulis*)等次先锋种，香叶树(*Lindera communis*)、南天竹、紫珠(*Callicarpa japonica*)等过渡种和顶极种云贵鹅耳枥。灌乔过渡阶段主要有全缘火棘、盐肤木等先锋种，过渡种香叶树、紫珠、南天竹和次顶极种香港四照花(*Dendrobenthamia hongkongensis*)。乔林阶段主要有过渡种香叶树、枫香，次顶极种香港四照花和顶极种朴树(*Celtis tetrandra* subsp. *sinensis*)、云贵鹅耳枥、多种海桐(*Pittosporum* spp.)、圆叶乌桕、青冈栎、圆果化香等。顶极常绿落叶阔叶林阶段主要有次顶极种香港四照花、齿叶黄皮和顶极种圆果化香、朴树、黄梨木、云贵鹅耳枥、多种海桐、圆叶乌桕、青冈栎、栾树、柿(*Diospyros kaki*)等。

(2)群落组成变化。喀斯特森林各种组主要树种如表5-6。先锋种为喜光树种，具光补偿点、饱和点高，平均净光合速率高，耐旱性强的特点；次先锋种的光补偿点、饱和点较高，平均净光合速率较高，耐旱性较强；过渡种的光补偿点较高，平均净光合速率低，具有一定对弱光利用的能力，耐旱性较弱；次顶极种的光补偿点较低，平均净光合速率较高，耐阴性较强，耐旱性较强；顶极种为耐阴树种，光补偿点低、饱和点高，平均净光合速率中等，耐旱性较强(喻理飞，2002c)。

表5-6　各种组主要树种名录

种组	树种
先锋种	悬钩子、马桑、多花木蓝、野桐、金樱子、全缘火棘、盐肤木、小果蔷薇、木姜子 *Litsea* sp.、构树
次先锋种	金丝桃、檵木、羊蹄甲、华南吴茱萸、水麻、海州常山 *Clerodendrun trichotomum*
过渡种	南天竹、紫珠、香叶树、湖北十大功劳、小叶女贞 *Ligustrum quihoui*、枫香
次顶极种	石岩枫、黔竹、齿叶黄皮、香港四照花、南酸枣 *Choerospondias axiiiaris*、光叶海桐 *Pittosporum glabratum*、粗糠柴、黄杞 *Engelhardtia roxbughiana*
顶极种	朴树、圆叶乌桕、黄丹木姜子 *Litsea elongata*、球核荚蒾、圆果化香、云贵鹅耳枥、翅荚香槐、青冈栎、青皮木 *Schoepfia jasminolora*、柿、美脉琼楠 *Beilschmiedia delicata*、多脉青冈、樟叶槭、川桂、菱叶海桐 *Pittosporum truncatum*、薯豆 *Elaeocarpus japonicus*、光叶榉、掌叶木、罗浮栲 *Castanopsis fabri*、椤木石楠、黄梨木、栾树

退化喀斯特群落自然恢复过程中，各种组在群落中的优势地位发生更替(图5-3)，在早期阶段，先锋种占优势，之后，逐渐降低，最终被淘汰，而顶极种则刚好相反。次先锋种和过渡种变化相似，在灌丛灌木阶段和灌乔过渡阶段占优势地位，进入常绿落叶阔叶林阶段衰退，而次先锋种衰退速度快于过渡种；次顶极种在早期阶段变化较小，从灌乔过渡阶段开始优势地位逐渐提高。各种组间的协变关系(Jhon *et al.*，1990)可反映一个种组变化对另一种组是抑制(负协变关系)或促进(正协变关系)作用。表5-7表明：群落恢复过程中，先锋种与其他种组呈负协变关系，即相互抑制，先锋种的衰退有利于其他种组地位提高，特别是顶极种，而顶极种重要性的提高有利于次顶极种发展却抑制了次先锋种、过渡种发展。因此，种组变化是由先锋种，经次先锋种、过渡种、次顶极种向顶极种逐渐替代。

表 5-7　各种组 Spearman 秩相关系数表

种组	次先锋种	过渡种	次顶极种	顶极种
先锋种	− 0.383	− 0.231	− 0.699	− 0.811
次先锋种	− 0.186	0.095	− 0.132	
过渡种		0.114	− 0.017	
次顶极种			0.640	

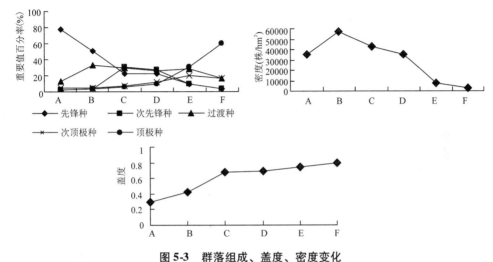

图 5-3　群落组成、盖度、密度变化

（A. 草本群落阶段；B. 草灌群落阶段；C. 灌丛灌木阶段；D. 灌乔过渡阶段；E. 常绿落叶阔叶林阶段；F. 顶极群落阶段）

　　（3）群落结构变化。随着退化群落恢复，群落高度逐渐增加（表 5-8）（喻理飞，2002b），层次分化逐渐明显。草本群落阶段，仅草本层一个层次，树木个体与草本植物混生，平均高 0.6 m；草灌过渡阶段开始出现灌木层，但灌木高度低、个体小、盖度低；灌丛灌木群落阶段，形成典型的灌木层和草本层，灌木层发育良好；灌乔过渡阶段，小乔木占据一定优势，形成乔木层、灌木层和草本层，但前 2 层分化不甚明显；至常绿落叶阔叶林阶段后，乔木层、灌木层、草本层分化明显，在顶极群落中乔木层可达 16.7m，多分化为 2 个亚层。

　　群落盖度随群落恢复早期阶段逐渐增大，并在灌丛灌木阶段以后趋于稳定（图 5-3）；显著度逐渐增大，但在常绿落叶阔叶林阶段之前，各阶段显著度增长速度相对较小，之后增长迅速，反映了在常绿落叶阔叶林阶段之前的群落恢复过程中以高生长为主，之后为明显的粗生长。群落主要层次密度变化体现了群落水平结构变化（图 5-3）。草本群落阶段，林木个体幼小，可容纳数量大，密度迅速增加，到草灌过渡阶段，密度达到最大，之后，随着个体增大，竞争分化剧烈，密度迅速下降，顶极群落阶段个体最大，密度最小。喀斯特森林退化后，群落无性更新能力强，草本群落阶段萌生株数可达总株数的 75.05%，随群落恢复，萌生株数减少而实生株数增大，顶极群落中实生株数可达 71.84%。

　　（4）群落多样性变化。退化群落自然恢复过程中，其组织结构变化用多样性指数变化反应（表 5-9）（喻理飞，2002b）。总体上看，群落恢复趋势向组成物种增多，多样性指数、均匀度指数上升而生态优势度降低的方向发展，说明了退化群落的生境改善是向着顶极群

表5-8　各演替阶段群落特征变化

群落特征指标	草本群落阶段	草灌群落阶段	灌丛灌木阶段	灌乔过渡阶段	常绿落叶阔叶林阶段	顶极群落阶段
高度（m）	0.6	1.8	4.1	5.4	9.9	16.9
显著度（cm²/m²）	0.8720	2.6731	5.9921	9.6540	12.4034	21.8981
实生株/总株数（%）	24.95	28.89	30.43	34.29	36.63	71.84

表5-9　各演替阶段群落多样性变化

群落多样性指标	草本群落阶段	草灌群落阶段	灌丛灌木阶段	灌乔过渡阶段	常绿落叶阔叶林阶段	顶极群落阶段
种树	16.9	40.4	55.6	45.6	39.9	50.0
香农指数（H）	0.99	2.36	4.016	3.39	3.85	4.72
均匀度（J）	0.83	0.77	0.78	0.81	0.82	0.82
生态优势度（C）	0.16	0.16	0.12	0.09	0.08	0.05
样本数	8	7	12	10	11	6

落与喀斯特地貌双重作用形成的复杂多样的生境方向发展，生境资源空间配置更趋复杂。早期阶段，喀斯特生境干旱，变化剧烈，树种较少，多样性指数低。群落恢复到灌丛灌木阶段，早期严酷的生境状况得到改善，大量物种侵入并生存，物种骤增，尽管个体数量分布不均匀，均匀度不高，但群落多样性指数迅速上升，达到一个峰值，之后至灌乔过渡阶段，因种间竞争分化，群落自然稀疏多样性下降，之后又逐渐增大，至顶极群落阶段为最高值。

（5）群落生物量变化。随着退化群落自然恢复，群落生物量逐渐积累增大，至常绿落叶阔叶林阶段可恢复到顶极阶段的68.03%（表5-10）（喻理飞，2002b）。乔木层生物量在灌乔过渡阶段开始占优势并随之增加。灌木层生物量在草灌过渡阶段开始占优势，至灌丛灌木阶段最高，之后逐渐减小；草本层生物量在草本群落阶段为优势，随之逐渐减退。草本层的消退是群落走向成熟的标志之一。

表5-10　各演替阶段群落生物量变化

群落生物量（t/hm²）	草本群落阶段	草灌群落阶段	灌丛灌木阶段	灌乔过渡阶段	常绿落叶阔叶林阶段	顶极群落阶段
乔木层				26.53	56.20	85.90
灌木层		3.23	11.64	3.25	2.52	1.35
草本层	3.49	2.38	1.58	1.44	0.76	0.18
合计	3.49	5.61	13.22	31.22	59.48	87.43
百分率（%）	4.45	6.43	15.11	35.71	68.03	100

乔灌木生物量逐渐增大，先锋种生物量最小而顶极种最大。先锋种在早期阶段生物量占优势，对早期群落结构建立，功能的恢复起决定作用；次先锋种、过渡种生物量在灌丛灌木阶段和灌乔过渡占优势，对结构简单、功能低下的早期群落向结构功能复杂的顶极群落过渡起关键作用，顶极种和次顶极种集中分布于常绿落叶阔叶林和顶极群落阶段，对维护群落稳定和群落功能起重要作用。恢复过程中各种组生物量最大值出现的演替阶段不同

（表5-11），先锋种、次先锋种、过渡种生物量最大值分别出现在草灌过渡阶段、灌乔过渡阶段和常绿落叶阔叶林阶段，次顶极种与顶极种的最大值都在顶极群落阶段，但顶极种明显占据优势，这也反映了种组间的替代是从先锋种，经次先锋种、过渡种至次顶极种和顶极种的过程。

表5-11 各演替阶段种组生物量变化

群落生物量 （t/hm²）	草本群落阶段	草灌群落阶段	灌丛灌木阶段	灌乔过渡阶段	常绿落叶阔叶林阶段	顶极群落阶段	合计
先锋种	1.36	2.18	2.68	3.05	1.72	0.85	11.84
次先锋种	0.03	0.15	2.82	9.78	5.78	2.83	21.39
过渡种	0.26	0.73	3.25	8.42	16.37	4.99	34.02
次顶极	0.10	0.12	1.64	2.48	13.10	14.5	31.94
顶极种	0.03	0.06	1.25	2.59	19.23	62.73	85.89
合计	1.78	3.24	11.64	26.32	56.20	85.90	185.08

退化喀斯特群落自然恢复过程中，种组替代规律是先锋种经次先锋种、过渡种最终被次顶极种和顶极种所取代。退化喀斯特群落通过自然恢复总是向结构更复杂、更完善的方面发展，体现于群落物种多样性、高度、盖度提高，密度降低，层次增多、分化明显，显著度增大，生物量积累增加。随群落演替萌生株数减少而实生株数增大，群落更新对策由早期阶段无性更新向后期阶段有性更新发展。

三、天然林退化群落自然恢复的评价

（一）天然林退化群落自然恢复的评价方法

采用以"空间代替时间"（Mueller-Dombois and Ellenberg，1986）的方法，建立退化群落自然恢复的演替系列。在分析群落组成、结构、功能变化的基础上，提出评价退化群落自然恢复的3个指标，即退化群落自然恢复的潜力度（Restoration Potentiality，RP）、恢复度（Restored Degree，RD）和恢复速度（Restoration Speed，RS）。

潜力度（RP）计算借用相似度系数公式（王伯荪，1987）计算。

$$CS = 2C/(A+B) \tag{5.1}$$

式中：CS 为群落更新库中幼苗库或土壤种子库的组成结构与更高演替阶段群落组成结构之间的相似度系数，即幼苗库的潜力度（RP_{sl}）或土壤种子库恢复的潜力度（RP_s）。A 为幼苗库或土壤种子库各种组的株数百分率总和；B 为更高演替阶段的群落组成结构各种组的株数百分率总和；C 为 A 和 B 中共有种组中株数百分率低值的总和。

恢复度（RD）分2部分计算：一部分是以各群落结构功能特征指标为相似元，采用下列计算各相似元恢复度。

$$RD_i = [X_{ij} - X_{i(\min)}]/[X_{i(\max)} - X_{i(\min)}] \tag{5.2}$$

式中：RD_i 为第 i 个相似元的恢复度；X_{ij} 为演替系列中第 j 个群落第 i 个相似元指标，$X_{i(\min)}$ 为第 i 个相似元中的最小值，$X_{i(\max)}$ 为最大值。

另一部分为群落组成结构恢复度，借用（5.1）式计算，式中 CS 为演替阶段群落与顶极群落间种组结构的相似度系数，即群落组成恢复度，A 为演替阶段群落各种组株数百分率总和，B 为顶极群落种组总株数百分率总和，C 为 A 和 B 中共有种组中株数百分率低值的总和。

群落各相似元恢复度(RD_i)与群落年龄(A)之间的关系用逻辑斯蒂生长模型(郎奎健，1989)进行拟合。

$$RD_i = K/[1 + M \, \mathrm{Exp}^{(-RA)}] \tag{5.3}$$

式中：K 为最大恢复度即 1.0；M，R 为参数。恢复速度(RS)根据式(5.3)导出。

(二)退化天然林自然恢复各阶段群落特征

退化群落自然恢复过程的草本群落阶段、草灌群落阶段、灌丛灌木阶段、灌乔过渡阶段、乔林阶段和顶极群落阶段 6 个演替阶段群落样地特征见表5-12(喻理飞，2000)。

表 5-12　各演替阶段群落特征

群落特征指标	草本群落阶段 退化程度最高群落	平均	草灌群落阶段	灌丛灌木阶段	灌乔过渡阶段	乔林阶段	顶极群落阶段 平均	最佳群落
高度(m)	0.3	0.6	1.8	4.1	5.4	9.9	16.9	21.7
显著度(cm^2/m^2)	0.2100	0.8720	2.6731	5.9921	9.6540	12.4034	21.8981	30.0300
实生株/总株数(%)	4.44	24.95	28.89	30.43	34.29	36.63	71.84	82.98
盖度	0.10	0.29	0.44	0.68	0.71	0.76	0.79	0.90
生物量(t/hm^2)	0.9139	3.9344	4.7098	12.9638	24.2383	58.4173	104.4846	162.4402
样本数	1	8	7	12	10	11	6	1

(三)恢复潜力度

群落更替与群落更新层和主林层的组成结构相关。群落更新层中个体数量来自于群落下层的幼苗、幼树和土壤中可萌发种子数量。因此，群落更新库由群落下层幼苗、幼树和土壤中可萌发种子数量构成，前者为群落幼苗库，后者为土壤种子库。各演替阶段群落及其更新库数量特征见表5-13、表5-14。

表 5-13　各演替阶段群落组成结构 (%)

种组	草灌群落阶段	灌丛灌木阶段	灌乔过渡阶段	乔林阶段	顶极群落阶段
先锋种	49.62	26.10	7.21	13.02	1.14
次先锋种	8.65	21.71	28.09	5.45	2.95
过渡种	35.62	43.93	48.70	23.61	4.77
次顶极种	5.34	6.46	11.00	36.39	18.18
顶极种	0.77	1.80	5.00	21.53	72.96

表 5-14　各演替阶段群落更新库组成结构 (%)

种组	草本群落阶段 I	Ⅱ	草灌群落阶段 I	Ⅱ	灌丛灌木阶段 I	Ⅱ	灌乔过渡阶段 I	Ⅱ	乔林阶段 I	Ⅱ
先锋种	100	78.7	100	39.41	100	24.36	100	3.07	73.68	10.34
次先锋种	0	0	0	9.36	0	29.49	0	1.25	15.80	25.86
过渡种	0	21.30	0	33.99	0	42.31	0	24.07	10.52	19.80
次顶极种	0	0	0	17.24	0	2.56	0	69.05	0.00	11.24
顶极种	0	0	0	0.00	0	1.28	0	2.56	0.00	32.76

注：Ⅰ土壤种子库，Ⅱ幼苗库。

假设自然恢复过程中一个种组被另一种组更替的概率与更新层中后一种组的数量成正比，那么更新库种组组成结构与更高演替阶段群落种组组成结构的相似性可表征为群落自然恢复潜力，即相似性越高，向更高演替阶段发展的潜力越大，反之亦然。据此，将退化群落更新库组成结构与更高演替阶段群落组成结构间的相似度定义为退化群落自然恢复潜力度（RP）（喻理飞，2000）。用（5.1）式分别计算群落幼苗库和土壤种子库的恢复潜力度 RP_{sl} 和 RP_s（表5-15）。由于它们对群落恢复潜力度的贡献率随演替阶段变化而异，如土壤种子库在群落自然恢复过程早期作用大，后期作用小，而幼苗库不论实生或萌生，始终起着重要的作用，因此，采用层次分析法（姜启源，1993）确定 RP_{sl} 和 RP_s 权重。草本群落阶段至灌木灌丛阶段 RP_{sl}、RP_s 权重分别为 0.7500，0.2500；灌乔过渡阶段至顶极群落阶段分别为 0.8950，0.1050。根据 RP_{sl} 和 RP_s 及权重，计算得出群落恢复潜力度 RP（表5-15）。结果表明：低一级演替阶段群落总是向相邻更高一级演替阶段群落恢复的 RP 最高，退化群落自然恢复是由低级阶段向高级阶段顺序替代过程。自然恢复早期，RP 较高而后期较低。这与各阶段群落组成和物种侵入特点有关。早期阶段，群落组成以喜光先锋种占优势，群落高度低、盖度小，先锋种的种实小、重量轻，易到达退化群落中，并能适应早期群落环境，迅速萌发生长，故 RP 高。后期阶段，群落组成以耐阴顶极种为主，其种实大且重，种子量小，加之动物搬运、取食，能萌发生长进入更新库的数量相对减少；而阳性先锋树种仍可随风侵入，因其幼苗具有一定耐阴性，加之自然干扰也常形成局部透光明亮生境，使其在更新库中总有一定比例，导致 RP 下降。

表5-15　退化群落恢复潜力度

演替阶段	草灌群落阶段	灌丛灌木阶段	灌乔过渡阶段	乔林阶段	顶极群落阶段
草本群落阶段	RP_{sl}：0.7092 RP_s：0.4962 RP：0.6560	RP_{sl}：0.4740 RP_s：0.2610 RP：0.4208	RP_{sl}：0.2851 RP_s：0.0721 RP：0.2627	RP_{sl}：0.3432 RP_s：0.2302 RP：0.3313	RP_{sl}：0.0591 RP_s：0.0114 RP：0.0541
草灌群落阶段		RP_{sl}：0.8133 RP_s：0.2610 RP：0.6752	RP_{sl}：0.6698 RP_s：0.0721 RP：0.6070	RP_{sl}：0.5932 RP_s：0.2302 RP：0.5551	RP_{sl}：0.2610 RP_s：0.0114 RP：0.2348
灌丛灌木阶段			RP_{sl}：0.8143 RP_s：0.0721 RP：0.7364	RP_{sl}：0.6688 RP_s：0.2302 RP：0.4352	RP_{sl}：0.2540 RP_s：0.0114 RP：0.2285
灌乔过渡阶段				RP_{sl}：0.5657 RP_s：0.2302 RP：0.5305	RP_{sl}：0.2790 RP_s：0.0114 RP：0.2509
乔林阶段					RP_{sl}：0.5283 RP_s：0.0886 RP：0.4821

（四）恢复度

退化群落自然恢复过程可视为与原顶极群落的结构、功能从低相似度向高相似度的发展过程，其自然恢复终极是与原群落相同的植被型。据此，将群落恢复度（RD）定义为退化群落通过自然恢复在组成、结构、功能上与顶极群落阶段的最佳群落的相似程度（喻理飞，2000）。

各演替阶段群落与顶极群落阶段的最佳群落之间的相似程度，选择表征群落结构功能特征的群落高度、显著度、实生株/总株数、盖度、生物量、组成结构6个指标为相似元进行测度，用(5.2)式分别计算前5个指标的恢复度，用(5.1)式计算组成结构恢复度，得各结构功能指标恢复度（表5-16）。采用层次分析法确定各指标恢复度权重，群落高度、显著度、实生株/总株数、盖度、组成结构、生物量的权重分别为0.0877、0.1753、0.0877、0.1234、0.2630、0.2630；根据各指标恢复度和权重，得RD（表5-17）。

表5-16　各演替阶段群落特征

群落特征指标	草本群落阶段	草灌群落阶段	灌丛灌木阶段	灌乔过渡阶段	乔林阶段	顶极群落阶段
高度(m)	0.0140	0.0701	0.1776	0.2383	0.4486	0.7757
显著度(cm^2/m^2)	0.0222	0.0826	0.1939	0.3167	0.4089	0.7273
实生株/总株数(%)	0.2611	0.3113	0.3309	0.3801	0.4099	0.8582
盖度	0.2375	0.4250	0.7250	0.7625	0.8250	0.8625
组成结构	0.1500	0.2120	0.2530	0.3930	0.5970	0.9370
生物量(t/hm^2)	0.0187	0.0235	0.0746	0.1444	0.3560	0.6412

表5-17　各演替阶段群落特征

群落特征指标	草本群落阶段		草灌群落阶段		灌丛灌木阶段		灌乔过渡阶段		乔林阶段		顶极群落阶段	
	均值	比例(%)	均值	比例(%)	均值	比例(%)	均值	比例(%)	均值	比例(%)	均值	比例(%)
高度(m)	0.0012	1.18	0.0060	3.70	0.0156	6.14	0.0209	6.05	0.0394	7.89	0.0680	8.58
显著度(cm^2/m^2)	0.0039	3.83	0.0145	8.94	0.0340	13.38	0.0555	16.08	0.0717	14.36	0.1275	16.09
实生株/总株数(%)	0.0229	22.52	0.0273	16.83	0.0290	11.41	0.0333	9.65	0.0359	7.19	0.0753	9.51
盖度	0.0293	28.81	0.0524	32.31	0.0895	35.21	0.0941	27.26	0.1018	20.38	0.1064	13.43
组成结构	0.0395	38.84	0.0558	34.40	0.0665	26.16	0.1034	29.95	0.1570	31.44	0.2464	31.10
生物量(t/hm^2)	0.0049	4.82	0.0062	3.82	0.0196	7.70	0.0380	11.01	0.0936	18.74	0.1686	21.29
群落恢复度	0.1017	100	0.1622	100	0.2542	100	0.3452	100	0.4994	100	0.7922	100

表5-16、表5-17表明：退化群落自然恢复是恢复度逐渐提高的过程。群落恢复度在灌丛灌木阶段达0.2542，乔林阶段约达0.5，顶极群落阶段约达0.8，达到群落组成、结构、功能的恢复。群落各特征指标恢复度百分率反映该指标对群落恢复的贡献和重要性。在恢复过程中，组成结构恢复始终起重要作用，说明其调整是群落恢复的核心和实质；盖度在早期和中期阶段作用较大，实生株/总株数在早期阶段作用较大，而生物量则在后期阶段作用较大。这反应出各恢复策略的变化，早期阶段，以更新对策为主，萌生株/总株数的比例高约69%~85%；中期阶段，林内光环境改变，导致自然稀疏，树种替代，其恢复对策是组成结构调整；后期阶段，组成结构和生物量的重要性提高，恢复对策是进一步调整组成结构、积累能量，向结构合理、功能完善的顶极群落发展。

(五)恢复速度

自然恢复过程中,因生境变化速度、组成物种生长发育规律和树种替代变化等差异,使退化群落恢复并非匀速提高,即在各阶段每提高一定的群落恢复度所需要的时间不同。将单位时间内群落恢复度(或各特征指标恢复度)向顶极群落方向发生的位移定义为群落自然恢复速度(RS)(喻理飞,2000)。单位时间内群落恢复度发生位移的距离越大,群落自然恢复速度越快,反之亦然。

对演替系列中54个样地群落组成、结构、功能指标恢复度与群落年龄的关系用(5.3)式拟合,结果见表5-18。根据回归关系式,可得表5-19、表5-20。

表5-18　群落年龄与各群落特征指标恢复度关系

群落特征指标	参数1(M)	参数2(R)	最大恢复度(K)	相关系数	样本数	备注
高度(m)	3.5935	0.0811	1	-0.8483	54	$r_{0.00154}$
显著度(cm²/m²)	40.5264	0.0711	1	-0.6754	54	0.4433
实生株/总株数(%)	8.2032	0.0514	1	-0.5798	54	
盖度	9.3999	0.1531	1	-0.4979	54	
组成	7.2058	0.0573	1	-0.8836	54	
生物量(t/hm²)	112.1783	0.0807	1	-0.9106	54	
恢复度	7.9315	0.0449	1	-0.9532	54	

表5-19　退化群落自然恢复速度表

群落特征指标	恢复时间(a)											
	10	20	30	40	50	60	70	80	90	100	110	120
高度(m)	0.040	0.046	0.089	0.148	0.195	0.189	0.138	0.079	0.041	0.019	0.009	0.004
显著度(cm²/m²)	0.048	0.045	0.079	0.025	0.266	0.174	0.145	0.097	0.058	0.031	0.016	0.008
实生株/总株数(%)	0.169	0.085	0.109	0.125	0.126	0.113	0.090	0.065	0.044	0.028	0.018	0.011
盖度	0.330	0.365	0.218	0.067	0.016	0.003	0.001					
组成	0.198	0.106	0.133	0.142	0.130	0.103	0.073	0.047	0.028	0.017	0.010	0.006
生物量(t/hm²)	0.020	0.023	0.048	0.093	0.151	0.195	0.187	0.133	0.079	0.048	0.010	0.006
群落恢复度	0.165	0.071	0.091	0.105	0.111	0.108	0.094	0.056	0.077	0.040	0.028	0.019

注:表中数字为每10年内提高度恢复度。

表5-20　每提高0.1恢复度所需时间

群落特征指标	0.1	0.2	0.3	0.4	0.5	0.6	0.7	0.8	0.9	0.999
高度(m)	22.0	10.0	6.6	5.5	5.0	5.0	5.5	6.6	10.0	86.5
显著度(cm²/m²)	21.2	11.4	7.6	6.2	5.7	5.7	6.2	7.6	11.4	98.7
实生株/总株数(%)	1.8*	12.2	10.5	8.6	7.9	7.9	8.6	10.5	15.8	136.5
盖度	0.3	5.3	3.5	2.9	2.6	2.6	2.9	3.5	5.3	45.8
组成	2.0*	10.3	9.4	7.7	7.1	7.1	7.7	9.4	14.1	122.3
生物量(t/hm²)	31.2	10.1	6.7	5.5	5.0	5.0	5.5	6.7	10.1	86.9
群落恢复度	2.90*	15.0	12.0	9.8	9.0	9.8	9.8	12.0	18.1	156.2

注:＊表示实际年龄,表中数字为每提高0.1恢复度所需时间(年)。

各群落特征指标恢复速度不同，若以恢复度0.8计为基本恢复，群落盖度、组成结构、高度、实生株/总株数、显著度的恢复时间分别需用23年、60年、66年、68年、71年，生物量的恢复则需用76年，说明群落结构恢复快于功能恢复。群落恢复度达0.8需时最长，约80年，反映了群落整体功能的恢复滞后于群落结构功能各分量的恢复。群落恢复的早期，其恢复速度较慢，特别是恢复度从0提高到0.1时，高度、显著度、生物量需用20~30年，但群落组成、盖度却费时不多，约2年，原因在于退化群落所受干扰非彻底性毁灭，总是保留有原群落植物繁殖体，并以萌生方式迅速生长。破坏试验表明：彻底砍伐原有群落一年后，萌生数量达4524株，占总株数的72.15%，盖度达0.25。中期阶段，恢复速度快，恢复度由0.4提高到0.7仅需用10~30年，后期阶段，群落恢复度高于0.8，恢复速度慢，尤其是恢复度从0.9提高至0.999时，需近100年，反映了群落结构功能完全恢复极为困难。退化群落从草本群落阶段恢复至灌丛灌木阶段需用近20年，至乔林阶段约需47年，至顶极群落阶段则需近80年。

上述研究表明：①本研究以"空间代替时间"的研究方法建立退化群落自然恢复的演替系列，在分析退化群落恢复过程中群落组成、结构、功能变化的基础上，用恢复潜力度、恢复度、恢复速度3个指标评价退化喀斯特群落恢复是可行的，有利于揭示和加深理解退化喀斯特群落自然恢复的生态学过程，并可为南方大面积退化喀斯特群落恢复提供评价依据，具有现实意义。在研究条件限制的情况下，此法值得推广。当然，若能采用长期定位研究，会取得更满意的效果。②退化喀斯特群落自然恢复其主体是由低级阶段向高一级阶段顺序替代过程，但因退化群落中原有群落组成成分的繁殖体存在，使退化群落直接向更高演替阶段发展具有一定的潜力，深入研究退化群落自然恢复的生态学过程，有助于进一步了解演替过程的多变性和复杂性。③退化喀斯特森林自然恢复的早期阶段恢复潜力度较高、恢复度低、恢复速度较慢；中期阶段恢复潜力度高、恢复度中等、恢复速度快；后期阶段恢复潜力度低、恢复度高、恢复速度慢。群落整体恢复速度低于群落各特征指标恢复速度。在群落各特征指标中，群落高度、盖度、实生株/总株数、组成结构的恢复速度高于生物量恢复速度，即群落结构恢复速度快于功能恢复速度，尤其是盖度和组成结构恢复最快。因此，退化群落从草本群落阶段开始恢复40~50年，达到有较为正常的组成、外貌和结构的森林，但要达到森林功能的完全恢复则需时很长。④退化喀斯特群落自然恢复过程中，其恢复对策变化是由早期更新对策向中期结构调整对策至后期结构功能协调完善对策更替。深入研究恢复对策及其变化，对于制定退化喀斯特森林经营措施，加速退化喀斯特森林恢复具有重要意义。

第二节　川西亚高山退化暗针叶林自然恢复状态的综合评价

目前，有关国内外对于退化天然林恢复评价的研究较少。国际恢复生态学会提出了9个生态系统特征作为评价恢复成功所考虑的生态系统特征（SER，2004）。建议恢复的生态系统应具有以下特征：①与参照系相比，具有相似的多样性和群落结构；②乡土物种的存在度；③为长期稳定性需要的功能群存在度；④具有持续繁殖种群能力的自然环境；⑤正常的功能；⑥景观的完整性；⑦潜在干扰的消除；⑧对自然干扰具有弹性；⑨自我维持性。实际上，目前还没有有关报道完全对国际恢复生态学会提出的所有生态系统特征进行全面评价。大多数的恢复评价研究主要从以下 3 个生态系统特征来进行(Ruiz-Jaen and Aide, 2005): ①物种多样性(比如,物种丰富度和多度)(van Aarde *et al.* , 1996; Reay and Norton, 1999; McCoy and Mushinsky, 2002; Nichols and Nichols, 2003; Weiermans and van Aarde, 2003); ②植被结构(如植被盖度、乔木密度、高度、胸高断面积、生物量和凋落物结构)(Parrota and Knowles, 1999; Clewell, 1999; Salinas and Guirado, 2002; Kruse and Groninger, 2003; Wilkins *et al.* , 2003); ③生态学过程(如养分库、土壤有机质以及生物间的相互关系)(Rhoades *et al.* , 1998)。这 3 个特征对生态系统的持续性很关键(Ruiz-Jaen and Aide, 2005),通常作为植被恢复和重建的主要目标(Palmer *et al.* , 1997; Moore *et al.* , 1999; Smith *et al.* , 2000; Martin *et al.* , 2005)。

本研究在国际恢复生态学会提出生态系统恢复评价的框架下,针对川西亚高山米亚罗林区的实际,以原始暗针叶林不同时期采伐干扰后所形成的不同年龄次生林为研究对象,把当地原始暗针叶林作为参照系统,从群落组成、结构完整性和生态系统稳定性的角度出发,重点分析不同年龄次生林群落物种组成、多样性和群落空间结构的变化规律,土壤—生态水文功能特征。选取适宜的能表征群落组成、结构特征的关键组织结构和功能指标,建立恢复评价模型,并进行恢复状态评价,对其恢复的时间进行预测,为川西亚高山暗针叶林的快速恢复与重建和可持续经营提供理论基础和实践依据。

一、退化天然林自然恢复过程中恢复阶段的划分

由于森林采伐,原有的生态系统结构和功能遭到严重的破坏,导致生态系统处于退化状态(Renison *et al.* , 2005)。退化的生态系统是处于演替的原始阶段(赵平等,1998)。而群落演替是指经过一定历史发展时期,由一种类型发展为另一种类型的顺序过程,也就是在一定区域内群落的发展和替代过程。在这个过程中,一些植物替代另一些植物,一类种群替代另一类种群,群落的结构发生相应的变化(王伯荪,1987;彭少麟,1996)。现代生态学家通常把演替广义地看做是植被受干扰后的恢复过程(赵平,2003)。由于群落演替与植被恢复关系密切(丁圣彦等,1998;余树全,2003),因此,近年来以演替理论为基础的植被恢复研究引起了广泛的关注。

川西亚高山森林经历大规模采伐,人工更新及实施封育之后,形成了不同林龄的人工林、天然次生林以及人工、天然更新共同作用形成的林分镶嵌分布,不同恢复系列的次生林已成为川西亚高山林区的主要森林类型之一(张远东等,2005a,2005b,2005c)。对川西亚高山暗针叶林不同恢复系列进行恢复阶段的划分是开展该地区植被恢复研究的重要方面。通过恢复阶段的划分可以了解各阶段群落的状态,把握森林恢复的发展历程,也是进行恢复过程模拟和预测的基础。目前有关恢复演替阶段的定量划分报道较少,已有的研究主要是利用种间联结测定,主成分分析和最优分割法进行阶段的划分(张家来,1993;余树全,2003)。划分恢复阶段首先要确定演替种组,以往一般通过主观判断各种类成分的种组类型(张家来,1993)。近年来通过对种间联结分析并适当结合树种特性来确定种组的类型取得了较好的效果(张家来,1993;余树全,2003)。另外也有通过植被盖度和生物量对恢复演替阶段的划分(史立新等,1988)。本研究以演替理论为基础,通过分析川西亚高山暗针叶林恢复过程中不同恢复系列的群落乔木层树种的种间联结,确定演替种组,并运用最优分割法进行恢复阶段的划分,为进一步对暗针叶林不同恢复阶段进行科学的生态系

统管理提供依据。

（一）研究方法

在川西米亚罗林区分别选择 20 世纪 50 年、60 年、70 年、80 年代暗针叶林采伐后恢复的天然次生林以及保留下来的暗针叶老龄林为对象（后面涉及的生物多样性评价、群落结构特征评价、土壤—生态水文特征评价及退化天然林生态系统恢复状态的综合评价与预测研究内容都是以这些森林类型那些为研究对象）。以空间代替时间的方法，在海拔 3100～3600 m 范围内的阴坡、半阴坡，海拔每升高 100 m，立地条件尽量一致的地段，采用典型取样法设置样地。根据亚高山针叶林带植被的分布特点，分别箭竹暗针叶次生林（20 年，30 年，40 年，50 年生）、老龄林（160～200 年生）和藓类暗针叶次生林（20 年，30 年，40 年，50 年生）、老龄林（160～200 年生）进行群落学调查，每个恢复系列设置重复样方数 5 个，共计样方总数 50 个。每个样方面积为 20 m×20 m，样方内设置 4 个 10 m×10 m 的乔木和灌木样方，10 个 1 m×1 m 的草本样方。调查内容包括：乔木样方对乔木进行每木检尺，坐标定位，记录高度、枝下高、冠层厚度、胸径、冠幅、林分郁闭度以及灌木的种类和株数、群落的发育程度；灌木样方和草本样方记录高度、盖度、种类、株数；生境因子记录海拔、坡向、坡度、坡位。

① 重要值计算方法（郝占庆等，2002）：

$$乔木层树种的重要值 = （相对多度 + 相对显著度 + 相对频度）/3 \qquad (5.4)$$

②种间关联测度：首先将 S×N（S－种数，N－样方数）的原始数据矩阵转化为 0，1 形式的二元数据矩阵。然后分别构建种对间的 2×2 联列表，并统计 a、b、c、d 的值，其中 a 为含有 2 个种 A 和 B 的样方数，b 为只含有种 B 的样方数，c 为只含有种 A 的样方数，d 为 2 个种都不存在的样方数，n 为样方总数。由于取样为非连续性取样，因此非连续性数据的 x^2 值用 Yates 的连续校正公式计算（康冰等，2005；史作民等，2001）：

$$x^2 = \frac{\left[\left(|ad - bc| - \frac{n}{2} \right)^2 \times n \right]}{\left[(a+b)(b+d)(c+d)(a+c) \right]} \qquad (5.5)$$

如果 $ad - bc > 0$，2 个种之间呈正联结；如果 $ad - bc < 0$，2 个种之间呈负联结。其关联程度可比较 x^2 表中自由度 $n = 1$ 时 $p_{0.05}$ 和 $p_{0.01}$ 的值，得到各种对间联结性的显著性检验。

③恢复演替系列种组的划分：运用种对间关联 x^2 值并结合树种特性，对不同恢复演替系列中的乔木层中的衰退种、过渡种和进展种进行划分。详细方法见张家来（1993）和余树全（2003）。

④恢复阶段的划分：根据恢复演替种组划分的结果，分别计算出不同恢复系列中衰退种组、过渡种组和进展种组的重要值。利用有序样本最优分割法（唐守正，1986），对恢复演替系列进行恢复阶段的划分。数据处理采用统计软件 SPSS for windows 12.0 进行。

（二）结果与分析

1. 不同恢复系列乔木层种间联结关系与演替种组的划分

首先对藓类暗针叶次生林、老龄林进行演替种组的划分。以红桦作为参照树种，从表 5-21 可以看出，卧龙柳（Salix dolia）与先锋树种红桦存在明显的正联结关系，应归并为衰退种组；湖北花楸（Sorbus hupehensis）、岷江冷杉和紫果云杉与红桦存在明显的负联结关系，应归并为进展种组。陕甘花楸、康定野樱桃（Prunus tatsienensis）、微毛野樱桃（Prunus

表5-21　藓类（A）和箭竹（B）次生林乔木层树种关联 x^2 值

		1	2	3	4	5	6	7	8	9	10	11	12	13	14
A	2	-4.247													
	3	-0.010	0.072												
	4	-6.708	-0.104	-5.424											
	5	0.026	4.160	0.009	0.107										
	6	1.917	2.822	2.013	-0.015	7.754									
	7	5.161	0.003	-0.072	-3.951	0.111	-0.505								
	8	0.019	-0.426	0.333	-1.089	0.426	1.335	-0.129							
	9	-3.931	-1.208	-4.008	4.329	-0.065	-2.339	-0.143	-2.294						
B	2	-0.928													
	3	4.020	-0.392												
	4	-4.445	0.108	-0.523											
	5	0.136	2.531	-4.413	0.072										
	6	2.505	5.804	-2.778	0.365	0.016									
	7	4.089	0.640	4.835	-5.333	-0.014	0.000								
	8	5.014	0.900	5.232	-4.875	-10.990	-3.676	0.375							
	9	-4.497	-0.231	-1.645	4.308	-0.072	-0.124	-0.986	-0.010						
	10	0.681	-0.339	-0.977	-1.808	-2.311	-0.005	-0.814	0.127	-0.158					
	11	0.020	-1.089	0.023	0.232	4.963	0.257	0.941	3.676	-4.242	-0.977				
	12	4.020	1.089	0.023	0.232	0.107	3.829	0.000	3.676	-0.255	0.977	0.020			
	13	0.445	0.241	0.523	0.021	0.000	-0.365	0.333	-0.208	5.137	-1.808	-0.232	-0.232		
	14	5.496	0.073	-0.107	0.000	-0.104	0.609	0.698	1.336	0.007	-2.311	4.963	0.107	0.000	
	15	-7.092	-0.392	-0.023	4.232	-0.360	-4.778	0.000	-0.147	5.074	0.977	-0.741	0.232	4.232	0.107

注：$x^2_{0.05(1)}$ = 3.841, $x^2_{0.01(1)}$ = 6.635。1. 红桦 Betula albo-sinensis；2. 湖北花楸 Sorbus hupehensis；3. 康定野樱桃 Prunus tatsienensis；4. 岷江冷杉 Abies faxoniana；5. 陕甘花楸 Sorbus koehneana；6. 微毛野樱桃 Prunus pilosiuscula；7. 卧龙柳 Salix dolia；8. 五角枫 Acer mono；9. 紫果云杉 Picea purpurea；10. 川滇柳 Salix rehderiana；11. 椴树 Tilia chinensis；12. 青杆 Picea wilsonii；13. 疏花槭 Acer laxiflorum；14. 挂苦绣球 Hydrangea xanthoneura；15. 铁杉 Tsuga chinensis.

pilosiuscula）以及五角槭（*Acer mono*）与红桦没有明显的联结关系，应归并为过渡种组。为了避免误差，再以顶极树种岷江冷杉和紫果云杉作为参照树种进行划分，发现虽然湖北花楸与红桦之间表现为明显的负联结关系，但与岷江冷杉和紫果云杉均未表现出明显的联结关系，把湖北花楸划归到过渡种组较合适；康定野樱桃与红桦之间没有明显的联结关系，但与岷江冷杉和紫果云杉都表现出明显的负联结关系，因此把康定野樱桃划归到衰退种组较合适。另外，五角槭为喜暖温性树种，因而将其并归到衰退种组较合适。因此，在藓类暗针叶次生林向藓类暗针叶老龄林恢复的过程中，红桦、卧龙柳、五角槭和康定野樱桃4个树种划为衰退种组；湖北花楸、陕甘花楸、微毛野樱桃3个树种划为过渡种组；岷江冷杉和紫果云杉2个树种划为进展种组。

运用同样的方法对箭竹暗针叶次生林、老龄林进行演替种组的划分（表5-21）。卧龙柳、挂苦绣球（*Hydrangea xanthoneura*）、康定野樱桃、五角槭、疏花槭（*Acer laxiflorum*）与先锋树种红桦存在明显的正联结关系，应归并为衰退种组；而岷江冷杉、铁杉和紫果云杉与红桦存在明显的负联结关系，应归并为进展种。湖北花楸、陕甘花楸、青杆、微毛野樱桃、川滇柳（*Salix rehderiana*）、椴树（*Tilia chinensis*）与红桦无明显的联结关系，应归并为过渡种。再以顶极树种岷江冷杉、铁杉和紫果云杉作为参照树进行划分，发现虽然青杆、椴树、川滇柳与红桦之间没有明显的联结关系，但青杆与岷江冷杉和紫果云杉均表现出明显的正联结关系，因此把青杆划归到进展种组较合适，而椴树只与紫果云杉表现为明显的负联结关系，川滇柳与其他树种均未表现出明显的联结关系，结合椴树和川滇柳的喜温暖性特性，把它们划归到衰退种组较合适。因此箭竹暗针叶次生林向箭竹暗针叶林恢复过程中红桦、卧龙柳、挂苦绣球、康定野樱桃、五角槭、疏花槭、椴树和川滇柳8个树种划为衰退种组；湖北花楸、陕甘花楸、微毛野樱桃3个树种划为过渡种组；岷江冷杉、紫果云杉、铁杉和青杆4个树种划为进展种组。

2. 不同恢复系列有序样本的验证

采用有序样本最优分割法进行恢复阶段的划分时，要求对样本的次序不能打乱。本研究按照森林采伐时间的先后顺序进行取样，形成了20年、30年、40年、50年、160～200年等不同林龄的森林恢复演替系列。表5-22为2种森林类型不同恢复系列衰退种组、过渡种组和进展种组的重要值。可以看出，随着林龄的增大衰退种组的重要值逐渐减小，进展种组的重要值逐渐增大，反映了森林演替过程中树种替代的规律性。但过渡种组的重要值随着林龄的增大呈现波动性变化。为了检验取样的有序性，进一步对样本进行验证。将表5-22不同恢复系列中的演替种组作为变量，将衰退种组、过渡种组和进展种组分别定义为 x_1、x_2、x_3、进行主成分分析（表5-23），结果表明：2种森林类型第1主成分（y_1）的贡献率分别达91.3%和99.0%，损失的信息量仅为8.7%和1.0%，故选取第1主成分已能很好地表达出原始变量所含的大部分信息。2种森林类型第1主成分中的 x_1（衰退种组），x_2（过渡种组）的系数相差不大，它们在第1主成分中的作用相当，而 x_3（进展种组）的系数为负值（分别为 -0.597, -0.581）与 x_1（衰退种组）和 x_2（过渡种组）的变化相反，对 y_1 起着明显的减值作用。x_3 是反映森林进展演替的变量，因此第1主成分在综合了其他变量反映信息的基础上，突出地反映了森林进展演替的综合变量。据此可以从表5-23中2种森林类型不同恢复系列第1主成分的坐标值看出，随着森林的恢复，第1主成分（y_1）的坐标值逐渐减小，意味着进展种组（x_3）逐渐增大，从而说明按照森林恢复的年龄由小到大的这种顺序与演替种组的综合变化以及进展种组的变化一致。从而验证了按照森林恢复的年龄由小到大的取样构成了有序样本。

表 5-22　各种组相对重要值

恢复系列	森林类型	衰退种组	过渡种组	进展种组
20 年	Ⅰ	64.81	12.86	22.33
	Ⅱ	59.86	19.86	20.28
30 年	Ⅰ	58.69	14.47	26.84
	Ⅱ	51.00	21.75	27.25
40 年	Ⅰ	54.26	15.28	30.46
	Ⅱ	47.78	20.29	31.93
50 年	Ⅰ	50.90	7.77	41.33
	Ⅱ	38.85	18.22	42.93
160~200 年	Ⅰ	3.59	5.58	90.83
	Ⅱ	1.67	4.65	93.68

注：Ⅰ. 箭竹次生林、原始暗针叶老龄林；Ⅱ. 藓类次生林、原始暗针叶老龄林。

表 5-23　不同恢复系列主成分分析结果及坐标值

森林类型	主分量	特征向量			特征根	贡献率（%）	恢复系列坐标轴				
		x_1	x_2	x_3			20 年	30 年	40 年	50 年	160~200 年
Ⅰ	y_1	0.586	0.548	−0.597	2.74	91.30	1.21	1.17	1.08	−0.35	−3.10
	y_2	−0.478	0.828	0.292	0.26	8.70	−0.27	0.26	0.57	−0.85	0.29
Ⅱ	y_1	0.578	0.573	−0.581	2.96	99.00	1.35	1.11	0.78	0.09	−3.33
	y_2	−0.554	0.798	0.237	0.04	1.00	−0.38	0.16	0.11	0.19	−0.07

注：Ⅰ. 箭竹次生林、原始暗针叶老龄林；Ⅱ. 藓类次生林、原始暗针叶老龄林。

3. 不同恢复系列恢复阶段的划分

运用有序样本最优分割原理与方法对不同恢复系列进行恢复阶段的划分，结果见表 5-24、表 5-25。括号内的数字表示样本划分的界限。2 种森林类型恢复阶段划分的最优结果各有 3 种形式，如果划分为 2 个恢复阶段，则 20~50 年生的次生林为第 1 个阶段，而原始老龄林(160~200 年)为第 2 个阶段；如果划分为 3 个恢复阶段，则 20~40 年生的次生林为第 1 个阶段，50 年生的次生林为第 2 个阶段，而暗针叶老龄林(160~200 年)为第 3 个阶段；如果划分为 4 个恢复阶段，则恢复系列中的 20 年生的次生林为第 1 个阶段，30 年、40 年生的次生林为第 2 个阶段，50 年生的次生林为第 3 个阶段，而暗针叶老龄林(160~200 年)为第 4 个阶段。从划分的结果来看，如果划分 2 个阶段，即次生林阶段和暗针叶老龄林阶段，这样就不能很好地把不同恢复系列的次生林区分开，因而反映不出次生林不同恢复系列群落的变化。但如果划分为 4 个阶段，从表 5-22 可以看出，第 1 恢复阶段(20年)与第 2 恢复阶段(30~40 年)实质上都是以红桦为主的阔叶林阶段，以岷江冷杉为主的针叶林树种也逐渐进入乔木层，这 2 个恢复阶段的阔叶树种的重要值在 68.07~79.72，针叶树在 20.28~31.93。当恢复到 50 年时，阔叶树种的重要值下降为 57.07~58.67，而针叶树的重要值已增加到 41.33～42.93，接近 50%，形成了以红桦为主的阔叶树种与以岷江冷杉为主的针叶树种的混交林，即针阔混交林阶段，160～200 年为岷江冷杉为主的暗针叶老龄林阶段。因此把不同恢复系列划分为 3 个恢复阶段更符实际情况。

表 5-24　箭竹暗针叶次生林、老龄林最小误差函数及最优划分结果

分段数	3[a]	4[b]	5[c]	最优结果
2	16.693 (2)	178.255 (4)	4685.972 (5)	20～50 年，160～200 年
3		16.693 (4)	92.343 (5)	20～40 年，50 年，160～200 年
4			16.693 (5)	20 年，30～40 年，50 年，160～200 年

注：a，b，c 分别表示前 3 个（20 年，30 年，40 年），前 4 个（20 年，30 年，40 年，50 年）以及前 5 个（20 年，30 年，40 年，50 年，160～200 年）恢复系列，下同。

表 5-25　藓类暗针叶次生林、老龄林最小误差函数及最优划分结果

分段数	3[a]	4[b]	5[c]	最优结果
2	17.201 (2)	215.126 (4)	4527.511 (5)	20～50a，160～200a
3		17.201 (4)	148.963 (5)	20～40a，50a，160～200a
4			17.201 (5)	20a，30～40a，50a，160～200a

（三）小结

种间联结关系在一定程度上说明 2 个种对环境的反应或它们之间的竞争关系。分析暗针叶林恢复演替过程中各树种的地位可进一步确定衰退种、过渡种和进展种。根据树种间关联性进行演替种组的划分时，总体上测定结果具有较好的指示生态联结作用。从乔木层树种 x^2 值（表 5-21）可以看出，进展种与衰退种以及过渡种间基本上表现出了显著的负联结关系。但衰退种以及过渡种间的联结关系有时并不显著，这可能是由于次生林群落恢复的时间相对较短，群落的物种组成在不同恢复系列中出现此消彼长的动态变化不明显的原因。这时应结合树种的特性最后归并到所属的演替种组中。

采用最优分割法进行恢复阶段的划分时，要求对样本的次序不能打乱。本文由于所取的样本是按照不同恢复系列林龄从小到大的顺序进行。林龄的确定是查阅当地林业局的历史资料，访问当年参加过取样地段采伐的林业局职工并结合野外调查获得。随着森林的恢复，衰退种组重要值逐渐减小，进展种组逐渐增大，而过渡种组变化顺序相对较复杂。运用主成分分析可知第 1 主成分在综合了其他变量反映信息的基础上，突出地反映了森林进展演替的综合变量。同时第 1 主分量能很好地表达原始变量所含的绝大部分信息。进一步计算第 1 主成分的坐标值，结果表明按照森林恢复的年龄由小到大的这种顺序与演替种组的综合变化以及进展种组的变化一致，同时也说明了获得林分年龄方法的准确性。

有序样本最优分割法是按照有序样本组内相似性最大，组间相似性最小的标准，对样本进行分类，因此，所得结果是最优的。运用此方法为本研究的恢复阶段划分提供了 3 种可供选择的划分结果。从结果来看，这 3 种结果都有其合理性。根据前面的分析，把不同

恢复系列(20年，30年，40年，50年，160~200年)划分为3个恢复阶段，即以红桦为主的阔叶林阶段(20~40年)，以红桦和岷江冷杉为主的针阔混交林阶段(50年以后)以及暗针叶老龄林阶段更符合实际情况。结合前人的研究(史立新等，1988)，我们对研究地区暗针叶林采伐迹地早期植被自然恢复演替阶段进行初步的划分，即1~3年为草本阶段，3~10年为灌木阶段，10~20年进入灌木、阔叶林群落阶段，20~40年为阔叶林阶段，到50年时开始进入针阔混交林阶段。考虑到20世纪50年代末以中国林科院为主的中苏西南林区综合考察队对川西高山林区的林型分类系统。即乔木层的建群种和林下优势亚建群层对森林群落的生长和发育都表现了很强的作用(蒋有绪，1963)。因此在分类时既要考虑建群树种，又要考虑到亚建群树种。所以起源为藓类岷江冷杉林经采伐后恢复的次生林当恢复到阔叶林阶段时，其森林类型称为藓类红桦林，相应的针阔混交林阶段称为藓类红桦、岷江冷杉林，暗针叶老龄林阶段称为藓类岷江冷杉林；同样地，起源为箭竹岷江冷杉林经采伐后恢复的次生林当恢复到阔叶林阶段时，称为箭竹红桦林，相应的针阔混交林阶段称为箭竹红桦、岷江冷杉林，暗针叶老龄林阶段称为箭竹岷江冷杉林。

　　川西亚高山暗针叶林历经半个世纪的大规模采伐，目前正处于大规模的恢复之中，通过自然恢复形成的不同恢复系列的次生林已成为该区域的主要森林类型之一(张远东等，2005a，2005b，2005c)。恢复的实质是群落的演替(赵平，2003)，而植物群落的演替其实质是各演替群落组分种随时间推移消长变化、侵入退出的过程(王刚等，1991)。本文通过分析不同恢复系列群落乔木层树种的种间联结，确定演替种组，并运用有序样本最优分割法进行恢复阶段的划分，得到了较好的结果。通过本研究可以看出，川西亚高山暗针叶林采伐后经过近50年的自然恢复，以岷江冷杉为主的针叶树种在群落中的重要值所占的比例超过了40%，这说明已经初步地显示了恢复当地暗针叶林地带性顶极群落的迹象。由于天然次生林恢复的时间对当地老龄林来说相对较短，并且涉及影响暗针叶林恢复的诸多复杂因素，进入针阔混交林之后到形成地带性暗针叶林顶极群落之前的这段时间内演替种的组成如何变化。具体什么时候恢复到接近暗针叶老龄林阶段还有待下一步深入开展相关的研究。

二、退化天然林自然恢复过程中的结构、功能特征

(一)物种组成

1. 研究方法

β多样性测度，采用Bray-Curtis指数计算。

$$CN = \frac{2jN}{(aN + bN)} \qquad (5.6)$$

　　式中：aN为样地A的物种数目，bN为样地B的物种数目，jN为样地A(jNa)和样地B(jNb)共有种中个体数目较小者之和，以重要值作为测度指标。该指数是在Sorenson指数的基础上形成的(马克平等，1995；高贤明等，1998)。

　　2. 不同恢复阶段群落的β多样性

β多样性是群落多样性的重要内容。它可以定义为沿着某一环境梯度物种替代的程度或速率、物种周转率、生物变化速度等。β多样性还反映了不同群落间物种组成的差异。Bray-Curtis指数是一个应用广泛的指数，可用来测度群落或生境间的β多样性。Bray-Curtis 指数值越大，说明群落间的共有种越多，物种组成越相似。从表 5-26 可以看出，相邻恢复系列群落间的 Bray-Curtis 指数最大，说明群落间的相似性最大；恢复系列相距越远，Bray-Curtis 指数越小，说明群落生境或物种组成差异随着林龄差异的增加而增大。随着林龄的增大，与原始暗针叶老龄林间的 Bray-Curtis 指数也有增大的趋势。

表 5-26　不同恢复阶段群落 Bray-Curtis 指数

恢复阶段	箭竹针阔混交林	箭竹原始暗针叶老龄林	恢复阶段	藓类针阔混交林	藓类原始暗针叶老龄林
箭竹阔叶林	19.94	15.25	藓类阔叶林	21.04	17.35
箭竹针阔混交林		24.49	藓类针阔混交林		23.31

（二）群落结构

1. 研究方法

目前存在许多表征群落结构特征的变量。McElhinny(2002)总结出常用来表征群落结构特征主要包括多度、物种丰富度、胸径大小变异、林木空间变异等几个方面。Spies *et al.*(1991)选择了 22 个变量来描述林分结构来展示和描述动植物生境、生态系统功能以及演替发展的重要性，通过对太平洋西北部花旗松林(*Pseudotsuga menziesii*)的研究结果表明胸径标准差、大树密度、平均胸径、所有树种密度这 4 个结构变量能很好地区别不同龄级的结构状态(Acker *et al.*, 1998)。认为提高树种大小的变异(胸径的标准差)与提高林分中的生境多样性相联系；大树为大量的附生植物(包括固 N 地衣)、节肢动物和鸟类和哺乳动物提供生境，另外也是倒木和枯立木的来源(Franklin and Spies, 1991; Acker et al., 1998)；树木的平均胸径和密度指示着演替的发展，两者之间存在相反的关系(Oliver and Larson, 1990)。据此 Acker *et al.*(1998)运用这 4 个结构变量构建了老龄指数(见式 5.7, Acker *et al.*, 1998; Zenner, 2004)。

$$I_{og} = 25 \sum_i \left| \frac{x_{i,obs} - x_{i,yong}}{x_{i,old} - x_{i,yong}} \right| \tag{5.7}$$

$$x_{i,obs} = \begin{cases} x_{i,yong}, & \text{if } x_{i,obs} < x_{i,yong} \text{ for } i = 1 \text{ } to \text{ } 3 \text{ } and \\ & \text{if } x_{i,obs} > x_{i,yong} \text{ for } i = 4; \\ x_{i,old,} & \text{if } x_{i,obs} > x_{i,old} \text{ for } i = 1 \text{ } to \text{ } 3 \text{ } and \\ & \text{if } x_{i,obs} < x_{i,old} \text{ for } i = 4 \end{cases}$$

式中：I_{og} 为老龄指数，i 为结构变量，$x_{i,obs}$ 为第 i 个变量的观察值，$x_{i,yong}$ 为幼龄林中第 i 个结构变量的平均值，$x_{i,old}$ 表示原始暗针叶老龄林中第 i 个结构变量的平均值。这 4 个结构变量分别为胸径标准差、大树密度、平均胸径、所有树种密度。

可以看出，老龄指数实际上是一个距离公式，它是用来度量被观测的林分与幼龄林结构状态的相异性程度或与老龄林结构状态的相似性程度。本研究的目的就是要探索原始暗针叶林砍伐后所形成的不同恢复阶段的次生林群落结构恢复到什么程度。选择保留下来的原始暗针叶老龄林作为参照系，计算与老龄林的结构相似性。基于老龄指数发展了老龄状态指数，在构建老龄状态指数时，根据研究地区的实际情况，在保留胸径标准差、大树密度、平均胸径、所有树种密度这 4 个结构变量的同时还增加了胸高断面积、针叶树比例、枯立木密度和倒木蓄积 4 个结构变量。发展的老龄状态指数(old-growth state index)计算公式如下：

$$I_{ogs} = 12.5 \sum_i \begin{cases} \dfrac{x_{i,obs}}{x_{i,old}} & \text{if } x_{i,obs} < x_{i,old} \\[2mm] 2 - \dfrac{x_{i,obs}}{x_{i,old}} & \text{if } x_{i,old} < x_{i,obs} < 2x_{i,old} \\[2mm] 0 & \text{if } x_{i,obs} > 2x_{i,old} \end{cases} \tag{5.8}$$

式中：I_{ogs} 为老龄状态指数，其他变量的意义与上述公式一样。这里结构变量除了胸径标准差、大树密度（DBH > 50.0 cm）、平均胸径、所有树种密度（DBH ≥ 5 cm）4 个结构变量以外，还包括胸高断面积、针叶树比例、枯立木密度和倒木蓄积，共 8 个结构变量。

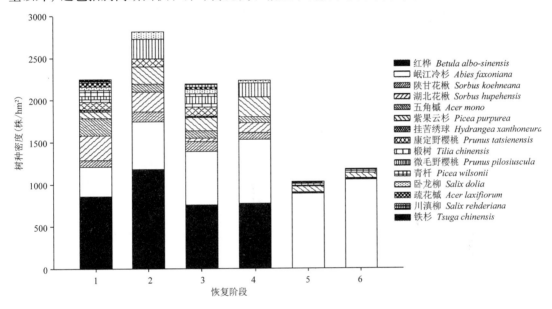

红桦 *Betula albo-sinensis*
岷江冷杉 *Abies faxoniana*
陕甘花楸 *Sorbus koehneana*
湖北花楸 *Sorbus hupehensis*
五角槭 *Acer mono*
紫果云杉 *Picea purpurea*
挂苦绣球 *Hydrangea xanthoneura*
康定野樱桃 *Prunus tatsienensis*
椴树 *Tilia chinensis*
微毛野樱桃 *Prunus pilosiuscula*
青杆 *Picea wilsonii*
卧龙柳 *Salix dolia*
疏花槭 *Acer laxiflorum*
川滇柳 *Salix rehderiana*
铁杉 *Tsuga chinensis*

图 5-4　不同恢复阶段乔木层密度

（1. 箭竹阔叶林；2. 藓类阔叶林；3. 箭竹针阔混交林；4. 藓类针阔混交林；5. 箭竹原始暗针叶老龄林；6. 藓类原始暗针叶老龄林）

2. 不同恢复阶段群落结构特征

从图 5-4 和表 5-27 可以看出，2 种森林类型和不同恢复阶段主要优势树种红桦、岷江冷杉的密度都差异显著。从阔叶林恢复到针阔混交林阶段，主要优势树种红桦以及伴生阔叶树种花楸等的密度减小，到原始暗针叶老龄林阶段基本消失，而岷江冷杉的密度增大，到原始暗针叶老龄林阶段占绝对优势。所有树种的密度和所有径级的密度在不同森林类型之间和不同恢复阶段都差异显著（表5-27）。从阔叶林恢复到针阔叶混交林再到原始暗针叶老龄林阶段，所有树种的密度和所有径级的密度减小。径级 1（5.0 ~ 10.0 cm）的密度随着森林恢复的变化与所有径级的密度变化相似。从阔叶林恢复到针阔叶混交林阶段，径级 2（10.1 ~ 20.0 cm）的密度增加，到原始暗针叶老龄林时减小，径级 3（20.1 ~ 30.0 cm）、径级 4（30.1 ~ 40.0 cm）、径级 5（40.1 ~ 50.0 cm）、径级 6（> 50.0 cm）的密度随森林恢复而增加（图 5-5、图 5-6）。

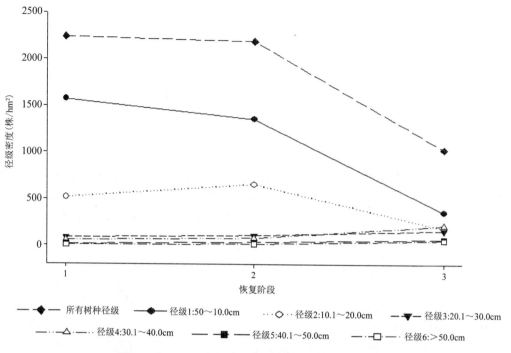

图 5-5　箭竹次生林及原始暗针叶老龄林树种径级密度

（1. 箭竹阔叶林；2. 箭竹针阔混交林；3. 箭竹原始暗针叶老龄林）

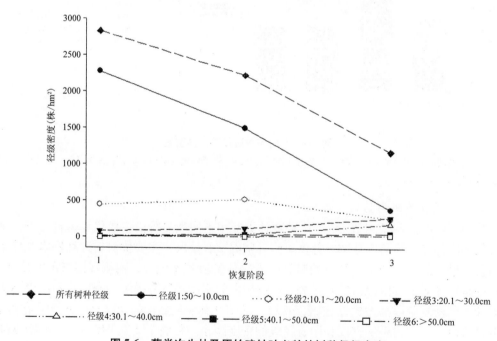

图 5-6　藓类次生林及原始暗针叶老龄林树种径级密度

（1. 藓类阔叶林；2. 藓类针阔混交林；3. 藓类原始暗针叶老龄林）

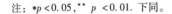

表5-27　不同恢复阶段主要优势树种、所有树种密度和所有径级密度的方差分析(F值)

项目	红桦	岷江冷杉	所有树种	径级(cm)					
				5.0 ~ 10.0	10.1 ~ 20.0	20.1 ~ 30.0	30.1 ~ 40.0	40.1 ~ 50.0	>50.0
恢复阶段	798.04**	143.60**	677.59**	1047.17**	272.37**	169.34**	782.96**	56.74**	104.38**
森林类型	27.53**	46.52**	59.28**	140.71**	17.99**	17.65**	22.73**	4.82*	12.71**
森林类型× 恢复阶段	23.16**	1.21	25.64**	72.74**	4.05*	76.57**	14.10**	20.61**	16.15**

注：*$p < 0.05$, ** $p < 0.01$. 下同。

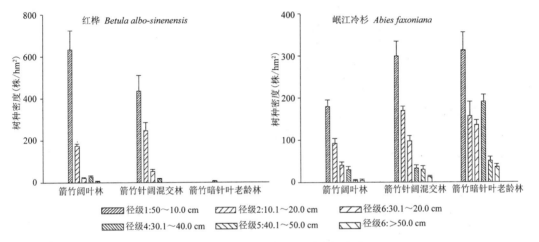

图5-7　箭竹林型优势树种的径级密度

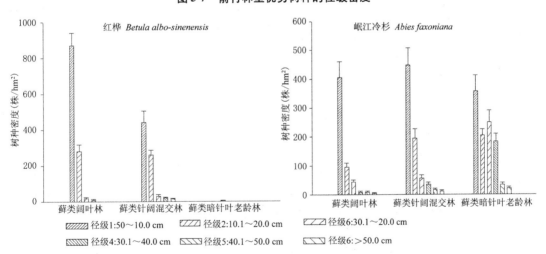

图5-8　藓类林型优势树种的径级密度

2种森林类型不同恢复阶段主要树种的径级分布见图5-7、图5-8，在阔叶林和针阔混交林阶段，树种密度随径级增大而减小，总体上呈反"J"形分布规律。阔叶林阶段，红桦在径级1(5.0~10.0 cm)和径级2(10.1~20.0 cm)之间下降最快；针阔混交林阶段，红桦在径级2(10.1~20.0 cm)和径级3(20.1~30.0 cm)之间下降最快；原始暗针叶老龄林阶段，许多出现在恢复初期的树种已经消失；优势树种岷江冷杉径级分布呈反"J"形分布规律。2 种森林类型不同恢复阶段主要优势树种红桦和岷江冷杉的径级密度方差分析表明（表5-28），红桦除径级6（>50.0 cm）以外，其他径级在2 种森林类型间以及不同恢复阶段间都差异显著；岷江冷杉除了径级4（30.1~40.0 cm）在2 种森林类型间差异不显著以外，其他径级在2 种森林类型间和不同恢复阶段间都差异显著。

表5-28　不同恢复阶段主要优势树种径级密度的方差分析（F 值）

项目	红桦径级（cm）						岷江冷杉径级（cm）					
	5.0~10.0	10.1~20.0	20.1~30.0	30.1~40.0	40.1~50.0	>50.0	5.0~10.0	10.1~20.0	20.1~30.0	30.1~40.0	40.1~50.0	>50.0
恢复阶段	880.79**	789.69**	69.14**	49.46**	29.92**	0.00	28.06**	82.34**	291.31**	355.48**	60.69**	53.79**
森林类型	30.17**	9.68**	7.90**	6.60**	20.71**	0.00	270.61**	32.82**	35.42**	2.69	12.93**	8.90**
森林类型×恢复阶段	28.33**	131.90**	6.09**	17.14**	48.33**	0.00	39.06**	1.81	77.89**	1.49	5.76**	6.13**

（3）群落结构变量及老龄状态指数

从表5-29 和表5-30 可以看出，2 种森林类型之间除了平均胸径、胸高断面积、针叶树比例和枯立木密度、倒木蓄积差异显著以外，其他结构变量差异不显著。不同恢复阶段

表5-29　不同恢复阶段群落结构变量及老龄状态指数

变量	胸径标准差	大树密度（株/hm²）	平均胸径(cm)	所有树种密度（株/hm²）	胸高断面积（m²/hm²）	针叶树比例（%）	枯立木密度（株/hm²）	倒木蓄积（m³/hm²）	老龄状态指数（I_{ogs}）
箭竹阔叶林	0.46±0.12	0.08±0.06	0.40±0.05	0.07±0.06	0.33±0.05	0.25±0.04	0.33±0.03	0.44±0.08	29.59±3.69
箭竹针阔混交林	0.49±0.12	0.25±0.24	0.46±0.05	0.21±0.17	0.46±0.07	0.41±0.05	0.50±0.06	0.45±0.08	40.27±6.35
箭竹原始暗针叶老龄林	1.00	1.00	1.00	1.00	1.00	1.00	1.00	1.00	100.00
藓类阔叶林	0.36±0.12	0.12±0.09	0.40±0.09	0.09±0.07	0.32±0.04	0.28±0.03	0.40±0.05	0.52±0.09	31.10±3.34
藓类针阔混交林	0.62±0.13	0.49±0.24	0.53±0.08	0.15±0.12	0.51±0.08	0.52±0.10	0.49±0.05	0.56±0.07	48.40±8.08
藓类原始暗针叶老龄林	1.00	1.00	1.00	1.00	1.00	1.00	1.00	1.00	100.00

表5-30　不同恢复阶段群落结构变量以及老龄状态指数的方差分析（F 值）

变量	胸径标准差	大树密度（株/hm²）	平均胸径(cm)	所有树种密度（株/hm²）	胸高断面积（m²/hm²）	针叶树比例(%)	枯立木密度（株/hm²）	倒木蓄积（m³/hm²）	老龄状态指数（I_{ogs}）
恢复阶段	38.40**	19.35**	84.52**	20.79**	261.06**	60.57**	342.96**	92.09**	748.47**
森林类型	1.40	0.67	4.38*	1.89	7.26*	15.39**	24.25**	13.37**	4.27*
恢复阶段×森林类型	0.90	1.57	0.51	0.22	0.14	3.30*	1.21	0.22	2.58

群落结构变量均差异显著，并且胸径标准差、大树密度、平均胸径、胸高断面积、针叶树比例和枯立木密度、倒木蓄积随着森林的恢复显著增大，而所有树种密度显著减小，老龄状态指数显著增大，表明群落结构相似性增大，次生林群落结构逐渐向着原始老龄林群落结构的方向发展。当恢复到 20～40 年生的箭竹和藓类阔叶林时，老龄状态指数分别为 29.59 和 31.10，群落结构恢复到接近原始暗针叶老龄林状态的 1/3；当恢复到 50 年生的箭竹和藓类针阔混交林时，老龄状态指数分别为 40.27 和 48.40；群落结构恢复到接近原始暗针叶老龄林状态的一半。2 种森林类型之间以及不同恢复阶段之间老龄状态指数值差异显著（表 5-30）。进一步 t 检验表明，箭竹阔叶林与藓类阔叶林之间老龄状态指数值差异不显著（$t = -7.43$，$p > 0.05$），而箭竹针阔混交林与藓类针阔混交林之间老龄状态指数值差异显著（$t = -3.88$，$p < 0.01$）。藓类针阔混交林群落结构向着老龄林结构状态的发展比箭竹针阔混交林相对快些。相关性分析表明（表 5-31），胸径标准差、大树密度、平均胸径、胸高断面积、针叶树比例、枯立木密度以及倒木蓄积之间呈显著的正相关关系，所有树种密度与上述 7 个群落结构变量呈显著的负相关关系。老龄状态指数除了与所有树种密度呈显著的负相关关系以外，与其他结构变量呈显著的正相关关系。

表 5-31　群落结构变量之间以及结构变量与老龄状态指数之间的 Pearson's 相关系数

变量	胸径标准差	大树密度（株/hm²）	平均胸径（cm）	所有树种密度（株/hm²）	胸高断面积（m²/hm²）	针叶树比例（%）	枯立木密度（株/hm²）	倒木蓄积（m³/hm²）
大树密度	0.7684**							
平均胸径	0.8851**	0.8002**						
所有树种密度	-0.6804**	-0.6104**	-0.7358**					
胸高断面积	0.8763**	0.7623**	0.9508**	-0.7744**				
针叶树比例	0.8262**	0.6904**	0.8762**	-0.7251**	0.9403**			
枯立木密度	0.7738**	0.6612**	0.8553**	-0.6713**	0.9104**	0.9437**		
倒木蓄积	0.6567**	0.6233**	0.7421**	-0.5224**	0.7842**	0.8629**	0.8534**	
老龄状态指数（I_{ogs}）	0.8458**	0.7372**	0.9074**	-0.7382**	0.9547**	0.9814**	0.9488**	0.8727**

4. 小结

对群落结构特征的描述通常是基于植物个体测量的集合（比如密度、径级分布）（Oliver et al.，1990）。大多数林分结构指标通常是基于测量比较容易得到的指标（比如胸径）。从分析结果看出，随着森林的恢复树种密度和胸径发生了显著的变化。这说明群落在发育过程中个体间生态位不断发生变化，林木间激烈地竞争导致树种密度趋于减小，而平均胸径趋于增大，个体间的分化导致胸径变异性越来越大。树种密度随径级增大而减小，遵循反"J"形分布规律，为典型的异龄混交林结构（Hitimana et al.，2004）。

所选择的结构变量中针叶树比例与老龄状态指数之间的相关系数最大（正相关关系），针叶树比例与所有树种密度呈负相关关系，与其他变量呈正相关关系，这说明在阔叶林阶段和针阔混交林的初级阶段，提高针叶树比例、限制林分密度能加速林分结构向老龄林方向发展。根据 Acker et al.（1998）和 Zenner（2004）对太平洋西北部花旗松林的研究，在 60

年生的林分中所有树种密度与老龄指数之间的相关性最大（负相关），当林龄达到120年时大树密度与老龄指数的相关性最大。这说明与老龄指数最相关的结构变量可能随着不同的森林发展阶段而变化，这也说明结构变量是处于一个动态变化的过程。

本研究中当恢复到20~40年生的阔叶林阶段时，群落结构恢复到接近原始暗针叶老龄林状态的1/3左右；当恢复到50年生的针阔混交林阶段时，群落结构恢复到接近原始暗针叶老龄林状态的一半。Aide et al.（2000）通过研究波多黎各（Puerto Rico）岛热带被弃牧场的恢复时发现，大约在40年后次生林的密度、胸高断面积结构特征与老龄林（>80年）较相似。相比之下本研究地区森林结构恢复的速度相对较慢。另外，处于同一恢复阶段的箭竹阔叶林与藓类阔叶林之间老龄状态指数差异不显著，说明群落结构恢复的速度相当，各对应的结构变量的相对值也相差不大，这也可以从表5-29中看出；而箭竹针阔混交林与藓类针阔混交林之间老龄状态指数差异显著，藓类针阔混交林老龄状态指数比箭竹针阔混交林大。说明藓类针阔混交林群落结构向着老龄林结构状态的发展比箭竹针阔混交林相对快些。这主要是由于藓类针阔混交林群落结构变量中的胸径标准差、大树密度、平均胸径、胸高断面积、针叶树种比例、倒木蓄积的相对值均比箭竹针阔混交林高，枯立木密度相对值几乎相等，仅所有树种密度相对值比箭竹针阔混交林小，从而总体上导致了藓类针阔混交林老龄指数比箭竹针阔混交林大的结果。

（三）关键生态功能

1. 研究方法

土壤—生态水文功能指数：Cristina and Drew（2004）运用土壤水文结构指数（soil hydro-structure index）来评价哥斯达黎加西南部湿热带森林恢复演替系列的土壤水文和土壤结构特征。选择7个变量即胸高断面积（V_{BA}）、林木密度（V_{TD}）、土壤动物密度（V_{WD}）、根密度（V_{RD}）、土壤有机碳（V_{SOM-C}）、土壤渗透率（V_I）以及土壤容重（V_{BD}）来构建土壤水文结构指数。认为胸高断面积和林木密度作为地下部分树木结构的代表，与根吸收水分的数量和通过土壤—植物—大气系统运移有关（Cristina and Drew，2004）。这2个变量影响土壤容重反过来又被土壤容重和土壤聚合度所影响，另外，胸高断面积粗略地与蒸腾有关的树木的叶面积成比例；土壤动物利用动植物的残渣和土壤中细土壤颗粒为食，为土壤打开通道，提高土壤通气性，水分渗透及根穿透性，是衡量土壤改良有效性的量度；植物根产生微通道，能促进土壤颗粒的聚合，为刺激土壤生物体生长提供了稳定的环境，这有助于N固定和养分矿化作用（Fisher et al.，2000）；土壤渗透率和土壤容重密切相关，紧凑的土壤伴随着高的土壤容重或土壤的低聚合度和孔隙度，因此降低了渗透率（Reiners et al.，1994），土壤容重在很大程度上控制着土壤渗透率，把土壤渗透率和土壤容重这2个变量作为乘数对它们的乘积开平方根构成组合变量，组合变量代表土壤维持水分和孔隙状况的能力，这支持着土壤生物体的出现和建立以及植物根系的发展。当每个变量接近于原始林的状况时，它们的乘积接近一致。

当运用功能评价时，需要如下假设：①相对未破坏的生态系统的生态过程（功能）对于特定的生态系统类型以可持续和可预测性的水平出现；②在任何生命带内生态过程在形式上和数量上是典型的（Rheinhardt et al.，1997）。另一假设为迅速度量野外参数可用来评价功能。与土壤水文—结构有关的变量分为3类：①影响土壤容重和土壤聚合度同时也被这两者影响的因素，也就是V_{BA}和V_{TD}；②直接对土壤聚合的形成作用的因素，V_{WD}，V_{RD}和

V_{SOM-C}；③影响根、土壤动物和水的运动的因素，V_I 和 V_{BD}。这些变量组合为代表土壤水文—结构功能公式如下：

$$土壤 - 水文结构指数 = \frac{\left[\frac{(V_{BA} + V_{TD})}{2} + \frac{(V_{WD} + V_{RD} + V_{SOM-C})}{3} + \sqrt{V_I \times V_{BD}}\right]}{3} \quad (5.9)$$

目前评价恢复过程中土壤—生态水文功能变化方法可借鉴的范例非常缺乏。本文基于以上土壤水文结构指数构建的思路，根据研究地区的具体情况，对具体变量进行改进，构建土壤—生态水文功能指数。目的就是以原始暗针叶老龄林为参照系统，通过构建土壤—生态水文功能指数对暗针叶林恢复前后的土壤、生态水文功能变化进行对比，并对恢复的结果进行合理有效的评价。以当地原始林为参照系，选取胸高断面积（V_{BA}）、林木密度（V_{TD}）、根密度（V_{RD}）、土壤容重（V_{BD}）、土壤渗透率（V_I）、苔藓层最大持水量（V_{MWHCM}）、枯落物层最大持水量（V_{MWHCL}）以及土壤最大持水量（V_{MWHCS}）作为表征生态系统的土壤—生态水文功能变量；把与土壤—生态水文功能有关的变量分为 4 类：（1）影响土壤容重和土壤聚合度同时也被这两者影响的因素，也就是 V_{BA} 和 V_{TD}；（2）表征林地持水能力，即 V_{MWHCM}，V_{MWHCL}，V_{MWHCS}；（3）直接对土壤聚合的形成作用的因素，V_{RD}；（4）影响根和水的运动的因素，V_I 和 V_{BD}。这些变量组合为代表土壤—生态水文功能指数（Soil ecohydro-function index，I_{SEHF}）公式如下：

$$I_{SEHF} = \frac{\left[\frac{(V_{BA} + V_{TD})}{2} + \frac{(V_{MWHCM} + V_{MWHCL} + V_{MWHCS})}{3} + V_{RD} + \sqrt{V_I \times V_{BD}}\right]}{4} \quad (5.10)$$

式中的 V_{BA}、V_{TD}、V_{RD}、V_{BD}、V_I 表示的意义与上式一样。另外苔藓层最大持水量（V_{MWHCM}）、枯落物层最大持水量（V_{MWHCL}）以及土壤最大持水量（V_{MWHCS}）作为变量是基于以下考虑的。即苔藓和枯落物层是森林土壤有机质的主要来源，它作为森林土壤独立的发生层次，影响着林下成土过程，而且具有很高的蓄水能力（张万儒等，1979）。苔藓层和枯落物层能减弱雨滴和由林冠层下落的大水滴对土的击打作用，从而保持土壤团聚体和孔隙的稳定，促进土壤渗透性能（张保华等，2003），是森林生态系统垂直结构上的主要功能层之一，在保持水土、调节径流，改良土壤理化性质等方面具有重要的作用（叶吉等，2004）。土壤层是森林群落涵养水源最主要的贮库（时忠杰等，2005）。

这一模型假设未干扰的原始林状态的指数为 1，极端退化指数为 0。每个变量对于其他变量来说是附加的，因为每个变量在一定程度上独立于其他变量。

2. 不同恢复阶段土壤—生态水文功能指数

表 5-32 可以看出，次生林林木密度与原始暗针叶老龄林相差较大，恢复 50 年时林木密度也只是原始暗针叶老龄林的 20% 左右。胸高断面积和苔藓层最大持水量的恢复进程相当，经过 50 年的恢复接近原始暗针叶老龄林的一半。根密度和枯落物层最大持水量恢复较快，经过 50 年的恢复已经接近原始暗针叶老龄林的 66% ~ 86%。土壤容重和土壤渗透的组合变量、土壤最大持水量在不同恢复阶段变化较小，但接近原始暗针叶老龄林状态。当恢复到 20 ~ 40 年生的箭竹和藓类阔叶林时，土壤—生态水文功能指数分别为 0.56 和 0.55，当恢复到 50 年生的箭竹和藓类针阔混交林时，土壤—生态水文功能指数分别为 0.68 和 0.67。这说明经过 50 年的天然恢复，森林的土壤结构和林地的生态水文功能已经恢复到一个良好的水平。方差分析表明，土壤—生态水文功能指数在不同恢复阶段之间差

异极显著（F 值 = 557.92，$p < 0.01$），在 2 种森林类型之间差异不显著（F 值 = 0.30，$p > 0.05$）。这说明箭竹阔叶林以及针阔混交林土壤—生态水文功能向着老龄林状态的发展速度与藓类阔叶林以及针阔混交林相当。

表 5-32　不同恢复阶段各变量标准化及土壤—生态水文功能指数

森林类型	林木密度（株/hm²）	胸高断面积（m²/hm²）	根密度（kg/m³）	组合变量	苔藓层最大持水量（t/hm²）	枯落物层最大持水量（t/hm²）	土壤最大持水量（t/hm²）	土壤—生态水文功能指数（I_{SEHF}）
箭竹阔叶林	0.07 ± 0.06	0.33 ± 0.05	0.45 ± 0.02	0.97 ± 0.01	0.23 ± 0.01	0.66 ± 0.03	0.92 ± 0.02	0.56 ± 0.02
箭竹针阔混交林	0.21 ± 0.17	0.46 ± 0.07	0.70 ± 0.03	0.94 ± 0.02	0.44 ± 0.03	0.85 ± 0.03	0.94 ± 0.02	0.68 ± 0.06
箭竹原始暗针叶老龄林	1.00	1.00	1.00	1.00	1.00	1.00	1.00	1.00
藓类阔叶林	0.09 ± 0.07	0.32 ± 0.04	0.47 ± 0.02	0.93 ± 0.01	0.25 ± 0.02	0.65 ± 0.03	0.89 ± 0.07	0.55 ± 0.05
藓类针阔混交林	0.15 ± 0.12	0.51 ± 0.08	0.66 ± 0.02	0.93 ± 0.02	0.45 ± 0.03	0.86 ± 0.03	0.93 ± 0.02	0.67 ± 0.06
藓类原始暗针叶老龄林	1.00	1.00	1.00	1.00	1.00	1.00	1.00	1.00

相关性分析表明（表 5-33），土壤容重和土壤渗透率的组合变量与其他变量之间均无显著相关性。除了土壤容重和土壤渗透的组合变量以外，林木密度与其他变量呈极显著的负相关关系。胸高断面积、根密度、苔藓层最大持水量、枯落物层最大持水量以及土壤最大持水量之间存在极显著的正相关关系。土壤—生态水文功能指数除了与土壤容重和土壤渗透的组合变量之间无显著相关性以外，与其他变量均呈极显著的相关关系，并且与林木密度呈极显著的负相关关系，而与胸高断面积、根密度、苔藓层最大持水量、枯落物层最大持水量以及土壤最大持水量之间存在极显著的正相关关系。

表 5-33　变量之间以及变量与土壤—生态水文功能指数之间的 Pearson's 相关系数

项目	林木密度	胸高断面积	根密度	组合变量	苔藓层最大持水量	枯落物层最大持水量	土壤最大持水量
胸高断面积（m²/hm²）	− 0.7741**						
根密度（kg/m³）	− 0.7069**	0.9253**					
组合变量	− 0.0032	− 0.0011	0.0154				
苔藓层最大持水量（t/hm²）	− 0.6564**	0.8427**	0.8032**	− 0.2267			
枯落物层最大持水量（t/hm²）	− 0.5327**	0.7725**	0.8374**	0.0878	0.5656**		
土壤最大持水量（t/hm²）	− 0.4033**	0.3922**	0.3951**	− 0.0044	0.3884**	0.4044**	
土壤—生态水文功能指数（I_{SEHF}）	− 0.7744**	0.9654**	0.9388**	− 0.0973	0.9214**	0.7513**	0.4124**

3. 小结

从分析结果看出，构成土壤—生态水文功能指数的林木密度和胸高断面积这 2 个变量发生了显著的变化。随着森林的恢复，林木间激烈地竞争导致密度趋于减小，而胸高断面积趋于增大。因此，随着森林的恢复林木密度和胸高断面积的变化都有利于土壤—生态水文功能指数的增大。根密度随着森林的恢复也呈显著增大，这意味着根系对改善土壤结构的能力也增强。因为根系能将土壤单粒黏结起来，同时也能将板结密实的土体分散，并通过根系自身的腐解和转化合成腐殖质，使土壤有良好团聚结构和孔隙状况，并通过影响土壤物理性质来影响土壤渗透性，对稳定土壤结构起着重要的作用（朱显谟，1998；刘定辉，李勇，2003）。箭竹次生林及原始暗针叶老龄林不同恢复阶段的苔藓层最大持水量比相应恢复阶段的藓类次生林及原始暗针叶老龄林要小，而枯落物层最大持水量比相应恢复阶段的藓类次生林及原始暗针叶老龄林要大，但苔藓层最大持水量与枯落物层最大持水量之和在这 2 种森林类型之间差异不显著（$F = 0.93$，$p = 0.34 > 0.05$）。说明这 2 种森林类型相应恢复阶段的地被层涵养水源的能力相当。土壤最大持水量、土壤容重和土壤渗透率的组合变量在不同恢复阶段和森林类型之间差异均不显著，表明森林类型之间土壤的结构状况相似。

不同的变量向着原始暗针叶老龄林状态发展的速度不同。土壤最大持水量、土壤容重和土壤渗透率的组合变量已恢复到原始暗针叶老龄林状态的90%以上。根密度、枯落物层最大持水量、胸高断面积和苔藓层最大持水量的恢复进程较快，经过 50 年的恢复接近原始暗针叶老龄林状态的50% ~ 90%。而林木密度与原始暗针叶老龄林相差较大，恢复 50年时林木密度也只是原始暗针叶老龄林的 20% 左右。所选择的变量中胸高断面积与土壤—生态水文功能指数之间的相关系数最大（$r = 0.9654$），胸高断面积与林木密度呈极显著的负相关关系，与根密度、苔藓层最大持水量、枯落物层最大持水量以及土壤最大持水量之间存在极显著的正相关关系。这说明在阔叶林阶段和针阔混交林的初级阶段，通过间伐、大径级林木的培育以降低林分密度、提高胸高断面积可能加速土壤结构和地被层生态水文功能向着原始暗针叶老龄林方向发展。

三、自然恢复状态的综合评价

在生态学中，常见的综合评价方法主要采用指数构建法（Karr，1991；Adamus *et al.*，1991；Shear *et al.*，1996；Brown，1999；Cristina and Drew，2004）、多因子综合评价法（毕晓丽，洪伟，2001）来评价不同生态系统的组成、结构或生态功能。在进行恢复综合评价的同时，恢复的预测研究也很重要，这通常需要借助于群落演替理论和生态系统发展的理论。通过建模可以预测森林时间的恢复轨迹。逻辑斯蒂模型在恢复预测的研究中较为常见，常被用来预测植被恢复过程中物种组成、相对丰富度、Shannon-Weiner 指数、初级生产力、土壤有机质积累（喻理飞等，2000；Morgan and Short，2002；刘京涛，2003）。

本研究采用多因子综合评价法和指数构建法综合进行恢复评价。运用逻辑斯蒂模型对植被恢复过程中物种组成、群落结构和土壤—生态水文功能进行拟合，对恢复的进程进行恢复预测。并针对构成物种组成、群落结构和土壤—生态水文功能的指标中寻找影响恢复的主要因子提出恢复的对策。

（一）评价模型的构建

1. 灰色关联度求算权重

灰色关联度分析是灰色系统理论中因子分析及关系分析的主要方法。其原理是根据所研究的因子之间变化的相似程度来判断关联程度。具体方法为先对原始数据进行标准化处理，选择各因子达理想状态时的数值为参考点，组成参考数列。求出比较数列与参考数列各对应点的绝对差值，再找出两级最大差值和最小差值（邓聚龙，1987；饶良懿，2003）。

灰色关联系数的求算公式为：

$$\xi_{ij}(k) = \frac{\min\limits_{i}\min\limits_{k}\Delta_{ij}(k) + \rho\max\limits_{i}\max\limits_{k}\Delta_{ij}(k)}{\Delta_{ij}(k) + \rho\max\limits_{j}\max\limits_{k}\Delta_{ij}(k)} \tag{5.11}$$

式中，$\xi_{ij}(k)$ 称为 x_i 对 x_j 在 k 时刻的关联系数；$\Delta_{ij}(k)$ 为比较数列与参考数列各对应点的绝对差值，$\Delta_{ij}(k) = |x_i(k) - x_j(k)|$；$\min\limits_{i}\min\limits_{k}|x_i(k) - x_j(k)|$ 为各时刻两级最小绝对差；$\max\limits_{i}\max\limits_{k}|x_i(k) - x_j(k)|$ 为各时刻两级最大绝对差；k 指每一数列中第 k 个因素，ρ 称为分辨系数，一般取 $\rho = 0.5$。

灰色关联度 λ_{ij} 的求算公式为：$\lambda_{ij} = \dfrac{1}{n}\sum\limits_{k=1}^{n}\xi_{ij}(k)$ \hfill (5.12)

然后按照关联度的大小按比例确定权重系数，权重之和为1。

2. 恢复度与退化度计算

喻理飞等（2000）将群落恢复度（restoration degree，RD）定义为退化群落通过自然恢复在组成、结构、功能上与顶极群落阶段的最佳群落的相似程度，以此表征退化天然林恢复的状态。

$$恢复度（restoration\ degree，RD） = \sum_{i=1}^{n} I_i W_i \tag{5.13}$$

式中：I 表示指数值，W 表示权重。RD、I、W 的取值范围均在 $0 \sim 1$。

（二）结果与分析

1. 物种组成、群落结构和土壤—生态水文功能的恢复比较

从图5-9看出，随着森林的恢复，Bray-Curtis指数值、老龄状态指数值及土壤—生态水文功能指数值分别逐渐增大，并且在同一恢复阶段Bray-Curtis指数值＜老龄状态指数值＜土壤—生态水文功能指数值。另外，50年生的针阔混交林Bray-Curtis指数值（0.2449 ± 0.03）小于20~40年生的阔叶林老龄状态指数值（0.2959 ± 0.04），50年生的针阔混交林

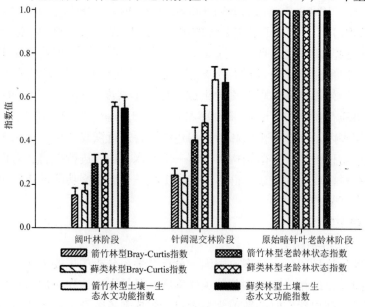

图5-9　构成恢复度的各指数

老龄状态指数值(0.4840 ± 0.08)小于20~40年生的阔叶林土壤—生态水文功能指数值(0.5502 ± 0.02)。说明恢复20~40年的阔叶林与原始暗针叶老龄林之间的群落结构相似性高于恢复50年的针阔混交林与原始暗针叶老龄林之间的物种组成方面的相似性。恢复20~40年的阔叶林与原始暗针叶老龄林之间的土壤—生态水文功能相似性高于恢复50年的针阔混交林与原始暗针叶老龄林之间的群落结构相似性。由图5-9可得出物种组成和群落结构的恢复速度分别为平均每年恢复0.38个百分点和0.7个百分点，土壤—生态水文功能的恢复速度为平均每年恢复0.6个百分点。说明从阔叶林恢复到针阔混交林阶段，群落结构的恢复速度比土壤—生态水文功能的恢复速度快，而土壤—生态水文功能的恢复速度比物种组成的恢复速度快。

2. 不同恢复阶段恢复状态的综合评价

运用灰色关联度分析法分别对 Bray-Curtis 指数、老龄状态指数、土壤—生态水文功能指数的权重进行客观赋值，结果见表5-34和表5-35。可以看出，箭竹林型 Bray-Curtis 指数、老龄状态指数和土壤—生态水文功能指数的关联度分别为0.5898，0.6236和0.7134，权重分别为0.3061，0.3237和0.3702；藓类林型 Bray-Curtis 指数、老龄状态指数和土壤—生态水文功能指数的关联度分别为0.5905，0.6375和0.7095，权重分别为0.3048，0.3290和0.3662。3个指数值的权重较好地反映了各自在恢复度中的重要程度，2种森林类型相应指数的权重相当。

表 5-34　箭竹次生林及原始暗针叶老龄林各指数值的关联度和权重

项目	Bray-Curtis 指数	老龄状态指数	土壤—生态水文功能指数
箭竹阔叶林	0.3711	0.4152	0.5307
箭竹针阔混交林	0.3984	0.4557	0.6094
箭竹原始暗针叶老龄林	1	1	1
关联度	0.5898	0.6236	0.7134
权重	0.3061	0.3237	0.3702

表 5-35　藓类次生林及原始暗针叶老龄林各指数值的关联度和权重

项目	Bray-Curtis 指数	老龄状态指数	土壤—生态水文功能指数
藓类阔叶林	0.3769	0.4205	0.5264
藓类针阔混交林	0.3947	0.4921	0.6022
藓类原始暗针叶老龄林	1	1	1
关联度	0.5905	0.6375	0.7095
权重	0.3048	0.3290	0.3662

从图5-10可以看出，以原始暗针叶老龄林为参照系，从阔叶林恢复到针阔混交林阶段恢复度增大，退化度减小。20~40年生的箭竹、藓类阔叶林恢复度为0.35左右，退化度为0.65左右；50年生的箭竹、藓类针阔混交林恢复度为0.46左右，退化度为0.54左右。可以看出，藓类阔叶林及针阔混交林的恢复度分别略高于箭竹阔叶林及针阔混交林，相应的退化度分别略低于箭竹阔叶林及针阔混交林。

3. 恢复轨迹的拟合和预测

首先取中值 30 年作为阔叶林的平均年龄，取中值 180 年作为原始暗针叶老龄林的平均年龄，运用 Logistic 模型分别对物种组成、群落结构、土壤—生态水文功能和群落恢复度进行拟合（图 5-11、图 5-12、图 5-13、图 5-14）。结果表明，决定系数（R^2）都在 0.87 以上，经检验拟合曲线都显著（$p < 0.01$）。根据拟合曲线进一步对森林恢复演替的速度进

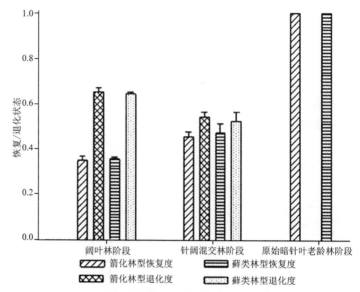

图 5-10　不同恢复阶段森林恢复的综合评价结果

行预测，如果要恢复到原始暗针叶老龄林参照系统状态的 95%，从拟合值可以得出 Bray-Curtis 指数、老龄状态指数、土壤—生态水文功能指数和群落恢复度达 0.95 时所需要的时间分别为 98 年、91 年、80 年和 89 年。

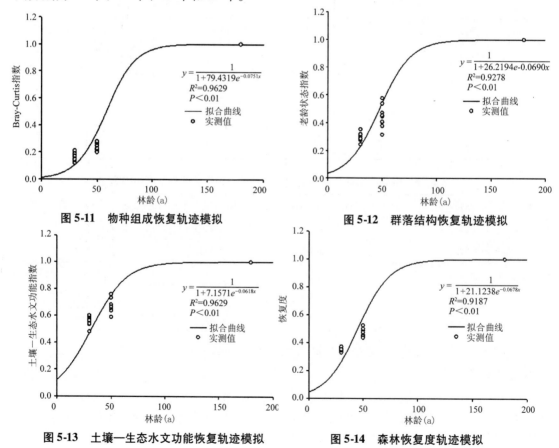

图 5-11　物种组成恢复轨迹模拟

图 5-12　群落结构恢复轨迹模拟

图 5-13　土壤—生态水文功能恢复轨迹模拟

图 5-14　森林恢复度轨迹模拟

从图 5-15 可以看出森林恢复的速度变化情况。恢复速度随时间的增加呈"单峰型"曲线，即随着森林的恢复，Bray-Curtis 指数、老龄状态指数、土壤—生态水文功能指数和群落恢复速度逐渐增大，到一个峰值后逐渐减小。从拟合值可以得出到 130 年以后恢复速度非常缓慢，速度均为每 10 年 1 个百分点以下，可以认为此时已基本恢复到原始暗针叶老龄林状态。Bray-Curtis 指数、老龄状态指数、土壤—生态水文功能指数和群落的恢复速度达到最大值时分别为 60 年、50 年、40 年和 50 年，处于恢复的阔叶林阶段后期或针阔混交林阶段初期。

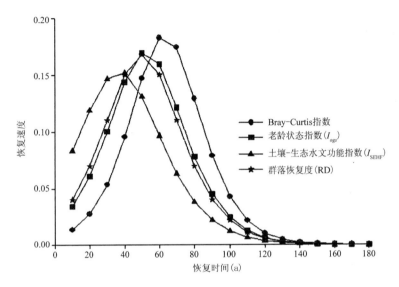

图 5-15　物种组成、群落结构、土壤—生态水文功能和群落整体的恢复速度

参考文献

Acker S A, Sabin T E, Ganio L M et al. 1998. Development of old-growth structure and timber volume growth trends in maturing Douglas-fir stands[J]. Forest Ecology and Management, 104: 265 ~ 280

Adamus P R, Stockwell L T, Clairain EJ et al. 1991. Wetland evaluation technique (WET), I. Literature Review and Evaluation Rationale. Technical Report WRP-DE-2. US Army Corps of Engineers Waterways Experiment Station, Vicksburg, Mississippi, USA

Aide T M, Zimmerman J K, Pascarella J B et al. 2000. Forest regeneration in a chronosequence of tropical sbandoned pastures: implications for restoration ecology[J]. Restoration Ecology, 8: 328 ~ 338

Brown S C. 1999. Vegetation similarity and avifaunal food value of restored and natural marshes in northern New York[J]. Restoration Ecology, 7(1): 56 ~ 68

Clewell A F. 1999. Restoration of riverine forest at Hall Branch on phosphate-mined land, Florida[J]. Restoration Ecology, 7: 1 ~ 14

Cristina P M, Drew A P. 2004. A model to assess restoration of abandoned pasture in Costa Rica based on soil hydrologic features and forest structure[J]. Restoration Ecology, 12 (4): 516 ~ 524

D. Muller – Dombois, H. Ellenberg. 鲍显诚等译. 1986. 植被生态学的目的和方法[M]. 北京: 科学出版社, 247 ~ 252

Fisher R F, Binkley D. 2000. Ecology and management of forest soils(3rd edition)[M]. John Wiley and Sons, New York

Franklin J F, Spies T A. 1991. Composition, function, and structure of old-growth Douglas-fir forests. In: Ruggiero, L. (Ed.), Wildlife and Vegetation of Unmanaged Douglas-fir Forests. USDA For. Serv. Gen. Tech. Rep. PNW-GTR-285, Pac. Northwest Res. Stn. , Portland, OR, pp. 71~80

Hitimana J, Kiyiapi J L, Njunge J T. 2004. Forest structure characteristics in disturbed and undisturbed sites of Mt. moist lower montane forest, westernKenya[J]. Forest Ecology and Management, 194: 269~291

Jhon A. 拉德维格, James F. 蓝诺兹. 李育中等译. 1990. 统计生态学——方法和计算入门[M]. 呼和浩特: 内蒙古大学出版社, 94~100

Karr J R. 1991. Biological integrity: A long-neglected aspect of water resource management[J]. Ecological Applications, 1: 66~84

Kruse B S, Groninger J W. 2003. Vegetative characteristics of recently reforested bottomlands in the lower Cache River watershed, Illinois, U. S. A[J]. Restoration Ecology, 11: 273~280

Martin L M, Moloney K A, Wilsey B J. 2005. An assessment of grassland restoration success using species diversity components[J]. Journal of Applied Ecology, 42, 327~336

McCoy E D, Mushinsky H R. 2002. Measuring the success of wildlife community restoration[J]. Ecological Applications, 12: 1861~1871

McElhinny C. 2002. Forest and woodland structure as an index of biodiversity: a review. Department of Forestry, Australian National University, Canberra ACT

Moore M M, Covington W W, Fule P Z. 1999. Reference conditions and ecological restoration: a southwestern ponderosa pine perspective[J]. Ecological Applications, 9: 1266~1277

Morgan PA, Short FT. 2002. Using functional trajectories to track constructed salt marsh development in the Great Bay Estuary, Maine/New Hampshire, U. S. A[J]. Restoration Ecology, 10(3): 461~473

Nichols O G, Nichols F M. 2003. Long-term trends in faunal recolonization after bauxite mining in the jarrah forest of southwestern Australia[J]. Restoration Ecology, 11: 261~272

Oliver, C. D. , and B. C. Larson. 1990. Forest stand dynamics[M]. McGraw-Hill Inc. , New York.

Palmer M A, Ambrose R F, Poff N L. 1997. Ecological theory and community restoration ecology[J]. Restoration Ecology, 5: 291~300

Parrota J A, Knowles O H. 1999. Restoration of tropical moist forests on bauxite-mined lands in Brazilian Amazon [J]. Restoration Ecology, 7: 103~116

Reay S D, Norton D A. 1999. Assessing the success of restoration plantings in a temperate New Zealand forest[J]. Restoration Ecology, 7: 298~308

Reiners W A, Bouwan A F, Parsons W F J et al. 1994. Tropical rain forest conversion to pasture: changes in vegetation and soil properties[J]. Ecological Applications, 4: 363~377

Renison D, Cingolani A M, Suarez R et al. 2005. The restoration of degraded mountain woodlands: Effects of seed provenance and microsite characteristics on *Polylepis australis* seedling survival and growth in central Argentina [J]. Restoration Ecology, 13(1): 129~137

Rheinhardt R D, Brinson M M, Farley P M. 1997. Applying wetland reference data to functional assessment, mitigation, and restoration[J]. Wetlands, 17: 195~215

Rhoades CC, Eckert G E, Coleman D C. 1998. Effect of pastures trees on soil nitrogen and organic matter: implications for tropical montane forest restoration[J]. Restoration Ecology, 6: 262~270

Ruiz-Jaen M C and Aide T M. 2005. Restoration success: how is it being measured? [J] Restoration Ecology, 13: 569~577

Salinas M J, Guirado J. 2002. Riparian plant restoration in summer-dry riverbeds of southeastern Spain[J]. Restoration Ecology, 10: 695~702

SER (Society for Ecological Restoration International Science and Policy Working Group). 2004. The SER International Primer on Ecological Restoration (available from http//www. ser. org)

Shear T H, Lent T J, Fraver S. 1996. Comparison of restored and mature bottomland hardwood forests of Southwestern Kentucky[J]. Restoration Ecology, 4(2): 111~123

Smith R S, Shiel R S, Millward D et al. 2000. The interactive effects of management on the productivity and plant community structure of an upland meadow: an 8-year field trial[J]. Journal of Applied Ecology, 37: 1029~1043

Spies T A, Franklin J F. 1991. The structure of natural young, mature, and old-growth Douglas-fir forests in Oregon and Washington. In: Ruggiero L (Ed.), Wildlife and Vegetation of Unmanaged Douglas-fir Forests. USDA For. Serv. Gen. Tech. Rep. PNW-GTR-285, Pac. NorthwestRes. Stn., Portland, OR, 91~110

van Aarde R J, Ferreira S M, Kritzinger J J et al. 1996. An evaluation of habitat rehabilitation on coastal dune forest in northernKwaZulu-Natal, South Africa[J]. Restoration Ecology, 4: 334~345

Weiermans J, van Aarde R J. 2003. Roads as ecological edges for rehabilitating coastal dune assemblages in northernKwaZulu-Natal, South Africa[J]. Restoration Ecology, 11: 43~49

Wilkins S, Keith D A, Adam P. 2003. Measuring success: evaluating the restoration of a grassy eucalypt woodland on the Cumberland Plain, Sydney, Australia[J]. Restoration Ecology, 11: 489~503

Zenner E K. 2004. Does old-growth condition imply high live-tree structural complexity? [J] Forest Ecology and Management 195: 243~258

毕晓丽, 洪伟. 2001. 生态环境综合评价方法的研究进展[M]. 农业系统科学与综合研究, 17(2): 122~124

邓聚龙. 1987. 灰色系统基本方法[M]. 武汉: 华中理工大学出版社

丁圣彦, 宋永昌. 1998. 常绿阔叶林演替过程中马尾松消退的原因[J]. 植物学报, 40(8): 755~760

高贤明, 马克平, 黄建辉等. 1998. 北京东灵山地区植物群落多样性的研究: XI. 山地草甸 β 多样性[J]. 生态学报, 18(1): 24~32

郝占庆, 郭水良, 曹同. 2002. 长白山植物多样性及其格局[M]. 沈阳: 辽宁科学技术出版社

姜启源. 1993. 数学模型[M]. 北京: 高等教育出版社, 305~336

蒋有绪. 1963. 川西亚高山暗针叶林的群落特点极其分类原则[J]. 植物生态学与地植物学丛刊, 1(1): 42~50

康冰, 刘世荣, 蔡道雄等. 2005. 南亚热带人工杉木林灌木层物种组成及主要木本种间联结性[J], 生态学报, 25(9): 2173~2179

郎奎健, 唐守正. 1989. IBM PC 系列程序集——数理统计, 调查规划经营原理[M]. 北京: 中国林业出版社, 24~27

刘定辉, 李勇. 2003. 植物根系提高土壤抗侵蚀性机理研究[J]. 水土保持学报, 17(3): 34~37

刘京涛. 2003. 桂西南岩溶生态系统健康及其评价研究[D]. 广西大学硕士学位论文

马克平, 刘灿然, 刘玉明. 1995. 生物群落多样性的测度方法: II. β 多样性的测度方法[J]. 生物多样性, 3(1): 38~43

彭少麟. 1996. 南亚热带森林群落动态学[M]. 北京: 科学出版社

饶良懿. 2003. 三峡库区理水调洪型防护林空间配置与结构优化技术研究[D]. 北京林业大学博士学位论文

时忠杰, 王彦辉, 于澎涛等. 2005. 宁夏六盘山林区几种主要森林植被生态水文功能研究[J]. 水土保持学报, 19(3): 134~138

史立新, 王金锡, 宿以明等. 1988. 川西米亚罗地区暗针叶林采伐迹地早期植被演替过程的研究[J]. 植物生态学与地植物学学报, 12(4): 306~313

史作民，刘世荣，程瑞梅等．2001．宝天曼落叶阔叶林种间联结性研究[J]．林业科学，37(2)：29~35

唐守正．1986．多元统计分析方法[M]．北京：中国林业出版社

王伯荪．1987．植物群落学[M]．北京：高等教育出版社

王刚，张大勇，杜国祯．1991．亚高山草甸弃耕地植物群落演替的数量研究：IV．组分种生态位分析[J]．草地学报，1(1)：93~99

叶吉，郝占庆，姜萍．2004．长白山暗针叶林苔藓枯落物层的降雨截留过程[J]．生态学报，24(12)：2859~2862

余树全．2003．浙江淳安天然次生林演替的定量研究[J]．林业科学，39(1)：17~22

喻理飞，朱守谦，魏鲁明．1998a．贵州喀斯特台原亮叶水青冈种多度结构研究[J]．山地农业生物学报，17(1)：9~15

喻理飞，朱守谦，魏鲁明等．2000．退化喀斯特森林自然恢复评价研究[J]．林业科学，36(6)：12~19

喻理飞，朱守谦，叶镜中．1998b．退化喀斯特群落自然恢复过程研究——自然恢复演替系列[J]．山地农业生物学报，17(2)：71~77

喻理飞，朱守谦，叶镜中．2002c．喀斯特森林不同种组的耐旱适应性[J]．南京林业大学学报，26(1)：19~22

喻理飞，朱守谦，叶镜中等．2000．退化喀斯特森林自然恢复评价研究[J]．林业科学，36(6)：12~19

喻理飞，朱守谦，叶镜中等．2002b．自然恢复过程中群落动态研究[J]．林业科学，38(1)：1~7

喻理飞，朱守谦，叶镜中等．2002a．人为干扰与喀斯特森林群落退化及评价研究[J]．应用生态学报，13(5)：529~532

张保华，何毓蓉，周红艺等．2003．长江上游亚高山针叶林土壤水分入渗性能及影响因素[J]．四川林业科技，24(1)：61~64

张家来．1993．应用最优分割法划分森林群落演替阶段的研究[J]．植物生态学与地植物学学报，17(3)：224~231

张万儒，黄雨霖，刘醒华等．1979．四川西部米亚罗林区冷杉林下森林土壤动态的研究[J]．林业科学，15(3)：228~237

张远东，刘世荣，马姜明等．2005b．川西亚高山桦木林的林地水文效应[J]．生态学报，25(11)：2939~2946

张远东，刘世荣，赵常明．2005c．川西亚高山森林恢复的空间格局分析[J]．应用生态学报，16(9)：1706~1710

张远东，赵常明，刘世荣．2005a．川西米亚罗林区森林恢复的影响因子分析[J]．林业科学，41(4)：189~193

赵平，彭少麟，张经炜．1998．生态系统的脆弱性与退化生态系统[J]．热带亚热带植物学报，6(3)：179~186

赵平．2003．退化生态系统植被恢复的生理生态学研究进展[J]．应用生态学报，14(11)：2031~2036

周政贤．1987．茂兰喀斯特森林科学考察集[M]．贵阳：贵州科技出版社，1~23

朱守谦，魏鲁明，陈正仁．1995．茂兰喀斯特森林生物量构成初步研究[J]．植物生态学报，(4)：354~367

朱守谦．2003．喀斯特森林生态研究(Ⅲ)[M]．贵阳：贵州科技出版社，189~196

朱显谟．1998．黄土高原脱贫致富之道——三论黄土高原的国土整治[J]．土壤侵蚀与水土保持学报，4(3)：1~5

第六章　典型退化天然林的恢复重建技术

第一节　东北东部山地退化天然林的恢复技术

一、天然次生林结构调整技术

（一）天然次生林的结构调整途径

1. 栎类林恢复途径

栎类林首先按林龄分为幼、中龄林和成、过熟林。在幼、中龄林中按密度分为 3 个档次，按现实林分密度与不同经营目标的适宜保留密度（如辽宁省《森林经营技术规程》DB21/706 - 2009）中的栎类林抚育采伐适宜密度标准表（表 6-1）中的密度指标进行比较（简称密度比，下同），大于 1，说明林分太密，需要通过抚育采伐来调整密度，促进保留木的生长，并可增加林下其他植物种类，培育成高产、高质、高效的"三高"林分。密度比在 0.7～0.9 时，按立地条件，分为阴坡、半阴坡立地条件好的和阳坡、半阳坡立地条件差的。前者进行弱度抚育采伐，培育栎类大径材，在最后一次疏伐后，林冠下栽植红松，最后形成阔叶红松林的目标群落。对立地条件差的阳坡、半阳坡，则采取封育的措施，培养成栎类纯林。对密度比在 0.7 以下的林分则采取补植改造、林冠下栽红松的措施培育成阔叶红松林。对成、过熟林，如果是同龄林，则进行渐伐更新，林冠下栽红松，培育成阔叶红松林。如果是异龄复层林则采取择伐更新，林冠下栽植红松，最终形成阔叶红松林。恢复途径见图 6-1。

表 6-1　主要树种（组）抚育采伐适宜保留株数　　　　　（株/ hm^2 ）

树种	径阶（cm）									
	6	8	10	12	14	16	18	20	22	24 以上
一般用材林										
栎(柞)类林	2340 ~ 2670	1890 ~ 2160	1530 ~ 1740	1260 ~ 1500	1080 ~ 1260	900 ~ 1110	780 ~ 960	660 ~ 870	600 ~ 750	600
硬阔叶林	2550 ~ 3030	1650 ~ 2040	1320 ~ 1620	1050 ~ 1320	870 ~ 1050	810 ~ 900	750 ~ 840	660 ~ 780	570 ~ 690	570
软阔叶林	3060 ~ 3810	2010 ~ 2400	1590 ~ 1890	1260 ~ 1500	1050 ~ 1230	960 ~ 1080	870 ~ 960	780 ~ 820	600 ~ 720	600
杨桦林	2700 ~ 3210	1950 ~ 2340	1560 ~ 1830	1260 ~ 1500	1170 ~ 1290	1080 ~ 1170	960 ~ 1020	870 ~ 900	690 ~ 780	690

（续）

树种	径阶（cm）									
	6	8	10	12	14	16	18	20	22	24以上
杂木林	2370 ~ 2850	1830 ~ 2220	1470 ~ 1770	1170 ~ 1440	990 ~ 1170	810 ~ 990	720 ~ 930	630 ~ 750	570 ~ 690	570
针阔混交林	2100 ~ 2520	1590 ~ 1710	1110 ~ 1320	930 ~ 1110	870 ~ 1050	810 ~ 930	750 ~ 840	690 ~ 750	630 ~ 720	630
大径材培育										
栎（柞）类	2300 ~ 2600	1800 ~ 2040	1500 ~ 1710	1320 ~ 1500	1100 ~ 1260	900 ~ 1020	750 ~ 870	660 ~ 750	540 ~ 630	510 ~ 570
硬阔叶林	2550 ~ 3030	1500 ~ 1770	1110 ~ 1320	960 ~ 1100	840 ~ 930	780 ~ 870	720 ~ 810	540 ~ 690	510 ~ 660	450 ~ 510
公益林										
栎（柞）类	2340 ~ 2670	1890 ~ 2160	1410 ~ 1590	1140 ~ 1380	990 ~ 1170	810 ~ 1020	690 ~ 870	600 ~ 780	510 ~ 630	450
硬阔叶林	2550 ~ 3030	1650 ~ 2040	1200 ~ 1500	960 ~ 1200	810 ~ 960	750 ~ 840	660 ~ 780	570 ~ 690	510 ~ 600	390
软阔叶林	3060 ~ 3810	2010 ~ 2400	1440 ~ 1710	1140 ~ 1350	960 ~ 1110	870 ~ 990	750 ~ 840	630 ~ 780	540 ~ 720	400
杂木林	2370 ~ 2850	1830 ~ 2220	1350 ~ 1650	1050 ~ 1320	900 ~ 1080	750 ~ 900	630 ~ 840	540 ~ 660	480 ~ 600	450
针阔混交林	2100 ~ 2520	1590 ~ 1710	1020 ~ 1230	840 ~ 1020	810 ~ 960	750 ~ 840	660 ~ 750	570 ~ 660	510 ~ 600	400

注：栎（柞）类：包括蒙古栎、辽东栎、麻栎等；栎（柞）类：包括蒙古栎、辽东栎、麻栎等；杂木林：指由优势树种不明显的软硬阔叶树组成的天然次生林；硬阔叶林：包括水曲柳、胡桃楸、黄檗、色木槭、榆树等树种形成的混交林；软阔叶林：包括柳、桦、赤杨、椴树等树种组成的混交林；杨桦林：包括以杨、桦为优势树种的纯林和混交林；针阔混交林：主要指"栽针保阔"抚育改造天然次生林中所形成的人工红松、人工云杉、人工落叶松与天然阔叶树的混交林。

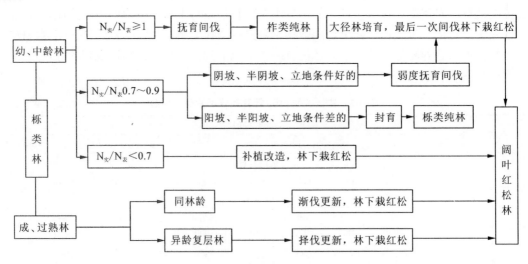

图6-1 柞类林恢复途径

（注：$N_实$.现实林分密度；$N_表$.抚育采伐适宜保留密度标准表。引自《森林经营技术规程》DB21/706－2009，下同）

2. 阔叶混交林恢复途径

阔叶混交林(杂木林)首先按林龄分为幼、中龄林和成、过熟林。在幼、中龄林中按林分密度比分为3个档次。密度比大于1，说明林分密，需要进行抚育采伐，来调整密度和种类组成，促进保留木的生长，培育"三高"阔叶混交林。密度比在0.7~0.9时，按立地条件，分为阴坡、半阴坡立地条件好的和阳坡、半阳坡立地条件差的。在阴坡、半阴坡立地条件好的林分中，如果是离村屯较近，管理方便的低山、近山，确定为高效经营型，林下培育中草药、山野菜等，促进农村经济发展。对高山、远山的林分，应进行弱度抚育采伐，培养大径材，最后一次抚育采伐后，林冠下栽植红松，培育成阔叶红松林。对阳坡、半阳坡，立地条件差的林分，进行封育恢复，最后形成阔叶混交林。对密度比在0.7以下的林分则采取补植改造、林冠下栽红松的措施培育成阔叶红松林。对成、过熟林，如果是同龄林，则进行渐伐，林冠下栽红松，培育成阔叶红松林。如果是异龄复层林则采取择伐更新，林冠下栽植红松，最终形成阔叶红松林。恢复途径见图6-2。

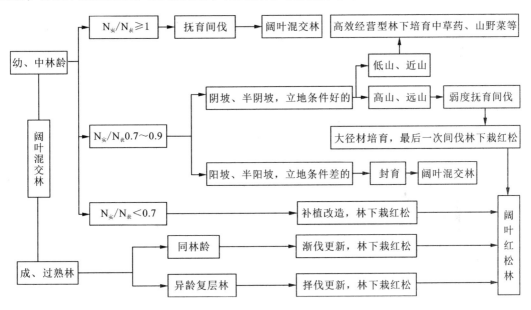

图6-2　阔叶混交林恢复途径及技术措施

3. 硬阔叶林恢复途径

硬阔叶林即硬阔叶混交林，组成树种主要是所谓"三大硬阔"，即水曲柳、胡桃楸和黄檗。黄檗纯林已很少见。首先按林龄分为幼、中龄林和成、过熟林。在幼、中龄林中按林分密度比分为3个档次。密度比大于1，说明林分密，需要进行抚育采伐，对核桃楸纯林，因为其果实和木材均有较高的经济价值，所以培育果材兼用林。其他林分可以通过抚育采伐培育硬阔混交林或硬阔叶树纯林，保留珍贵树种资源。密度比在0.7~0.9时，按立地条件，分为阴坡、半阴坡立地条件好的和阳坡、半阳坡立地条件差的。在阴坡、半阴坡立地条件好的林分中，核桃楸林，仍然培育果材兼用林。对水曲柳林进行大径材培育，林冠下栽红松使之形成阔叶红松林。对阳坡、半阳坡立地条件差的林分，进行封育恢复，最后形成硬阔叶混交林或硬阔纯林。对密度比在0.7以下的林分则采取林内直播红松种子即人工提供红松种源。红松种子在直播之前需进行药物浸泡或包衣等处理，防止鼠害。诱导成近自然针阔混交林，最后恢复成阔叶红松林。对成、过熟林，如果是同龄林，则进行渐伐，林冠下栽红松，培育成阔叶红松林。如果是异龄复层林则采取择伐更新，林冠下栽植红松，最终形成阔叶红松林。恢复途径和相应的技术措施见图6-3。

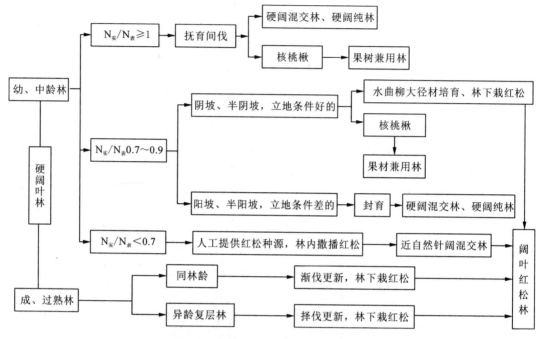

图6-3 硬阔叶林恢复途径及技术措施

4. 杨桦林恢复途径

天然次生林中的杨桦林是在森林遭到严重破坏如皆伐以及火烧迹地上作为先锋树种而形成的，随其发育逐渐形成了杨桦树种所不能更新的环境。在演替序列中虽属初级的短期群落，但在恢复森林环境方面具有重要意义。对于杨桦林首先按林龄分为幼、中龄林和成、过熟林。在幼、中龄林中按林分密度比分为2个档次，即密度比大于0.7和小于0.7。密度比大于0.7，阳坡、半阳坡立地条件差的林分，进行封育，任其自然演替。其理由有三点：一是这部分林分数量很小，从生态系统多样性的角度考虑，应保留少量的杨、桦林群落；二是所处地段的生态区位重要性，阳坡、半阳坡立地条件差的地段难以恢复其他植被；三是群落演替学术上的意义，观察其自然演替结果。阴坡、半阴坡立地条件好的林分，通过抚育采伐形成"三高"杨桦纯林，成熟后进行皆伐，在采伐迹地上人工栽植针叶树和阔叶树，形成人工针阔混交林，最后培育成阔叶红松林。对密度比在0.7以下的林分则采取补植改造、林冠下栽红松的措施培育成阔叶红松林。对成、过熟林则进行皆伐人工营造针阔混交林，最后培育成阔叶红松林。杨桦林恢复途径和相应的技术措施见图6-4。

5. 柞蚕场恢复途径

目前柞蚕放养主要产区分布在辽东山区的凤城、宽甸、岫岩、海城、西丰等县市，处于辽东山地的西部和南部边缘，也正是辽东生态和景观脆弱地带，实现柞蚕产业与生态环境建设的协调发展是应该认真思考的问题。最近几年，由于生态环境压力的进一步突出，在上述重点柞蚕主要产区，开始实施对坡度超过25°及沙化严重的三、四类柞蚕场，实施

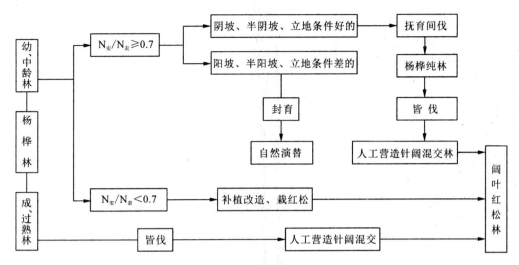

图6-4 杨桦林恢复途径及技术措施

退蚕还林，封山育林等措施，达到恢复柞蚕场的生态环境的目的。有关部门提出了一些相应的鼓励退蚕还林、封蚕育林政策和措施，对柞蚕主要放养区位于重要公路的两侧可视面山体上的蚕场实行封山育林措施，起到了明显效果，改善了主要公路两侧的景观条件和生态功能。利用红松具有常绿、长寿，可形成高大乔木这一乡土树种的特性，改善其蚕场的自然景观和生态环境条件。如：辽宁省森林经营研究所在东港合隆乡祁家卜村蚕场补植红松5年生苗，株行距2 m×2 m，补植6年后红松保存率达93.1%，平均高130 cm，树高年生长量达50 cm，株数2321株/hm²。该林分如能合理经营，可培育红松果材兼用林，或保留萌生的蒙古栎、麻栎形成针阔混交林，从而达到退蚕还林的目的。在红松未郁闭之前，也可继续放蚕，增加收入，达到以蚕养林、恢复森林的目的。另外，蚕场补植红松，可最大限度降低红松初植密度，每公顷200～300株，成林后郁闭度可控制在0.5以下，不影响5年生以下栎类树种的生长，并且稀植红松可提高单株松籽产量。柞蚕场恢复途径和相应的技术措施见图6-5。

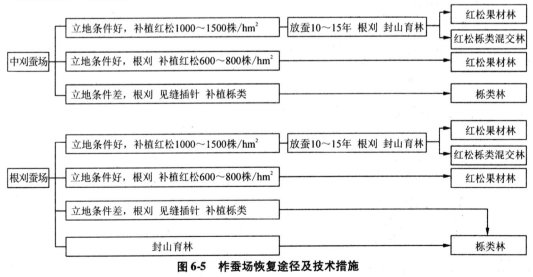

图6-5 柞蚕场恢复途径及技术措施

（二）天然次生林的结构调整技术

1. 阔叶红松林的恢复技术

阔叶红松林的恢复技术主要有3项：人工诱导的异龄复层阔叶红松林的调控技术、人工诱导的同龄阔叶红松林的调控技术及针阔混交林的人工营造技术。

（1）人工诱导的异龄复层阔叶红松林的调控技术。人工诱导的异龄复层阔叶红松林的人工调控技术主要是上层抚育技术。通过实验给出以下几项技术指标。

① 上层抚育开始时间的确定：试验结果证明，开始进行首次上层抚育的时间与单位面积上保留上层木株数多少，径级大小有密切关系，上层保留木株数越多，径级越大，对冠下红松影响越严重，首次上层抚育时间就来的越早，反之首次上层抚育时间则较晚。根据调查与试验结果，其相关关系如下：

$$T = 19.6729 - 0.4448D - 0.0077N \qquad R = 0.9507 \qquad (6.1)$$

式中：D 表示栽植红松时上层木平均胸径；N 表示栽植红松时上层木保留株数。

根据上式可以预测和确定适宜的首次上层抚育时间（见表6-2）。

上层抚育同时对下层红松幼林进行透光抚育，主要伐除无培育前途的阔叶幼树及非目的树种和藤本植物，保留有培育前途的阔叶幼树，被保留的阔叶幼树株数不宜过大，一般针阔比以7红3阔或6红4阔。首次上层抚育及透光抚育后，林内出现较大林间空地或针叶幼树较少，可见缝插针补植云、冷杉等耐阴性针叶树。一般以 1000 株/hm² 以下为宜。

表6-2　抚育改造林冠下更新红松伐除上层木年限

径级 (cm)	上层木密度（株/hm²）								
	200～300	301～400	401～500	501～600	601～700	701～800	801～900	901～1000	>1000
6～8	15～16	14～15	13～14	12～13	12～10	9～12	9～11	8～10	6～7
10～12	12～14	11～13	10～12	10～11	8～10	7～9	7～9	6～8	
13～14	11～12	10～12	9～10	9～10	7～9	7～8	7～8	6～7	
15～16	10～11	9～11	8～9	7～8	6～8	6～7	6～7	5～6	
17～18	17～18	9～10							

② 上层抚育方法：皆伐上层林木。当上层保留木株数在 450 株/hm² 以下，而且径级较大，中小径木较少，可以采用皆伐上层木法，伐除全部上层后，并进行下层透光抚育。择伐上层林木。当上层保留木株数在 450 株/hm² 以上，而且中、小径木较多，可进行择伐上层林木。主要伐除胸径 22 cm 以上大径木及无培育前途的上层阔叶树。

③ 上层抚育季节：宜在春、夏、秋3季，忌在冬季进行。作业时注意控制树倒方向，集材时事先选好集材道，以尽量减少损伤幼树。

④ 抚育间隔期：上层抚育及同步进行的透光抚育间隔期长短，与上层、下层保留阔叶树多少及生长快慢有关。当下层阔叶幼树的树高明显超过红松树高而严重影响红松生长，使红松树高、胸径生长量有明显下降趋势，而且下层林木按株数比例已经达到5针5阔或4针6阔以上时，就要进行下一次上层抚育并同时透光抚育，调整针阔比例，以保证红松占优势地位。

恢复后的林分因进行了上层抚育，林分的结构接近于同龄阔叶红松林，其经营管理技术可参照以下部分的人工诱导的同龄阔叶红松林的调控技术。

(2)人工诱导的同龄阔叶红松林的调控技术。人工诱导的同龄阔叶红松林是在天然次生林皆伐迹地上人工栽植红松,在最后一次幼林抚育时保留有培育前途的阔叶幼树而形成的。通过实验给出以下几项技术指标。

①开始时间:人工阔叶红松林抚育采伐开始时间与立地条件、混交类型、针阔比例等有关,同时也受经济条件的约束。具体确定时应根据林分郁闭情况、林木分化程度和林木胸径、树高连年生长量是否下降等指标来判断。通过对不同混交类型主要混交树种直径、树高、材积生长过程分析结果表明,虽然在不同混交类型中阔叶树大多是在造林后 3~5 年萌生出来的(幼抚保留的阔叶树),但在造林后 10 年左右阔叶树树高开始超过红松,并迅速占据上层空间。随着时间的推移,林木之间对生长空间的竞争首先表现在上层阔叶树对红松树高和直径生长的影响。因此,不同混交类型人工阔叶红松林何时需要采取抚育采伐措施,应以红松树高、直径连年生长量是否下降为依据,据此确定的人工阔叶红松林抚育采伐开始时间为 10~13 年。具体确定时以红松树高、直径生长量分析为主,结合考虑林分外貌特征的变化,如冠形变化动态(侧枝生长量变小,树冠发育受阻等)、郁闭度(当林分郁闭度达 0.9 以上,林内树冠交叉重叠,透光量减少,林下植被减少)、林木分化状况(林木直径相差大,小径木数量多,径级分布呈偏态分布—偏向小径级)等其他方法补充验证。

②间隔期:人工阔叶红松林抚育采伐间隔期受采伐强度、树种组成等因素的影响。间隔期长短取决于抚育采伐后生长明显下降时间的长短,如生长明显下降,就应再进行抚育采伐。不同针阔比例抚育采伐试验区断面积生长量从第 5 年开始均有下降趋势。说明此时如不及时调整林分密度,将影响林木生长。因此,第一次抚育采伐的间隔期定为 5~6 年为宜。

③采伐强度:人工红松阔叶混交林抚育采伐强度的大小,直接影响保留木的生长速度、干形和材质,进而影响林分产量和质量及稳定性。

适宜的采伐强度应综合考虑立地条件、林木生长情况等,并应通过长期的不同采伐强度试验,制定出不同立地条件、不同混交类型、不同发育阶段单位面积适宜的林分密度。由于人工红松阔叶混交林的培育目前正处于初级阶段,且林分类型复杂,难以制定统一的采伐标准来,为满足生产的需要,可按如下方法确定:

A. 根据林木分级。按照林木的发育级及在林分中的地位,确定哪一级应该砍伐,来确定采伐强度。分级标准为:

阔叶树分以下几种:优良木:树干圆满,自然整枝良好,树冠发育正常,生长旺盛,质量较好,有培育前途的目的树种。

辅助木:有利于促进保留木天然整枝和形成良好干形的、对上层林木生长无影响的,以及对土壤起庇护和改良作用的亚乔木、灌木及幼树等。

砍伐木:枯立木、病虫害木、被压木、弯曲木、多头木、枝粗大树干尖削、树冠庞大并妨碍周围优良木生长的林木。

红松分以下几种情况:

优势木:直径粗、树干高,树冠上层明显超出一般林木。

亚优势木:直径、树高仅次于优势木,但树冠发育良好,是林冠层的主要组成部分。

中等木:直径、树高、冠幅在林分中处于中等地位的平均木。

砍伐木：树干纤细、树冠窄小、偏冠等。顶部严重受压或处于林冠下，生长不良的濒死木，病虫危害木及枯死木等。

红松及阔叶树分级完毕，根据设计的针阔比例调整红松及阔叶树的组成比例，最后确定砍伐木，计算采伐强度。

B. 根据林分郁闭度。当林分郁闭度达 1.0 时，以其降低程度来确定保留木和采伐株数，计算采伐强度。由于红松阔叶混交林中红松与阔叶树存在一定的高差，形成分层结构。一般抚育采伐后，林分郁闭度不低于 0.9，上层郁闭度在 0.3 左右，中层在 0.6 左右为宜。

C. 根据红松及阔叶树抚育采伐标准表确定。根据《森林经营技术规程》（DB21/706 - 2009）中红松及阔叶树适宜密度表确定抚育采伐设计时首先确定采伐后的针阔叶比例，然后用红松的平均直径查对相应的适宜密度乘以红松伐后保留木所占比重，确定红松的保留株数；用阔叶树的平均直径查对相应的适宜密度株数再乘以阔叶树保留木所占比重，即为抚育采伐后阔叶树的适宜保留株数，由此就可预测采伐时间及采伐强度等。

④适宜针阔比例的确定。适宜的针阔比例对培育高产稳定的人工阔叶红松林具有重要意义，是抚育采伐技术中重要的技术指标。通过对固定标准地采伐后不同针阔比例林分生长情况及其效益的分析表明，针阔比例 6∶4（株数或断面积比）有利于红松及阔叶树的生长，并保持良好的土壤养分条件。

⑤采伐方法。考虑保留木红松或阔叶树在林内的分布形式，采用团块状抚育和均匀抚育。团块状抚育采伐后保留的红松或阔叶树在林内呈大团或小团块状分布。大团红松或阔叶树团内株数在 6~15 株，小团团内株数在 3~5 株。均匀分布指保留木在林内呈株间均匀状态分布。通过试验比较认为小团块状抚育适合于人工阔叶红松林林木的生长特点。

⑥采伐木的选择方法。根据人工阔叶红松林林分特点，采伐木的选择方法，采取以定性选木为主，定量控制林分密度。选木时按综合选木的原则，并考虑林分类型及适地适树问题。具体做法是：按照林木分级，逐级选择采伐木，并用针阔比例控制红松及阔叶树的组成株数。采伐时本着"留优去劣，间密留稀"的原则进行选木直到满足预定采伐株数为止。在树种的选择上要因地制宜，适地适树，根据立地条件或林分的混交类型，选择适宜的保留木。例如：蒙古栎、花曲柳、桦树等能够耐陡坡、干燥的土壤条件。而水曲柳、裂叶榆、春榆、核桃楸等比黄檗、椴树等要求更湿润的土壤条件。只要坚持做到适地适树，才能够充分发挥不同树种的生长潜力，达到速生、丰产、稳定的目的。同时在选择采伐木时，还要兼顾保留珍贵的目的树种。采伐后的林分结构组成要保证阔叶树树冠不压红松、不挤红松，并保留有可供红松生长 5~6 年的上层空间，为红松生长创造良好的上方和侧方透光条件。砍伐后保持红松和阔叶树呈小团块状分布，不留天窗。

通过对人工阔叶红松林进行抚育采伐，及时地调整了林分密度及针阔比例，既能为保留木创造良好的生长环境，提高林木直径、材积生长量，增强林分稳定性，又可减少林木自然枯损，增加中间利用，对培育高产稳定的人工阔叶红松林具有重要意义。

（3）针阔混交林人工营造技术。混交林特别是针阔混交林的培育与管理相对纯林要复杂得多，由于要有 2 种以上的树种在一起生长，其种间竞争激烈。到目前为止，人工营造的混交林面积和成功的比例不多，存在许多技术和管理上的问题，有必要就相关问题进行探讨。

①混交林的培育方式。目前，人工营造的混交林类型有，乔乔混交、乔灌混交、针针混交、针阔混交。混交方式有块状、带状、行混、株混和不规则混交。主要以红松、落叶松、云杉等为主体的针叶树种，与阔叶树种栎类、水曲柳、紫椴、白桦、色赤杨等进行混交。

②培育特点。在采伐迹地上重新造林地段培育混交林类型。通过人工栽植针叶树，利用阔叶树自然萌生条件，在幼林抚育时保留有培育前途的阔叶树，形成针阔混交林。此种类型现阶段较少，已有类型经营管理归并天然次生林经营部分。

采伐迹地或荒山荒地（退耕地）等无阔叶树萌发条件地段，营造混交林可采取块状或带状混交方式，针叶树不低于4行，针阔比5:5或4:6，造林株行距针叶树2 m×2 m，阔叶树1.5 m×1.5 m或2 m×1.5 m。混交树种选择红松、落叶松与白桦、水曲柳、黄檗、刺楸等用材树种（樟子松不宜选择）。选择立地条件较好的山中、下腹，顺山排列。在经营时注意及时抚育、修枝，调整边缘竞争。

目前已有类型主要有：落叶松与色赤杨、白桦块状混交；红松与色赤杨、白桦、刺楸、水曲柳块状混交；红松与色赤杨、白桦、紫椴带状混交；落叶松与紫椴、刺楸、水曲柳、色赤杨、白桦带状混交。其次还有针针混交主要有：红松与落叶松（日本、长白）混交；沙松与日本落叶松混交；樟子松与红松、落叶松混交等，其中樟子松在辽东山区造林后期表现不好，长势很难与乡土树种相比，今后不宜推广。

营造的针叶纯林由于保存率不高或经营措施不及时，形成针叶树与阔叶树混生状态，此种林分应按混交林进行培育，不应在间伐时将阔叶树全部清除，针阔树种均应有伐有留，并调整针阔树种比例在6:4左右，林木呈团块状分布。这种林分在辽东山区有一定数量存在。

红松、落叶松等针叶树中龄林以上单层纯林人工诱导成针阔混交林，可采取强度间伐或择伐，林冠下人工栽植红松、云杉、冷杉、栎类等，并保留天然更新幼苗（树），培育异龄复层针阔混交林。这种方式适用于红松和落叶松大径材培育等林分人工诱导针阔混交林。上层保留木300~500株/hm²，红松应进行修枝，树木可以行状或团块状分布，造林株数每公顷不超过1000株，并采取正常抚育措施，保证更新幼树正常生长。

东北东部山地有大量乡土阔叶树在建筑、家具、装饰材比针叶树将具有广泛的应用市场，同时阔叶树又是食用菌栽培的原料。因此，应积极开展乡土珍贵阔叶树种的人工恢复和定向培育，辽东山区应该利用的主要乡土用材阔叶树种见表6-3。

2. 栎类林及阔叶混交林的恢复技术

栎类林及阔叶混交林的恢复技术主要有2项：密度及组成的人工调控技术和天然次生林保育技术。

（1）密度及组成的人工调控技术。密度及组成的人工调控技术主要靠抚育采伐来实现。对于密度比大于1的栎类林、阔叶混交林、硬阔叶林和杨、桦林需进行抚育采伐。抚育采伐技术指标如下：

①抚育采伐方法。天然次生林抚育采伐的方法包括上层抚育、下层抚育和综合抚育3种。

下层抚育方法主要用于次生纯林和单层林，如栎类林、山杨林、桦树林等。下层抚育的特点是砍伐林冠下的生长落后木、被压木及个别处于林冠上层的弯曲木和分权木。上层抚育针对的是次生异龄复层林，特别是主林层下有一定数量的原生林树种的复层林。上层

表6-3　主要乡土阔叶用材树种资源

树种名	生境	繁殖	培育目标、用途
香杨	沟谷及河流沿岸	可扦插	中大径材，造纸原料，木材多用途
大青杨	山中下腹及河流沿岸	可扦插	中大径材，造纸，木材多用途
小叶杨	河流沿岸	可扦插	小中径材、造纸、木材多用途
钻天柳	沿河两岸	繁殖困难	中大径材、造纸、木材多用途
大白柳	山谷河流沿岸	可扦插	小中大径材、造纸、木材多用途
胡桃楸	沟谷河流沿岸	种子或萌蘖繁殖	中大径材林、食用菌、果材多用途
枫杨	河岸河滩和山间谷地	种子或萌蘖繁殖	中大径材林、造纸、木材多用途
白桦	干燥阳坡及湿润坡地	种子或萌蘖繁殖	中大径材林、造纸、木材多用途
风桦	山地较湿润阴坡山地	种子或萌蘖繁殖	中大径材林、造纸、木材多用途
赤杨	低湿滩地河谷溪边	种子或萌蘖繁殖	中大径材林、造纸、木材多用途
栎类	山地均能生长	种子或萌蘖繁殖	小中大径材林、木材等多用途
裂叶榆	山谷平地上	种子繁殖	中大径材林、多用途
黄檗	均有分布	种子或萌蘖繁殖	中大径材林、药材、木材多用途
椴树	沟谷地山地	种子或萌蘖繁殖	中大径材林、多用途
刺楸	均有分布	种子繁殖	中大径材林、多用途
花曲柳	均有分布	种子繁殖	小中大径材林、多用途
水曲柳	喜湿润肥沃土壤	种子繁殖	小中大径材林、多用途
怀槐	喜湿润肥沃土壤	种子繁殖	小中大径材林、多用途

注：香杨：*Populus koreana*；大青杨：*Populus ussuriensis*；小叶杨：*Populus simonii*；钻天柳：*Chosenia arbutifolia*；大白柳：*Salix maximowiczii*；胡桃楸：*Juglans mandshurica*；枫杨：*Pterocarya stenoptera*；白桦：*Betula platyphylla*；风桦：*Betula costata*；赤杨：*Alnus japonica*；栎类（蒙古栎：*Quercus mongolica*；辽东栎：*Quercus liaotungensis* 等）；裂叶榆：*Ulmus laciniata*；黄檗：*Phellodendron amurense*；椴树（紫椴：*Tilia amurensis*；糠椴：*Tilia mandshurica*）；刺楸：*Kalopanax septemlobus*；水曲柳：*Fraxinus mandschurica*；花曲柳：*Fraxinus rhynchophylla*；怀槐：*Maackia amurensis*。

抚育法以砍伐上层林木为主，采伐后形成稀疏的复层林相；综合抚育法针对的是结构比较复杂的天然次生林。这种抚育法实质是上层抚育法和下层抚育法相结合的方法。综合抚育法是将林木按树种和分布情况划分为若干植生组，再在植生组中划分优良木、有益木和有害木后，砍伐有害木和部分有益木。

②采伐木的确定。采伐木的确定直接决定了次生林培育方向和抚育采伐的质量。根据次生林的特点，确定采伐木的依据有以下几个方面：

树种的经济价值：在次生林中，经济价值较高的树种和经济价值较低的树种常混生在一起，因此在确定采伐木时，必须保留前者，以达到去劣留优，提高林分质量的目的。目的树种的确定要根据各地区次生林树种组成的经济价值而定。如辽宁省东部山区次生林中的栎类、椴树、水曲柳、花曲柳、胡桃楸、黄檗、色木槭、杨树、桦树、刺楸和针叶树均为目的树种，是培育对象。而柳树、千金榆、假色槭、青楷槭、花楷槭等为非目的树种，一般情况下都是采伐对象。

林木在林分中的培育前途：在林分中，该树种在一定的立地条件下符合适地适树原则，并且在森林演替和更新中有培育前途的要保留。

林木的生长状况：包括林木的高度、直径、树冠和生命力等4种因素。根据这些方面选择采伐木，一般上层疏伐多采伐上层林木。下层疏伐多采伐矮小、纤细、树冠发育不良的被压木。

干材形质：在林分中，个体的树干形质差别较大。干形的通直程度，尖削度的大小，材质的好坏，枝节的多少等直接影响森林的培育目标及经济价值。凡干形不直、权干低、尖削度大、材质不良、枝节多的林木均为采伐对象。

林木的健康状况：凡林木感染病虫害较严重的，应采伐。

③抚育采伐的开始时间和间隔期。为了实现抚育采伐的目的，关键在于是否能正确处理好抚育采伐的时期（开始抚育的时间和2次采伐的间隔期）。根据次生林的林分状况，适时进行抚育，这是一条最基本的原则。如辽宁省主要天然次生林类型的抚育的开始时间和间隔期见表6-4。

表6-4　天然次生抚育采伐的开始和间隔期

类型	开始期（a）	间隔期（a）
栎类林	11 ~ 14	7 ~ 10
杂木林	11 ~ 15	7 ~ 10
冠下更新林	11 ~ 13	5 ~ 6
同龄混交林	10 ~ 13	5 ~ 6

注：引《森林经营技术规程》（DB21/706 – 2009）。

④抚育采伐强度。抚育采伐强度是指通过采伐将林分稀疏到何种程度的问题。采伐强度的大小，直接影响到保留林木的生长、林分结构、稳定性、材质及林分产量等。

确定天然次生林采伐强度的方法有2种：一种是把注意力放在采伐木的选择上，按林木分级确定应该砍去什么样的林木、由选木的结果计算出采伐量，称之为定性采伐；另一种是根据次生林的林分生长和立木密度之间的数量关系，在不同的生长阶段按照合理的密度，确定砍伐木或保留木的数量，称为定量采伐。

定性采伐：这种方法是根据林木分级确定采伐强度的。20世纪50年代的天然次生林抚育采伐多采用此法。一般应用于单层纯林，如柞木林、杨桦林等，按五级木分级法进行。分级标准如下：

Ⅰ级木（优势木）：生长高大，伸出林冠之上；

Ⅱ级木（亚优势木）：仅次于Ⅰ级木，树冠匀称优良；

Ⅲ级木（中等木）：生长中等，树冠居Ⅰ、Ⅱ级木之下；

Ⅳ级木（被压木）：生长落后，树冠狭窄或偏冠、侧方或全株被压；

Ⅴ级木（濒死木）：生长极落后，完全处于林冠下，枝叶稀疏或枯萎，枯死木。

按照五级木分级方法确定抚育采伐强度时，伐去Ⅴ、Ⅳ级木者称为弱度采伐；伐去Ⅴ、Ⅳ级木和大部分Ⅲ级木者称为强度采伐，这种方法属下层抚育采伐。

对于混交林或杂木林按三级木分级方法进行抚育采伐。分级标准如下：

Ⅰ级木（优良木）：有培养前途的目的树种，树干圆满通直、天然整枝良好、树冠发育正常、生长旺盛、质量好的林木。

Ⅱ级木（辅助木）：有利于促进优良木天然整枝和形成良好干形，以及对土壤起保护和改良作用的乔、亚乔木、幼树、灌木等。

Ⅲ级木（有害木）：枯立木、病虫害木、被压木、弯曲木、多头木、枝权粗大、树干尖削的林木，以及其他妨碍优良木生长的林木。

在进行抚育采伐时，一般伐去全部Ⅲ级木和部分Ⅱ级木。

定量采伐：根据林分保留适宜株数确定采伐强度：这种方法主要是以株数确定采伐强度。株数强度可按主要树种每公顷适宜保留株数确定，如辽宁省森林经营规程中制定的次生林的主要树种（组）适宜保留株数表（表6-1）。

（三）天然次生林经营类型与培育调整目标

1. 天然次生林经营类型

（1）更新（利用）采伐型。林分或优势树种（组）达到主伐年龄的单层同龄林和异龄复层林或达到定向培育标准的林分。以更新（利用）采伐木材为主要经营目标、以什么时候更新（利用）采伐最适宜或什么时候采伐能够最有效地发挥其最大有利特性，取得最大的经济效益决定利用采伐。适用于商品林或公益林。具体指标如下。

①择伐更新型。采伐已经成熟的大径木，适用于林内中、小径木多，天然更新好的异龄复层林。采伐强度占林分蓄积的50%左右，伐后郁闭度维持在0.5以上。不仅为更新提供了空间，也为种子发芽、幼苗、幼树生长提供了适宜的条件。

②渐伐更新型。对郁闭度高的单层同龄林，在一个龄级期的时间内分几次将伐区内的全部成熟林木伐完。第一次采伐原蓄积的25%～30%，伐后郁闭度保持在0.6～0.7，有利于保留木开花结实。以后每经3～5年进行一次采伐，采伐强度为原蓄积的25%，直至成熟林木伐完为止。保证林内天然更新。

③定向利用型。依据林分的培育目标，达到定向培育标准时采伐利用。适用于培育耳木林、薪炭林等。

（2）抚育采伐型。中幼龄林阶段，林分实际株数超过该林分适宜保留株数，分化明显，出现自然稀疏现象以及林冠下进行人工更新的林分。以抚育林分为主，采伐利用木材作为培育林分，提高林分质量的手段。主要适用于商品林和一般公益林，个别类型也适用于重点公益林。具体指标如下。

①透光抚育型。在幼龄林中进行，主要调整林分的树种组成，使目的树种占优势地位，同时也伐除目的树种中生长不好的林木。对林冠下人工更新红松的林分7～10年也要进行一次透光抚育，调整针阔比例。

②生长抚育型。在中龄林中进行，主要调整林分密度，提高林分的质量，促进保留木的迅速生长。

③上层抚育型。对林冠下人工更新红松的林分，根据择伐改造当时上层保留木的株数和胸径，确定上层抚育时间及方法，一般10～15年，采取皆伐上层保留木和择伐上层保留木。保留木450株/hm² 以下，皆伐上层保留木，对红松幼林进行透光抚育，适当保留萌生阔叶幼树，调整针阔比例，以保持混交状态；保留木450株/hm² 以上，择伐上层保留木，伐除胸径18 cm以上林木，同时对红松进行透光抚育，调整针阔比例。

（3）林分改造型。林分密度小、经济价值低劣或没有培育前途的林分。其目的在于调整林分结构，增大林分密度，提高林分的经济价值和林地利用率。主要适用于商品林和一般公益林。具体指标是：当林分中有培育前途的目的树种株数达到林分适宜保留株数的40%，并且分布均匀的中、幼龄林。在林内补植较耐阴树种如红松、沙松、云杉等，每公顷栽植1000～1500株，人工诱导针阔混交林。

（4）高效经营型。利用天然次生林优越的环境条件，发展多种经营，在保证林木正常生长的前提下获得最大林副产品效益。对珍贵阔叶树种建立大径材培育基地，提高木材质量为目标。主要用于商品林及一般公益林。具体指标如下：

①林药（山野菜）经营型：选择立地条件较好的林地，依据培育的药材（山野菜）种类选定具体的经营措施，但不得破坏林地资源和林木资源。

②大径材培育型：通过合理的抚育采伐提高采伐年龄，培育大径材。适用于柞类林和硬阔叶林。

（5）封育型。树种组成基本合乎育林要求，并且分布均匀，生长良好，通过封山育林能形成森林的林地；尚不符合抚育条件的中、幼龄林，以及不采取任何经营措施的近熟林。适用于商品林和一般公益林。具体指标如下。

①全封型：禁止一切人为活动。如放牧、打柴等。

②轮封型：把划定为封山育林的林分，相隔一定年限（一般3～5年）轮流封育管理。在轮封期间禁止一切人为活动，开封林分，允许在一定季节，于林内开展副业生产和多种经营活动。

③半封型：在保护林木不受破坏的前提下，允许在一定的季节，在林内开展副业生产和多种经营活动。

④封禁型：加强管理，保护林分不受破坏，适用于重点公益林。具体指标如下：

封禁防护型：一般坡度超过30°的陡坡、山脊、河岸、水库周围、海岸及对战备工程具有掩护意义的林分，只准进行卫生抚育和更新性质的采伐。即适用于防护、保持水土意义的林分。

禁伐型：严禁采伐，不受任何干扰。适用于重点公益林的科学试验林、自然保护区的森林等。

2. 天然次生林目标培育

天然次生林由于受人为干扰历史长、频度大，退化十分严重。现存的林分大多已偏离阔叶红松林的组成和结构特征，原生群落的主要优势树种的种源缺乏，如不进行人工诱导，在相当长时期内不可能恢复成原生群落。现有天然次生林无论生物成分或是环境成分仍保持着原始林的某些特征，按群落进展演替规律，仍具有恢复针阔混交林的内在潜力。经营目标应以原有植被为主体，人工栽植原有而现在失去的针阔叶珍贵树种，向恢复原有阔叶红松林的方向发展。根据辽东山区现有天然次生林树种组成类型、林分密度、立地条件、龄级结构等特征，制定天然次生林可持续经营目标培育检索表，见表6-5。

表6-5　辽东山区天然次生林经营目标检索表

1	天然次生林是相对于原始林而言，是原始阔叶红松林在人为强烈干扰或大面积火灾后在次生裸地上自然演替形成的森林类型，按组成林分的优势树种划分类型 ·········· 2
	A. 柞林：以柞属树种为优势树的植物群落。以蒙古柞为多，还有辽东柞、槲柞等种 ·········· 3
	B. 阔叶混交林：以椴属、榆属、槭属、柞属等阔叶树类为主要标志的植物群落，林分中无明显的优势树种 ·········· 3
2	C. 硬阔叶林：以水曲柳、胡桃楸、黄檗等树种组成的群落，伴生种有榆、紫椴、怀槐、花曲柳等 ·········· 3
	D. 杨桦林：以山杨、桦树等树种为主要标志的群落，林分中优势树种明显 ·········· 3
	E. 榛子灌丛：以榛子为优势种的植物群落 ·········· 11
	F. 胡枝子灌丛：以胡枝子为优势种的植物群落 ·········· 11

（续）

3	A. 坡度超过 25°的陡坡、山脊、河(溪)岸和水库周围、海岸、国防林，重要公路、铁路沿线、城镇周围，易造成水土流失、泥石流或难以更新等地段，只进行卫生抚育，恢复森林功能。对乔木树种稀少或灌丛类型进行穴状抚育，补植红松等、封育或封禁防护型。 B. 科学试验林根据试验研究内容进行作业，严禁破坏；自然保护区的森林，严禁采伐，不受任何干扰，经营类型为禁伐型。 C. 坡度在 25°以下 ………………………………………………………………………………… 4
4	A. 中、幼龄林 ……………………………………………………………………………………… 5 B. 成、过熟林 ……………………………………………………………………………………… 9
5	A. 林分实际密度与适宜经营密度的比≥100%，为抚育采伐型(透光抚育或生长抚育) ……… 6 B. 林分实际密度与适宜经营密度的比，在 70% ~99%，为封育型或高效经营型 ………… 6 C. 林分实际密度与适宜经营密度的比 <70%，为补植改造型，林下栽植红松或沙松、云杉等，每公顷栽植 500 ~1000 株 ……………………………… 阔叶红松(针阔混交)林 D. 柞蚕场、柴场封山育林后 ……………………………………………………………………… 10
6	A. 阴坡、半阴坡、沟谷，立地条件好的 ………………………………………………………… 7 B. 阳坡、半阳坡，立地条件差的 ………………………………………………………………… 8
7	A. 柞林、水曲柳林，阔叶林，多次抚育采伐，延长主伐龄，培育大径材。择伐更新，林下栽植红松或沙松、云杉等，每公顷栽植 500 ~1000 株 …………………………… 阔叶红松(针阔混交)林 B. 胡桃楸林，通过抚育采伐、修枝等措施，培育大径材 …………………… 大径材培育(果材兼用)林 C. 阔叶混交林、柞林，选择不宜产生水土流失的山中下腹，依据培育药材、山野菜的种类选定具体的经营措施，并设置保留带，面积不超过全林分的 50% …………………………………… 山地综合利用林 D. 柞林，柞类组成占 90%以上，生长旺盛，萌芽力强的林分 …………………… 短轮伐期菌材林
8	A. 林分抚育采伐作业时应保留林内灌木、下草，抚育采伐后实行封育。 B. 杨桦林，最后一次抚育采伐后林下栽植红松或沙松、云杉等，每公顷栽植 500 ~1000 株……………………………………………………………………………… 阔叶红松(针阔混交)林
9	A. 择伐更新型，对林内中、小径木多，天然更新好的异龄复层林。采伐已经成熟的大径木，采伐强度50%左右，保留中小径木郁闭度在 0.5 以上。林下栽植红松等，1000 株/hm² …………… 阔叶红松(针阔混交)林 B. 渐择更新型，对郁闭度 0.8 以上单层同龄林，在一个龄级期内分几次将伐区内的全部成熟林木伐完。第一次采伐原蓄积的 25% ~30%，伐后郁闭度 0.6 ~0.7。同时，人工栽植红松等耐阴针叶树，1000 株/hm²。以后每经 3 ~5 年进行一次采伐，采伐强度为原蓄积的 25%，直至成熟林木伐完为止，伐后保留天然更新幼树 …………………………………………………………………………………… 阔叶红松(针阔混交)林
10	A. 中刈蚕场停蚕后直接封山育林的，采取根刈措施，重新萌芽更新，并补植红松，每公顷 500 ~1000 株 …………………………………………………………… 红松柞类混交林(红松种子林) B. 根刈蚕场封山育林后，萌芽更新好，生长旺盛，郁闭度在 0.7 以上，每公顷保有柞类 2000 墩以上，采取封育措施 ………………………………………………………………………………………… 柞类林 C. 根刈蚕场封山育林后，每公顷 1500 墩(丛)以下，株数 3000 株以下(含封山育林柴场)，生长势衰退，林内栽植红松(带状混交)，每公顷 500 ~1000 株 …………………………… 红松、柞类混交林
11	A. 立地条件差的，加以保护，补植红松每公顷 500 株 …………………………… 红松(榛子)种子林 B. 立地条件好的，补植红松每公顷 500 ~1000 株 …………………………… 红松果材兼用林

二、红松人工林近自然改造

(一)红松人工林近自然改造途径

按照生态公益林和商品林的培育目标及红松的培育特点设计的 2 种红松人工林近自然化改造途径及模式图 6-6、图 6-7。

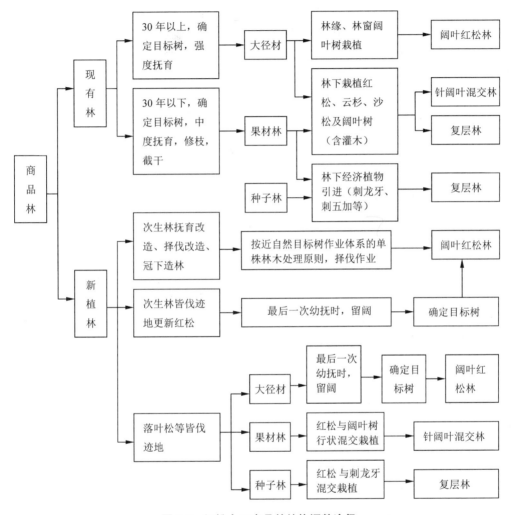

图6-6 红松人工商品林结构调整途径

商品林近自然化改造模式如图 6-6 所示,红松商品林间伐开始期为 13～18 年,间隔期为 6～8 年。

(1)林龄 45 年生以上的红松林进行过 2 次间伐适合培育大径材,在林缘、林窗栽植阔叶树,在林下栽植红松、云杉、沙松及阔叶树。

(2)林龄 45 年生以上的林分培育果材兼用林,在林下栽植红松、沙松及阔叶树,或进行刺龙牙、刺五加的间作。

(3)种子林下进行刺龙牙、刺五加及人参、细辛、桔梗的间作。

(4)次生林抚育改造、择伐改造冠下造林,按近自然目标树作业体系原则,择伐作业。

（5）次生林皆伐迹地营造红松纯林，最后一次幼林抚育时，保留有培育前途的阔叶树种。

（6）落叶松等皆伐迹地培育大径材，最后一次幼林抚育时，保留有培育前途的阔叶树种；培育果材兼用林，红松与紫椴、色赤杨、水曲柳等阔叶树行状混交栽植。

公益林结构调整模式如图6-7所示。

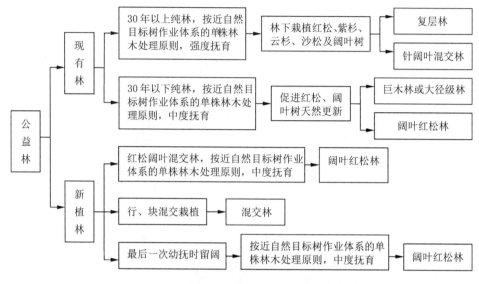

图6-7　红松人工生态公益林结构调整途径

①林龄45年生以上的纯林进行强度间伐后，在林下栽植红松、云杉、沙松及阔叶树。

②林龄45年生以上的纯林按近自然目标树作业体系原则，进行中度间伐，促进红松和阔叶树的天然更新。

③红松阔叶混交林按近自然目标树作业体系原则，进行中度间伐。

④新植林：一是红松可与栎类、刺楸、水曲柳、紫椴等树种混交栽植；二是营造红松纯林，最后一次幼林抚育时，保留有培育前途的阔叶树，促进林分向阔叶红松林演替。

（二）红松人工林近自然改造技术

1. 目标树的确定

无论是什么群落和树种，在哪个发展阶段，处于什么林层结构下，单株林木个体质量的差异总是存在的，这些差异必须在经营作业中加以利用才能取得更好的效果（Duchiron，2000；陆元昌，2006）。目标树作业体系的合理性就是在于考虑了个体差异并提出了规范化和量化差异的作业体系而成为近自然经营的基本技术，这个体系根据林木个体差异和竞争关系把作业林分中的所有林木分类为4个大类，即：

（1）目标树：是处于优势木或主林层的优秀个体林木，记为"Z"类；是生活力旺盛（有良好生长趋势的冠形）、干形通直完满、没有明显的损伤和病虫害痕迹（特别是在树干的基部不能出现各种因素导致的损伤情况等）的优势个体林木。

可见目标树就是指近自然森林中代表着主要的生态、经济和文化价值的少数优势单株林木，简单地说就是在林分的一定面积内选出的那棵最好的林木，选择后森林经营过程就主要以目标树为核心进行，定期确定并伐除与其形成竞争的干扰树木，直到目标树达到其目标直径后才采伐利用(Lu and Sturm,2006)。

(2)干扰树:是直接影响目标树生长的、需要在本次经理计划期内采伐利用的林木,记为"B"类;干扰树一般也是生长势头较强的林木,作为抚育采伐的对象,使得在抚育经营的过程中有一定的木材收获。

(3)特殊目标树:为增加混交树种、保持林分结构或生物多样性、保持鸟类和动物生境等目标服务的林木,记为"S"类;在国家和地方保护树种名录上的树种一定要列为特殊目标树加以保护。

(4)一般林木:不作特别标记。特殊情况下可在抚育过程中按需要采伐利用一定数量以满足当地的用材需求。

(5)目标树修枝和截干:对红松进行修枝,通过减少树干的结疤,提高树干通直度,提高制材率及等级;红松和其他阔叶树目标树随着年龄的增长对光照度需求也在增加,林分修枝后,光照加强,有利于目标树的生长,促进草本及灌木层恢复,可减少土壤冲蚀及地表径流。人工营造的红松混交林,造后8~10年后,及时修除影响红松生长的阔叶树下部侧枝。对红松果材兼用林和种子林进行截干可明显提高林木结实量和改善林木质量,有利于目标树的生长。修枝与截干的标准见表6-6、表6-7。

表6-6 红松修枝标准表(14、15地位指数级)

修枝次序 (n)	修枝林龄 (a)	间隔期 (a)	平均胸径 (cm)	适宜活 枝轮数	修枝轮数	修枝后枝下高 (m)
1	14		8.6	7		1.1
2	19	5	11.6	9	3	2.9
3	26	7	16.0	12	4	5.2
4	33	7	20.0	15	4	7.3
5	41	8	24.0	18	3	8.8

表6-7 红松截干参考标准

地位指数	截干林龄(a)	平均高(m)	平均胸径(cm)	林分密度株(hm²)	截干高度(m)
12	35~40	13.2~14.9	17.6~21.1	450	12.0以上
13	30~35	12.1~14.2	16.6~18.5	450	11.0以上
14	25~30	10.7~13.1	13.7~17.5	450	9.5以上

2. 红松人工林定向恢复目标

营造方式应该多样化,如大径材培育、种材兼用林、种子林、混交林、复层林等,目前的经营现状有重种子轻木材、生态效益的倾向,应该树立长远的森林培育理念,实现三大效益的协同发展。

根据红松的生物学特性和目前技术现状可采取如下定向培育目标(表6-8)。

表 6-8　红松定向培育体系

序号	经营目标	经营措施类型	树种	培育对象	培育特点	立地条件
1	中大径用材林	皆伐作业 50 年前单层纯林经营 50 年后复层林经营 超轮伐期	红松	一般针叶人工林	造林密度 2 m×2m、2 m×2.5m，多次间伐，修枝、保证干型通直，最后一次间伐后冠下人工栽植阔叶树和红松、云杉 500～1000 株，培育混交林，皆伐上层红松	阴坡、半阴坡，中下腹，坡度 35°以下，土层深厚。适用于商品林和生态公益林
2	果材兼用林	皆伐作业 单层纯林 超轮伐期	红松	兼用林	造林密度 2.5 m×3m、2 m×3m，少量间伐，修枝。林下栽植刺龙牙、山野菜、中药材等	半阴坡、半阳坡，坡度 35°以下。适用于商品林
3	种子林	皆伐作业 单层纯林 超轮伐期	红松、刺龙牙等	红松籽经济植物	造林密度 4 m×4m、4 m×5m、5 m×5m 等，优良无性系嫁接苗造林或定植成活后嫁接。林下栽植刺龙牙、山野菜、中药材等	半阳坡、阳坡，坡度 35°以下。适用于商品林
4	人工针针混交林	皆伐复层林行状混交	红松、日本落叶松、长白落叶松	针针混交林	采取行状混交方式（红松 2～4，落叶松 1～2 行），在培育过程中，根据红松和混交树种的生长情况，在 20 年左右伐除混交的落叶松并调节红松的密度	阴坡、半阴坡，土层深厚，中下腹。适用于商品林和生态公益林
5	人工针阔混交林	择伐复层林行、块状混交	红松、白桦、栎类、水曲柳等	针阔混交林	及时调整林分密度，保证红松和阔叶树的正常生长和发育	阴坡、半阴坡，土层深厚，中下腹。适用于商品林和生态公益林
6	人工红松与柞蚕复合林	复层林作业	红松柞树	上层红松下层柞树	上层红松造林密度 4 m×4m、5 m×5m 等，下层按蚕场进行必要的柞树类补植和管理	适宜所有正在放养的蚕场
7	人工红松与天然阔叶树混交林	复层林作业	红松阔叶树	效应带红松，保留带红松与阔叶树混交	每隔 6～8 m 开辟一条效应带（采伐带），保留带（抚育采伐）与效应带等宽，在效应带和保留带内人工更新红松	适用于多带萌生、林相残破的低产（效）天然次生林（含柞蚕场）

第二节　新疆天山云杉林的保育恢复

一、天山云杉林保护面临的问题

以天山云杉林为主体的天山植被，在水源涵养、保持水土、改善生态环境方面具有极为重要的意义，同时，天山林区又是新疆主要的木材生产基地，长期以来为国家建设提供了大量的木材产品。天山云杉林作为木材生产中主要的采伐对象，由于木材生产过程中建设资金投入严重不足，造成天山云杉林集中过伐，采育失调，可利用资源锐减。另外，天山云杉林分布区乱砍盗伐严重，林牧矛盾日益突出，导致天山云杉林质量下降，后备资源增长缓慢，森林环境服务功能减弱。林地水土流失加剧，水源涵养功能减弱，土地荒漠化（水蚀）面积不断增加。因此，保护和恢复天山云杉退化天然林对区域生态环境的改善以及国民经济与社会可持续发展都具有十分重要的现实意义和深远的历史意义。为此，国家在1998 年实施天保工程项目中，天山云杉林被纳入天保工程的保护对象之中。

天保工程实施以后，天山山地森林采伐得到有力遏制，以天西林区为例，木材采伐量由 1998 年的 16 万 m^3 降至 2002 年的 2 万 m^3，木材调减幅度达 87.5%。共调减木材产量 45 万 m^3，减少消耗森林资源约 64 万 m^3。1998~2002 年，营造公益林 0.51 万 hm^2(7.7 万亩)，同时每年完成森林管护 44.31 万 hm^2。但是天保工程实施后产生了一些问题(李霞等，2003)，主要表现在：

1. 营林工作弱化

天山云杉林中存在大量郁闭度在 0.3~0.2 的低郁闭度林分及郁闭度在 0.2 以下的疏林地、散生林地、灌木林地、宜林地。这些林地由于林木严重老化、风倒、枯损及林下受牲畜放牧的强度干扰，天然更新能力已遭破坏，正逐步向草原化演替。天保工程实施以后，营林活动主要以森林管护为主，而缺乏人工抚育、未成林造林地围栏管护、围栏维修以及未成林造林地病虫害防治等营林经费和营林活动，使得正常的营林生产活动陷于停滞状态。如天西林区 2001 年春季有 0.87 万 hm^2(13 万亩)左右未成林造林地围栏损失严重，围桩腐朽，无法更换。有 0.27 万 hm^2(4 万余亩)未成林造林地发生云杉雪霉病，另有 0.27 万 hm^2(4 万余亩)已郁闭成林的人工幼林因造林密度过大，叶部病害十分严重，急需进行修枝、抚育间伐。

2. 不当采伐导致森林继续退化

天保工程实施后，对天山云杉林的采伐只允许实施择伐作业。由于采伐对象主要以云杉成过熟纯林为主，这些林分采伐前郁闭度较低，多在 0.5 左右。林下由于牲畜干扰，基本上没有天然更新苗木。实施择伐作业后，原有林地大部分沦为低郁闭度林分或疏林地，由于天保工程实施前森林采伐有人工更新作为森林恢复的保障，而天保工程实施后，天然更新因放牧干扰难以实现，人工更新因缺乏资金而难以实施，保留木大多为成、过熟林木，因此经择伐后更易引起风倒和枯损，导致林分质量严重下降，森林持续退化，造成择伐结果对天然林的破坏更大。

3. 放牧及相关政策对天山云杉林更新恢复的影响

天山云杉林郁闭度低，但林下土壤相对肥沃，透光良好，致使牧草生长茂密，成为当地牧民放牧的重要场所，而当地政府通过发放草原使用证，造成天山云杉林林地一地双证(林权证和草原使用证)现象较为普遍，造成林区禁止采伐但并未禁止放牧，由于放牧导致天然更新中断，而人工更新、改造，人工促进天然更新、封育等项措施实施的经费缺乏，导致天山云杉疏林地逐渐退化为草地。

4. 天山云杉林保育恢复资金短缺

天山林区实施天保工程以来，木材产量大幅度调减，企业收入锐减，而天保工程资金仅涉及森林管护一项，企业由于缺乏资金难以开展常规的营林活动，导致天山云杉天然林得不到有效恢复，森林资源不断萎缩。

二、天山云杉林保育恢复的关键问题

天山云杉林的水平和垂直分布范围广，分布区内气候、土壤基质、地质历史过程差异悬殊，形成了不同分布区、不同海拔天山云杉林内天山云杉种群结构的差异。不同地点天山云杉林的郁闭度、平均胸径大小、平均树高、林分密度、幼苗、幼树密度各不相同。根据林分结构研究表明，在天山云杉林受到严格保护的区域如巩留自然保护区和天池自然保护区，天山云杉林的林分径级结构呈倒"J"形，即个体数随径级的增加而减少，林分年龄结构呈金字塔形，年龄分布范围和年龄跨度较大，属典型的异龄林，表明天山云杉林为增长型种群。天山云杉林下幼苗和幼树丰富，林下更新相对较好，但在保护区以外的广大区域，天山云杉林普遍受放牧干扰和人为采伐破坏，导致林分郁闭度和密度下降，林分径级结构、年龄结构组成不合理，天山云杉林整体上表现为郁闭度过低，大片林地属郁闭度在0.3～0.2的低郁闭度林分及郁闭度在0.2以下的疏林地、散生林地、灌木林地、宜林地。在年龄结构上多处于年龄偏大的同龄成过熟林，由于数量稀少、林木严重老化，风倒及枯损严重，林分中小径级木及更新幼苗、幼树由于林下受牲畜放牧的强度干扰而缺乏，导致林分天然更新能力丧失，不断向草地方向转化。该现象普遍存在于天山云杉林未受严格保护的整个分布区域。因此，对于天山云杉林的保育恢复的关键点，是如何有效解决放牧对林地及林分更新演替的破坏，同时，通过人工措施促进现有低郁闭林分的更新，增加林分内不同年龄不同径阶个体的比例，提高林分郁闭度，维持林分的更新演替。

三、天山云杉林保育恢复技术

天山云杉林在分布区范围内普遍受到严重的放牧干扰和其他人为破坏，导致天山云杉林分失调和更新中断。由于各个地区不同海拔条件下气候、土壤、水分、热量、林分结构特征及放牧干扰的特性不同，导致不同地点天山云杉林的天然更新方式不同。因此，对于各地天山云杉林的更新恢复应根据其特有的更新方式，通过多种人为措施来促进天然更新恢复。

(一)通过天然更新维持天山云杉林更新演替

根据作者对西天山保护区、天山定位站天山云杉林的更新调查发现，在上述2个地点，天山云杉林天然更新的主要方式有所不同，西天山保护区内天山云杉林主要依赖倒木更新，而天山定位站天山云杉林的更新主要依赖林窗中的空地更新；在更新幼苗、幼树的数量上，两地天山云杉林内天然更新幼苗、幼树数量在400～1190株/hm²，通常表现为在没有放牧或放牧强度很轻的林分内天山云杉更新幼苗、幼树数量较多，而放牧强度较大的林分内更新幼苗、幼树数量很少，甚至没有更新苗存在。

对于没有放牧或放牧强度很轻的林地，尽管林地更新苗数量达不到更新良好的标准，但上述地段由于有人为管护，放牧干扰对幼苗、幼树的破坏作用很小。因此，此部分幼苗发育为成年个体的机率很高，期间所需时间也大为缩短。上述林地内虽然更新幼苗数在400株/hm²左右，表面上显示出更新状况不良，但是，由于天山云杉寿命较长，可达200余年。因此即使现有林分更新数量少，但更新苗生长较快，在20～30年便可达到或接近主林层高度，在天山云杉林的演替发育中，由于大树占据空间较大，剩余空间较小。因此在短期内不可能有太多更新苗木并进入主林冠层，但通过少量个体长期不断的补充，可维持天山云杉林的个体数量长期稳定。由此可见，通过天然更新可维持天山云杉林的稳定存在，但前提条件是限制放牧对林地更新的干扰。

根据以上分析，天山云杉林的更新恢复采用天然更新方式，应选择天山云杉林分布区域内坡度较大(大于35°)、高海拔区域分布的天山云杉林，该区域云杉林由于林地枯枝落叶、草本层及腐殖质层相对缺乏，适合于天山云杉的天然更新，只要通过禁牧措施，可以确保更新幼苗、幼树的不断发生，天山云杉林的更新可以得到恢复。另外对于受到严格保护的区域，天然更新也可得到维持，只是更新速度较慢。

（二）人工促进天山云杉林的更新恢复

根据对天山云杉在不同地点的主要更新方式及其对环境条件的要求，确定各地人工促进天然更新的主要途径为：

1. 林窗空地人促更新

由于天山云杉属于浅根系树种，因此在坡地天山云杉极易受风倒、风折、人为砍伐或病腐木作用在林地内形成林窗空隙。刘翠玲等（2007）对新疆西天山自然保护区鳞毛蕨天山云杉林林冠空隙结构特点调查表明，在 1 hm² 的调查样地内调查到 17 个林冠空隙，其扩展空隙总面积为 1624 m²，实际林冠空隙总面积为 969 m²。平均每个扩展林冠空隙的面积为 95.5 ± 51.7m²，实际林冠空隙的平均面积为 57.04 ± 37.17 m²，扩展空隙占总面积的 16.2%，实际林冠空隙占总面积的 9.7%。在所有的林冠空隙中最老的林冠空隙年龄是 92 年，最年轻的林冠空隙年龄是 18 年，17 个林冠空隙是在 74 年内形成的，林冠空隙数的平均形成速率为 0.2297 个/（hm²·a），林冠空隙的平均形成速率以实际林冠空隙面积计算为 0.131%/（hm²·a），以扩展空隙面积计算平均形成速率为 0.2195%/（hm²·a），表明每年约有 0.2195% 的面积受到林冠干扰，林冠空隙的干扰返回间隔期为 763 年。对 17 个林冠空隙中的更新幼苗调查分析表明，80～100 年龄级的林冠空隙中更新幼苗数明显偏多，相应地在 100～120 m² 大小级的林冠空隙内更新幼苗数较多，反映出更新个体数在大林冠空隙或成熟林冠空隙中较多，而在小林冠空隙或年轻林冠空隙中分布较少，其原因主要与幼苗生长所需的外界环境因子有关，在大林冠空隙中，开放程度较大，提供了比较充足的光照，满足了天山云杉种子萌发和幼苗生长所需要的光照、温度和湿度等条件，有效保障了更新个体的存活。

在天山云杉林内林窗空隙形成后，林窗下光照条件改善，林窗空地上天山云杉种子得以萌发生长，形成更新个体。尽管更新个体会受到放牧的危害，但在受保护地段或放牧强度较轻的地段，部分林窗内的更新个体能够通过多种方式避免或适应外在干扰而幸存下来，并经过几十年的发育最终成为更替者。这种更新方式在天山中部如天山定位站、乌苏林区受保护或轻度放牧的天山云杉林中发生较为普遍，是该区域天山云杉林分布区内天山云杉主要的更新方式之一，对上述地段天山云杉林，根据其更新特点，可以对现有的不同林分采取相应的保育恢复或近自然改造措施：

（1）对于郁闭度较大的近熟林、成熟林，可通过人工择伐形成林窗，促进其天然更新，形成不同的林窗更新演替阶段，不但能够调整林分的年龄结构、径级结构，而且林窗的形成能促进其他演替阶段的发生，增强林分物种多样性并提供一定的木材产品，如刘云等在对天山中部天山云杉林的择伐更新试验中，择伐后更新株数达到了 4800 株/hm² 以上（刘云等，2005）。

（2）对于郁闭度低于 0.5、阴坡半阴坡水分条件较好，适于天然更新的天山云杉林，通过禁牧或维持轻度放牧，促进天山云杉林天然更新的速度和效率。

（3）对于郁闭度过低（小于 0.3）的林分，在通过管理措施促进天然更新的同时，根据环境条件在适宜地段可实行人工补植，促进林分的天然更新。

（4）对于天然更新困难地段则需要通过围栏和人工造林方式进行天山云杉林的植被恢复，人工造林技术见后面。

2. 倒木人促更新

天山云杉属于浅根系树种，一旦有一株树木发生倾倒，就会直接影响到周边树木的固着稳定性，在一定的外力干扰作用下，周边树木会出现相继倾倒的现象。根据对天山西部巩留林场天山云杉林的调查结果，天山云杉林由于放牧干扰，林下及林窗中的地面上天山云杉更新困难，很少有天山云杉能够发育为成年个体进入主林冠层，但林地内原有大树受风倒、风折等所形成的倒木在林地内较为普遍，倒木在腐烂及虫蛀过程中，树干表面的虫孔中落入天山云杉种子后，种子能够萌发为幼苗，由于倒木直径通常在1 m以上，倒木上形成的天山云杉幼苗可以避免牛羊的啃食和践踏，而倒木树干腐烂过程总能够维持一定的湿度并提供一定的养分，确保了更新幼苗的成活和生长发育，因此倒木上更新幼苗、幼树发育为大树进入主林冠层成为巩留林区天山云杉林天然更新的一种主要方式。刘翠玲等（2007）对天山西部鳞毛蕨天山云杉林倒木更新研究表明，1 hm² 鳞毛蕨天山云杉林临时标准地中共有倒木205株，腐朽等级处于Ⅰ级、Ⅱ级、Ⅲ级、Ⅳ级和Ⅴ级的倒木分别有6株、26株、41株、73株和59株，能为幼苗、幼树生长提供适宜生境的倒木只有腐朽等级高的Ⅲ、Ⅳ、Ⅴ级倒木，临时标准地倒木更新个体共有296株，且腐朽等级越高的倒木对幼苗、幼树的生长越有利。

根据天山西部巩留林区的天山云杉林的更新特点，应通过封育及限制放牧等措施，加强人为管理，限制对倒木的破坏，促进林地倒木上天山云杉的天然更新。

3. 依赖灌丛保护的人促更新

在天山定位站和乌苏林区，天山云杉林在其分布的下线，即天山云杉林与黑果枸子、蔷薇等灌丛相接处，天山云杉幼苗、幼树可依赖于灌丛的保护，避免放牧对幼苗、幼树的践踏啃食及其生境的破坏。在天山云杉分布的上线2600～2800 m范围内，天山云杉更新幼苗、幼树可依赖新疆方枝柏、新疆圆柏的保护。新疆方枝柏和新疆圆柏为匍匐性针叶灌木，通常分布在新疆中部山地的悬崖岩石及山地平缓坡面，通过不断蔓延生长，可在较大范围内形成散生的灌丛群落。天山云杉种子在鸟兽或风力等作用下落入上述灌丛后，在灌丛内部能够形成一定数量的更新幼苗，更新幼苗受周围灌丛的保护，可以避免牛羊的啃食和践踏，逐渐发育为单株大树，在大树发育过程中，新疆方枝柏或新疆圆柏则因大树遮阴作用而被逐渐淘汰。针对天山中部天山云杉林在其分布的上下线更新的特点，在上述环境进行天山云杉林的保育恢复中，可通过保护灌丛植被，或在灌丛植被下撒种或栽植幼苗的方式，加快天山云杉林的更新恢复。

4. 生土化人促更新

在昭苏林区较高海拔的阴坡，天山云杉林由于气候寒冷湿润，云杉林郁闭度较高，林下枯枝落叶层较厚，草本植物以苔藓植物为主，导致天山云杉种子难以接触土壤吸水萌发形成幼苗、幼树。此类天山云杉林的更新主要依赖于林火的发生，在林火发生后在火烧迹地上形成更新幼苗、幼树来进行更新演替。根据其上述更新特点，可采用人工生土化方式促进该类天山云杉林的更新恢复。主要措施为：对于郁闭度较高的林分，通过适当择伐创造若干林窗，在林窗内进行林地土壤层扰动，方法为用片镐沿水平方向或和顺坡方向清理地表活地被物、枯枝落叶层及其腐殖质层，并疏松裸露地表土层，疏松深度10～15 cm，形成长1 m，宽30～40 cm的长条形地表干扰带，干扰带之间交错排列。经过上述处理方式，天山云杉林内天然落种后种子可以较为容易地接触土壤并形成更新幼苗、幼树，促进天山云杉林的天然更新和林分年龄结构、径级结构的改变。

（三）天山云杉人工造林技术

天山各林区在近些年开展了部分天山云杉林的人工造林试验，取得了一定的经验，人工造林主要技术包括造林苗木的培育、造林地的选择、造林技术及养护管理几方面：

1. 造林苗木的培育

造林苗木的培育包括以下环节（吐尔汗巴依，2007）：

（1）苗圃地的选择。苗圃地宜选择海拔 1400～1600 m、地势平坦、开阔、向阳、坡度在 10°以下、土壤深厚肥沃、排水良好、pH 值呈微酸性的砂壤土、壤土或轻黏壤土。

（2）种子处理。播种前先要对种子进行进行风选和水选，精选的种子纯度应在 80%以上。并对种子进行千粒重、发芽率、发芽势及生活力的测定和检验。然后用温水（不超过45℃）浸泡 24 小时后，用 0.5%高锰酸钾溶液浸泡 0.5～1 小时，再用清水冲洗。然后装在发芽箱内或者堆放在室内用麻袋盖上，每日用 30 ℃的温水喷洒 5 次，保温保湿。4 天以后种子开裂露白时即可拌细沙播种。

（3）整地及作床。整地时间以秋季为宜，整地内容包括翻地、耙地。翻地深度为30 cm，耙地要使土壤细碎、疏松。连年作业的苗圃地应在整地过程中施足基肥或客土改良。基肥一般可选择厩肥、堆肥、绿肥等，用量 45～60 t/hm²，客土以森林土为宜，使用量 700～800 m³/hm²，以改善土壤结构和增加土壤养分。作床采用低床，床埂高 20～25 cm、宽 30 cm，床的规格为 4～6 m×1.2 m 或 4～6 m×2.5 m。作床时同时进行土壤消毒，消毒用 0.5%硫酸铜溶液，或 0.1%的多菌灵或甲基托布津溶液，每 667 m² 喷洒 1 kg溶液。然后浅翻 20 cm，耙平。播种前 3 天灌足底水。

（4）播种。播种期选择春季进行，一般在 5 月中旬土壤表层平均温度达到 8℃左右即可播种。播种量根据种子质量、计划产量、种子净度、千粒重、发芽率确定单位面积播种量，一般播种量 75～150 kg/hm²。播种采用东西向条播，条距 20 cm，播幅 10 cm，撒种要均匀，做到边开沟、边下种、边覆土。播种后覆土应以筛过的森林腐殖土或锯末等为主，覆土厚度一般为 0.5～1cm，覆土后要稍加镇压，然后用麦秸、草帘等覆盖床面，以便遮阴、保湿、保温，避免雨水淋打表土造成土壤板结和流失。

（5）苗期管理。苗期管理包括：① 苗木灌溉。幼苗出土期应根据天气和土壤情况适时适量用喷壶洒水，坚持多次少量的灌溉原则，遇连续阴雨天气应揭开覆盖物，保持适宜的土壤温度和湿度；6 月中旬到 7 月底应增加灌溉次数，一般 5～7 天灌 1 次透水，速生期后逐渐减少灌溉次数和灌水量，8 月底要停止，以防止苗木徒长，促进苗木木质化。② 遮阴。天山云杉是耐阴性树种，特别是幼苗阶段，需要一定的阴蔽条件，因此幼苗出齐种壳脱落后，每天上午 8:00 至晚上 18:00 应搭起荫棚遮阴，至 8 月末可去掉竹帘，以促进苗木封顶和木质化。③ 除草松土。苗木出齐后，每 7～10 天除 1 次草，松土在灌水后土壤表层略发白时进行，深度为 2～3 cm。为防止入冬和开春两季的苗木冻拔，原床苗和当年移植苗应在 9 月初停止除草。④ 追肥。苗木生长季节要适量追肥。追肥以化肥为主，一年生苗木追肥方式主要采用叶面喷施，新播苗浓度不大于 0.5%，苗床、移植苗不大于 2%，夏末秋初在苗木封顶木质化前，可适量追施 1 次磷钾复合肥（如磷酸二氢钾），促进顶芽饱满，以利于越冬。⑤ 病虫害防治。病虫害防治应贯彻"预防为主、积极消灭"的主针，采取化学防治、生物防治、改善经营管理相结合的综合防治措施。云杉幼苗最容易被立枯病侵染。因此，自苗木出土后应立即喷药防治，每7~10天喷1次0.5%~1%等量波尔多液。发病期喷1%硫酸亚铁液，喷药后0.5小时用清水喷洗叶面药液，前后要持续2~3个月。

2. 天山云杉造林技术

(1)造林地的选择。天山云杉人工造林对环境条件有较高的要求，根据天山各地的造林实践经验，通常应选择天山云杉分布的下线较为平缓、阴坡土层较厚、土壤较为湿润的坡地上进行，坡地可以是灌丛、草地或各种采伐迹地、火烧迹地等类型。李行斌等(2000)在天山中部阜康林区火烧沟内海拔1450~1800 m天山云杉林下线的灌丛地、欧洲山杨皆伐迹地、欧洲山杨—天山云杉皆伐迹地的人工造林更新试验结果表明：①3种立地类型在造林后当年的成活率和3年后的保存率都在93%以上；②3种不同立地类型的造林对比试验表明，不论是试验区还是对照区，天山云杉生长最快的是灌丛地，其次依次为欧洲山杨皆伐迹地和山杨—大山云杉皆伐迹地；③对于灌丛地，采用横向割灌，纵向割灌和丛植3种处理方式的苗木高生长明显高于对照区域苗木高生长，差异显著；④使用5年生天山云杉幼苗，采取常规生产中的看护抚育措施，采取适当的整地和栽植方式，就能达到速生丰产的目的。如山杨皆伐迹地采用60 cm×40 cm×30 cm的整地方式，每穴3株呈"一"字排列，灌丛地采取80 cm×40 cm×30 cm的大穴整地，每穴5株双品字丛植，这2种不同立地类型所采取的整地和栽植方式，使天山云杉幼树在更新后的第5年树高分别比对照高出46.5%和40.0%；⑤根据不同立地条件，采取割灌、大穴整地和丛植等方式，在不增加生产成本的情况下，能够达到天山云杉林人工更新造林速生丰产的目的，在生产上有一定的推广意义。

(2)造林时间。天山云杉造林时间可选春秋两季进行，春季造林时间为4~5月，秋季移栽时间为10~11月，通常秋季造林成活率高于春季的效果较好，主要原因是秋季空气湿度相对较大，土壤水分和幼树的蒸腾小，且秋季封冻前地温有利于幼树根系伤口的愈合和萌发新根。

(3)栽植要求。雪岭云杉的栽植应尽量缩短起苗至栽植的时间，以不超过3天为宜，时间越短则幼树的成活率越高。天山云杉移栽的坑穴坑径应比移栽苗木土球大20~30 cm，便于回填土壤，使根系能紧密接触水土。栽植幼树时，先将苗木放入栽植穴内，然后将母土回填，或加入有机肥，再回填原坑土并踩实，栽植深度与原苗木原来根基土痕部位持平。

3. 天山云杉造林后的养护管理

天山云杉造林应选择土壤较为湿润的阴坡地段，在有条件情况下造林后应及时浇水，保持土壤湿润。在造林后最初几年，应根据造林苗木大小和造林地情况选择松土、除草和病虫害的防治，同时应重点加强对放牧的管理，防止牲畜对造林苗木的破坏。作者2006年对天山西部巩留林场在海拔1500 m、坡度为10°的西坡人工造林地调查表明，该处人工造林苗木成活率达95%以上，但由于牛羊的啃食顶梢影响，人工造林苗木在最初10余年的生长缓慢，高度仅有1.1 m，在苗高超过1.1 m以后，放牧对苗木的啃食作用明显减弱，苗木生长加速。因此，在人工造林地的管护中，尤其应加强苗木栽培早期阶段对放牧的限制，在苗高超过1.1 m以上，可适当放松对放牧的限制。

四、天山云杉林的保育对策

天山云杉林的保育恢复技术只是从技术层面探讨了局部范围内天山云杉林的保育恢复问题，对于天山山地天山云杉林的整体保护与恢复，需要从战略层面制定相关法规与政策，采取在天山云杉林分布区范围内的统一管理、经营和森林培育措施，才能确保天山云杉林的保育恢复目标的实现。针对天山云杉林森林结构现状及在天保工程实施后出现的问题，各级政府应及时调整森林保护中出现的政策偏差，林业部门应及时改进管护技术，达到保护现有天然林、恢复退化的林分，培育后备森林资源，提高森林环境服务功能的目的（李霞等，2003）。天山云杉林的保育恢复策略主要包括：

（一）调整天然林保护政策，加大天然林保护投入

天然林保护工程实施后，对天山云杉的人工采伐得到了有效遏制。但在林区管理中，由于缺乏对放牧干扰的协调和管理，造成天山云杉及其他山地森林一方面受到林业行业的大力保护而同时又受到地方畜牧业发展中的随意破坏，造成天山云杉林的现状并没有得到真正的改善，由于天保工程的实施只是解决了森林的保护与采伐问题，没有涉及另一个实质性问题即放牧问题，因此，林区传统游牧方式并没因天保工程的实施而改变，实施天保工程后，每亩地的管护费用很低，其他营林措施无法进行，森林管护过程中对于放牧行为既无权制止，又无有效措施限制，而放牧行为干扰了森林天然更新的自然过程，使森林生态系统逐步退化，因此如果在政策上不能进行调整，解决放牧问题，天山云杉林及整个天山植被仍将处于不断退化之中。由于天山森林担负着重大的生态责任，国家应根据新疆天然林区森林保育过程中的实际情况，增加生态公益林的补偿基金，作为对新疆林分进行天然林内保育恢复的专项经费，确保天然林的正常经营和管护（李霞等，2003）。

（二）限制和改进传统放牧方式，加大对林地的保护

天山山地森林与草原镶嵌分布，是新疆主要的牧业区。由于长期以来超载和过牧，造成草地生产力下降，而牲畜数量仍在持续增加，导致山地夏季放牧范围不断向森林腹地扩展，对森林的天然更新造成了严重干扰，天山山地大部分成、过熟林林下无天然更新幼苗、幼树或幼苗、幼树由于放牧而难以成活并发育到成年个体。牧业对天然林的干扰强度远远大于天然林的自然恢复能力，同时由于人工造林和森林抚育因经费短缺而停止，不仅造成森林恢复得不到有效保证，还会造成森林面积减少，森林质量不断下降。因此，要有效的保护天山山地天然林资源，必须改变目前的放牧政策及方式，在林区内限制和逐步改进传统游牧业，通过划分禁牧、限牧、轮牧区域和制定相关放牧政策，加快牧业由传统游牧向半固定轮牧、固定圈养过渡的步伐，探求林、牧、副、旅相互结合、相互促进生态经济发展模式，使新疆的天然林从根本上得到恢复（李霞等，2003）。

（三）改变森林经营理念，调整森林经营方案

天山山地实施天保工程后，由于经费短缺及政策要求，除森林管护以外的其他各项营林工作基本停止。而天山山地大部分森林属于中度或重度干扰的林分，由于放牧导致林下天然更新不良或中断，使森林大多处于成、过熟林状态，森林难以通过自身能力进行恢复。因此在天山山地森林里保育恢复过程中，应改变传统森林经营理念，以维持森林的生物多样性和恢复、增加森林生态功能为前提，调整和确定合适的森林经营方案，鼓励对生态系统恢复的有效营林方式，达到逐步恢复退化的森林生态系统，扩大林区的森林资源，提高森林的数量和质量。

第三节　四川盆周山地退化森林的封育恢复技术

一、封育恢复类型划分的原则、依据、指标及参数

根据调查显示，盆地西缘常绿阔叶林区的植被，大致可分为3种类型，一是保存较为完好或恢复较好的次生天然林；第二是次生灌丛；第三是较多的人工针叶林。次生天然林有从300年前到20世纪90年代末期的迹地，是盆地西缘植被演替和更新研究的良好场所；同时也有从20世纪80年代初起更新起来的人工林。因此，在我们的研究中，根据现代林业的发展，以近自然林经营管理思想为指导，主要对次生天然林、灌丛以及人工林提出相应的封育技术，以诱导其向高效的顶极生态系统发展，促进盆地西缘山地常绿阔叶的恢复与重建。

（一）封育类型划分的原则

1. 封育区划原则

在封育恢复区，根据植被的现状作出明确的植被类型划分，做到不同的状态不同的措施，避免一刀切，既浪费人力物力，也达不到实际效果。

2. 封育区遵循自然规律原则

为了提高林木的生态和经济效益，应当按照其自然更新规律操作，进行适时的间伐和更新。

3. 封育区物种多样性原则

在恢复和重建时，为了提高乔木层的生物生产力和生态效益，应在补植和造林时，注重多树种的配置。

（二）封育区类型划分的依据

1. 生态恢复思想

常绿阔叶林的恢复及重建，应依据生态学原理，利用生物技术和工程技术，通过恢复、修复、改良、更新、改造、重建受损或退化的生态系统，恢复生态系统的功能（赵晓英等，2001）。生态恢复研究或实施的方法是来自自然的，即在自然过程、自然作用和自然结果的观测的基础上，施予人为的一些过程和行动来主观地判定或评价、规划、预测，再通过实践过程来实现的。

2. 生态林业思想

生态林业的概念可简述为：优化森林的结构和功能，永续充分地利用森林自然力，以实现多目标总体效益最佳的产业。可以说永续利用是以生态系统的稳定性、生物多样性和系统多功能和缓冲能力分析为理论基础，以择伐和天然更新为主要技术特征，以多树种、多层次、异龄林为森林结构特征，以永久性林分覆盖和多品质产品生产为目标的经营方式。

3. 近自然森林经营思想

近自然森林经营是立足于生态学的思想财富，从整体出发观察森林，视其为永续的、多种多样的、生机勃勃的生态系统；力求利用森林生态系统所发生的自然过程，把生态与经济结合起来，实现最合理的经营森林的一种贴近自然的森林经营模式。

4. 筛选优质乡土树种思想

树种乡土化已成为林业界的共识，应充分利用和筛选当地的优质乡土树种。过去长期从外地引种试验告诉我们，选择乡土树种中的优良品种，既可节约人力、物力、财务，又可增加树种的抗病虫害能力以及适应能力等。

(三)封育类型划分的指标及参数

通过对盆地西缘不同封育对象的综合分析，选择和确定了划分封育类型下列指标和标准：

林分郁闭度：林分郁闭度为 0.1 ~ 0.19 时呈疏林状态，当 ≥0.8 时，林分过度荫蔽，林下植被极为稀少，都需采取一定的育林措施进行调整。

坡度：坡度在 30°以上的有林地或灌木林地，为了不造成新的水土流失，应当尽量减少人为干扰，坡度在 30°以下的可采取一定的封育措施。

乔灌组成：中幼林乔灌数量比应在 1:3 ~ 1:1，低于则应补植速生乔木幼苗，高于此比例封育即可。

乔木层树种成分：中幼林常绿落叶种类之比为 1:1.5 ~ 1:3 即可封育，低于这个比例则应补植常绿树种。

树种组成：在封育时可适当对单一纯林进行调整改造，提高林分质量与功能，可维持针阔混交比例在 3:7 ~7:3 范围。

立地质量：适宜树木生长的立地，应培育乔木林，不适宜树木生长而适宜灌草生长的立地，只应培育灌林或灌草丛。

二、封育类型划分的分类等级和特征

为便于识别和操作，根据研究区封育对象和采取育林措施的种类，将封育类型划分为 3 个等级：类型组、类型、亚类型。类型组：主要反映封育恢复应达到的目标，以培育目标来划分，有乔林型、乔灌型、乔灌草型、灌林型、灌草型。类型：主要反映育林技术措施，以封育措施来划分，有封禁型、封调型和封改型等。亚类型：主要反映森林植被状况，以林分类型或优势种类划分，有木荷林、卵叶钓樟林、水杉(*Metasequoia glyptostroboides*)林等。采用亚类型、类型组、类型的顺序进行命名，如卵叶钓樟林封禁型、水杉乔灌草封调型等等。

通过对盆地西缘不同封育类型所采用的封育措施调查，分析了不同封育措施的效果，根据各项封育恢复技术措施的特点，按照组装、归类、配套的原则，研制了封育的技术体系。

(一)封育恢复技术体系、要点及其评价

1. 封禁技术要点及其评价

封禁技术是指采用封山和禁止采伐、砍柴、放牧、割草等技术措施，保护和维持森林群落结构的稳定和生物多样性及珍稀动植物生存的生态环境。主要适用于原始林、生物多样性富集区、珍稀动植物栖息和生长区等。

(1)封禁技术要点。确定封禁类型，划定封禁区。根据立地条件、封禁对象特征、封禁目的(如保护原始林、保护生物多样性、保护栖息地生态环境等)，确定封禁类型，以小班为基本单位，划定封禁区。

设置标志，在封禁区主要山口、沟口、沟流交叉点，主要交通路口等明显围界处，树立封禁保护标牌。

人工巡护，根据封禁区范围大小和人、畜活动干扰程度，设专职工兼职护林员进行巡护。每个护林员管护面积一般为 200～300 hm²。

封育方式和年限，采用全封方式，实行常年封禁。

(2)封禁技术评价。在 20 世纪 80 年代营造的杉木人工林中，群落 A(鞍 02)在造林不久即划为封育恢复区，经过次生演替的自然更新形成了卵叶钓樟杉木混交林，几乎无人为干扰；群落 B(鞍 01)则每年抚育 1 次，并有"拔大毛"这种方式的强烈的人为干扰。因此对 2 个群落可进行比较研究，分析植被演替更新在不同的干扰方式下的变化规律。

①群落的垂直结构。群落 A 和 B 的群落结构可分为 3 层，即乔木层、灌木层和草本层。垂直结构只分析了乔木层，其高度级和径级分布分别如表 6-9、且 6-10、表 6-11、表 6-12 所示。

表 6-9　群落的高度级分布

群　落	高度级(m)	h≤1	1＜h≤5	5＜h≤10	10＜h≤15	合计
群落 A	多度	0.0	69.0	9.2	1.2	79.4
	百分率(%)	0.0	86.9	11.6	1.5	100.0
群落 B	多度	6.4	18.0	8.2	0.4	33.0
	百分率(%)	19.4	54.5	24.8	1.2	100.0

从表 6-9 可以看出，群落 A 的高度级个体数基本上不同程度的高于群落 B，从高度级百分率分布以第 1 层和第 2 层的变化为特征，群落 A 已基本无幼苗，还逐渐由幼龄林向中龄林靠近，这可能是群落自疏作用淘汰了部分幼苗所致；群落 B 幼苗较多，其演替变化速度明显慢于群落 A。

在群落 A 中，阔叶树种个体数除了最上一层外，其他各层已大大超过杉木个体数，形成了以卵叶钓樟、西南绣球、野核桃等为主的常绿阔叶林(表 6-10)；群落 B 以杉木为主，除掺杂了少数柳杉，阔叶树种几无发展，可以说长期的人为干扰直接影响着植被的演替(表 6-11)。

从群落径级分布比较来看，群落 A 在各级个体数和百分率分布上均高于群落 B，反映了群落 A 的发展和生物量的增加明显高于群落 B。

表 6-10　群落 A 的树种及个体数组成

高度级个体数 (株)	h≤1m	1 m＜h≤5 m	5 m＜h≤10 m	10 m＜h≤15 m	合计
针叶树					
杉木 Cunninghamia lanceolata		102	25	6	133
阔叶树					
卵叶钓樟 Lindera limprichtii		126	11		137
西南绣球 Hydrangea davidii		25			25
野核桃 Juglans cathayensis		16	3		19
青荚叶 Helwingia japonica		9			9

（续）

高度级个体数（株）	h≤1m	1 m<h ≤5 m	5 m<h ≤10 m	10 m<h ≤15 m	合计
润楠 Machilus pingii		8	1		9
桑树 Morus alba		8			8
领春木 Euptelea pleiospermum		6	7		13
紫金牛 Ardisia japonica		4			4
香叶树 Lindera communis		4			4
细枝枸子 Cotoneaster tenuipes		4			4
猕猴桃 Actinidia chinensis		3	1		4
阔叶十大功劳 Mahonia bealei		3			3
异叶榕 Ficus pandurata		3			3
直角荚蒾 Viburnum foetidum var. rectangulatum		2			2
鹰爪枫 Holboellia coriacea		1			1
银叶桂 Cinnamomum mairei		2			2
香花椒 Zanthoxyium bungeanum		1			1
青榨槭 Acer davidii		1			1
楤木 Aralia chinensis		1			1
羊尿泡 Rubus malifolius		1			1
灯台树 Bothrocaryum controversum		1			1
异叶梁王茶 Nothopanax davidii		1			1
中国旌节花 Stachyurus chinensis		1			1
山桐子 Idesia polycarpa		1			1
山羊角树 Carrierea calycina		1			1
四川山胡椒 Lindera setchuenensis			2		2
油樟 Cinnamomum longepaniculatum			1		1
华西枫杨 Pterocarya insignis			1		1

表 6-11　群落 B 的树种及个体数组成

高度级个体数	h≤1m	1m<h ≤5m	5m<h ≤10m	10m<h ≤15m	合计
杉木 Cunninghamia lanceolata	12	87	41	3	143
柳杉 Cryptomeria fortunei	19	1			20
润楠 Machilus pingii		1			1

表 6-12　群落的径级分布

项目	径级（cm）	I D<1	II 1≤D≤5	III 5≤D<10	IV 10≤D<30	合计
群落 A	多度	20.2	44.2	11.8	3.2	79.4
	百分率（%）	25.4	55.7	14.9	4.0	100.0
群落 B	多度	16.0	8.2	6.4	2.4	33.0
	百分率（%）	48.5	28.8	19.4	7.3	100.0

比较 2 个群落的杉木蓄积可以看出，阔叶林在蓄积生长上也并不比杉木林低，相反还略高于杉木林(表 6-13)，并且还未计算其他阔叶树的蓄积。

表 6-13　2 种群落的杉木蓄积比较

项　目	平均胸径(cm)	平均树高(m)	单株材积(m³)	蓄积量(m³/hm²)
群落 A	6.1	5.3	0.0164	27.891
群落 B	6.0	5.3	0.0155	25.931

②群落的水平结构：群落 A 和群落 B 的个体密度分别为 79.4 株/100 m²(标准差为 34.5)和 33.0 株/100 m²(标准差为 6.4)。群落 A 的个体密度为群落 B 的 2 倍还多，其变化幅度远远高于后者，说明了群落 A 正通过种间、种内的个体竞争与自疏作用使局部地方的幼苗死亡来促进其余个体的生长与生物量的积累，从而提高生产力等整体功能水平。

③群落的组成结构：从表 6-14 可以看出，群落 A 的种类组成比群落 B 丰富得多，相应地物种多样性指数也高得多；群落优势度低于群落 B，而均匀度均高于后者，表明群落 A 的优势种物种数高于群落 B，这与群落 B 由于长期的干扰形成杉木单群落是密不可分的。可以说，在基本无干扰的条件下，群落 A 经过自然演替过程，比群落 B 更快地向种类更复杂化和多层次推进。因此，此种类型的群落无需再通过人为的影响，让其自身发展更新，是较好的一种植被恢复途径。

表 6-14　2 个群落物种多样性、生态优势度与群落均匀度比较

群落类型	面积(m²)	种数			生态优势度			群落均匀度			物种多样性			合计
		乔	灌	草	乔	灌	草	乔	灌	草	乔	灌	草	
群落 A	500	31	23	26	0.2454	0.0590	0.1103	0.5244	0.8360	0.7825	0.8443	1.2147	1.1316	3.1906
群落 B	500	3	20	23	0.7338	0.1067	0.1280	0.3404	0.7036	0.7258	0.1768	1.1138	1.0640	2.3546

2. 封调技术要点及其评价

在实施天然林保护工程前，林业经营思想是以木材生产为主，营造大面积高密度的人工林，随着天保工程启动和分类经营实施，过去营造的大面积人工林已划作为生态林经营，而人工林的基本上是针叶林，生态效益极低，在这种情况下，对已划为生态林的高密度人工林实施封调措施，有利于提高林分提高林分质量，发挥出最佳水源涵养功能，获得最大的生态效益。

(1)封调技术要点。封调技术是指采用封山和林分密度调整以及针叶向阔叶调整的技术措施，对高密度低效的林分，进行密度结构调整，保证单位面积的林木营养空间，减弱林木间强烈的竞争和分化，促使林下植被尽快恢复，形成具有较高生物多样性、多层次结构的森林群落。主要适用于乔林封调型、乔灌草封调型，其对象为高密度低效林地或高密度的人工针叶林。

确定封山调整类型，划定封调区。根据封调对象所处立地条件、群落结构特征、封育目标，确定封调类型，以小班为统计基本单位，划定封调区。

设置标志，进行人工巡护。根据封调范围大小、人畜活动危害程度，可设置封调标志牌，确定护林员进行人工巡护，每个护林员管护面积一般为 200～300 hm²。

调整林分密度，根据封育目标，按照林分郁闭度与林分年龄、胸径、密度的关系，以

林分郁闭度为调整参数，确定密度调整强度。乔林封调型，以林分郁闭度 0.7 为基准，计算调整的林木株数；乔灌草封调型，以林分郁闭度 0.5~0.65 为准，计算调整的林木株数。调整对象为被压木、劣势木，以及较多的针叶树种比例等，对将调整木编号，并砍伐运出林外。对于人工针叶林则先进行密度调整，再采用阔叶树种进行林分改造。

封育方式和年限，封育方式：幼林期为全封，其他龄期可为轮封；封育年限：视林木生长和受干扰程度而定。幼林期一般为 4~6 年。

(2)封调技术评价。

(1)幼苗更新情况：通过对以前的迹地更新群落进行对比分析，当一部分上层乔木被自然淘汰后(试验郁闭度 =0.65)，幼苗及幼树的更新较快，远远高于成熟林分的幼苗、幼树数量。也就是说，对于近成熟林或成熟林，可通过去除一部分上层乔木，以减小了林下的竞争压力，有了幼苗幼树的生长发育和更新的机会。

另外，还设置了针叶林改造成为针阔混交林模式，用峨眉含笑苗木补充入原人工水杉林。

(2)生物生产力变化：调整后群落生物量有一定的下降，但生物生产力却提高了许多，从原来的 28.82 t/(hm² · a) 上升到 50.22 t/(hm² · a)。生物量的降低是由于乔木层的下降，但灌木层、草本层生物量却有所增加，尤其是灌木种类增加，一些落叶阔叶树的生长大大增加了凋落物层的生物量。因此，为了维持较高的生物生产力，可以在不损害生态效益的前提下对一些林分进行疏伐或透光伐。

(3)生物多样性的变化：从表 6-15 可看出，调整后的林分生物多样性有所增加，均匀度指数也有所增加，其中又以乔木层的变化最为明显。实现了提高群落生物生产力的目标，同时又增加了群落的物种多样性，这对于盆地西缘的土壤改良、水土保持和水源涵养具有重要意义。

表 6-15 封调前后的生物多样性比较

项目	Shannon-Wierner 指数			Pielou 均匀度指数		
	乔木层	灌木层	草本层	乔木层	灌木层	草本层
调整前	5.9135	4.8337	1.4026	0.5942	0.8150	0.1466
调整后	10.331	4.6917	2.2379	0.8679	0.9222	0.2933

3. 封造技术要点及其评价

(1)封造技术要点：严重退化地段，如盆地西缘大量的柳杉林、杉木林等，这类林分结构单一，并能引起土壤的严重退化。根据前面次生林与人工林的比较分析，在这些地段上的植被重建，应先从土壤恢复着手，因此本研究选取了几个树种进行不同模式的比较。

①整地技术：整地可以改善各种立地因子，如增加和调节光照，加速岩石风化，增加土壤养分，改善土壤孔隙状况，蓄水保土，减少地面径流，从而提高造林成活率，促进林木生长。但是，整地破坏了地面原有植树被和土体结构，改变了局部形状，使地面和土体乃至母岩的持水固土能力发生了不同程度的变化，尤其是坡度大的地段，土体、母岩变疏松而易崩滑流失。所以整地得法，可以蓄水保土，反之，则会引起新的水土流失，以局部整地为主。盆周西缘退化天然林恢复重建地段，坡度都较陡，局部整地使地面部分或小部

分地遭受破坏，加上保留带的滞留阻挡作用，在引起新的水土流失方面，比全垦整地要轻微得多。因此，根据各林种的功能要求、坡度陡缓和土壤类型的差别，退化天然林的整地方法及规格也不同。

整地季节避开暴雨季节，避免因强烈冲刷而引起新的水土流失。但在劣质立地条件上，如裸露石骨子地，由于母岩风化成土需要一段时间，必须提前进行，具体时间应与母岩风化成土所需时间相一致，约为 4~5 个月。江河两岸常年洪水位以下和库塘沿岸常年蓄水位以下地段，宜在枯水期进行。

根据盆地西缘的特点，本研究在土层厚度≥40 cm 的缓坡地上，采用水平带、水平阶和反坡梯地；在土层厚度≤40cm、植被覆盖度<40% 的陡坡地，宜用鱼鳞坑、植树壕等；若植被覆盖度≥40%，宜用穴状整地（表6-16），若坡度较大（>30°）或土壤厚度<20 cm，则不宜进行人工干预。

表 6-16　整地方法和规格

| 整地方法 | 特征说明 | 规格（m） | | | 适宜条件 | | |
		长	宽	深	坡度（°）	土层厚度（cm）	植被盖度（%）
水平带	长带状、破土面与坡面一致	不定	0.5~1.0	0.3~0.5	≤25	>40	>40
水平阶	长带状、破土面水平，无埂	不定	0.5~1.5		≤25	>40	>40
反坡梯地	长带状、破土面向内倾5°~10°	不定	1.0~3.0		≤25	>40	>40
鱼鳞坑	半圆形，破土面水平，土、石埂呈弯月形，埂高和宽各为20~30 cm	0.5~1.5	0.3~1.0	0.2~0.6	≤25	≤30	<30
块（穴）状	圆形或矩形，破土面与坡面一致或微凹	0.3~1.0	0.3~1.0	0.2~0.6	不限	不限	<30
窄条沟状	长条沟状，用于河滩、库塘缓岸等	不定	0.2~0.3	0.15~0.3	<15	>30	不限
插孔	孔状，用于田坎地埂、渠岸等	孔径大于插条直径，孔深大于根际深度5 cm			≤35	>40	不限

②树种配置：主要选择阔叶乡土乔木树种峨眉含笑、小青杨（*Populus pseudo-simonii*）林、卵叶钓樟、野桂花（*Osmanthus yunnanensis*）、刺楸（*Kalopanax septemlobus*）、光皮桦等，以提高物种多样化，小青杨、刺楸、光皮桦与峨眉含笑、卵叶钓樟、野桂花按 3:1 的比例进行配置。由于此时处于植被演替初期，故先以落叶阔叶树种作为"先锋树种"进行造林，10 年后即可进行常绿树种的补充，灌木种、草本种的生长在盆地西缘是完全可依赖于自然力的作用而得到更新。

③造林密度：造林密度以 1300 株/hm² 为宜，并在次年按原造林类型的 10%~20% 进行补植。

④幼抚：1~4 年，每年 2 次环抚。

⑤施肥：2 次，肥料用量 500 kg/hm²。

（2）封造技术评价。

①封造林的生物多样性：封造林的结构较为简单，在计算其生物多样性时只计算了 Shannon-Wierner 指数和 Pieluo 均匀度指数。从表 6-17 可以看出，3 个群落物种多样性差异较小，除了刺楸林的乔木种仅为一种外，其余的都有不同程度的新的种类出现。这主要是

因为刺槐生长快速，将其他树种挤出群落所致。因此在补植时应补入一些新的乔木树种，以增加乔木层的物种多样性。

表6-17 群落生物多样性分析

年代(群落)(a)	98(小青杨林)				98(桦木林)				98(刺槐林)			
	群落	乔木层	灌木层	草本层	群落	乔木层	灌木层	草本层	群落	乔木层	灌木层	草本层
物种数(S)	30	5	6	19	10	10	11	18	40	1	8	31
总个体数(N)	160	34	40	86	176	103	22	86	169	68	12	89
Shannon-Wierner指数	7.20	4.75	4.08	5.89	3.30	4.60	3.52	4.96	7.20	0.00	14.18	4.77
Pieluo均匀度指数	2.12	2.95	2.28	2.00	3.13	2.00	1.47	1.72	1.95	0.00	6.82	1.39

②封造林与次生林的生物生产力：从表6-18可以看出，封造林的生长到达或超过自然演替形成的次生林，小青杨林、桦木林、刺槐林群落生物量分别为11.72 t/hm²、18.18 t/hm²、13.49 t/hm²；生物生产力分别为2.93 t/(hm²·a)、4.55 t/(hm²·a)、3.37 t/(hm²·a)、2.94 t/(hm²·a)。同年的次生林生物量及生物生产力分别为11.77 t/(hm²)、2.94 t/(hm²·a)。说明人工林向近自然林方向恢复，是完全可行的。

表6-18 人工林与次生林的生物量及生物生产力比较

年 代(a)	98(小青杨林)	98(桦木林)	98(刺槐林)	98年次生林
乔木层(t/hm²)	5.70	8.22	7.45	5.75
灌木层(t/hm²)	0.36	0.37	0.37	0.36
草本层(t/hm²)	4.41	7.67	4.43	4.41
凋落物层(t/hm²)	1.25	1.92	1.24	1.25
群落生物量(t/hm²)	11.72	18.18	13.49	11.77
生物生产力(t/hm²·a)	2.93	4.55	3.37	2.94

第四节 滇中高原退化森林的恢复技术

一、严重退化生境的土壤功能修复技术

对严重退化生境或天然更新困难的立地，必须通过植树、种灌、种草等方法，这类造林地往往水土流失严重、表土流失或土壤瘠薄，必要时采用工程措施改善立地微环境，其对象为稀疏灌木林、稀疏灌草丛、退化荒草地等严重退化地。

(一)严重退化地的针阔混交重建模式

树种选择：以金沙江森林分布规律为基础，造林树种尽量选择乡土树种，针叶树种有云南松、华山松、柳杉、柏类等，阔叶树以旱冬瓜和栎类为主，包括旱冬瓜、水冬瓜(Alnus cremastogyne)、麻栎、栓皮栎、滇青冈、滇石栎、圣诞树(Acacia dealbata)、黑荆树(Acacia mearnsii)、锥连栎、黄毛青冈、槲栎等，灌木可以选择马桑、胡颓子、滇榛子，草本植物有黑麦草(Lolium perenne)、百喜草(Paspalum notatum)、香根草(Vetiveria zizanioides)等。在石质岩地区选择墨西哥柏(Cupressus lusitanica)、冲天柏(Cupressus duclouxiana)、藏

柏(*Cupressus torulosa*)、侧柏等柏类。

空间配置：营造成针阔混交林、阔叶混交林或乔灌混交林，常采用的混交林有旱冬瓜（水冬瓜）与云南松、华山松混交，栓皮栎（麻栎、槲栎）与云南松混交、黄毛青冈与云南松混交、旱冬瓜（水冬瓜）与柏类等，采用带状混交或块状混交，株行距 2 m×1.5 m 或 2 m×2 m。

整地方式：在半湿润区，一般采用穴状整地，规格为 40 cm×40 cm×40 cm。

造林方式：乔木采用容器苗造林；灌木采用直播或容器苗造林；草本采用分蘖或直播。

配套措施：在水土流失严重、易坍塌的地段，采取水保工程措施，设置微型拦沙坝、截流沟、谷坊、挡墙等，在沟头侵蚀区设立防护林（草）带。

（二）低海拔区域严重退化地的人工重建模式

在永仁试验示范区，针对带有干热性质的低海拔区域（1500～1800m），严重退化地的人工重建模式与中山区域有很大的区别，根据造林地的立地条件，选择针阔混交、乔灌草混交模式或者灌草混交模式。

造林树种：乔木树种有相思（*Acacia* spp.）、云南松、麻栎、锥连栎、桉树（*Eucalyptus* spp.）、滇合欢、新银合欢（*Leucaena leucocephala*）等；灌木包括山毛豆（*Tephrosia candida*）、木豆（*Cajanus cajan*）、车桑子、马桑、银合欢、余甘子、滇刺枣（*Ziziphus mauritiana*）、金合欢（*Acacia farnesiana*）等；草本包括香根草、大翼豆（*Macroptilium lathyroides*）、龙须草（*Eulaliopsis binata*）等。

空间配置：针阔混交模式：带状混交，混交比3：7 至7：3，株行距 2 m×3 m、2m×2m。乔灌草混交模式：1 行乔木（2～3 m×2 m），1～2 行灌木（1 m×1 m）。灌、草混交模式：以 2～3 m 带，0.5～1 m 水平带状整地种植灌木树种，行间种草。

整地方式：科学的整地方法是改变土壤水、肥、热状况，提高苗木成活率与保存率的主要措施之一。造林宜采用水平带状整地（规格为破土宽 40～100 cm，深 20～30cm）、穴垦整地（规格为 50 cm×50 cm×40 cm），达到分流蓄水的目。采用容器苗，百日苗上山定植。

造林方式：选择好造林时机，适时定植非常关键。可使苗木较快恢复生长，根系充分发育，穿透干旱层，有利于度过漫长的旱季。一般以雨季初期，待定植沟、穴湿润土层深度超过 30 cm 时，即可定植造林。

二、天然次生林结构调整技术

（一）高密度针叶纯林结构调整技术

以示范区内的云南松原始林生态系统结构为参照对象，以培养云南松大径材为目标，对高密、低效的云南松林进行结构调整，采用林分密度调整技术措施，进行密度结构调整，改善林木生长发育的生态条件，保证单位面积的林木营养空间，减弱林木间强烈的竞争和分化，促使林下植被尽快恢复，形成具有较高生物多样性、多层次结构的森林群落，提高林分质量和公益价值，发挥森林多种功能。

其对象为高密度、低效林地；即人工幼龄林郁闭度在 0.9 以上，中龄林郁闭度在 0.8以上，天然幼龄林、中龄林郁闭度在 0.7 以上的林分。

调整林分密度：根据封育目标，按照林分郁闭度与林分年龄、胸径、密度的关系，以林分郁闭度为调整参数，确定密度调整强度。乔林封调型，以林分郁闭度 0.7 为基准，计算调整的林木株数；乔灌草封调型，以林分郁闭度 0.5 ~ 0.65 为准，计算调整的林木株数。经研究，为了便于生产中操作使用，又容易控制间伐强度，调整对象选择为被压木、劣势木（即Ⅳ、Ⅴ级林木）等，或者是以林分平均胸径减去 2 cm 为标准，低于这一指标的林木，调整前将调整木编号，并砍伐运出林外。

（二）过伐林封补技术

云南松天然林是本流域成林面积最大的树种，也是云南省的主要用材树种。由于农村建材、薪材的需要，常常被大量、反复地砍伐利用，或者是因为采伐后天然更新不良，形成本区域有典型性的云南松灌木稀疏林地，林分中云南松退化严重，缺乏优良种源，针对该类森林植被，必须补植乔木树种，树种有云南松、旱冬瓜、水冬瓜、麻栎、栓皮栎、滇青冈、滇石栎、锥连栎、黄毛青冈等，让其自然演替，形成针阔混交林。

三、云南松人工林近自然改造技术

调整对象：长江中上游防护林工程自 1989 年启动到 1999 年，云南金沙江流域已营造了 500 多万亩长防林，超过 50% 为华山松、云南松纯林，为保证造林的检查验收，加大了造林密度，使得这些林木成林后密度较大（一般大于 500 株/亩），导致林木质量低，易染病虫害、林分火险等级上升。对这类林分进行抚育管理和针叶纯林补阔混交，以维持防护林的合理结构，持续稳定地发挥其防护功能。

树种选择：根据封改地的立地条件，选择适宜的树种，可供选择的树种有旱冬瓜、水冬瓜、麻栎、栓皮栎、滇青冈、滇石栎、锥连栎、黄毛青冈、红椿等。

清林整地：根据改造对象特征和需要改造强度，确定清林方式，可采用带状清林，带宽 2 ~ 3 m，带间距 7 ~ 8 m，带内清除人工营造树种或块状清林，按 2 m×1 m（株行距）补植阔叶树，整地方式为穴状整地，40 cm×40 cm×30 cm 或 30 cm×30 cm×30 cm。

植苗造林：阔叶幼苗为 1 ~ 2 年壮苗，雨季植苗造林。

密度调节：人工营造的针叶纯林一般初植密度较大，成林后林分郁闭度高，人工幼龄林郁闭度在 0.9 以上，中龄林郁闭度在 0.8 以上，在清林时，同时进行密度调节，伐去被压木（即Ⅳ、Ⅴ级林木），伐后郁闭度不低于 0.6。

第五节　黔中典型喀斯特天然次生林的恢复技术

一、黔中典型喀斯特天然次生林及其自然恢复过程

（一）黔中地区喀斯特天然次生林区概况

黔中地区包括安顺、贵阳等地，是喀斯特天然次生林分布最广的区域。地理位置为东经 105°14′ ~ 107°30′，北纬 25°20′ ~ 27°18′，海拔 850 ~ 1700 m。具典型的亚热带高原湿润季风气候，年均温 13.15℃，1 月平均气温 37℃，7 月平均气温 22.7℃，≥10℃ 的积温 4000 ~ 5000℃，无霜期 270 ~ 280 天。年降雨量 1148 ~ 1336 mm，多集中在夏秋两季。研究区地质构造较为复杂，碳酸盐类岩层与非碳酸盐类岩层常在垂直方向上呈互层分布，水平方向上呈复区分布。成土母岩以形成于寒武纪、石炭纪、二叠纪的白云岩和石灰岩为主，

伴有少量寒武纪、二叠纪和三叠纪形成的白云质灰岩、泥质白云岩和燧石石灰岩。岩石裸露率较高，土体不连续，土层浅薄，因淋溶作用强烈，中性至微碱性的石灰土与微酸性的淋溶石灰土在水平方向上常呈复区分布。

黔中地区交通相对较为便利，农业经济较为发达，森林较早受人为活动的影响，整体上属次生喀斯特森林灌丛区，接近原生性的顶极常绿落叶阔叶混交林只有零星片断残存，较大面积的是受到人为干扰后封育形成的次生常绿落叶阔叶混交林，以及受人为破坏程度严重而退化形成的藤刺灌丛、灌丛草坡、草坡等。主要树种有椤木石楠、翅荚香槐（*Cladrastis platycarpa*）、朴树、云贵鹅耳枥、圆果化香、麻栎、白栎（*Quercus fabri*）、月月青（*Itea ilicifolia*）、香叶树、山胡椒（*Linder glauca*）、球核荚蒾、杜鹃、川榛（*Corylus heterophylla* var. *sutchuenensis*）、盐肤木、火棘（*Pyracantha fortuneana*）、小果蔷薇、蕨（*Pteridium aquilinum* var. *latisculum*）、五节芒。

（二）黔中典型喀斯特天然次生林及其自然恢复过程

1. 黔中典型喀斯特天然次生林群落类型

李援越等（2000）对黔中喀斯特天然次生林进行了群落学调查，对71个样地采用主成分分析和系统聚类分析的方法，将退化喀斯特天然次生林群落分为16个群落类型，分属草本群落、灌木群落、乔木群落，见表6-19。

表6-19　退化喀斯特天然次生林群落类型

类型	名称	样地号
草本群落	1 蕨群落	67、70
	2 五节芒、莎草（*Cyperus* sp.）群落	68、69
灌木群落	3 杜鹃、盐肤木（*Rhus chinersis*）、茅栗（*Castanea seguinii*）群落	1、34、35、37、41、44、45、46、47、52、55、57、63、64、65
	4 茅栗、川榛、麻栎群落	2、4、5、7、9
	5 烟管荚蒾（*Viburmm utile*）、小叶鼠李（*Rhammus parvifola*）、月月青群落	3、6、14、15、32、38、39、48、59、60、66
	6 细叶铁仔（*Myrsine af ricana*）、悬钩子（*Rubus* sp.）群落	62
	7 圆果化香、悬钩子（*Rubus* sp.）群落	49、56
	8 火棘、小果南烛（*Lyonia ovarifolia* var. *elliptica*）群落	8、26、42
	9 过路黄（*Lysimachia christinae*）、火棘群落	43
乔木群落	10 圆果化香、月月青、冬青群落	10、12、23、25
	11 云贵鹅耳枥、圆果化香、青冈栎群落	11、16、17、19、20、21、22、24、71
	12 乌冈栎、野花椒（*Zanthaxyhm simulans*）群落	53
	13 椤木石楠、朴树群落	13
	14 翅荚香槐群落	18
	15 白栎、麻栎（*Quercus acutissina*）、亮叶桦群落	27、28、29、30、31、33、40、51、54、58、61
	16 麻栎、盐肤木群落	6、50

资料来源：李援越（2000）。

2. 黔中喀斯特天然次生林树种的适应等级种组划分

喻理飞(1998，2000，2002c)认为，喀斯特地区生境是一系列小生境的组合而成，异质性高，在一个演替阶段与生境相适应的树种不是一个，而是具有相同或相似适应能力的一组树种，即同一适应性种组；退化喀斯特群落向顶极群落演替，是适应不同演替阶段生境的各个适应性等级种组优势地位的替代。因此，将喀斯特森林树种分为五个适应等级种组，其特征如下：

先锋种：对早期生境适应途径多样，适应性强；对水分利用多为高输入低输出高效率型，耐旱性强；光补偿点高，光饱和点高，耐阴性差，平均净光合速率高，生长速度快。多为灌木树种，其种子小、轻，数量大，多借助风进行传播，可在土壤中贮藏较长时间。个体生长高度低，在演替早期阶段群落中占有优势地位并随演替发展逐渐降低，最终被淘汰。

次先锋种：对水分利用方式为中输入中输出较高效率型，具有一定的耐阴能力；平均净光合速率中等，多属灌木树种。在演替早期阶段群落中能忍耐一定程度蔽荫，随演替发展优势地位提高，在灌木灌丛和灌乔过渡阶段占有较高优势地位，之后逐渐衰退。

过渡种：具有一定的耐旱性，对水分利用多为较低输入中输出较高效率型。光补偿点较高，对弱光利用能力中等，平均净光合速率较低。它们多为小乔木树种，在演替早期阶段居群落上层，后期阶段则生长于群落下层。在退化群落自然恢复演替过程中始终保持有一定的地位。

次顶极种：对水分利用方式为中输入中输出中效率类型；光补偿点较低，对弱光利用能力较强，平均净光合速率较高。树种个体高大，自然恢复演替过程中其在群落中的地位变化相似于顶极耐阴树种，即早期阶段数量小，地位低，随演替发展而递增，但却难在群落中居优势地位，顶极群落阶段时居中次优势地位。

顶极种：为中输入中输出高效率型；树种光补偿点最低，光饱和点高，耐阴性强，平均净光合速率中等。个体高大，寿命长，种实较大，种子休眠期短或无休眠期，通常在顶极群落下层有足够数量个体。在稳定的演替后期生境中生长良好，却难适应早期阶段剧烈变化生境，其在群落中的地位随演替发展而提高，最终取得竞争优势，为顶极群落中主要种类。

李越援(1999，2000)采用相同的方法对黔中退化喀斯特天然林的树种进行了适应等级划分，杨瑞(2005)在此基础上采用根据生活型差异对适应等级种组进行了进一步划分，形成黔中退化喀斯特森林树种适应等级种组(表6-20)，有利于指导天然次生林分经营。

表6-20　黔中喀斯特天然林适应等级种组主要植物名录

种组	大中高位芽(高度>8m)	小高位芽(高度2~8m)	矮高位芽(高度<2m)
先锋种 (Ⅰ)	响叶杨(*Populus adenopoda*)、光皮桦、构树、马尾松、喜树(*Camptotheca acuminata*)、水红木	火棘、马桑、木姜子(*Litsea pungens*)、桃(*Amygdalus persica*)、盐肤木、蜡梅、野扇花(*Sarcococca ruscifolia*)	过路黄、胡颓子、悬钩子(*Rubus palmants*)、菝葜、金樱子、小果蔷薇、小果南烛、野葡萄(*Vitis vinifera*)、崖豆藤(*Millettia* sp.)、鸡矢藤
过渡种 (Ⅱ)	麻栎、华山松、水冬瓜、苦楝	小叶鼠李、花椒、皂柳(*Salix wallichiana*)、竹叶椒(*Zanthoxylum planispinum*)、合欢(*Albizia julibrissin*)、旌节花	杜鹃(*Rhododendron simsii*)、茅栗、川榛、铁仔、烟管荚蒾、直角荚蒾(*Viburnm foetidum* var. *propinquum*)、球核荚蒾、南天竹、紫珠

（续）

种组	大中高位芽(高度 >8m)	小高位芽(高度 2~8m)	矮高位芽(高度 <2m)
次顶极种(Ⅲ)	漆树、白桦、柳杉、核桃、火炬松(*Pinus taeda*)、梨(*Pyrus* sp.)、乌冈栎、圆果化香、枇杷(*Eriobtrya japonica*)、光叶海桐、滇柏(*Cupressus duclouxiana*)	野李子(*Prunus salicina*)、香叶树、月月青、女贞(*Ligustrum lucidum*)、枇杷、石岩枫	枸子(*Cotoneaster* sp.)、算盘子(*Glochidion puberum*)、小叶女贞、冬青、雀梅藤、南蛇藤
顶极种(Ⅳ)	朴树、刺槐、椤木石楠、黄檗、柏木、猴樟、榆树、青冈栎、云贵鹅耳枥、青皮木、樟叶槭、皂角(*Gleditsia sinensis*)、硬斗石栎、翅荚香槐、领春木、香港四照花		

3. 黔中喀斯特天然次生林自然恢复的演替动态

李援越(2003a)采用"空间代时间"方法，对黔中地区 36 个退化喀斯特天然次生林样地依据树种重要值及连续带指数建立演替系列，采用最优分割法将演替系列分为 5 个阶段，即草本群落阶段、灌草灌丛阶段、灌木林阶段、乔林阶段、顶极乔林阶段。

（1）种组演替变化。退化喀斯特天然次生林自然恢复过程按如下系列进行（表 6-21），即草本群落阶段→灌草灌丛阶段→灌木林阶段→乔林阶段→顶极乔林阶段。自然恢复过程中，组成结构是由先锋种组的优势地位经过渡种组和次顶极种组逐渐被顶极种组所替代的过程，草本群落阶段、灌草灌丛阶段以先锋种组为优势，灌木林阶段和乔林阶段以过渡种和次顶极种为优势，顶极乔林阶段以顶极种为优势。

表 6-21　黔中地区退化喀斯特天然次生林组成结构恢复过程　　　　　　　（%）

演替阶段	先锋种组	过渡种组	次顶极种组	顶极种组	合　计
草本群落阶段	90.14	0	9.86	0	100
灌草灌丛阶段	78.83	5.69	15.03	0.45	100
灌木林阶段	42.11	24.61	32.02	1.26	100
乔林阶段	6.68	33.00	52.01	8.31	100
顶极乔林阶段	25.62	4.19	24.38	45.81	100

资料来源：李援越等(2003b)。

表 6-22　黔中地区退化喀斯特天然次生林结构恢复过程

演替阶段	盖度(%)	高度(m)	密度(株/hm²)	生物量(t/hm²)
草本群落阶段	35	0.8	12938	3.7501
灌草灌丛阶段	46	1.5	59927	4.3933
灌木林阶段	75	2.0	94042	13.3726
乔林阶段	77	7.0	3410	35.0048
顶极乔林阶段	79	10.5	3170	80.8042

资料来源：李援越等(2003b)。

（2）群落结构变化。表 6-22 材料表明：盖度的变化表现为早期阶段增加的速度较快，由草本阶段的35%上升至灌木林阶段的75%，之后变化较小且维持在相近水平，如乔林阶段(77%)和顶极乔林阶段(79%)虽有所增加但幅度不大。随着退化群落恢复演替，群落高度逐渐提高，但乔林和顶极群落的高度比常态地貌相差很多。演替早期阶段群落密度呈上升趋势。其以成倍的速度增长，至灌木林阶段达到其峰值。表明演替早期的阳性先锋种对于瘠薄的生境具有很强的适应性，加之资源的相对充足促使先锋种不断侵入定居，以个体数量的剧增尽可能地占据环境资源空间。随着演替进程的推进，林木个体不断增大，对资源空间的争夺日渐加剧而引起自疏。加之对弱光利用能力、更新能力均较强的次顶极和顶极种的侵入引起的"他疏"，致使乔林阶段密度急剧下降。各个群落密度下降的速度不一，故该阶段的密度变异系数较大。由乔林阶段至顶极乔林阶段，影响密度变化主要是次顶极种和顶极种，前者数量减少的幅度比后者增加的幅度略大，故此阶段的密度较乔林阶段略小。自然恢复演替过程的密度变化过程也体现了演替种组依次替代的过程。

(3)群落生物量变化。草本群落以及林下草本层的生物量采用 $1\,m\times1\,m$ 样方完全收割法进行测定。

根据103株灌木地上部分生物量与地径 D、树高 H 的实测数据进行灌木树种的相生长关系顶测模型的拟合，得出以下公式：

$$W_{灌木} = 0.0423(D^2H)^{0.9285}\ (r = 09645^{**}, n = 103) \tag{6.2}$$

乔木树种地上部分生物量的预测模型则由37株乔木生物量与胸径 D、树高 H 的实数据拟合而得：

$$W_{乔木} = 0.0365(D^2H)^{0.9870}\ (r = 0.9881^{**}, n = 37) \tag{6.3}$$

表6-23表明：群落生物量随自然恢复演替的进程不断积累增大。但演替早期群落的生物量较低且增长缓慢，中、后期生物量则成倍增长。原因在于各演替阶段群落物种组成不同。演替早期的草本和灌草灌丛阶段群落物种主要是由低矮的草本植物和藤刺小灌木组成，演替中、后的灌木林阶段和乔林阶段群落，随着群落内各种乔、灌木树种的出现、生长，群落生物量也较早期迅速增长，至顶极乔林阶段，群落的物种组成相对稳定，高、径生长值也较大，群落生物量亦最大。这也反映出退化石质山地植被演替过程中乔、灌木树种的主导作用。

表6-23　黔中地区退化喀斯特天然次生林生物量变化

演替阶段	乔木层生物量 (t/hm²)	灌木层生物量 (t/hm²)	草本层生物量 (t/hm²)	总　计 (t/hm²)	百分比 (%)
草本群落阶段			3.7501	3.7501	4.65
灌草灌丛阶段		2.2072	2.1921	4.3933	5.43
灌木林阶段		11.5124	1.8622	13.3726	16.53
乔林阶段	33.0691	1.4887	0.4200	35.0048	43.27
顶极乔林阶段	79.5593	0.9591	0.38588	80.8042	100

资料来源：李援越等(2003b)。

二、黔中典型喀斯特天然次生林恢复技术

(一)试验示范区自然地理概况

本研究试验区位于贵州中部，贵阳市修文县的龙场镇和谷堡乡和贵阳市乌当区下坝

乡，"九五"期间主要在贵阳市修文县的谷堡乡进行，"十一五"期间在原试验地相邻的贵阳市修文县的龙场镇和贵阳市乌当区下坝乡开展工作。试验区 1700 亩，地理位置为东经 106°036′，北纬 26°052′，平均海拔 1120 m，出露岩石以白云质灰岩为主。具典型的中亚热带高原湿润季风气候，年平均温 13.6℃，≥10 ℃积温 4097.4 ℃，年降雨量 1235 mm，集中分布在 4～9 月；年均相对湿度 83%；全年日照时数 1359.4 小时，日照百分率 31%。土壤为黄色石灰土，土层厚 15～24 cm，分布不连续，石砾含量高，岩石裸露率 25% 左右。现存植被经人为反复破坏后，封山育林天然更新起来的演替早期、中期阶段的次生灌木林、藤刺灌丛、灌乔林等。主要物种组成有滇柏、月月青、圆果化香、盐肤木、川榛、茅栗、火棘、木姜子、女贞、麻栎、小叶女贞、光皮桦、白栎、响叶杨、马尾松、华山松、火炬松、柳杉、马桑、南天竹、算盘子、朴树、小果蔷薇、云贵鹅耳枥、鼠李、香叶树、李、胡颓子、金樱子、榆树、烟管荚蒾、杜鹃、球核荚蒾、矮生栒子（Cotoneaster dammeri）、直角荚蒾、铁仔、过路黄、小果南烛、漆树、野花椒、蕨等。

（二）试验区退化喀斯特天然次生林类型及特征

1. 退化喀斯特天然次生林类型划分

群落调查采用常规调查法。样地面积根据最小表现面积确定：稀疏灌草丛群落 20 m²，灌木群落 160 m²，乔林群落 400 m²。共有 38 个样地。样地基本特征如表 6-24。

表 6-24　群落样地基本特征指标

样地号	恢复阶段	盖度（%）	密度（株/m²）	显著度（m²/hm²）	高度（m）	生物量（t/hm²）	先锋种组（%）	过渡种组（%）	次顶极种组（%）	顶极种组（%）
1	乔林	80	0.0775	4.8660	7.11	25.6616	16.01	26.65	10.97	46.37
2	灌丛	30	2.1188	1.2490	0.74	0.7095	44.44	20.48	35.08	0
3	灌丛	70	3.4375	3.2052	0.90	1.7371	21.41	60.4	16.1	2.09
4	灌草坡	2	0.8125	0.2007	0.79	0.0596	100	0	0	0
5	乔林	70	0.0325	7.7489	8.75	38.2249	29.47	17.66	7.86	45.01
6	灌丛	40	3.5625	0.8154	0.91	0.4714	0	100	0	0
7	灌丛	50	4.1000	3.0655	1.11	2.2071	32.19	58.59	5.64	3.58
8	灌草坡	10	2.6875	0.3189	0.55	0.1651	40.57	59.43	0	0
9	灌草坡	10	3.6250	1.1873	0.34	0.0041	84	16	0	0
10	灌草坡	5	4.1875	1.1353	0.58	0.4062	45.96	54.04	0	0
11	灌丛	30	2.0875	7.6025	1.25	0.5259	29.96	37.24	28.3	4.5
12	灌木林	50	3.4500	5.8760	0.14	4.6960	44.7	20.22	28.52	6.56
13	灌丛	90	5.1375	1.5294	0.87	0.9950	3.75	87.59	4.87	3.97
14	灌丛	40	3.3375	5.9345	1.14	6.7213	39.71	33.81	21.12	5.36
15	乔林	80	0.1500	14.5249	7.28	45.2554	17.01	26.96	3.98	52.05
16	灌木林	40	4.0375	3.7156	1.06	2.9113	43.29	33.4	23.31	0
17	乔林	80	0.0925	11.2976	12.26	30.1960	18.23	36.75	1.08	43.94
18	灌丛	40	2.1688	2.2363	1.04	1.8200	30.31	40.43	24.21	5.05
19	灌木林	80	6.0563	3.8186	0.86	2.5552	36.9	35.36	24.99	2.57

（续）

样地号	恢复阶段	盖度（%）	密度（株/m²）	显著度（m²/hm²）	高度（m）	生物量（t/hm²）	先锋种组（%）	过渡种组（%）	次顶极种组（%）	顶极种组（%）
20	灌木林	85	7.7625	10.3739	0.83	6.2157	28.76	38.47	22.2	10.65
21	灌木林	65	17.1688	11.6519	0.72	6.1926	20.04	64.71	13.39	1.86
22	灌木林	100	6.79	10.7069	3.87	9.8105	16.19	47.26	3.66	32.77
23	灌木林	95	6.01	10.7494	4.55	7.9675	18.67	70.64	0.78	9.91
24	乔林	80	0.0625	18.4963	6.11	20.1715	17.27	37.41	0.98	45
25	乔林	85	0.0750	13.1057	7.51	26.0839	8.72	20.13	0	71.15
26	乔林	85	0.0725	19.0276	10.62	63.1508	58.1	28.76	5.95	7.2
27	乔林	85	0.1500	15.4702	7.65	37.8638	17.3	27.12	6.13	49.44
28	灌草坡	10	4.0000	3.0175	0.53	1.4832	58.4	24.45	17.15	0
29	灌草坡	10	2.6000	2.3042	0.51	1.7209	78.82	12.15	3.69	5.43
30	灌草坡	5	2.4000	3.7963	0.47	0.8523	74.75	8.67	5.15	11.14
31	灌草坡	20	2.7000	2.3118	0.64	0.8780	64.17	2.23	21.88	11.7
32	乔木林	90	0.0975	14.4862	8.28	36.0733	28.33	23.75	2.23	45.7
33	灌乔林	80	0.0900	10.2598	7.82	17.0289	28.02	20.01	16.67	35.3
34	灌乔林	60	0.0400	8.4211	7.89	14.1726	38.61	16.86	3.86	40.21
35	灌木林	65	4.6000	6.4608	1.08	6.0929	29.61	43.19	17.11	10.11
36	乔木林	60	0.1175	10.7525	9.06	27.3439	14.53	85.47	0	0
37	灌木林	95	4.0438	5.0210	1.19	3.8714	30.61	42.56	17.83	8.75
38	灌草坡	20	3.0000	1.4950	0.85	1.1494	37.2	15.2	27.34	20.26

注：其中灌乔林和乔林群落密度是指胸径不小于5cm的林木；生物量指样地内所有的木本植物生物量。

　　以样地为单元，样地群落组成结构功能指标为属性，对38个次生林群落样地进行PCA排序的方法对次生林群落进行划分，结果将试验区退化喀斯特天然次生林分为7个类型。

　　小果蔷薇、火棘群落（Ⅰ）：包括4、9、29、30、31号样地，处于群落演替早期灌草本群落阶段，草本植物多，但有很多灌木树种和乔木树种幼体，灌木层盖度，对群落向灌木阶段恢复有重要意义。灌木树种有小果蔷薇、火棘、铁仔、过路黄，花椒、月月青、马桑等物种，此外还有马尾松、构树、柏木、柳杉、喜树（*Camptotheca acuminata*）、华山松、猴樟等乔木的幼体。

　　过路黄、马桑群落（Ⅱ）：包括样地：2、11、12、14、16、18、19、20、21、28、35、37、38，主要物种组成为过路黄、马桑、火棘、烟管荚蒾、小果蔷薇、川榛、铁仔、悬钩子、竹叶椒、直角荚蒾、算盘子、胡颓子、化香、盐肤木、鼠李、皂柳、南天竹、月月青等，另外群落内还分布有响叶杨、多脉榆（*Ulmus castaneifolia*）、华山松、麻栎、柏木等林木幼体。

　　茅栗、金樱子群落（Ⅲ）：包括样地：6、13，主要木本植物有茅栗、小叶南烛、金樱子、川榛等，在群落内还零星分布有光皮桦幼树。以过渡种为主，为过渡种灌草群落类型。

麻栎、铁仔群落（Ⅳ）：包括样地：3、7、8、10、22、23 主要物种组成为麻栎、铁仔、花椒、苦楝、烟管荚蒾、光皮桦、山鸡椒、川榛、火棘（*Pyracantha fortuneana*）、响叶杨、盐肤木、薄叶鼠李（*Rhamnus leptophylla*）、马桑、皂柳、过路黄、小果南烛、茅栗、崖豆藤、枸子等，在群落内的大中高位芽植物主要为林木的幼体。

光皮桦、响叶杨群落（Ⅴ）：为 26 号样地，主要物种组成为光皮桦、响叶杨、火棘、盐肤木、薄叶鼠李、茅栗、枇杷、花椒、冬青、小果蔷薇等。

麻栎、皂柳群落（Ⅵ）：为 36 号样地，主要物种组成为麻栎、皂柳、杜鹃、茅栗、川榛、马桑等。为过渡种乔林类型。

青冈栎、朴树群落（Ⅶ）：包括样地1、5、15、17、24、25、27、32、33、34，主要物种组成为青冈栎、朴树、猴樟、柏木、白栎、漆树、华山松、响叶杨、光皮桦、马尾松、川榛、杜鹃、小果蔷薇、小果南烛、木姜子、火棘、茅栗、过路黄、皂柳、山合欢、薄叶鼠李、马桑、烟管荚蒾、铁仔、栽秧泡（*Rubus elepticus* var. *obcordatus*）、花椒等。

2. 退化喀斯特天然次生林类型结构特征

（1）退化喀斯特天然次生林类型多样性。喀斯特区因生境复杂多样，导致群落物种多样复杂。不同群落类型物种多样性指数、均匀度、生态优势度和丰富度的变化见表 6-25，类型 Ⅴ、Ⅵ、Ⅶ 的丰富度、多样性指数、均匀度较高，而生态优势度较低，类型 Ⅲ、Ⅰ 的丰富度、多样性指数、均匀度较低，而生态优势度较高。这是由于类型 Ⅲ、Ⅰ 物种受到人为破坏严重，大量物种遭到人类的毁灭性破坏，处于演替的早期阶段，即灌丛阶段和灌草坡阶段，小生境类型较少，从而导致物种的多样性较低。类型 Ⅴ、Ⅵ、Ⅶ 处于乔林阶段，群落高度较高，结构复杂，生境类型多样，导致物种丰富多样，群落优势种不明显。类型 Ⅳ、Ⅱ，处于灌木林阶段和灌草丛阶段，丰富度较高，多样性指数、均匀度高而生态优势度低。

表 6-25　不同群落类型物种多样性变化

群落类型	丰富度	多样性指数		均匀度	生态优势度
		Shannon-Winener 指数	Simpson 指数		
Ⅰ	5.5000	1.6100	0.5316	0.6583	0.4598
Ⅱ	24.0769	3.2440	0.8184	0.7185	0.1958
Ⅲ	6.5000	1.0818	0.4227	0.4906	0.5766
Ⅳ	16.5000	2.5374	0.7304	0.7640	0.2647
Ⅴ	27.0000	3.9144	0.9177	0.8429	0.0823
Ⅵ	11.0000	2.7139	0.8156	0.8170	0.1844
Ⅶ	23.9000	3.2802	0.8738	0.7473	0.1261

（2）退化喀斯特天然次生林类型种组结构。人为干扰和破坏是喀斯特区次生林形成的主要原因。退化喀斯特群落向顶极群落的自然演替过程，是适应不同演替阶段生境的各适应等级种组优势地位的替代过程（喻理飞，1998；李援越，1999）。种组重要值百分率反映了种组在不同演替阶段的地位，其值越大，该种组的优势地位越明显（喻理飞，1998；杨瑞等，2004）。

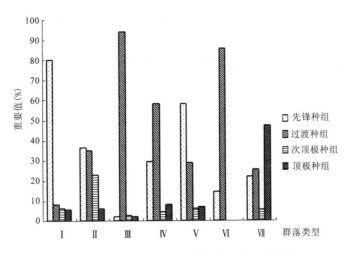

图6-8　不同群落类型适应等级种组重要值变化

试验示范区退化喀斯特天然次生林不同群落类型适应等级种组的变化见图6-8。在种组结构中先锋种所占百分率最高的是群落类型Ⅰ、Ⅴ，过渡种组是群落类型Ⅲ、Ⅳ、Ⅵ，次顶极种是群落类型Ⅱ，顶极种是群落类型Ⅶ。

根据群落所处的演替恢复阶段和群落种组的结构，小果蔷薇、火棘群落（Ⅰ）以先锋种为多，为先锋种草本群落类型；过路黄、马桑群落（Ⅱ）先锋种与过渡种并存，为先锋种、过渡种灌草群落类型；茅栗、金樱子群落（Ⅲ）以过渡种为主，为过渡种灌草群落类型。麻栎、铁仔群落（Ⅳ）以过渡种为主，为过渡种灌木林类型；光皮桦、响叶杨群落（Ⅴ）以先锋种为主，为先锋种乔林类型；麻栎、皂柳群落（Ⅵ）以过渡种为主，为过渡种乔林类型；青冈栎、朴树群落（Ⅶ）以顶极种为主，为顶极种乔林类型。

（3）退化喀斯特天然次生林类型结构特征。对不同森林群落类型高度进行分析见表6-26。可以看出，类型Ⅴ、Ⅵ、Ⅶ的高度分别为10.6 m、9.1 m、8.1 m，以中高位芽植物为主。类型Ⅳ、Ⅲ、Ⅱ、Ⅰ的群落高度分别为1.9 m、0.9 m、0.9 m、0.6 m，以小高位芽植物和矮高位芽植物所占比例较大，中高位芽植物或大高位芽植物有一定的比例，但优势不明显。

表6-26　群落类型结构特征表

群落类型	Ⅰ	Ⅱ	Ⅲ	Ⅳ	Ⅴ	Ⅵ	Ⅶ
盖度（%）	9.4	50	65	55	85	60	79
群落高度（m）	0.6	0.9	0.9	1.9	10.6	9.1	8.1
密度（株/hm²）	24275	43101	43500	45354	725	1175	868
生物量（t/hm²）	0.7029	3.4572	0.7331	3.8880	29.0731	27.3439	63.1507

表6-26表明，处于演替早期的群落类型盖度最低，随着演替的进展，盖度逐渐提高。密度的变化分为两个阶段。第一阶段，从群落类型Ⅰ至Ⅳ，密度增加，Ⅳ的密度最高，达到45354 株/hm²，而Ⅰ的密度最低，仅24275 株/hm²。主要原因是在恢复早期，大量伐桩萌发更新和先锋种侵入，个体小，密度大，灌木林密度达最大。第二阶段乔林群落，密度

减小，随着林木个体不断增大而引起自疏所致。群落地上部分生物量的变化为：灌草群落阶段和灌木林阶段的生物量低，到乔林阶段阶生物量逐渐增加。

（三）试验区退化喀斯特天然次生林类型恢复技术

1. 退化喀斯特天然次生林经营类型划分

（1）退化喀斯特天然次生林经营类型划分的主要因素。贵州喀斯特天然次生林经营的方向是结构功能良好的常绿落叶阔叶林，以发挥生态防护功能。喀斯特地区由于岩石裸露率高，土壤瘠薄而不连续，干旱频繁，水土流失严重，土地生产力低，作为国家发展定位于珠江、长江上游防护林区，以提高植被覆盖和改善喀斯特森林生态服务功能为经营目标，充分利用自然力，通过人工促进退化喀斯特天然次生林恢复到当地原有林分的结构和功能为重要途径。因此，经营方向与退化喀斯特森林自然恢复的演替方向一致，退化喀斯特森林自然恢复演替规律就是喀斯特天然次生林经营的重要依据。

经营树种或种组及其调控是保证经营方向的关键要素，应是符合退化喀斯特森林自然恢复组成结构变化规律的树种。黔中喀斯特天然林因为长期樵采、开垦、放牧、火烧等因素的干扰，使得退化群落中组成十分复杂，尽管多数退化群落仍保留着原群落的某些特征，具有一定的复生潜力，但弄清现存天然次生林组成结构，判断现有组成结构与演替方向的关系，确定经营树种或种组，调整现存天然次生林组成结构仍是喀斯特天然次生林经营的关键因素与技术。

密度及其调控是加速天然次生林恢复的关键因素。群落退化后，大量的植物种类侵入并产生大量的个体，随恢复演替，通过竞争逐渐淘汰，由早期高密度过渡到后期较低密度，但自然竞争并淘汰的过程较长，至少40余年（喻理飞等，2000）。因此，通过密度调控促进竞争过程加快，保证经营树种或种组稳定生长，加速退化天然次生林恢复起关键作用。

基于此，退化喀斯特天然次生林以恢复到具较高生态功能防护林为目标，重点以天然林经营树种或种组以及密度为主要因素，进行喀斯特天然次生林经营类型的划分。

（2）退化喀斯特天然次生林经营类型划分。

①试验示范区群落与黔中各演替阶段群落相似性分析：退化喀斯特群落向高级阶段的演替最重要的因子取决于退化群落的组成结构，试验示范区不同恢复阶段群落的组成结构差异很大（表6-27），早期阶段通常先锋种比例大，适应于环境中强光环境，后期阶段通常

表6-27　试验区各群落类型种组结构及密度特征

群落类型	演替阶段	密度（株/hm²）	先锋种组（%）	过渡种组（%）	次顶极种组（%）	顶极种组（%）
I	草本群落阶段	24275	80.36	7.82	6.16	5.66
II	灌木阶段	49101	36.47	34.58	23.12	5.83
III	灌丛阶段	43500	1.88	93.79	2.44	1.98
IV	灌丛草坡阶段	45354	29.17	58.39	4.37	8.07
V	乔林阶段	725	58.1	28.76	5.95	7.3
VI	乔林阶段	1175	14.53	85.47	0	0
VII	乔林阶段	867	21.89	25.33	5.37	47.41

以顶极种比例大，适应于稳定的中生环境。如果群落种组结构与更高演替阶段的群落组成结构越相似，其恢复的速度就越快，否则较慢；如果与更高级演替阶段的种组结构相似性低，则可通过林分改造方式，引入树种，改变群落种组结构，同样可能加快恢复速度。

根据试验区退化群落类型种组结构表（表6-27），以黔中地区退化喀斯特群落恢复不同阶段的种组结构为模板（表6-21），采用相似度系数公式（王伯荪，1987）计算：

$$CS = 2C/(A + B) \tag{6.4}$$

式中：CS 为试验区某一阶段群落组成结构与黔中喀斯特群落自然恢复的更高演替阶段组成结构之间的相似度系数；A 为试验区群落种组的株数百分率总和（表6-27），B 为黔中喀斯特群落自然恢复的更高演替阶段种组的株数百分率总和（表6-28），C 为 A 和 B 中共有种组中株数百分率低值的总和。

计算结果见表6-28。CS 值越高，说明群落通过自然恢复达到更高演替阶段的可能性更大，表中可见 CS 值高的类型，如类型 Ⅰ 与灌木林阶段的 CS 值较高，为 0.5735，通过自然恢复达到灌草灌丛阶段的可能性最高；类型 Ⅱ 达到顶极阶段可能性高，CS 值达 0.8757；类型 Ⅶ 达到顶极阶段可能性较高，CS 值达 0.7726；这些类型通过本身的能力可能演替到更高阶段，因此，可维持原在种组结构，通过改善林木个体环境加快恢复。CS 值低的类型，如类型 Ⅵ、Ⅲ 与更高演替阶段最大 CS 值分别为 0.1872、0.393，恢复的可能性低，若让其自然恢复，可能难以实现黔中地区天然林经营方向，因此，需调整组成结构。CS 值在 0.4 ~ 0.6 的群落，具有一定的向更高演替阶段恢复的可能性，也可通过组成结构调整，加快恢复。

表 6-28 试验区各群落与黔中地区更高演替阶段群落的相似性（CS 值）

群落类型	演替阶段	灌木林阶段	乔林阶段	顶极乔林阶段
Ⅰ	灌丛草坡	0.5735	0.2632	0.4163
Ⅱ	灌木林		0.6863	0.8757
Ⅴ	乔林			0.4306
Ⅶ	乔林			0.7726
Ⅲ	灌丛	0.3019	0.393	0.0861
Ⅵ	乔林			0.1872
Ⅳ	灌丛草坡	0.5941	0.5212	0.4225

黔中退化喀斯特天然次生林密度的恢复过程呈"两头小中间大"的变化规律，即恢复早期密度较低，12938 株/hm²，后逐渐提高，灌木林阶段达最高，达94042 株/hm² 又开始下降，到顶极乔林状态，仅为3170 株/hm²。与之相较，试验示范区退化天然次生林密度特点呈早期阶段群落密度高达24275 株/hm²，中期密度较高，最高达45354 株/hm²，而乔林阶段密度更低，最低仅为725 株/hm²。因此，试验示范区需要降低早期阶段群落密度，确定适宜中期密度，增加后期密度。

②试验示范区退化喀斯特天然次生林经营类型划分：对试验示范区7个群落类型密度与组成数据采用下式对表6-29 数据进行数据标准化处理：

表 6-29　各经营类型主要结构特征表

群落类型	恢复阶段	盖度（%）	密度（株/hm²）	显著度（m²/hm²）	高度（m）	生物量（t/hm²）	先锋种（%）	过渡种（%）	次顶极种（%）	顶极种（%）
Ⅰ	灌草坡	9.4	24275	1.9601	0.55	0.70298	80.348	7.81	6.144	5.654
Ⅱ	灌木林	50	49101	5.2655	0.87	3.4572	36.45	34.57	23.11	5.82
平均		29.7	36688	3.6128	0.71	2.0801	58.399	21.19	14.627	5.737
Ⅴ	乔林	85	725	19.0276	10.62	63.1508	58.1	28.76	5.95	7.2
Ⅶ	乔木林	79	867	11.8676	8.06	29.0731	21.89	25.33	5.37	47.41
平均		82	796	15.4476	9.34	46.1120	40.00	27.05	5.66	27.31
Ⅲ	灌丛	65	43500	1.1724	0.89	0.7332	1.875	93.795	2.435	1.98
Ⅳ	灌丛草坡	55	45354	4.8635	1.92	3.7155	29.16	58.39	4.36	8.06
Ⅵ	乔木林	60	1175	10.7525	9.06	27.3439	14.53	85.47	0	0
平均		60	30009	5.5961	3.96	10.5975	15.19	79.22	2.26	3.33

$$X_i = [X_{ij} - X_{i(\min)}]/[X_{i(\max)} - X_{i(\min)}] \tag{6.5}$$

式中：X_i 为群落处理后的指标，X_{ij} 为第 j 个群落类型第 i 个指标，$X_{i(\max)}$ 为第 i 群落第 i 个指标中最小值，$X_{i(\min)}$ 为第 i 群落第 i 个指标中最大值。

对处理后的指标值采用 SPSS 软件进行 PCA 分析，结果表明（图 6-9），第 1 主分量 P_1 和第 2 主分量 P_2 的特征值分别为 2.107、1.629，其中第 1 主分量的贡献率为 42.134%，第 2 主分量的贡献率为 32.577%，累积贡献率为 74.710%；P_1 中过渡种组负荷量最高，其次为先锋种，主要反映了先锋种和过渡种数量变化，但两者方向相反，即过渡种数量越多，负值越大，相反，先锋种越多，正值越大；P_2 中密度负荷量最高，正值越大，代表密度越大。

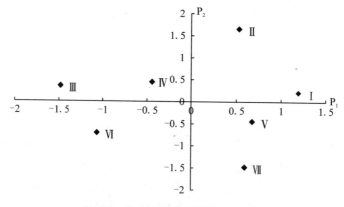

图 6-9　次生林群落类型 PCA 分析

将试验示范区 7 个群落类型分为 3 个经营类型，根据经营主要措施进行类型命名，即

类型 1：降低密度调控经营类型：包括群落类型 Ⅰ、Ⅱ，为灌草坡和灌木林，属早期阶段群落，群落组成结构以先锋种和过渡种比例大，也有近 20% 的次顶极种和顶极种，与更高一级阶段组成相似性高的是灌木林和乔林，现有组成可能恢复到更高一级阶段，因此，组成结构可基本稳定。群落高度平均 0.7m，密度大而个体小，平均密度为 36688 株/

hm^2，显著度、生物量分别仅有 3.6128 m^2/hm^2、2.0801 t/hm^2。因此，可通过密度调整以提高经营种的生存空间，加快生长。该类型以封山抚育为主要模式进行经营。

类型2：增加密度调整经营类型：包括群落类型Ⅴ、Ⅶ，为乔林，属中后期阶段群落，群落组成结构以先锋种和过渡种比例大，但顶极种达 27.31%，先锋种也主要是响叶杨、桦木等大高位芽树种。因此，可保留原有顶极种组，可实现顶极乔林。但是，群落平均密度太小，仅为 796 株/hm^2，高度平均 9.34 m，显著度、生物量与顶极相较，差异较大，分别仅有 15.4476 m^2/hm^2、46.1120 t/hm^2。因此，可通过适度引入树种、增加密度方式，加快群落演替。该类型以封山改良为主要模式进行经营。

类型3：组成调整经营类型：包括群落类型Ⅲ、Ⅳ、Ⅵ，涉及灌丛草坡、灌木林、乔木林，群落组成结构以过渡种比例最大，近 80%，先锋种 15.19%，顶极种和次顶极种极少，与更高演替阶段群落组成相似性除灌草坡演替到灌木林较高(0.5941)外，其他相似性均低，仅 0.393、0.1872。因此按现在群落组成结构要实现更高演替阶段群落较为困难，需要改变组成结构，降低过渡种、先锋种比例，提高次顶极种和顶极种比例。该类型以封山造林为主要模式进行经营。

2. 试验示范区退化喀斯特天然次生林经营主要技术

(1)喀斯特天然次生林抚育技术。喀斯特天然次生林抚育可按《森林抚育规程》(GB/T15781 - 1995)(国家林业局，2003)执行，但对保留木的确定，应根据喀斯特天然次生林特点进行，具体方法如下：

①确定群落演替阶段。根据退化喀斯特天然次生林群落外貌，确定其归属于草本群落阶段、灌丛草坡阶段、灌丛阶段、灌林林阶段、乔木林阶段、顶极乔林阶段 6 个阶段中的某一阶段。②调查样地种类组成，并按适应等级种组进行归类，得出样地先锋种，过渡种、次顶极种、顶极种的百分比。③调查样地种组结构与黔中退化喀斯特群落自然恢复各演替阶段的组成结构(表6-28)进行相似度计算，得出该群落与更高演替阶段群落之间的相似度，以相似度最高的演替阶段的组成结构作为保留木确定的依据，与高级演替阶段组成结构中主要种组相同的树种为目的树种，在此基础上根据森林抚育规程(GB/T15781 - 1995)(国家林业局，2003)对目的树种的个体采用 3 级木法，分为优良木、辅助木、有害木，将优良木和辅助木作为保留木。

(2)喀斯特区人工造林技术。根据《造林技术规程》(GB/T15776 - 1995)(国家林业局，2003)执行喀斯特区人工造林。

根据喀斯特地区岩石裸露率高、土壤浅薄且不连续、干旱较频繁等特点，造林采用"见土整地、见缝插针、适当密植"原则进行。

适宜采用造林技术规程中容器苗、切根苗造林，容器苗造林比裸根苗造林可提高活率 30%，切根苗可提高 8% ~ 10%，裸根苗植苗前，用 50×10^{-6} mg/m^3 和 100×10^{-6} mg/m^3 生根粉溶液，根宝 2 号溶液浸根后造林，也可提高成活率 8% ~ 13%(祝小科等，1999)。

在整地方式上，宜最好采用鱼鳞坑整地方式(土壤含水量比穴状高 3% ~ 10%)，其次穴状，见土整地，整地规格不强求一致，以局部整地为主，集中局部土壤以增加定植点土层厚度，以克服土壤浅薄对苗木生长影响。穴面覆盖宜采用枯枝落叶、地膜、石块覆盖，可提高穴内土壤含水率 5% ~ 10%(祝小科等，1999)。

（3）喀斯特区封山育林技术。根据《封山（沙）育林技术规程》（GB/T 15163 - 94）（国家林业局，2003）执行。

（四）试验示范区退化喀斯特天然次生林经营模式

1. 封山抚育模式与效果

封山抚育模式：消除干扰，保持现有群落组成结构，通过密度稀疏措施，促使保留木较快生长，加速群落演替的一种模式。封山抚育的对象为降低密度调控经营类型。特点是人为干扰较大，群落中有较多的高演替阶段的组成成分，林分密度较大。主要应用技术为喀斯特天然次生林抚育技术、喀斯特区封山育林技术，对试验区降低密度调控经营类型中的乔林进行抚育，乔林抚育前平均密度 19320 株/hm²，按保留木控制密度 6000 株/hm²、7500 株/hm²、4500 株/hm² 抚育，并按控制密度分别设置固定样地 1 个共 3 个，以及对照样地 1 个，即样地 1、样地 2、样地 3 和对照样地。对样地内保留木用油漆标记，逐年调查。在抚育后第 3 年分别按 4950 株/hm²、6000 株/hm²、4000 株/hm² 抚育，第 6 年分别按 4000 株/hm²、4000 株/hm²、3000 株/hm² 抚育。固定样地情况如下（表6-30）：

表6-30　调控密度试验样地情况表

样 地 1				样 地 2				样 地 3				对 照 样 地			
主要树种	密度（株/hm²）	胸径（cm）	高度（m）	主要树种	密度（株/hm²）	胸径（cm）	高度（m）	主要树种	密度（株/hm²）	胸径（cm）	高度（m）	主要树种	密度（株/hm²）	胸径（cm）	高度（m）
木姜子	1695	2.9	3.6	木姜子	285	2.3	3.5	木姜子	45	1.8	3.0	木姜子	135	1.6	2.5
白栎	900	3.4	3.4	白栎	15	3.6	3.9	白栎	450	3.3	3.5	桦木	495	2.1	2.9
山柳	795	2.4	2.8	桦木	270	2.6	3.9	麻栎	75	5.7	5.0	麻栎	75	5.0	4.2
茅栗	705	2.7	2.7	毛白杨	15	2.3	3.5	毛白杨	30	1.7	2.5	茅栗	495	1.4	2.0
麻栎	600	6.6	4.8	麻栎	105	6.0	4.8					山柳	210	1.8	2.0
盐肤木	495	1.68	2.2	盐肤木	225	1.7	2.1					盐肤木	645	1.6	1.9
桦木	195	3.0	3.7									杜鹃	510	1.1	1.7
毛白杨	195	2.4	3.4									白栎	240	2.5	2.7
川榛	105	1.75	2.5									火棘	45	1.2	2.7
漆树	105	3.0	2.0									毛白杨	15	2.3	2.1
胡颓子	105	2.3	3.7									构树	15	0.9	2.2
藤黄檀	105	2.9	3.1									蔷薇	15	1	2.5
构树	105	1.4	3.0												

保留后的主要树种为木姜子、白栎、麻栎、响叶杨等乔木树种，包括次顶极种和过渡种，但也有火棘、茅栗、盐肤木、川榛、杜鹃、皂柳、胡颓子等灌木树种。结果表明：①3 种调控密度抚育后 10 年，平均树高为 6.5～7.9 m、胸径为 7.32～8.11 cm，对照样地平均高度 5.78 m，胸径 5.05 cm，均高于未抚育的对照组，以对照组为基础，群落高度增加 12.5%～36.7%，粗度增加 41.8%～60.6%，反映了通过密度调控效果较好；②6000 株/hm²、7500 株/hm²、4500 株/hm²3 种密度下，林分生长量差异不太大，因此，在抚育初期采用 4500～7500 株/hm² 是可行的。林分到达 6～8 m 以后，控制密度可在 2000～3000 株/hm²。

2. 封山改良模式与效果

封山改良模式：消除干扰，保持现有群落主要树种，引入新驱动种，逐渐改变组成结构，通过天然更新与人工造林结合措施，促使新驱动种和主要树种较快生长，加速群落演替的一种模式。

封山改良的对象为增加密度调整经营类型，特点是人为干扰较大，具有一定的符合经营方向的树种，但树种数量小，通过引入新物种，增加密度方式，加快群落演替。

群落中高演替阶段的组成成分少，通常是草本群落乔木树种不足，灌丛或灌木林树种密集生长，乔木树种缺乏，群落盖度大，其他树种侵入困难，需要引入新的驱动种，通过驱动种的生长发育，逐渐替代改变原生群落组成结构，加快群落演替。

因喀斯特山地岩石裸露率高、造林难度大，宜充分利用自然力，采取天然更新、人工造林相结合的措施，通过"栽针、留灌、抚阔"，"栽阔、抚灌"，"栽阔、抚阔"形成复层混交林，加速次生林的植被恢复。主要采用技术为喀斯特区人工造林技术、喀斯特区封山育林技术、喀斯特天然次生林抚育技术，在改造的群落中保留一定数量的阔叶树种和灌木树种，局部整地，栽植引入树种，并以引入种为中心，进行局部抚育，同时封禁，保证其正常发育，逐渐替代原有群落。

祝小科和朱守谦（2003）在试验区通过引入华山松、滇柏、柳杉，造林3年后具针阔混交雏形（表6-31）。上层有麻栎、白栎、光皮桦、响叶杨等，密度375～3650株/hm²，高1.2～3.2 m，胸径1.8～3.6 m，3～7年生，盖度15%～77%。下层乔木树种有华山松、滇柏、柳杉等，密度2375～3400株/hm²，高0.4～0.7 m，地径0.7～1.7 m。封禁和抚育加速了林木生长，使人工造林与天然更新相结合，有性更新与无性更新相结合，充分利用了自然力。

表6-31　保留木与引入树种的生长状况

样地	原有乔木树种					原有灌木树种					人工造林树种			
	种数	株数	盖度（%）	地径（cm）	树高（m）	种数	株数	盖度（%）	地径（cm）	树高（m）	种数	株数	地径（cm）	树高（m）
1	3	117	43	3.45	3.20	20	1105	50	0.67	0.79	4	95	1.05	0.62
2	5	71	15	1.28	1.81	19	676	29	0.32	0.43	3	156	1.69	0.70
3	3	101	53	3.13	3.05	14	2178	41	0.50	0.75	3	132	0.84	0.47
4	2	146	77	3.20	3.20	12	1660	19	0.45	0.54	4	136	0.69	0.38
5	1	53	20	3.61	2.91	13	884	38	0.59	0.86	4	132	1.11	0.69
6	3	15	15	3.47	1.19	12	2210	48	0.65	0.69	2	109	1.24	0.62

注：1. 乔木树种主要有白栎、光皮桦、响叶杨、盐肤木等；2. 灌木树种主要有火棘、川榛、小果南烛、盐肤木、马桑、铁仔等；3. 造林树种主要有华山松、滇柏、柳杉等。资料来源：祝小科等（2003a）。

保留木对引入种生长有一定的影响，取决于保留的乔灌木数量与盖度。表6-32表明随保留木株数与盖度的增加，引入种幼树的树高与地径生长呈减小的趋势。保留木通过对光照的调节，影响引入种幼树的生长发育。同一地段，盖度90%～100%时，3年生华山松平均树高和地径最小（表6-32），分别为0.78 m和1.14 cm，盖度30%～40%时平均树高和地径分别为1.87 m和1.02 cm，全光照下分别为2.47 m和1.04 cm。同样，当针叶幼树处于保留木全方位遮荫时，平均树高和地径值最小，分别为0.70 m和1.05 cm，灌木盖度达40%～50%时，针叶树种幼树平均树高1.09 m、地径1.90 cm与全光照下的平均树高

1.27 m、地径2.30 cm 间差异较小。这些结果表明，当保留木盖度大于40%时，对针叶树幼树树高、地径生长的影响程度加剧。

表6-32　乔木与灌木覆盖对引入树种华山松幼树生长的影响

覆盖物	盖度级(%)	地径(cm)	树高(m)	冠幅(m)	备　注
乔木	90~100	1.14	0.78	0.74	位于保留木下方，处于全方位遮荫
	60~70	1.46	0.81	0.81	造林幼树距保留木2~4 m，受保留木侧方遮荫
	30~40	1.87	1.02	1.02	距保留木4 m以远，受保留木侧方遮荫较弱
	0	2.47	1.04	1.04	造林幼树无遮荫，受光充分
灌木	80~90	1.05	0.70	0.70	造林幼树处于灌木全遮盖下
	40~50	1.90	1.10	1.10	造林幼树部分方向受灌木遮荫
	0	2.30	1.27	1.27	造林幼树四周无灌木覆盖，受光充分

资料来源：祝小科等(2003a)。各盖度级华山松幼树生长指标为20株平均值。

60个样方保留乔木的盖度与3年生华山松树高、地径值拟合相关式为

$$D = 1.4397e^{-0.0089c} \tag{6.6}$$
$$H = 0.7110e^{-0.0066c} \tag{6.7}$$

式中：D 为直径(cm)，H 为树高(m)，C 为保留木盖度(3%~90%)，其中当盖度 > 40%时，盖度对华山松生长的负影响增大。

3. 封山造林模式与效果

封山造林模式是消除干扰，不保留现有群落组成结构，通过人工造林措施重新建立新的群落的一种模式。封山造林的对象为组成调整经营类型，特点是人为干扰较大，群落中极少或缺乏符合经营方向的树种，需改变组成结构，加快群落演替。通常是草本群落乔木树种不足，或灌丛或灌木林树种密集生长，乔木树种缺乏，群落盖度大，其他树种侵入困难，需要引入新的驱动种，重新建立新的群落组成结构，加快群落演替。主要采用技术为喀斯特区人工造林技术、喀斯特区封山育林技术。

喀斯特山区人工造林成功的关键障碍因子是土壤水分的亏缺，原因是岩石裸露率高、土层浅薄、土被不连续，蓄水保土功能差，易产生临时性干旱，造林难度大，特别是在石漠化地段表现尤为明显，因此充分利用喀斯特区的石沟、石缝、石槽等小生境，有利于土壤保墒，提高造林的成活率和保存率。

喀斯特区人工造林在执行造林技术规程(GB/T15776 - 1995)(国家林业局，2003)时，采用"见土整地、见缝插针、适当密植"原则进行。

在试验区对滇柏、华山松、女贞、藏柏、杜仲、刺槐、厚朴、柳杉、喜树、猴樟、花椒等树种容器苗与裸根苗，用不同浓度生根粉和根宝溶液进行了试验分析，并开展了整理方式、植苗后覆土方式、栽植时间、覆盖措施综合措施试验研究。

喀斯特山地生境特征的研究表明人工造林措施的制定要围绕如何维持苗木水分平衡这一核心问题，创造较好的土壤水分状况和提高苗木的吸水抗逆能力就是问题的2个方面。在水分吸收上，保持根系有足够的吸水能力，保证土壤有足够的水分，在水分的散失上，要尽可能减少苗木表面积。喀斯特山地造林的主要障碍是土壤干旱，水分亏缺严重影响苗

木生长，导致造林成活率低，因此，保持土壤水分，提高根系对水分利用是重要方面，围绕植苗穴汇水保水开展整地汇水方式，植苗穴覆盖保水，促根剂促进根系对水分利用进行试验研究。

常规穴状整地、鱼鳞坑整地两种整地方式可保持不同的土壤含水量。在不同天气情况下，鱼鳞坑整地的苗穴土壤含水量高于常规穴状整地（表6-33），说明鱼鳞坑整地在汇集水分，保持水分的能力较强，因此，在水分缺乏的喀斯特山地，尤其是坡度较大地段，造林前宜采用鱼鳞坑整地，提高植苗穴的水分。

表6-33 不同整地方式土壤含水量变化 （%）

整地方式	3月10日晴	3月18日小雨	3月22日阴雨	4月2日阴	4月7日晴	4月8日晴
常规穴状整地	33.4	45.7	46.5	42.5	42.3	36.5
鱼鳞坑整地	35.5	45.8	46.4	43.6	44.7	42.0

资料来源：祝小科等（2003b）。

试验区采用容器苗与裸根苗造林结果表明（表6-34），容器苗造林可有效提高造林成活率，除厚朴裸根苗造林本身成活率很高，与容器苗相差不多外，其他树种可提高19.9%～21.2%，且不受造林季节限制，是喀斯特地区有效的造林措施之一。

表6-34 容器苗与裸根苗造林成活率

苗木	造林成活率（%）				
	滇柏	藏柏	厚朴	华山松	杜仲
容器苗	93.1	100.0	96.0	96.7	100
裸根苗	73.2	77.5	94.0	73.0	78.8

资料来源：祝小科等（2003b）。

对滇柏2年生苗采用不同浓度的生根粉和根宝溶液造林试验（表6-35），两种产品均可提高造林成活率，用生根粉处理的效果优于根宝处理。生根粉和根宝取得较好造林效果是由于它们能提高苗木根系的活力和再生能力，加速造林后苗木根系的恢复生长及吸收功能，增强苗木对生境的抗逆能力，因此，在喀斯特山地造林时，苗木使用促根剂是提高造林成活率的措施之一。

表6-35 生根粉和根宝溶液浸根造林效果 （%）

处理	成活率（%）	平均地径（cm）	平均高（cm）
50×10^{-6} mg/m³ 生根粉溶液浸根	83.3	0.27	31.0
100×10^{-6} mg/m³ 生根粉溶液浸根	81.3	0.21	30.1
根宝2号溶液浸根	78.3	0.17	28.1
对照	70.8	0.18	28.7

资料来源：祝小科等（2003b）。

植苗后在植苗穴表面采用覆盖措施可减少穴内水分的蒸散丧失，维持穴内较高水分状况，但不同覆盖材料，对穴内土壤含水量的影响不同，所起的效果也不同。采用枯枝落叶、地膜覆盖结果表明(表6-36)两种覆盖与未覆盖的对照,都有较好的保水效果,其中枯枝落叶覆盖的效果优于地膜覆盖。因此,在喀斯特山地造林过程中,利用造林地枯枝落叶进行植苗穴覆盖,是提高造林成活率的又一有效措施。

表6-36 不同覆盖物对植苗穴土壤含水量的影响 (%)

整地方式	3月10日 晴	3月14日 阴	3月16日 大雨后	3月20日 阴	4月5日 大雨后晴	4月6日雨后 连晴2日	4月7日晴 雨后连晴2日
枯枝落叶	35.5	35.8	41.7	39.3	48.8	43.0	41.3
地膜	26.0	27.5	32.5	36.4	36.1	35.0	33.4
未覆盖	17.0	24.8	30.7	28.4	42.9	34.2	28.6

资料来源:祝小科等(2003b)。

滇柏人工造林多因素正交试验可找出各单项措施间的最佳组合(表6-37)。在整地方式、植苗后覆盖方式、栽植时间、植苗穴覆盖措施4个因素处理处理中,滇柏的保存率最高的各因素水平最佳组合是 A2B2C2D2,即鱼鳞坑整地—植苗后覆盖呈"凸"形—春节后造林—枯枝落叶覆盖,该试验小区的滇柏保存率最高,是滇柏人工造林较好的技术措施组合。从试验数据的变动情况(R值)看,4个因素对滇柏保存率所起作用大小的主次关系是整地方式、栽植时间、覆土方式和覆盖措施,其中尤以整地方式的影响最大。

表6-37 滇柏造林正交试验保存率的结果分析

试验样区	A 整地方式 1. 常规整地 2. 鱼鳞坑	B 植苗后覆土方式 1. "凸"形 2. "凹"形	C 栽植时间 1. 春节前 2. 春节后	D 覆盖措施 1. 地膜 2. 枯枝落叶	保存率 (%)
1	2	1	1	2	88.8
2	1	1	1	1	66.9
3	1	1	2	2	73.0
4	2	1	2	1	76.8
5	1	2	2	1	82.0
6	2	2	2	2	93.4
7	2	2	1	1	82.2
8	1	2	1	2	66.7
T1	288.60	305.50	304.60	307.90	629.08
T2	341.20	324.30	325.20	321.90	
X1	72.15	76.38	76.15	76.98	
X2	85.30	81.07	81.30	80.48	
R	13.15	4.69	5.15	3.58	

资料来源:祝小科等(2003b)。

第六节　广西南亚热带退化天然林的恢复技术

一、天然次生林结构调整技术

针对广西大青山南亚热带次生林群落的结构及气候、人为干扰等因子，本书归纳了天然次生林的结构调整及改造技术如下。

(一)通过全面或部分改造，构建高物种多样性的具复层结构的次生林

全面改造适用于全部林木无培育前途的杂灌林、残败林、林分密度过小并无利用价值的疏林、林中空地和灌丛地等林分，且立地条件较好，林地生产潜力较高。这种模式是将原有林木彻底或部分清除，进行全面造林或补植。一般在地势平坦的山下部、土壤肥沃的河流两岸及坡麓地区可采用这种改造模式。对于缺乏自然更新能力、幼树分布不均的次生林片断，通过补植或补播目标树种，保障单位面积内目标树种的种群密度，通过生态位的拓展，链接天然更新机制，加快近自然林群落的形成。目标树种选择以速生的或珍贵的常绿阔叶乡土树种为主。改造后既可以充分发挥林缘优势，为林木创造较好的生长环境，促使林分速生丰产，又可以较长时间地形成乔灌混交林，提高森林生长，维持土壤肥力。

(二)通过带状改造或择伐改造，实现低效或残次次生林群落的结构优化

对土地层深厚、肥沃、立地条件好，且由非目的树种形成的低效林，间隔一定距离，呈带状伐除带上的全部乔灌木，然后秋天整地，春天造林，栽植常绿阔叶乡土树种，根据需要逐次将保留带上的林木伐除更新，最终形成多层次结构的常绿阔叶林；择伐改造适用于树种组成复杂多样，既有目的树种，也有非目的树种，林木生长潜力不一，林龄和径级分布差异较大且不连续分布或散生的林分以及疏密度不均，甚至郁闭度很大的林分。择伐改造模式就是择伐掉上层具有不同郁闭度的近、成、过熟林木；抚育保留有生长前途的中、小径目的树种。对于干形良好、树冠匀称、实生起源、有生长潜力的珍贵常绿阔叶树种林木均予保留。伐除一切不合经营要求如成过熟木、分叉木、弯曲木、折损木、病虫害木、生长衰弱木以及其他非目的树种。抚育改造后林分能充分利用现有的保留木作为培养对象，与人工引进目的树种形成复层混交林，提高林地生产力。

(三)通过抚育间伐，实现次生林群落的结构优化

抚育间伐是在林分郁闭后直至主伐期间，对未成熟林分定期而重复地采伐部分林木。其意义在于在育林过程中既疏间了林木，促进了保留木生长，又可得到部分中、小径材及薪材，即所谓中间利用。对于进展演替比较缓慢的次生林，有必要进行合理抚育，调整树种组成，促进演替进展。在实际抚育过程中，考虑到优势常绿阔叶树种在林分中生态位，不能将其大部分伐除，不然，将会造成林下太阳辐射强烈，森林环境产生剧变，导致大量中生性常绿阔叶树种的消退，也不利于林下优势树种幼苗的更新。采用间伐抚育措施调整群落的组成、密度和径级结构，不仅促使林下植被尽快恢复，而且促进目的树种的入侵和定居，从而形成具有较高生物多样性、多层次结构的森林群落。同时，通过结构调整过程定向培育当地乡土树种及其大径级材(刘世荣等，2009)。

(四)加大封山育林力度，促进现有次生林群落的自然演替

封山育林已被证明是恢复和重建退化天然林的最有效方法之一。由于该区域有着丰富的水热资源，在母树广泛分布区域，植被通过实生更新，群落进展演替迅速。通过我们对

广西大青山常绿阔叶次生林种群 26 年封禁情形下的演替动态及分布格局研究，验证了封禁对次生林群落结构的优化效果。次生林具有丰富的以地带性常绿阔叶树种为主的林下植被，生物多样性不断增多，水土保持、固碳等生态功能不断增强。这种方式适合于更新能力较强的正向演替正在发生的次生林。

主要针对分布于岗脊和山地顶部，坡度 >35° 的低质低效次生林，对水土保持有很大作用，应实行封禁管理，不许再有人为破坏。对具有根蘖更新能力和天然林母树条件的疏林地地区，根据周围自然条件和人为环境不同，实行全封或半封，借助林木的天然更新能力，确定专人巡护、设置标志、围栏，同时辅以管理措施来逐渐恢复改造次生林。

（五）充分运用人为有利干扰，加快次生林的进展演替

封山育林不是简单地"封"，而是还包括抚育和恢复技术体系，不能单凭自然恢复和被动地保护。有些林分卫生状况极差，林分密度过大，通风不畅，容易导致林木间竞争过于激烈，不利于多物种的地带性植被的更新演替。适当间伐抚育，既可更好地保护森林植被，也可引入各异的人工林隙，通过林隙对地带性常绿阔叶树种更新速度的空间效应，优化种群数量及分布格局，加速常绿阔叶次生林的进展演替进程。而对处于衰退状态残次林分，可确定适宜的定向淘汰方式和淘汰强度，通过人工定向选择经营促进复层林形成或地带性植被的恢复。根据各林分具体情况和条件，在"封"的前提下，积极采取更新抚育措施。可仿效自然干扰对森林群落演替之促进作用，强化人为有效干扰，使结构和功能简单的天然次生林快速地向高效、复杂和稳定的顶极地带性森林群落发展。

总之，在对次生林结构调整过程应遵循三大原则（何波祥等，2008），包括：①乡土树种原则：即尽可能使用多的地带性乡土树种，特别是乡土常绿阔叶树种；②生物多样性原则：包括有灌木、草本等各种物种组成；③效益原则：主要树种应选择水土保持、碳汇功能较强、经济价值高的珍贵乡土阔叶树种，同时重点培植非木质产品经营的经济物种如棕榈藤、高脂松、笋用竹、药用植物等，以便建立以森林经济功能驱动其健康发展的长效机制。次生林区的天然更新规律阴坡好于阳坡，小郁闭度好于大郁闭度，二次渐伐明显好于其他采伐方式。建议在设计更新时对于有一定数量母树的成、过熟林分，可进行适量的渐伐作业，但必须保证原有更新幼树不被损坏，且要保证留有足量的母树。疏林地如有一定的母树，可采取人工促进更新措施。如更新良好，幼苗幼树强壮且分布均匀，可逐渐伐除上层老龄母树。对于更新良好，分布均匀的幼龄混交林可短期封育，以保护更新幼苗幼树适应了的环境条件不被人为破坏。封山育林、人工补植和林地健康管理是实现次生林结构和功能优化的重要手段。

二、人工林近自然改造技术

人工林自然化改造工作包括预先系统地设计未来的工作任务及其实施办法，并做出合理的安排，也就是要找到一条从现实林分到目标林分的技术实施途径。这种经营模式首先要确立经营规划的目标（近自然化改造的目标）以及实现目标需要采取的措施。在制定把同龄林改造为近自然森林（恒续择伐林）的规划时，包括了调查改造对象的现状、改造的目标森林的特征以及改造措施等内容（陆元昌等，2009）。

影响林分现状的主要因素是经营历史、具体的树种组成、林分结构、立地条件、经济环境、社会环境等，这些都是在确定改造目标以及实现改造时必须遵循的依据。

本节以广西南亚热带马尾松、杉木人工林近自然化改造为例，讨论近自然化改造技术，包括制定改造目标、确定改造方法、改造作业设计，实施具体改造措施，改造风险进行判断和规避等。整个人工纯林近自然化的改造工作要经过科学严谨的规划，即进行近自然化改造规划。规划就是制定出一个科学可行的逻辑程序，来指导改造工作的顺利开展。逻辑程序是根据林分现状，分析存在的问题，制定改造的目标，提出相应的改造模式等一系列决策过程。作业设计包括择伐作业设计、补植或第二代更新设计等，是实现近自然改造的重要一环，科学而合理的作业设计是实现人工林近自然化改造的前提。

（一）近自然化改造目标

人工针叶纯林自然化改造工作包括预先系统地设计未来的工作任务及其实施办法，并做出合理的安排，也就是要找到一条从现实林分到目标林分的途径。近自然化改造需要使林分有一个改造的目标，即林分经改造后最终将达到的什么状态。近自然化改造的目标主要是表现在树种结构、水平配置和林层结构等3个方面，即把单一的人工针叶纯林调整到多个组成树种的状态，把同龄结构调整为异龄结构，把单层的垂直结构调整为乔灌草结合的多层结构，以提高林分的生物多样性和稳定性，提高林分质量，并改善林地环境，使森林得到充分的生长，如图6-10所示。

主林层

次林层

林下植被

图6-10　有结构而稳定的多层次阔叶异龄混交林

（二）近自然化改造的逻辑程序

进行由同龄人工林的轮伐期作业体系转向到异龄混交择伐作业体系的近自然化改造，需要归纳我国人工林的不同状况，主要以现有林分的主林层树种结构和林分稳定性为依据进行规划。图6-11表示了这个近自然化改造的总体分析决策逻辑框架和进程。这个逻辑框架是以综合乡土树种的阔叶林（包括阔叶纯林和混交林）、针阔混交林、同龄针叶纯林和主林层退化的疏林等4种人工林对象到其目标发展类型之间的不同演替和结构特征为基础，提出改造作业设计的模式及其指标和技术。

图6-11所示的决策逻辑是：

（1）首先判定改造对象的主林层结构类型，按乡土树种阔叶林、针阔混交林、针叶纯

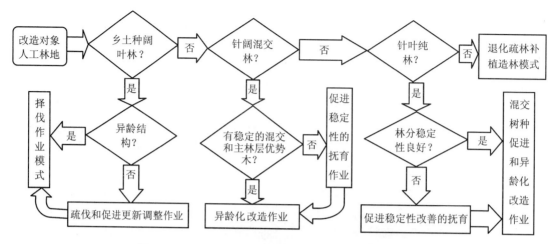

图 6-11　人工林近自然化改造的总体分析决策逻辑框架

林和主林层退化的林分等 4 个大类分别有不同的改造设计；

（2）如果对象林分已经有了一定的径级分化和林下更新，出现类似择伐林的结构特征时，可以直接按照择伐林的作业模式开始改造计划，经过一定的调整期实现择伐作业；

（3）如果林分径级结构单一，但具有基本的抗风倒等自然力的机械稳定性的主林层和优势木个体时，即可针对主林层进行目标树选择，以现有林分为重点设计和实施改造计划；

（4）如果现有林分缺乏基本机械稳定性的单一树种和单一径级的同龄林，则需要首先执行提高稳定性的前期作业之后，在执行其他改造；

（5）如果当前的林分没有基本的上层优势而稳定、有培育前途的林木个体时，则林分改造的目标应该放在尽快培育第二代林木之上。

（三）改造方法

在人工针叶纯林近自然化改造过程中，引入的树种应该是当地土生土长的乡土阔叶树种。在南亚热地区，锥类、楠木类树种是改造过程中首选的优良树种，因为这些树种在南亚热带地区具备了自我发展、天然更新的能力，完全适合当地土壤和气候的生长条件，并且能形成结构合理、功能健全、格局完整的相对稳定的森林生态系统。所以，将人工针叶纯林逐渐转向带有乡土阔叶树种的针阔混交林是树种改造的主要目标。在树种选择上，除了以红锥、香梓楠等树种以外，格木、大叶栎、火力楠等高价值乡土树种也是改造时应该考虑的树种。

改造时的树种搭配应根据林分立地条件及林分的培育方向而定，选择的乡土阔叶树种及其混交比例也是不尽相同的。引入乡土树种的比例应根据林分特征而定，应以不造成林分产生负面演化为前提，成功促进林分树种多样化、功能完整为指导，一般引入的阔叶树种比例不应低于 30%。

表 6-39 是示范区按培育目标林分的优势树种组合命名试验模式林分。根据现有种苗供应情况及立地状况，以套种树种及密度的不同，分别为马尾松和杉木针叶纯林设计各 5 个近自然改造试验模式。

表6-39 马尾松、杉木近自然林改造试验模式表

模式代号	目标林分模式名称	改造对象林分	套种树种	更新方式	套种密度	株行距(m)
1	2	3	4	5	6	7
A1	松锥楠 1针2阔林	马尾松	红锥 香梓楠	植容器苗	37 37	3×3
A2	松格栎 1针2阔林	马尾松	格木 大叶栎	植容器苗	37 37	3×3
A3	松铁灰 1针2阔林	马尾松	铁力木 灰木莲	植容器苗	37 37	3×3
A4	松多阔	马尾松	红锥、格木、铁力木、火力楠、香梓楠、灰木莲、大叶栎和枫香	植容器苗	每种10株,共70株	3×3
A5	松纯林	马尾松	间伐保留株数=60		0	
B1	杉锥楠 1针2阔林	杉木	红锥 香梓楠	植容器苗	37 37	3×3
B2	杉格栎 1针2阔林	杉木	格木 大叶栎	植容器苗	37 37	3×3
B3	杉铁灰 1针2阔林	杉木	铁力木 灰木莲	植容器苗	37 37	3×3
B4	杉多阔	杉木	(套种树种同A4)	植容器苗	每种10株,共70株	3×3
B5	杉纯林	杉木	间伐保留株数=70		0	

此外,近自然化改造的过程是个循序渐进的过程,乡土阔叶树种的引入应该逐步进行,在不造成林分重大变动而影响林分正常生长发育的前提下,逐年增加乡土阔叶树种比例,最终使人工针叶纯林达到针阔混交的近自然状态的树种配置结构。

(四)改造指标

近自然化改造的技术指标主要涉及林分径级结构、天然更新、主林层郁闭程度、改造计划持续时间等方面。

1. 径级结构

南亚热带地区的人工针叶纯林大多为同龄林,典型的林分径级结构多为正态分布。但由于各种原因,现实人工纯林的林分径级结构不呈现出的典型的正态分布,与目标近自然林相的倒"J"形径级结构之间有一个空白区域,可认为是改造计划中需要调整的区段。提高径级结构在空间上的差异程度始终是近自然化改造进程中不能忘记的。

初始林分的径级结构是决定第一次林分改造作业的重要指标。第一次作业的指标可以定位在促进机械稳定性、林下更新、最终目标树质量生长、兼顾木材收获等。作业指标的确定应该根据以下几个方面来确定:

(1)整个林分的径级结构单一且没有明显差异。在这种情况下,第一次改造作业的指标只能定位在提高林分机械稳定性。通过选择和抚育,使郁闭度保持在0.5~0.6,在2~

4 年间隔区后再计划执行目标树选择和抚育作业。

（2）上层林木径级结构有差异，存在一定的郁闭度保持木，但缺乏林下更新。在这种情况下，可以越过稳定性抚育阶段直接进入目标树选择和质量生长的抚育作业，目标树密度因林分类型和林分高度而有所不同。这个作业阶段的内容包括了目标树抚育和补植混交树种等。

（3）径级结构有差异，存在一定的郁闭度保持木和更新幼树。在这种情况下，其作业的目标应是能促进林下天然更新和目标树的质量生长，以尽快达到理想的择伐林径级结构。

（4）整个林分的径级结构差异较大，接近于择伐林的理想分布。这种情况下，主要的工作是进一步调整林分径级结构，形成高水平生长的近自然森林，并兼顾高质量目标树用材的经济收益。

2. 目标直径

目标直径是人工针叶纯林近自然化改造中一项重要的林木培育指标，这决定了林木将来利用时的大小，而且也决定了林分的发展方向。在森林生态系统的维护、生态服务功能的恢复、森林景观多样性的建立等方面皆有重要的指导意义。确定一个地区主要树种的目标直径是一个需要深入研究的课题，南亚热带地区目标直径的原则是：目标直径的下限为针叶树种 40cm，软阔叶树种为 45cm，硬阔叶树种为 55cm；在此基础指标上可根据具体的林分条件和培育目标制定其他标准。

3. 垂直结构

复层林结构是近自然森林的重要特征之一，也是近自然化改造的主要目标之一，标志着林分逐渐趋向合理而有序的林分结构状态。近自然森林经营体现复层林分，主林层和次林层协调发展，所以主林层的疏开与保持则是近自然化改造的一项重要问题。这个问题在那种完全郁闭的单层林且林下没有任何更新幼树的同龄林中表现更为突出。对于这类林分，为了促进林下更新的出现，需要在第一次疏伐时设计较大的干扰强度，但这样做的风险是可能导致上层林木机械稳定性锐减，而在未来被自然出现的风倒、雪压等因素进一步摧毁，导致林地失去主林层的失败局面。

4. 可持续的天然更新

林分近自然化改造的天然更新机制是否启动是改造成果的一个主要指标。其要求如下：

（1）所有的目的树种都能够自然更新。无论是乡土树种还是引进的树种都要符合这个条件。必须了解更新树种对光照的要求、从更新的角度林下土壤必须具备哪些状况、可能的动物或竞争植被对更新的影响、实现经营目标对树种更新序列的要求等。

（2）保留一定数量和质量的母树。天然更新在首次改造采伐的林分中启动的机理主要是依靠种子和萌生等来实现，所以考虑保留母树以增加种子结实有特殊的意义。

（3）必要的辅助性更新。天然更新有时需要辅助性更新，对于某些树种（某些阔叶树种）在有一定的枯落物层时更新较好，而另外一些树种（某些针叶树种）由于枯落物层的存在会影响其更新，这就需要进行整地，以促进其更新。同时也不排斥任何其他的补充性种植的处理。在需要引入另外一个树种或增加其比例时，补植也是快速有效的途径。

（4）对更新树种进行保护性措施。如防止动物侵袭、清除竞争植被等。

（5）创造更新幼树生长条件，保证有足够数量的幼树能达到森林调查中的起测径级。

5. **主林层郁闭程度**

在人工林近自然化改造的整个过程中要保持一定的主林层郁闭度。具体要求如下：

根据具体树种的冠形，保留不同径级内的基本林木株数，以保持林分结构的差异性（异龄、多层）而促进林分更新生长的持续进行。一般的原则是 2 次抚育作业间隔期内，对上层林的疏开应保持其郁闭度在 0.5～0.7 的变化，直到更新的第二代林木进入主林层。

持续郁闭度目标控制技术就是选择冠形完好、冠长大于树高的 1/3、具有良好的生活力和生长趋势的林木作为保留木，以保证整个改造过程中能保持森林的郁闭度在合理的水平。

6. **改造计划的持续时间**

一般来说，在一个同龄林中，从林下出现更新幼树并经过持续的生长，一直到更新幼树达到主林层高度所需的时间，就是近自然化改造计划的时间尺度。由于在异龄林条件下林木的生长过程，与同龄林条件下完全不同，使用在人工林经营体系内获得的生长过程数据难于估计这个改造的时间，所以其改造时间的估计需要更多的研究和探索。

（五）近自然化改造风险规避

由于人工针叶纯林近自然化改造作业时间长，且存在大量不稳定因素，所以这种改造作业会有风险。但是，有风险不等于不改造。进行近自然化改造要尽量规避任何改造作业措施产生的风险，使得风险降到最小。

规避风险的方法除了上述的科学合理的近自然化改造设计以外，还要在改造作业过程中注意将改造的结果及时反馈到实施者，实施者根据反馈信息及时调整改造方法或重新制定改造措施，促使改造过程不偏离改造目标。此外，可以建立改造模型，根据调查参数和林分特征建立数学模型，模拟林分改造的过程，预测改造过程可能出现的各种情况，及时采取措施减少或降低风险的发生几率。

第七节　海南热带退化天然林的恢复技术

一、天然次生林结构调整技术

海南岛天然次生林大部分由原始林采伐后更新、封山育林恢复而来。从海南岛尖峰岭热带原始林、天然次生林及人工林的群落结构、物种多样性、群落演替特征及土壤环境差异研究结果来看，采伐方式、采伐强度、更新方式以及恢复期限的不同，其群落结构和物种多样性、恢复演替进程和土壤物理化学性质等均不一样。目前海南岛热带天然林经营方向主要是天然林保护及生态恢复，在可持续经营及生态恢复理念指导下，热带天然次生林结构调整要根据经营目标和林分状况选用相应的技术体系。

（一）封育恢复

对于原生天然林经皆伐后天然更新恢复 10 年以上的次生林以及择伐迹地天然更新林，郁闭度 0.2 以上的有林地，往往林分内植物种类丰富，乔木层有较多的先锋树种、采伐保留母树，下木层种类和密度较大，土壤种子库丰富，立地条件波动较小，有利于种子萌发、植物生长及养分系统循环。这类次生林应采取全面封禁，禁止一切采伐活动保障群落进展演替环境，使群落向多物种、多层次的异龄林方向发展。在海南省尖峰岭林区，20

世纪60年代后皆伐迹地及择伐迹地的大部分天然更新林均采用封育恢复的方式经营，林分结构较稳定，物种丰富。

（二）人工促进更新

对于原生天然林经人为过度干扰、反复干扰形成的次生林有2类，一是恢复演替前期往往物种丰富度低，先锋树种、乡土建群树种匮乏，群落缺乏启动进展演替的植物种和稳定的更新演替环境，这些现象在郁闭度小于0.2的疏林地、沟谷下部因开垦破坏的坡度大于25°的宜林地尤为常见。另一类次生林是恢复演替中期阶段的林分，林内缺乏演替中后期树种，种类结构、空间结构欠合理，也要采用人工促进更新方式加以调整。对这2类林分可采用补植、套种相结合的方法进行人工促进更新，主要措施是：

（1）保留母树促进天然更新。过度干扰形成的天然次生林分中保留的母树，往往具有坚强的生命力、环境适应性和群落种群恢复的泉源，必须全力保护。

（2）人工补植套种树种构建驱动群落。一类热带雨林次生林可种植少量鬼桫椤、盘壳栎、枫香、鸡毛松、陆均松等先锋喜光树种，形成恢复演替驱动群落。二类次生林可套种厚壳桂、秦氏厚壳桂（*Cryptocarya chingii*）、小叶白锥、新木姜（*Neolitsea aurata*）、毛荔枝等耐阴、演替中后期乡土树种。

（3）套种技术及管理措施。次生林内套种树种主要采用林隙挖穴40cm×40cm×40cm，种植2~3年生营养袋土杯苗。补植套种的幼苗要进行1~2年的施肥、抚育管理。整块林分还要加强封山育林管理措施，以免人为干扰破坏生境。

（三）人工造林

热带原生林由于过度、反复干扰而极度退化形成的热带草坡地、灌木林等，土壤已经极度贫瘠和生物多样性低，单靠封育措施已不能恢复植被，或者与群落演替方向和经营目标相差甚远的次生植被，要采取营造人工林的方式进行前期恢复，然后进行人工林近自然化经营。主要技术要点包括：①根据立地条件、气候特征和经营目标选择速生乡土树种。②根据树种特性、种间关系及群落演替发展趋势构建混交群落模式。③注意过程管理，防止水、土、肥的流失。④新造林地要加强抚育管理，缩短蹲苗期，促使尽早郁闭成林。⑤保护非种植乡土树种，以增加林内物种多样性和人工林近自然化，形成稳定和谐的生境。

二、人工林近自然改造技术

在我国热带地区海南岛主要种植桉树、相思、木麻黄（*Casuarina equisetifolia*）、南亚松（*Pinus latteri*）、加勒比松（*Pinus caribaea*）以及橡胶（*Hevea brasiliensis*）等人工林，面积较大，经营措施主要是集约经营，高投入，目标是快产出、高产出。此外，还有部分乡土树种人工林，如柚木、母生（*Homalium hainanense*）、海南石梓（*Gmelina hainanensis*）、鸡毛松、海南木莲（*Manglietia hainanensis*）、黄桐，以及降香黄檀、白木香等珍贵乡土树种人工林。但是人工林在生物多样性、生态系统稳定性以及可持续发展方面存在缺点，经营目标是要兼顾生态效益和物种多样性保护的乡土速生人工林，应该进行近自然化改造及经营。

在海南岛尖峰岭，为实现热带林的可持续经营和采伐迹地植被恢复，20世纪60~70年代在采伐迹地营造了鸡毛松块状纯林。经过近30多年的保护、生长演替，林木生长迅速（陈德祥等，2004），随着种群的入侵和群落的演替，其群落结构和种群数量出现了变化，群落内树种较多，发展形成以鸡毛松为绝对优势种群的结构复杂的多物种群落（骆土寿等，2005）。但是林分结构并不合理，林内珍贵树种、演替后期树种及其个体数量极少，为此开展了近自然改造实验。2005 年雨季，选择了毛丹、绿楠、高枝杜英（*Elaeocarpus dubius*）、假苹婆、第伦桃、灯架 6 种热带天然林珍贵乡土树种和坡垒、乐东拟单性木兰（*Parakmeria lotungensis*）、白木香 3 种珍稀濒危保护树种苗木在鸡毛松人工林内进行结构调整的改造试验研究。

（一）试验地概况

试验地选择在距尖峰岭国家级自然保护区天池保护站大门 550 m 的鸡毛松人工林，该处海拔 800 m，年平均气温 19.6℃，年降雨量 2650 mm，土壤为砖黄壤，林内郁闭度 0.95。幼苗栽植选择在坡度为 13 ~ 16°的西坡和东坡，面积分别为 1 hm²。林分平均直径 13.5 ±5.77cm，平均树高 10.9 ±3.66m。群落内种群数量及相对重要性差别很大。900 m² 鸡毛松人工林群落内有 75 个树种，胸径≥1.0 cm 的树木密度为 7211 株/hm²。重要值 ≥1 的有 20 种，占总数的 26.7%；重要值≥0.5 的为 34 种，占总数的 43.3%，群落以鸡毛松为绝对优势种群，重要值为 37.02。群落种间联结性研究结构显示鸡毛松人工林内植物中表现出高的独立分布，种对间有较多的正联结和低的负联结，说明该人工林在进展演替，群落尚未稳定（骆土寿等，2005），进行自然化改造时机尚可。

（二）目的树种选择

以热带山地雨林顶极群落为参照体系，以鸡毛松为目的树种，以优质、珍贵、大径级树种为主要经营目标，有计划地导入或增加伴生树种或珍稀濒危树种，如坡垒、香楠（*Aidia canthioides*）等特征种类，逐步构建出与热带山地雨林顶极群落相类似的森林群落结构，培育成优质、珍贵、大径级的用材林，从而为生态系统的稳定性和多种生态经济效益的发挥奠定基础。

（三）试验苗木准备

结合实际情况，选择生长健康、没有病虫害的壮苗，每种苗木 120 株以上。为了保证苗木种植成活率，将原来小的营养袋（11 cm×15 cm）换成大的营养袋（16 cm×20 cm），然后用 70% 遮阴网盖 1 个月，待苗木恢复稳定后打开遮阴网炼苗 2 个月，以备上山种植。

（四）整地及造林

在雨季来临之前，在人工林林下的植株间隙进行挖穴工作，植穴规格为 40 cm×40 cm×40 cm，验收合格后回表土填满穴。在 2005 年雨季开始后的 7 月将炼好的试验营养袋苗木运上山栽植。

（五）幼林管理

改造的人工林分郁闭度高，土壤水热条件优越，林下天然更新幼苗较多，考虑到物种多样性保护及水土保持需要，改造幼林没有进行施肥、除草、培土等抚育管理，仅封闭幼林，防止人为干扰。

（六）实验初步结果

苗木种植后，分别在种植后 4 个月进行了成活率调查和 4 年后的生长状况调查。2005 年 11 月进行了种植后成活率初步调查结果显示，不同树种成活率有差异，苗龄 2 ~ 3 年的几个树种苗木成活率较高，达到 95%，苗龄 1 年的达到 80% ~ 90%，苗龄 0.5 年的 2 个树种苗木幼小，成活率仅 30% ~ 50%，总体成活率达 81%，结果见表 6-40，由表可以看出，国家一级保护植物坡垒、国家二级保护植物毛丹以及珍贵用材树种乐东拟单性木兰、绿楠、高枝杜英的成活率最高，达95%；热带山地雨林中层乔木假苹婆达90%；国家二级保护区植物白木香为80%，这些种类均可作为鸡毛松人工林林分结构调整的首选种类；而海南紫荆木和灯架则表现较差。

种植4年后，调查结果显示坡垒年高生长率最大，枝叶生长以坡垒、灯架和毛丹较为旺盛，白木香生长最差。此外，整个改造树种直径、树高生长率不大，表现出蹲苗状态（表6-40），所以建议在不进行幼林抚育管理情况下，选择大龄、健壮优质苗木进行改造可以提高成活率和快速生长。

表6-40　热带鸡毛松人工林自然化试验初步结果

种　名	苗龄 (a)	4个月成活率 (%)	种植4年后调查结果					
			地径 (cm)	高度 (cm)	年高生长率 (cm/a)	冠幅长 (cm)	冠幅宽 (cm)	冠幅面积 (cm²)
白木香 Aquilaria sinensis	1	80	0.59	48.00	11.85	23.6	17.6	415
灯架 Winchia calophylla	0.5	30	0.69	60.00	14.83	50.00	40.00	2000
高枝杜英 Elaeocarpus dubius	2	95	0.64	60.71	15.02	26.71	22.00	588
海南木莲 Manglietia hainanensis	2	95	0.69	51.75	12.77	17.00	18.75	319
假苹婆 Sterculia lanceolata	1	90	0.77	66.40	16.41	14.00	13.00	182
乐东拟单性木兰 Parakmeria lotungensis	2	95	0.56	63.50	15.74	17.50	20.00	350
毛丹 Phoebe hungmaoensis	2	95	0.64	46.00	11.34	27.14	26.43	717
坡垒 Hopea hainanensis	3	95	0.88	79.33	19.61	60.00	36.67	2200
海南紫荆木 Madhuca hainanensis	0.5	50	0.59	47.67	11.77	20.00	16.67	333

参考文献

Duchiron, Marie-Stella. 2000. Strukturierte Mischwaelder. Parey Buchverlag, Berlin

Yuanchang Lu, Knut Sturm. 2006. Close-to-Nature Forestry and its practice in Beijing[C]. Proceedings of Sino-German Conference on Watershed Management and the Establishment of Water Resource. Beijing

陈德祥，李意德，骆土寿等. 2004. 海南岛尖峰岭鸡毛松人工林乔木层生物量和生产力研究[J]. 林业科学研究，17(5)：598~604

国家林业局. 2003. 封山(沙)育林技术规程(GB/T15163-94)[M]. 北京：中国标准出版社

国家林业局. 2003. 森林抚育规程(GB/T15781-1995)[M]. 北京：中国标准出版社

国家林业局. 2003. 造林技术规程(GB/T15776-1995)[M]. 北京：中国标准出版社

何波祥，曾令海，王洪峰等. 2008. 中国热带次生林生产潜力与经营模式研究[J]. 广东林业科技，24(2)：74~81

李霞，李虎，方建国等. 2003. 新疆天山西部林区实施天然林保护工程的问题和对策[J]. 林业资源管理，(5)：5~8

李行斌，白志强，郭仲军等. 2000. 天山云杉人工更新速生技术研究[J]. 水土保持通报，20(2)：36~38

李援越，朱守谦，祝小科. 2000. 黔中退化喀斯特森林植物群落的数量分类[J]. 山地农业生物学报，19(2)：94~98

李援越，祝小科，朱守谦. 2003b. 黔中退化喀斯特森林群落自然恢复生态学过程研究——群落组成、结构、生物量动态//朱守谦. 喀斯特森林生态研究(Ⅲ)[M]. 贵阳：贵州科技出版社，238~247

李援越，祝小科，朱守谦．2003a．黔中退化喀斯特森林群落自然恢复生态学过程研究——自然恢复演替系列构建//朱守谦．喀斯特森林生态研究(Ⅲ)[M]．贵阳：贵州科技出版社，233～237

李援越．1999．黔中退化喀斯特群落自然恢复的生态学过程研究[D]．贵州大学硕士学位论文

辽宁省质量技术监督局．2009．森林经营技术规程(DB21/706－2009)

刘翠玲，潘存德，师瑞峰．2007．鳞毛蕨(*Dryopteris filixmas*)天山云杉林倒木更新分析[J]．干旱区研究，24(6)：821～825

刘世荣，史作民，马姜明等．2009．长江上游退化天然林恢复重建的生态对策[J]．林业科学，45(2)：120～124

刘云，侯世全，李明辉等．2005．两种不同干扰方式下的天山云杉更新格局[J]．北京林业大学学报，27(1)：47～50

陆元昌，张守攻，雷相东等．2009．人工林近自然化改造的理论基础和实施技术[J]．世界林业研究，22(1)：20～27

陆元昌．2006．近自然森林经营的理论与实践[M]．北京：科学出版社

骆土寿，李意德，陈德祥等．2005．海南岛鸡毛松人工林群落种间联结性研究[J]．生态学杂志，24(6)：591～594

吐尔汗巴依·达吾来提汗，牛景军，王念平．2007．雪岭云杉育苗技术[J]．现代农业科技，(16)：35

王伯荪．1987．植物群落学[M]．北京：高等教育出版社，14～55

杨瑞，喻理飞．2004．黔中退化喀斯特森林恢复过程中早期群落结构分析[J]．贵州科学，22(3)：44～47

杨瑞．2005．黔中喀斯特区次生林类型及经营技术研究[D]．贵州大学硕士学位论文

喻理飞，朱守谦，叶镜中．2002c．喀斯特森林不同种组的耐旱适应性[J]．南京林业大学学报，26(1)：19～22

喻理飞，朱守谦，叶镜中等．2000．退化喀斯特森林自然恢复评价研究[J]．林业科学，36：(6)：12～19

喻理飞．1998．退化喀斯特森林自然恢复的生态学过程研究[D]．南京林业大学博士学位论文

赵晓英，陈怀顺，孙成权．2001．恢复生态学——生态恢复原理和方法[M]．北京：中国环境出版社

朱守谦．喀斯特森林生态研究(Ⅲ)[M]．贵阳：贵州科技出版社，233～237

祝小科，李援越．2003a．利用自然为营造针阔混交林的初步研究//朱守谦．喀斯特森林生态研究(Ⅲ)[M]．贵州：贵州科技出版社，361～366

祝小科，朱守谦，刘济明等．1999．乌江流域喀斯特石质山地人工造林技术试验[J]．山地农业生物学报，18(3)：138～143

祝小科，朱守谦，刘济明等．2003b．乌江流域喀斯特石质山地人工造林技术试验研究//朱守谦．喀斯特森林生态研究(Ⅲ)[M]．贵州：贵州科技出版社，351～360

第七章 天然林景观恢复及其空间规划技术

第一节 川西亚高山退化天然林景观特征及其动态变化

川西亚高山林区地处我国青藏高原东缘，地形复杂，新构造运动活跃，岩体松散，地震频繁，是一个生态环境非常脆弱的地区。川西亚高山暗针叶林是该区主要的森林类型，集中分布于金沙江、雅砻江、岷江和大渡河等流域及其支流，是我国西南高山林区水源涵养林的重要组成部分。20世纪中叶以来，随着川西亚高山森林的大规模开发利用，以冷杉（*Abies* spp.）为主要优势树种的原始暗针叶林被大面积采伐，随后进行了以云杉（*Picea* spp.）为主的人工更新（四川森林编辑委员会，1992）。同时，桦木（*Betula* spp.）等阔叶先锋树种的天然更新也普遍而大量的发生（周德彰，杨玉坡，1980）；在留有母树且又能结实的局部地段，冷、云杉等原生针叶树种的天然更新也在进行（杨玉坡，1979a）。1998年，天然林资源保护工程正式启动，川西森林全面禁伐封育。在经历大规模采伐、人工更新及实施封育后，不同林龄的人工林、天然次生林以及人工、天然更新共同作用形成的林分镶嵌分布，川西亚高山森林处于大规模的恢复之中。

在山地生态研究中，海拔、坡度和坡向是衡量地形分异的3个主要特征，也是决定植被生境其他要素分异（如土壤、小气候和水文等）的主导环境因子（Miller *et al*.，1996；Pearson *et al*.，1999）。根据地形差异揭示植被空间分布规律，了解相关的自然和人为因素影响是植被生态学研究的一个重点领域（Carmel and Kadmon，1999；Urban *et al*.，2000）。从已有的研究来看，大多数相关研究均采取传统的样地、样线或样带调查方法，获得点状或局部地段群落的类型、结构和生境参数，利用传统统计方法得出群落分异的模糊综合影响因子系列，进而建立起相关分异规律与地形分异之间的定性或半定量关系（以传统的排序方法最具代表性）（Brosofske *et al*.，1999；沈泽昊，张新时，2000）。这种研究方法有时无法避免采样布点的主观性或因设点困难造成的偏差，也难以定量地反映地形分异对植被分布的影响和进一步总结规律性。随着计算机和微电子技术的迅猛发展，"3S"技术目前已广泛应用到植被研究的众多领域，成为空间上定量研究植被与环境关系的新兴手段（牛建明，呼和，2000）。

本研究以米亚罗林区为例，通过野外调查确定森林外貌和起源之间的关系，使用监督分类方法进行遥感植被制图，并与DEM数据进行空间叠加，分析了川西亚高山森林恢复的地形分异规律和景观格局。这对于该区域森林恢复、重建以及可持续经营具有重要意义。

一、研究地区与研究方法

(一)研究区概况

米亚罗林区位于我国四川省理县境内（31°24′~31°55′N，102°35′~103°4′E），面积 15.6×10^4 hm²。该区位于青藏高原东缘褶皱带最外缘部分，海拔在 2200~5500 m，具有典型的高山峡谷地貌。气候受着高原地形的决定性影响，属冬寒夏凉的高山气候。以海拔 2760 m 的米亚罗镇为例，全年降水量 700~1000 mm，年蒸发量 1000~1900 mm，1 月均温 −8 ℃，7 月均温 12.6 ℃，≥10 ℃的年积温为 1200~1400 ℃。

米亚罗林区植被垂直成带明显，其类型和生境随海拔及坡向而分异（蒋有绪，1963a，1963b）。原生森林分布于海拔 2400~4200 m，以亚高山暗针叶林为主，主要优势树种为岷江冷杉（*Abies faxoniana*）。该区森林由四川省阿坝州川西林业局经营与管理，1953~1978 年间进行过大规模采伐，之后可采资源趋于枯竭，年采伐量逐渐减少，至 1998 年停采封育。采伐迹地初期多形成悬钩子（*Rubus* spp.）或箭竹（*Sinarundinaria nitida*）灌丛。1955 年以后，采伐迹地上陆续开展了以粗枝云杉为主的人工更新。同时，迹地上以桦木为主的次生阔叶树种的天然更新也普遍发生。米亚罗林区的森林及其经营史，对整个川西亚高山林区都具有代表性。

米亚罗森林带的地形本底如图 7-1 所示，随海拔升高各区间所占面积逐渐增大，海拔 2800 m 以下的区域仅占整个森林带面积的 6.2%；各坡向所占面积比例差别不大，仅平地面积较少；平均坡度 27.2°，20°~40°的坡地占整个森林带的 68.3%。海拔、坡向及坡度本底充分体现了高山峡谷区的地形特点。

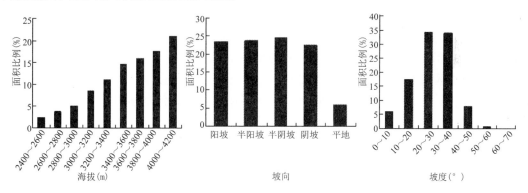

图 7-1 米亚罗森林带（海拔 2400~4200 m）**的地形本底**

(二)研究方法

1. 植被制图与森林样地调查

对米亚罗林区进行植被线路调查，设定了 130 个地面参照点。使用 1999 年 9 月 20 日的 ETM 影像，采用监督分类方法，编制米亚罗林区植被分布图。共确定 9 种不同的植被类型：老龄针叶林、中幼龄针叶林、落叶阔叶林、针阔混交林、灌丛、草甸、农田、裸岩和冰雪覆盖区域(包括云影区)，前 4 种为森林植被类型。

2. 森林植被类型分布的地形格局

利用研究区 110 万数字化地形图生成 DEM 模型，建立海拔、坡度、坡向分异分析模板。海拔 2400~4200 m，每 200 m 一个间隔，共 9 个区间。坡向分阳坡、半阳坡、半阴坡、阴坡和平地(坡度小于8°区域)。坡度在0~60°每10°一个区段,60°~85°作为一个区段,共7个区间。在森林带内将海拔、坡度、坡向分异模板与植被图进行叠加,计算出不同森林植被类型在海拔、坡向、坡度各区间上的分布比例,分析其地形分异规律。计算公式(以海拔为例)为:某一森林植被类型在某一海拔区间上的分布比例 = (该类型在该海拔区间上的面积/该类型总面积)×100%。

3. **森林植被类型分布的景观格局**

选择海拔在2800~5000 m的猛古沟,分析森林植被类型分布的景观格局。该沟东西走向长13 km,南北宽9 km,流域面积87 km²,采伐时间为1954~1956,1958~1961年尚经复采,全部迹地上1956~1958年、1962~1963年人工更新了粗枝云杉可见,抚育2年后停止,之后封山育林至今。

4. **森林经营的阶段划分**

收集米亚罗林区的森林经营资料,包括20世纪50年代至2000年的采伐、人工更新和抚育数据。抚育包括幼林和成林抚育两部分。幼林抚育以扶苗、砍除杂灌为主;成林抚育主要是透光疏伐。根据历年采伐量、人工更新面积和森林更新普查获得的更新成效面积,对米亚罗林区的森林经营进行阶段划分,分析各阶段森林经营的特点及对森林恢复的影响。

5. **地形因子对森林恢复的影响**

川西亚高山林区在进行采伐作业时,考虑到地形和森林分布的特点,生产上根据自然集水地形、大小沟槽设置伐区及集、运材系统,通常进行以集水区为单元的皆伐,并设有山脊和林线保留带。通过对米亚罗甘沟(20世纪50年代中期采伐)、上磨子沟(20世纪50年代中期采伐)、下磨子沟(20世纪50年代中期采伐)、大郎坝31沟(20世纪60年代采伐)、大板召大树沟(20世纪60年代采伐)、山足坝背沟(20世纪70年代采伐)、夹壁沟(1976~1988年采伐)、282对坡(1991~1992年采伐)等不同年代的采伐迹地进行线路调查,在各集水区内不同海拔段(2950~3050 m,3150~3250 m,3400~3600 m)和坡向(阳坡、半阳坡、阴坡、半阴坡)设置20 m×20 m森林样地,分别对主林层、下木层进行群落调查,分别树种测定每木胸径、树高,同时记录各样地的海拔、坡向和坡度。样地总计86块。样地内主林层(下木层)某一树种的优势度 = (该树种胸高断面积之和/各树种胸高断面积总和)×100%。

据川西林业局营林处资料记载,上述集水区采伐后全部迹地均人工更新过云杉,但只有山足坝背沟、夹壁沟和282对坡进行了连续5~8年的幼林抚育,其中山足坝背沟部分林地作为人工更新示范林至今仍然每2~3年砍除杂灌1次,其余集水区人工更新初期就停止了幼林抚育,具体抚育年限不详。

二、结果与分析

(一)森林类型及其起源

由表7-1可见,米亚罗森林采伐前以成、过熟暗针叶林为主,优势树种主要为岷江冷杉,自然条件下主要依靠林窗更新维持森林的稳定性(蒋有绪,1963a;四川森林编辑委员会,1992)。森林采伐后迹地人工更新以粗枝云杉为主,另有少量的日本落叶松。米亚罗林区原有小块状天然粗枝云杉林,分布于阳坡、半阳坡,但都已被采伐利用展期,仅在山杨、白桦、川滇高山栎、高山松等阳坡森林中还保存有自然散生的个体（周德彰等，1990）。根据米亚罗林区采伐和更新资料：现今的粗枝云杉林林龄均在 15～50 年，全部来自于人工更新；散生于阴坡次生林中的粗枝云杉个体，年龄也都在 50 年以下，为早期人工更新保留下来的个体，在天然更新的共同作用下形成针阔混交林；日本落叶松为外来种，其林分来自人工更新；岷江冷杉、紫果云杉、铁杉、红杉等针叶树种和桦、槭（*Acer* spp.）、杨（*Populus* spp.）等阔叶树种均为天然更新。米亚罗林区大规模采伐和人工更新开始于 20 世纪 50 年代，通过林分年龄和树种组成可以确定，老龄针叶林为原始林，中幼龄针叶林为人工林，落叶阔叶林为天然次生林，而针阔混交林中既有天然次生的林分，也有人工、天然更新共同作用的林分（表 7-1）。

表 7-1　米亚罗林区的森林类型及其起源

森林植被类型	主要森林类型及林龄(a)	面积较少的森林类型及林龄(a)	采伐与更新状况	起源
老龄针叶林	岷江冷杉林 *Abies faxoniana* forest（140～200），紫果云杉—岷江冷杉林 *Picea purpurea － A. faxoniana* forest（120～270）	高山松（*Pinus densata*）林（60～100），红杉（*Larix potaninii*）林（170～270）	未进行采伐和人工更新	原始林
中幼龄针叶林	粗枝云杉（*Picea asperata*）林（10～50）	日本落叶松（*Larix kaempferi*）林（20～30）	采伐，人工更新过云杉和日本落叶松	人工林
落叶阔叶林	桦木（*Betula* spp.）林（15～50），山杨（*Populus davidiana*）－桦木林（10～50）		采伐，人工更新过云杉	天然次生林
针阔混交林	桦木—岷江冷杉林（15～50）；桦木—岷江冷杉—粗枝云杉林（15～50）；桦木—粗枝云杉林（15～50）	槭树（*Acer* spp.）—桦木—铁杉（*Tsuga chinensis*）（15～50）；槭树—桦木—粗枝云杉—铁杉林（15～50）	采伐，人工更新过云杉	天然次生林或人工、天然更新共同作用形成的林分

（二）森林植被类型的地形格局

由图 7-2 可以看出，不同森林植被类型在海拔和坡向上分异显著，而在坡度上分异不显著。老龄针叶林主要分布于海拔 3600～4000 m，中幼龄针叶林主要分布于海拔 2800～3600 m 的阳坡、半阳坡，而落叶阔叶林和针阔混交林则主要分布于海拔 2800～3600 m 的阴坡、半阴坡。

老龄针叶林目前主要保留于较高海拔，这与 20 世纪川西亚高山林区的采伐方式有关。在海拔 3600～4200 m 的区域，阴坡主要为杜鹃冷杉林和杜鹃（*Rhododendron* spp.）灌丛，阳坡主要为高山草甸和紫果云杉疏林（蒋有绪，1963b）。这里的森林由于海拔过高，林木生长慢，材质差，腐朽重，土层薄，防护性强，通常作为防护林保留下来。在米亚罗林区，海拔 2800 m 以下的森林多位于主沟两侧，所占比例小，早期破坏重，余下的多作为护岸林保留下来（杨玉坡，1979b）。而在开阔沟谷的阳坡中上部，多为大面积原生的高山栎灌丛所覆盖。海拔 2800～3600 m 的阴坡、半阴坡、半阳坡以及阳坡中下部是米亚罗的主要伐区，其中阴坡、半阴坡是冷杉林的集中分布区，而半阳坡、阳坡中下部则是紫果云杉、岷江冷杉、高山松林、铁杉林的分布区。采伐后迹地人工更新主要为单一树种粗枝

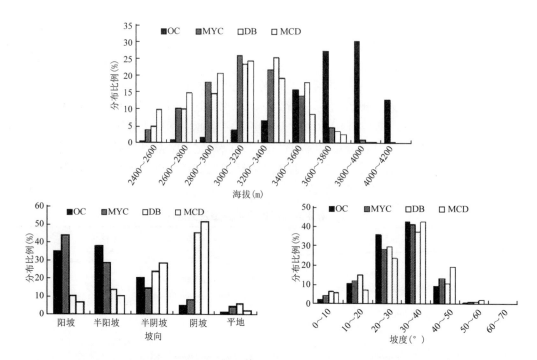

图7-2 米亚罗4种森林植被类型在海拔、坡向和坡度上的分布比例

（OC：老龄针叶林；MYC：中幼龄针叶林；DB：落叶阔叶林；MCD：针阔混交林；SH：灌丛；GR：草甸，下同）

云杉。在大规模采伐与更新的20世纪50~70年代，尽管大部分迹地陆续进行了人工更新，但由于更新没有跟上采伐，幼林抚育质量差，一般仅更新当年和次年抚育，远未达到抚育规程要求的6~8年，多数迹地人工更新后就在自然演替的轨道上发展，以桦木为主的阔叶先锋树种的更新普遍而大量地发生，迹地恢复过程中发生坡向上的分异。在阴坡、半阴坡，次生阔叶林和针阔混交林普遍发生；而人工更新的云杉林多在阳坡、半阳坡最终保留下来，形成中幼龄针叶林。

（三）森林植被类型的景观格局及其变化

由图7-3可以看出，20世纪50年代，米亚罗孟古沟景观主要以森林、草甸和高山流石滩为主。森林主要分布于海拔2800~3700 m，以老龄林占绝对优势，森林景观单一。20世纪60年代，该区森林经历了全面皆伐；经过70、80年代的人工更新和天然恢复，至1995年，从海拔2800 m至3600 m，主要为中幼龄针叶林、落叶阔叶林和针阔混交林镶嵌分布；老龄针叶林主要残留在海拔3600 m以上的林线附近。集水区森林景观破碎化严重。老龄林皆伐后天然更新为次生阔叶林或针阔混交林；中幼龄针叶林全部为人工更新的云杉林。老龄林、人工林、天然次生林以及人工、天然更新共同作用的林分镶嵌分布，形成了米亚罗森林目前的恢复格局。

（四）不同森林经营期对森林恢复的影响

根据1950~2000年的森林采伐量与更新面积（图7-4、图7-5），可以把米亚罗森林经营分成采伐期（1953~1978年）和恢复期（1978年至今）2个大的阶段；而采伐期又可以分为采伐Ⅰ期（1953~1965年）和采伐Ⅱ期（1966~1978年）。

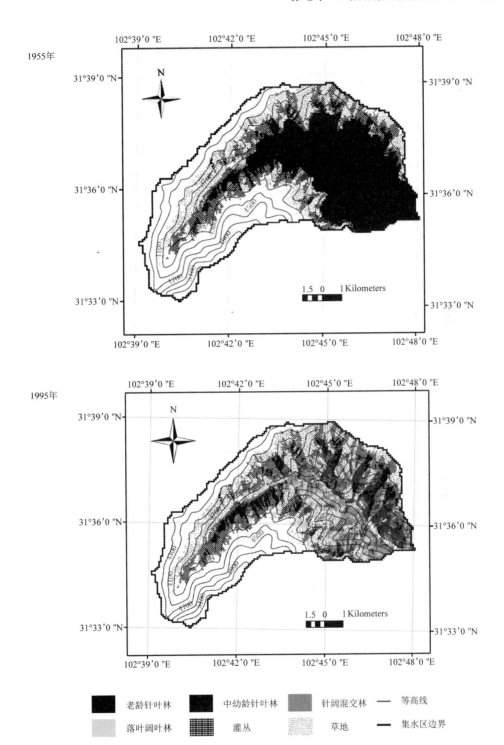

图 7-3　1955 年和 1995 年米亚罗孟古沟的森林景观格局

图例：老龄针叶林　中幼龄针叶林　针阔混交林　等高线　落叶阔叶林　灌丛　草地　集水区边界

采伐 I 期表现为大规模采伐和快速更新，年采伐量均在 20×10^4 m³ 以上，平均 32.9×10^4 m³，尤以 1958～1960 年"大跃进"时期最高，年采伐量超过 55×10^4 m³；该阶段人工更新面积累计 1.67×10^4 hm²，平均年更新 1850 hm²。采伐 II 期表现为年采伐量稳中有降，但

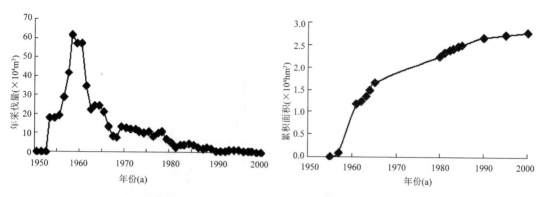

图7-4 米亚罗林区历年采伐量(1950~2000年)　图7-5 米亚罗林区人工更新累积面积(1950~2000年)

始终保持在 5×10^4 m³ 以上，平均 10.98×10^4 m³；年人工更新面积也同时下降，平均 388 hm²。恢复期表现为采伐量逐年减少，至 1998 年全部停止，年采伐量在 4×10^4 m³ 以下，平均 2.13×10^4 m³；年人工更新面积下降较少，该阶段年均更新 261 hm²。根据米亚罗营林处的记录，采伐期内更新始终未跟上采伐；直到恢复期的 1994 年，人工更新累计面积才赶上采伐面积。

　　森林抚育是营林工作的重要措施，采伐期主要是幼林抚育(图7-6)，其面积和质量都得不到保障。根据川西高山峡谷区幼林抚育要求(杨玉坡，1985)，云杉幼林抚育年限 5~7 年，直到郁闭为止，每年抚育 1~2 次，杂草疯长地区，可增至 2~3 次。按照这一规程，年抚育面积应当为年更新面积的 10 倍左右。而在大规模采伐和快速更新的 I 期(1953~1965 年)，年均抚育面积只有 1680 hm²，甚至低于年均更新面积 1850 hm²。更新跟不上采伐，抚育跟不上更新，更新 3 年保存率多在 30%~40% 徘徊(表7-2)，导致以桦木为主的次生阔叶树种的天然更新普遍而大量的发生，形成大面积天然次生林和人工、天然更新共同作用的林分。米亚罗营林处 1976 年更新普查结果表明，在 2.79×10^4 hm² 采伐迹地上有 2168 hm² 天然更新桦木已郁闭成林；在人工更新的 2.1×10^4 hm² 林地中，89.6% 有天然更新的桦木幼树存在；并且近半数的更新迹地上桦木数量每公顷在 1000 株以上，平均高 2~6 m，长势良好，树高大大超过人工云杉苗。至 1984 年米亚罗林区第 3 次更新普查，针阔混交林面积达 1.58×10^4 hm²，占迹地总面积的 47.6%，该类型包括人工、天然更新共同作用形成的林分和原生针叶树种更新良好的天然次生林。采伐期中，人工更新 3 年保存率在多在 30%~40%，仅 1962~1965 年在 85% 以上，这是由于 1962 年米亚罗营林处成立，营林与森工分离，工作重点集中在人工更新及其抚育上，但随后进入"文革"期间，更新和抚育质量再次下降，3 年成活率又降至 40% 左右。

表7-2　米亚罗林区各森林经营阶段的更新 3 年保存率

阶段	采伐期(a)					恢复期(a)
	1955~1957	1958~1961	1962~1965	1966~1976	1976~1979	1980~2000
更新 3 年保存率	<30%	34.5%	85%	40%	无记录	>90%

　　进入恢复期后，随着森林采伐量的减少，人工更新面积降至年均 261 hm²。年均幼林抚育面积 2436 hm²，为更新面积的 9.3 倍，幼林抚育基本有了保障，更新 3 年保存率也达 90% 以上。80 年代以及 90 年代初期人工更新的云杉林，经过连续多年的幼林抚育，现已

开始郁闭成林。1998 年后，天然林保护工程和退耕还林工程相继启动，人工造林仍以云杉为主，但目前均处于苗期。恢复期中，50、60 年代和 70 年代早期人工更新成功的林分开始生长分化，成林抚育面积大为增加，但年际间波动很大，1986 年和 1998 年高达 5000 hm² 以上，而年均只有 1719 hm²（图 7-6）。

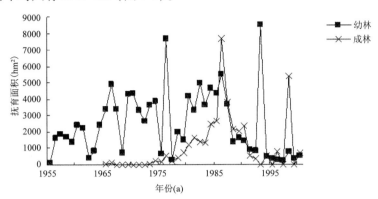

图 7-6　米亚罗林区历年抚育面积（1955～2000 年）

（五）地形因子对森林恢复的影响

以集水区为单元的群落调查表明，采伐Ⅰ期迹地的更新林分随坡向发生了分化。阴坡（N）、半阴坡（NW、NE）主林层中桦木占优势，同时岷江冷杉占一定的比例；而阳坡（S）、半阳坡（SW、W）则以人工更新的粗枝云杉为主（图 7-7）。下木层中亦是如此，阴坡林下以桦木和冷杉幼树为主，但桦木的优势度已急剧降低；而半阳坡、阳坡林下则以生长分化后的云杉劣势木为主。

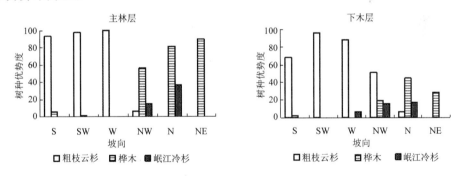

图 7-7　20 世纪 50、60 年代迹地上树种优势度随坡向的变化

在采伐Ⅱ期，米亚罗林区开始推行"宽带清林、大穴整地、丛植更新"技术，使更新成活率有所提高，但随即受"文化大革命"的冲击，更新和营林工作处于停滞状态，采伐迹地亦有相当部分形成天然次生林或人工、天然更新共同作用的林分。山足坝背沟半阳坡的迹地，1974 年人工更新云杉，并作为示范林一直进行着抚育，而在邻近的阴坡没有抚育，天然更新的红桦就生长起来，形成主林层，云杉的生长受到严重抑制，同是 1974 年营造的粗枝云杉，半阳坡平均树高 19.2 m，平均胸径 16.7 cm，为单优种；而阴坡平均树高仅为 3.7 m，平均胸径 3.4 cm，最高才 12 m，只处于下木层，主林层优势种为红桦。

在恢复期，80 年代以及 90 年代初期人工更新的云杉林，经过连续 5～8 年的幼林抚育，在阳坡、阴坡均已郁闭形成幼林，没有发生坡向的分异。

三、讨论

川西亚高山森林在 20 世纪下半叶经过 40 余年的采伐利用后，整个森林景观都发生了巨变。在外貌上，原始暗针叶林变为落叶阔叶林、针阔混交林、中幼龄针叶林和残留的老龄针叶林镶嵌分布的格局。由于人工更新以云杉等针叶树种为主，而天然更新则以桦木等阔叶树种为主，结合采伐与人工更新资料可以确定：老龄针叶林为保留下来的原始林，中幼龄针叶林为人工林，落叶阔叶林属天然次生林，而针阔混交林中即有天然次生林，也有人工、天然更新共同作用形成的林分。目前，米亚罗原始暗针叶林主要保留于海拔 3600 m 以上；人工更新的中幼龄针叶林主要分布于海拔 2800～3600 m 的阳坡、半阳坡；而落叶阔叶林和针阔混交林则主要分布于海拔 2800～3600 m 的阴坡、半阴坡。米亚罗森林恢复过程中各种森林植被类型镶嵌分布，景观破碎化严重。

在川西高山峡谷区，选择较为喜光耐旱的云杉作为主要更新树种，是因为原始暗针叶林采伐后迹地光照条件改善，温度增高，湿度变小，日振幅大，反映在土壤层尤为明显，迹地生境总体趋于干旱；加之与冷杉相比，云杉材质优良，纹理通直，病腐率低，栽后成活率较高，生长较快。在米亚罗林区，主要更新树种为粗枝云杉，其较耐寒冷、喜光，在不同庇荫条件下的生长过程差异很大，全光下生长迅速，而庇荫、半庇荫条件下生长不良（四川森林编辑委员会，1992）。海拔 2800～3600 m 的阴坡、半阴坡是原始冷杉林的集中分布区，生境本以阴湿为特征，自然条件下以林窗更新为主，演替过程中伴生或派生灌木、乔木种类很多，包括箭竹、悬钩子、茶藨子（*Ribes* spp.）、花楸（*Sorbus* spp.）、野樱桃（*Prunus* spp.）、蔷薇（*Rosa* spp.）、红桦、糙皮桦（*Betula utilis*）等，采伐后以箭竹迹地、悬钩子迹地类型为主，杂灌生长繁茂，恢复快（四川省林业科学研究所，1984），因而生境的旱化只是暂时的，人工更新后若抚育不能跟上，杂灌的侵入就会引起更新幼苗的生长不良和死亡；人工更新云杉如要成功，则需长期的连年抚育。米亚罗森林采伐后虽然普遍进行了云杉的人工更新，但在大规模采伐和更新的 20 世纪 50～70 年代，抚育面积和质量普遍没有跟上，杂灌与随后的桦木等次生阔叶树种大量更新、迅速生长形成上层林冠，最终导致人工更新的粗枝云杉在阴坡、半阴坡仅有少数个体保留下来。半阳坡、阳坡生境较适合云杉的生长，人工更新的粗枝云杉在竞争中不至处于劣势，一旦郁闭就能保留下来，形成人工林。这应当是森林恢复过程中坡向分异的主要成因。另一方面，森工企业只对长势较好的人工更新林分加强早期抚育以形成示范林的做法，也使得半阳坡、阳坡更新林分在关键的成林初期得到更多管理，这可能是促成坡向分异的一个潜在人为因子。由此可见，米亚罗森林的恢复主要受森林经营和天然更新的共同作用，其恢复格局则是人为分异和自然分异同时作用下的产物。

在米亚罗林区，人工针叶林目前已发生严重的林木分化，如不进行抚育间伐，部分弱势木会被淘汰，而优势木则保留下来。落叶阔叶林和针阔混交林则是暗针叶林自然演替的前期阶段，其将向顶极群落自然演替（史立新等，1988）。由于针叶树种源的普遍存在，从长期来看，如果没有大规模的干扰，米亚罗森林将会逐渐向暗针叶林恢复。

第二节　森林经营规划决策系统开发——以杂古脑河上游为例

本节从森林经营管理的历史发展，展现了其森林经营管理思想的本质，提出了森林经营管理规划始终围绕的3个要点：①森林发生和生长的描述；②经营策略的最优化；③"3D"可视化显示。以此为基础评述了现有的诸相关软件系统与森林经营管理思想的关系，并叙述了其中一个更适于森林长期规划的软件——Remsoft 的基本功能和结构，以及如何开发新的摸块弥补它的不足。设计了一个支持林分更替（群落演替）的软件系统 FSMPS，并描述了它的基本结构和功能。

一、概况

任何与时间有关的量的变化都可以视为一个动力系统，森林的量的变化就是一个动力系统，它可以分为水平的发生和垂直的生长两个方面。对森林经营的规划、控制和决策都必须建立在森林量的变化的描述上（Luo，1989）。所以，森林经营管理、景观管理和土地管理都涉及三方面的主要问题：①植被的量的变化过程的描述；②最优管理策略的获取；③可视化。本章提到的软件、模型和方法都围绕这3个方面展开，有的侧重于植被的水平发生（如 LANDIS），有的侧重于策略最优化（如 Remsoft），有的侧重于可视化（如 SVS）。

森林经营管理和规划的基础是森林生长，它又分为单株木生长和林分生长2种形式。从纯经济的角度而言，森林与资产是等价的，生长着的森林是价值增长的一种形式，它与一般的资产相似。从生态学的角度而言，森林不仅有资产的属性，它还是固碳者、基因库、氧气生产者、空气净化者、水土保持者等等，也可以说它是有形资产和无形资产的结合，一般认为森林的有形资产价值只占总价值的0.5%~3%。所以，人们更主张为了人类的长远利益保护森林。

为了将森林的全部价值得到充分的发挥，一直在研究森林的生长规律和森林对人类的长远利益和短期利益的计量，发展出不同的软件使长期利益和短期利益取得平衡，规划软件就是这样的工具。

抽象的意义而言，最优化就是寻找决策方法的过程，线性规划是针对于线性模型的决策工具。一个关于森林经营的软件，如果能应用最优化方法，取得最优的策略，它就是决策工具。

二、经典的林分生长过程与经营策略优化

任何与时间有关的量的变化都可以视为一个动力系统，动力系统主要分为线性系统和非线性系统。线性系统及控制已经有成熟的方法。然而，对非线性系统的行为预测和控制却远没有统一的方法，但可以用瞬时混沌强度和 k 步混沌强度度量其稳定性和不变参数（Luo，2007；Luo et al.，2009a，2009b）。对收敛的（收敛的动力系统可以视为1周期的）和周期的动力系统及控制的方法已成熟，但对于林业而言，具体实施却不容易，而对于混沌的动力系统及控制仍是力学界研究的热点，至今仍没有通用的方法，而且，很多情况下生物生长过程是混沌的（May，1980）。而控制、最优化和规划都是相似的概念，其基本意义没有多大区别。林分的发生和生长本身是一个非线性过程，但是，可以分段线性化。

单木和林分的蓄积生长过程均可以描述为：

$$\frac{dx}{dt} = f(x,t) \tag{7.1}$$

$f(x, t)$ 分别取不同的形式，代表了不同的著名的模型，Logistic 模型：$f(x,t) = rx(1 - \frac{x}{K})$，单分子模型：$f(x,t) = r(1 - \frac{x}{K})$，Richard 模型：$f(x,t) = ax^m - bx$，修正的 Richard 模型：$f(x, t) = (ax^m - bx)t^{-c}$。林分的蓄积生长有一个普遍的机制，就是会发生拥挤和竞争，所以这些模型都有一个共同的特点：负反馈。模型(7.1)的解是一条 S 形曲线，S 形是林分蓄积生长的普遍规律。可见，上述 4 种非线性生长模型的长期行为将收敛于一个常数而不是混沌的。然而，多数有界的动力系统(7.1)都是混沌的，其长期行为(轨道)不会收敛，也不是周期的，而是表现为类似随机过程的混沌时间序列。

对于林分生长，还可以用单木竞争模型并加和，林分是很多株单木组成的，将很多株相关的林木蓄积加和便成为林分的蓄积，从理论上讲这种模型对蓄积生长的描述是最精确的。然而，不幸的是，林分中的林木之间就像是相互作用的弹簧，有软强的非线性作用，所以，大多数情况下由相互作用的单木组成的林分是一个混沌系统，对混沌系统的长期精确计算是不可能的。所以，以单木为基础的林分动态模型一般只能做短期精确预测，而不能用于长期经营活动模拟的基础。模型(7.1)是林分生长过程的一个平均描述，比较简单，涉及的变量少，不涉及林分内的诸多要素(如种子传播、风、火烧等)，对于短期精确预测不实用，但它却能在长期预测中发挥作用。对于林分动态而言，一条简单的 S 曲线，显得粗略但却抓住了主要机制。

对模型(7.1)增加一个时刻 t 的收获量 $h(t)$，就会变为一个林分经营模型。

$$\frac{dx}{dt} = f(x,t) - h(t) \tag{7.2}$$

在模型(7.2)中，由于 $f(x, t)$ 是一非线性模型，(7.2)是一个时间连续的最优化问题。对(7.2)使用变分法可以求得最优收获策略 $h_0'(t) = f(x, t) - x'$ 应满足的方程(Clark，1976；Luo，1989)为：

$$\frac{\partial f}{\partial x} = \delta - \frac{p'(t)}{p(t)} \tag{7.3}$$

式中：δ 为贴现率，$p(t)$ 为时刻 t 的单位收获量的收益。

可以说，(7.3)是对可更新资源经营管理规划的概括，它体现了本节所有软件所共有的根本思想(Luo，1989)。对于方程(7.3)可以给出如下的解释：生长着的森林与银行的存款一样，都与一个公用的贴现率进行比较，最优策略要求：如果将森林收获的收益存入银行其收益高于林分生长产生的收益，就将对林分进行收获。否则，就让林木仍保留在林地让它产生更多的财富。可见，(7.3)也体现了长期效益与短期效益的平衡，长期效益与短期效益的平衡是实现最优策略的基本原则。这一思想是纯经济学的思想，是市场经济所要求的。问题是森林有很多的价值(如固碳的价值、净化空间价值)是外部的，是无法进入市场的价值。但是，如果把森林的其他价值(如固碳的价值、净化空气的价值等)都内部化并记入 $f(x, t)$，那么仍然可以通过市场机制来调节人类的行为，仍然可以得到最优的策略。然而，不幸的是，将全部效益内部化几乎是不可能的，一个简单有效的方法是分类经营，即把各种用途的森林进行分类，方程(7.3)只针对于用材林仍有效。对于其他用途的森林，则不使用(7.3)求得最优的经营策略。

虽然从理论上讲，(7.3)完美地解决了最优森林经营的思想和方法，但要在森林经营活动实现却是困难的。首先，$h(t)$是一个连续光滑的函数，现实中收获总是离散进行的；其次，一个经营单位的林分种类是很多的，就会有很多个像(7.3)这样的方程，而且不同类型的林分经过采伐更新是可以互相转化的，这样的问题求最优策略就变得很困难。所以，为了解决这些问题，可以将林分的 S 形生长曲线分段线性化，这样(7.3)就会变成为一个线性规划模型。Davis and Johnaon(1987)正是在他的著作中详细地阐述了这一思想，并由加拿大的 Remsoft 公司用计算机软件的形式实现了这一思想，可见 Remsoft 是模型(7.2)的延续。

对于森林经营规划涉及 3 个难点：①森林生长的描述；②经营策略的最优化；③3D 可视化显示。世界各国都生产出了森林经营管理和规划的软件，在上述 3 个方面各有优点，现简述如下。

三、各种森林景观管理规划软件的特点及评述

(一)LANDIS(Spatially Explicit Landscape Model)的评述

从 20 世纪 80 年代后期起，出现了大量的空间直观景观模型。比较有影响的空间直观景观模型有 DISPATCH、CASCADE、EMBYR、HAVEST、FACET、FIRE-SUM 和 LANDIS 等。这些空间直观模型试图在大的时空尺度上模拟空间生态过程，包括火、采伐、风倒、病虫害等。但是，DISPATCH、CASCADE、EMBYR 和 HAVEST 模型只集中模拟一个景观过程、干扰或采伐，没有直接模拟植被动态，没有植被或土地利用信息。这些模型无法模拟生态系统的反馈以及多个景观过程的交互作用；FACET、FIRE-SUM 和 SORTIE 模型试图模拟样地水平的景观过程，然而他们受目前计算容量的限制，只能在很小的空间上($<$ 100 hm^2)应用。而 LANDIS 通过对个体的、小尺度过程的简化表示，使其能在当前计算机水平下模拟大尺度(1 万～10 万 hm^2)森林景观的变化，LANDIS 把景观看做是相同大小的象元组成的格网，而象元又被归入环境相似的土地类型或生态区。在每个土地类型内，具有相似的物种建群系数、火烧轮回期、可燃物的积累速率。土地类型可以由数字高程模型、土地利用现状图、土壤类型图等其他 GIS 图件通过综合分析，叠加融合获得。LANDIS 跟踪每个象元上存在的物种、物种的年龄组成、干扰史及可燃物的积累。现状信息随着物种的建群、演替、种子传播、风和火干扰及采伐，发生变化与更新。每个象元初始的优势种信息可以通过卫星遥感影像或地面调查得出的植被类型提取，亚优势种和年龄信息可根据调查数据和相关资料推到。

与大多数景观模型不同的是，LANDIS 在模拟复合景观过程中结合了对演替动态的模拟。LANDIS 模型把风、火、和砍伐等自然和人为干扰及空间直观的演替动态有机会地结合到一起，进行综合模拟。

LANDIS 模型的 10 个模块中，Seeding, Fire, Wind, Harvesting 为随时间变化的空间直观组分，Succession, Site, Speciss, Age list 为随时间变化的非空间直观组分，Land type 和 Attribute 则是不随时间变化的非空间组分。

LANDIS 通过物种的成熟年龄确定景观中存在的种源，通过该种源向其四周传播。LANDIS 定义了种子传播的两个距离，有效传播距离(ED, effective seed dispersal distance)

和最大传播距离（MD，maximum seed dispersal distance）。在有效传播距离和最大传播距离之间，种子传播的可能性由如下公式得出：

$$P(x) = e^{-b\frac{x}{MD}} \tag{7.4}$$

式中：P 为种子传播的可能性，MD 为最大传播距离；x 为传播的目标点离种源的距离（$MD > x > ED$）；b 为可调整的系数（$b > 0$），当有效信息可获时，调整 b 能够改变指数曲线并与不同的种子扩散格局相符。如果 $x < ED$，设 $P = 0.95$，表示在有效传播距离范围内，种子传播可能性是很大的，当 $x > MD$，设 $P = 0.05$，表示在超出最大传播距离范围外，种子传播可能性非常小。

评述：从（7.4）可见，系统使用了一些简单的非线性模型描述其过程，一般而言这样的模型组合极少数是周期系统，更多的是混沌系统。LANDIS 是基于像元的软件，它应用了图斑动力学的方法，抛弃了像元上物种的量的特性，而只考虑其存在与否，这对林业的长期经营规划而言是不够的。LANDIS 主要描述的是植被的水平发生和演化，而非垂直过程。

（二）LMS（Landscape Management System）的评述

全球可持续林业研究所在 Vantage Point 软件的基础上提出了景观管理研究项目，即面向森林生态系统可持续经营管理的景观管理系统 LMS（landscape management system）。景观管理系统（LMS）是一套功能正在逐渐完善的林业计算机应用软件系统。开发目的是，通过实现林分生长模拟、专题图生成、表格数据显示、森林资源调查数据的存储等，是一个功能全面、结构紧凑的计算机应用软件。

2006 年 2 月发布了 LMS3.0 版，LMS 软件系统主要由 5 个相互独立、又相互无缝镶嵌的软件模块和 2 个辅助分析工具组成。包括林分生长模型（FVS）、林分可视化系统（SVS）、环境可视化系统（EnVision）、森林资源分析（Forest InventoryWizard for ArcView）、森林火灾与枯落物分析（LMS2FFE Addon）、Inventory2Wizard 和 LMS2Analyst。林分空间格局可视化分为林业研究和应用 2 大方面。在林业研究方面涉及对生物群落、生态系统、林分结构等的研究；对生态林、水源涵养林、水土保持林等的长期监测和研究；编制林业生产所需各种数表、对林分经营措施效果等的研究。在林业应用方面涉及种子园的营建；森林资源清查；林分抚育间伐、结构调整；森林病虫害调查、森林火灾预警及灾后调查。

评述：它是多个软件系统的综合，但各个系统间有较强的独立性，内部的融合较少。

（三）FVS（Forest Vegetation Simulator）

森林植被模拟 FVS 是美国农业部林务局支持的一个国家森林生长与收获模拟的框架计划，由位于科罗拉多州 Fort Collins 的森林管理服务中心负责开发、维护和提供技术支持。FVS 是一个与距离无关的单木生长与林分产量模型，其目标是针对美国的主要森林树种、森林类型和林分条件进行林分生长和收获的模拟，并且模拟各种森林培育措施所产生的效果。FVS 的前身是 Porognosis，它是一个与距离无关的单木生长模型。上个世纪 80 年代初，美国国家森林系统（National ForesSystem）选择了与距离无关的单木模型系统来实施林分生长与林分收获模型的框架计划，于是，Prognosis 的许多模块结构和功能被合并到了美国国家林分收获模型计划的软件系统之中，经过 20 多年的研究和开发逐渐形成了 FVS。

评述：FVS 的优点是对生长过程的研究比较精确，但不适合对景观模拟，且生长过程是非线性的，不能进行最优化。

（四）SVS（Stand Visualization System）

美国农业部林务局太平洋西北研究站的 Robert J McGanghey 对树木和林分可视化进行了持续 16 年的研究，在其研制的 SVS 3.36 软件中，采用树种代码、立木等级、树冠等级、分枝高度、分枝角变化、树冠顶部枝的倾斜角、树冠底部枝的倾斜角、枝/叶的数量、轮生枝的数量、树顶部 X 及 Y 坐标、树基部 X 及 Y 坐标、树干颜色、树冠颜色、叶片颜色1、叶片颜色2、整体形态特征的表达，开发了 Tree Designer 工具软件模块，从而形成了可以实际用于森林生态系统管理的林分可视化软件。SVS 是一个通过林分因子表（包括乔木、灌木和地被物）来表示林分条件，并通过它生成描述林分的"3D"图形表达。SVS 生成的林分可视化图形提供了一种直观的表示林分条件的方法，对于森林经营作业计划和森林经营管理方案的描述与说明很有帮助。SVS 所需要的原始数据包括林分组成表包括林木的树种、大小和位置等，树木形态特征定义表定义每种林木的外貌特征，表达风格比较真实；可以显示林分结构丰富性的整体信息；可以采用不同的植物形态特征、颜色或者其他方式区分林分组成成分之间的差异；可以对林分进行俯视、侧视和透视显示；允许用户通过改变控制参数来调整所有的显示方式；允许用户根据林冠层中的树种、植物类型和植物组成对植物的形态特征进行定义；可以表格和图形的方式生成林分培育措施实施前后的汇总信息；可以显示某一株树被用户所选中时相应的信息；允许用户通过"标记"林分组成成分和指定一种作业方式来设计森林培育措施。由于 SVS 生成的图像是一种直观的、易于理解的林分特征图像，它可以广泛地应用于森林管理、经营规划以及相关研究的直观演示，是一个理想的对样地调查数据（树种、树高、颜色、密度、冠幅特征、树叶特征）进行可视化的系统。

评述："3D"可视化，是所有完成了过程描述的系统的最迫切目标。完成了植被的发生和生长的描述后，就迫切需要"3D"可见化了。SVS 的优点是可视化，在一定程度上解决了上述 3 个问题中的第 3 个问题，对生长的模拟也很精确。但无法解决优化问题。

（五）NED DSS（NorthEast Decision Model Decision Support System）——决策支持系统

决策支持系统 DSS（Decision Support System）是利用数据库，人机交互进行多模型的有机组合，辅助决策者实现科学决策的综合集成系统，在林业中的研究和应用十分活跃。

美国农业部林务局从 1987 年开始 NED DSS 的开发，其目的是帮助森林经营管理者确定经营目标、设计经营管理计划、对当前状况和计划完成后预期状况进行评价，从而实现可持续森林经营。

NED 基于 Windows 系统设计，是多个软件产品的集合，它综合了例如 NED/SIPS、NEWILD、Forest Stewardship Planning Guide 等独立软件系统，这些独立软件由 NED 研究者开发的，经过使用已经成熟。

NED 的功能包括：①分析和评价特定状态下的森林资源；②设计不同管理情景下的经营计划和结果评价；③开发专家系统，帮助经营者选择管理方案以提高森林满足决策者目标的能力。

评述：决策的基础是状态和过程，NED 应用专家系统的思想寻求最优策略，NED DSS 的优点是总能提供可行的经营管理方案，但无法知道提供的方案的优化程度。

（六）综合评价

众所周知，人类对森林生长过程的研究，目的都是为了决策，也就是为了选择好的行动方案，使过程能向预想的方向发展。但是，对过程的描述如果是非线性的，求最优的决策就非常困难，通常只能找到合理的策略，而不是最优的策略。如果对过程的描述用分段线性的模型，则可以用线性规划方法求得最优策略，但又无法对很多生态要素(如：立地、种子散布、火烧)的作用做精确表达。可以将上述各个系统的优缺点，用一个表表达。

表7-3 诸软件系统的优缺点

systems	森林生长模型	森林生长摸拟的精确性	最优化方案	可视化
LANDS	非线性	一般	无	强
FVS	非线性	精确	无	强
LMS	非线性	精确	无	强
NED DSS	非线性	精确	一般	一般
woodstock and stanley	分段线性	一般	强	一般

从表7-3中可见，各个软件系统都其自身的优势和缺点，没有一个软件能全优。但，就适用性和可操作性而言，woodstock 和 stanley 是最优的，而它的缺点是对森林生长过程的简单描述，它忽略很多生态学细节，它是模型(7.2)的延续。

四、Remsoft 3. 28 的应用实例

Remsoft 包括2个软件：①woodstock，它负责以多个因子描述的林分为基础的规划。②stanley，负责将林分的规划落实到小班上。woodstock 的优点是可操作性强，它是以 Davis et al. (1987；2002)的森林经理学思想为基础的，囊括了多年来森林经理学发展的精华，它可以直接应用于林业生产和有关的生产实践。它应用线性规划软件的外挂，这样就应用了线性规划软件的发展成果，并可以把开发的精力集中于林业和空间规划。woodstock 的弱点是没有提供描述群落演替的工具，这对于长期规划而言是一个缺点，在软件中提供了林分寿命的概念，而在世界大多数地区，林分是不会自然死亡的，但符合循环的火烧，所以寿命的概念在很多情况下是不可用的。

该软件系统的结构示意图如下(图7-8)：

根据 Remsoft 3. 28 提供的方法，以中国四川境内，岷江上游的杂古脑河流域的森林规划为例建立一个林业经营模型。

杂古脑河上游林区由米亚罗林区和梭罗沟林区组成，包括四川省阿坝州川西林业局的301 和303 林场，以及零星分布于其中的理县几个乡镇的集体林。

该林区主要经营方向为：把阴坡和半阴坡导向天然冷杉林，阳坡和半阳坡导向人工云杉用材林。为此，只要在 Remsoft 3. 28 提供的建模语言的 Transition section 给出相应的描述就可以实现上述目标。

Woodstock 需要用户提供如下基本数据：

(1)林分定义：林分是林分因子定义的，用户可以自由设定因子的个数和分级。在杂古脑的模型中确定了8 个因子作为林分因子，分别是：优势树种、地位级、起源、海拔、坡度、坡位、坡向、水文。

(2)林分寿命表：各个林分的寿命是指从无林地到林分产生，又重新轮回到无林地的时间。由于该林区不发生自然的林分周期性火烧轮回，模型将寿命设为无穷大。

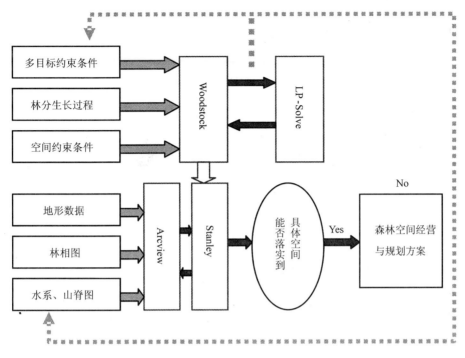

图7-8 森林空间规划工作流程

（3）林分转移矩阵：经过经营者的经营活动，一种林分转移成为别的林分比例。这里体现了经营者的经营策略。在 Transition section 中体现上述经营方针即可。

（4）分段线性化的林分蓄积量生长过程：已经定义的各种林分随年龄的蓄积生长过程。根据林业调查规划院提供的各种林分的生长过程数据，加入模型。

（5）目标函数和约束条件：经营者可以人为设定合理的目标函数，比如：各期总收获量最大。约束条件可以体现在特定的时间，特定的林地用于野生动物保护等安排。杂古脑模型的目标函数是各期收获的木材的总和最大，约束条件是各期的木材产量单调递增。

（6）现有林分面积表：这部分数据来自国家二类资源清查。根据林分的定义，将同一林分不同小班的面积加和，即得到该林分的现有面积。

模型运行后可以得到如下的结果（图7-9）：

从图7-9可见，模型基本达到了预期目的：阴坡和半阴坡的冷杉林增加、阳坡和半阳坡的冷杉林减少，阳坡和半阳坡的云杉林增加，这是建立模型之初确定的经营目标，经过经营调整达到了目标。同时，200年间的总的木材产量达到最大，木材产量单调上升。显然，只要简单地修改 transition section 中的林分转移描述，就可以把改变经营的结果，从而使经营者的目的得以实现。

五、FSMPS（Forest Spatial Management And Planning System）开发

由于看重 woodstock 的简单和适用，所以，试图建立一个与它在功能上基本兼容的软件系统。并力争在功能上更全面，更符合生态学对森林的描述。

Woodstock 是以林分为基本对象，而不是以单木为基本对象，根据这一特点，FSMPS 仍以林分为基础，进一步增加林分演替和人为干扰的描述功能，并仍以单个的因子（变量）

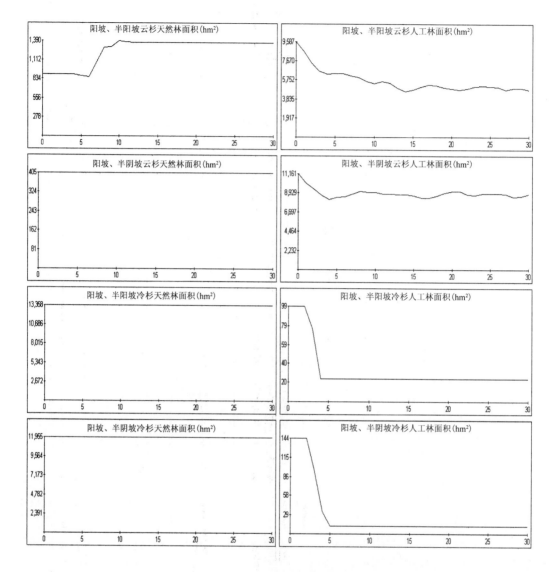

图 7-9 实例的输出结果

作为林分定义的基础。该软件力求尽量多地兼容 Woodstock，力求实现 Davis 的森林经理学思想。与 woodkstock 相比，FSMPS 有如下特点：

（1）增加自然林分更替（演替）功能：在 Woodstock 中，只有自然死亡和经营活动可以使林分发生更替，但缺乏林分自然更替的处理模块。在很多地区，森林有周期性火烧的过程，所以，可以用林分寿命描述这一过程。然而，在大多数地区，林分是不会死亡的，而更多的是发生自然的树种更替（群落演替）。林分更替的表现是树种的更替，即树种组成的改变，当达到顶极群落时，树种的更替呈动态平衡，所以表现为稳定的树种组成，这一过程可以用马尔柯夫过程来描述。

（2）增加林分因子增减功能：由于林分是由林分因子定义，林分因子越多，林分的区分也越来越细，种类也越来越多。就用户而言，更希望从简单至复杂的定义林分，从中观察当林分的种类区分得越来越细时，生长过程和最优策略应该如何改变。所以，FSMPS 开发了因子增加功能，用以满足用户的这一愿望。这一功能使用户在建立经营模型中得到最大的方便，可以使模型由简单到复杂地逐步进行，并得到不同级别的经营策略。

（3）增加从二类调查数据直接建立经营模型的功能：这一功能使软件更适应中国的林业政策和数据源。

（一）基础的功能模块开发

根据系统的需求分析以及用户使用本软件的实际需要，FSMPS 完成了下面的功能模块，并建立起如下所示的基本流程：

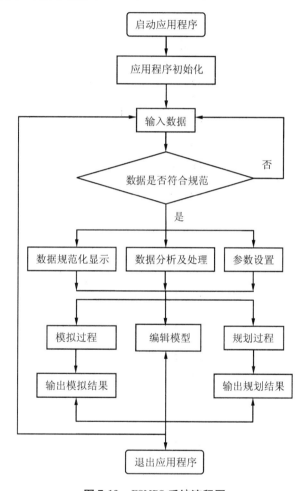

图 7-10　FSMPS 系统流程图

图 7-10 可见，数据进入系统中后，系统会首先检查其是否符合规范，通过检查之后才能进入下一流程。数据最后将进行模拟过程及规划过程，处理完成后将以表格或图表的形式输出。

从图 7-11 中可以看出，软件主要包括界面部分、数据输入部分、数据显示和管理部分、数据分析和处理部分以及其他功能部分。其中数据输入有 2 种情况，一种是调入现有数据模型，另一种情况是由用户手动输入。数据显示和管理部分主要包括数据信息的规范化显示及查错纠错处理等。其他功能部分包括参数的设置、增减林分因子等。

FSMPS 的功能框架如图 7-11 所示：

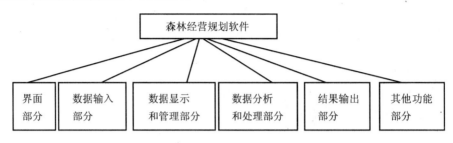

图 7-11　功能框架图

（二）两大功能的 C 函数结构描述

FSMPS 与 woodstock 类似，分为森林生长及简单收获的模拟模块和以线性规划为工具的规划功能。

1. 模拟部分

模拟功能是本软件最重要的功能之一。该功能是基于现有的所有林分，根据用户所设定的经营活动的方式和所针对的林分类型，以及各种林分的生长过程等相关信息，对林分的未来演化过程进行模拟。

具体过程如下：变量初始化及前期数据分析处理过程。该过程所涉及的主要函数及功能如表 7-4：

表 7-4　初始化及数据分析处理部分主要函数及功能说明

函数名称	功能说明
Init( )	变量初始化
DeleteAllForest( )	删除模板中所有林分
AnalyzeRun( )	面积段分析
AnalyzeLan( )	专题段分析
AnalyzeLifeSpan( )	寿命段分析
AnalyzeYld( )	收获段分析
AnalyzeOut( )	输出段分析
AnalyzeGra( )	图表段分析
AnalyzeTransition( )	转换段分析
AnalyzeAct( )	经营段分析
AnalyzeQue( )	顺序段分析
AddForests( )	添加林分至模板
AnalyzeOpt( )	优化段分析

现以图表段分析为例对程序内部实现过程作详细分析，如下所示：

```
void CGeoprogramView∷ AnalyzeGra( )
{
```

```
//获得文档类指针
CGeoprogramDoc * pDoc = GetDocument();
ASSERT_ VALID(pDoc);
//获得图表段的所有数据
CString c = _ T("");
m_ Rich[3] - >GetWindowText(c);
//从图表段中获得龄级的信息
pDoc - >strAgeClass =
c. Mid(c. Find('´´, c. Find("_ 年龄级")), c. Find('\ n´, c. Find("_ 年龄级")));
//获得图表段中与输出有关的信息
if(c. Find("_ 年龄级")! = -1)
{
    c = c. Mid(c. Find(" * 曲线"), c. Find("_ 年龄级") - c. Find(" * 曲线"));
}
else
{
    c = c. Mid(c. Find(" * 曲线"), c. GetLength() - c. Find(" * 曲线"));
}
//以下代码是为了从数据段各行中提取输出信息并保存至数组
const int linenum = GetLineNum(c);
CString * lines = new CString[linenum];
for(int i = 0; i < linenum; i + +)
{
    lines[i] = "";
}
GetLines(c, lines);
int m = 0;
for(int j = 0; j < linenum; j + +)
{
    int nPosition = 0;
    if(lines[j]. Find("期数") = = -1)
    {
        lines[j]. TrimRight(" ");
        nPosition = lines[j]. ReverseFind('´');
        while(lines[j]. GetAt(p -1) = = '´)
        {
            nPosition - - ;
        }
        lines[j] = lines[j]. Mid(0, nPosition);
```

```
nPosition = lines[j].ReverseFind('');
while(lines[j].GetAt(nPosition-1) == '')
{
    nPosition--;
}
lines[j] = lines[j].Mid(0, nPosition);
lines[j].TrimRight('');
if(lines[j] != "")
{
    pDoc->m_strOut[m++] = lines[j];
}
        }
    }
}
```

下一步是对各期符合条件的林分实施经营活动,该过程所涉及的主要处理函数如表7-5 所示。

表7-5　经营活动部分主要函数及功能说明

函数名称	参数说明	功能描述	返回值类型	返回值说明
Forest Action(int nPeriod)	输入参数:经营期数的序号	确定第 nPeriod 期所需实施经营活动的林分及其方式	void	无
Forest Management()	无参数	实施经营活动	BOOL	经营无误返回 TRUE,否则返回 FALSE
Cal Output()	同上	计算输出量的值	void	无
Forest Update()	无参数	更新所有林分	BOOL	更新正确返回 TRUE,否则返回 FALSE
Delete Forest(int nIndex)	输入参数:林分序号	删除指定序号的林分	BOOL	删除无误返回 TRUE,否则返回 FALSE
Draw Curves (CRect rect, const double * pData, int x_num, int y_num, const char * szTitle)	输入参数:绘图矩形大小,横纵坐标数据及标题	绘制输出变量的变化曲线	BOOL	绘图无误返回 TRUE,否则返回 FALSE

2. 规划部分

线性规划功能是本软件又一重要功能。该功能是基于现有的所有林分,根据用户所设定的经营目标、经营活动的方式和所针对的林分类型,以及各种林分的生长过程等信息,并结合线性规划软件,确定各期实施经营的林分、林分的面积和经营活动的方式等。该功能具有较强的实用价值,用户可以先设定经营目标,由本系统确定最优经营方案。规划部分所涉及的函数及功能如表7-6 所示。

表7-6　规划部分主要 C 函数及功能说明

函数名称	功能说明
RunProgram( )	启动线性规划过程
ThreadGetConstraint(LPVOID pParam)	线程函数，用于获得约束条件
CreateLngFile( )	创建约束条件文件
CreateBatFile( )	创建批处理文件
RunLingo( )	线性规划求解
ThreadPrt(LPVOID pParam)	线程函数，用于对 Prt 文件结果分析
ThreadManagement(LPVOID pParam)	线程函数，实施经营活动

(三)演替处理模块设计

1. 群落演替的马尔柯夫过程

为了让林分的发生过程、更替过程保持分段线性的特点，应用马尔柯夫过程的思想描述林分更替是必要的。分段线性化的优点是可以用线性规划的工具取得最优经营策略。线性规划要求状态变化过程是分段线性的，分段线性系统不会成为混沌系统，其长期结果永远是可精确预测的。

人们接受了群演替以马尔柯夫过程的模型，这一模型可以描述为：当一个树种死亡后以相同的概率被另一些树种代替，这与林窗更替的思想相吻合。在天然林中，当一株大树倒下后形成林窗，同时就会有多个树种在林窗下更新，从而形成新的树种组成，这个过程就是树种更替。马尔柯夫理论认为：如果树种的更替的概率不随时间改变，而且任意 2 个树种间都有更替的可能(有遍历性)，则更替最终会形成各树种比例相对稳定的群落，这一结论与生态演替理论的顶极群落相吻合。

2. 自然演替和人为干扰的处理

针对于 Remsoft 3.28 中没有描述群落演替的功能，FSMPS 设计了 Succession section。由于林分由一些不变的因子(如本文的例子：树种、地位级、起源、海拔、坡度、坡向、坡位等)组成，描述因子间的相互作用不方便。为此，在设计中以林分为最小的演替单位，而不是树种或林分因子，这样有利于操作上与软件的其他部分相吻合。命令文本设计为：

Case succession

　* source sp ? pl ? ? ? ? ?

　* target fr ? pl ? ? ? ? ? 100

　* period n1，n2，n3，n4，n5，n6，n7

上述命令中 source 代表被更替的林分，target 代表更替后的林分，n1 代表更替发生的平均期数，若 n1 缺省，n2 代表更替发生的起始期，n3 代表结束期，这时模型认为更是逐步发生的，每一期产生 1:(n3 - n2)的更替。

这里需要说明的是：这里没有把树种的更替作为模型描述的对象，因为一个树种只是林分的一个因子，本文的例子中只用了优势树种这一个树种因子。在实践中，林分可以有多个树种因子，如：优势树种、亚优势树种等。甚至可以将灌木和草本作为林分因子，只要在生态学上搞清了它们对林分的定量意义，就可能参与到模型的运行中。

在上述命令中，n1、n2、n3 用于描述自然的林分更替，n4、n5、n6 则是用于描述人为干扰下的林分更替(即退化)。若 n1、n2、n3 均为空,则 n4 人为干扰开始的时间,n5 代表干扰持续的时间,n6 为干扰的级别,n7 为备用。若 n4 为空,则 n5 年的人为干扰就将导致林分退化。

3. 因子增减功能和数据接口功能

林分的类型是由因子的取值确定的,因子越多林分分得越细,反之则越粗。在使用 Remsoft 3.28 的过程发现,如果增减因子,应用模型的很多地方都要改变。为此,FSMPS 开发了因子增减功能,这样可以让用户只修改模型中引起差别的本文,不必对所有 section 进行修改。例如对林分:sp 1 na,它有 3 个因子,如果在后面增加一个因子,则林分变为: sp 1 na?,系统将在该林分出现的地方,用新的字符串替换原来的字符串,而用户只需修改由第 4 个因子的加入引起的必改之处。

4. 适应中国数据源的接口开发

FSMPS 的开发首先针对于中国用户,所以,开发了自动从中国的二类清查数据建立模型的模块。

(四)结论与讨论

(1)各个相关软件系统在如下 3 个方面各有优点:①森林发生和生长的描述;②经营策略的最优化;③3D 可视化显示。从表 7-3 可见,各个软件系统都有其自身的优势和缺点,没有一个软件能全优。但就长期规划而言,Woodstock 和 stanley 是最优的,而它的缺点是对森林生长过程的简单描述,它忽略很多生态学细节。可以说,Remsoft 是模型(7.3)的软件实现。

(2)从图 7-9 可见,杂古脑模型基本达到了预期目的:阴坡和半阴坡的冷杉林增加、阳坡和半阳坡的冷杉林减少,阳坡和半阳坡的云杉林增加,这是建立模型之初确定的经营目标,经过经营调整达到了目标。同时,200 年间的总的木材产量达到最大,木材产量单调上升。显然,只要简单地修改 transition section 中的林分转移描述,就可以把改变经营的结果,从而使经营者的目的得以实现。

(3)Remsoft3.28 难以实现林分的更替(群落演替),所以,FSMPS 适当地增加了相关模块,应用马尔柯夫过程的林龄转移思想,将使系统更完善。

(4)对于非线性的林分发生和生长描述,应用于长期经营规划的模拟,应该先对它的周期和混沌性进行分析,对于混沌系统用它进行长期精确模拟是不可能的,但它可以表现丰富的演化特征。

参考文献

Brosofske K D, Chen J, Crow T R. 1999. Vegetation response to landscape structure at multiple scales across a northernWisconsin, USA, pine barrens landscape[J]. Plant Ecology, 143:203~218

Carmel Y, Kadmon R. 1999. Effects of grazing and topography on long-term vegetation changes in a mediterranean ecosystem inIsrael[J]. Plant Ecology, 145:243~254

Clark C W. 1976. Mathematical bio-economics:the optimal management of renewable resources[M]. New York: Wiley, 8~22

Davis L S, Johnaon K N, Bettinger P S et al. 2002. Forest management:to sustain ecological, economic, and social values[M]. 4 th Edition, McGrow-Hill Publishing Companies

Davis L S, Johnaon K N. 1987. Forest management[M]. New York：McGraw-Hill

Luo C W, Wang C C, Wei J J. 2009a. A new characteristic index of chaos[J]. Chaos, Solitons and Fractals, 39：1831~1838

Luo C W. 2007. Chaotic characteristic interpreted by 250 step chaometry and its applying to the heart rate[J]. Acta Physica. Sinica, 56(11)：6282~6287

Luo Chuanwen. 1989. The application of optimal controlin forest management[J]. Control & Decision, 2(2)：46~48

Luo CW, Wang G, Wang C C et al.. 2009b. A new interpretation of chaos[J]. Chaos, Solitons and Fractals, 41：1294~1300

MayR M 著, 孙孺泳等译. 1980. 理论生态学[M]. 北京：科学出版社, 104~120

Miller J R, Joyce L A, Knight R L. 1996. Forest roads and landscape structure in the Southern Rocky mountains[J]. Landscape Ecolofy, 11：115~127

Pearson S M, Turner M G, Drake J B. 1999. Landscape change and habitat availability in the Appalachian Highlands and Olympic Peninsula[J]. Ecological Application, 9：1288~1304

Urban D L, Miller C, Halpin P N. 2000. Forest gradient response in Sierran landscapes：the physical template[J]. Landscape Ecology, 15：603~620

蒋有绪. 1963a. 四川西部亚高山暗针叶林群落学特点和分类原则[J]. 植物生态学与地植物学丛刊, 1：42~50

蒋有绪. 1963b. 川西米亚罗、马尔康亚高山林区生境类型的初步研究[J]. 林业科学, 8：321~335

牛建明, 呼和. 2000. 我国植被与环境关系研究进展[J]. 内蒙古大学学报(自然科学版), 31：76~80

沈泽昊, 张新时. 2000. 三峡大老岭森林物种多样性的空间格局分析及其地形解释[J]. 植物学报, 42：1089~1095

史立新, 王金锡, 宿以明等. 1988. 川西米亚罗地区暗针叶林采伐迹地早期植被演替过程的研究[J]. 植物生态学与地植物学学报, 12：306~313

四川森林编辑委员会. 1992. 四川森林[M]. 北京：中国林业出版社. 195, 298, 368

四川省林业科学研究所. 1984. 四川省西部亚高山地区采伐迹地生态环境变化[J]. 林业科学, 20：132~138

杨玉坡. 1979a. 关于川西米亚罗林区采伐迹地天然更新的问题. 四川省林业科学研究所. 四川高山林业研究资料集刊

杨玉坡. 1979b. 论川西高山林区的森林采伐方式问题//四川省林业科学研究所, 四川高山林业研究资料集刊(2), 11~25

杨玉坡. 1985. 高山营林手册[M]. 成都：四川科学技术出版社, 176

周德彰, 梁罕超, 韩英. 1990. 粗枝云杉种子区划的初步研究//李承彪, 四川森林生态研究[M]. 成都：四川科学技术出版社, 87~99

周德彰, 杨玉坡. 1980. 川西高山林区桦木更新特性的初步研究[J]. 林业科学, 16(2)：154~156

第八章 天然林的可持续管理

天然林是我国森林资源的主体。天然林生态系统结构复杂，功能完善，具有人工林生态系统不可比拟的生态过程，系统稳定性和生态经济效益。天然林不同类型的自然分布格局代表了所在地理环境最佳的植被类型空间配置，这为人工林的培育、空间配置和整个林业区划提供了最好的参考（唐守正，刘世荣，2000）。随着社会经济的不断发展和人口的激增，对天然林资源开发利用的程度日益提高以及全球气候变化等一系列的人为或自然因素导致了天然林的过伐、森林面积减少、森林岛屿状破碎化。目前我国天然林中的原始林已几乎不复存在，留下的大多是受到不同程度破坏的过伐林、天然次生林，甚至取而代之的是人工林，因此实施天然林保育和可持续的生态系统管理对于有效地保护并逐步扩大和恢复天然林资源具有重要意义（唐守正，刘世荣，2000）。

第一节　天然林的健康状况及其稳定性

在人为或自然干扰下造成天然林生态系统偏离受干扰前的状态，导致天然林生态系统退化，退化的天然林在结构上表现为种类组成、群落结构发生改变、生物多样性减少；在功能上表现为生物生产力降低、固碳能力下降、土壤和微环境恶化、森林的活力、组织力和恢复力下降，生物间相互关系改变以及生态学过程发生紊乱等等。森林退化造成土壤侵蚀和生物多样性丧失等环境问题和自然灾害越来越频繁发生（Li，2004），森林生态系统的服务功能大大减退。对退化的天然林资源进行有效的管理成为我们所面临的一个非常严峻的问题（肖风劲等，2003）。

森林健康是指森林作为一个结构体，生态系统自身结构和功能的完整与保持，即其结构和功能没有受到人为的破坏性干扰（Kolb *et al.*，1994；代力民等，2004），保持自身良好存在和更新并发挥必要的生态服务功能的状态和能力（高均凯，2009）。退化的天然林在必然存在不同程度的健康问题。森林生态系统健康作为一种有效管理森林资源的方式（肖风劲等，2003），通过建立以活力、组织力和恢复力等方面为评价指标体系对退化天然林进行生态系统健康状况综合评价，这对于保护现有的天然林资源以及增强森林生态系统的服务功能，对森林资源进行可持续管理具有重要的意义。通常群落结构是一个生态系统的基础，其完整性和稳定性方面的指标是众多健康监测和评估计划的重点。

稳定性是群落或生态系统存在的首要条件和最基本表征之一。由于稳定性不仅与群落或生态系统结构、功能和进化特征有关，而且与外界干扰的强度有关。退化天然林生态系统稳定性通常包含以下几个方面的内涵（马姜明，李昆，2004）：①抵抗力。天然林免受外界干扰而保持原来结构和功能状态的能力；②恢复力。天然林在受到外界干扰后恢复到干扰前的能力；③持久力。天然林生态系统或天然林生态系统的某些组分持续发挥作用的时间；④变异性。天然林生态系统在受到扰动后种群密度随时间的变化大小。处于退化状态的天然林其抵抗力、恢复力、持久力及变异性等都会遭到不同程度的损坏，导致退化的天然林处于不稳定状态。

第二节　气候变化对天然林的可能影响

一、植物物候、物种组成、分布和林业生产布局将发生变化

植物物候节律与气候等环境因子密切相关，已有大量研究表明，植物物候已经发生并正在发生着改变。植物物候与区域乃至全球气候变化之间存在密切关联，且其在全球碳循环中扮演着重要的角色（徐振锋等，2008）。张福春（1995）研究认为影响我国木本植物物候的主要气象因子是气温，随着气温的升高，木本植物春季展叶期一般会提前，秋季落叶期一般会推迟。气候变暖将导致区域最高温度和最低温度的增加，同时也会使生长季延长，新的气候因子值可能会接近甚至超过目前树种的适应阈值，从而导致这些树种分布最低海拔线上升或树种向高海拔迁移。同时温度的上升，会导致阔叶树种在目前气候条件下最低温度及生长季天数达不到其要求的地区得以生长，因此造成阔叶树种分布范围的上移（郝占庆等，2001）。随着全球气候的变暖，某些物种可能完全不适应生存环境而死亡，而一些外来物种可能趁机入侵，从而改变了森林生态系统的内部结构（王叶，延晓冬，2006）。程肖侠和延晓冬（2008）应用林窗模型-FAREAST，模拟未来气候变化对中国东北主要类型森林演替动态的影响。根据大气环流模型 ECHAM5-OM 和 HadCM3 预测的气候变化资料，模拟选择了目前气候情景、增暖情景、增暖且降水变化情景 3 种气候情景。结果表明：维持目前气候不变，东北森林树种组成和森林生物量基本维持动态平衡。气候增暖不利于东北主要森林类型生长，主要针叶树种比例下降，阔叶树比例增加；温带针阔混交林垂直分布带有上移的趋势；增暖幅度越大，变化越明显。气候增暖基础上考虑降水变化，东北森林水平分布带有北移的趋势，降水对低海拔温带针阔混交林影响不大。

二、森林生物量和生产力可能增大

全球气候变化已经改变了生物圈的物候过程（如生长季长度延长）（Keeling et al.，1996），这将可能有助于北半球植被净初级生产力的增加（徐振锋等，2008）。方精云（2000）根据国内外关于森林生物生产力的研究资料及其对全球气候变化响应的预测结果，对中国的森林生物生产力进行了归纳和总结，结果表明中国森林的总生物量为 4.0 ~ 7.1 Pg C（1 Pg C = 10^9 t C），总生物生产力（不包括经济林和竹林）为 0.4 ~ 0.6 Pg C/a。按已知的全球变化预测结果，CO_2 浓度倍增后中国森林生产力将有所增加，增加的幅度因地区不同而异。中国主要造林树种净生产力的变化是，兴安落叶松净生产力增长最大约 8% ~ 10%，红松次之为 6% ~ 8%，油松为 2% ~ 6%，马尾松和杉木为 1% ~ 2%，云南松为 2%，川西亚高山针叶林增加 8% ~ 10%（刘世荣等，1997）。

三、林火、病虫害、极端气候造成森林危害加剧

在全球变化背景下，我国森林火险和林火发生有增加的趋势（田晓瑞等，2003）。在气

候变暖背景下，内蒙古大兴安岭林区的火险期已不再仅是春季和秋季，林区夏季因高温少雨，干雷暴极易引燃雷击火，又因可燃物异常干燥，雷击火易发展成灾，夏季发生的森林火灾数量有时远超出春秋两季，只要地表枯落物层未被积雪覆盖，就都有发生森林火灾的可能(赵凤君等，2009)。高永刚等(2008)分析伊春林区近43年来气候及森林火灾变化趋势，探讨了气候变化对伊春林区森林火灾的影响。结果表明气温升高、年降水量减少、年平均风速与年降水量反位相配置导致的森林可燃物积累增多和干燥易燃等因素是伊春林区森林火险和火警呈增高趋势的主要气候原因。气候变化对伊春林区森林火灾有潜在增加的趋势，林区森林防火工作将更加严峻。

赵铁良等(2003)总结了40多年来我国气温和森林病虫害发生的有关资料，分析了气温变化对我国森林病虫害的发生危害等诸多方面所造成的影响。结果表明全国气候变暖，使我国森林植被和森林病虫害分布区系向北扩大，森林病虫害发生期提前，世代数增加，发生周期缩短，发生范围和危害程度加大。年平均温度，尤其是冬季温度的上升促进了森林病虫害的大发生。

第三节　天然林的可持续管理对策

天然林在生物多样性、生态稳定性、碳储量以及生态系统功能等诸多方面表现出显著的优于人工林的特点，这一点也是人工林无法比拟的。退化的天然林能够导致森林生物量和土壤中碳的释放，从而降低森林碳储量和碳汇潜力。大面积毁林、森林破坏和退化可以成为仅次于化石燃烧的大气的重要排放源。因此，中国的森林可持续经营和森林保护应该以保护现有的天然林和恢复重建退化的天然林为重点。从这一观点来看，中国正在实施的天然林保护工程至关重要，而且意义深远。中国天然林保护不应该仅仅停留在封禁保护而是应该在其休养生息恢复生机之后，在严格的可持续经营理念和技术规程指导下，实现其可持续利用，这在生态上是可行的。森林经营管理必须从传统的经营理念转向可持续经营过程，也就是说，从传统的单纯森林木材生产转向森林的多目标利用，实现生态、经济和社会效益的统一和协调，这也是世界各国包括中国在内必须接受和采纳的理念。

一、天然林恢复与重建的技术集成

(一)封禁保护原始老龄林

天然林区残存的老龄林斑块，是重要的种质资源库，是恢复重建的参照体系，对于生物多样性保护具有重要意义。对其应采取严格的封禁保护措施，保存其物种和基因多样性，维持其结构和功能。对于轻度退化、结构完好的天然次生林，也需要实施严格的封山保护技术措施，凭借其良好的自我修复机制和天然更新能力，迅速恢复其结构和功能。

(二)封育调整天然次生林群落结构与定向恢复调控

针对演替初期阶段的天然更新能力差、树种组成与密度不合理、健康状况不好的天然次生林，在封山的同时，通过采用补植、补播目的树种、抚育、间伐、人工灭杀杂草等人工辅助措施跨越演替阶段或缩短演替进程，加快生态系统结构和功能的恢复。封育调整措施如下：①幼苗幼树抚育。指采取幼抚技术措施，除灌、铲草、松土，使幼苗幼树免遭人、畜干扰和杂灌杂草竞争，保证目标树的幼苗幼树有充足的营养空间，人工辅助促进目标种群的天然更新并尽快成林。主要适用对象为未成林地和具天然下种条件的无林地等。②补植目的物种。是指对自然繁育能力不足或幼苗、幼树分布不均的地块，补植或补播目的物种，保证单位面积的目的物种更新保存密度，促进尽快成林，定向恢复近自然林群落。目的树种优先选择当地的乡土树种。主要适用对象为疏林、造林更新保存率低的未成林地和退化的稀疏灌草丛。③结构调控。指采用间伐抚育调整群落的组成、密度和径级结构，不仅促使林下植被尽快恢复，而且促进目的树种的入侵和定居，从而形成具有较高生物多样性、多层次结构的森林群落。同时，通过结构调整过程定向培育当地乡土树种及其大径级材。主要适用对象为高密度、目的树种更新不良的群落，如天然更新的桦木林，桦木密度很大，而目的树种云冷杉更新不足。

(三)封育重建严重退化生境

对于严重退化生境、生境环境恶劣、天然更新困难的生境，需要采取必要的人工措施，利用工程措施和生物措施相结合的方法，对退化生境进行人工重建。人工重建的关键是恢复退化生境的土壤结构与功能，建立和恢复自然修复机制。依据严重退化生境的土壤状况和环境胁迫条件，进行物种筛选和群落构建。例如，在早期阶段可以引入一些先锋的固 N 植物以增加土壤肥力、改善土壤物理性质，必要时可考虑施加复合肥促进植物定居。

(四)封育改造低效人工林

针对天然林采伐后营造的大面积人工针叶纯林，在封山保护的同时，通过疏伐、透光抚育、人工灭杀、补植顶极乡土树种和林下灌草更新等改造措施，改善人工纯林的物种组成、调整林分密度以增加林内的光照条件，促进目的树种和林下灌草植物的生长，增加生物多样性，并逐步诱导其向原生植被演替，以提高生态稳定性和生态服务功能。

(五)优化天然林景观结构配置和多目标空间经营规划

今后应加强退化天然林的快速定向恢复，通过演替驱动种甄别和功能群替代实现退化天然林的功能恢复，特别是定向培育乡土的大径级、珍优阔叶树种，研究人工重建和自然恢复过程中群落的结构和功能的动态变化规律以及恢复群落的稳定性，以老龄模式林作为参照系构建恢复重建评价标准与指标体系，对恢复重建效果行综合评价、预测，探索天然林景观结构优化配置和多目标空间经营规划的方法，最终实现天然林的多目标可持续经营。

二、天然林保育和可持续管理的动态监测与预测研究

结合我国天然林状态的分类，运用"3S"技术研制一套由自然生境、生物多样性、森林生长与生产力、森林健康、森林干扰程度和社会经济状况等评价指标构成的监测体系，提出用于评价森林状态指标的测试因子和测试方法，实现森林生态系统的动态变化的定量描述和计算机信息管理。加强未来气候变化的预测研究，为准确预测植被带变化奠定基础。有必要系统总结目前的研究成果，用于指导现阶段森林经营。加强北方森林对不同暖化水平和降水增加水平的生理水平的响应研究，不仅研究树木的被动响应，还应切实加强树木的积极的适应性变化研究，从机理上阐述北方森林对于全球变化的响应。加强主要树种种群的变化研究，切实预测植被组成结构的变化。运用卫星遥感手段，研究北方森林的动态特征。在这些研究的基础之上，提出符合实际的适宜的造林树种，对于逐渐退化的树种坚决不植或大大降低其种植面积，真正在全球变化的背景下考虑适地适树。把应对全球气候

变化纳入到北方森林经营长期决策中，最大限度地降低全球变化对北方森林的不利影响（栾兆平，2007）。深化林火发生机理研究、大力开展森林防火技术培训、加强森林火险预测预报、注重扑火安全和加强国际合作等气候变化下的森林火灾防控策略（李剑泉等，2009）。

三、发展固碳林业与碳贸易

为减缓不断加剧的全球气候变化，林业正在经历经营发展方向的调整与转变，固碳林业应运而生，目标是通过一系列的保护、适应和森林可持续管理措施增加吸收固定大气中的 CO_2 并减少碳排放，实现森林生态系统固碳的最大效益，同时发挥森林的其他多种服务功能，以最大限度发挥其重要的且不可替代的作用。

首先，通过造林、再造林、恢复退化的天然林生态系统、建立农林复合系统等措施增加森林植被和土壤碳贮量，以此增强森林碳吸收汇的功能。

第二，保护和维持森林碳库，即保护现有的森林生态系统中贮存的碳，减少其向大气中的排放。主要措施包括减少毁林、改进森林经营作业措施、提高木材利用效率以及更有效的森林灾害（林火、洪涝、风害、病虫害）控制措施减少对林木和土壤干扰所产生的碳排放，不但能够逐渐增加长期的森林生态系统的碳储量，而且达到保护生物多样性和发挥生态系统服务功能的目的。

第三，通过实施天然林可持续经营，采用一系列碳管理的措施，实现减排增汇的目标。降低造林、抚育和森林采伐对林木和土壤碳的扰动影响是保护现有森林碳贮存的重要手段。传统的采伐作业对林分的破坏很大，通过改进森林采伐措施可使保留木的破坏率降低，从而降低森林采伐引起的碳排放。此外，通过提高木材利用率，可降低分解和碳排放速率；增加木质林产品寿命，可减缓其贮存的碳向大气排放；废旧木产品垃圾填埋，可延缓其碳排放，部分甚至可永久保存。

第四，从可更新资源的角度，着眼于森林生态系统的碳循环过程和传统的森林木材生产目标。采用碳替代措施，即通过耐用木质林产品替代能源密集型材料（如水泥、钢材、塑料、砖瓦等），不但可增加陆地碳贮存，还可减少生产这些材料过程中化石燃料燃烧的温室气体排放。尽管部分木质产品中的碳最终将通过分解作用返回大气，但森林资源的可再生性可将这部分碳吸收回来，最终避免化石燃料燃烧引起的不可逆转的净碳排放。

第五，发展碳贸易。为减缓全球气候变化和实现《联合国气候变化框架公约》的目标，1997 年达成了《京都议定书》。《京都议定书》规定，规定工业国家在 2008～2012 年的承诺期内，其温室气体排放量在 1990 年排放水平基础上总体减排至少 5%。工业化国家可通过其造林、再造林、减少毁林和森林管理等活动，或通过在发展中国家实施清洁发展机制（CDM）造林项目，获得的碳信用（carbon credit）用于抵消承诺的温室气体减限排指标。CDM 机制的产生，建立了发达国家与发展中国家之间互惠互利的"双赢"机制，也为固碳林业提供了新的发展契机。目前，CDM 碳汇项目仅限于造林、再造林项目，所以林业CDM 机制为造林、再造林的林业活动提供市场化的运作机制。作为一种市场行为的运作模式，CO_2 排放大的企业可以通过购买碳信用弥补其超限的 CO_2 排放，实现了生态资产转化为工业货币，即实现了碳贸易（carbon trading）。

纵观国内外的发展，天然林可持续发经营的内涵在不断扩大，不再仅仅是过去的可持续木材经营管理，而是当今的可持续生态系统管理，它强调生态系统结构的多样性和稳定性、健康的生态过程与功能，以便满足当代和后代社会经济、生态、文化和精神的多种需求。天然林可持续经营是涉及诸多领域和诸多因素的一个复杂过程。实现天然林可持续经营，全球和中国面临着同样严峻的挑战，但是中国具有其特殊性和复杂性。必须充分考虑长远利益和短期利益以及全球责任、国家利益、地方利益和林农利益。必须有政府的支持和投入，各部门的合作，地方和民众的积极参与，政策与法律的保证，以及科学技术的支撑。天然林经营是以恢复和扩大森林资源为前提，强调森林的可持续利用，而不是单纯的被动保护。为此，国家必须实施森林资源与土地利用的景观规划。

参考文献

Keeling C D, Chin J F S, Whorf T P. 1996. Increased activity of northern vegetation inferred from atmospheric CO_2 measurements[J]. Nature, 382: 146~149

Kolb T E, Wagner M R, Covington W W. 1994. Concep ts of forest health utilitarian and ecosystem perspectives [J]. Journal of Forest, (6): 10~15

Li W H. 2004. Degradation and restoration of forest ecosystems in China[J]. Forest Ecology and Management, 201: 33~41

程肖侠, 延晓冬. 2008. 气候变化对中国东北主要森林类型的影响[J]. 生态学报, 28 (2): 534~543

代力民, 陈高, 邓红兵等. 2004. 受干扰长白山阔叶红松林林分结构组成特征及健康距离评估[J]. 生态学杂志, 15(10): 1750~1754

方精云. 2000. 中国森林生产力及其对全球气候的响应(英文)[J]. 植物生态学报, 24 (5): 513~517

高均凯. 2009. 中国森林健康的主要干扰研究[J]. 林业调查规划, 33(6): 34~38

高永刚, 张广英, 顾红. 2008. 气候变化对伊春林区森林火灾的影响[J]. 安徽农业科学, 36(28): 12269~12271, 12274

郝占庆, 代力民, 贺红士等. 2001. 气候变暖对长白山主要树种的潜在影响[J]. 应用生态学报, 12 (5): 654~658

李剑泉, 刘世荣, 李智勇等. 2009. 全球变暖背景下的森林火灾防控策略探讨[J]. 现代农业科技, 20: 243~24

刘世荣, 徐德应, 王兵等. 1997. 气候变化对中国森林生产力的影响//气候变化对中国森林影响研究[M]. 北京: 中国科学技术出版社, 76~96

栾兆平. 2007. 气候变化与中国北方森林恢复和经营[J]. 内蒙古林业调查设计, 30(5): 47~49, 74

马姜明, 李昆. 2004. 森林生态系统稳定性研究的现状与趋势[J]. 世界林业研究, 17(1): 15~19

唐守正, 刘世荣. 2000. 我国天然林保护与可持续经营[J]. 中国农业科技导报, 2(1): 42~46

田晓瑞, 王明玉, 舒立福. 2003. 全球变化背景下的我国林火发生趋势及预防对策[J]. 森林防火, 16(3): 323

王叶, 延晓冬. 2006. 全球气候变化对中国森林生态系统的影响[J]. 大气科学, 30 (5): 1009~1018

肖风劲, 欧阳华, 傅伯杰等. 2003. 森林生态系统健康评价指标极其在中国的应用[J]. 地理学报, 58(6): 803~809

徐振锋, 胡庭兴, 张远彬. 2008. 植物物候对模拟 CO_2 浓度和温度升高的响应研究进展[J]. 应用与环境生物学报, 14(5): 716~720

张福春. 1995. 气候变化对中国木本植物物候的可能影响[J]. 地理学报, 50(5): 402~410

赵凤君, 舒立福, 邸雪颖等. 2009. 气候变暖背景下内蒙古大兴安岭林区森林火灾发生日期的变化[J]. 林

业科学, 45(6): 166 ~ 172

赵铁良, 耿海东, 张旭东等. 2003. 气温变化对我国森林病虫害的影响[J]. 中国森林病虫, 22 (3): 29 ~ 32